区块链 人才培养系列丛书

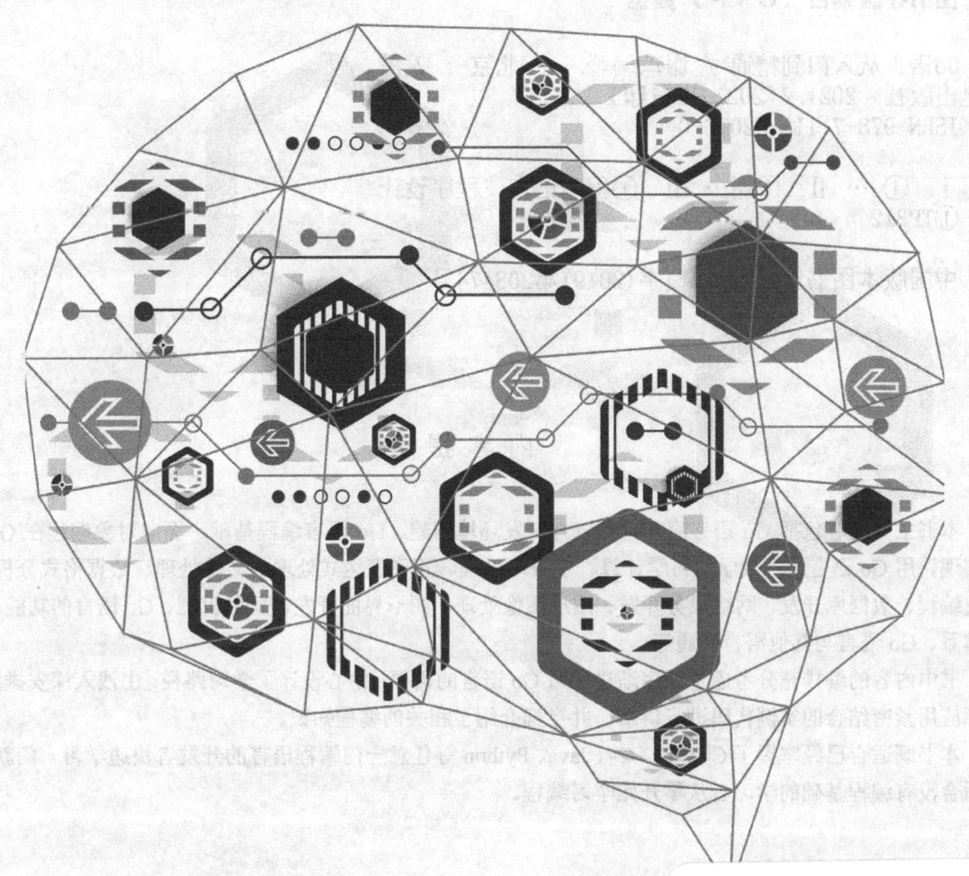

Go语言从入门到精通

谢琼 ◉ 编著

人民邮电出版社
北京

图书在版编目（CIP）数据

Go语言从入门到精通 / 谢琼编著. -- 北京 : 人民邮电出版社, 2021.2(2021.12重印)
ISBN 978-7-115-52076-0

Ⅰ. ①G… Ⅱ. ①谢… Ⅲ. ①程序语言－程序设计
Ⅳ. ①TP312

中国版本图书馆CIP数据核字(2019)第208474号

内容提要

本书主要内容包括Go语言简介、安装与开发环境搭建、Go语言编程基础、面向对象编程在Go语言中的实现、用Go语言进行数学与科学计算、字符串处理、正则表达式处理、文件处理、数据格式分析与转换、并发编程、数据库开发、网络服务开发、图形图像处理、图形界面开发、反射机制、Go语言的功能与性能测试体系、Go语言与其他语言互通等。

书中内容的编排充分考虑了循序渐进学习Go语言的需要，精心设计了学习路径，由浅入深安排了大量与实际应用紧密结合的实例代码进行讲解，并穿插介绍了相关的编程知识。

本书既适合已经掌握了C、C++、C#、Java、Python等任意一门编程语言的开发者快速学习一门新的语言，也适合没有编程基础的学习者从零开始学习编程。

◆ 编　著 谢　琼
责任编辑 罗　朗
责任印制 马振武
◆ 人民邮电出版社出版发行　　北京市丰台区成寿寺路11号
邮编 100164　　电子邮件 315@ptpress.com.cn
网址 https://www.ptpress.com.cn
涿州市京南印刷厂印刷
◆ 开本：787×1092　1/16
印张：26　　2021年2月第1版
字数：667千字　　2021年12月河北第2次印刷

定价：79.80元

读者服务热线：(010)81055256　印装质量热线：(010)81055316
反盗版热线：(010)81055315
广告经营许可证：京东市监广登字20170147号

前言

Go 语言自 2009 年正式发布以来，由于其简约的风格、较低的学习难度和丰富的标准库等特点，很快得到了开发者的青睐。发展至今，Go 语言已经成为主要的计算机开发语言之一，尤其是在后台（服务端）开发中，Go 语言由于其天生具备的高效并发处理能力，以及对服务器多核 CPU 的操控能力，得到了非常广泛的应用。在一些特定场合下，Go 语言甚至已经逐步替代了原来广泛使用的 C++、Java 等编程语言。

本书从最基本的知识开始，通过大量的实例讲解帮助读者学习 Go 语言的概念、Go 语言特性、库函数，以及 Go 语言在各种场景下的应用。书中对比了 Go 语言与已有主流语言的主要差别，可以让已经掌握了 C、C++、C#、Java、Python 等任意一门编程语言的开发者快速学习一门新的语言；同时，书中的部分章节属于较基础的编程入门知识，是专门为初学者设计的，初学者可以从零学习编程，已有一定基础的开发者可以跳过这些章节。

本书在编写过程中得到了很多帮助和支持，特别感谢白小羽、周龄和我的家人，你们的鼓励是我的重要动力；也感谢 GitHub 上 therecipe、d5 和 ying32 等朋友对我的帮助和指正，他们也为 Go 语言的发展做出了很大贡献。

由于时间仓促、水平有限，书中疏漏或不足之处在所难免，请广大读者、同仁不吝指教。另外，如有任何关于本书的建议、指正、问题等，欢迎发送电子邮件到 topget@sina.com 进行交流。

目录

第 1 章　Go 语言简介　1

1.1　Go 语言的发展历史　1
1.2　Go 语言的主要特点　1

第 2 章　开发环境准备　4

2.1　安装 Go 语言　4
2.1.1　Windows 系统下安装 Go 语言　4
2.1.2　Mac OS X 系统下安装 Go 语言　8
2.1.3　Linux 系统下安装 Go 语言　8
2.2　打造更舒适的开发环境　9
2.2.1　修改 Windows 资源管理器的一些显示设置　9
2.2.2　命令提示符 CMD 的替代方案　9
2.2.3　文本文件编辑器　11
2.3　Go 语言开发工具的选择　11
2.3.1　LiteIDE　11
2.3.2　Visual Studio Code 加 Go 语言插件　11
2.3.3　其他开发工具　14

第 3 章　Go 语言快速入门　15

3.1　初识 Go 语言——编写、编译和运行　15
3.1.1　怎样输入 Go 语言程序　15
3.1.2　怎样编译 Go 语言程序　17
3.1.3　怎样执行 Go 语言程序　18
3.1.4　怎样查看 Go 语言的文档　19
3.2　Go 语言程序的组织　20
3.2.1　Go 语言中程序文件的组织方式　20
3.2.2　非执行包与包的引用　22
3.2.3　自己编写非执行包　23
3.2.4　非执行包名与目录的关系　24
3.2.5　用多级子目录组织包结构　25
3.3　关键字等语言要素　26
3.4　变量　26
3.4.1　变量的基本概念　26
3.4.2　浮点数类型的变量　28
3.4.3　字符串类型的变量　29
3.4.4　布尔类型的变量　29
3.4.5　变量的命名　30
3.4.6　变量声明和赋值的简化形式　31
3.4.7　复合类型的变量　32
3.4.8　变量类型的转换　34
3.4.9　指针类型的变量　35
3.4.10　变量的零值　36
3.5　表达式　37
3.6　函数（方法）　37
3.7　自定义数据类型　40
3.8　面向对象编程　42
3.9　条件判断与分支　45
3.10　循环　46
3.11　并发处理：Go 例程　48
3.12　注释　49
3.13　程序编译或运行时出现错误　50
3.14　总结的代码　51

第 4 章　Go 语言的基本语法与开发基础　52

4.1　Go 语言语法要素与代码规范　52
4.1.1　文件和字符串编码　52
4.1.2　语句、代码块与执行顺序　53
4.1.3　语句分隔　53
4.1.4　语法记号　53
4.2　代码格式化工具 gofmt　54
4.3　常用的辅助性内置函数　55
4.3.1　内置的输出信息函数 print 与 println　55
4.3.2　获取数据长度的 len 函数　56

4.3.3 获取变量容量的 cap 函数 57
4.3.4 用于复合类型数据的操作函数 57
4.3.5 用于处理异常的函数 58
4.4 格式化输出函数 fmt.Printf 58
4.4.1 整数格式化符%d 60
4.4.2 十六进制格式化符%x 和%X 61
4.4.3 二进制格式化符%b 62
4.4.4 浮点数格式化符%f 62
4.4.5 其他浮点数格式化符 63
4.4.6 布尔类型的格式化符%t 64
4.4.7 Unicode 码相关格式化符%c、%q 和%U 64
4.4.8 字符串格式化符%s 65
4.4.9 指针格式化符%p 66
4.4.10 万能格式化符 %v 66
4.4.11 输出数值类型的格式化符%T 68
4.4.12 输出%字符本身 68
4.5 获取和使用第三方包 68
4.6 定义和使用常量 70
4.7 变量、函数等标识符声明的作用范围 72
4.8 tools 包——编写自己的函数库 74

第 5 章 用 Go 语言进行数学、科学领域的计算 76

5.1 表达式 76
5.1.1 最简单的表达式——单个数值 76
5.1.2 操作符在表达式中的作用 76
5.1.3 函数在表达式中的作用 79
5.1.4 表达式的组合与计算的优先级 80
5.1.5 表达式中数据类型的一致性要求 81
5.2 用表达式进行数学计算 81
5.2.1 体重指数 81
5.2.2 用表达式计算体重指数 82
5.2.3 使用命令行参数传入体重和身高的变量值 83
5.3 利用系统自带的数学库进行计算 85
5.3.1 查阅 Go 语言中的参考文档 85
5.3.2 使用 math.Pow 函数进行平方计算 86
5.3.3 用 math/rand 包生成随机数 87
5.4 用 Go 语言进行科学计算 90
5.4.1 向量与余弦相似度概念简介 90
5.4.2 计算向量余弦相似度的函数 91
5.5 使用 math/big 包避免计算过程中超大数溢出 93
5.5.1 big 包的基本使用方法 93
5.5.2 用 big 包改进余弦相似度计算函数 94
5.6 计算中的异常处理 95
5.6.1 Go 语言中的匿名函数 95
5.6.2 Go 语言的延迟处理机制 97
5.6.3 Go 语言的异常处理机制 98
5.6.4 处理计算中的异常 100
5.6.5 Go 语言中异常的传递顺序 107
5.6.6 使用 runtime 库输出更多的异常信息 108
5.7 使用第三方包进行更复杂的数学计算 109
5.7.1 Gonum 包中用于矩阵运算的 mat 子包简介 109
5.7.2 矩阵乘法的计算过程 109
5.7.3 用 gonum/mat 子包实现矩阵乘法 110

第 6 章 用 Go 语言开发一个命令行工具 113

6.1 命令行工具简介 113
6.2 典型命令行工具的架构 113
6.3 基本的命令行工具 clix 程序框架 114
6.4 Go 语言中的 switch 语句 115
6.5 clix 的第一个命令：version 118
6.6 增加体重指数计算命令 calbmi 118
6.6.1 tools 包中增加判断起始子字符串的函数 118
6.6.2 子字符串的截取 119
6.6.3 tools 包中增加判断标志参数的函数 120
6.6.4 编写 clix 中的 calbmi 命令 120
6.6.5 增加命令行开关标志参数 121
6.6.6 使用 flag 包来分析命令行参数 123
6.7 第三个命令：数字排序 125
6.7.1 循环进阶 125

6.7.2 冒泡法排序 130
6.7.3 用双重循环实现冒泡法排序 131
6.7.4 命令行参数中传入数字序列 131
6.7.5 在 clix 程序中加入冒泡法排序的命令 133
6.8 Go 语言中对典型代码逻辑结构的支持 133
6.8.1 基本的代码结构 134
6.8.2 利用标签跳出或继续外层循环 134
6.8.3 goto 语句无条件跳转 136
6.8.4 递归（调用自身函数） 137

第 7 章 Go 语言中的字符串处理 138

7.1 字符串相关的基础知识 138
7.1.1 字符串的基本概念 138
7.1.2 byte、uint8 和 int8 类型 138
7.1.3 byte 类型的切片（[]byte）与 string 140
7.1.4 字符串的基本操作：取长度、连接、截取等 140
7.1.5 用双引号或反引号括起字符串的区别 141
7.2 字符串支持多语言编码的特殊处理 141
7.2.1 UTF-8 编码 142
7.2.2 rune 类型和 rune 类型切片 143
7.2.3 用 rune 对字符串进行遍历 144
7.3 常见的字符串操作 145
7.3.1 判断字符串中是否含有某个子串 145
7.3.2 获取字符串中子串的位置 146
7.3.3 获取字符串中子串第 *n* 次出现的位置 146
7.3.4 统计字符串中子串出现的次数 148
7.3.5 判断字符串的起始或结尾子串 148
7.3.6 比较两个字符串 149
7.3.7 去除字符串首尾空白或其他字符 150
7.3.8 替换字符串中的子串 152
7.3.9 字符串大小写的转换 152
7.3.10 切分字符串 153
7.3.11 合并字符串切片 154
7.3.12 生成重复子串组成的字符串 155
7.3.13 几个 Unicode 操作 155
7.4 高级字符串操作 157
7.4.1 生成随机字符串 157
7.4.2 用 strings.Builder 实现不断增长的字符串 159
7.4.3 用于读取字符串内容的 strings.Reader 161
7.4.4 字符串与数字的相互转化 162
7.4.5 用 fmt.Sprintf 实现灵活的字符串处理 169
7.4.6 用 fmt.Sscanf 从字符串中读取信息 170

第 8 章 Go 语言中的正则表达式 173

8.1 正则表达式的基本概念与用法 173
8.1.1 用正则表达式判断字符串是否含有符合一定规则的子串 173
8.1.2 用正则表达式从字符串中提取符合一定规则的子串 174
8.1.3 用通配符 “.” 匹配任意字符 175
8.1.4 贪婪与非贪婪匹配 176
8.1.5 分组提取子串 177
8.1.6 提取所有符合条件的带捕获组的匹配结果 178
8.1.7 替换符合正则表达式的子串 179
8.1.8 转义字符 180
8.2 正则表达式进阶知识 181
8.2.1 单个字符的表达 181
8.2.2 表达字符出现的次数（数量） 184
8.2.3 非字符匹配（位置匹配） 185
8.2.4 正则表达式中使用标志位进行设置 186
8.2.5 可选子串匹配 187
8.2.6 非捕获组 187
8.2.7 获取匹配到子串的索引位置 188
8.2.8 用正则表达式分割字符串 188
8.2.9 判断整个字符串是否匹配正则表达式 189
8.2.10 按字节进行正则表达式匹配 189

第 9 章 Go 语言文件处理 190

9.1 Go 语言中文本文件的处理 190
9.1.1 文本文件的编码 190

9.1.2 文本文件的打开、读取与关闭等基本操作 191
9.1.3 从较大的文本文件中读取完整内容 193
9.1.4 较简单的读取完整文本的方法 194
9.1.5 更简单的读取完整文本的方法 195
9.1.6 从文本文件中读取指定数量的行 196
9.1.7 将字符串写入文本文件 198
9.1.8 向已有的文本文件中追加内容 199
9.1.9 用移动文件指针的方法向文件中追加内容 200
9.1.10 文件、目录的其他基本操作 201
9.1.11 文本文件编码转换 208
9.1.12 文本排序 215
9.1.13 超大文本文件排序 218
9.1.14 文本查重、去重 219
9.2 Go 语言中二进制文件的处理 219
9.2.1 Go 语言中用二进制文件存储数据 219
9.2.2 自定义文件格式存储大量数据记录 224
9.3 文件处理总结 227

第 10 章 Go 语言中数据格式的分析与转换 229

10.1 常见的数据交换格式 229
10.2 XML 格式的处理 229
10.2.1 将数据序列化成 XML 格式 229
10.2.2 将 XML 格式的文本反序列化 232
10.2.3 省略字段、字符字段和原始 XML 文本字段 234
10.2.4 自行控制某数据类型的 XML 序列化/反序列化 235
10.3 JSON 格式的处理 237
10.3.1 将数据序列化成 JSON 格式 237
10.3.2 将 JSON 格式的文本反序列化 239
10.3.3 JSON 序列化/反序列化时使用描述字符串 240
10.3.4 自行控制自定义数据类型的 JSON 序列化/反序列化 242
10.3.5 用空接口类型实现复杂结构的 JSON 序列化 244
10.3.6 JSON 解析中空接口类型的应用 246
10.3.7 使用第三方包进行 JSON 格式的序列化与反序列化 248

第 11 章 Go 语言的并发处理 250

11.1 Go 语言并发编程基础 250
11.2 并发处理时的共享冲突 253
11.3 使用通道类型实现安全的数据共享 255
11.4 使用通道作为数据访问的令牌 257
11.5 使用通道实现多任务的归并 258
11.6 用 select 实现多通道的归并 260
11.7 select 中实现超时中止 262
11.8 用单向通道自定义超时函数 263
11.9 使用 sync 包进行传统的并发处理 265
11.9.1 用 sync.WaitGroup 实现 goroutine 归并 266
11.9.2 用锁（互斥量）实现 goroutine 同步 267
11.9.3 用读写锁（互斥量）做“多读少写”型并发任务 268

第 12 章 Go 语言进行数据库开发 270

12.1 Go 语言进行数据库开发的一般方式 270
12.2 安装 SQLite 数据库驱动 270
12.3 基本的数据库操作——新建库表、插入记录和查询 270
12.4 删除记录、准备 SQL 查询等操作 273
12.5 获取记录条数、删除库表等操作 275
12.6 SQL 型数据库开发总结 276
12.7 NoSQL 型数据库开发示例 276

第 13 章 Go 语言进行网络服务的开发 280

13.1 C/S 架构与 B/S 架构的概念 280
13.2 基于 Socket 通信的客户端/服务器模式 280
13.3 基于 TCP 的 Socket 客户端/服务器系统 281

13.4 典型的 Socket 服务器的例子 281
13.5 典型的 Socket 客户端的例子 283
13.6 典型的 UDP 服务器的例子 286
13.7 典型的 UDP 客户端的例子 287
13.8 用 Go 语言搭建简单的 Web 服务器 288
13.9 搭建简单的文件服务器 290
13.10 搭建静态文件型的 Web 网站服务器 290
13.11 混合不同方式的 Web 服务器 293
13.12 搭建提供网络接口服务的 API 服务器 294
13.13 Web 服务器的路由管理 297
13.14 动态网页的生成 299
13.15 提供 HTTPS 方式访问 302
13.16 第三方的 Web 开发包 303
13.17 Go 语言中实现 Web 客户端 305

第 14 章 Go 语言进行绘图和图像处理 307

14.1 基本的点绘图 307
14.2 绘制曲线图 308
14.3 绘制有填充色的形状 311
14.4 实现渐变的填充色 314
14.5 使用第三方库更方便实现复杂图形绘制 318
14.6 绘制平滑曲线 321
14.7 在图片上绘制文字 323
14.8 使用 freetype 包进行文字绘制 326
14.9 用 image/draw 包实现灵活的图像处理 328
14.9.1 实现图片区域复制 328
14.9.2 用 draw.Draw 函数进行颜色填充 333
14.9.3 image 包中的几个重要对象 333
14.9.4 用颜色填充绘制矩形框 334
14.9.5 将图片变成全透明 334
14.9.6 复制原图中的区域到目标图中另一个区域 335
14.9.7 使用蒙版复制不规则区域 335
14.9.8 自定义 image.Image 类型的蒙版对象 337
14.9.9 图片色彩空间的转换 338
14.10 在 Web 中输出图像 339

第 15 章 Go 语言进行图形界面开发 343

15.1 使用 Qt 开发图形界面 343
15.1.1 Go 结合 Qt 开发环境的搭建 343
15.1.2 Go 结合 Qt 开发基础示例 344
15.1.3 部署 therecipe/qt 示例程序 346
15.1.4 在 goroutine 中安全操作图形界面 347
15.2 使用 govcl 包开发图形界面 355
15.2.1 使用 govcl 包开发图形界面的基础示例 355
15.2.2 govcl 包中避免并发界面操作冲突 358
15.3 Go 语言中开发基于 Web 的图形界面 360

第 16 章 Go 语言的反射机制 361

16.1 用反射机制获取基本类型的信息 361
16.2 用反射获取复杂类型的信息 362
16.3 函数的传值与传引用 363
16.4 用反射获取结构类型（对象）的成员信息 364
16.5 用反射获取空接口类型数据的实际类型 366
16.6 用 Kind 函数获取基类型 367
16.7 判断对象是否实现了某方法或接口 370
16.8 动态调用对象的方法 372
16.9 修改数据 374
16.10 实例：JSON 处理 375

第 17 章 Go 语言的测试与性能 378

17.1 功能测试 378
17.1.1 基本的功能测试 378
17.1.2 功能测试不通过的情况 379
17.1.3 立即中止测试用例函数 380
17.1.4 简化的中止测试用例函数 381
17.1.5 跳过测试用例 381
17.1.6 进行并发测试 382

17.1.7 指定运行的测试用例 383

17.2 性能测试 384

17.2.1 基本的性能测试 384

17.2.2 根据性能测试结果进行优化和比对 386

17.2.3 指定性能测试的时长 387

17.2.4 手动控制测试计时 388

17.2.5 测试内存分配的情况 388

第 18 章 Go 语言与其他语言的结合运用 390

18.1 Cgo 390

18.1.1 Go 语言中直接编写 C 语言代码 390

18.1.2 Go 语言中调用 C 语言文件中的代码 393

18.1.3 Go 语言中编写函数供 C 语言调用 394

18.1.4 Cgo 的一些局限 396

18.2 Go 语言中运行其他脚本语言 396

18.2.1 Tengo 脚本语言 396

18.2.2 实现 JavaScript 虚拟机的 otto 包 398

18.2.3 实现 Lua 语言虚拟机的 go-lua 包 399

18.3 Go 语言中直接执行其他程序或调用系统命令 400

18.3.1 调用应用程序并读取其输出 400

18.3.2 使用管道从程序的输出中接收信息 402

18.4 Go 语言与 WebAssembly 404

第 1 章 Go 语言简介

如同其他大多数计算机语言一样，Go 语言的诞生与发展也有特定的背景与明确的目标。本章将简要介绍 Go 语言的发展历史和主要特点。

1.1 Go 语言的发展历史

Go 语言经常被称为“Golang”，据官方的说法，这是因为最初无法注册到“go.org”这个域名，而只好使用了“golang.org”这个域名，但也许是因为在各个搜索引擎中关键词“Go”的搜索结果比较混杂。

Go 语言最初大约是从 2007 年由谷歌公司的工程师罗伯特·格里斯默（Robert Griesemer）、罗布·派克（Rob Pike）、肯·汤普森（Ken Thompson）等人设计的。2008 年，拉斯·考克斯（Russ Cox）加入团队，帮助将 Go 语言及其标准库从原型设计转化为实际成品。

Go 语言的设计初衷是为了解决当时较流行的 C++、Java 等开发语言过于复杂而低效的问题。这些开发语言发展到了一定阶段后，所选的进化路径导致语言本身和相关的类库越来越复杂，甚至到了给开发者带来不必要的困扰的地步。Go 语言的设计者们希望能够用简约的方式来避免这些困扰，同时也希望 Go 语言能够内置一些更高效便捷的功能，例如处理并发事务的功能、利用多核 CPU 的功能等。

2009 年 11 月 10 日，Go 语言被正式转化为开源项目，这一天也被认为是 Go 语言正式的诞生日。自此之后，无数热心的开发者为之贡献了大量的思路和代码资源，使 Go 语言得到了飞速的发展，能够很快就真正应用到实际项目中去。2012 年，Go 语言发布了第一个正式版本 1.0。到 2019 年 2 月，Go 语言发布到了 1.12 版。

Go 语言的开发者常被称为“Gopher”，这也是 Go 语言 LOGO 吉祥物——一只可爱的小地鼠的名字。

2018 年，根据著名开发者问答网站 StackOverflow 的用户调查，Go 语言排入了最受欢迎和最需要的计算机语言中的前 5 名；在知名软件开发工具提供公司 ActiveState 的调查中，36%的用户对 Go 语言“极其满意”，61%的用户“非常满意”。在另一家软件开发工具提供公司 JetBrains 的调查中，Go 语言获评“最有前途的计算机语言”。

1.2 Go 语言的主要特点

Go 语言是一门编译型计算机语言，性能上接近于 C、C++等语言，编程时的便捷程度接近于 Java、Python 等高级语言，并特别对并发处理、多核 CPU 负载等问题做了优化。

下面列出了 Go 语言的一些主要特点。注意，Go 语言总体来说是一门优秀的计算机开发语言，起点较高，但同时作为一门年轻的语言，它也不可避免地存在一些不成熟的地方。因此，除优点外，这里也列出了一些 Go 语言中不成熟或有争议的特性。

- **轻量级但内置丰富标准库**

Go 语言是一门轻量级的语言，自身的编译器和附带工具相对来说都不算大，编译出来的程序也只带有少量的类似垃圾清理、内存分配、并发管理等基本功能的运行时库。但是，与一些只提供基本核心功能而其他功能依赖第三方提供的语言不同，Go 语言由于其初始的目标不同，一开始就提供了比较丰富的标准函数库（包）供开发者选用，以便能够快速支持高性能服务端的高效开发。标准库中几乎涵盖了服务端编程所需的大部分功能，例如数学计算、正则表达式、文件处理、文本编码及加密解密、压缩解压缩、缓冲处理、图像处理、数据库处理、并发与共享处理、HTTP 与 HTML 模板处理、运行时与反射处理等。可以看到，开发者几乎可以不依赖任何第三方程序包，就能够进行大多数项目的开发。

- **免费开源**

不可否认，免费开源是很多开发者选用 Go 语言的重要因素之一。由于 Go 语言的免费开源特性，很快聚集了大量的志愿者为其添砖加瓦、提出建议、贡献代码。第三方开发的函数包和函数库目前已经非常多，涵盖了很多标准库中没有涉及的方面，或者为标准库中不方便使用的内容提供了更好的选择，例如 Go 语言中对 JSON 格式数据的处理并非很完美，网络上就已经有了更好的替代函数包；而对于一些类似自然语言处理、高级科学计算、人工智能运算等特别领域的应用，也有第三方提供了专门的函数库。另外，也有人将 Go 语言的某个版本进行克隆分支后修改成为一门新的语言，同时加入自己喜欢的一些语言特性。

- **跨平台**

Go 语言支持主流的 Windows、MacOS 和 Linux 系统，编写的代码可以在各个平台上通用，仅需要重新编译即可。Go 语言甚至还提供“交叉编译工具”进行跨平台编译，例如可以在 Windows 平台上直接编译出 Linux 系统上使用的可执行文件。

- **语法简约而严谨**

Go 语言的语法设计之初，就针对其他语言中一些烦琐的地方进行了较大程度的改进，力求让开发者“不做不必要的事”。同时，为了规范开发习惯、减少开发者记忆的困扰，又提出“能用简单的方法实现的事情就不要用复杂的方式来实现”的原则，对这些原则的坚持有时候甚至到了比较严苛的程度，例如“能用一种简单方法实现的就不要用多种方法实现”，导致一些在其他语言中比较方便但可能引起理解混淆或滥用的特性被放弃。Go 语言对于代码格式和一些编程方式也做了比较严格的规定，例如没有用到的函数包是不允许引用的，否则编译时会报错而不通过；如果定义了变量而没有使用，也会编译不通过。在其他语言中，这几种情况一般只会在编译时提示告警，不会强制，由此可见 Go 语言设计者对于规范开发习惯的决心。有些开发者一开始对这些严格的要求很不适应，习惯后便能够体会到这些约束带来的代码简洁高效、减少阅读干扰的好处。对于代码内部的文档，Go 语言也有较好的机制方便其编写。

- **原生高效的并发处理机制**

Go 语言内置了高效的并发处理机制，它使用一种类似线程但又有所不同（接近于“协程”）的叫作“goroutine”的机制来处理同时并发的多个事务。很有特色的是，几乎任何用户自己编写的函数都可以直接用“go”关键字来将其转化为一个并发的 goroutine 来执行，这相对于其他大多数语言建立线程的步骤都要简单得多。并且，goroutine 的效率大多数情况下还优于一般的线程。高效的并发处理机制使 Go 语言在处理大量并发请求的服务器和云计算领域有着先天的优势。

- **独特指针操作、内存管理和自动垃圾回收机制**

相较于 C、C++等语言中虽然灵活但是很容易引起各种异常问题的指针操作，Go 语言采用了一定的限制和区别处理，既保证了可以实现各种对内存的操作，又不易引起指针误操作带来的内存泄漏、非法访问内存地址等问题。同时，Go 语言有自己独特的内存垃圾回收机制，让开发者在编程时基本不用顾及内存分配、释放等问题。

- **独具一格的面向对象编程方式**

Go 语言一定程度上可以说是基于 C 语言的改进，在面向对象编程方面，并没有采用与 C++、Java、C#相同的方法去引入复杂的封装、继承、构造函数、析构函数、多态、重载等传统的面向对象特性，但它也没有完全摒弃面向对象的思维，而是巧妙地采用了“结构类型+关联方法”的轻量级解决方案来实现面向对象编程的能力。注意，虽然在 Go 语言中并没有明确的“对象”和传统的面向对象编程中的一些概念，但在本书中仍然会采用面向对象编程的一些概念和提法，这并不矛盾，只是因为 Go 语言解决面向对象编程的方法与其他语言不同，其本质还是支持面向对象编程的。

- **网络功能丰富**

Go 语言的标准库已经具备了丰富的网络开发功能，开发者甚至可以在几分钟内开发出一个 Web 服务器，并且它是高度可定制的。对于其他一些网络协议和网络格式的处理也有成熟的函数包来处理。

- **性能优异**

由于 Go 语言是在底层上接近于 C 语言的编译型语言，在面向对象等高级语言特性方面避免了 C++等语言中的复杂性，并且在语言中约束了很多可能带来不必要开销的行为，因此，利用 Go 语言编写的程序效率很高，在不损失接近于高级语言的编写便利性的情况下，编译出来的可执行程序具有相对较快的运行速度。

- **独特的异常处理机制**

Go 语言自身内置的异常处理机制与其他主流语言常用的 try-catch 机制有很大的不同，综合来看可以说各有利弊，初次从其他语言过渡过来的开发者可能会需要一个适应的过程。这方面已经引起了 Go 语言开发团队的重视，并已提出改进的草案征求意见。

- **新的空接口特性**

Go 语言的另一重要特性是空接口类型，用 interface{}来表示。空接口类型是一个特殊的类型，由于 Go 语言中实现了某接口中定义的所有方法的类型都属于该接口类型，而空接口类型不包含任何方法，所以理论上任何类型都属于空接口类型。因此空接口类型相当于 Java、C#等语言中所有对象的基类，或者 C++语言中可用于指向任意数据类型的*void 指针。空接口类型的引入带来很多开发上的变化，但也有一些争议，认为应尽量减少使用空接口类型。

- **一些较小的特性**

Go 语言还支持函数多返回值；支持函数作为参数传递；支持匿名函数和闭包；支持反射；支持通过 Cgo 方式直接调用 C 语言函数库等。

- **针对图形界面编程功能较弱**

Go 语言在设计之初就是以服务端开发为主的，主要关注点在结构合理、性能高效、网络和并发处理开发快速等方面，而对图形界面的支持从来就没有放在较高的优先级上。因此，到目前为止，Go 语言的图形界面开发并没有在标准库中得到充分体现，而主要是对命令行界面的开发支持较好。当然，由于 Go 语言本身的各种优点，很多开发者也很希望用它来进行图形界面开发，因此也出现了一些使用 Go 语言的第三方图形界面开发包，本书中也将介绍一些可行的基于 Go 语言的图形界面开发方法。

- **一些特殊的限制或不便之处**

Go 语言也有一些引起不少开发者争议的限制或者功能，这些问题有一些已经得到重视并在尝试做改进，但也有一些是设计者有特殊的考虑，但是没有充分考虑到给使用者提供一定程度的便利性，以及与其他语言开发的系统之间交互的便利性。例如，Go 语言中强制要求对外提供的变量和函数方法均必须是大写字母开头（仅在模块内部使用的除外），在 Go 语言标准库中的 JSON 语言解析中也要求所有字段使用大写字母开头，否则将默认不被解析。这在与其他系统发送的 JSON 数据互通时显然会带来问题，因为其他语言中没有这个限制。虽然 Go 语言中有一定的方法来解决这个问题，但比较烦琐，违背了 JSON 格式本身就是为了快速处理数据的初衷。因此，网上已经有了一些功能更完整丰富的第三方包来处理 JSON。本书后面还将随着章节进展介绍 Go 语言中一些引起争议的特性。

第 2 章 开发环境准备

本章将介绍如何安装 Go 语言并搭建一套完整的学习与开发环境。

2.1 安装 Go 语言

Go 语言主要支持 Windows、MacOS、Linux 操作系统。Go 语言的安装包可以到官方网站下载，一般我们建议下载 64 位版本的自动安装包。如果官网无法下载，可以在搜索引擎中直接搜索“Go 语言安装包”，从国内网站下载。

下面将按照不同的操作系统来分别介绍安装 Go 语言的过程。

2.1.1 Windows 系统下安装 Go 语言

本小节将基于 Windows 10 系统讲解 Go 语言的安装步骤，其他版本的 Windows 系统下的安装步骤基本类似，请根据不同的情况调整对应的操作。

Windows 系统下应选择下载文件名类似“go1.11.2.windows-amd64.msi”的安装包，下载后直接运行即可，文件名中版本号部分可能随着版本升级有所变化。注意，按 Go 语言官方说明，如果原来已经安装了低版本的 Go 语言而进行升级安装时，应该先卸载旧的版本后再安装，但实际上 Windows 系统下的安装程序会自行判断是否要卸载旧版本，因此我们可以直接安装。安装界面如图 2.1 所示（注意，安装界面可能根据软件版本有所变化，请自行根据界面提示调整应执行的操作）。

单击“Next”按钮进入下一步时，如果系统中已经安装过 Go 语言的旧版本，安装程序会提示是否先卸载旧版本，这时候选择“Yes, Uninstall”卸载即可，如图 2.2 所示。

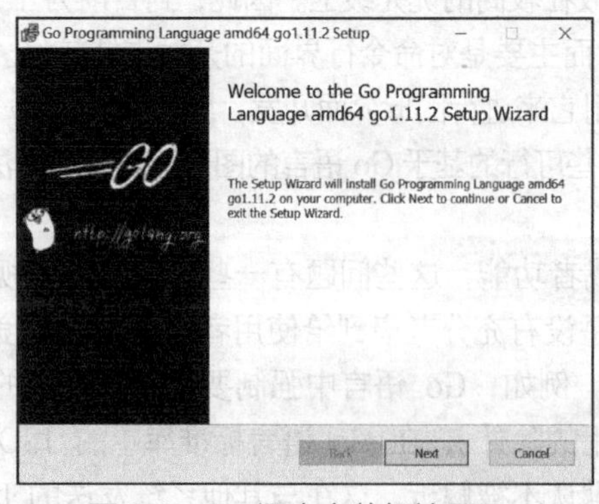

图 2.1 Go 语言安装起始界面

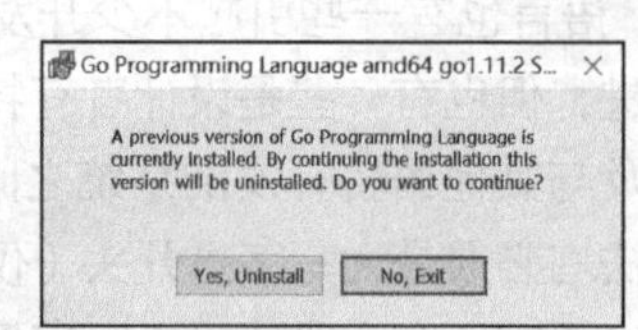

图 2.2 确认卸载 Go 语言旧版本的界面

勾选复选框同意 Go 语言的用户许可协议（在图 2.3 中的勾选框中打勾），再单击“Next”按钮进行下一步操作。

选择 Go 语言安装路径，我们一般不做改动，使用默认的安装位置，如图 2.4 所示，单击“Next”按钮进入下一步。

在图 2.5 所示界面中单击“Install”按钮进行安装，这时候有可能会弹出 Windows 的安全提示，选择允许 Go 语言安装包进行安装即可。

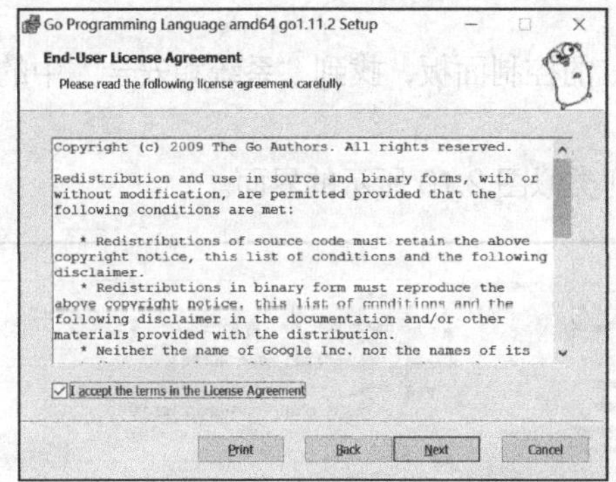

图 2.3　同意 Go 语言用户许可协议

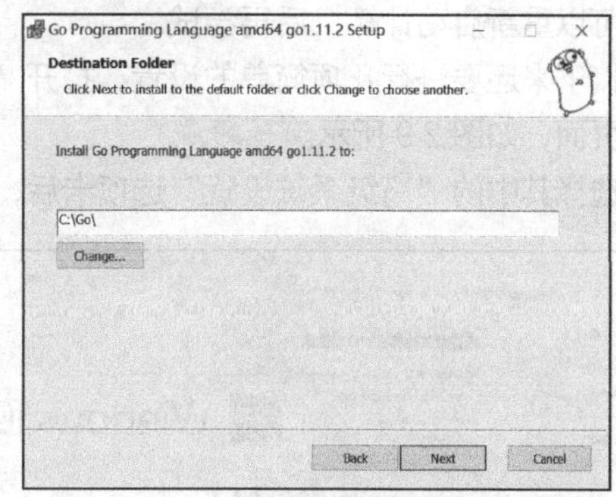

图 2.4　选择 Go 语言的安装位置

出现图 2.6 所示的界面时，表示 Go 语言已经顺利安装完毕，直接单击“Finish”按钮结束安装程序就完成了整个 Go 语言自身的安装过程。

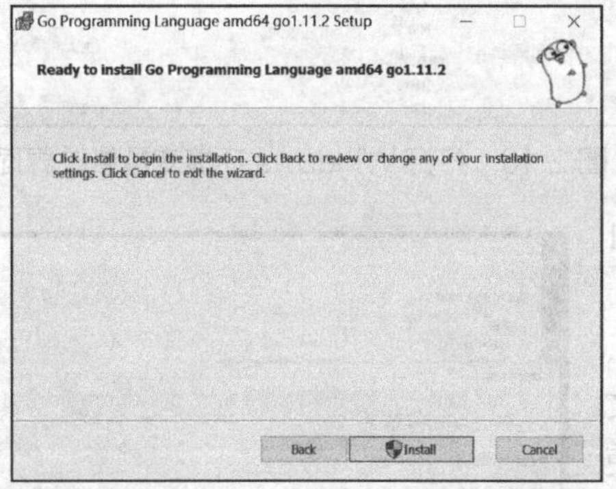

图 2.5　Go 语言安装中间界面

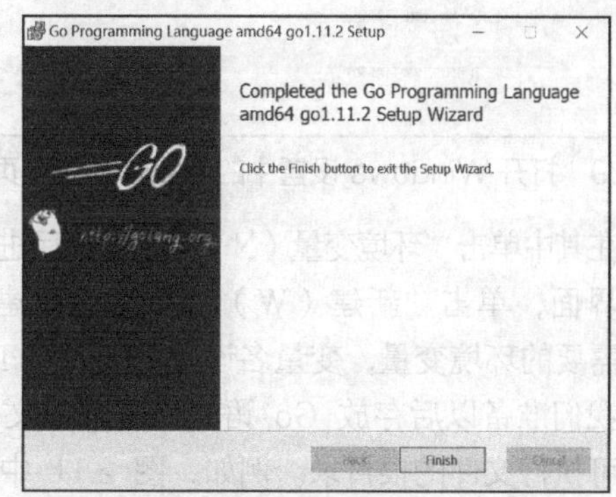

图 2.6　Go 语言安装包的完成界面

安装程序执行完毕之后，我们还要做一些简单的设置，才能完成 Go 语言基本开发环境的搭建。打开 Windows 的“命令提示符”程序（Windows 10 系统中，单击任务栏左下角的 Windows 徽标后直接用键盘输入“cmd”即可找到，或者在“Windows 系统”分类中可以找到），如图 2.7 所示。

使用命令提示符程序是在 Windows 系统中执行命令的常用手段，在其中运行的程序一般称作“命令行程序”。由于开发者一般沿用命令提示符程序的英文名字“CMD”，在本书后面也将以“CMD”来指代命令提示符程序。接下来我们在 CMD 中输入“go version”命令并按 Enter 键执行，如果看到类似图 2.8 中输出的 Go 语言版本信息，就表示 Go 语言安装成功，一些环境变量中的路径信息也已经正常设置。

图 2.7　Windows 中的命令提示符程序

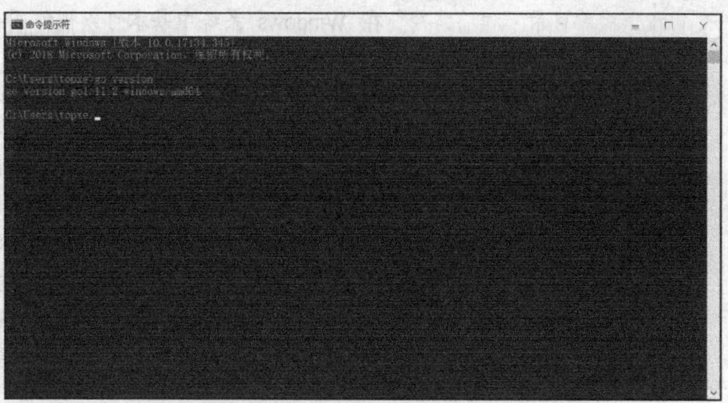

图 2.8　在 CMD 中查看 Go 语言的版本

从图 2.8 中可以看到安装的 Go 语言版本号是 1.11.2，随着 Go 语言不断升级，版本号会有所变化。如果 go version 命令运行不正常，可以关闭 CMD 程序后重新打开进行尝试，如果再次失败，可以重新启动计算机后再尝试。

接下来还要进行几项简单的设置，打开 Windows 的控制面板，找到“系统和安全”中的“系统”页面，如图 2.9 所示。

选择其中的“高级系统设置”选项卡后，可以看到类似图 2.10 所示的界面。

图 2.9 打开 Windows 设置中的系统基本信息页面

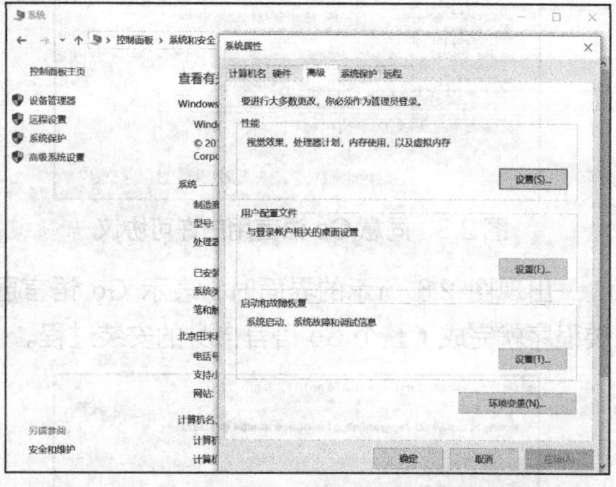

图 2.10 打开 Windows 环境变量修改界面

在其中单击“环境变量（N）...”按钮后进入图 2.11 所示界面，单击“新建（W）...”按钮新建一个 Go 语言需要的环境变量，变量名设置为 GOPATH，变量值是我们准备以后存放 Go 语言所有程序文件、包文件和可执行文件的根目录。例如，图 2.11 中，设置使用 C 盘的 goprjs 目录作为 Go 语言开发的根目录。注意，新建环境变量时可以选择新建用户环境变量或者系统环境变量，用户环境变量将只对当前登录 Windows 系统的用户生效，而系统环境变量将对所有用户生效，所以建议选择新建系统环境变量。系统环境变量中已经有一个“GOROOT”变量，这是 Go 语言安装包安装时系统已经设置好的 Go 语言自身的根目录，一般不要改动它。

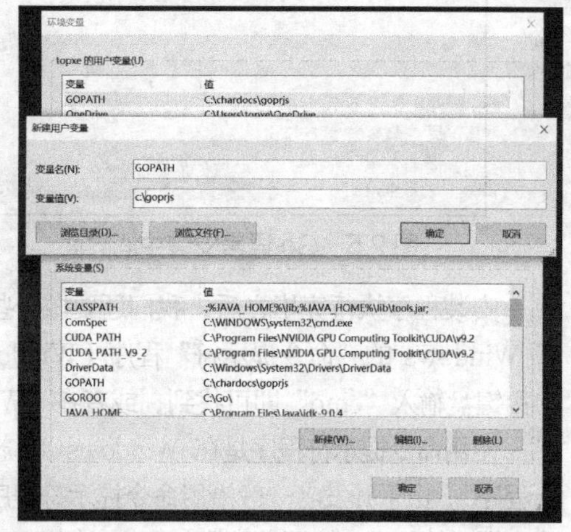

图 2.11 在系统信息中新增 GOPATH 环境变量

小知识补充

“目录”和“路径”在 Windows 系统中基本可以视作同一个概念，对于开发者来说，习惯使用“目录”这个词，因此本书中后面也将沿用此习惯。而“路径”一般指的是目录或文件的完整表达形式，一般会包括盘符和它的每一级上级子目录，例如路径“C:\goprjs\src”表示的是 C 盘根目录下 goprjs 子目录下的 src 子目录；而路径 C:\test\test.txt”表示 C 盘根目录下 test 子目录下的 test.txt 文件。另外，路径有所谓的“绝对路径”和“相对路径”之分，绝对路径指的是类似“C:\goprjs\src”这样从盘符开始的完整路径；而相对路径则是某个路径相对于另一个路径的表达方式，例如，相对于“C:\goprjs”这个目录，“C:\goprjs\src”目录的相对路径就是“src”。实际应用中，相对路径一般相对于一个“当前目录”而言，当前目录在命令行界面中可以用“cd”命令进行切换，例如在 Windows 操作系统中可以先用“c:”命令把当前磁盘切换为 C 盘（盘符大小写都可以），然后用“cd \goprjs”命令把当前目录切换为“C:\goprjs”，再用“cd src”命令（其中的“src”是相对路径）就可以将当前目录切换为“C:\goprjs\src”。

修改环境变量也可以在 CMD 中进行，直接使用类似 setx /m GOPATH “C:\chardocs\goprjs” 命令可以产生同样的效果，如图 2.12 所示。

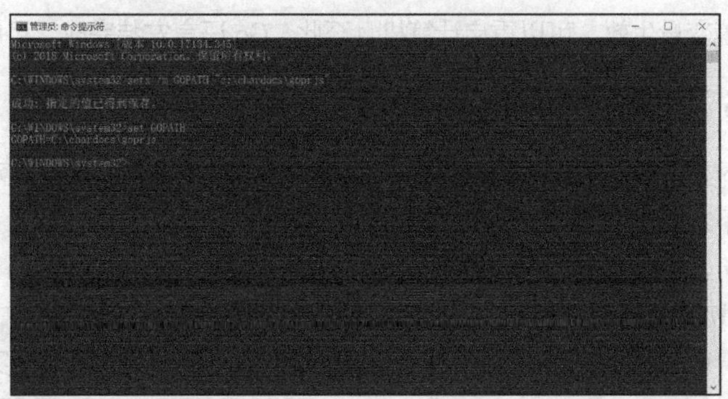

图 2.12　用 setx 命令在 Windows 中设置 GOPATH 环境变量

图 2.12 中用 setx 命令将 GOPATH 变量设置为“C:\chardocs\goprjs”，并且用 set 命令进行了验证（命令 set GOPATH 表示查看环境变量 GOPATH 的值）。setx 命令中，“/m”参数表示将永久保存该环境变量，防止其在重新启动计算机后失效，目录名最好用英文双引号括起来，防止空格等特殊字符可能带来的混淆。注意，由于 Windows 权限机制，在命令行中修改环境变量需要以管理员身份打开 CMD 才能成功修改，具体方法是在打开 CMD 时（在“命令提示符”图标上）单击鼠标右键后选择“以管理员身份运行”。

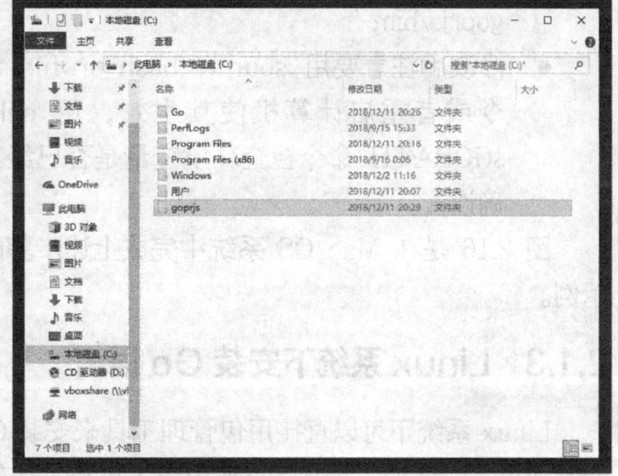

图 2.13　在 Windows 中新建 Go 语言开发的根目录

设置完 GOPATH 环境变量后，按“确定”按钮确认修改。如果设置的开发根目录不存在，则还需要在 Windows 中新建该目录，如图 2.13 所示。

之后，我们还需要在 Go 语言开发根目录下新建两个子目录，分别为 src 和 bin，其中，src 目录将被用于存放 Go 语言的代码文件，bin 目录将被用于存放编译后的可执行文件，如图 2.14 所示。

同时，为了方便从 bin 子目录执行程序，建议将该目录加入 PATH 环境变量中，如图 2.15 所示。

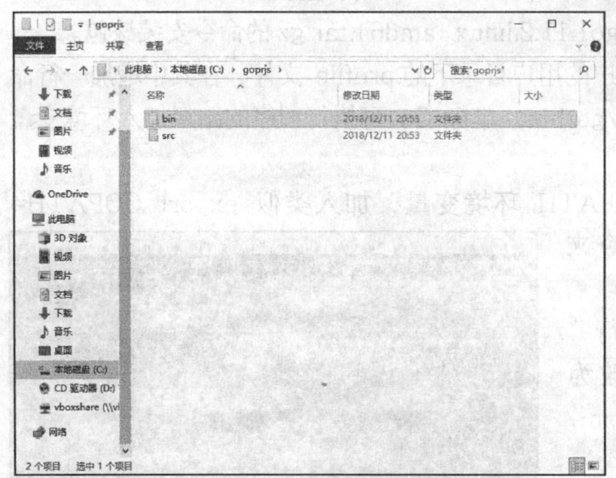

图 2.14　在 Go 语言开发根目录下建立 bin 和 src 子目录

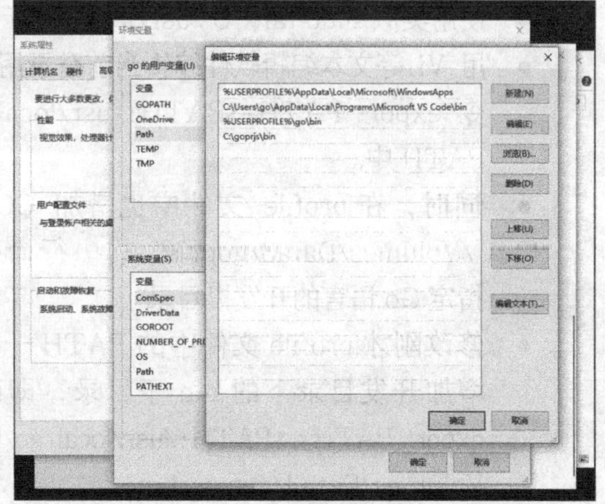

图 2.15　将 bin 子目录添加到 Windows 中的 PATH 环境变量

图 2.15 所示的添加方法仍然是在编辑环境变量的界面上，找到 Path 变量（注意在 Windows 中可以用 Path，而在 MacOS 和 Linux 中应用全大写的 PATH）进行编辑，在其中增加 bin 子目录的完整路径，然后确认并保存环境变量。

最后，为保证环境变量生效，可以重启计算机。至此，Go 语言安装完成，用户可以开始进行开发。

2.1.2 Mac OS X 系统下安装 Go 语言

Mac OS X 系统下安装 Go 语言与 Windows 系统下的安装过程类似，需要注意的有下面几点。

- 安装包需要下载名字类似“go1.11.2.darwin-amd64.pkg”的文件；
- Mac OS 中与 CMD 对应的是“实用工具”中的“终端”（Console）；
- Mac OS 中增加环境变量应该在用户目录下的“.bash_profile”文件或“.profile”文件中修改，可以使用 Vi 或者其他文本编辑软件在其中增加一行（具体路径根据实际情况修改）export GOPATH="/Volumes/Data3/goprjs"；
- 还需要修改“.bash_profile”文件或“.profile”文件中的 PATH 变量，加上开发目录下的 bin 子目录，即在最后增加一行 export PATH=$PATH:/Volumes/Data3/goprjs/bin；
- 修改后注意要用 source .bash_profile 命令或者重启计算机使其生效，用 echo $GOPATH 命令检查环境变量是否已经正确设置。

图 2.16 是在 Mac OS 系统中完成上述步骤的示例。

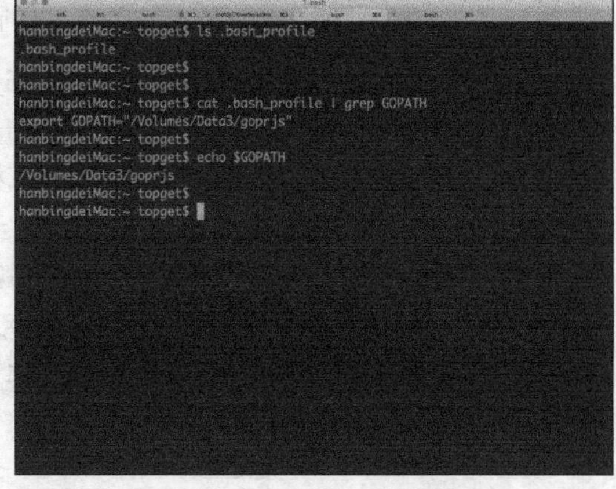
```
hanbingdeiMac:~ topget$ ls .bash_profile
.bash_profile
hanbingdeiMac:~ topget$
hanbingdeiMac:~ topget$
hanbingdeiMac:~ topget$ cat .bash_profile | grep GOPATH
export GOPATH="/Volumes/Data3/goprjs"
hanbingdeiMac:~ topget$
hanbingdeiMac:~ topget$ echo $GOPATH
/Volumes/Data3/goprjs
hanbingdeiMac:~ topget$
hanbingdeiMac:~ topget$
```

图 2.16 Mac OS 系统下设置配置文件中的 GOPATH

2.1.3 Linux 系统下安装 Go 语言

Linux 系统下可以直接用包管理工具来安装 Go 语言，使用类似 apt-get install golang 的命令安装即可。但这种安装方式只适用于 Go 语言比较旧的版本，因此，我们不建议采用这种方法，而建议按以下步骤安装。

- 下载文件名类似“go1.11.2.linux-amd64.tar.gz”的 Linux 安装包。
- 使用类似 sudo tar -C /usr/local -xzf go1.11.2.linux-amd64.tar.gz 的命令安装该包。
- 用 Vi 等文本编辑软件编辑当前登录用户的用户目录下的.profile 文件，在其中增加一行命令 export PATH=$PATH:/usr/local/go/bin，即将 Go 可执行程序的路径加入环境变量 PATH 中。
- 同时，在.profile 文件中也增加 GOPATH 环境变量，加入类似 export GOPATH="/Volumes/Data3/goprjs" 的一行命令来指定 Go 语言的开发根目录。
- 修改刚才.profile 文件中的 PATH 一行，增加开发目录下的 bin 子目录，即改为 export PATH= $PATH:/usr/local/go/bin:/Volumes/Data3/goprjs/bin。
- 使用命令 source .profile 或重新登录 Linux 服务器使环境变量生效。
- 安装完毕，可以使用 go version 命令验证 Go 语言是否正确安装。

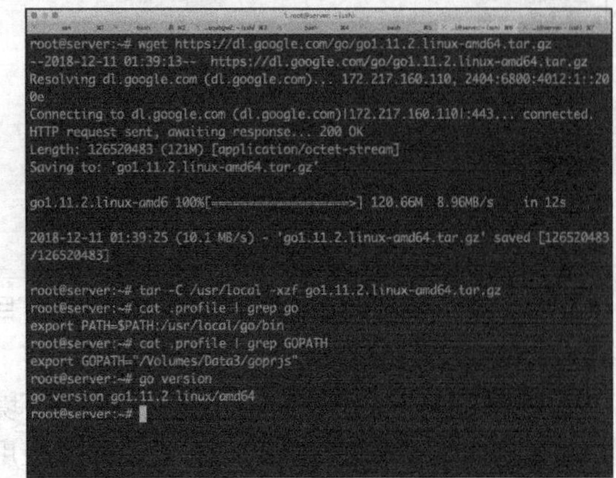
```
root@server:~# wget https://dl.google.com/go/go1.11.2.linux-amd64.tar.gz
--2018-12-11 01:39:13--  https://dl.google.com/go/go1.11.2.linux-amd64.tar.gz
Resolving dl.google.com (dl.google.com)... 172.217.160.110, 2404:6800:4012:1::200e
Connecting to dl.google.com (dl.google.com)|172.217.160.110|:443... connected.
HTTP request sent, awaiting response... 200 OK
Length: 126520483 (121M) [application/octet-stream]
Saving to: 'go1.11.2.linux-amd64.tar.gz'

go1.11.2.linux-amd6 100%[===================>] 120.66M  8.96MB/s    in 12s

2018-12-11 01:39:25 (10.1 MB/s) - 'go1.11.2.linux-amd64.tar.gz' saved [126520483/126520483]

root@server:~# tar -C /usr/local -xzf go1.11.2.linux-amd64.tar.gz
root@server:~# cat .profile | grep go
export PATH=$PATH:/usr/local/go/bin
root@server:~# cat .profile | grep GOPATH
export GOPATH="/Volumes/Data3/goprjs"
root@server:~# go version
go version go1.11.2 linux/amd64
root@server:~#
```

图 2.17 Linux 系统下安装 Go 语言

注意，图 2.17 中没有体现出编辑环境变量的过程，只演示了验证的过程。

到这里为止，Go 语言开发所需的基本环境已经安装完毕。但是，为了打造更高效的开发环境，我们建议安装一些便捷的工具，下面将分别介绍这些工具的安装。

2.2 打造更舒适的开发环境

前面已经介绍了如何安装 Go 语言开发的基本环境，但如果只利用基本环境进行开发会有很多不便之处，下面我们介绍如何通过安装一些工具和修改一些设置来改善我们的开发环境。本书中基于 Windows 10 系统的界面进行讲解，其他版本的 Windows 系统中的界面也大同小异。另外需要注意的是，本书中介绍的工具和所有的代码一般均可在人邮教育社区下载的随书资源包中找到，或者可以在 GitHub 网站的 topxeq/goexample 目录下找到。

2.2.1 修改 Windows 资源管理器的一些显示设置

Windows 系统下我们打开任何一个文件夹，打开的其实都是 Windows 资源管理器的界面，我们需要做一些设置使它更符合开发的习惯。如图 2.18 所示，单击资源管理器左上方的“文件”下拉菜单按钮，选择“更改文件夹和搜索选项(o)”。

然后在图 2.19 所示的界面中选择“查看”选项卡，将其中的“隐藏已知文件类型的扩展名”前的选项取消勾选。

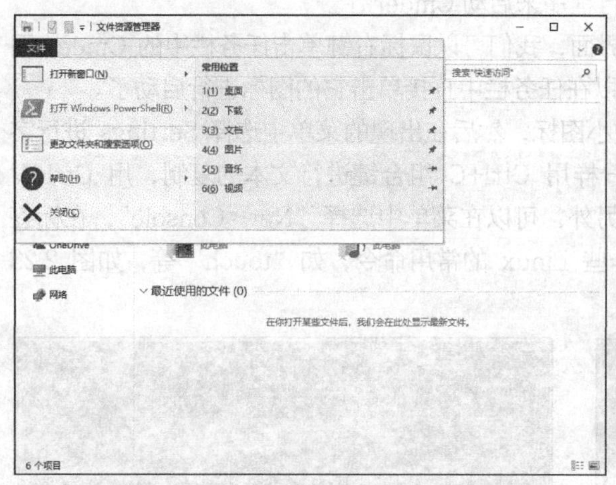

图 2.18 Windows 文件夹选项菜单

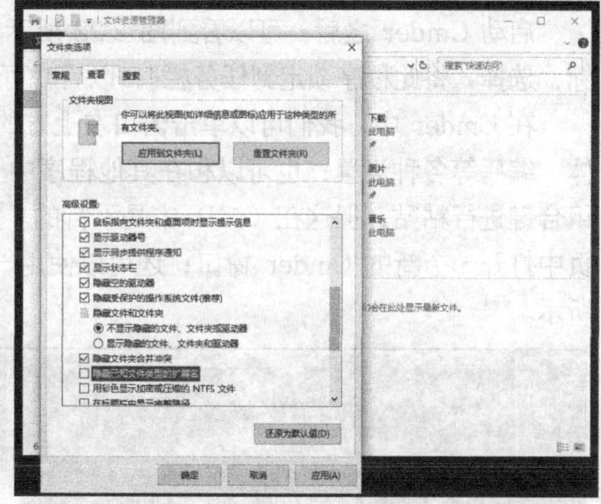

图 2.19 修改 Windows 文件夹显示选项

这样我们就能清楚地看到一些文件的扩展名，例如 Go 语言程序文件 test.go 文件名后面的“.go”部分。

2.2.2 命令提示符 CMD 的替代方案

Mac OS X 和 Linux 系统中都有很好的命令行终端，但在 Windows 下提供的 CMD 一直以来就不是一个很好的命令行终端软件，主要的问题有以下几个。

- 复制、粘贴操作较为不便；
- 对 UTF-8 编码的文字及其他非 ANSI 字符集的字符显示兼容性差；
- 字体等样式设置选择非常少；
- 不支持标签页式的同时开启多个终端的方式。

这些问题随着 Windows 系统的升级有所改善，但整体上还是比较影响使用效率。因此，我们强烈推荐用 Cmder 等软件替代 CMD，用户可以到官网下载，如图 2.20 所示。

注意，Cmder 官网上提供两种下载版本，一种是 Mini 版本，即精简版；一种是 Full 版本，即完全版。我们推荐下载完全版，因为完全版里附带了很多 Linux 系统中比较常用的命令的 Windows 移植版本。

下载的文件是一个以.zip 或.7z 为扩展名的压缩文件，把它解压缩后放到一个常用的文件夹下，例如图 2.21 中，我们把 Cmder 解压缩后放在了 C 盘的 tools 文件夹下。

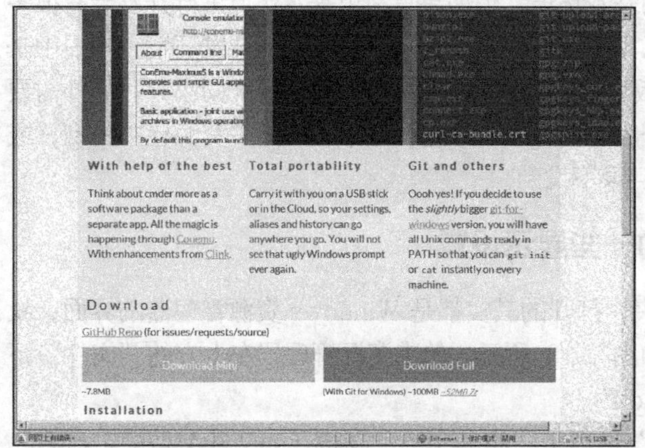

图 2.20　Cmder 官网下载页面

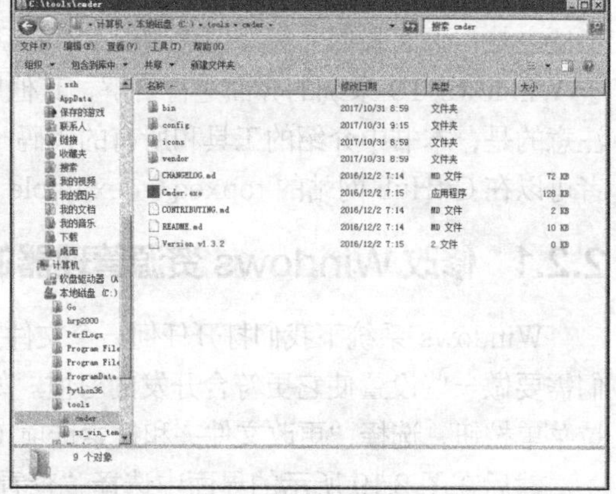

图 2.21　Cmder 安装包解压后文件夹内容

之后我们就可以双击 Cmder.exe 这个可执行程序来启动 Cmder 了。

启动 Cmder 之后，可以看到图 2.22 所示界面，我们可以鼠标右键单击任务栏中的 Cmder 图标，选择“将此程序锁定到任务栏”，以后就可以在任务栏中直接单击它的图标进行启动了。

在 Cmder 中，我们可以单击窗口左上方的小图标，然后在出现的菜单中选择 Settings 进行字体、编码等各种设置；也可以和在其他程序中一样用 Ctrl+C 组合键进行文本的复制，用 Ctrl+V 组合键进行粘贴，但这在 CMD 中是不行的。另外，可以在菜单中选择“New Console”，在标签页中打开一个新的 Cmder 窗口；还可以使用一些 Linux 的常用命令，如“touch”等，如图 2.23 所示。

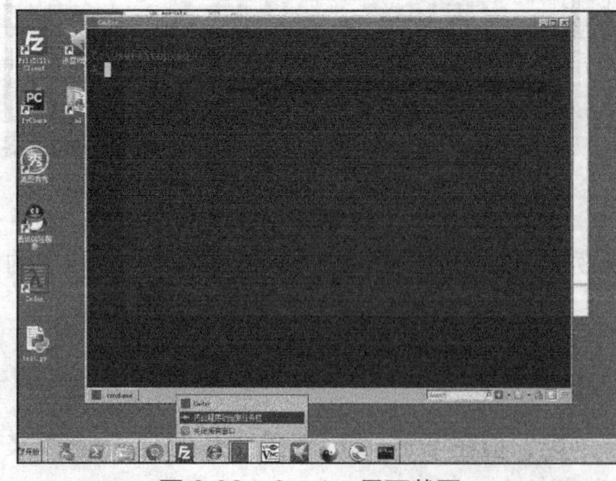

图 2.22　Cmder 界面截图

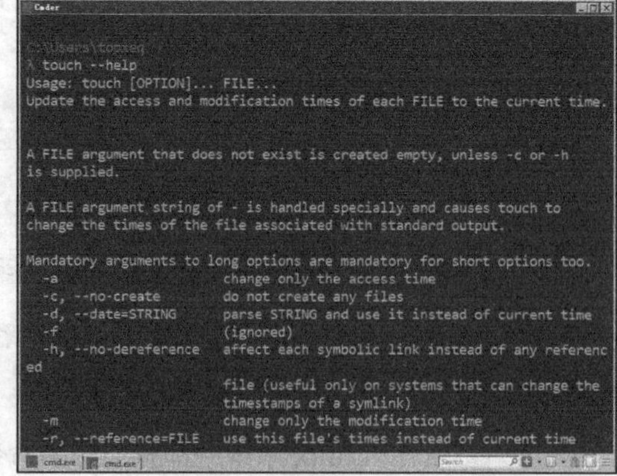

图 2.23　Cmder 中执行 Linux 命令

> **注意**　如果无法运行 touch 等命令，可能是没有正确设置 Path 环境变量，需要按照 2.1.1 节中介绍的修改环境变量的方法把“C:\tools\cmder\vendor\git-for-windows\usr\bin”目录添加到 Path 环境变量中。

除了 Cmder 之外，Console 2 也是一个较好的 CMD 替代软件。Console 2 有很多修改版本，建议使用 cbucher 修改的版本 Console Z，在 GitHub 网站查看 cbucher/console 库即可找到安装包。

2.2.3 文本文件编辑器

在 Windows 系统下编写简单的 Go 语言程序，理论上可以直接使用 Windows 中的记事本，这是一个文本文件编辑软件。后面我们将介绍使用更适合编写 Go 语言程序的软件，但有时候编写简单的程序或者对程序做少许修改时，可以用文本编辑软件来做，记事本的功能显得过于薄弱。建议使用一些专业的文本编辑软件替代记事本，例如在 Windows 系统中我们推荐一款简单易用的免费软件 Notepad2mod；在 Mac OS X 系统中推荐在 Mac 应用商店里可以找到的免费软件 TextWrangler，这是一款强大的文本编辑软件 BBEdit 的免费版本，但功能已经足够，甚至超越了很多专业的收费软件；在 Linux 系统中，推荐直接使用 Vim 或 GVim 编辑器。

专业的文本编辑软件与记事本相比有以下增强功能，在开发过程中比较有用。

- 能够显示每一行文字的行号；
- 具备比较完善的自动折行功能；
- 支持方便地对文本的编码进行转换；
- 具备 Go 语言（也包括其他语言）的语法高亮功能，就是能够用不同颜色区别程序中不同类型的文字、数字等；
- 支持使用正则表达式进行高级的文本查找和替换，这一点在程序代码量较大又需要查找文字的时候非常有用；
- 具备比较完善的文本样式设置功能，如对字体、颜色的调整等。

本节介绍了如何通过配置操作系统和安装一些工具软件来打造更好的开发环境。下一节将着重介绍如何选择专门的 Go 语言开发工具软件。

2.3 Go 语言开发工具的选择

如前所述，开发 Go 语言时，理论上使用任何文本编辑软件都可以进行。但实际上除了偶尔做少许修改的情况，大多数情况下我们都需要一个带有开发文档查阅、代码高亮显示、代码提示和自动补全、开发目录或开发工程管理、调试等功能的工具软件。本节将给出一些可选的方案。

2.3.1 LiteIDE

LiteIDE 是一个专门针对 Go 语言开发的轻量级但功能全面的专业开发工具，这类专用于某种计算机语言的开发工具一般叫作集成开发环境（Integrated Development Environment，IDE），IDE 最主要的功能是提供一个编写程序、调试程序的一站式开发环境。LiteIDE 的主要特点是异常简单的安装和使用过程：下载压缩包解压缩后即可直接使用，无须安装任何插件（包内已经自带各种主要插件和工具）。同时，LiteIDE 还是跨平台的软件，支持 Windows、Mac OS 和 Linux 系统。因此，LiteIDE 是我们首要推荐的开发 Go 语言的工具软件，自行上网搜索适合自己操作系统的版本下载即可。本书后面实例中将主要使用 LiteIDE 作为开发工具来示范。

2.3.2 Visual Studio Code 加 Go 语言插件

Visual Studio Code 简称 VS Code，是微软公司开发的一个轻量级的面向编程开发的专用软件，虽然它也可以被当作一个普通的文本编辑器使用，但还是更多被用于进行各种编程开发。根据一些网络调查，近年来 VS Code 已经成为世界上使用最广泛的 Go 语言开发软件。VS Code 也是跨平台的软件，支持 Windows、MacOS 和 Linux 等操作系统。

VS Code 的优势在于，它不仅可以用于 Go 语言开发，也可以作为一般的文本编辑软件使用，在本书实例中可能会用到编辑文本文件的功能。如果要使用 VS Code 进行 Go 语言开发，它比 LiteIDE 复杂一些的地方在于，需要安装 Go 语言相关的插件，由于插件安装过程中可能会遇到问题，下面给出具体的安装步骤供参考。

在搜索引擎中直接搜索“vscode”即可找到 VS Code 的官方网站，下载对应自己操作系统的安装包，按提示进行安装，如图 2.24 所示。

安装时建议勾选图 2.25 所示的几个选项，开发过程会比较方便。

图 2.24　VS Code 官网下载页面

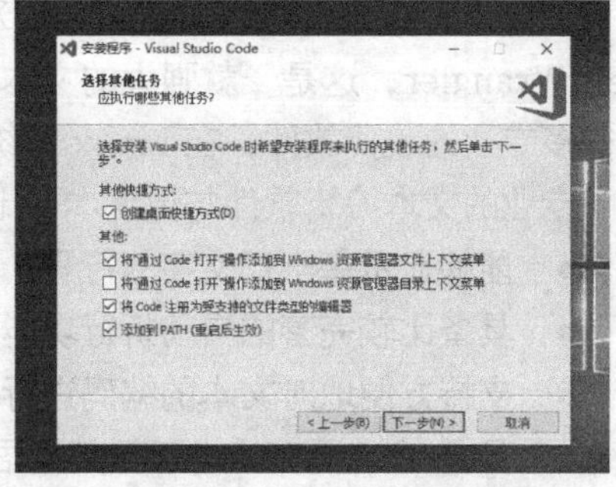

图 2.25　VS Code 安装时的选项

安装完毕后运行 VS Code 应该可以看到图 2.26 所示的软件界面，表示 VS Code 软件已经安装成功。

在安装 VS Code 的 Go 语言插件之前，还需要做一些准备工作。首先要下载安装版本管理软件 Git，直接去 Git 软件官网下载安装即可，如图 2.27 所示。

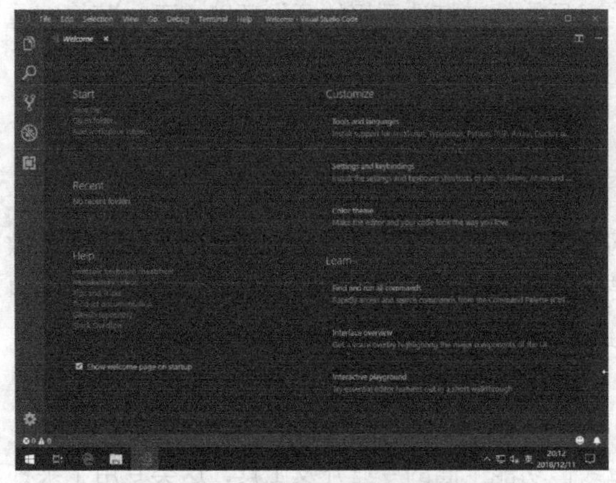

图 2.26　VS Code 初次运行界面

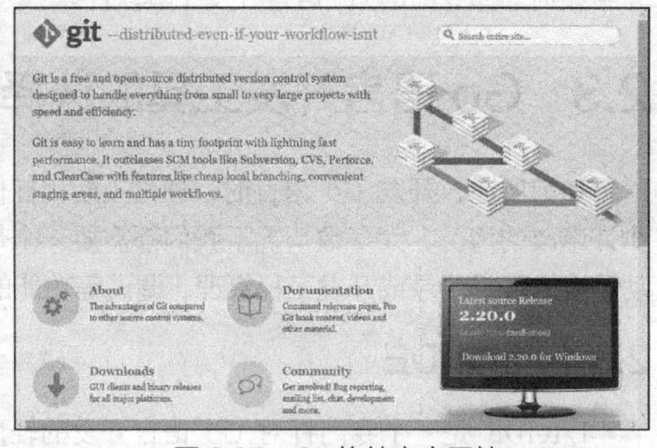

图 2.27　Git 软件官方网站

按照默认选项和提示逐步安装完 Git 软件后，下面的操作同样比较关键：我们需要在命令提示符下，用 cd 命令进入之前新建的开发根目录下的 src 子目录，然后使用 mkdir 命令新建 golang.org 子目录及其再下一级的子目录 x；然后进入该子目录，运行 git clone https://github.com/golang/tools.git 命令来获取 Go 语言的一些工具包，如图 2.28 所示。

注意	cd 命令在 Windows 和 Linux、MacOS 系统中都被用于改变当前工作的目录（简称“当前目录”或“工作目录”），但 Windows 系统中如果要改变到另一个盘符（例如从 C 盘的某个目录换到 D 盘的某个目录）下的目录时，只使用 cd 命令是不够的，必须先用类似“D:”或“C:”命令切换好盘符，再用 cd 命令，才可以正确切换到指定的目录。“当前目录”在计算机应用中非常重要，很多命令和程序的运行需要根据当前目录来确定其行为，例如，如果 cd 命令后面跟的是相对路径，Go 语言将根据当前目录来确定究竟要切换到哪个目录。例如，在 C:\goprjs 目录下执行 cd src 命令，会切换到 C:\goprjs\src 目录下。另外，有两个特殊的相对路径表示方式，“..”表示当前目录的上一级目录，cd .. 命令将会把目录切换到当前目录的上一级目录；而“.”则表示当前目录本身。

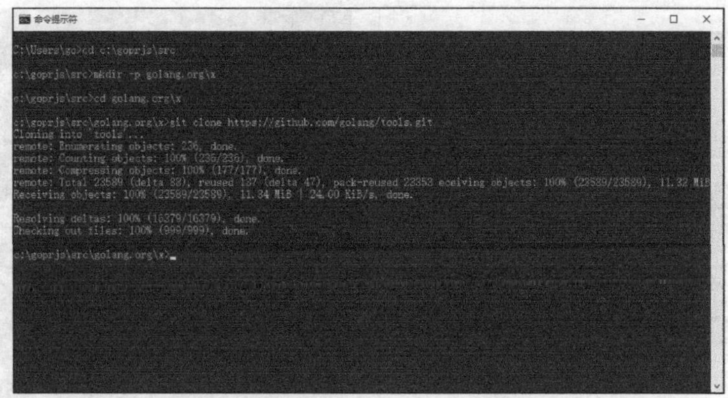

图 2.28 用 Git 软件准备 Go 语言插件所需的工具环境

然后，还需要在同一目录下执行 git clone https://github.com/golang/lint.git 命令，安装另一个工具包 lint，如图 2.29 所示。

注意 这两步其实是在安装一些 Go 语言常用的工具包，在使用 Go 语言开发程序时，经常要用到该工具包，因此建议无论是否应用 **VS Code** 来做开发，都要先执行以上两步操作。

接下来就可以安装 VS Code 的 Go 语言插件了，打开 VS Code 软件，单击左边竖排图标中最下方的一个图标，进入插件管理页面，从“View”菜单的“Extensions”子菜单也可以进入插件管理页面。在其中的搜索框中输入“go”即可搜索到 Go 语言首选的插件，如图 2.30 所示，单击“Install”按钮安装即可。

图 2.29 用 Git 软件准备 Go 语言插件所需的工具 lint

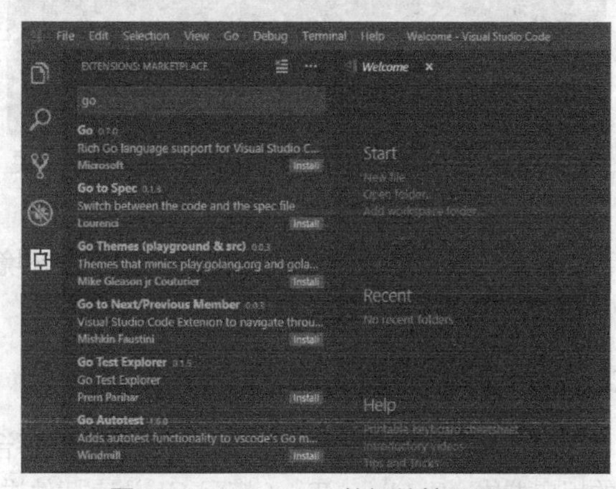

图 2.30 VS Code 的插件管理界面

安装完毕后，我们在任意目录下新建一个文本文件，并将文件名称修改为 test.go（注意，一定要改后缀为.go，而不是用原来的.txt），文件中的内容可以不修改或者随意输入一些文字，因为这只是用于安装 Go 插件的临时文件。

用鼠标右键单击该文件后，从菜单项中选择“Open with Code”，即可用 VS Code 编辑该文件，如图 2.31 所示。

这时候，我们会发现 VS Code 软件窗口右下方出现了“Analysis Tools Missing”的提示，如图 2.32 所示，单击该提示并单击弹出对话框中的“Install”按钮就可以开始安装 Go 语言插件所需的各种工具。

安装的过程比较漫长，请确保网络畅通，耐心等待所有工具安装完毕，如图 2.33 所示。如果中间出现问题，关闭 VS Code 后重新按前面的步骤打开 test.go 文件并继续安装，直至出现类似下面包含“All tools successfully installed.”提示的界面，如图 2.34 所示。

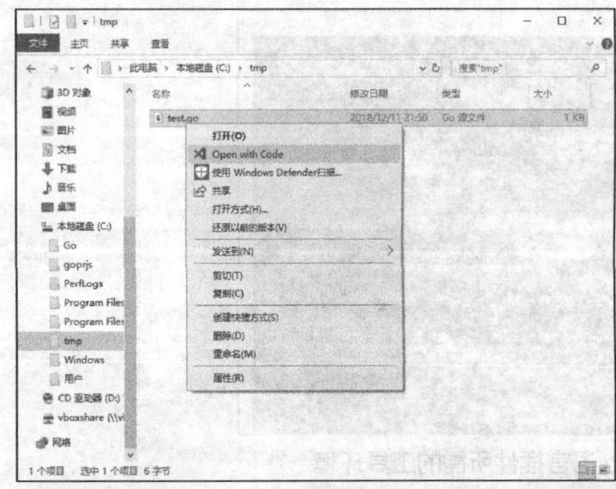

图 2.31 新建 test.go 文件并用 VS Code 编辑

图 2.32 VS Code 中缺失 Go 语言插件所需工具的提示

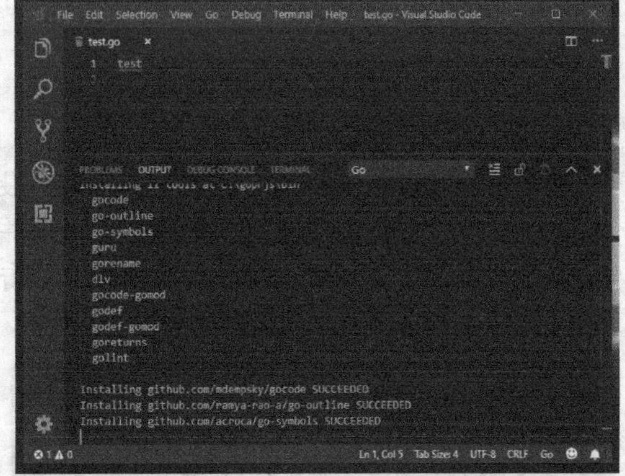

图 2.33 VS Code 中 Go 语言插件安装所需的工具

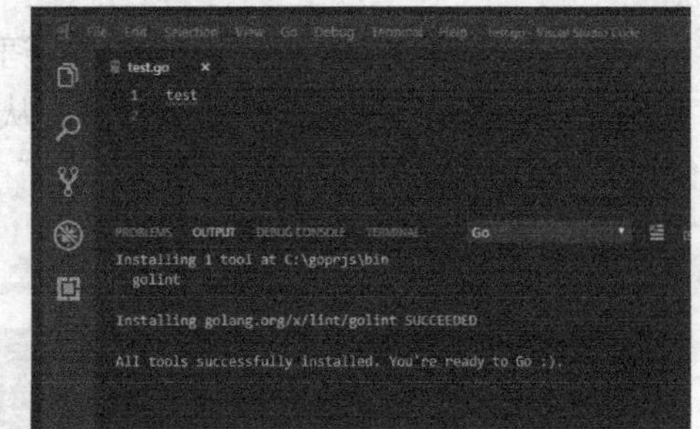

图 2.34 VS Code 中 Go 语言插件安装完成界面

至此，用 VS Code 开发 Go 语言的开发环境安装完毕。可以发现，相较于 LiteIDE 来说，VS Code 的安装设置过程较为复杂。

2.3.3 其他开发工具

Sublime Text 也是一款非常优秀的、跨平台的、常被用于编程开发的文本编辑软件，有较大的用户群体。Sublime Text 搭配 Go 语言插件进行开发也是一个很好的选择。另外，JetBrains 公司提供的 GoLand 也是一款优秀的重量级 Go 语言开发 IDE，功能比较丰富，目前 GoLand 是收费软件。Vim 加插件的方式也是 Go 语言开发的一种选择，但由于配置复杂且使用不是很方便，一般仅推荐已经能够熟练使用 Vim 的开发者或者必须在远程服务器上进行 Go 语言开发的用户使用。

至此，我们的开发环境就基本安装完毕了，下一章将介绍如何编写、编译和运行 Go 语言程序，以及 Go 语言的编程基础知识，为后面开展深入的学习打好基础。

第 3 章 Go 语言快速入门

在详细讲解 Go 语言的各方面内容之前，本章将对 Go 语言的基础概念、编程方法和主要知识点进行介绍。这样做的目的是让读者在深入细节前对 Go 语言有一个全面的概览，避免后面详细讲解每个知识点时由于顺序问题导致需要不断穿插引用尚未涉及的内容。因此，为避免一开始头绪太多引起混乱，本章讲解的基本都是用 Go 语言编程“必备”的知识，一些 Go 语言中较高级的、较复杂的知识点（例如并发编程等）也将留在后面的章节中详细讲解。对于初学编程者，本章是一个很好的入门章节，读者可以快速了解编程的一些基本概念和方法。已经具备一定基础的开发者阅读本章时可以快速浏览。

小知识补充

“程序”与“代码”的区别与关系：“程序”一般指的是让计算机去做某件事情的一系列步骤，而“代码”一般指的是实现这些步骤的、计算机能够理解并执行的具体指令。程序一般被编写成用某种计算机语言表达的代码，并被保存为文件，供保存、使用和传递，这样的文件叫作代码文件或程序文件。计算机执行程序的一般过程是：对于解释性语言，会将代码从代码文件载入到内存中，然后在内存中执行该代码；对于编译型语言，会将代码文件编译成可执行文件，然后执行的时候直接载入可执行文件来执行。实际上，开发者尤其是编程人员经常将程序和代码这两个词混用，例如“编写程序”和“编写代码”的含义是一样的，本书中也有可能出现这种情况。

3.1 初识 Go 语言——编写、编译和运行

在搭建完 Go 语言的开发环境后，本节将以经典的“Hello world!”程序为例介绍如何编写、编译和运行 Go 语言程序。大部分情况下，本书都将以 Windows 系统下使用 LiteIDE 作为开发工具来讲解示例，其他操作系统和开发工具中的操作也是类似的，开发者可以自行尝试。

3.1.1 怎样输入 Go 语言程序

Go 语言程序的源代码是以目录加包的结构来组织的，因此首先需要在 Go 语言源代码目录中新建一个目录来存放本节的例子代码。我们之前已经将 Go 语言开发的根目录设置在 C 盘的 goprjs 目录下，而源代码目录是在 goprjs 目录下的 src 子目录，完整的路径是 C:\goprjs\src。我们在该目录中再新建一个子目录 hello，如图 3.1 所示。

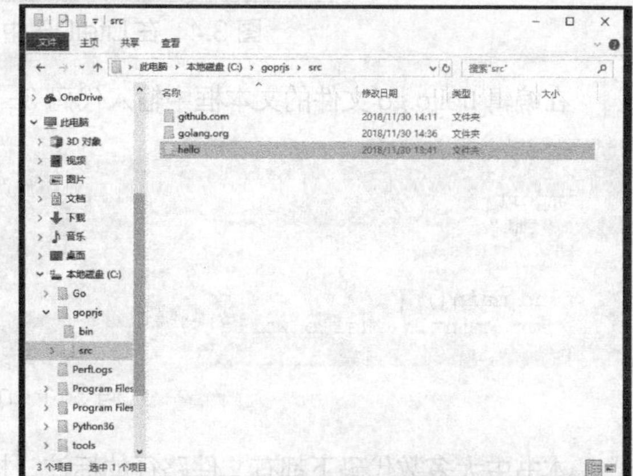

图 3.1　在 src 目录下新建 hello 子目录

新建子目录也可以在命令行中进行，使用 mkdir 命令即可，如图 3.2 所示。

“cd”命令可以改变所在的当前目录，另外如果要切换到不同磁盘上的目录，需要先用“C:”或“D:”等命令来切换盘符（注意 Windows 中盘符不区分大小写）。

创建完 hello 子目录后，打开 LiteIDE 软件，单击左边菜单栏中的“目录”选项卡，在展开的

空白目录窗格中单击鼠标右键并选择“打开目录”菜单项，如图 3.3 所示。

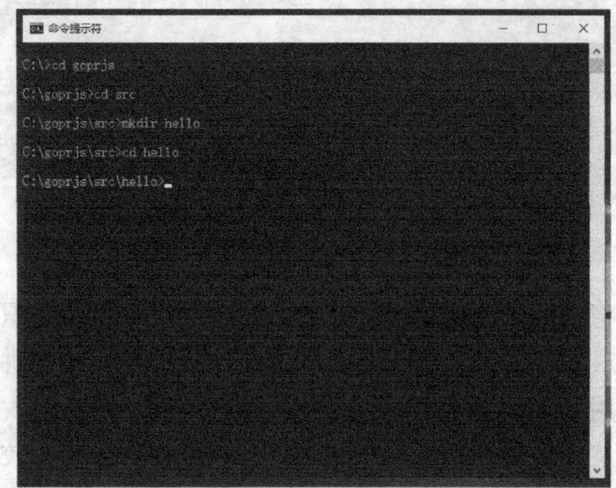

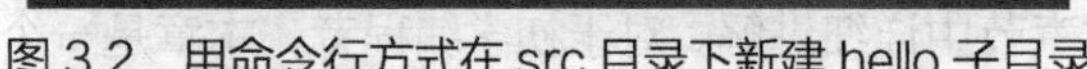
图 3.2 用命令行方式在 src 目录下新建 hello 子目录

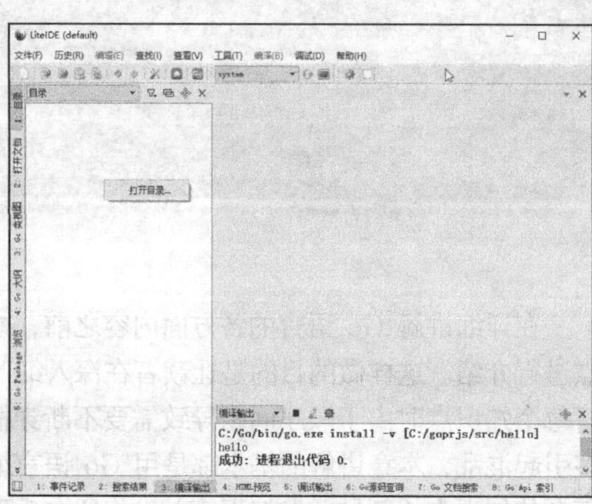

图 3.3 在 LiteIDE 中打开开发目录

然后选择刚刚新建的 hello 目录，窗格中就会增加 hello 目录。再在窗格中选择 hello 目录后单击鼠标右键选择“新建文件...”菜单项，如图 3.4 所示。

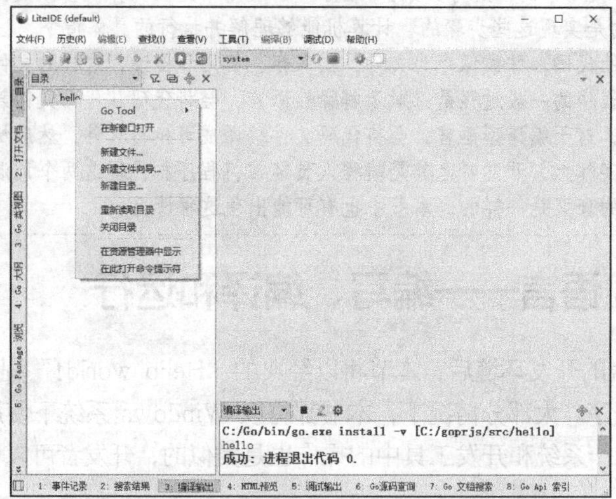

图 3.4 在 LiteIDE 中新建 Go 语言代码文件

在编辑 hello.go 文件的文本框中输入代码 3-1：

```
package main

import (
  "fmt"
)

func main() {
  fmt.Println("Hello world!")
}
```

代码 3-1 hello/hello.go

本书中大多数代码下都有文件路径的标注，根据该路径可以在本书所附的资源包中找到对应的代码文件，也可以在 GitHub 网站的 topxeq/goexamples 子目录下找到该文件。文件路径中的分隔符采用了斜杠字符“/”而不是 Windows 中使用的反斜杠字符“\”，这是因为在 Windows、Mac OS 和 Linux 系统中都兼容斜杠字符，在网络上表示网络资源时也使用斜杠字符“/”，而在 Windows 系统中输入路径时可以自由选择使用哪种分隔符。另外代码文件路径使用相对路径，例如本例中的文件路径是 hello/hello.go，在输入该代码时，应该是对绝对路径为“C:\goprjs\src\hello\hello.go”的文件进行修改；而在 GitHub 网站上查找该代码时，应该到 topxeq/goexamples/hello/hello.go 的位置查看。

输入 hello.go 代码后的界面如图 3.5 所示。

在“文件”菜单中选择或者用组合键 Ctrl+S（先按下 Ctrl 键不松开再按 S 键）保存文件后，即可完成 hello.go 程序代码的输入与保存。

本章我们主要介绍 Go 语言的一些基本开发操作，因此暂时不对代码进行解释，直接按原样输入即可。

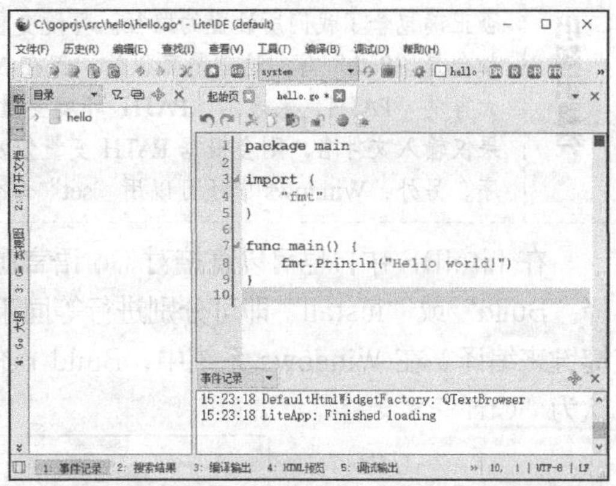

图 3.5 在 LiteIDE 中输入 Hello world!程序代码

3.1.2 怎样编译 Go 语言程序

编译程序源代码是为了生成可执行文件。Go 语言中编译源代码的方法主要有以下两个。

第一个方法是使用 go build 命令。进入 hello.go 程序源代码所在的目录，执行 go build 命令，即可在当前目录下编译生成名为 hello.exe 的可执行程序文件。

如图 3.6 所示，执行 go build 命令后，用 dir 命令列出该目录下的文件时，发现有一个 hello.exe 文件，说明编译成功。如果出现错误信息，请检查程序输入是否错误，或者是否成功保存源代码文件。

第二个方法是使用 go install 命令。执行该命令的方法和结果与 go build 命令类似，唯一的不同是生成的可执行程序文件被放在 Go 语言开发根目录下的 bin 子目录下，对于我们目前设定的环境来说即 C:\goprjs\bin 目录下。“install”是“安装”的意思，表示把 Go 语言生成的程序安装到相应的 bin 目录下。

如图 3.7 所示，执行 go install 命令后，发现 C:\goprjs\bin 目录下有一个 hello.exe 文件。同时，如果用 go build 在代码目录中生成过可执行文件，会发现该文件已经被删除。

图 3.6 用 go build 命令编译 Go 语言代码

图 3.7 用 go install 命令编译并安装 Go 语言程序

使用 go install 编译的好处是所有的可执行文件都被生成在一个统一的目录下，而该目录（按本书中所搭建的环境即 C:\goprjs\bin 目录）已经在前面被我们加入 PATH 环境变量中，那么我们可以在任何目录下执行需要的 Go 语言可执行程序，而无须在每个程序的源代码目录下分别执行该程序。另外，不在源代码目录下放置可执行文件，也可避免给源代码目录造成混乱。

> **小知识补充**
>
> Windows 系统中，可以在 CMD 中用“path”命令查看当前的 PATH 变量，一般用于检验其中是否正确包含了我们所设置的路径。环境变量 PATH 在 Windows 的有些版本中大小写有一定区别，例如会是“Path”等，这都是可以的，但在 Mac OS 和 Linux 中应该都是大写，因此本书后面将统一用大写的“PATH”来表示。PATH 环境变量在操作系统中非常重要，在命令行界面中执行程序时，如果仅输入文件名，则会根据 PATH 变量依次查找其中的路径中是否有该程序，并执行第一个找到的程序。另外，Windows 中还可以用“set”命令查看所有的环境变量。

在 LiteIDE 中，也可以直接对 Go 语言源代码进行编译，如图 3.8 所示，在“编译”菜单中选择“Build”或“Install”即可分别进行等同于 go build 或 go install 命令的操作，也可以直接用快捷键来编译。在 Windows 系统中，Build 操作的快捷键默认为“Ctrl+B”，Install 操作的快捷键默认为“Ctrl+F8”。

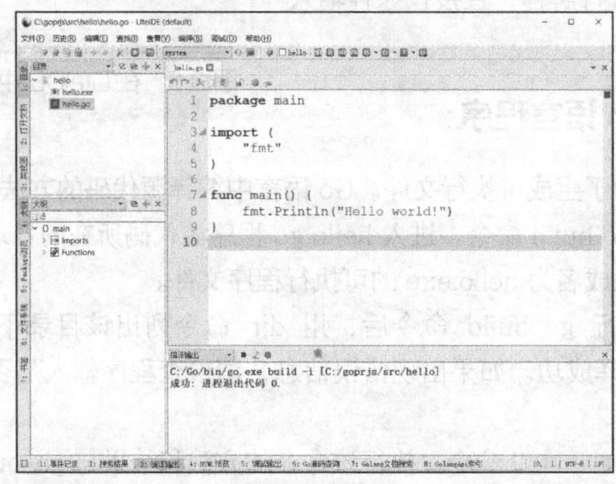

图 3.8 在 LiteIDE 中编译 Go 语言程序

3.1.3 怎样执行 Go 语言程序

在编译完 Go 语言源代码后，会生成 Go 语言的可执行文件，根据所用编译命令的不同，生成在不同的目录下。

如果使用 go build 命令，可执行文件 hello.exe 会被生成在与源文件相同的目录下，即 C:\goprjs\src\hello 目录下。我们在同一目录下执行 hello 命令（无须输入后面的后缀“.exe”），即可执行该程序。

如图 3.9 所示，可以看到程序的运行结果是输出了一行文字“Hello world!”，这就是编程书籍中常作为第一个例子的 Hello world!程序，我们用 Go 语言正常实现了这个程序。

图 3.9 用命令行方式在代码目录执行 Go 语言程序

如果使用 go install 命令生成可执行文件，该文件会位于我们设定的 C:\goprjs\bin 目录下，由于前面已经把 C:\goprjs\bin 目录加入了 PATH 环境变量，因此，在任何目录下都可以直接执行 hello 程序。

如图 3.10 所示，使用 go install 命令编译 hello.go 程序，然后进入 C 盘的根目录，再执行 hello 命令，仍然可以正确执行该程序。为了确认我们执行的是否是 C:\goprjs\bin 目录下的 hello.exe 可执行文件，可以用 where 命令加参数 hello 来查看执行的究竟是哪个目录下的 hello 程序。从 where 命令的输出信息可以看到，执行的确实是 C:\goprjs\bin 目录下的 hello.exe 程序。

注意 在 Mac OS 和 Linux 系统中，与 where 相类似的命令是 which。

在 LiteIDE 等开发工具中，也可以直接通过 Run 菜单项或者相应的快捷键来执行程序。但由于在这些工具内执行程序并没有在 CMD 或其他命令行环境下执行程序方便，所以不建议在开发工具中直接执行程序。

另外，对于比较简单的程序，Go 语言也提供一种直接运行程序而无须编译的方法，就是使用 go run 命令。对于 Hello world！程序，可以直接执行 go run hello.go 命令运行该程序，如图 3.11 所示。

图 3.10 在任意目录执行 Go 语言程序

图 3.11 用 go run 命令编译执行 Go 语言程序

go run 命令其实是自动进行编译并执行的过程，但是编译生成的可执行文件存放在临时目录下，执行完毕后会在适当的时候被删除。为了证明这一点，我们可以用下面修改后的 Hello world! 程序来验证，见代码 3-2。

```
package main

import (
  "fmt"
  "os"
)

func main() {
  fmt.Println("Hello world!")

  dir, _ := os.Executable()
  fmt.Println(dir)

}
```

代码 3-2 修改后的 hello/hello.go

我们暂时不对源代码做过多解释，仅需要知道这次的代码将在输出“Hello world!”的文字后，会再输出本程序的可执行文件的路径（也就是可执行文件所在的文件夹加上可执行文件名）。

从图 3.12 中可以看出，用 go run 执行 hello.go 源代码时，确实生成了临时可执行文件 hello.exe ，并且该文件在一个临时目录下（图中的 C:\Users\topxe\AppData\Local\Temp\go-build819256690\b001\exe 目录）。

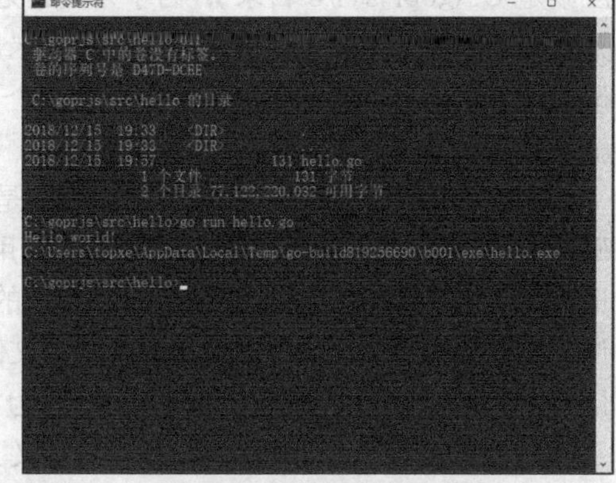

图 3.12 查看 Go 语言可执行程序运行的位置

3.1.4 怎样查看 Go 语言的文档

在使用某种编程语言进行开发时，一般都需要查看该语言的参考文档来辅助开发，Go 语言在这方面做得很好。

在 Go 语言安装完成后，可以直接用 godoc 命令启动一个本机的 Web 服务器，再用任意浏览器访问特定的地址就可以查看 Go 语言的文档。godoc 命令的使用方法是：

```
godoc -http=:6060
```

如图 3.13 所示，其中的“6060”是指定 Web 服务器使用的端口，可以自行修改。执行该命令后，不要关闭该命令窗口，否则 Web 服务器会自动关闭。

用户可以通过浏览器访问 http://localhost:6060 来查看 Go 语言的参考文档。

如图 3.14 所示，其中“Documents”链接中是有关 Go 语言本身语法等内容的参考文档，“Packages”链接中是 Go 语言中已安装包的参考文档，包括标准库、已安装的第三方库和开发者自己编写的程序的文档。

图 3.13　启动本机 Go 语言文档服务器

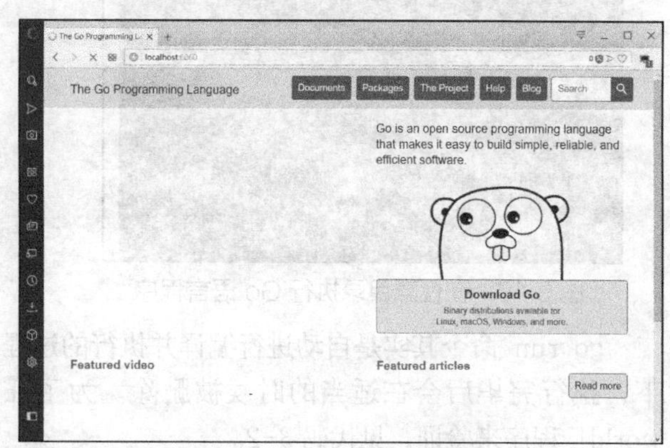

图 3.14　Go 语言文档首页

3.2　Go 语言程序的组织

3.2.1　Go 语言中程序文件的组织方式

Go 语言中，组织程序文件的方式主要是通过结合目录、包（package）与文件来实现的。

在第 2 章中，我们介绍过 Go 语言开发根目录下的 src 子目录（如果按本书介绍的环境搭建，应该是 C:\goprjs\src 目录），为了方便起见，我们将这一目录简称为 src 目录。相应地，Go 语言开发根目录下的 bin 子目录简称为 bin 目录。一般来说，将编写的程序源代码文件（后面简称为代码文件或代码）都放置在 src 目录下的某个子目录下。例如，回顾第 2 章中的 Hello world!程序，就是放在 src 目录下的 hello 子目录中的。

Go 语言的代码文件中，第一行一般都是一个包的名称声明。例如，Hello world!程序中（见代码 3-3），第一条语句 package main 的作用是告诉 Go 语言编译器这个代码属于 main 包。在 Go 语言中，名字叫作 main 的包是一个特殊的包，表示该包编译后会生成一个可执行文件；反过来说，如果要编写一个能够被编译成可执行文件的程序，则代码必须是在 main 包中的（main 包中可以使用其他包）。main 包中必须有一个名为 main 的函数（关于函数的定义将在 3.3 节具体解释，目前只需要知道 func 开头的一条语句定义了一个名字叫作 main 的函数，后面一对大括号括起来的内容就是这个函数具体的代码），这是程序起始执行的函数。其他名字的包编译后不会生成可执行文件，这些包一般是供其他包来调用的。

```
package main

import (
  "fmt"
)

func main() {
  fmt.Println("Hello world!")
}
```

代码 3-3 回顾 hello/hello.go

> **注意** 与很多其他语言不同，Go 语言中每一条语句不必以分号“;”结尾。

同一个包中可以有多个文件，这可以避免出现一个太大的代码文件，也可以更清晰地把代码分类组织在不同的文件中。同一目录下所有的代码文件只能属于同一个包，如果属于不同的包，编译时会提示有错误。也就是说，属于不同包的文件只能放在不同的目录下。

main 包中不论有多少文件，其中的 main 函数有且只能有一个，否则编译时也会提示有错误。

下面我们将 Hello world!程序改写成具有两个文件的包，来验证上述内容。首先在 src 目录下新建一个 packageTest 子目录，并在其中新建两个代码文件，分别命名为 sub.go 和 main.go，其中 sub.go 文件的代码见代码 3-4（注意在 LiteIDE 中也要打开 packageTest 目录）。

```
package main

import (
  "fmt"
)

func hello() {
  fmt.Println("Hello world!")
}
```

代码 3-4 packageTest/sub.go

sub.go 代码中实际上仅仅定义了一个 hello 函数，作用是输出“Hello world!”的字样。main.go 中的代码见代码 3-5。

```
package main

func main() {
  hello()
}
```

代码 3-5 packageTest/main.go

main.go 中所做的唯一一件事就是调用了 hello 函数。使用 LiteIDE 编辑好这两个文件，用快捷键 Ctrl+F8 来进行 go install 命令编译后，会在 bin 目录下生成一个名字叫作 packageTest.exe 的可执行文件，如图 3.15 所示。

注意，Go 语言编译后的可执行文件是以该代码文件所在的目录名而不是代码中的包名来命名的，因此，虽然主程序的文件名是 main.go，包名是 main，但是生成的可执行文件的名字是 packageTest.exe。

如图 3.16 所示，执行 packageTest 程序，得到的结果与原来单个 hello.go 代码的结果是相同的。但是，如果用 go run 命令来执行，会发现和之前的结果有所不同，如图 3.17 所示。

无论用 go run 命令执行代码 main.go 还是 sub.go，都会提示有错误而得不到想要的输出结果。这时候，需要在 go run 命令后带上所有的源代码文件作为参数才能得到正确的执行结果，即执行 go run main.go sub.go 命令。如果在 MacOS 或 Linux 系统中直接执行 go run *.go 命令，就可以在有多个源代码文件时运行程序。

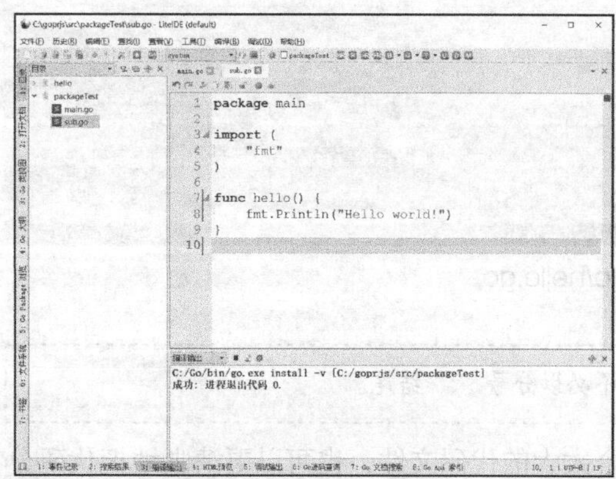

图 3.15　在 LiteIDE 中编译 packageTest 程序代码

```
C:\>dir c:\goprjs\bin
 驱动器 C 中的卷没有标签。
 卷的序列号是 D47D-DCEE

 c:\goprjs\bin 的目录

2018/12/16  12:21    <DIR>          .
2018/12/16  12:21    <DIR>          ..
2018/12/15  19:33         1,955,840 hello.exe
2018/12/16  12:31         1,956,352 packageTest.exe
               2 个文件      3,912,192 字节
               2 个目录 81,889,267,712 可用字节

C:\>packageTest
Hello world!

C:\>
```

图 3.16　运行 packageTest 程序

Go 语言中程序文件的组织可以简单概括如下。

- Go 语言中，程序文件主要是按目录和包来组织的。
- 每个包对应一个目录。
- 每个包可以有多个代码文件。
- 可执行包必须以 main 命名，其中应有且只能有一个 main 函数；一般的可执行程序都对应在一个目录下的 main 包，编译程序时将主要编译该包。
- 可执行包生成的可执行文件是以目录名来命名的，生成的可执行文件的位置根据编译所用的命令有所不同，go build 命令将可执行文件生成在与代码文件名相同的目录下，go install 命令将可执行文件生成在 bin 目录下。

```
C:\goprjs\src\packageTest>dir
 驱动器 C 中的卷没有标签。
 卷的序列号是 D47D-DCEE

 C:\goprjs\src\packageTest 的目录

2018/12/16  12:49    <DIR>          .
2018/12/16  12:49    <DIR>          ..
2018/12/16  12:21                39 main.go
2018/12/16  12:31                79 sub.go
               2 个文件            118 字节
               2 个目录 81,889,386,496 可用字节

C:\goprjs\src\packageTest>go run main.go
# command-line-arguments
.\main.go:4:2: undefined: hello

C:\goprjs\src\packageTest>go run sub.go
# command-line-arguments
runtime.main_main·f: function main is undeclared in the main package

C:\goprjs\src\packageTest>go run main.go sub.go
Hello world!

C:\goprjs\src\packageTest>
```

图 3.17　单独执行 main.go 和 sub.go 代码

3.2.2　非执行包与包的引用

对应于可执行包，还有一种包叫作非执行包，也就是包名不是 main 的包。这种包不能被编译成可执行文件，它存在的目的主要是将一些有用的功能函数集中在一起供其他包调用。一般会将同为某一目的开发的多个函数或者同属某个功能分类的函数合起来做成一个包。例如，我们在 Hello world!程序中调用的 fmt 就是 Go 语言标准库中提供的一个包，其中包括了多个用于输入或输出信息的函数，在 Go 语言开发中非常有用。

在用 Go 语言编写的某个包的代码中，如果要调用其他包中的函数，需要“引用”（也可以称作“导入”“声明”）这个包。例如，在 Hello world!程序中，用下述几行代码对 fmt 包进行了引用。

```
import (
  "fmt"
)
```

以 import 开始，包含在一对圆括号中，以双引号括起来的一行就是在程序中需要引用的包。本例中仅导入了 fmt 一个包，如果要调用 fmt 中的函数，需要用“包名+.+函数名”的方式调用，例如，

```
fmt.Println("Hello world!")
```

这条语句就调用了 fmt 包中的 Println 函数，函数后面的圆括号中是传递给该函数的参数。Println 函数的作用是将传递给它的参数输出到命令行界面上，并且后面再输出一个换行符（也就

是输出一行文字后再多一个换行）。

如果程序中需要引用多个包，每一个包在 import 语句的圆括号中增加一行即可，例如代码 3-2 中引用了 fmt 和 os 两个包。

```
import (
 "fmt"
 "os"
)
```

因此 fmt 和 os 在 import 语句中各占了一行，注意引用的包名都需要放在一对双引号中。

注意 本书中如无特殊说明，使用的符号应该都是半角的英文符号。

另外，Go 语言中严格规定不允许引用未在代码中使用的包。也就是说，如果在没有使用包中任何函数或其他内容的情况下引用了某包，编译的时候将会报错并无法编译通过。这是 Go 语言与大多数开发语言不同的地方，在其他主流语言中，这种情况一般只会有一个提示告警，而不会导致编译或执行失败。

3.2.3 自己编写非执行包

自己编写的非执行包也可以用类似的方法引用。下面我们将继续以 Hello world!为例来说明如何编写非执行包并在其他包中引用。

首先，在 src 目录下新建一个子目录 package1，在其中新建一个代码文件 package1.go，内容见代码 3-6。

```
package package1

import (
 "fmt"
)

func Hello() {
 fmt.Println("Hello world!")
}
```

代码 3-6 package1/package1.go

然后，在 src 目录下再新建一个子目录 test1，在其中新建一个代码文件 test1.go，内容见代码 3-7。

```
package main

import (
 "package1"
)

func main() {
 package1.Hello()
}
```

代码 3-7 test1/test1.go

最后，直接编译并执行 test1 包可以得到与代码 3-1 相同的输出结果，如图 3.18 所示。

我们再来研究一下这两个包的代码。package1 包的代码中，首先用以下代码

```
package package1
```

声明了自己的包名是“package1”。接下来的 import 语句导入了 fmt 包。

```
import (
 "fmt"
)
```

```
func Hello() {
  fmt.Println("Hello world!")
}
```

```
C:\goprjs\src\test1>dir
 驱动器 C 中的卷没有标签。
 卷的序列号是 D47D-DCEE

 C:\goprjs\src\test1 的目录

2018/12/16  16:44    <DIR>          .
2018/12/16  16:44    <DIR>          ..
2018/12/16  16:44                72 test1.go
               1 个文件             72 字节
               2 个目录 82,032,332,800 可用字节

C:\goprjs\src\test1>go install

C:\goprjs\src\test1>test1
Hello world!

C:\goprjs\src\test1>go run test1.go
Hello world!

C:\goprjs\src\test1>
```

图 3.18　执行 test1.go 代码

以上几行代码定义了一个 Hello 函数，功能是输出“Hello world!”字样。特别要注意，在这里 Hello 函数的名字中，首字母 H 必须是大写字母。这是因为 Go 语言强制要求一个包中能够被其他包调用的函数必须是以大写字母开始命名的（这样的函数称作 exported function，即“被导出的”函数），小写字母开始的函数仅能在本包内部使用，对于其他包来说是“不可见”的。这也是 Go 语言与其他语言的一个显著的不同之处，有些从其他开发语言过渡过来的开发者一开始会不适应。

再来看 test1 包，其中代码第一行声明了自己是 main 包，也就是可执行包。

```
package main
```

然后，import 语句中直接引用了 package1 这个包。

```
import (
  "package1"
)
```

接下来的可执行程序主函数 main 中，通过“包名+.+函数名”的方式调用了 package1 包中的 Hello 函数。

```
func main() {
  package1.Hello()
}
```

这个例子完整地演示了如何编写非执行包、如何在可执行包中引用自己编写的非执行包。package1 就是一个非执行包，而 test1 是一个可执行包，test1 包中调用了 package1 包中的 Hello 函数，输出了所需的文字信息。

3.2.4　非执行包名与目录的关系

非执行包的包名可以与目录名不同，但是我们不建议这样做，因为这可能会引起混乱。

3.2.3 节的例子中，如果我们将 package1.go 中的包声明语句改为：

```
package package2
```

代码会将包名修改为 package2，但是在 test1.go 中引用该包时，还需要引用 package1，这是因为 Go 语言在编译时查找某个包所引用（也叫“依赖”）的各个其他包时，是以目录名来寻找的，而 package1 的代码文件仍然在名为 package1 的目录下。所以在 test1 包的代码中，仍然需要引用“package1”包，但是在调用 package1 包中的函数时，则需要用 package2 作为包名。因此，test1.go 的代码应修改为代码 3-8。

```
package main

import (
  "package1"
)

func main() {
  package2.Hello()
}
```

代码 3-8　修改后的 test1.go 代码

我们也可以修改 package1.go 和 test1.go 两个文件的文件名，会发现文件名对编译和执行结果没有影响，起作用的主要是目录名和包名。

一般来说，我们建议目录名和包名保持一致，包中的源代码文件也尽量与包名保持一致，这样会避免混淆。

对于 go build 和 go install 命令，后面也可以加上 src 目录下的包目录名来直接进行编译，这样做的好处是可以在任何目录下（“在某某目录下”表示在命令行界面中切换到该目录中）而不一定是该包源代码目录下进行编译。这种情况下，go build 命令将在当前目录下生成该包的可执行文件，go install 命令还是在 bin 目录下生成该包的可执行文件。图 3.19 演示了在 C:\tmp 目录下使用 go build 和 go install 命令编译 test1 包的过程。

```
C:\tmp>go build test1

C:\tmp>dir
 驱动器 C 中的卷没有标签。
 卷的序列号是 D47D-DCEE

 C:\tmp 的目录

2019/03/16  11:16    <DIR>          .
2019/03/16  11:16    <DIR>          ..
2019/03/16  11:17         2,050,048 test1.exe
               1 个文件      2,050,048 字节
               2 个目录 50,601,627,648 可用字节

C:\tmp>go install test1

C:\tmp>dir c:\goprjs\bin\test1*
 驱动器 C 中的卷没有标签。
 卷的序列号是 D47D-DCEE

 c:\goprjs\bin 的目录

2019/03/16  11:17         2,050,048 test1.exe
               1 个文件      2,050,048 字节
               0 个目录 50,601,467,904 可用字节

C:\tmp>
```

图 3.19　在非源代码目录下编译某个包

图 3.19 中使用的 dir c:\goprjs\bin\test1*命令的作用是将 bin 目录中所有文件名以 test1 开头的文件列出。星号“*”叫作通配符，可以指代个数不定的任意字符。

至此，我们对 3.2.1 节中总结的 Go 语言程序文件组织方式的概括再增加以下几条。

- Go 语言主要是以包来组织程序文件的，每个包对应一个目录，目录名和包名不用必须相同但应尽量保证相同。
- 包中代码文件可以是一个或多个，文件名称不重要，包名称和目录名称比较重要；因此，后面我们提到编译程序时，一般会说编译某个包而不是某个代码文件。
- 可执行程序的代码也对应一个包，其中可以引用 Go 语言标准库中的包和自己编写的包。
- 除标准库外，自己编写的可执行包、非执行包以及以后可能使用到的第三方编写的包的代码文件都会被放在 src 目录下，可执行包编译后的可执行文件一般会放到 bin 目录下（使用 go build 命令除外，但一般不推荐用 go build 命令，因为在源代码目录下生成可执行文件会造成不必要的混乱）。

3.2.5 用多级子目录组织包结构

前面几小节中用到的包都是直接建立在 src 目录下新建的子目录中的。如果以后编写的包越来越多，会导致 src 目录下子目录过多，显得比较混乱。实际上，包也可以用多级子目录来组织。例如，我们可以在 src 目录下新建一个 libs 子目录，然后在 libs 下面新建一个 package1 子目录，并将 package1.go 代码文件复制到该目录下，操作完毕后目录结构如图 3.20 所示。

可以看到，src 目录下有一个原来我们建立的一级子目录 package1，也会有一个在 libs 子目录下的二级子目录 package1。这时，如果要在 test1 包中使用 libs 子目录下的 package1 包，应该将原来的 import 引用语句改为：

```
import (
  "libs/package1"
)
```

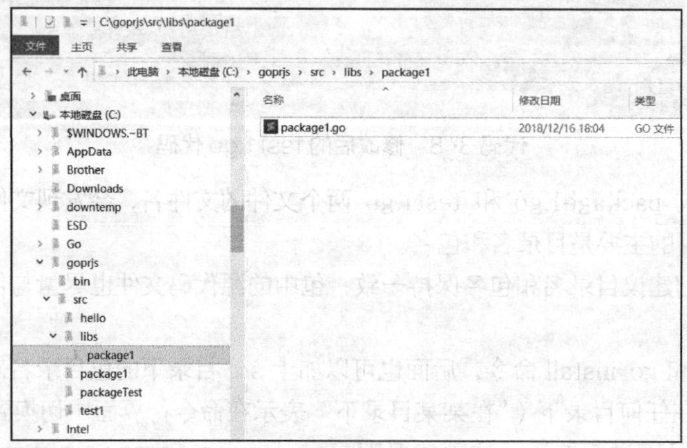

图 3.20　用多级目录组织 Go 语言代码

只需要在原来的 package1 前面加上 libs 目录和目录分隔符“/”，注意，这里用的是 Mac OS 和 Linux 风格的目录分隔符“/”，而不是 Windows 系统中常用的目录分隔符“\”，这种写法能够保证引用的包在这几个系统中都能被正常找到。这种情况下，我们一般将 package1 称作“libs 包的子包”。再多级别目录的情况也可以用类似“libs/lib2/package1”这样的方式来组织，并且简称为“libs/lib2 的子包 package1”。

使用多级目录组织 Go 语言的包结构，有助于更合理地分类组织自己的代码，是良好的编程习惯。Go 语言标准库中的包和很多第三方包也是使用多级目录的方式来组织的。

3.3 关键字等语言要素

大多数计算机语言中都有关键字（keyword）的概念，有时候也叫作保留字（reserved word）、关键词等。关键字是在计算机语言中保留的具有特殊含义的单词，这些单词不允许被用作其他用途，例如不允许用作函数的名称等。Go 语言中也是如此，例如在代码 3-1 中，package、import、func 这三个词都是 Go 语言的关键字。其中，package 关键字用于定义包名，import 关键字用于引用各个所需的包，func 关键字用于定义一个函数。完整的 Go 语言关键字表请参考本书 4.1.4 节。

与其他大多数语言相同，Go 语言除了关键字，还有一些其他的语言元素（lexical element），例如加减乘除等运算符、括号分号等标点符号，我们将在后面的章节进行讲解。

需要特别注意的是，除非特殊说明，本书中所有代码内的标点符号都应该是英文的标点符号，如果使用中文标点符号则大多数情况下会出错，在大多数计算机语言中都是如此。

3.4 变量

编程中最常用到的概念之一就是变量（variable），本节将介绍变量的基本概念和常用知识点。

3.4.1 变量的基本概念

变量其实就是我们在编写程序时存放数据的地方，由于存放的数据可以随时改变，所以叫作“变”量。变量里存放的数据的常见类型有整数、小数、文字和布尔（boolean）类型等。变量中存放的具体内容，叫作变量的“值”（value）或“取值”，而向变量里存放数据的过程叫作“给变量赋值”。Go 语言是一门所谓“强类型”的语言，指必须在赋值前或使用前规定好变量的类型。变量的类型即变量中可以存放的数据的类型，也就是变量值的类型。在程序代码中规定变量类型的过程叫作“声明变量”或“定义变量”。Go 语言中声明变量和给变量赋值的基本写法如代码 3-9 所示。

```
var a int

a = 18
```

代码 3-9 声明变量并赋值

编程中，一般把每一行叫作一条语句，当然也有一行里写多条语句或者一条语句写了多行的情况。注意，自动折行的行还算一行。另外，Go 语言中，无须像 C、C++、Java 等语言那样，每条语句后面要加上分号“;”，这也是 Go 语言的改进之一。代码 3-9 中两条程序语句的意思是，定义一个整数类型的变量 a，然后把 18 这个数字存进 a 这个变量中。

第一条语句中的 var 是 Go 语言的关键字，专门用于定义变量。a 是我们定义的变量名，int 则表示变量的类型为整型（即整数类型）。

第二条语句的意思则是将整数 18 赋值给 a 这个变量。注意，这里的等号“=”和数学等号意思完全不同，数学等号“=”的意思是指其两边的数值是相等的，而编程语言中的“=”则代表把等号右边的数值赋给等号左边的变量，类似于数学证明过程中“令 a 等于 18”这种说法，所以我们在编程中也经常说“使 a 等于 18”。我们来看看代码 3-10 与数学意义的区别。

```
var a int
a = 18
a = a + 1
```

代码 3-10 变量赋值

这几行代码执行的结果是：为变量 a 赋值为 19。因为我们介绍过，变量的值是可以改变的，一开始我们声明了整数类型的变量 a，然后“让 a 等于 18”，之后第 3 行程序又“让 a 等于 a+1”，这时候其实是把 a 当时的值加上 1 之后再存放到 a 中去，a 的值实际上就变成了 19。这个例子中，我们也可以看到，赋给变量的值可以是单纯的数字，也可以是一个“表达式”，如果是表达式，程序执行时会自动把这个表达式计算后的结果赋值给等号左边的变量。下面，我们把代码 3-10 加上必需的程序框架代码来执行。在 src 子目录下新建一个 test 子目录，然后将代码 3-11 录入并保存为 test 子目录下的 test.go 文件。

```
package main

import (
  "fmt"
)

func main() {
  var a int

  a = 18

  a = a + 1

  fmt.Println(a)
}
```

代码 3-11 test/test.go

可以看到，代码 3-11 是将代码 3-10 中的 3 行代码加上了 main 包的声明、所需 fmt 包的导入声明、主函数 main 和输出变量 a 的函数 fmt.Println 之后形成的一套完整的 Go 语言程序代码。运行该程序（编译后执行或者用 go run 命令执行）并查看执行结果，如图 3.21 所示，可以看到用 fmt.Println 函数输出变量 a 的值是 19，与预期结果相符。

为方便起见，本书后面一些简单的代码示例都将用此方法，即修改 src 目录下的 test 子目录中的 test.go 文件并执行，示例代码如果没有必需的程序框架，则需要自行添加，也要加上需要用到的包声明。后面的章节中，我们将简单叙述为“将这段代码录入至 test.go 文件并执行……”，或更简单的“执行这段代码……”。

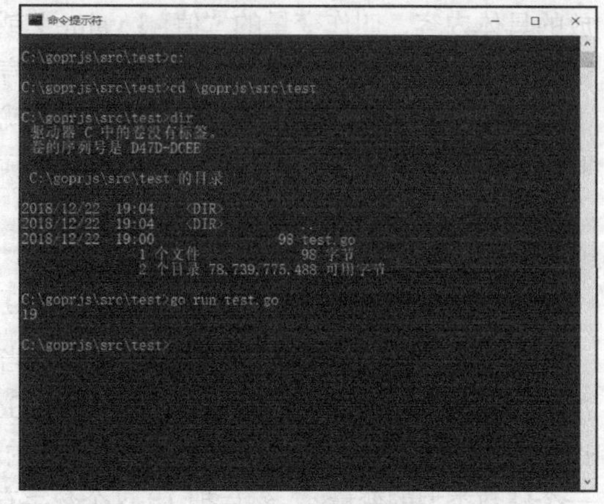

图 3.21　变量赋值演示程序的执行结果

3.4.2　浮点数类型的变量

3.4.1 节中介绍了整数类型的数据和变量，本小节我们再来看一下小数类型。计算机语言中将数学中的小数称作浮点数，这是由小数在计算机中的表达形式而产生的叫法（通过小数点的浮动来表示更大范围的小数）。在 Go 语言中常用的浮点数有两种：float32 和 float64。其中，float32 类型的浮点数是由 32 个二进制位组成的，而 float64 则是由 64 个二进制位组成的。显而易见，float64 类型的浮点数可以表达的数字范围更大或者精度更高。在实际应用中，我们可以自行选择使用 float32 还是 float64 作为变量类型，唯一需要考虑的是 Go 语言标准库或第三方库中的函数要求使用哪种类型。目前，Go 语言标准库中大多数涉及浮点数计算的函数已经以使用 float64 参数为主，因此，建议定义变量类型时使用 float64 类型。

代码 3-12 演示了如何定义浮点数以及如何进行简单的运算。

```
package main

import (
  "fmt"
)

func main() {
  var x, y float64

  x = 1.2

  y = -3.31

  fmt.Println(x * y)
}
```

代码 3-12　浮点数类型变量的声明和赋值

代码 3-12 中，定义了两个 float64 类型的变量 x、y，并分别对其赋值为 1.2 和-3.31，然后用 fmt.Println 函数输出了两个变量相乘的结果，如图 3.22 所示。

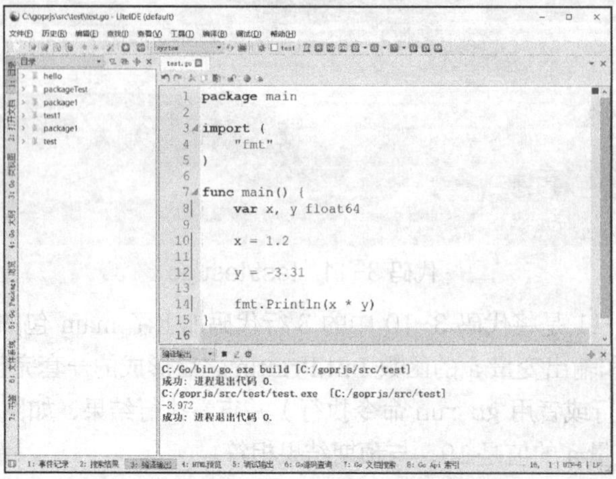

图 3.22　浮点数类型变量声明和赋值演示程序的执行结果

我们直接在 LiteIDE 中编译并运行该程序，方法是在“编译”菜单中选择“Build And Run”，或者直接使用快捷键“Ctrl+R”。在 LiteIDE 右下方的“编译输出”框内的输出信息表明，该软件先调用 go build 命令对 test.go 代码进行编译，之后执行生成的可执行文件 test.exe 并给出正确的计算结果-3.972。

实际上，与浮点数类型类似，整数类型也可以根据使用二进制位的数量分为 int8、int16、int32 和 int64 等类型，而前面例子中所用的 int 类型是一个会根据当前计算机环境自动调整二进制位数的特殊类型。例如，对于具有 64 位 CPU 的计算机，int 类型的二进制位数将是 64 位。不过要注意，int 类型至少应为 32 位。

3.4.3 字符串类型的变量

我们再来看代码 3-13：

```
package main

import (
  "fmt"
)

func main() {
  var a string
  var b, c string

  a = "good"

  b = "morning"

  c = a + " " + b

  fmt.Println(c)
}
```

代码 3-13 字符串类型变量的声明和赋值

在 main 函数中的第 1 条语句中声明变量 a 的类型是 string，这是 Go 语言中用于存储文字的变量类型。在计算机编程中，我们一般把文字叫作字符串（string），即“一串字符”。

第 2 条语句则一次声明了两个字符串变量 b 和 c。多个同样类型的变量可以用这种方式定义，即在一条 var 语句中用逗号分隔几个变量名来同时定义多个变量。

第 3、4 条语句则分别将“good”和“morning”这两个字符串赋值给 a 和 b 这两个变量。注意，字符串必须用双引号括起来，否则计算机无法判断这是变量的名字还是一个字符串，字符串变量中实际存储的字符串并不包括双引号本身。如果字符串本身含有双引号，要在这个双引号之前加上一个反斜杠“\”来避免混淆，例如 a = "I said: \"I am happy.\"" 表示的变量 a 中的字符串实际上是 I said: "I am happy."。

而字符串也可以用加号来“相加”，但是和数字相加不同，字符串的相加其实是把几个字符串连接起来（也叫“拼接”），所以用 fmt.Println 函数来查看变量 c 的值时，得到的输出应该是“good”“morning”和它们之间的一个空格连接起来的新字符串“good morning”。执行该程序得到的结果如图 3.23 所示。

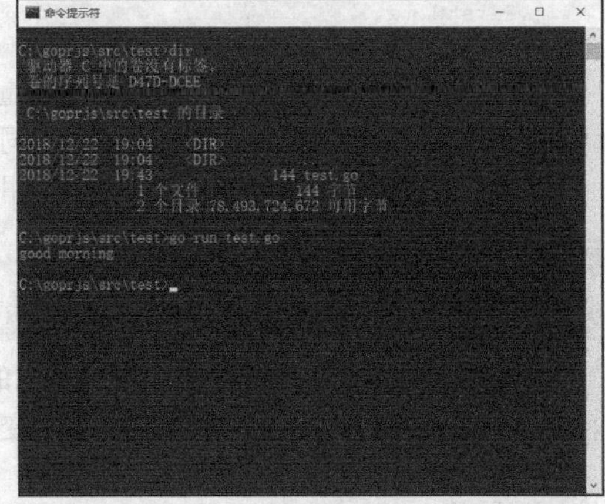

图 3.23 字符串类型变量声明和赋值的执行结果

3.4.4 布尔类型的变量

除了数字类型和字符串类型的变量之外，还有一种类型的变量也经常用到，在编程中的地位也很重要，这就是布尔（boolean）类型的变量。布尔类型的变量只有两个取值：true 和 false，编程中经常用布尔类型的变量来表达“是”与“否”以及“真”与“假”等只有两个相反取值的情况。我们来看代码 3-14。

```
package main

import (
  "fmt"
)

func main() {
  var a, b bool

  a = true

  b = !a

  fmt.Println(b)
}
```

代码 3-14　布尔类型变量的声明和赋值

代码 3-14 中，main 函数中的第一条语句首先定义了两个布尔类型的变量 a 和 b，布尔类型在 Go 语言中用 bool 来表示。第二条语句则将“true”这个值赋给了变量 a。第三条语句比较特殊，在变量 a 前面加上了一个惊叹号“!”，整条语句的意思是将变量 a“取反”后的值赋给变量 b。“取反”操作的意思是：如果变量 a 的值是 true，则取反的结果为 false；如果变量 a 的值是 false，则取反的结果为 true，即取反操作的结果是获得与原值相反的值。最后一条语句输出变量 b 的值以便查看是否得到预期的结果。执行该段代码的输出结果如图 3.24 所示，可以发现变量 b 的值确实与变量 a 的值相反，是 false。

图 3.24　布尔类型变量声明和赋值的执行结果

3.4.5　变量的命名

变量的名字应该由英文字母开头，并且为了避免混淆，建议整个变量名只包含英文字母和数字以及下画线符号“_”。变量名中不能含有空格，如果需要表达分隔，可以用下画线符号“_”来代替。下面几个变量名是正确的写法。

```
x
myFirstName
plan_for_2017
```

注意其中第二行的写法是一种常见的变量命名方式，在一个变量名中包含几个单词时，不使用下画线来分隔，而使用大小写变化来表示单词分界。

下面几个变量名字是不正确或不建议使用的写法。

```
12 （变量名不能以数字开头）
codeName 张三 （变量名最好不使用中文）
a#6 （变量名不能含有英文字符和数字之外的特殊字符，下画线“_”除外）
this red apple （变量名中不能有空格）
```

需要注意的是，Go 语言能够区分变量名的大小写，即字母相同但大小写不同时，Go 语言编译器会认为它们是不同的变量，例如下面几个变量都将被认为是不同的变量。

```
theredapple
TheRedApple
theRedApple
THEREDAPPLE
```

3.4.6 变量声明和赋值的简化形式

前面对变量进行声明和赋值的例子中，我们使用的都是和其他“强类型”语言中类似的方法，即“先声明，再赋值”。实际上 Go 语言在这方面做了一定的改进，可以更方便地实现这两步的功能，方法就是使用“:=”这个操作符，如代码 3-15 所示。

```
package main
import (
  "fmt"
)

func main() {
  var a float64

  a = 8.8

  b := 10.1

  fmt.Println(a + b)
}
```

代码 3-15 用“:=”操作符简化变量的声明和赋值

代码 3-15 中，我们按常规方式先定义了一个 float64 类型的变量 a 并将其赋值为 8.8，然后用 b := 10.1 这条语句直接将 10.1 这个浮点数赋值给了 b。使用“:=”操作符，无须先声明变量的类型，Go 语言的编译器会自动根据所赋的值来确定变量的类型。本条语句的效果与下面的代码是一样的。

```
var b float64
b = 10.1
```

对于“:=”操作符后面是浮点数值的情况，Go 语言会自动将变量 b 确定为 float64 类型，并将所赋的值存入。Go 语言中，把用“:=”操作符声明变量同时对其赋予初始值的操作称作“简化变量声明”（short variable declaration）或“简化声明”。

运行代码 3-15，得到图 3.25 所示的结果，可以发现结果是正确的，因为 Go 语言中，不同类型的值不可以相加，只有相同的变量类型才可以进行相加计算，因此变量 a 和 b 都是 float64 类型，说明简化变量声明的结果是正确的。

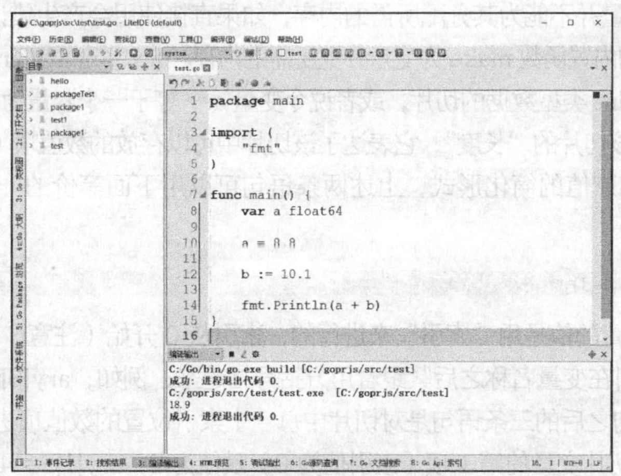

图 3.25 简化变量声明和赋值程序的执行结果

由此类推，下面给出几种类型的变量用简化声明形式来定义的示例。

```
x := 8

y := 10.1

t := "abc"
```

```
b := true

b1 := false
```

其中，变量 x 是 int 类型，y 是 float64 类型，t 是字符串类型，b 和 b1 都是 bool 类型。

3.4.7 复合类型的变量

前面介绍的几种类型的变量叫作变量的“基本类型”，变量在这几种基本类型的基础上还可组合形成“复合类型”。在一般计算机语言中常用的复合类型的变量有数组和字典两种，其中数组又可以分为固定长度的数组和可变长度的数组。Go 语言中也具有数组类型，但更多是通过类似可变长度数组的称作切片（slice）的类型来表示一般语言中的数组类型，而映射（map）则被用来表示字典这种变量类型。

1. 切片

切片（slice）用于在 Go 语言中表示其他语言中常称作数组（array）的复合数据类型，而“数组”顾名思义就是表示一组数值。Go 语言的切片类型融合了其他语言中的静态（固定长度）数组和动态（可变长度）数组的一些特性，更轻量和高效一些。

代码 3-16 显示了 Go 语言中声明并使用切片类型变量的一般方法。

```
var ary []int

ary = make([]int, 3)

ary[0] = 2
ary[1] = 4
ary[2] = 8

fmt.Println(ary)
```

代码 3-16　切片类型的基本用法

其中，var ary []int 这条语句声明了一个切片类型的变量 ary，并且这个切片中的每一个元素都是 int 类型的数值，可以简单地说这条语句“声明了一个 int 类型的切片”。方括号“[]”加上某个基本数据类型后，可以表示某种类型的切片，例如 var ary []string 可以声明一个字符串类型的切片，其中每一个元素都是一个字符串。

声明切片类型的变量并不能为其分配所需的内存，如果直接使用会产生错误，因此第二条语句立即使用了 Go 语言中常见的内置函数 make 为变量分配所需的内存。ary = make([]int, 3)的意思是为变量 ary 分配一个可以容纳 3 个 int 类型数据的切片，或者说令变量 ary 等于一个容量为 3 的 int 类型切片。我们也常将切片的容量称为该切片的“长度”，它表达了该切片中可以存放的数值项（元素）的最大个数。

如果用变量声明和赋值的简化形式，上述两条语句可以用下面等价的一条语句来表示，效果是相同的。

```
ary := make([]int, 3)
```

切片中表示不同位置的值是用“索引”来进行的，索引从 0 开始（注意，不是从 1 开始），然后按 1,2,3…顺序递增，索引在变量名称之后紧跟着用方括号括起来，例如，ary[0]表示切片变量 ary 的第 1 项。因此，make 语句之后的三条语句是对切片中每一个索引位置的数值项进行赋值。ary[0] = 2 是将 ary 这个 int 类型的切片变量的第 1 项（索引值为 0）赋值为 2，ary[1] = 4 是将 ary 的第 2 项（索引值为 1）赋值为 4，ary[2] = 8 是将 ary 这个 int 类型的切片变量的第 3 项（索引值为 2）赋值为 8。

编译并执行该代码（注意要自行加上框架代码），得到的结果如下：

```
[2 4 8]
```

可以看出用 fmt.Println 函数输出变量 ary 的结果是一个切片（输出信息中用方括号括起来表示是切片），并且数据项有 3 项，按顺序分别是 2、4、8，和预期一致。

切片变量可以用“截取”的方式获得它的一部分，称作“子切片”，子切片本身也是一个切片。截取子切片的方式见代码 3-17。

```
var ary []int

ary = make([]int, 3)

ary[0] = 2
ary[1] = 4
ary[2] = 8

fmt.Println(ary)

var subAry []int

subAry = ary[1:3]

fmt.Println(subAry)
```

代码 3-17　从切片中截取子切片

代码 3-17 中用 subAry = ary[1:3] 这条语句截取切片变量 ary 中的后两个数字，成为一个新的切片（也就是 ary 的子切片），并赋值给切片变量 subAry。注意其中方括号内用冒号“:”分隔开的两个数字分别代表从切片 ary 中开始截取的索引和结束截取的索引加 1 的数值。因此，由于我们要截取后两个数字索引分别为 1 和 2，则方括号内的起始和结束索引值分别为 1 和 3。代码 3-17 的执行结果为：

```
[2 4 8]
[4 8]
```

可以看出，后面输出的子切片 subAry 内确实是切片 ary 的后两个数值。

另外，在切片截取中可以省略起始索引值，这时候代表从切片第一个数值开始截取，例如 ary[:3]代表从第一个数值截取到索引为 2 的数值，等同于 ary[0:3]。与此类似，也可以省略结束索引，代表截取到切片最后一个数值。同时省略这两个索引值也是可以的，这时候代表截取整个切片中的所有元素，即 ary[:]的效果相当于复制了一份 ary 切片。

Go 语言向切片中增加数值项需要用到内置函数 append，例如代码 3-17 中如果增加一句 ary= append(ary,9)，将在切片 ary 的末尾增加一个整数 9，此时 ary 将变成具有 4 个数值项的切片。

2. 数组

Go 语言中也有固定长度的数组类型（array），但相较于切片来说不太常用。数组类型可以看作是固定长度的切片，与切片的不同之处主要有两点：一是定义的时候要有指定的长度，例如 var a [8]int 这条语句定义了一个长度固定为 8 的 int 类型的数组；二是数组无法像切片那样添加数值项，因为数组的长度是固定的，如果对数组使用 append 函数则会发生错误。数组可以像切片一样进行截取操作，但是截取之后也就变成了切片类型。数组类型在声明后就被分配了空间，无须再使用 make 函数来分配。

3. 映射

映射（map）用于在 Go 语言中表示其他语言中常称作字典（dictionary）的复合数据类型。与我们日常使用的外语字典相同，而与切片数组使用顺序数字进行索引不同，字典类型一般是由字符串进行索引的，这个字符串被称为“键（key）”，而由该键索引的位置的具体数据就叫作“值（value）”。对一个映射变量来说，一个“键”就对应着该映射变量中该位置的一个“值”，因此我们常说映射（字典）是由很多个“键-值对”（key-value pair）组成的。实际上 Go 语言的映射类型中，键和值的类型并不仅仅是字符串，可以是大多数基本类型。

```
var map1 map[string]string

map1 = make(map[string]string, 3)

map1["Name"] = "张三"
map1["Gender"] = "男"

fmt.Println(map1)
```

```
map2 := make(map[int]string, 3)

map2[1] = "李四"
map2[5] = "女"

fmt.Println(map2)
```

上述代码中定义了一个映射类型的变量 map1，声明的变量类型是 map[string]string，其中方括号内指定的是键的类型，也就是索引的类型，这里指定的是字符串类型；方括号后紧跟的是该映射变量中每个值的类型，这里指定的也是字符串类型。与切片类型类似，映射类型也需要在变量声明后用 make 函数分配空间，make 函数的第一个参数是该映射的类型 map[string]string；第二个参数是一个预估的数字，用来表明为它保留多少个数值项的空间，如果实际数据项超过这个空间，则需要重新分配该变量的内存。这个参数值如果无法预估，可以暂时填为 0。

后面我们还用简化方法定义了另一个映射变量 map2，它的索引类型是 int，值类型仍然是 string。

映射变量在给其中的数据项赋值时与切片类似，都是用方括号表示索引，在方括号中填入索引即可。不同的是映射变量的索引不一定是数字，即使是数字也不是按顺序索引的，注意 map1 中因为索引类型是字符串，所以方括号内的索引值是双引号括起来的字符串值。

执行这段程序可以得到下面的输出结果：

```
map[Name:张三 Gender:男]
map[1:李四 5:女]
```

fmt.Println 函数会将映射变量按照上述格式输出，可以看到 map1 变量中 Name 键的值是“张三”，Gender 键的值是“男”；而 map2 变量中数字 1 的键对应的值是“李四”，数字 5 的键对应的值是“女”。用户需要理解映射变量的这种输出格式，也需要注意变量 map2 中虽然以数字作为索引，但与切片不同，并不需要数字是连续的，map2 中就只有数字 1 和 5 两项索引。

Go 语言中常用的复合类型还有通道（channel）类型，用关键字 chan 来定义，主要用于并发编程中共享数据。通道类型将在本书后面有关并发编程的章节中详细介绍。

另外，Go 语言中还可以自定义数据类型，也将在后面的章节中进行介绍。

3.4.8 变量类型的转换

有时候，我们需要将某些变量的类型转换为另一种类型，例如下面的代码：

```
var a int
var b int64

a = 8
b = 10

fmt.Println(a + b)
```

上述代码本义是想输出两个整数 8 和 10 相加的结果，但在编译的时候会出现错误，因为 Go 语言是强类型语言，加号“+”两侧的变量一般要求是同样的类型，虽然都是整数类型，但变量 a 在这里是一个 int 类型的变量，变量 b 则是一个 int64 类型的变量，会被认为不是相同的类型而不允许相加。因此我们需要对其中的一个变量做类型转换（type conversion，有时候也称作“强制类型转换”），类型转换命令的语法是用目标转换类型的名字加上圆括号，例如上述代码可以修改为：

```
var a int
var b int64

a = 8
b = 10

fmt.Println(a + int(b))
```

上述代码中，在 b 与 a 相加前，先用 int(b)的方式将变量 b 的值转换为 int 类型，转换后变量 b 和变量 a 的值类型统一为 int，因此可以正常进行相加的操作。

Go 语言中，变量类型的转换必须在可以相容的范围内进行，例如下面的类型转换在编译的时候是会报错的，因为 Go 语言编译器不能将 float64 类型转换为布尔类型。

```
var a bool
var b float64

a = true
b = 10

fmt.Println(a + bool(b))
```

3.4.9 指针类型的变量

计算机编程中的指针，指的是指向某个变量的一个内存地址。开发者通过使用指针，可以对该指针指向的变量中的内容直接进行修改或其他操作。指针的使用非常灵活，但由于容易误操作而引起内存泄漏甚至程序崩溃，也带来了很多争议。Go 语言中保留了类似 C 和 C++语言中的指针类型的变量，并没有像 Java 等语言那样基本上抛弃了指针的概念。因为有些时候需要用到指针，Go 语言中做了一些改进以减少因指针而带来代码问题的可能性，并在很多地方减弱了指针的作用。

指针本身也是一个变量类型，其中存放的数值是一个可以看作是整数的内存地址，指向一个某种类型的其他变量。在 Go 语言中，一般声明指针变量时要声明该指针所指向变量的类型（称作该指针的基类型），定义一个指针类型变量的方法见代码 3-18。

```
var a int

a = 10
fmt.Println(a)

var p *int

p = &a

*p = 20

fmt.Println(a)
fmt.Println(*p)
fmt.Println(p)
```

代码 3-18 指针类型的变量

代码 3-18 中，首先声明了一个 int 类型的变量 a 并为其赋值为 10。然后 var p *int 这条语句是声明指针的语句，声明了一个指向 int 类型变量的指针类型变量（可以简称为“int 类型的指针”），可见声明指针变量的方法就是将其基类型前面加上一个“*”号作为它的类型声明。而后面的 p = &a 是给指针变量 p 赋值，使它的值成为指向变量 a 的内存地址，“&”符号又叫作“取地址符”，表示取得后面变量的地址。此时如果要通过指针来改变变量 a 的值，就用*p 来表示指针变量 p 指向的变量，所以*p = 20 这条语句就等同于 a = 20，即将变量 a 赋值为 20。该段代码的输出结果如下：

```
10
20
20
0xc000014078
```

可以看出，输出信息中第一次输出变量 a 的值为 10，第二次输出变量 a 的值为 20，说明 *p = 20 这条语句生效了。第三条 Println 语句输出的是*p 的值，可以发现就是 a 的值，说明*p 引用的就是变量 a 的值，在代码中完全可以用*p 代替 a 来使用。而最后一条输出语句输出的是一个十六进制形式的整数，这就是指针变量 p 的值，代表变量 a 在内存中的实际地址。

对于切片等复合结构的变量，也可以使用指针，见代码 3-19。

```
var a []int

a = make([]int, 3)
```

```
a[0] = 1
a[1] = 2
a[2] = 3

fmt.Println(a)

var p *[]int

p = &a

(*p)[1] = 8

fmt.Println(a)
fmt.Println(*p)
fmt.Println(p)
```

代码 3-19　指向复合结构变量的指针

代码 3-19 的输出结果如下：

```
[1 2 3]
[1 8 3]
[1 8 3]
&[1 8 3]
```

代码 3-19 中，变量 a 被声明为一个 int 类型的切片变量，为其分配了 3 个数据项的空间并依次将它们赋值为 1、2、3。从输出结果中可以看到，第一条输出语句时切片 a 的值为 1、2、3 三个数。之后声明的变量 p 是一个*[]int 类型的变量，表明它是一个指向 int 类型切片变量的指针。将 p 赋值为指向变量 a 的指针的方法与前面的例子是相同的。但在后面用*p 引用变量 a 并通过索引值访问其数据项时，由于操作符的优先级问题，需要加上圆括号保证"*"号先起作用。(*p)[1] = 8 这条语句就等价于 a[1] = 8。从后面的输出来看，a 中的值也确实变成了 1、8、3，第二个数据项（索引值是 1）的值变成了 8。而最后一条语句输出指针 p 的值时，前面有一个"&"符号，这是表示该变量是一个指针的符号。

对于初学者来说，指针的概念及其应用是比较容易产生疑惑的地方，需要通过实例来理解和掌握。

3.4.10 变量的零值

Go 语言中如果声明了变量而没有赋值，系统会自动将其赋值为一个所谓的"零值"（zero value），输出结果中这个零值会根据不同的变量类型有所不同，如代码 3-20 所示。

```
var a int
var b float64
var c string
var d bool
var e []int
var f map[string]float64
var g *int
var h *map[string]float64

fmt.Println(a)
fmt.Println(b)
fmt.Println(c)
fmt.Println(d)
fmt.Println(e)
fmt.Println(f)
fmt.Println(g)
fmt.Println(h)
```

代码 3-20　变量的零值

代码 3-20 中声明了多个不同类型的变量且都没有给它们赋值，运行该代码的输出结果如下：

```
0
0

false
[]
```

```
map[]
<nil>
<nil>
```

通过输出结果可以看出：int 等整数类型的零值是 0；float64 等浮点数类型的零值也是 0；字符串类型的零值是一个空字符串；布尔类型的零值是 false；而切片类型和映射类型分别是一个空的切片或映射；最后的两个指针变量在 Go 语言中的零值其实是一个特殊的空值，记作 nil，代表空指针（没有指向任何内存地址）。指针的空值 nil 在编程中经常会用到，本书后面还将进一步介绍其用法。

3.5 表达式

表达式这个概念在计算机编程中指的是一连串用运算符或操作符连接各个数值组成的式子，其中的数值也可以是变量或函数等，因为变量中存储的就是数值，函数也可以返回数值。表达式可以嵌套，也就是说表达式中某一个数值可以用另一个表达式来表示。表达式通过计算最终可以得到一个值，叫作表达式的值。

在前面举例过的 a = a + 1 这条语句中，代表赋值的操作符“=”号右边的“a + 1”是一个表达式，其中 a 是一个变量，加号“+”是一个运算符，1 是一个数字，整个表达式也有一个明确的结果值，即变量 a 中的值加 1 之后的结果。在变量 a 声明之后，就会有一个初始值，所以该表达式始终是有确定的值的，当然，随着程序运行中变量 a 的值可能有所变化，上述表达式计算的结果值也会相应变化。

从广义上讲，单个数字、单个变量也可以看作一个表达式，因为它们都可以有一个结果值。

在表达式中也可以仿照数学表达式用圆括号来控制计算或其他操作的优先级。例如：

```
a * (12 - b)
```

上述表达式中，圆括号内的 12 - b 会先被运算，之后其结果值再参加与 a 的乘法运算操作。同数学略微不同的是，表达式的圆括号可以直接嵌套，而不是用方括号或花括号来表示更外层的括号。例如数学中的算式 13 - [8 - (6 + 3)]用计算机语言中的表达式来表达应该是 13 - (8 - (6 + 3))。在计算机运算中会将最内层的圆括号（即内部没有其他嵌套的圆括号）认为具有更高的优先级，并逐级向外计算。

3.6 函数（方法）

我们在前面已经多次用到过标准库中 fmt 包的 Println 这个函数。函数又叫“方法”（method），尤其是在面向对象编程中“方法”更常用，但有时候 “方法”这个词的意思过于宽泛，所以本书中一般还是采用“函数”这个说法。函数是我们预先写好的一段完成某个功能的代码，然后给它起个名字来使用它，开发者一般将“使用”称为“调用”。调用 Println 函数，就是把传入 Println 函数的参数（parameter）的值在命令行界面上输出，例如：

```
fmt.Println(1 + 2)
```

这条语句的输出结果为：

```
3
```

函数后面必须带有一个圆括号，其中可以有一定数量的“参数”，具体有多少个参数要根据函数需要而定，例如 Println 函数只需要有一个参数就可以完成它的功能；有些函数则不需要任何参数，只需要写一对空的圆括号就可以。传入函数的参数可以使用表达式，因为表达式的计算结果还是一个值，也就是说，函数在使用参数前，会将表达式计算之后再将结果值作为参数使用，本例中的 1 + 2 就是一个表达式，计算结果为 3，所以输出结果就是 3。

因为有的代码需要经常重复使用，编写函数是为了避免每次都要重新写的麻烦。编写成函数，用到时只需要“调用”该函数。大多数函数会在执行完毕后输出一个结果，调用这个函数的程序可以获得这个结果来做下一步处理，函数输出结果的过程一般称作“返回”某个结果，输出的结果一般称作“返回值”。下面通过代码 3-21 来看一个简单的函数。

```
package main

import (
  "fmt"
)

func addTwice(a int, b int) int {
  return a + b + b
}

func main() {
  c := addTwice(1, 2)

  fmt.Println(c)
}
```

代码 3-21　自定义函数 addTwice

自己编写的函数一般称为“自定义函数”，本代码中，我们编写了一个自定义函数 addTwice，该函数接受两个参数 a 和 b，均为 int 类型的数字，然后将 a 与 b 相加两次后的结果作为函数的返回值返回。Go 语言中自定义函数要注意以下几点写法。

- 以关键字 func 开头自定义一个函数。
- 函数的名字与变量命名的要求基本一致。
- 函数后面的圆括号中定义了本函数接受的各个参数及其类型。
- 如果函数有返回值，在函数圆括号后应标明返回值的类型。
- 函数内部的所有代码应包含在一个花括号（大括号）中。
- 如果函数有返回值，必须至少有一条 return 语句来返回结果值，每一个 return 语句都是该函数代码执行的终点，意味着 return 语句返回结果值后将不再往下执行其他代码。
- 如果函数没有返回值，也可以用不带返回值的 return 语句来返回（强制终止函数的运行）。

在主函数 main 中，我们调用了 addTwice 函数，分别传入了 1、2 两个数字作为参数并将函数的返回结果值赋给一个新的变量 c。这里使用了简化变量声明的方法，由于 addTwice 函数的返回值类型已经定义为 int 类型，所以变量 c 会被自动设置为 int 类型。另外，调用函数时可以直接按顺序传入参数，无须说明参数的名称（例如本例中的参数 a、b）。

运行本程序，可以得到结果 5，由于我们传入的参数 a 和 b 分别是数字 1 和 2，因此 a + b + b = 1 + 2 + 2 = 5，结果是正确的。

可以看出，函数声明中的圆括号内表示该函数需要哪些参数，各自是什么类型；而调用函数时圆括号内直接传入相应的数值，无须再声明类型。

在 3.2.3 节中，已经演示了如何编写一个非执行包，并在其中编写自定义的函数供主程序调用。其中 package1 包中的 Hello 函数是一个没有返回值的自定义函数。需要再次提醒的是：包中定义的函数名首字母必须大写才能被其他包调用；另外，调用某个包中函数的方法是“包名+.+函数名”。

Go 语言中已经提供了一些类似 make 这样常用的函数，不属于任何包，也不用大写字母开头，我们可以直接使用，这些函数叫作 Go 语言的“内置函数”（build-in function）。而其他一些常用函数则被放入了标准库的各个包中，需要引用该包后才能调用，例如常用的 fmt 包中的 Println 函数。

另外，Go 语言的函数有一个比较特殊的特性，就是可以返回多个结果值。这个特性在一般的编译型语言中非常少见，会带来很多便利，但有时候也会带来不便，见代码 3-22。

```
package main

import (
  "fmt"
)
```

```
func swapNumber(a, b int) (int, int) {
 return b, a
}

func main() {
 n1 := 1
 n2 := 2

 n3, n4 := swapNumber(n1, n2)

 fmt.Println(n3)
 fmt.Println(n4)

}
```

代码 3-22 返回多个值的函数

代码 3-22 中定义了一个函数 swapNumber，它的功能是把传入的两个数字交换后返回，因此它的参数是两个，返回值也是两个。注意，函数的返回值超过 1 个时应该用圆括号括起来；另外，如果连续多个函数参数的类型一致，可以统一写为一个类型，如本例中的 a，b int（如果写完整了应该是 a int，b int）。运行本段代码得到的输出结果是：

```
2
1
```

可以看出，传入的 1、2 两个数字确实被倒过来了。代码 3-22 也可以被简化为代码 3-23。

```
package main

import (
 "fmt"
)

func swapNumber(a, b int) (int, int) {
 return b, a
}

func main() {
 fmt.Println(swapNumber(1, 2))
}
```

代码 3-23 函数多返回值的使用

fmt.Println 函数其实是支持多个参数的，它会将多个参数先后输出，因此可以同代码 3-23 一样，直接将函数 swapNumber 的返回值作为 fmt.Println 函数的参数输入，因此这段代码的输出结果如下：

```
2 1
```

fmt.Println 函数自动在输出的两个数字间加上了空格字符以免混淆。

如果我们并不需要函数的多个返回值，可以用下画线"_"字符来代替不需要赋值的变量，如代码 3-24 所示。

```
package main

import (
 "fmt"
)

func swapNumber(a, b int) (int, int) {
 return b, a
}

func main() {
 n1 := 1
 n2 := 2

 n3, _ := swapNumber(n1, n2)

 fmt.Println(n3)

}
```

代码 3-24 使用下画线代表不需要的函数返回值

假设我们只需要 swapNumber 函数的第一个返回值，第二个返回值在赋值给变量时可以用下画线代替，表示抛弃该返回值。代码 3-24 将仅输出一个数字 2。

其实，Go 语言本身就支持两个变量的交换，这是比其他大多数语言先进的地方，如代码 3-25 所示。

```
 a := 18
 b := 33

 a, b = b, a

 fmt.Println(a, b)
```

代码 3-25　交换两个数字

代码 3-25 的输出结果如下：

```
33 18
```

两个数字被成功交换了，这说明 Go 语言中不仅在函数返回时可以将多个返回值同时分别赋值给多个变量，还可以直接将多个表达式赋值给多个变量。因此，本节中交换数字的函数只是为了举例说明，实际应用中并不需要。

3.7 自定义数据类型

计算机语言要处理各种类型的数据，因此，数据被划分为不同的类型。由于变量是存储各种数据的地方，所以 3.4 节中我们才会提到变量的类型，实际上变量的类型指的是它内部可以存储的数据的类型。因此，除了变量之外，所有涉及数值的东西都是有数据类型的，例如表达式、函数的返回值等。变量的类型与计算机语言中的数据类型一致，表达式、函数的返回值也是如此。

注意我们常提到的“数值”是指广义的数值：不仅是数字，还包括字符串、布尔值和复合型的数据等。

前面已经介绍过 Go 语言中几个主要的基本数据类型和复合数据类型，我们也可以自定义数据类型来使用。自定义数据类型可以更有效地组织和应用数据。

在 Go 语言中，可以用 type 关键字来定义数据类型，如代码 3-26 所示。

```
package main

import (
 "fmt"
)

type MyInt int

func main() {
 var a MyInt

 a = 10

 b := MyInt(12)

 c := a + b

 fmt.Println(c)
}
```

代码 3-26　用 type 关键字自定义数据类型

代码 3-26 使用 type 关键字定义了一个自定义类型 MyInt，它的本质其实就是 int 类型，然后在 main 函数里，分别用两种方法定义了 MyInt 类型的变量 a 和 b、c，其中 c 为 a 与 b 相加之和。注意变量 b 赋值时，需要用类型名加上后面的用圆括号括起来的数字，告诉 Go 语言编译器把圆括号中的数字的类型转换为 MyInt 类型。这是 Go 语言中强制进行类型转换的方法。运行代码 3-26 可以得到预期的输出结果 22。

用这种方法可以新定义一个数据类型，但是所定义的类型实际上无法超出 Go 语言内置的类型。如果要自定义新的数据类型，在 Go 语言中一般是用 type 关键字结合 struct 结构类型来实现的。前面介绍过切片和映射两种复合类型，这是 Go 语言中内置的复合类型，而 struct 用于自定义新的复合类型。Go 语言中的 struct 与 C/C++语言中结构体 struct 的概念基本类似，但有一定的改进，如代码 3-27 所示。

```
package main

import (
 "fmt"
)

type Person struct {
  Name    string
  Gender  string
  Age     int
}

func main() {
 var a Person

 a.Name = "张三"
 a.Gender = "男"
 a.Age = 25

 fmt.Println(a)
}
```

代码 3-27 自定义结构体

代码 3-27 中，在 main 函数之前使用 type 关键字和 struct 关键字定义了一个自定义的结构类型 Person，用来表示一个人的基本信息。结构类型是复合类型中的一种，可以由多个变量组成，Person 类型中就包含了姓名 Name、性别 Gender 和年龄 Age 三个变量，一般可以把它们称为 Person 类型的"成员变量"（member variable）或者"字段"（field），它们是字符串或整数类型。在代码中引用成员变量的方法是用"结构变量名+.+成员变量名"的方式。main 函数演示了用 var 关键字声明自定义的 Person 类型变量的方法，以及给 Person 类型变量 a 中的每一个成员变量赋值的写法。最后输出变量 a 的值如下：

```
{张三 男 25}
```

可以看出，结构类型的输出格式是包含在一个花括号中的顺序排列的各个字段的值。

也可以看出，与切片和映射类型相比较，struct 定义的结构类型中可以包含多种不同类型的值，而切片和映射类型只能存放同一种类型的值。

结构类型还可以用 Go 语言内置的函数 new 来声明并初始化分配空间，例如上面的 Person 结构还可以用下面的代码来赋值。

```
package main

import (
 "fmt"
)

type Person struct {
  Name    string
  Gender  string
  Age     int
}

func main() {
 a := new(Person)

 a.Name = "张三"
 a.Gender = "男"
 a.Age = 25

 fmt.Println(a)
}
```

该段代码的输出是：

```
&{张三 男 25}
```

其他内容与之前的例子相同，但前面多了一个“&”符号，表示变量 a 是一个指向 Person 结构变量内存地址的指针。因此，使用内置函数 new 进行声明并分配空间的结构变量实际上都是指向该结构数据的指针类型的变量，或者说 new 函数的返回值都是一个指针类型。

3.8 面向对象编程

面向对象（Object Oriented）的编程方法可以说是近几十年来对计算机编程影响最大的方法论，但在各种计算机语言实现面向对象编程方法的时候，也出现了过于追求纯粹的面向对象编程方法而导致语言越来越重量级、生成的程序性能不高、开发者学习使用的门槛过高等问题。Go 语言在这方面做了独辟蹊径的尝试，既没有完全否定面向对象的编程方法，又对一般的面向对象编程方法做了大幅度的简化，抛弃了很多认为没有必要或者过于烦琐、会给开发者带来困扰的的内容。下面先简单介绍一般的面向对象编程方法中的概念，再介绍 Go 语言中实现面向对象编程的特色。

一般编程中所谓的“对象”，英文表达为 object，可以理解成一种分类方法，例如“人”可以分为“男人”和“女人”两类，那么“男人”就叫作一个“对象类”，“女人”当然也是一个对象类。某一个具体的男人，例如“亚当”，就叫作对象类“男人”的一个“对象实例”，简称“实例”；那么“夏娃”当然就是对象类“女人”的一个实例了。前面的“人”也可以看作一个对象类，我们一般把它叫作“男人”和“女人”这两个对象类的“父对象类”，而“男人”和“女人”就是“人”的“子对象类”。一般来说，子对象类具有父对象类的所有特征，而父对象类不一定有子对象类的所有特征，这种父子对象类之间的关系叫作“继承”，即子对象类“男人”继承了父对象类“人”的所有特征。一种不使用“继承”方式的情况是，我们定义“人”这个对象类只是为了把“男人”和“女人”这两个对象类放在一起便于管理，这时候由于“人”包含了“男人”和“女人”两种对象类，所以我们也可以把它叫作一个“包”（package），一个包中可以包含很多个对象类。在实际开发过程中，“对象”有时候是指“对象类”，有时候是指“对象实例”，需要根据上下文来判断。

使用对象对事物进行分类的目的是：把和事物有关的数据和行为都合并在一个对象类中，这样逻辑更清晰、管理更方便，我们一般把这种方法称为“封装”。这么说可能比较抽象，实际上我们定义一个对象类来进行“封装”，主要是为了把与该对象类有关的变量和函数集中起来管理。我们通过以下具体的例子来更好地理解。

以经典的面向对象语言 C++为例，在其中定义一个对象类的代码大致如下：

```
class Person {
    string Name;
    string Gender;
    int Age;

public:
    Person(string Name, string Gender, int Age);
    void say(string sentence);
    int getAge();
};

Person::Person(string Name, string Gender, int Age) {
    this->Name = Name;
    this->Gender = Gender;
    this->Age = Age;
}

void Person::say(string sentence) {
    cout << this->Name << " says " << sentence << endl;
}
```

```
int Person::getAge() {
    return this->Age;
}
```

其中，用 class 关键字定义了一个与 3.7 节中 Person 结构类型相似的 Person 对象类，它包括 Name、Gender 和 Age 三个成员变量；同时也定义了 say 和 getAge 两个成员函数，表示“人”这个对象既可以有“姓名”“性别”和“年龄”三个属性，也可以有“说话”和“获知年龄”这两个与之有关的行为。

Go 语言中并没有明确的“对象”及其相关的概念，但并不代表它不可以实现面向对象编程。Go 语言是摒弃了传统面向对象编程中类似继承、多态、重载、构造函数等复杂的概念和方式，用了一种更轻量级的方式来实现面向对象的编程。用 Go 语言实现上述 Person 对象类的定义和使用的方法见代码 3-28。

```
package main

import (
  "fmt"
)

type Person struct {
  Name    string
  Gender  string
  Age     int
}

func (p *Person) say(sentence string) {
  fmt.Print(p.Name, " says ", sentence, "\n")
}

func (p *Person) getAge() int {
  return p.Age
}

func main() {
  person1 := &Person{Name: "Tom", Gender: "male", Age: 25}

  person1.say("Hello!")

  person1.Name = "Jerry"

  person1.say("Hello!")
}
```

代码 3-28 Go 语言实现面向对象封装

代码 3-28 开头用 type 语句定义了一个结构类型 Person，包含了 Name、Gender、Age 三个成员变量。然后定义了针对 Person 结构的两个函数 say 和 getAge，这与前面 C++例子中的成员函数 say 和 getAge 是类似的，但是定义的方式不同。Go 语言中的代码如下：

```
func (p *Person) say(sentence string) {
  fmt.Print(p.Name, " says ", sentence, "\n")
}
```

在关键字 func 和函数名之间增加了一个圆括号括起来的结构名称声明，其中的 p *Person 表示本函数是针对一个名字为 p，类型为指向 Person 结构类型的指针。这样定义的函数就可以在函数体内的代码中通过引用变量 p 来对类型为 Person 的变量进行各种操作，使得该函数实现类似对象的成员函数的作用。Go 语言中调用成员函数的方法与访问结构体的成员变量类似，采用了“结构变量名+.+成员函数名”的方式。由于 Go 语言通过这种方式定义的函数与面向对象编程中成员函数的作用基本等同，因此本书中将这些函数也称作成员函数。

同时，在 main 函数中使用 Person{Name: "Tom", Gender: "male", Age: 25} 这样的形式即可对结构体 Person 进行初始化和赋值，避免了一般面向对象编程中需要的构造函数。“&”操作符的作用是获取新建的 Person 结构体的内存地址，以保证 person1 变量是一个指向 Person 结构类型的指针，从而与 say 和 getAge 函数声明中要求针对的类型*Person 一致。

调用成员函数的方法与其他面向对象语言类似，是通过“变量名+.+成员函数名”的方式进行的。对于成员变量也类似，可以通过“变量名+.+成员变量名”获取该成员变量的值。需要注意的区别是：C++、Java 等语言通过 public 等关键字来表明哪些成员变量或成员函数是可以被该对象之外的函数调用的，而 Go 语言中通过一个简化的方法实现这一点，即所有首字母大写的成员变量或成员函数可以被外部访问，否则只能内部使用。这是熟悉其他编程语言而初次涉及 Go 语言的开发者需要特别留意的。

注意，在成员函数中无须通过*p 的方式调用 p 的成员变量或修改成员变量的值。例如，

```
package main

import (
  "fmt"
)

type AA struct {
  B int
  C int
}

func (p *AA) Change() {
  p.B = 1
  p.C = 2
}

func main() {
  var a AA

  a.B = 10
  a.C = 20

  fmt.Printf("%v\n", a)

  a.Change()

  fmt.Printf("%v\n", a)

}
```

代码 3-29　改变成员变量的值

代码 3-29 的执行输出结果如下：

```
{10 20}
{1 2}
```

代码 3-29 中，类型 AA 的成员函数 Change 中，直接用 p.B 和 p.C 而不是(*p).B 和(*p).C 给这两个成员变量赋值，通过 main 函数中调用 AA 类型变量 a 的成员函数 Change 前后的输出信息，可以发现 Change 函数确实已经改变了其成员变量的值。

再介绍一下代码 3-28 中新出现的 fmt 包中的 Print 函数。Print 函数与 Println 函数功能基本相同，唯一的区别是 Println 会在输出的信息之后需要 Enter 键换行。另外，本例中的 Print 函数中使用了多个参数，这也是该函数允许的，这样的情况下 Print 函数会将参数依次输出到命令行界面上。Print 函数最后一个参数“\n”代表一个换行符，而 Println 函数其实也是支持多个参数的，因此本例中的 Print 语句实际上等同于 fmt.Println(p.Name, " says ", sentence) 。

代码 3-28 的执行结果是：

```
Tom says Hello!
Jerry says Hello!
```

由于初始化变量 person1 时，给其成员变量 Name 赋值为“Tom”，因此第一次调用 person1 的成员函数 say 时输出的是“Tom says Hello!”。而之后由于用语句 person1.Name = "Jerry" 将 person1 的成员变量 Name 的值改为“Jerry”，因此后面再次调用成员函数 say 时输出就变成了“Jerry says Hello!”。

由本例可以看出，Go 语言可以完整地实现对象的封装等面向对象编程的基本特性，并且编写代码更为简洁，生成的程序执行也将是更加高效的。在本书后面章节中，我们将详细介绍怎样利用 Go 语言实现更高级的面向对象编程特性。

3.9 条件判断与分支

在计算机编程语言中，我们输入的程序是一行一行的，程序执行一般也是从上到下逐行按顺序执行的。但也有时候会出现不是这样顺序执行的情况，常见的非顺序执行的情况包括所谓的“条件判断分支”和“循环”。下面我们通过代码 3-30 来解释什么叫作“条件判断分支”。

```
a := 10
b := 15

if a > b {
	fmt.Println(a - b)
} else {
	fmt.Println(b - a)
}
```

代码 3-30 简单的条件分支

输入上面这一段代码，加上代码框架后执行这段代码得到的结果是 5，如果我们将 a 赋值为 15，b 赋值为 10，得到的结果是相同的，这就是条件判断分支的作用。代码中从“if”开始是一个条件判断语句，其含义是：如果 a>b，则执行接下来花括号内的一段代码，这里是 fmt.Println(a - b)，也就是输出 a-b 这个表达式的结果数值；否则执行 else 下面花括号内的代码，即 fmt.Println(b - a)，也就是输出 b-a 这个表达式的结果数值。所以整段代码的作用实际上相当于输出一个 a-b 的绝对值。

可以看到，程序从一开始顺序执行到“if”开头的语句时，就出现了所谓的“分支”情况，程序会判断一个条件“a 是否大于 b”，满足条件则执行紧接着的程序分支，不满足条件则执行“else”下面这个分支，无论执行哪个分支，执行完该分支代码之后，不会再执行其他分支中的程序语句。如果条件判断后还有其他语句，则会继续顺序往下执行。条件分支中的“条件”应该是一个最终结果为布尔类型值的表达式，即结果为 true 或 false 的表达式，如果结果为 true，则执行 if 后的分支；如果结果为 false，则执行 else 后的分支。

条件判断分支还可以有多个分支的情况，例如：

```
a := 10
b := 10

if a > b {
	fmt.Println(a - b)
} else if a < b {
	fmt.Println(b - a)
} else {
	fmt.Println("a = b")
}
```

和前一个例子不同的是，代码中多了一个“else if”的判断分支语句，整段条件分支代码的意思是：如果 a>b，则执行 fmt.Println(a - b)，否则继续进行判断；如果 a<b，则执行 fmt.Println(b - a)，否则执行 fmt.Println("a = b")，也就是说当 a=b 时（a 既不小于 b 也不大于 b，那就只能等于 b）输出“a = b”这个字符串。

注意，条件分支中可以顺序执行多条语句，例如：

```
a := 10
b := 15
```

```
if a > b {
        fmt.Println("a > b")
        fmt.Println(a - b)
} else if a < b {
        fmt.Println(b - a)
} else {
        fmt.Println("a = b")
}
```

在满足 a>b 的条件时，上述代码将顺序执行 fmt.Println("a > b")和 fmt.Println(a - b)这两条语句。

条件判断分支也可以“嵌套”，也就是在某一个分支中又出现了条件判断的情况，例如刚才的例子，可以用嵌套分支的写法写成下面的代码。

```
a := 10
b := 15

if a > b {
        fmt.Println("a > b")
        fmt.Println(a - b)
} else {
        if a == b {
                fmt.Println("a = b")
        } else {
                fmt.Println(b - a)
        }
}
```

在这段代码的第一个 else 分支中，又出现了一个条件判断分支，即如果 a 不大于 b，再一次判断 a 是否等于 b，并做出不同的分支处理。这段代码执行的结果和前面的作用是一样的。注意，判断 a 是否和 b 相等时，我们使用了“a == b”这样的表达式，也就是说用两个等号连起来写的“==”符号用于判断符号左右两个表达式的值是否相等，这是为了与变量赋值时的单个等号区别开来。“==”操作符的计算结果也是一个布尔型变量，满足条件判断的要求。注意，程序代码中如果出现嵌套情况，为了阅读清晰，我们一般会将下一层嵌套的分支语句多缩进一级。

3.10 循环

在编程中，如果需要经常重复做一件事情，这时候就要用到“循环”。循环与条件判断分支都会改变程序默认逐条向下执行的顺序。一般最常用到的循环就是所谓的“for 循环”，例如：

```
for i := 0; i < 10; i ++ {
  fmt.Println(i)
}
```

这是一个最简单的 for 循环，以关键字 for 开始，用分号“;”分隔开的三条语句分别代表整个循环开始之前做什么初始化操作、每次循环之后根据什么条件来判断是否终止循环、每次循环之后（继续下一次循环之前）做什么。那么这段代码的意思是，先初始化一个变量 i 并赋值为 0；然后重复执行循环体内的代码，即本例中的 fmt.Println(i) 这条语句，每次执行完之后进行条件判断：变量 i 的值是否小于 10，如果 i 小于 10 则继续循环，并且在继续循环之前让 i 的数值加 1（++运算符是让变量自身值加 1），否则终止循环。这段代码的实际效果是重复执行 10 次 fmt.Println(i)语句，期间 i 的值会从 0 逐步增长到 9。代码执行输出结果如下：

```
0
1
2
3
4
5
```

```
6
7
8
9
```

可以看到，程序确实输出了 10 个数字，分别是从 0 到 9 并且顺序增长，符合我们的预期。

上面的例子是 Go 语言中保留的与其他计算机语言中类似的 for 循环的用法。较特殊的是，其他语言中 for 语言后面的三条语句需要用一个圆括号括起来，Go 语言中可以省略这个括号。实际上，我们通过前面的例子也可以看到，Go 语言的条件判断不需要括号，而其他大多数语言是需要括号的。

我们将这种传统 for 循环里面的变量 i 称为“循环变量”，不成文的惯例是用“i”“j”“k”这些字母来命名循环变量。

Go 语言中 for 循环的第二种形式是：关键字 for 之后直接跟一个表示条件判断的表达式，如果该条件满足（即表达式的结果值是布尔类型的 true）则持续循环，否则终止循环，例如：

```
i := 0

for i < 10 {
    fmt.Println(i)

    i++
}
```

这一段代码和上一段代码的运行结果相同，这种循环的方式类似某些语言中的 while 循环，即“满足某一条件才继续循环，否则终止”。

Go 语言中 for 循环的第三种常用方式是用 range 关键字来遍历切片或映射等复合数据类型，例如代码 3-31。

```
a := []string{"abc", "def", "zzz"}

for i, v := range a {
    fmt.Println(i, " : ", v)
}
```

代码 3-31　用 range 遍历字符串切片

代码 3-31 中的第一条语句使用了一个新的简化变量声明方法，声明了字符串类型的切片变量并同时进行初始化赋值，变量 a 被直接赋值为包含 3 个字符串变量的切片，后面还会遇到这种直接使用花括号进行变量初始化的方法。接下来的 for 循环是实际开发中经常遇到的遍历切片或者映射的方法。所谓“遍历”，指的是访问某个复合类型变量中的每一个数据项。关键字 range 的作用就是按顺序遍历后面所跟的变量 a，而 i 和 v 作为循环变量，在循环过程中分别等于该次循环的次数和对应数据项的值。range 关键字对于切片数据返回 i、v 两个值的方式类似前面介绍过的函数返回多个值的情况。执行代码 3-31 的输出结果是：

```
0 : abc
1 : def
2 : zzz
```

可以看出，对于切片变量 a，使用 for 加 range 的方式循环执行时，i 为从 0 开始的索引序号，v 则依次为 a 中各个项的值（这里都是字符串）。代码 3-31 和下面用传统的 for 循环实现遍历切片的功能的代码 3-32 是等价的。

```
a := []string{"abc", "def", "zzz"}

for i := 0; i < 3; i++ {
    v := a[i]
    fmt.Println(i, " : ", v)
}
```

代码 3-32　用传统的 for 循环遍历切片

对于映射类型的变量，遍历方法如下：

```
    a := map[string]int{"Number1": 1, "Number2": 2, "Number3": 4}

    for k, v := range a {
        fmt.Println(k, " : ", v)
    }
```

与前面快速定义切片变量类似，本例中也演示了快速声明和初始化赋值一个映射变量的方法。第一条语句执行后，a 被定义为一个索引类型为 string 而值类型为 int 的映射类型的变量，并且其中包含了 3 个键值对，分别为：Number1 键的值是 1、Number2 键的值是 2、Number3 键的值是 4。接下来的 for 加 range 的循环中，k 和 v 分别映射变量的每个索引和值，即每个键值对。下面是该程序的执行结果。

```
Number1  :  1
Number2  :  2
Number3  :  4
```

3.11 并发处理：Go 例程

Go 语言中最广为人知的主要特性之一就是它为并发操作提供的 Go 例程（goroutine）。Go 例程比一般语言提供的用于并发处理的线程更加轻量级，占用系统资源更少，类似于用户级线程或所谓的“协程”，又有自己的特色。在 Go 语言中启动一个 Go 例程非常简单，理论上可以在任意一个函数前面加上关键字 go，即可将其启动成为一个 Go 例程，见代码 3-33。

```
package main

import (
  "fmt"
)

func routine1(index int) {
  for i := 0; i < 10000000000; i++ {
        fmt.Println(index, ": ", i)
  }
}

func main() {
  go routine1(1)
  go routine1(2)

  for i := 0; i < 10000000000; i++ {
        fmt.Println("0: ", i)
  }
}
```

代码 3-33　Go 例程示例

代码 3-33 中，定义了一个函数 routine1 准备作为 Go 例程，它的功能仅是循环尽可能多的次数，并不断输出正在循环的次数。由于同一个函数可以被多次启动成为多个 Go 例程，因此我们使该函数接受一个参数用于给启动的多个 Go 例程进行编号，各个 Go 例程在循环中输出该编号用以区别。主函数 main 中用关键字 go 两次启动 routine1 作为 Go 例程运行，并且分别给其编号为 1 和 2，之后又在主线程（main 函数中的代码运行是在主线程的）进行了和 routine1 中同样的循环并且给其编号为 0 以示区别。运行该程序时注意，由于循环过多，中间可以用快捷键 Ctrl+C 终止程序的运行，否则会运行很久并且占用大量计算机资源。运行代码 3-33 得到的输出结果如下：

```
2 :  213987
2 :  213988
2 :  213989
1 :  215961
1 :  215962
1 :  215963
1 :  215964
1 :  215965
```

```
1 :  215966
1 :  215967
1 :  215968
1 :  215969
1 :  215970
0:  224957
0:  224958
0:  224959
0:  224960
0:  224961
0:  224962
0:  224963
0:  224964
2 :  213990
2 :  213991
2 :  2^Csignal: interrupt
```

需要注意的是这是使用了组合键 Ctrl+C 终止程序运行后的结果，因此最后一行有提示信息表明收到了组合键 Ctrl+C 传递的终止信号。从其他的输出结果中可以看出，两个 Go 例程和主线程中的循环都交替输出信息，说明这三个循环确实是并发运行的。

并发编程中一般还要处理数据的共享、Go 例程的调度等，这些将在本书后面有关并发的专门章节中深入讲解。

3.12 注释

我们在用 Go 语言编程时，可以同其他语言一样在代码中加入一些注释。注释对于程序运行并没有任何作用，仅作为帮助自己记忆或者帮助其他人理解代码的手段。同 C/C++等语言类似，注释内容可以在任何一行的任何位置用“//”符号开始编写，“//”符号之后的文字不会被程序执行。例如：

```
h := 175  // h代表身高

// 下面这句话输出的是标准体重
fmt.Println((h - 80) * 0.7)
```

上面代码中，“// h 代表身高”和“// 下面这句话输出的是标准体重”都是正确的注释写法，这些注释均不会被程序执行。用“//”符号开始的注释仅对“//”符号所在的语句行有效，换行后的文字将不被认为是注释。如果想要编写多行注释，除了每一行都用“//”开始之外，还可以用“/*”和“*/”符号将注释括起来，例如：

```
a := 18

for a > 0 {
 fmt.Println("a=", a);

 a = a - 1

 /*
 a = a + 2
 a = b
 */
}
```

本段代码中，a = a + 2 和 a = b 这两条语句都不会被执行，编译时也不会处理（如果不是注释，a = b 这条语句会产生编译错误，因为变量 b 没有被声明过），代码运行的结果将是：

```
a= 18
a= 17
a= 16
a= 15
a= 14
a= 13
a= 12
a= 11
a= 10
```

```
a= 9
a= 8
a= 7
a= 6
a= 5
a= 4
a= 3
a= 2
a= 1
```

开发过程中，在代码内添加注释是良好的习惯，本书的代码中也有很多注释用于帮助理解，阅读时需要多加注意。

3.13 程序编译或运行时出现错误

即使是编程高手，编写程序的时候也难免发生错误。所以最重要的不是如何避免错误，而是发生错误时及时发现以及进行相应的修改。

我们来看下面的程序：

```
package main

import (
  "fmt"
)

func main() {
  fmt.Println("a=", a)
}
```

这段代码编译时会出现类似下面的错误提示：

```
./test.go:8:20: undefined: a
```

其中，./test.go 是编译代码文件的路径，“:8:20”是指 Go 语言编译器在编译代码时发现错误的位置，即代码的第 8 行第 20 个字符处。后面的“undefined: a”指的是具体的错误内容，这里指变量 a 没有被声明过就使用了。程序中常有很多无心之失，看懂错误提示中的各种信息，有助于排查错误和修正程序。例如，我们在本段代码中加上变量 a 的声明，代码就可以正常编译并执行了。

```
package main

import (
  "fmt"
)

func main() {
  a := 11.1

  fmt.Println("a=", a)
}
```

程序在运行时也有可能出现错误，如果 Go 语言程序中发生了无法处理的错误，一般会输出相关的错误信息并终止程序的运行，例如：

```
package main

import (
  "fmt"
)

func main() {
  a := 18

  b := 0

  fmt.Println("a / b = ", a/b)
}
```

这段代码中，我们试图输出变量 a 和 b 相除的结果（运算符“/”在计算机编程中代表数学中的除号“÷”），但是犯了一个显而易见的错误：被除数是 0。这在计算机中会引起一个运行错误，因此，这段代码编译时并不会出错，但在运行时会有类似下面的信息输出并终止进一步的运行。

```
panic: runtime error: integer divide by zero

goroutine 1 [running]:
main.main()
 /Volumes/Data3/goprjs/src/test/test.go:12 +0x11
```

其中，“panic”表示程序产生了无法处理的错误，后面的“runtime error”表示是运行时产生的错误，而“integer divide by zero”则是具体的错误原因，这里指“整数被 0 除”。再下面则通过信息告诉我们是哪个代码文件中的第几行产生的错误。根据这些提示，可以很快定位到错误产生的位置，并根据错误原因来修改代码。

3.14 总结的代码

至此，Go 语言编程的基础知识已经介绍完毕。后面的章节中，我们会深入各个内容的细节，通过具体实例进行详细探讨。阅读本章，对初学者来说有助于在深入局部细节之前对编程的基本概念有一个全局性的了解，避免探讨某个环节时涉及其他知识而影响对该部分的理解；对从其他语言转移过来的开发者来说也有助于了解 Go 语言有别于其他语言的一些基本特性。

在本章结尾，我们来看一段总结性的代码。这段代码虽然很短，但已经基本把这一章中介绍的绝大部分编程知识包含其中。对于编程初学者来说，需要理解这段代码后再进入下一阶段的学习。这段代码可以在随书所附可下载的资源包中获得，或从 GitHub 网站的 topxeq/goexamples 目录下找到，本书中标注了文件名的代码都可以通过此方法获得。

```
package main

import (
 "fmt"
)

type Person struct {
 Height int // 代表身高（单位为厘米）
 Weight int // 代表体重（单位为公斤）
}

func main() {
 genders := []string{"男", "女"}

 AdamInfo := &Person{Height: 175, Weight: 60}
 EveInfo := map[string]int{"Height": 165, "Weight": 50}

 fmt.Println("夏娃是" + genders[1] + "的。")

 if EveInfo["Weight"] > AdamInfo.Weight {
     fmt.Println("很遗憾，夏娃的体重现在是" + string(EveInfo["Weight"]) + "公斤。")
 } else if EveInfo["Weight"] == AdamInfo.Weight {
     fmt.Println("很遗憾，夏娃的体重和亚当一样。")
 } else {
     fmt.Println("重要的事儿说 3 遍！")

     for i := 0; i < 3; i++ {
         fmt.Print("夏娃没有亚当重，她的体重只有")
         fmt.Print(EveInfo["Weight"])
         fmt.Println("公斤。")
     }
 }
}
```

代码 3-34 tiny/tiny.py

请阅读代码 3-34 后预估该程序运行后的输出，然后实际运行该程序加以检验。

第 4 章

Go 语言的基本语法与开发基础

本书的每一章都有一个主题，主要内容将围绕主题展开，但也会穿插有一些与主题无关但有必要讲解的知识。上一章中简单介绍了应用 Go 语言进行编程开发的基础知识，本章将结合实例较为详细地讲解 Go 语言的基本语法、概念、内置函数以及开发中常用的一些知识和技巧，内容相对较为零散但比较重要，需要加以重视。

4.1 Go 语言语法要素与代码规范

Go 语言的语法有两个主要特点：简约与严谨。Go 语言是一门比较讲究代码书写规范的语言，在代码格式和内容上都有一定的要求，有些地方甚至达到了严苛的程度。这是因为 Go 语言的设计者希望能够通过规范代码的编写，减少出现错误的可能性，并使代码更加高效。举例来说，类似下面一段代码中花括号的用法，在 C、C++等常见语言中是完全没有问题的，但是在 Go 语言中会出现编译错误。

```
for i := 1; i < 10; i ++
{
      fmt.Println(i)
}
```

这是因为，Go 语言要求括起循环体代码的一对花括号中的前一个必须跟在 for 语句同一行的条件表达式之后。因此，Go 语言中这段代码的正确格式见代码 4-1。

```
for i := 1; i < 10; i++ {
      fmt.Println(i)
}
```

代码 4-1　for 循环的基本写法

> **注意**　为了减少视觉干扰，本书中的部分代码示例不包含正常运行所需的代码框架，如果要测试运行，需要自行添加代码框架。添加代码框架的方法请参考 3.4.1 节中的说明。

由此可见 Go 语言对于代码书写要求的严格性。因此，由其他语言迁移过来的开发者尤其要注意编写代码时的一些规范。

由于语法中的概念与代码的编写规范常常有所关联，所以下面整体介绍 Go 语言的主要语法要素以及编写代码时的一些基本要求或约定。

4.1.1 文件和字符串编码

Go 语言代码文件应该是 UTF-8 编码的纯文本格式的文件。本书中介绍过的几种文本编辑器和 Go 语言专用开发软件一般均默认使用 UTF-8 编码。如果使用其他的文本编辑器来编辑代码，要特别注意文件编码格式是否是 UTF-8。在 Windows 下，虽然 Go 语言编译器可以认出带 BOM 头的 UTF-8 文件，但最好使用不带 BOM 头的 UTF-8 文件，以便与 Linux 或 Mac 系统兼容。

Go 语言内部使用的字符串默认也是 UTF-8 编码格式，我们在编程过程中也应尽量选用 UTF-8 的字符串编码。当然，Go 语言也提供不同编码格式的转换功能，本书后面章节中会涉及。

4.1.2 语句、代码块与执行顺序

Go 语言代码与其他语言代码类似，都由一条一条的语句（statement）组成。代码执行的顺序一般是从上往下，出现循环或条件分支的情况则按其要求的顺序执行。我们可以将几条语句用花括号括起来成为一个代码块，这些语句被全部执行完毕才会继续往下执行。代码块也经常被称为嵌套代码，嵌套代码内部也是按照从上往下的顺序执行的。

嵌套代码常用于在循环中表示循环体以及条件判断分支中表示分支，例如下面的代码是 Go 语言中 for 循环的基本写法：

```
for i := 1; i < 10; i++ {
    a := i + 1
    fmt.Println(a)
}
```

上述代码中，花括号中的两条语句合起来成为一个嵌套代码（代码块），在循环语句中这个嵌套代码可以称为“循环体”，会被循环执行 10 遍。每一遍都会按上下顺序先执行 a := i + 1，再执行 fmt.Println(a)这一句。

4.1.3 语句分隔

Go 语言代码中，语句后一般不需要带有表示分隔的分号“;”，而直接用换行符来分隔。这点与 C、C++、Java 等语言都有所不同，也算是 Go 语言的一个优势所在。但是在少数情况下还是不可避免需要用到分号，例如在 for 循环语句中。

```
for i := 1; i < 10; i++ {
    fmt.Println(i)
}
```

上面的 for 循环代码段中，for 后面的三项语句或表达式之间，仍然需要用分号分隔。

4.1.4 语法记号

Go 语言中，每条语句是由语法记号（token）或语法实体（entity）组成的。语法记号之间至少由一个空白字符分隔开来，空白字符包括空格、tab 分隔符等。语法记号主要包括 4 类：标识符（identifier）、关键字（keyword）、操作符或标点符号（operator or punctuation）、数值量（literal）。

1. 标识符与预定义标识符

标识符包括类型名、变量名和函数名等，标识符一般由字母和数字组成并且必须由一个字母开始；所有标识符（包括类型名、变量名、函数名等）均区分大小写。

大小写不同的标识符代表不同的实体。例如，变量 Abc 与变量 abc 或 aBc 在 Go 语言中会被认为是不同的变量。

在 Go 语言中，还有一些标识符已经被预定义（predefined），我们可以直接使用，例如定义变量类型时用到的 int、float64、string、bool 都属于预定义标识符；布尔类型的两个取值 true 和 false 也是预定义标识符；make 等内置函数的名字也属于预定义标识符。注意，不要再次定义这些预定义的标识符，即不要用这些标识符作为变量、函数等的名字。

2. 关键字

Go 语言中的关键字（保留字）同其他大多数计算机语言一样，都被保留下来作为 Go 语言中表达特殊语法含义之用，不能被用作其他用途，在代码中定义类型名、变量名、函数名等标识符的时候要避免使用这些关键字。Go 语言中的关键字相对比较少，如下所示。

```
break        default      func     interface    select
case         defer        go       map          struct
```

```
chan        else          goto     package   switch
const       fallthrough   if       range     type
continue    for           import   return    var
```

其中的 package、import、var、for、range、if、else、func、struct、map 等关键字在本书中已经出现过，后面我们还将介绍更多关键字的用途。

3. 操作符和标点符号

操作符和标点符号是 Go 语言中用于组成表达式或者辅助表示一些语法含义的字符。

加减乘除等运算符都属于操作符，条件判断用到的大于号、小于号等也属于操作符；而用于包含嵌套代码块的花括号、用于表达式中表示优先运算关系的圆括号则属于标点符号。Go 语言中主要用到的操作符和标点符号如下所示。

```
+    &     +=    &=     &&    ==    !=    (    )
-    |     -=    |=     ||    <     <=    [    ]
*    ^     *=    ^=     <-    >     >=    {    }
/    <<    /=    <<=    ++    =     :=    ,    ;
%    >>    %=    >>=    --    !     ...   .    :
     &^          &^=
```

这些操作符和标点符号的具体应用将在后面的章节中进行讲解。

4. 数值量

数值量是在 Go 语言中对各种数值的表达形式，这里的数值除了指数字外，也包括字符串的值和布尔类型的值等。

例如，在 Go 语言中表达一个数值可以用下面的方式书写：

```
123              // 代表一个整数
0xFFACDE         // 0x 开头的十六进制数字用于表达一个整数
32.8             // 代表一个浮点数（小数）
6.68e-11         // 代表一个用科学记数法表示的浮点数
88.3528e-11i     // .表示一个数学上的复数，前面是实部，后面是虚部
"Hello world!"   // 字符串的表示形式
`Hello world!`   // 反引号`也可以用来括起字符串
```

5. 标识符的可见性

Go 语言中，以小写字母开始的所有标识符均只能在代码所在的包中使用，如果要提供给外部其他包（包括主程序所在的 main 包）使用，则应该以大写字母开头，这些标识符称作“被导出的”（exported）标识符。

这是一些开发者较难适应的规定，容易在编程中忽略导致代码出现问题，需要开发者尽快适应。在 JSON 字符串处理中，也有类似的要求，会带来很大的不便，幸好有一些第三方包已经能够提供较便捷的处理方案。

4.2 代码格式化工具 gofmt

Go 语言中的格式要求如此严格，是否会给开发者带来很多麻烦呢？Go 语言的设计团队显然已经考虑到了这个问题，因此提供了相应的工具来帮助开发者避免大部分重复性的格式上的工作。这个工具就是 gofmt，在安装完 Go 语言安装包之后可以直接通过命令行运行 gofmt 软件进行代码的自动格式化。

用一个普通的文本编辑器编辑 src 目录下 test 子目录中的 test.go 文件，输入下述代码：

```
package main

import ("fmt")

func main() {
  a:=1
```

```
    if (a >= 1) {fmt.Println(a)}
}
```

这段代码理论上并没有语法错误，但有几处不符合 Go 语言格式要求的地方，例如：import 语句中一般将括号分为两行并且其中每个导入的包占一行；a:=1 这一句中，“:=”操作符前后应有空格；if 开始的条件判断句中的单个条件不需要加上圆括号，并且后面的条件分支语句也应换行等。我们在 test 目录下执行下述命令：

```
gofmt test.go
```

可以得到 gofmt 工具对代码进行格式优化后输出的结果，如下所示：

```
package main

import (
  "fmt"
)

func main() {
  a := 1

  if a >= 1 {
        fmt.Println(a)
  }
}
```

我们发现 gofmt 工具已经对该代码中的这些问题一一做了调整。如果需要直接优化后保存到原来的代码文件 test.go 中，可以在运行 gofmt 的时候加上-w 命令行参数：

```
gofmt -w test.go
```

另外，也可以直接在 test 目录下执行 go fmt 命令，将该包中的代码全部进行格式优化。

Go 语言中，类似 gofmt 这类工具（包括 Go 语言主程序 go 本身）都可以加上--help 命令行参数来获取帮助信息，例如 gofmt --help 将输出下面的帮助信息：

```
usage: gofmt [flags] [path ...]
  -cpuprofile string
        write cpu profile to this file
  -d  display diffs instead of rewriting files
  -e  report all errors (not just the first 10 on different lines)
  -l  list files whose formatting differs from gofmt's
  -r  string
        rewrite rule (e.g., 'a[b:len(a)] -> a[b:]')
  -s  simplify code
  -w  write result to (source) file instead of stdout
```

我们可以通过帮助信息了解还有哪些命令行参数可以使用，例如 -d 命令行参数可以不重写源文件，而仅列出修改后的代码与原有代码的不同之处。

实际上，我们在使用 Go 语言专用开发工具（如 LiteIDE）进行开发时基本不会直接用到 gofmt 工具，因为这些环境里都集成了 gofmt 的功能，一般在保存文件时会自动调用 gofmt 对代码进行格式优化，无须我们手动调用。

4.3 常用的辅助性内置函数

Go 语言中的一些函数在安装了 Go 语言后可以直接在代码中使用，无须引用任何包，这些函数叫作内置函数（built-in function）。内置函数往往是编程时大多数情况下都会使用到的函数。本节将介绍几个主要且常用的内置函数，其他的内置函数会在合适的章节逐步引入。

4.3.1 内置的输出信息函数 print 与 println

本书前面的实例代码基本都使用 fmt 包中的 Println 和 Print 函数来输出信息到命令行界面。

实际上，Go 语言的两个内置函数 println 和 print 也具备基本相同的功能，如代码 4-2 所示。

```
package main

func main() {
  a := 10

  println("a=", a)
}
```

代码 4-2　内置函数 println

代码 4-2 使用了内置函数 println 代替我们常用的 fmt.Println 函数。两者功能基本相同，都会将其中的参数逐个输出，输出的各参数之间会有一个空格字符，如图 4.1 所示。

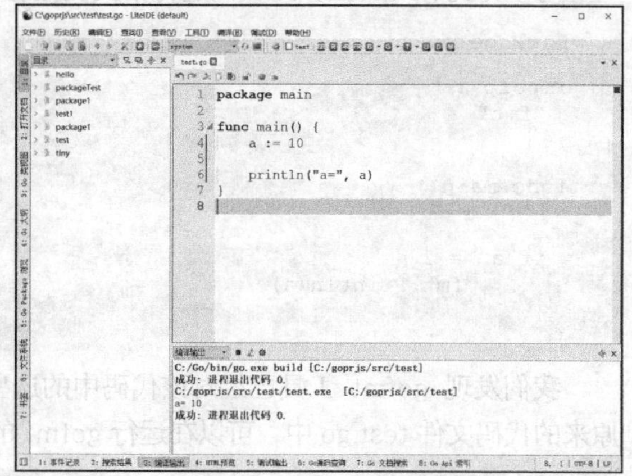

图 4.1　内置函数 println

另外，与此类似，内置的 print 函数与 fmt.Print 函数功能也基本相同，区别是内置的 print 函数不会在最后多输出一个回车换行符。

使用内置函数 println 和 print 的好处显而易见：不用引用任何包，并且代码编写更简单；但是也有一定的风险，因为 Go 语言官方文档中声明的这几个函数一般用于内部测试，不保证随着 Go 语言的版本升级会始终提供。一旦不提供，将意味着大量的代码修改工作，因此建议大家使用 fmt 包中的 Println 或 Print 函数。

4.3.2 获取数据长度的 len 函数

len 函数一般用于获取字符串数据的长度或者切片（数组）、映射等复合结构中数据项的个数，如代码 4-3 所示。

```
  println(len("How are you?"))
```

代码 4-3　内置函数 len

代码 4-3 的运行结果是 12，表示传入 len 函数内作为参数的字符串的长度是 12 个字节。当然，len 的参数也可以是一个变量，如下所示：

```
  var s string
  s = "How are you?"
  c := len(s)
  println(c)
```

上述代码与代码 4-3 的运行结果是一样的。另外，代码 4-3 也演示了函数本身可以作为参数传入另一个函数，这是因为 len 函数是有返回值的（即长度结果），可以看作是一个表达式，因此可以传入 println 函数作为参数。

如果将 len 函数中传入的中文字符串作为参数，会发现结果与我们预期的不同，例如：

```
  println(len("我们都很快乐"))
```

运行该代码会发现，虽然该字符串中共有 6 个汉字，但是输出的结果却是 18。这是因为 len 函数获得的字符串长度是按其所占的字节数量，而 Go 语言中的字符串默认为 UTF-8 编码，汉字一般都需要占用 3 个字节，6 × 3 = 18，因此实际长度是 18。如果想要获得实际汉字字符的长度，需要将字符串转换为我们还未介绍过的 rune 类型的切片变量：

```
    println(len([]rune("我们都很快乐")))
```

上面的代码将字符串转换成[]rune 类型，也就是 rune 类型的切片，因此可以正确地输出结果 6。有关 rune 类型，在后面有关变量的章节中会详细介绍，我们在此不展开讲解。

对于切片变量，一般使用 len 函数来获取数据项数量的方法如下所示。

```
    a := []int{1, 2, 5, 10}

    println("Size of a is", len(a), ".")
```

上述代码的运行结果是：

```
Size of a is 4 .
```

表示切片变量 a 中的数据项数是 4 个。同样地，对于映射变量也是类似的方法：

```
    map1 := make(map[string]string, 0)

    map1["item1"] = "1"
    map1["item2"] = "2"

    println(len(map1))
```

上述代码将输出结果 2，表明映射变量 map1 中的数据项数为 2 个。

4.3.3 获取变量容量的 cap 函数

内置函数 cap 与 len 函数用法类似，但是不能用于字符串和映射变量，只能用于切片变量，返回的结果是该切片的容量，而非目前实际已有的数据项数。

4.3.4 用于复合类型数据的操作函数

对于切片类型和映射类型等复合类型数据，在第 2 章中已经介绍过使用 make 函数进行内存分配和初始化，make 函数就是处理复合类型数据重要的内置函数之一。另外，对于结构类型和自定义数据类型的数据，还可以使用 new 函数新建数据类型变量（指针）。还有一些其他的内置函数，如用于新增数据项的 append 函数、用于复制数据项的 copy 函数、用于删除数据项的 delete 函数等。本小节将介绍 copy 和 delete 函数的用法，其他函数将在后面有关章节详细介绍。

copy 函数主要用于复制切片，见代码 4-4：

```
    var slice1 = []int{1, 2, 3, 4, 5}

    slice2 := make([]int, 6)

    fmt.Println(slice2)

    copy(slice2, slice1)

    fmt.Println(slice2)
```

代码 4-4 用 copy 函数复制切片

代码 4-4 中，slice1 是一个 int 类型的切片，并且在声明的同时为它赋予了 5 个数字项的初值。slice2 也是 int 类型的切片，使用 make 函数分配了 6 个数值项的空间。copy 函数中第一个参数是复制动作的目标，第二个参数是复制动作的源，因此 copy(slice2, slice1) 这条语句的作用是将 slice1 中的所有数值复制到 slice2 中。由于 slice2 的长度比 slice1 大，slice2 的长度是 6，而 slice1 中的数值项只有 5 个，因此将只复制这 5 个数值到 slice2 中，并从 slice2 的第一个位置开始，slice2 的最后一项将保持初始化时的零值（对于 int 类型即整数 0）。运行代码 4-4 后的输出结果如下：

```
[0 0 0 0 0 0]
[1 2 3 4 5 0]
```

可以看到 slice2 的内容在用 copy 函数复制之前全是零值，这是用 make 函数初始化分配空间之后的正常情况；在用 copy 函数复制 slice1 中内容之后，slice2 的前 5 项与 slice1 中的内容相同，而最后一项还是 0，这说明 copy 函数正常完成了复制。

copy 函数也可以直接复制一个子切片到复制目标中，因为子切片也是切片，见代码 4-5：

```
var slice1 = []int{1, 2, 3, 4, 5, 7, 8, 9, 10}
slice2 := make([]int, 6)
fmt.Println(slice2)
n := copy(slice2, slice1[6:])
fmt.Println(n)
fmt.Println(slice2)
```

代码 4-5　用 copy 复制子切片

代码 4-5 中，slice1 中有 10 个数值，slice2 的空间仍然是 6 个。在调用 copy 函数时，我们在第二个参数中传入了 slice1 的子切片 slice1[6:]，表示截取从序号 6 开始直至末尾的子切片，由于序号从 0 开始计数，因此序号为 6 的数值是 8，截取后的子切片应为包含 8、9、10 三项的切片。copy 函数会将实际复制的数值项个数作为返回值返回，因此 n 的数值应该为 3。运行代码 4-5 的结果如下：

```
[0 0 0 0 0 0]
3
[8 9 10 0 0 0]
```

可以发现结果完全符合预期。

另一个内置函数 delete 用于删除映射类型变量中的键值对，只需要提供键名作为参数即可，见代码 4-6：

```
var map1 = map[string]string{"Name1": "Tom", "Name2": "Mary", "Name3": "Peter"}
fmt.Println(map1)
delete(map1, "Name3")
fmt.Println(map1)
```

代码 4-6　用 delete 函数删除映射中的键值对

代码 4-6 中定义了一个具有三个键值对的映射变量 map1，然后用 delete 函数删除其中键名为“Name3”的键值对，并输出删除前后 map1 的内容以供参考。运行该代码后的结果如下：

```
map[Name1:Tom Name2:Mary Name3:Peter]
map[Name1:Tom Name2:Mary]
```

可以看出，键名为“Name3”的键值对确实在 delete 函数执行后被删除了。

4.3.5　用于处理异常的函数

大多数语言都有在程序中出现异常情况时的处理机制，Go 语言的异常处理机制比较特殊，我们将在专门的章节中进行讨论，并介绍涉及异常处理的几个函数，如 panic 和 recover。

4.4　格式化输出函数 fmt.Printf

编程开发过程中，经常需要通过输出各种信息来辅助调试代码。在前面的代码实例中，输出信息主要用 fmt 包中的 Println 和 Print 函数，4.3.1 节中又介绍了功能类似的内置函数 println 和 print。这几个函数用来输出信息时比较方便，直接将所需输出的数值、变量或者表达式作为参数传入即可。但是，这些函数也有一定的局限性，即在输出格式上只能按照系统默认格式来输出各个参数，无法灵活地组织输出信息的格式，如下所示：

```
package main

func main() {
 a := 1.0 / 3

 println(a)
}
```

上述代码执行后的输出如下：

```
+3.333333e-001
```

这是科学记数法表示的 1 除以 3 的小数结果，注意，如果我们直接让 a := 1 / 3， 得到的结果是 0，因为此时“:=”操作符让 Go 语言编译器自动根据符号右侧的表达式来判断变量 a 的数据类型，因为这两个数字都可以解释为整数，所以编译器会优先认为这是两个整数相除，Go 语言中整数相除的结果也是整数，经过取整之后结果以整数 0 存入整型变量 a。如果需要使结果为浮点数，应该至少将表达式中的一个数字写作浮点数的表达形式，因此我们使用了 a := 1.0 / 3 这种貌似没有必要但是有实际意义的写法。如果我们换用 fmt.Println 来输出变量 a 的数值，得到的结果如下：

```
0.3333333333333333
```

这是用一定的小数位数来表达这个无限循环小数的结果。设想一下，如果我们希望输出仅保留小数点后面两位（这在实际生活中非常常见），这两个函数都将难以实现。另外，在输出多个字符串参数时，println 和 fmt.Println 会在各个参数之间加上一个空格字符，这也无法改变。因此可以看出，这几个输出函数在输出信息的格式上都不太灵活。如果需要更灵活地组织输出数据的格式，我们在此介绍 fmt 包中另一个非常灵活的函数 Printf，可以满足这种情况下的需要。虽然 fmt.Printf 函数并非 Go 语言的内置函数，而是标准库中的一个函数，但由于其重要性，在后续的实例代码中会频繁用到，所以我们把它放在本章中提前介绍。

fmt.Printf 函数与 C 语言中的 printf 函数非常类似，但是 Go 语言中做了一些非常好的改进。fmt.Printf 函数主要通过增加一个表示格式信息的参数来增加输出信息的灵活性，格式信息本身也是一个字符串，用来指引该函数如何结合其他参数组织一个最终输出的字符串。这样说起来可能不太直观，我们通过以下几个实例进行讲解。

```
var a int

a = 8

fmt.Printf("a=%d", a)
```

这里 a 是一个 int 类型的整数变量，fmt.Printf 函数的第一个参数是一个字符串“a=%d”，这个字符串参数叫作 fmt.Printf 函数的格式参数或格式字符串，必须位于函数参数中的第一个位置。格式参数中的其他内容都会按原样输出，唯有百分号“%”开头的子字符串有特殊的含义，起到占位的作用，并且会指示出将后面的参数按什么格式替代进来，我们一般称之为“格式化动作符”或简称“格式化符”，例如格式化符“%d”代表把后面的参数按整数形式替换进来，因此本例的输出结果应该是：

```
a=8
```

可以发现，格式字符串中的%d 被 a 的数值 8 所替代。注意，此时的输出也没有换行符，如果需要像 println 一样在结尾加一个回车换行符，需要按下面的格式写代码：

```
var a int

a = 8

fmt.Printf("a=%d\n", a)
```

即在格式字符串结尾增加“\n”表示换行，这种以反斜杠“\”开头后面带有一个字符的表达形式叫作“转义字符”，反斜杠表示后面的字符并不代表其本身，而是与反斜杠一起表达另一个字符，例如“\n”表示换行符（回车和换行是从老式打字机沿用过来的概念，在计算机中这两者的功能基本已经统一。在不同的操作系统中，回车和换行有时候用两个字符来表示，例如在 Windows 系统中是用\r 表示回车，\n 表示换行；有时候用一个字符来表示，例如在 Linux 和 Mac OS 系统中，直接使用\n 或\r 表示回车换行。一般直接使用换行符\n 代表换行在各个系统中都可以被正常识别）。类似的转义字符还有\t，代表 tab 字符。另外，当字符串数值用英文双引号括起来时，如果要表示双引号字符本身，需要用转义字符“\"”（如果是使用“`”符号括起的字符串，不需要使用转义字符）；如果要表示反斜杠字符本身，需要用两个连续的反斜杠来表示，即“\\”。

用\n 转义字符可以实现输出多行字符串的功能，见代码 4-7：

```
var a int

a = 8

fmt.Printf("a=%d\nb=?\nc=?\n", a)
```

代码 4-7　用\n 控制输出多行字符串

代码 4-7 中使用了 3 个\n 转义字符来控制输出 3 个换行符，因此输出的信息如下：

```
a=8
b=?
c=?
```

其中，仅有“a=”后的格式化符被替代为后面的参数变量 a 的值、转义字符\n 被替换为换行符，其他字符均被原样输出。

如果需要输出多个参数，则需要在格式化字符串内有同样数量的格式化符，并且其出现的顺序与后面传入的参数顺序一致，见代码 4-8：

```
var a int

a = 8

b := 10

c := 18

fmt.Printf("a=%d, c=%d, b=%d\n", a, c, b)
```

代码 4-8　fmt.Printf 函数中输出多个参数

代码 4-8 同时输出了 3 个变量 a、b、c 的值，除了在格式化字符串中包含了 3 个格式化符之外，由于我们希望按 a、c、b 的顺序输出，因此直接在后面的参数顺序中把变量 a 放在第一位（除了格式化参数外），c 放在第二位，b 放在第三位。代码运行的结果为：

```
a=8, c=18, b=10
```

可以看到，变量的数值是按照我们预期的顺序输出的。

C 语言中已经提供了丰富的格式化符来满足对各种类型数据的多种输出格式的需求，Go 语言在此基础上又做了一些改进和更新。格式化符可以通过增加一些标志字符来表达不同的含义，在这里我们仅列出一些常用的格式化符的例子供大家参考，在实际开发过程中大家也可以根据需要自行摸索创新。

4.4.1　整数格式化符%d

格式化符%d 已经在前面做过示例，这里再举几个增加标志字符后的变化。例如，有时候为了输出多行数字时右对齐，需要在输出的整数前补充一定数量的空格，可以在%d 这两个字符中间增加一个表示宽度的数字，见代码 4-9：

```
fmt.Printf("123456789\n")
fmt.Printf("%9d\n", 18)
```

代码 4-9　格式化符中的宽度标志字符

代码 4-9 中，第 1 行作为参照物决定第 2 行输出时补充几个空格字符。第 2 行中格式化符“%9d”表示要保证输出的整数有 9 位，如果不到 9 位则在左侧补上空格字符，直至一共有 9 个字符为止。

代码 4-9 在 LiteIDE 中运行的结果如图 4.2 所示，可以看出，第二行输出的 18 前面确实空了 7 个字符的位置。如果想要左对齐，可以在宽度标志符之前增加一个减号字符“-”，见代码 4-10：

```
fmt.Printf("123456789\n")
fmt.Printf("%9d\n", 18)
fmt.Printf("%-9d\n", 39)
```

代码 4-10　左对齐和右对齐

运行代码 4-10 得到的结果如图 4.3 所示。

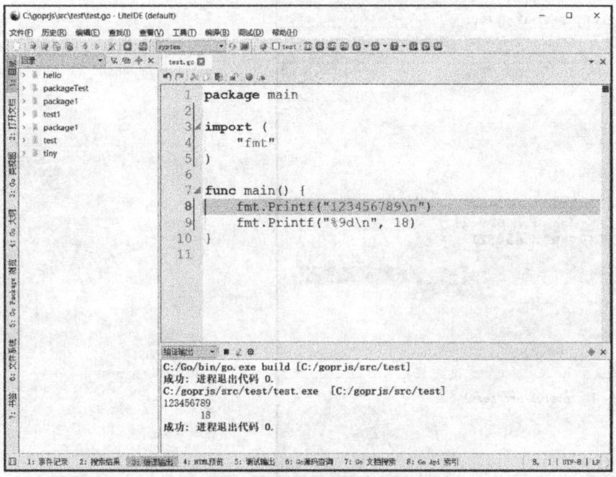

图 4.2　代码 4-9 的运行结果　　图 4.3　代码 4-10 的执行结果

可以看出，输出信息中第 2 行的数字 18 与第 3 行的 39 分别是右对齐和左对齐的。另外，除空格字符外，还可以用数字 0 来补齐空位，只需要在宽度标志符前加一个数字 0 即可，见代码 4-11：

```
fmt.Printf("123456789\n")
fmt.Printf("%09d\n", 18)
fmt.Printf("%-09d\n", 39)
```

代码 4-11　用数字 0 补齐空位

代码 4-11 在 LiteIDE 中运行的结果如图 4.4 所示。

可以看出，右对齐时可以补 0，左对齐的时候设置补 0 是无效的，因为从数学意义上来说，在整数右侧补 0 会使数值发生变化。

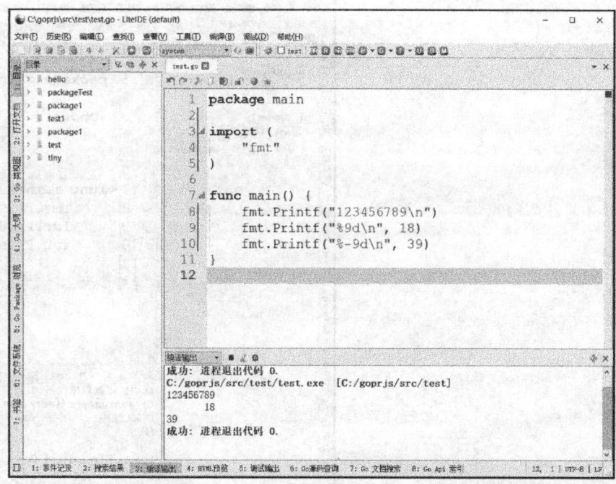

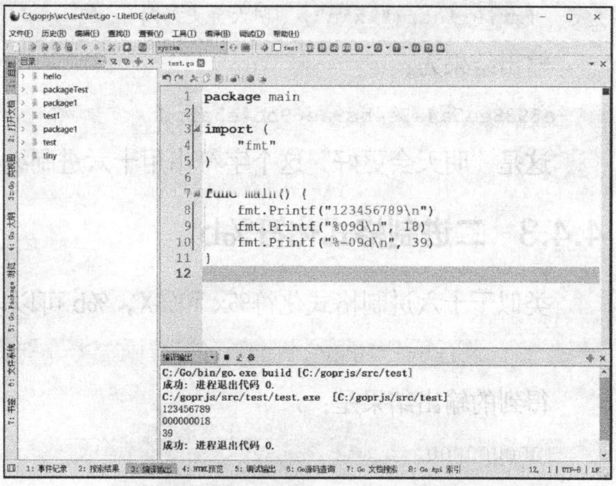

图 4.4　代码 4-11 的执行结果

4.4.2　十六进制格式化符%x 和%X

如果需要用十六进制表示整数，可以用%x 或%X 格式化符，这两者都是将整数按十六进制形式输出，唯一的区别是%x 输出的是小写字符而%X 输出的是大写字符，如下所示：

```
fmt.Printf("%x\n", 65432)
fmt.Printf("%X\n", 65432)
```

这段代码输出的结果是：

```
ff98
FF98
```

其中，对于同一个整数 65432，第 1 行是使用%x 输出的十六进制结果，第 2 行是使用%X 输出的结果，它们的区别仅在于十六进制中字母部分的大小写。

%x 和%X 也支持宽度标志符和左右对齐，例如：

```
fmt.Printf("%09x\n", 65432)
fmt.Printf("%-09X\n", 65432)
fmt.Printf("%9X\n", 65432)
```

这段代码的输出结果如图 4.5 所示。

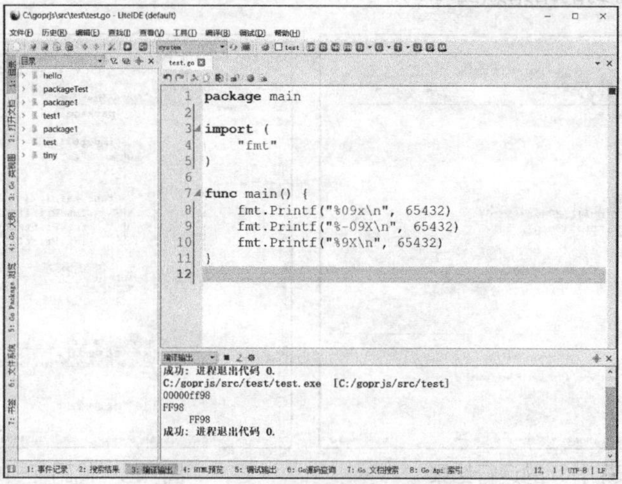

图 4.5　十六进制数字的左右对齐

读者可以参考格式化符%d 体会其中补 0 以及左右对齐的方式，实际上宽度标志符与对齐标志符在大多数格式化符中都可以以此类推使用，后面将不再一一举例，有需要的话可以自行尝试各种组合方式。

另外，%x 和%X 也可以用于将一个字符串的每个字符对应的十六进制编码按顺序输出，例如：

```
fmt.Printf("%x\n", "明天会更好")
```

输出结果为：

```
e6988ee5a4a9e4bc9ae69bb4e5a5bd
```

这是“明天会更好”这个字符串用十六进制编码形式表达出来的结果。

4.4.3 二进制格式化符%b

类似于十六进制格式化符%x 和%X，%b 可以以二进制的形式将整数表示出来，例如：

```
fmt.Printf("%b\n", 1024)
```

得到的输出结果是：

```
10000000000
```

这是整数 1024 的二进制表达形式。

4.4.4 浮点数格式化符%f

如果是浮点数，一般会使用格式化符%f 来控制输出，例如：

```
a := 1.68

fmt.Printf("%f\n", a)
```

得到的输出结果是：

```
1.680000
```

可以看出，仅使用格式化%f 本身虽然可以输出浮点数，但对数字显示的格式还是没有精细的控制。如果需要精细控制，可以使用宽度标志符和对齐标志符等，例如：

```
a := 1.6879

fmt.Printf("%9.2f\n", a)
fmt.Printf("%9.6f\n", a)
fmt.Printf("%09.2f\n", a)
fmt.Printf("%-9.2f\n", a)
```

上述代码的输出结果是：

```
     1.69
 1.687900
000001.69
1.69
```

与整数的宽度标志符是一个整数数字不同，浮点数的宽度标志符一般是一个小数，小数点前的部分表示要求输出的整体宽度是几个字符，小数点后的部分表示要求输出的小数点后的位数。本例中的变量 a 数值为 1.6879，第一条 Printf 语句中宽度标志符为“9.2”，也就是说要求整体输出 9 个字符，小数点后输出两位，由于变量 a 的小数位数超过两位，因此会自动进行四舍五入处理后输出 1.69，并且数字前补充 5 个空格字符，凑齐 9 个字符数（注意，输出结果中小数点也算一个字符）。

第 2 条 Printf 语句中，设定宽度为 9.6，表示整体输出宽度仍然为 9 个字符，但是小数点后为 6 位，因为变量 a 的取值小数点后只有 4 位，所以输出的结果中会补充两个 0。

第 3 条 Printf 语句中在宽度标志符前加上了补 0 的标志，因此输出时会补上 0 而非空格字符。

第 4 条 Printf 语句中使用了左对齐标志符“-”，可以看出，如果不使用该标志符，默认的输出方式是右对齐。

注意，浮点数的宽度标志符可以省略总位数，例如用格式化符“%.2f”可以输出小数点后 2 位但总位数根据需要而定的浮点数。

4.4.5 其他浮点数格式化符

还有一些并不常用的浮点数格式化符，以及一些用于表示复数的格式化符，在此一并列出供读者参考。

%b 也可以用于表示任意数字（包括小数）的二进制形式，实际上表示的是该数字对应 2 的多少次方乘以一个数字，类似科学计数法中将 e 的值从 10 转换成 2，例如：

```
fmt.Printf("%b\n", 2.0)
fmt.Printf("%b\n", 1.0)
fmt.Printf("%b\n", 0.1)
```

输出结果如下：

```
4503599627370496p-51
4503599627370496p-52
7205759403792794p-56
```

我们可以验算一下，第一个输出结果是 4503599627370496p-51，代表 2.0 是 4503599627370496 × 2^{-51}，经过验算结果是正确的（忽略小数点带来的误差）。

格式化符%e 和%E 则代表用科学计数法表示一个浮点数，两者的区别仅仅在于结果中的字母 e

是大写还是小写，例如：

```
fmt.Printf("%e\n", 2.0/3)
fmt.Printf("%E\n", 2.0/3)
fmt.Printf("%e\n", 8.0)
```

输出结果如下：

```
6.666667e-01
6.666667E-01
8.000000e+00
```

格式化符%g 和%G 则是根据浮点数后小数的位数自动决定是否用科学计数法表示，如果位数少就用%f 的方式表示，否则根据字母 g 的大小写分别对应%e 和%E 的方式显示，整体原则是尽量减少数字中无用的 0 来精简输出的位数，例如：

```
fmt.Printf("%g\n", 3.0/700000)
fmt.Printf("%G\n", 2.0/3)
fmt.Printf("%G\n", 8.0)
```

输出结果如下：

```
4.2857142857142855e-06
0.6666666666666666
8
```

4.4.6 布尔类型的格式化符%t

布尔类型的数据或变量可以用格式化符%t 来控制输出，输出信息是 true 或 false 两个字符串。

```
a := true
b := false

fmt.Printf("a: %t, b: %t, a==b: %t\n", a, b, a == b)
```

这段代码的输出结果如下：

```
a: true, b: false, a==b: false
```

可以看出，布尔类型变量 a 和 b 本身的输出都没有问题，第三个格式化符%t 对应的是一个表达式“a == b”，这是判断 a 是否等于 b 的一个条件判断表达式；如果 a 与 b 的值相等则表达式结果为 true，否则为 false；因为 a 和 b 的值分别是 true 和 false，两个值并不相等，因此表达式最终的结果值为 false。

4.4.7 Unicode 码相关格式化符%c、%q 和%U

格式化符%c 和%q 的作用是将后面的整数参数作为一个字符的编码来看待并输出该编码对应的 Unicode 字符，两者的区别在于%q 会将输出的字符用单引号括起来。而格式化符%U 与这两者正好相反，是将后面作为参数的字符（注意需用英文单引号“'”括起来）的 Unicode 编码（确切地说是 UTF-8 编码）输出。

```
fmt.Printf("%c\n", 0x61)
fmt.Printf("%q\n", 0x61)
fmt.Printf("%U\n", 'a')
```

以上代码的输出结果如下：

```
a
'a'
U+0061
```

有经验的开发者都知道，小写字母 a 的 ASCII 码是 97，即十六进制的 61，在 Go 语言中表示为 0x61。而 Go 语言中使用 UTF-8 编码，属于 Unicode 编码中使用较广泛的一种，且 UTF-8 编码是涵盖 ASCII 码的，因此第 1、2 条语句输出小写字母 a 和'a'是完全正确的结果。第 3 条语句是完全反向的操作，输出的结果也是正确的，“U+0061”中的数字也是十六进制的数字，这是 Unicode 编码通常的表达形式。

如果我们想知道某个汉字或其他任意字符的 UTF-8 编码，可以用下面的方式：

```
fmt.Printf("%U\n", '我')
```

代码输出结果如下：

```
U+6211
```

说明汉字“我”的 UTF-8 编码是十六进制的 6211。反之，如果知道某个字符的 UTF-8 编码，也可以用%c 格式化符来输出该字符：

```
fmt.Printf("%c\n", 0x6211)
fmt.Printf("%c\n", '\u6211')
```

这两条语句的效果相同，都可以输出汉字“我”。其中，第 1 条语句用的是十六进制的数字表达形式，第 2 句用的是 Unicode 表达的字符形式，都是正确的可选方式。

对于格式化符%q，如果其对应的参数是一个字符串，则会输出用双引号括起来的该字符串，例如：

```
fmt.Printf("%q\n", "abc")
```

输出结果如下：

```
"abc"
```

4.4.8 字符串格式化符%s

字符串格式化符%s 的应用比较简单，仅仅是将后面对应的字符串参数原样输出，例如：

```
fmt.Printf("%s is a boy.\n", "Tom")
```

语句的输出结果如下：

```
Tom is a boy.
```

如果希望输出一些特殊字符而键盘输入不便时，可以直接用包含 Unicode 转义形式表达的字符来组合输出。例如，我们常用的外国人名中的连字符“·”，如果不知道如何用键盘输入，可以利用 Unicode 编码：

```
fmt.Printf("%U\n", '·')
fmt.Printf("汤姆%s 杰瑞\n", "\u00b7")
```

输出结果如下：

```
U+00B7
汤姆·杰瑞
```

其中第一行会输出该连字符的 Unicode 编码 00B7，这是其十六进制表达形式，第 2 行则用“\u00b7”这样的 Unicode 转义字符串输出该字符。注意，十六进制编码中不区分字母大小写。Unicode 转义字符可以连续书写，也可以混合正常的字符串，例如下面代码中最后一行的参数字符串是完全正确的。

```
fmt.Printf("%U\n", '我')
fmt.Printf("%U\n", '们')
fmt.Printf("%U\n", '和')

fmt.Printf("%s\n", "\u6211\u4eec是汤姆\u548c杰瑞")
```

本段代码的输出结果如下：

```
U+6211
U+4EEC
U+548C
我们是汤姆和杰瑞
```

最后的字符串输出时会自动将 Unicode 转义字符转换为正常的 Unicode 字符一起输出。

4.4.9 指针格式化符%p

格式化符%p 用于输出指针的值，由于 Go 语言中为了代码安全尽量弱化了指针的存在，因此这个格式化符并不常用。

```
a := "abc"

b := []int{1, 2, 3}

p := &b

fmt.Printf("a 的地址: %p, b 的地址: %p\n", &a, p)
```

这段代码的输出结果如下：

```
a 的地址: 0xc00000e1e0, b 的地址: 0xc00000a080
```

指针用于表示变量在内存中的地址，因此由上述代码和输出结果可以看出，字符串变量 a 的地址（也就是指针的值）是 0xc00000e1e0，这是 a 在内存地址中的十六进制表达形式；我们在取变量 a 的地址指针时，需要用到专门的“&”操作符。它是用于取得变量地址的操作符，该操作符对应的操作称作“取地址操作”或“取引用操作”。而变量 b 是一个切片类型的变量，是字符串类型的切片，我们将其用取地址操作符“&”取得地址后赋值给变量 p，然后输出变量 p 的值为 0xc00000a080，这也就是切片变量 b 在内存中的地址。

4.4.10 万能格式化符%v

%v 这个格式化符是 Go 语言中的一个比较有用的改进。使用%v 格式化符，可以对包括复合类型在内的绝大多数数据类型按照默认格式输出。这样可以避免我们编程时再去关注输出数据的具体类型并按其类型确定格式化符。

注意	我们这里的“数据”指的是包括数值、变量、表达式、有返回值的函数在内的一切最终结果是一个值的形式，它们都可以作为 Printf 中的待输出参数，能够被格式化符控制输出格式。

下面是几个用格式化符%v 输出信息的例子：

```
fmt.Printf("%v\n", 8)
fmt.Printf("%v\n", 2.0/3)
fmt.Printf("%v\n", 2 == 3)
fmt.Printf("%v\n", "Hello!")
```

上面的代码输出结果如下：

```
8
0.6666666666666666
false
Hello!
```

可以看出使用%v 格式化符使整数、浮点数、布尔类型的数据和字符串数据都能按默认格式输出，这避免了开发者总是需要考虑使用何种格式化符来输出信息。再看下面的例子：

```
package main

import (
```

```
    "fmt"
)

type Cat struct {
    Name  string
    Color string
}

func main() {
    fmt.Printf("%v\n", []string{"abc", "123"})
    fmt.Printf("%v\n", map[string]float64{"Number1": 2.0, "Number2": 3.0})
    fmt.Printf("%v\n", Cat{Name: "Tom", Color: "cat"})
}
```

这是一段完整的代码，演示了用%v 格式化符输出几种主要的复合类型数据，其执行结果如下：

```
[abc 123]
map[Number1:2 Number2:3]
{Tom cat}
```

可以看出，切片的默认输出格式是用方括号括起各个数据项，数据项之间由空格分隔；映射类型则用“map”加上方括号内的各个键值对表示；struct 定义的结构类型，则用花括号括起来的各个字段的值表示。如果需要显示 struct 结构中各个字段的名字，可以用%+v 控制，例如：

```
package main

import (
    "fmt"
)

type Cat struct {
    Name  string
    Color string
}

func main() {
    fmt.Printf("%+v\n", Cat{Name: "Tom", Color: "cat"})
}
```

上述代码的输出结果如下：

```
{Name:Tom Color:cat}
```

另外，在%v 中间加上“#”字符可以输出数据在 Go 语言中的表述形式，主要用于编程中调试程序。

```
package main

import (
    "fmt"
)

type Cat struct {
    Name  string
    Color string
}

func main() {
    fmt.Printf("%#v\n", 8)
    fmt.Printf("%#v\n", 2.0/3)
    fmt.Printf("%#v\n", 2 == 3)
    fmt.Printf("%#v\n", "Hello!")

    fmt.Printf("%#v\n", []string{"abc", "123"})
    fmt.Printf("%#v\n", map[string]float64{"Number1": 2.0, "Number2": 3.0})
    fmt.Printf("%#v\n", Cat{Name: "Tom", Color: "cat"})
}
```

上述代码的输出结果如下：

```
8
0.6666666666666666
false
"Hello!"
[]string{"abc", "123"}
map[string]float64{"Number1":2, "Number2":3}
main.Cat{Name:"Tom", Color:"cat"}
```

格式化符%v可以理解为：对整数等同于%d，对浮点数等同于%g，对布尔型数据等同于%t，对字符串等同于%s，对指针等同于%p，对其他复合类型则按前述相应的输出格式。

4.4.11 输出数值类型的格式化符%T

在编程调试中，另外一个比较有用的格式化符就是用于获取数据类型的%T，例如：

```
a := 64
b := 64.09

fmt.Printf("%T\n", a)
fmt.Printf("%T\n", b)
```

上述代码中的前两句分别用简化方式定义了两个变量，为了确认这两个变量的类型，我们可以用%T 格式化符来查看它们的实际类型究竟是什么。这段代码的输出结果如下：

```
int
float64
```

可以看出，整数数据简化声明后的变量默认类型是 int，而浮点数则是 float64。

4.4.12 输出%字符本身

看到这里，可能有的读者会疑惑如何输出“%”字符本身？答案就是连续的两个百分号，即“%%”。例如下面的语句：

```
fmt.Printf("%s are 100%% happy.\n", "Tom")
```

输出结果如下：

```
Tom are 100% happy.
```

4.5 获取和使用第三方包

3.2 节中已经介绍了 Go 语言如何通过包和文件的形式组织代码。如果要使用标准库中的包，直接引用即可，也可以直接调用自己编写的包，因为源代码就在 src 目录下。但有时需要使用其他开发者已经编写好的功能，这时候就需要调用第三方包。使用第三方包之前一般要先通过 go get 命令获取该包到本机，go get 命令最好带上命令行参数“-v”（“v”代表“verbose”，即冗长、烦琐的意思）以便查看更多的命令执行信息。例如，本书后面的实例中有一些需要用到的 txtk 包，可以用下面的命令获取：

```
go get -v github.com/topxeq/txtk
```

执行该命令时有可能看到类似下面的输出信息：

```
C:\>go get -v github.com/topxeq/txtk
github.com/topxeq/txtk (download)
Fetching https://golang.org/x/text/encoding/charmap?go-get=1
```

一段时间后出现错误提示并终止命令的执行，这是由于 txtk 包依赖于另一个位于 golang.org/x/text 的 Go 语言包，该包下载时出现网络故障导致的。安装其他第三方包时也有可能出现类似的问题，需要记住下面的统一解决方法。

在安装 Go 语言第三方包的过程中，由于依赖 golang.org/x 下面的子包（例如 golang.org/ x/text 就是一个子包，我们将其称为“golang.org/x”下的 text 子包），因此可以按下面的方法来处理。

- 首先确保安装了 git 命令，安装方法参见 2.3.2 节。
- 在 CMD 中将工作目录切换到 src 目录下的 golang.org 子目录下的 x 子目录（如果没有该目录，则需要用 mkdir 命令逐级创建，或在 Windows 资源管理器中创建该目录）；切换到该目录后可以通过命令行提示符确认，其中包括当前所处的目录名。
- 在该目录（按本书中示例的环境应该是“C:\goprjs\src\golang.org\x”）下运行命令 git clone https://github.com/golang/text.git，命令最后的“.git”可以省略，其中的“text”是需要获取的子包名，如果缺少的是其他子包则应换成其他子包名；
- 再次运行 go get -v github.com/topxeq/txtk 重新获取该第三方包，这时候可以看到安装顺利完成。

图 4.6 演示了这种方法的完整步骤。

```
命令提示符

c:\goprjs\src>go get -v github.com/topxeq/txtk
github.com/topxeq/txtk (download)
Fetching https://golang.org/x/text/encoding/charmap?go-get=1

c:\goprjs\src>mkdir golang.org

c:\goprjs\src>cd golang.org

c:\goprjs\src\golang.org>mkdir x

c:\goprjs\src\golang.org>cd x

c:\goprjs\src\golang.org\x>git clone https://github.com/golang/text
Cloning into 'text'...
remote: Enumerating objects: 39, done.
remote: Counting objects: 100% (39/39), done.
remote: Compressing objects: 100% (24/24), done.
remote: Total 5619 (delta 14), reused 37 (delta 14), pack-reused 5580
Receiving objects: 100% (5619/5619), 19.68 MiB | 2.23 MiB/s, done.
Resolving deltas: 100% (3735/3735), done.

c:\goprjs\src\golang.org\x>go get -v github.com/topxeq/txtk
github.com/topxeq/txtk

c:\goprjs\src\golang.org\x>
```

图 4.6　解决方法的完整步骤

另外，有些第三方包安装时还有可能需要用到 C/C++语言的编译器，如果遇到这种情况建议安装 TDM-GCC 的 64 位版本编译器，在网络上搜索并安装即可。

获取 github.com/topxeq/txtk 包完毕之后即可用代码 4-12 来试验。

```
package main

import (
  "fmt"
  "github.com/topxeq/txtk"
)

func main() {
  fmt.Println(txtk.GetOSName())
}
```

代码 4-12　使用第三方包

代码 4-12 中，除了导入标准库中的 fmt 包外还引用了刚刚安装好的“github.com/topxeq/txtk”这个包，在主函数 main 中可以调用这个包中的 GetOSName 函数来获取当前操作系统的名称，并用 fmt.Println 函数输出到命令行界面上。这段代码运行的结果如下：

```
windows
```

这是在 Windows 系统下的运行结果，如果在 Linux 或 Mac OS 下则会是对应该操作系统的结果。

如果安装的第三方包需要更新，正常的方式本来应该是使用类似下面的命令：

```
go get -v -u github.com/topxeq/txtk
```

即在 go get 命令中加上“-u”参数。但这种方法仍然可能遇到在依赖 golang.org/x 的子包时发生的网络问题，因此建议更新包的方式是直接删除该包所在的整个目录（本例中是 C:\goprjs\src\github.com\topxeq\txtk 目录）后重新用 go get 命令安装。更新 golang.org/x 下子包的方式则是删除该子包的整个目录后重新用 git clone 命令安装该子包。

由本节的例子可以总结出，安装和使用第三方包的方法如下。

- 获得该包的地址（可以通过在 GitHub 等网站上搜寻等方法获得）。
- 使用 go get 命令将该包安装到本机上（注意要设置好 GOPATH 环境变量后才有效）。
- 在程序里引用该包，引用时使用下载该包时的完整地址作为包名。
- 在程序中使用该包中的函数等，注意需要用“简单包名+.加函数名”的方式引用，简单包名指的是完整包名以斜杠分割的最后一部分（如果没有斜杠分割则用全名）。
- 也可以在引用包的时候为包指定一个简单的别名以便代码中书写方便，见代码 4-13：

```
package main

import (
 "fmt"

 tk "github.com/topxeq/txtk"
)

func main() {
 fmt.Println(tk.GetOSName())
}
```

代码 4-13　引用包时指定别名

代码 4-13 中，在引用“github.com/topxeq/txtk”包时在前面指定了一个别名“tk”（注意与后面完整包名之间有一个空格字符分开），下面在 main 函数中就可以直接用 tk.GetOSName 这种方式通过别名来调用该包中的函数。

4.6 定义和使用常量

本章包含了很多实用的 Go 语言开发中的概念、小知识和技巧，本节再介绍一下常量的概念。Go 语言中，相较于经常使用的变量，也可以用 const 关键字定义一些“常量”。顾名思义，常量表示不会变化的值，例如：

```
const a = 10
```

这条语句定义了一个常量 a，它的值始终是整数 10，如果试图在代码中对其进行赋值会导致编译错误，可以尝试类似下面的代码查看编译时的错误信息。

```
const a = 10

a = 17

fmt.Println(a)
```

编译器会提示类似“.\test.go:10:4: cannot assign to a”的信息，表示不允许对 a 进行赋值操作。

Go 语言中定义常量时还有一个特殊的用法，即用标识符“iota”来定义常量。这种用法一般在定义一串有关联的常量时使用，类似其他语言中定义“集合”类型时的做法。例如，我们要把几种颜色作为常量各分配一个数值，可以用代码 4-14：

```
package main

import (
```

```
    "fmt"
)

const (
    black = iota
    white = iota
    red   = iota
    green = iota
    blue  = iota
)

func main() {
    fmt.Println(black, white, red, green, blue)
}
```

代码 4-14 用 iota 来定义常量

代码 4-14 中，在定义表示颜色的多个常量 black、white、red、green 和 blue 时，用一个 const 关键字加上圆括号把它们合在一起定义，每个常量占一行，类似声明多个包时 import 语句的形式。每个颜色常量都等于 iota，iota 表示从 0 开始并顺序往下排列的数据，运行这段程序的输出结果如下：

```
0 1 2 3 4
```

可以看出，代表 5 种颜色的常量分别被赋予了从 0 到 4 顺序增长的 5 个数值。有人会说，这样定义还不如直接写数字更方便，实际上 Go 语言中定义一组常量时，第一个常量如果定义为 iota，后面的常量可以不写等号后面的部分，即代码 4-14 可以简化如下：

```
package main

import (
    "fmt"
)

const (
    black = iota
    white
    red
    green
    blue
)

func main() {
    fmt.Println(black, white, red, green, blue)
}
```

这样所写的代码变少，但是获得的结果相同。

我们还可以根据 iota 的特性使常量定义时获得更灵活的变化。例如，如果要让第一个颜色从 1 开始编号，可以这样写：

```
const (
    black = iota + 1
    white
    red
    green
    blue
)
```

如果要从红色开始让数值变得不一样，可以这样写：

```
const (
    black = iota + 1
    white
    red = iota * 10
    green
    blue
)
```

这样可以得到下面 5 个颜色值：1，2，20，30，40。

还可以在中途变换定义常量的类型，例如：

```
const (
 black int = iota + 1
 white
 red float64 = (iota + 1) * 11.1
 green
 blue
)
```

这段定义将得到前两个颜色的值为 int 类型的 1 和 2，后三个颜色则为 float64 类型的浮点数 33.3、44.4 和 55.5。

4.7 变量、函数等标识符声明的作用范围

在代码中声明的常量、变量、自定义数据类型、函数等标识符都有一定的作用范围，也就是说这些标识符只能在一定范围内使用，超出范围后使用会出现错误，见代码 4-15：

```
package main

import (
 "fmt"
)

func main() {
 var a int

 a = 10

 if a > 5 {
        var b int

        b = a + 5
 }

 fmt.Printf("b=%v\n", b)
}
```

代码 4-15 变量定义的范围

代码 4-15 中，我们本希望最后一条 fmt.Printf 语句输出 b 的值为 15，但实际上这段代码编译会报错。这是因为变量 b 是在条件判断语句的嵌套代码块中定义的（if 语句后的花括号内），因此它的有效范围也是从变量声明开始到代码块结束为止。在该代码块之后不可以使用该变量。

常量、变量、类型、函数名、自定义数据类型名等标识符的有效范围都可以简单地归纳如下。

- 标识符有效范围的起始点在其声明之后，也就是"先声明再使用"；因此，下面的代码是错误的，因为在变量声明之前就使用了变量。

```
a = 1
var a int
```

- 标识符有效范围的结束点在其声明后最近的代码块末尾，即到最近的右花括号为止。

代码 4-15 就是验证本条规则的实例。

- 同一级别的代码块内不可以重复定义一个标识符。

```
var a int
a := 1
```

上面的代码会导致编译错误，因为 a := 1 也是声明变量的另一种方式，相当于变量 a 声明了两次，这是不允许的。

- 标识符后如果有新开始的嵌套代码块（或者可以说是低一级的代码块），则该标识符在该代码块中仍然有效；但如果该代码块中再次声明了该标识符，则会被视为一个新的标识符，并替代原标识符，但仅限于在这个代码块内有效，见代码 4-16：

```
package main

import (
 "fmt"
)

func main() {
 a := 10
 b := 15

 if a > 5 {
       b = a + 5
       fmt.Printf("b=%v\n", b)
 }

 if b > 5 {
       b := 30
       fmt.Printf("b=%v\n", b)
 }

 fmt.Printf("b=%v\n", b)
}
```

代码 4-16　标识符在嵌套代码块内外的有效性

代码 4-16 的运行结果输出了 3 次变量 b 的值，如下所示：

```
b=15
b=30
b=15
```

为何 3 次输出变量 b 的值会不尽相同呢？因为在主函数 main 中声明变量 b 之后，第一次输出变量 b 的值是在其后的第一个条件判断嵌套代码块中，此时变量 b 在此范围内是有效的，因此运算得到 b 的新值是 15；第二次输出变量 b 是在第二个条件判断嵌套代码块中，但这次在输出之前用":="操作符新声明了一个同名的变量 b，因此此时该嵌套代码块中输出的 b 与之前 main 函数声明的变量 b 已经不是同一个变量了，所以输出了新变量的值 30；最后，第三次输出时因为已经出了第二个嵌套代码块，此时，新定义的变量 b 已经失效，而旧的变量 b 仍然有效，所以再次输出了 15 这个值。

- 如果标识符不在任何代码块内（成对的花括号内），则从声明开始一直有效。

这种情况类似其他语言中的"全局变量"，虽然这不是一个推荐的做法，容易带来一些问题，但有时候也是比较便捷的一个做法，见代码 4-17：

```
package main

import (
 "fmt"
)

const Pi = 3.14

func perimeter(r float64) float64 {
 return 2 * Pi * r
}

func main() {
 r1 := 13.8

 fmt.Printf("圆的周长=%v，面积=%v\n", perimeter(r1), Pi*r1*r1)

}
```

代码 4-17　全局常量的作用范围

代码 4-17 中，我们编写了一个自定义函数 perimeter，作用是根据圆的半径计算圆的周长。在主函数 main 中既要输出圆的周长也要计算圆的面积，两处都要用到圆周率 Pi（代表圆周率π），因此在主函数或 perimeter 函数中定义常量 Pi 都不太合适，简单的做法就是把 Pi 定义成全局常量，这样在两个函数内就都可以使用了。

- 如果定义的全局范围的标识符不是以大写字母开头的，则最多只在代码所在的本包内有效；如果是以大写字母开头的，则可以被其他包访问，称作“被导出的”（exported）标识符。

这种情况常见于在包内自定义函数、类型或变量供其他包访问，在前面 3.2 节中介绍过，类似于其他语言中的对象类的静态成员和静态函数。

需要注意的是，全局变量在定义的时候不能使用简化声明方式（即用“:=”声明并赋初值的方式），只能用 var 关键字来声明。下面的几个定义全局变量的方法都是对的，但给 array1 赋初值 nil 没有必要，因为切片变量、映射变量等声明时会默认赋予空值，也就是 nil。

```
var c = 10
var f = 8.8 * 6.6
var s = "hijk"
var array1 []string = nil
var array2 []string
var array3 []string = make([]string, 5)
```

下面几种定义全局变量的方法是错误的：

```
c := 10
t := time.Now().Unix()
```

注意，定义全局变量时不能执行除 make 等内置的分配空间之外的函数。

4.8 tools 包——编写自己的函数库

本章的最后，我们将建立一个自己的函数库（也就是一个非执行包），后面将逐步编写一些有用的函数放在这个包中统一管理，供其他演示代码调用。我们把这个包起名为“tools”，表示它是一些工具类的函数。本节将编写其中的第一个函数 Printfln。

编写该函数的原因是，fmt 包中有 Println 函数和 Printf 函数，但是居然没有类似 Prinfln 的函数，也就是说没有既可以有格式化字符串又能自动加上换行符的输出函数。虽然 Printf 函数中可以用转义符“\n”代表换行，但每次都要输出该字符很麻烦，也影响代码的简洁美观。因此，我们准备编写一个 Printfln 函数，其功能与 Printf 函数基本相同，唯一的区别就是它会自动加上一个换行符。该函数放在 tools 包中供其他代码调用。

首先，我们在 src 子目录下新建一个 tools 目录，并在其中新建一个 tools.go 文件，并录入代码 4-18：

```
package tools

import (
 "fmt"
)

func Printfln(format string, a ...interface{}) {
 fmt.Printf(format+"\n", a...)
}
```

代码 4-18 Printfln 函数

代码 4-18 中仅仅定义了一个函数 Printfln，它所接受的参数与 fmt.Printf 函数完全一致，我们可以通过查看 Go 语言的参考文档来确认这一点。我们知道 fmt.Printf 函数除了第一个参数是格式化字符串之外，后面还可以有多个参数（这种可以有多个参数的情况也叫作可变长参数），分别代表需要输出的多个数值，并且数值的类型可以是 Go 语言中的任意类型，a ...interface{} 这个参数定义就代表了任意多个不定类型的参数，其中 interface{}在 Go 语言中代表一种特殊类型（称作“空接口”），这种类型的参数可以传入任意类型的数据，而它前面的省略号“...”（三个英文的小数点）就代表任意个数的参数。关于 interface{}类型我们将在后面专门的章节中详细介绍，在这里我们仅暂时了解这些。Printfln 函数中仅一行代码，就是调用 fmt.Printf 函数并将传入 Printfln 的参数原样传入 fmt.Printf 函数中，唯一的区别是在格式化字符串后加上一个换行符“\n”，这样就达到了比 fmt.Printf 多输出一个换行符的目的。在调用 Printfln 函数的代码中，应按下面的方式调用。

```
package main

import (
  "tools"
)

func main() {
  tools.Printfln("2+3=%v", 2+3)
}
```

首先引用“tools”这个包，然后在代码中用 tools.Printfln 的方式调用函数。运行这段代码可以看到，使用 tools.Printfln 函数后，不需要加入换行符“\n”也可以输出一个换行符。为了调用简单，我们可以在引用 tools 包时给它一个别名，见代码 4-19：

```
package main

import (
  t "tools"
)

func main() {
  t.Printfln("2+3=%v", 2+3)
}
```

代码 4-19　用别名引用 tools 包

代码 4-19 中引用 tools 包时，给了它一个别名：仅一个字母的“t”，后面代码中就可以用 t.Printfln 来调用该函数。不过，字母 t 就不能再用于定义其他的变量或函数名等标识符了。另外，本书后面的例子中有时候虽然使用了 tools 包的别名 t，但在文字描述时为了避免混淆，还是会用“本段代码使用了 tools.Printfln 函数……”这样的表述方法。

本书后面的例子中将大量用到 tools 包中包括 Printfln 和将来会编写的一些实用函数，该包完整的代码可以在随书可下载资源包中获得，或者在 GitHub 网站上 topxeq/goexamples/tools 处查看到。

第 5 章

用 Go 语言进行数学、科学领域的计算

本章将开始讲解 Go 语言在各个领域中常用、实用的开发技术，并会逐步穿插所需的概念和知识，这是为了避免集中讲解所有编程基础知识而显得过于枯燥。所有开发技术均通过实例讲解，以便于理解掌握。本章的重点是数值型变量、表达式、数学计算相关的标准库与第三方库、Go 语言中的异常处理机制等。

Go 语言由于语法简洁、入门门槛相对较低（尤其是对从 C、C++、Java、C#等语言迁移过来的开发者），并且代码高效、性能优异且并发处理很方便，因此非常适合进行数学运算和科学计算。本章将围绕数学和科学计算来介绍 Go 语言中相关的重要知识点。

5.1 表达式

3.5 节中简单介绍过表达式的概念，本节将进行更深入的讲解。表达式表达的是一个计算过程，参与该计算过程的有数值、常量与变量、操作符（包括运算符）、函数等，表达式最终计算的结果一般是一个数值。简单地说，表达式就是通过一组计算获取某个结果值的算式。

表达式在编程开发中具有重要的意义，它不仅可以用于进行数学计算，也可以用于控制代码的流转和其他逻辑。

5.1.1 最简单的表达式——单个数值

由于表达式最终计算的结果是一个数值，因此也可以反过来说，程序中代表一个数值的内容都可以看作表达式，单个数值也可以看作一个表达式，是一个没有运算操作的表达式。由于单个常量或变量也是用于存储数值的，所以单个常量或变量也可以算作一个表达式。

```
18
-26.97
0xFFEE
"abcde"
true
false
Pi
a
number1
```

上面列举的都可以看作是单个数值的表达式，其中，18 和-26.97 分别是整数和浮点数，0xFFEE 是十六进制形式表达的整数，"abcde"是字符串类型的数值（注意数值不光包括数字，也包括数据类型中允许的所有类型的取值），true 和 false 是布尔类型的数值，Pi 是一个常量（在此省略了声明该常量的过程）、a 和 number1 都是变量（在此省略了声明这两个变量的过程）。

5.1.2 操作符在表达式中的作用

通过组合数值和操作符，可以组成更复杂的表达式，如下所示。

```
3 + 15
```

这是一个表达式，表示两个数字相加的计算过程。这个表达式中用到了一个加法操作符，可以看出该操作符的作用是将其前后两个数值进行加法计算后获得一个结果值，也就是通过数学上的“求和”计算获得结果值。

像加号这样需要前后两个数值参与该计算操作的操作符叫作“二元操作符”。Go 语言中除了二元操作符之外，还有一些“一元操作符”，也就是只需要一个数值参与计算的操作符，如下所示。

```
!true
```

这是一个布尔类型数据的表达式，其中 true 是一个布尔类型的数值，惊叹号“!”操作符在 Go 语言中是“求反”的意思，也就是计算与该布尔值相反的值。对于本例来说，布尔值是 true，其相反的值就是 false，因此这个表达式的结果值是 false。“!”操作符就是一个一元操作符，它的计算过程只需要一个数值参与就可以了。典型一元操作符还有表示正负的“+”和“-”号，以及表示取内存地址值的“&”符号等。

Go 语言中的操作符不仅是类似加号的运算符，还可以有对数值进行其他处理的操作符，例如取内存地址值的操作符“&”并不是对数值进行运算。另外，表示判断前后数值是否相等的“==”操作符不是对其前后的数值进行计算，而是通过对比得到一个布尔类型的结果值。类似的还有“>”“<”“<=”“>=”“!=”等操作符。下面列出比较常用的操作符和它们的功能。

- +、-、*、/

分别对应数学中的加减乘除号。

- ==、!=、>、>=、<、<=

“==”和“!= ”分别是条件判断中判断两个数值是否相等还是不等的操作符，将返回一个布尔类型的结果 true 或 false。“>”和“<”对应数学中的大于号和小于号，“>=”则比大于号多判断一下两个值是否相等，读作“大于等于”，相当于数学中的“≥”符号，相应的“<=”则对应数学中的“≤”，读作“小于等于”，这几个操作符也返回一个布尔值 true 或 false。

- %

百分号“%”作为操作符时的作用是“取模”，也就是求一个数除以另一个数的余数，例如 5 对 3 取模用表达式表达是 5 % 3，其结果值为 2。

- &、|、^、&^

这几个符号作为两个数值之间的操作符时，其作用是让两个数进行二进制形式按位进行的“与”“或”“异或”“与非”操作。以按位“与”操作为例，如果两个数字分别为 1 和 2，则表示按位“与”操作的表达式是 1 & 2。两个数字转换成八位二进制数的形式后分别是 00000001 和 00000010，将两个数中位置相同的每个二进制位进行下述操作并求结果值：如果两个数同一位置都为 1，则结果值中该位也为 1，否则结果值中该位为 0。最后得到的结果值是 00000000，即十进制的数字 0，因为两个数中没有一个二进制位是同时为 1 的。用代码 5-1 可以验证该过程。

```
package main

import (
  t "tools"
)

func main() {
  t.Printfln("%08b", 1)
  t.Printfln("%08b", 2)

  t.Printfln("1 & 2 = %08b", 1&2)
  t.Printfln("1 & 2 = %d", 1&2)
}
```

代码 5-1 二进制按位与操作

代码 5-1 中使用了 tools 包中 Printfln 函数来输出信息，也可以自行选用 fmt.Printf 来实现。

其中对于二进制数使用了格式化符%b，并且加上了宽度标志符和补 0 标志以便保证输出的是八位二进制数，最后一条语句输出的是十进制格式的数字。本段代码运行结果如下：

```
00000001
00000010
1 & 2 = 00000000
1 & 2 = 0
```

可以看出，其过程和结果与我们文字描述中的完全一致。

按位“或”“异或”及“与非”操作同按位“与”操作类似，都是在两个数的二进制位上逐位进行某个操作。其中“或”的操作是：两个位至少有一个为 1，结果即为 1，否则为 0。“异或”的操作是：两个位不相同则为 1，相同则为 0。“与非”的操作是：先将第二个二进制数按位取反（就是每一位如果是 0 就变成 1，如果是 1 就变成 0），然后进行按位“与”的操作。另外，Go 语言中没有按位“非”这个操作符，也就是前面说的“按位取反”操作，可以让数值按位“异或”一个所有二进制位都是 1 的数字来实现这个功能。下面通过代码 5-2 来了解各项操作。

```
package main

import (
  t "tools"
)

func main() {
  t.Printfln("5 -> %08b", 5)
  t.Printfln("6 -> %08b", 6)

  t.Printfln("5 & 6 = %08b", 5&6)
  t.Printfln("5 | 6 = %08b", 5|6)
  t.Printfln("5 ^ 6 = %08b", 5^6)
  t.Printfln("5 &^ 6 = %08b", 5&^6)
  t.Printfln("not 5 = %08b", 5^0xFF)
}
```

代码 5-2 二进制操作符演示

代码 5-2 中选用了更有代表性的两个数字 5 和 6 进行演示，这两个数字中包含了二进制位全为 0、全为 1、各不相同这几种可能情况，其输出结果如下：

```
5 -> 00000101
6 -> 00000110
5 & 6 = 00000100
5 | 6 = 00000111
5 ^ 6 = 00000011
5 &^ 6 = 00000001
not 5 = 11111010
```

可以对照检验一下是否符合我们所说的计算规律。注意，最后一行是对数字 5 进行按位“非”操作的结果，代码中是将 5“与非”数字 0xFF（十六进制的数字 FF，相当于十进制的数字 255，相当于各位全为 1 的八位二进制数字 11111111）。

- >>、<<

“>>”和“<<”则是对一个数字进行二进制位的“移位”操作。所谓“移位”，指的是将各个二进制位的数字一同向某个方向移动一个位置，移位后溢出的二进制位上的数字将被丢弃，而空出来的那个位置会补充一个二进制的 0。“>>”代表左移，“<<”代表右移。移位操作符后面的数字表示移动几位，见代码 5-3：

```
package main

import (
  t "tools"
)

func main() {
  t.Printfln("5 -> %08b", 5)
```

```
    t.Printfln("5 >> 1 = %08b", 5>>1)
    t.Printfln("5 >> 2 = %08b", 5>>2)
    t.Printfln("5 << 1 = %08b", 5<<1)
}
```

代码 5-3 二进制移位操作

代码 5-3 中演示了数字 5 进行二进制移位的操作，包括对 5 右移 1 位、右移 2 位和左移 1 位，结果输出如下：

```
5 -> 00000101
5 >> 1 = 00000010
5 >> 2 = 00000001
5 << 1 = 00001010
```

- &&、||、!

“&&”“||”和“!”操作符分别叫作“逻辑与”“逻辑或”和“逻辑非”操作符。“逻辑与”“逻辑或”的作用是将其前后的两个布尔型数值做“与”和“或”的操作，与“按位与”和“按位或”操作类似，但并非对二进制位进行操作。“逻辑与”操作的含义是：如果两个布尔型数值都是 true，则结果为 true，否则为 false。“逻辑或”操作的含义是：如果两个布尔型数值至少有一个是 true，则结果为 true，否则为 false。“逻辑非”操作的含义则是将一个布尔值进行取反操作，即如果是 true 则变为 false，如果是 false 则变为 true。“&&”和“||”操作符常用于条件判断语句中组合复杂的判断条件，见代码 5-4：

```
package main

import (
  t "tools"
)

func main() {
  a := 1
  b := 2
  c := 3

  if (c > a) && (c > b) {
        t.Printfln("c 最大")
  }

}
```

代码 5-4 用逻辑与操作符&&组合复杂的判断条件

代码 5-4 中，if 引导的条件判断语句中使用了复杂的表达式(c > a) && (c > b)，由于 c > a 和 c > b 这两个子表达式的值均为 true，所以整个表达式的值也是 true，运行该程序将输出“c 最大”。

5.1.3 函数在表达式中的作用

函数在表达式中的作用与操作符类似，甚至可以把操作符看作简化的函数。这是因为可以把操作符看作是接受 1 个或 2 个参数并返回 1 个数值的函数。例如，加法操作符“+”可以用一个等价的函数来表示，见代码 5-5：

```
package main

import (
  "fmt"
  t "tools"
)

func add(a, b int) int {
  return a + b
}

func main() {
  fmt.Printf("2+3=%v\n", 2+3)
```

```
    t.Printfln("2+3=%v", 2+3)
}
```

代码 5-5　与加号等价的 add 函数

代码 5-5 中使用了 fmt.Printf 和 tools 包中 Printfln 两种方式来输出信息，其中 tools 包通过别名 t 来调用。关于 tools 包的用法请参见 4.8 节中的说明，本书后面将经常用到该包中的函数，所以需要熟练掌握该包的用法。本例中使用 fmt.Printf 和 t.Printfln 函数的两条语句的作用完全相同。

代码 5-5 中定义了一个 add 函数，功能是把两个整数参数相加的结果返回。该代码运行结果如下：

```
2+3=5
2+3=5
```

可以看出，这里 add 函数和加号操作符的作用完全相同。当然，加号操作符还可以用于其他数据类型的加法操作，而我们这样定义的 add 函数只能对 int 类型的数据进行加法操作。但是，使用 Go 语言中表示任意数据类型的 interface{}可以实现和加号操作完全相同的功能。另外，函数定义起来更灵活，可以实现操作符目前不能完成的功能，例如可以定义一个进行 3 个数相加操作的函数。因此，可以得到结论，函数在表达式中的作用与操作符的作用相同，都是对数值进行一定的运算或其他操作并得到结果数值，而且用函数可以实现比操作符更复杂的功能。

5.1.4　表达式的组合与计算的优先级

表达式通过组合可以成为更复杂的表达式，例如：

```
16 - 7 * 18
```

这是一个含有 3 个数值和 2 个操作符的表达式。计算机在计算表达式的时候有一定的优先级顺序，就像我们在数学算式中乘法的优先级高于加减法一样。这个算式在计算机中将先计算 7 * 18 这个子表达式的值，再将结果与 16 进行减法运算。计算机中的优先级顺序的规则如下。

- 函数的优先级最高。
- 其次是一元运算符。
- 再次是二元操作符，二元操作符之间的运算优先级如下：

*、/、%、<<、>>、&、&^等操作符优先级最高，+、-、|、^次之，==、!=、<、<=、>、>=再次之，然后是&&，最后是||。

- 相同优先级的操作符或函数，将按照从左到右的顺序依次进行计算。
- 表达式中可以通过圆括号改变计算的优先级，最里层嵌套的圆括号内的子表达式运算优先级是最高的，然后是较外层的圆括号，并如此逐级向外进行运算。
- 函数参数中如果有表达式，则每个参数独立进行计算（即仅将后传入函数作为参数，不作为函数外部的表达式成分）。

代码 5-6 中将一个复杂表达式的结果赋值给变量 a，读者可以自行验证结果是否与实际输出结果一致。

```
package main

import (
  t "tools"
)

func add(a, b int) int {
  return a + b
}

func main() {
  a := 3*(20-add(4, 5)%6) > 18
```

```
    t.Printfln("a = %v", a)
}
```

代码 5-6　复杂表达式的计算

代码 5-6 运行结果如下：

```
a = true
```

5.1.5　表达式中数据类型的一致性要求

在 Go 语言中，很多二元操作符要求参与该操作的两个数值类型一致，例如：

```
    t.Printfln("%v", 15+25.6)

    a := 15
    b := 25.6

    t.Printfln("%v", a+b)
```

上面代码中，第一条 Printfln 语句是正确的，第二条 Printfln 是错误的。这是因为对于第一个 Printfln 语句中的表达式 15+25.6，Go 语言会自动将两个数字都认为是浮点数而进行加法操作。而第二个表达式中的变量 a 在之前已经通过:=操作符自动被认为是 int 类型的变量，而 b 则是 float64 类型，两者是不允许进行加法操作的。如果一定要改变这种约束，例如要求计算一个整数与浮点数的相加结果，可以使用自定义函数的方式，但其内部的实质还是要经过类型转换变为同一类型再进行加法操作，见代码 5-7：

```
package main

import (
  t "tools"
)

func add(a int, b float64) float64 {
  return float64(a) + b
}

func main() {
  x := 15
  y := 25.6

  t.Printfln("%v", add(x, y))
}
```

代码 5-7　自定义接受不同类型参数的加法操作函数

代码 5-7 中定义了一个接受不同类型参数的加法函数 add，但是其内部代码还是先将 int 类型的参数转换为 float64 的类型后才能进行加法运算。

另外需要注意的是，表达式的结果值不一定与参数值的类型一致，典型的例子是条件判断的表达式结果值一定是布尔类型的，但参与判断的参数数值可以是其他各种类型。

5.2　用表达式进行数学计算

本节将介绍一个用表达式进行日常数学计算的实例。

5.2.1　体重指数

体重指数（Body Mass Index，BMI）是国际上常用于衡量人体胖瘦程度以及是否健康的一个标准，它的公式是 $\mathrm{BMI} = W \div H^2$，其中 BMI 是体重指数（严谨地说应该叫身体质量指数，mass 是物理上的质量的意思），W 指人的体重（单位是千克），H 指人的身高（单位是米）。通过每个人体重指数所处的范围，可以辅助对其进行一定的分类以供统计。本书并不讨论这个标准的合理性和适用性，仅用该指数的公式来示范在 Go 语言中利用表达式进行计算和处理的过程。

5.2.2 用表达式计算体重指数

体重指数的公式可以用表达式表示如下：

```
BMI = W / (H * H)
```

因为 $H^2 = H \times H$，所以上面的表达式与体重指数公式是等价的。

对于成人，目前用于中国的分类标准大致如下：

- 偏瘦：BMI < 18.5
- 正常：18.5 <= BMI < 24
- 偏胖：24 <= BMI < 28
- 肥胖：28 <= BMI < 30
- 重度肥胖：BMI >= 30

实现计算体重指数并进行分类判断，见代码 5-8：

```
package main

import (
  t "tools"
)

func main() {
  W := 65.0
  H := 1.75

  BMI := W / (H * H)

  t.Printfln("BMI: %.2f", BMI)

  if BMI < 18.5 {
      t.Printfln("偏瘦")
  } else if (18.5 <= BMI) && (BMI < 24) {
      t.Printfln("正常")
  } else if 24 <= BMI && BMI < 28 {
      t.Printfln("偏胖")
  } else if 28 <= BMI && BMI < 30 {
      t.Printfln("肥胖")
  } else if BMI >= 30 {
      t.Printfln("重度肥胖")
  }
}
```

代码 5-8 计算体重指数并分类

代码 5-8 中，首先将表示体重的变量 W 赋值为 65.0，将表示身高的变量 H 赋值为 1.75，然后用表达式 W / (H * H)计算出体重指数并赋值给变量 BMI。注意变量 W 赋值为 65.0，是因为后面的身高变量 H 必然是浮点数，而为了在后面的表达式中保证 W 和 H 的数据类型一致（否则会在编译时报错），即使体重是整数也把它写作浮点数。另外，输出 BMI 数值时使用了%.2f 的格式化符，表示小数点后仅保留两位。

后半部分的代码是一组条件判断语句，用于根据 BMI 的数值范围将测试者进行分类。这种连续的 if 和 else if 组成的条件判断语句群是常见的实现分类逻辑的代码。条件判断会从第一个 if 语句后的条件开始进行判断，如果满足该条件，则执行该分支的代码，并不再执行后续的所有 else if 条件判断语句；如果不满足该条件，则继续执行下面的 else if 条件判断语句，并继续按上述逻辑执行，直至最后一条 else if 条件判断语句。有时会在最后用一个 else 分支将所有剩余的情况一起处理。

代码 5-8 的执行结果如下：

```
BMI: 21.22
正常
```

可以看出，一个体重 65 公斤、身高 1.75 米的成人的体重指数 BMI 为 21.22，属于“正常”的范围内。

本例中使用了两类表达式，其中表达式 W / (H * H)是用于数学计算的表达式，而后面的表达式则都是用于条件判断语句中来表达条件的。注意，W / (H * H)表达式中使用圆括号改变了计算的优先级，保证先计算 H * H，如果不用圆括号，应该写作等价的 W / H / H。另外，第二个条件判断语句中的条件表达式中也使用了圆括号来保证先判断两个子表达式 18.5 <= BMI 和 BMI < 24 的条件，再进行“逻辑与”操作，但实际上由于“逻辑与”和“逻辑或”操作符的优先级是最低的，所以即使不加上圆括号，整个表达式的计算顺序也是对的，所以后面的条件判断语句就都没有加圆括号。这点在有的语言中是有计算顺序错乱的风险的，因此，如果要和其他语言保持一致，有的开发者还是习惯加上圆括号以保证万无一失，仅省略整个表达式最外层的圆括号。

5.2.3 使用命令行参数传入体重和身高的变量值

作为用表达式计算和判断体重指数分类的示例，5.2.2 节已经做了充分的展示。但是该程序中输入的体重和身高是固定的数值，导致结果也是固定的，作为这样一个具备成为常用工具潜力的程序，值得把它做得更完善一些。下面我们来介绍如何通过命令行参数传入不同的体重和身高值来计算体重指数。

命令行参数是在以命令行方式执行程序时，在程序名称的后面可以加上的一些参数，一般用于指导程序做一些特定的行为。命令行参数和主程序名称之间用空格分隔开，多个参数之间一般也用空格进行分隔。如果单个参数内部含有空格，则需要将整个参数加上双引号括起来。我们可以在 test.go 中输入代码 5-9 进行测试。

```
package main

import (
 "os"
 t "tools"
)

func main() {
 args := os.Args

 for i, v := range args {
       t.Printfln("命令行参数%v: %v", i, v)
 }

}
```

代码 5-9 测试命令行参数

输入代码 5-9 后用 go intall 命令编译 test 包，然后按下面的命令行执行该程序：

```
test abc 123 "How are you!"
```

可以得到程序的输出结果如下：

```
命令行参数 0: test
命令行参数 1: abc
命令行参数 2: 123
命令行参数 3: How are you!
```

代码 5-9 中，我们引入了一个新的标准库中的包“os”，这是一个包含与操作系统有关的一系列常量、变量和函数的包。其中，os.Args 变量是一个 os 包预定义的变量，它是一个字符串类型的切片变量，在程序运行后这个变量中会包含命令行中的各个参数。之后，用一个循环来逐个输出 os.Args 变量中的每一个字符串（args 变量已经被赋值为 os.Args，所以 args 与 os.Args 是等同的，注意切片类型变量的赋值形式）。循环使用了 range 关键字来遍历 args 变量，因此 i 就是遍历过程中的次序序号，v 则是 args 中的每个参数。观察该程序的运行结果可以发现，第一个参数（序号为 0）是 test 这个程序的名称，后面则是每一个参数，其中，第三个包含空格字符而用双引号括起来的参数确实被识别成了一个参数，这是符合我们预期的。如果用 go run test.go abc 123 "How are you!"这样的命令方式来运行程序，会得到类似下面的运行结果：

```
命令行参数 0: C:\Users\topget\AppData\Local\Temp\gobuild097289738\b001\exe\test.exe
命令行参数 1: abc
命令行参数 2: 123
命令行参数 3: How are you!
```

由于 go run 命令执行程序时会生成一个临时的可执行文件，因此第一个命令参数就是该临时文件的完整文件路径，从第二个参数（序号为 1）开始仍然是各个命令行参数。

因此，命令行参数只需要从 os.Args 变量序号为 1 的字符串开始获取即可。下面我们据此来改进计算体重指数的程序：在 src 目录下新建一个 bmi 子目录并在其中新建一个 bmi.go 文件，然后在其中录入代码 5-10。

```
package main

import (
 "fmt"
 "os"
 t "tools"
)

func main() {
 args := os.Args

 var W float64
 var H float64

 fmt.Sscanf(args[1], "%f", &W)
 fmt.Sscanf(args[2], "%f", &H)

 t.Printfln("体重: %.2f", W)
 t.Printfln("身高: %.2f", H)

 BMI := W / (H * H)

 t.Printfln("BMI: %.2f", BMI)

 if BMI < 18.5 {
     t.Printfln("偏瘦")
 } else if (18.5 <= BMI) && (BMI < 24) {
     t.Printfln("正常")
 } else if 24 <= BMI && BMI < 28 {
     t.Printfln("偏胖")
 } else if 28 <= BMI && BMI < 30 {
     t.Printfln("肥胖")
 } else if BMI >= 30 {
     t.Printfln("重度肥胖")
 }
}
```

代码 5-10 改进的体重指数计算代码 bmi/bmi.go

代码 5-10 中，新使用了一个 fmt 包中的函数 Sscanf，这个函数的作用是从字符串中读取指定格式的数值，放入一个变量中，而指定格式的方法就是用 4.4 节中介绍的格式化符。例如 fmt.Sscanf(args[1], "%f", &W) 这条语句就是从 args 变量的序号为 1 的字符串（也就是除程序名外第一个命令行参数）中读取一个浮点数类型的数值并放入变量 W 中。注意变量 W 要声明过，并且前面加上取地址符“&”，表示直接放入该变量所在的内存地址中。我们用下面的命令行执行该程序（需要先用 go install 或 go build 来编译）：

```
bmi 60 1.70
```

或者用下面的命令行来执行：

```
go run bmi.go 60 1.70
```

两种命令执行程序得到的结果相同的，都是下面这样：

```
体重: 60.00
身高: 1.70
BMI: 20.76
正常
```

从输出结果中可以看出输入的体重和身高被正确识别。本程序已经可以被用作工具来计算各种体重和身高组合对应的体重指数值并进行分类。如果想要分发该软件，直接复制 bin 目录下的 bmi.exe 程序即可。

5.3 利用系统自带的数学库进行计算

Go 语言中自带了一个数学库，在 Go 语言中可以认为库是由一系列包组成的完成同一类功能的集合。数学库中主要的包是 math 包，其中包含了很多进行基本数学运算的函数；math 包下还有几个子包，分别针对超大数、复数、二进制位、随机数等提供专门的计算处理函数。

在这里我们先来穿插介绍如何查阅 Go 语言的参考文档来获取自己所需的信息。

5.3.1 查阅 Go 语言中的参考文档

如 3.1.4 节中介绍，安装完 Go 语言之后可以通过 godoc -http=:6060 命令启动 Go 语言的文档服务器，再通过浏览器访问本机的 6060 端口，即可查阅 Go 语言的参考文档。注意，访问本机文档库的地址是 http://localhost:6060 或 http:// 127.0.0.1:6060，在浏览器地址栏中输入该地址并确认即可访问。

实际开发中，查阅最多的是标准库和安装的第三方库中各个包的参考资料。因此，在文档查阅首页直接单击右上角的“Package”链接按钮就可以直接查看本机中已安装的所有包的参考文档。

图 5.1 所示为包参考文档的首页，从上方目录中（“Packages”字样下方）可以看出文档中包含标准库（Standard Library）和第三方库（Third party）。在下方标准库中可以看到我们熟悉的“builtin”包，这是系统内置的函数包，不需要在代码中引用。

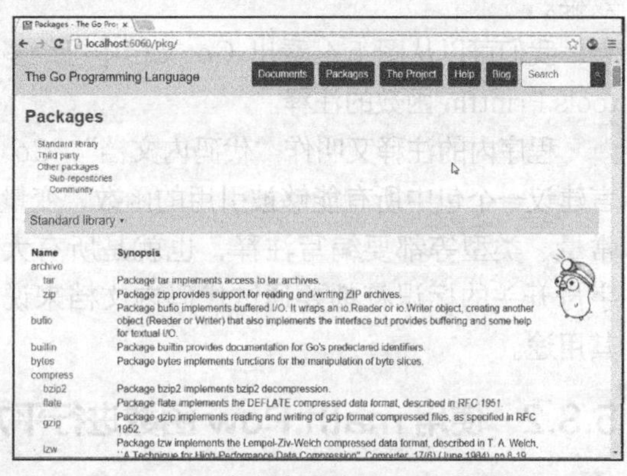

图 5.1 参考文档中标准库中的包

滚动页面到下方，可以看到图 5.2 所示的第三方包的参考文档，其中有我们之前用 go get 命令获取过的 github.com/topxeq/txtk 包，也有我们自己编写的几个包，打开 tools 包查看效果如图 5.3 所示。

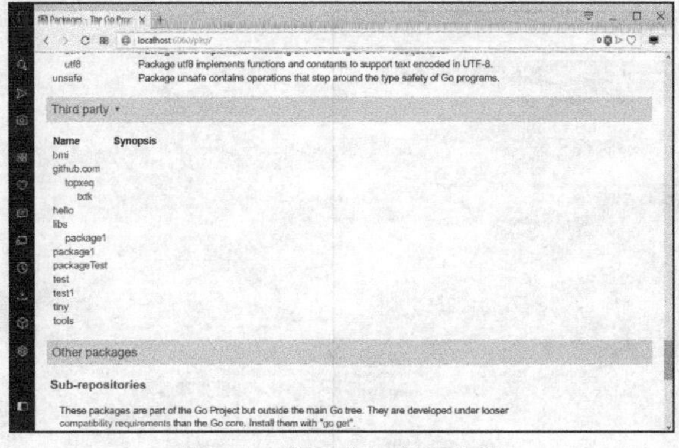

图 5.2 第三方包参考文档

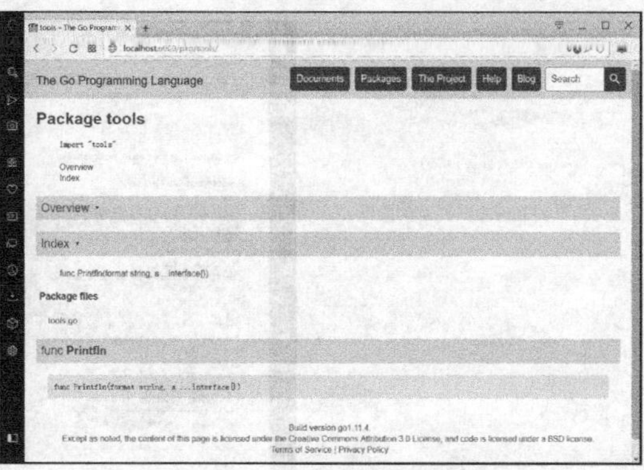

图 5.3 tools 包的参考文档

这里可以看到我们之前编写的 Printfln 的函数说明，但实际上我们并没有写任何代码内注释，可见 Go 语言有强大的自动生成文档的能力。不过有一点遗憾的是，Printfln 只有函数参考，如果能加上一点函数的简单说明来解释该函数的意图、功能等内容就更好了。我们把 src 目录下的 tools 子目录下的 tools.go 文件略加修改，如下所示：

```
package tools

import (
 "fmt"
)

// Printfln 仅仅封装了 fmt.Printf 函数，但结尾会多输出一个换行符
func Printfln(format string, a ...interface{}) {
 fmt.Printf(format+"\n", a...)
}
```

在 Printfln 函数上方增加一行注释语句，并遵循下面的格式要求即可自动生成该说明文档。

- “//”符号要从行首开始写。
- “//”符号后要有一个空格字符，然后紧跟着函数的名称。
- 再空一个空格字符，就可以任意书写注释，注意只能在一行内。

修改完之后要重新启动 godoc 服务器，重启的方法是：先用 Ctrl+C 快捷键终止原来的 godoc 程序的运行，然后再次运行 godoc -http=:6060 命令，刷新浏览器页面就可以看到效果。

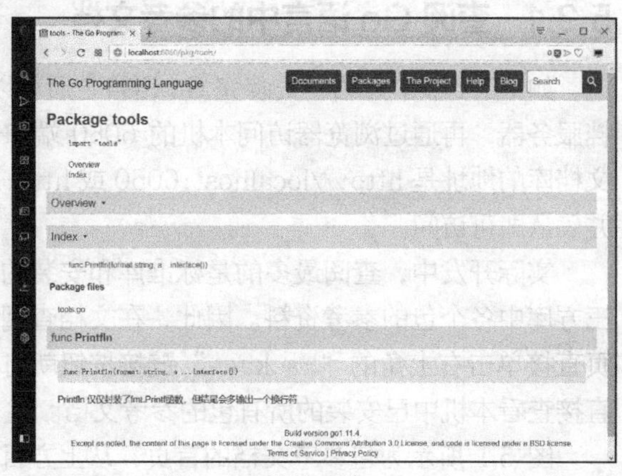

图 5.4 增加了函数注释的 tools 包参考文档

我们可以从图 5.4 看出 Go 文档中已经多了 tools.Printfln 函数的注释。

程序内的注释又叫作“代码内文档”，Go 语言建议一个包中所有能够被引用的函数、变量、常量、类型等都要编写注释，也就是所有大写字母开头的标识符都要通过代码内文档来说明其用途。

5.3.2 使用 math.Pow 函数进行平方计算

本小节将结合 5.2 节中体重指数的例子，介绍如何使用标准库 math 包中的 Pow 函数来替代原有表达式中进行平方运算的部分。我们用 5.3.1 节介绍的方法查阅标准库中的 math 包可以找到 Pow 函数，看到其说明如图 5.5 所示。

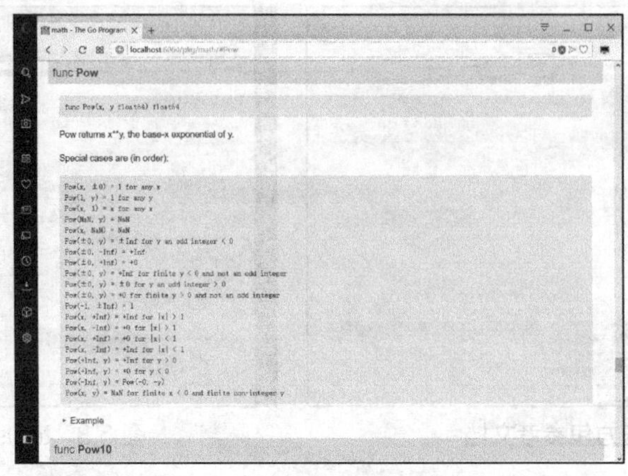

图 5.5 math.Pow 函数的参考文档

可以看出，math.Pow 函数接受两个参数 x、y，并会给出 x 的 y 次方结果作为返回值（即 x^y），那么如果要求取平方，只需要将 y 固定输入为 2 即可。因此，求取体重指数的代码 5-10 可以修改为：

```
package main

import (
 "fmt"
 "math"
 "os"
 t "tools"
)

func main() {
 args := os.Args

 var W float64
 var H float64

 fmt.Sscanf(args[1], "%f", &W)
 fmt.Sscanf(args[2], "%f", &H)

 t.Printfln("体重: %.2f", W)
 t.Printfln("身高: %.2f", H)

 BMI := W / math.Pow(H, 2)

 t.Printfln("BMI: %.2f", BMI)

 if BMI < 18.5 {
     t.Printfln("偏瘦")
 } else if (18.5 <= BMI) && (BMI < 24) {
     t.Printfln("正常")
 } else if 24 <= BMI && BMI < 28 {
     t.Printfln("偏胖")
 } else if 28 <= BMI && BMI < 30 {
     t.Printfln("肥胖")
 } else if BMI >= 30 {
     t.Printfln("重度肥胖")
 }
}
```

代码 5-11 使用 math.Pow 函数进行体重指数计算

代码 5-11 中，仅对原来计算 BMI 值的一行做了修改，从 BMI := W / (H * H) 改为 BMI := W / math.Pow(H, 2) ，当然前面还需要引用 math 包。运行该代码与代码 5-10 的结果相同。

```
go run bmi.go 60 1.7
体重: 60.00
身高: 1.70
BMI: 20.76
正常
```

其中第一行是我们执行程序的命令行，后面的执行结果与代码 5-10 带同样参数的执行结果完全相同。

5.3.3 用 math/rand 包生成随机数

在科学计算中经常需要用到随机数，许多算法中使用随机数来填充矩阵、数字序列，有时候验证某些算法也需要使用随机数。在 Go 语言中，math/rand 包（这种表达形式表示 math 包下的子包 rand）中提供了产生随机数的主要函数，其中最常用的有 Seed、Float64、NormFloat64、Int、Intn 这几个函数。下面用一段代码来说明这几个函数的用法。

```
package main

import (
 "math/rand"
 "time"
 t "tools"
)
```

```
func main() {
  rand.Seed(time.Now().Unix())

  var floatList1 [10]float64
  var floatList2 [10]float64

  for i := 0; i < 10; i++ {
        floatList1[i] = rand.Float64() * 20
        floatList2[i] = rand.NormFloat64()*2 + 10
  }

  t.Printfln("%#v", floatList1)
  t.Printfln("%#v", floatList2)

}
```

代码 5-12　随机浮点数与正态分布随机浮点数

代码 5-12 中，首先调用了 math/rand 包中的 Seed 函数，这是用于初始化随机数序列的函数。由于计算机中产生随机数基本都使用所谓的“伪随机数列”，而伪随机数列是由一个称作“种子”（英语中的 seed）的数字来初始化的，种子确定了，整个随机数的序列也是固定的，这意味着如果用同样的种子来初始化随机数序列，那么每次用取得随机数的函数获取的随机数是按顺序固定不变的，这样就会失去随机数的意义。因此，一般都会用一个真正随机的数字做种子来初始化随机数序列，而系统当前的时间转化成数字往往是一个比较好的“种子”。因此，我们使用了 time 包中的相关函数来获取时间并转化为数字来做种子。time.Now()函数会返回一个 time.Time 类型的数据来表示计算机系统的当前时间，而 time.Time 类型的成员函数 Unix 则用于将该结构表示的时间转换成一个 int64 类型的整数（表示从国际时间 1970 年 1 月 1 日至今经过的秒数），这个数字正好可以被用来做随机数种子。math/rand 包中的 Seed 函数就是用一个 int64 类型的整数来初始化随机数序列的。

初始化随机数序列后，我们定义了两个 float64 类型的数组（注意数组与切片的区别），与以前定义切片变量不太一样的是，定义数组的时候在方括号中加上了数字，数组变量定义时会分配好指定的空间并初始化赋值其中每一项为对应基类型的零值，无须再使用 make 函数来分配空间。本例中的 floatList1 和 floatList2 都被声明为包含 10 个数值项（也可以说大小为 10 或长度为 10）的 float64 类型的数组。

然后我们用一个循环给这两个数组中的数值项逐个赋值为随机数，不同的是 floatList1 中的数值使用了 rand.Float64 函数，该函数将返回一个[0.0，1.0]范围的随机浮点数，再乘以 20 之后，floatList1 中的数值将是[0.0，20.0]范围的随机数；而 floatList2 中数值项的赋值使用了 rand.NormFloat64()*2 + 10 这个表达式来赋值，rand.NormFloat64()将得到一个围绕 0 的符合数学上正态分布的随机浮点数，经过乘以 2 后加 10 的运算后，floatList2 中的数值将是围绕 10 正态分布的随机数（这里的数字 2 叫作标准差，代表随机数的离散程度）。看看代码运行的结果是否符合这个规律，输出信息时我们使用了格式化符“%#v”，表示将以 Go 语言内部表示数值类型的形式来输出，这样比较容易同时看清楚该数据的类型和内容。

```
[10]float64{7.466321581944478, 3.858708080272952, 2.811562443198838, 13.360950148704799, 1.026200491866747, 0.9794171144180869, 1.6540854901820847, 15.942915323620706, 2.956613486590571, 19.380551497830723}
[10]float64{7.322099762075444, 12.61020153621206, 10.326718021835537, 10.902656783520346, 9.999509959868316, 6.540150733925575, 14.032670649212431, 7.835407537350434, 11.107376800583417, 10.447525167608598}
```

可以看出，floatList1 中的随机数确实在[0.0，20]的范围内，但比较分散，而 floatList2 中的随机数接近于 10 的较多，完全符合预期。

math/rand 包中的 Int 函数用于获取随机的 int 类型的非负整数，Intn 则用于获取一个[0，n]范围内的整数，其中 n 是传入 Intn 函数的参数。请看示例代码 5-13：

```
package main

import (
  "math/rand"
```

```
  t "tools"
)

func main() {
  rand.Seed(1)

  for i := 0; i < 10; i++ {
        t.Printfln("%v", rand.Int())
  }

  t.Printfln("-----")

  rand.Seed(1)

  for i := 0; i < 10; i++ {
        t.Printfln("%v", rand.Int())
  }

  t.Printfln("-----")

  rand.Seed(2)

  for i := 0; i < 10; i++ {
        t.Printfln("%v", rand.Intn(100))
  }

  t.Printfln("-----")

  rand.Seed(2)

  for i := 0; i < 10; i++ {
        t.Printfln("%v", rand.Intn(100))
  }

}
```

代码 5-13 随机数种子的作用

代码 5-13 的执行结果：

```
5577006791947779410
8674665223082153551
6129484611666145821
4037200794235010051
3916589616287113937
6334824724549167320
605394647632969758
1443635317331776148
894385949183117216
2775422040480279449
-----
5577006791947779410
8674665223082153551
6129484611666145821
4037200794235010051
3916589616287113937
6334824724549167320
605394647632969758
1443635317331776148
894385949183117216
2775422040480279449
-----
86
86
92
40
4
54
30
64
11
76
-----
86
86
```

```
92
40
4
54
30
64
11
76
```

代码 5-13 中演示了随机数种子的作用，我们使用 rand.Int 函数产生了两组数据，每组 10 个随机非负整数，但在产生每组随机数之前，都用同样的随机数种子（数字 1）来初始化随机数序列，理论上每次产生的随机数顺序应该是一致的，程序的执行结果也确实如此。我们如法炮制 rand.Intn 函数，除了随机数被限制在了 100 以内（由参数 100 决定），两组产生的随机数也是一样的。

math/rand 包中的 Int 和 Intn 函数用于产生 int 类型的随机整数，还可以用 Int63 和 Int63n 函数来产生 int64 类型的随机数，用 Uint64 函数来产生 uint64 类型的随机无符号整数；当然，也可以用 Int31 和 Int31n 函数来产生 int32 类型的整数，用 Float32 函数来产生 float32 类型的浮点数，但这几个应用相对较少。

math 包中还有许多常用的数学函数，例如 Sin、Cos、Tan 等，可以在需要的时候按本节示例的方法查阅文档后使用。本书后面也会再次用到其中的函数。

5.4 用 Go 语言进行科学计算

Go 语言可以非常方便地用于科学计算中，本节将介绍一个简单的应用实例：计算向量的余弦相似度。

5.4.1 向量与余弦相似度概念简介

向量在科学计算中具有重要的地位，尤其在近来火热的人工智能领域（特别是其中的深度学习领域）得到了越来越广泛的应用。向量在计算机中一般表达为一个一维数组，对应到 Go 语言中就是一个浮点数类型的切片或数组，例如：

```
r1 := []float64{1.2, 2.4, 3.6}
```

这条语句定义了一个三维的向量 r1，它在三个维度上的数值分别是 1.2、2.4 和 3.6。实际的科学计算应用中，向量的维度往往远远大于此数量，我们仅在这里以此做简单的示例。

在人工智能领域，往往用向量来进行复杂事物的数字化，例如单词向量可以把一个英语单词转化成为一个多维向量，文档向量则将一整篇文字转换成为一个更多维度的向量。转化成向量这种数字化的形式，就可以做很多计算，例如通过两篇文章对应向量的相似度来求这两篇文章的相似度以查重就是被广泛使用的一种方法。此时，求取两个向量的余弦相似度是最常用的方法之一。

假设两个向量 A 和 B 都是 n 维的向量（也就是 Go 语言中包含 n 个数值项的切片），那么两者的余弦相似度为：

$$\cos\mathrm{Sim} = \frac{\sum_{i=1}^{n}(A_i \times B_i)}{\sqrt{\sum_{i=1}^{n}(A_i)^2} \times \sqrt{\sum_{i=1}^{n}(B_i)^2}}$$

可以看出，公式中会用到求总和、平方、开方等数学计算操作，另外也可以看出，向量 A 和 B 的维度必须是相同的，否则无法进行计算。余弦相似度计算结果应该是介于 0 和 1 之间的一个浮点数，包括 0 和 1，越接近于 1 表示两个向量越相似。

注意 上述 0 和 1 之间包括 0 和 1 的范围可以表达为[0, 1]，如果不包括 0 和 1，则应记作(0, 1)，不包括 0 但包括 1 记作(0, 1]，不包括 1 但包括 0 记作[0, 1)，后面我们还可能遇上以这种记法表示数值范围的情况。

下面来实现计算余弦相似度的公式，把它包装成为 tools 包中的一个工具函数供以后使用。

5.4.2 计算向量余弦相似度的函数

在 Go 语言中增加一个函数，只需要在代码中增加该段函数的代码，而无须像其他语言再做头文件或接口声明，只要首字母大写就等于自动声明了可以被其他包引用，这也是 Go 语言较方便的地方。在 tools 包中增加下述计算余弦相似度的函数代码，见代码 5-14。

```
// CalCosSim 计算两个向量的余弦相似度
func CalCosSim(f1, f2 []float64) float64 {
    if f1 == nil || f2 == nil {
        Printfln("某个向量是空值 nil")
        return -1
    }

    l1 := len(f1)
    l2 := len(f2)

    if l1 != l2 {
        Printfln("两个向量长度不一致，f1 的长度是：%v，f2 的长度是：%v", l1, l2)
        return -1
    }

    var rr float64 = 0.0
    var f1r float64 = 0.0
    var f2r float64 = 0.0

    for i := 0; i < l1; i++ {
        rr += f1[i] * f2[i]
        f1r += f1[i] * f1[i]
        f2r += f2[i] * f2[i]
    }

    var rs float64 = rr / (math.Sqrt(f1r) * math.Sqrt(f2r))

    return rs
}
```

代码 5-14 计算余弦相似度的函数

代码 5-14 中，首先写符合 Go 语言代码内文档要求的计算余弦相似度函数 CalCosSim 的注释。然后该函数中先增加了一些对输入参数合理性的判断，以免出现导致程序运行异常的情况。该函数接受两个参数，类型均为 float64 类型的切片，分别代表要进行比较的两个向量。前面介绍过，这两个向量的维度需要相同才能进行比较，所以在代码中加上了获取两个切片变量长度之后再进行比较是否相等的判断，如果不相等会输出提示信息并终止函数的执行并返回一个代表异常的特殊数值-1（正常值介于[0, 1]，因此调用 CalCosSim 函数的其他包可以通过判断该值来确定是否函数执行有问题）。另外，在判断维度是否相等之前，我们还增加了判断两个变量是否是空值 nil 的代码。这是因为，切片、映射和结构类型等复合类型变量的零值也可以用 nil 来表示，一般表示其没有被分配内存空间，例如：

```
var s []int

t.Printfln("s: %v, s == nil: %v", s, s == nil)

s[1] = 2
```

代码 5-15 没有分配内存空间的切片变量

代码 5-15 的执行结果如下：

```
s: [], s == nil: true
panic: runtime error: index out of range

goroutine 1 [running]:
main.main()
 /Users/topget/goprjs/src/test/test.go:20 +0x355
exit status 2
```

我们在代码中声明了一个 int 类型的切片变量 s，但是没有为它分配空间，此时输出 s 的值是“[]”，表示是一个空的切片。而我们输出“s == nil”这个表达式会发现结果是 true，说明 s 的值就是空值 nil。如果试图给 s 中的某个索引数据项赋值，程序会出现运行错误，告诉我们“index out of range”，即索引值超出了范围，因为 s 是一个空的切片，没有任何数据项，所以给任何索引项赋值都是不对的。

> **注意** 如果要使代码 5-15 中的切片变量 s 的值不为空值 nil，可以用数组类型的变量来定义：var s [3]int ，这样定义的是一个数组，数组也可以看作是定长的切片。定义数组时在方括号内加上一个代表有多少个数值项的数字，Go 语言编译器就会为该数组变量分配所需的内存空间，之后对其中数据项进行赋值不会出错，此时 s 的值将不是空值 nil。但数组初始化后其中的每个数据项值都是该数据项类型的零值，没有赋值前一般不应使用。注意，即使数组与切片的数据项数目相同，在 Go 语言中也会被认为是不同类型的变量，数组无法改变长度。

因此，代码 5-14 的函数 CalCosSim 中，如果发现参数 f1 或 f2 中的任意一个是空值 nil，也会输出提示信息并返回一个异常值-1。

之后的代码通过一个循环来计算余弦相似度公式分子分母中的 3 个求总和操作的结果，然后用一个大的表达式来计算最后的结果。其中，math.Sqrt 函数是 math 包中用于计算平方根的函数。

我们再另外编写一段代码来调用 CalCosSim 函数并查看运行结果。

```
package main

import (
  t "tools"
)

func main() {
  v1 := []float64{1.2, 2.4, 3.6}
  v2 := []float64{1.3, 2.4, 3.7}
  v3 := []float64{3.5, 4.8, 9.9}

  t.Printfln("v1 - v1: %.5f", t.CalCosSim(v1, v1))
  t.Printfln("v1 - v2: %.5f", t.CalCosSim(v1, v2))
  t.Printfln("v1 - v3: %.5f", t.CalCosSim(v1, v3))
}
```

代码 5-16 调用 tools.CalCosSim 函数计算余弦相似度

代码 5-16 中定义了 3 个向量 v1、v2、v3，然后调用 tools 包中的 CalCosSim 分别计算了 v1 与其自身以及与 v2、v3 的余弦相似度，运行结果如下：

```
v1 - v1: 1.00000
v1 - v2: 0.99980
v1 - v3: 0.99075
```

可以发现，两个完全相同的向量余弦相似度应当是 1，两个向量越接近则余弦相似度越接近于 1。在定义 v2 和 v3 两个向量时，为了达到演示的效果，我们刻意将 v2 定义为比 v3 更接近于 2 的值（向量 v2 上每个位置数据项的值都比 v3 更接近于 v1 中该位置的数值），因此计算结果中，v1 与 v2 的相似度显然高于 v1 与 v3 的相似度。

> **注意** 由于计算机中浮点数表示精度的问题，偶尔会出现一些略大于 1 等超出预期范围的结果，这是正常的。如果要维持正确性，应在返回值前加以判断并处理，例如强行将超出 1 的值改为 1。

5.5 使用 math/big 包避免计算过程中超大数溢出

代码 5-14 中计算余弦相似度的函数，在一般应用中已经比较完美，但当计算的向量存在非常大的数值时会有一定的风险。这是因为各种数据类型所能表达的数值范围都是有限的，即使是 64 个二进制位表达的 float64 类型的变量，也有一定的可表达数值的范围。虽然我们输入 CalCosSim 函数的参数一般不会突破这个范围，但仔细观察该函数内的计算过程可以发现，其中涉及平方操作并且求总和，理论上存在计算值溢出而导致计算结果错误的危险性。对于这种情况，Go 语言专门在 math 包下提供了一个 big 子包来处理这种超大数或超高精度数值的计算。

5.5.1 big 包的基本使用方法

使用 big 包的方式见代码 5-17。

```
b1 := new(big.Float)
b1.SetFloat64(1.78)

b2 := new(big.Float).SetFloat64(2.69)

b3 := new(big.Float).Mul(b1, b2)

f1, _ := b3.Float64()

t.Printfln("f1=%v", f1)
```

代码 5-17 big 包的基本应用

首先要引用 big 包，由于 big 包是 math 包的子包，因此引用时应该使用"math/big"这样的多级包名。之后我们定义了超大的浮点数变量 b1，注意由于 big.Float 实际上是在 big 包中定义的一个 struct 类型的结构，因此在定义该类型的变量时，可以使用关键字 new 来进行，可以得到一个 big.Float 类型的指针变量。然后我们调用了 big.Float 的成员函数 SetFloat64 来为这个变量赋值。为什么不能直接用 b1 = 1.78 这样的方式给变量 b1 赋值呢？这是因为 Go 语言中要求赋值操作符"="或":="两边的数据类型要一致，而单纯用数字是无法表达出 big.Float 这种类型的，因此必须通过函数将 float64 类型的数值转换为该类型的数值再存入变量中。

> **注意** 在本书中描述某个包中的数据类型或其成员函数时，对于多级子包的情况，将只给出最后一级包名或类型名，例如"big.Float"类型实际上表示的是 math/big 包中的 Float 类型。这与 Go 语言书写代码时的习惯也是一致的，Go 语言中引用了"math/big"包后，声明变量时只需要以类似 var a big.Float 的形式来声明就可以了，无须写成 var a math/big.Float。对于成员函数也是这样，例如对于 big.Float 类型的成员函数 SetFloat64，我们在描述中会直接称为"Float.SetFloat64 函数"，有时候为了避免混淆称之为"math/big 包中的 Float.SetFloat64 函数"。

而后变量 b2 和 b3 的声明和赋值采用了较为简化的方法，这是因为内置函数 new 会返回一个该类型的指针，Go 语言中允许这种将函数的返回值直接加上"."来调用其成员变量或成员函数的写法。b3 的赋值过程中调用了 big.Float 类型的 Mul 成员函数，这是该类型做乘法的函数，会将其两个输入参数做乘法后将结果赋值给调用该成员函数的变量，本例中即将 b1 乘以 b2 的结果赋值给 b3。

变量 f1 中则是再将 big.Float 类型的变量 b3 的值转换回 float64 格式存入，这是通过调用 big.Float 类型的成员函数 Float64 来实现的，由于该函数会返回两个值，其中第二个代表转换误差的值是我们不需要的，所以用了一个空占位符号"_"（即下画线字符）来代表丢弃该返回值。

> **注意** 空占位符号"_"在 Go 语言中也称作空白标识符（blank identifier），在不需要的变量、数据结构中不需要命名的字段、不需要的函数返回值等处表示"放弃"或"占位但不使用"。

最后，运行本段代码可以得到结果如下：

```
f1=4.7882
```

5.5.2 用 big 包改进余弦相似度计算函数

本小节中用 big 包来改进 tools 包中的余弦相似度计算函数，从保留一个效率较高的计算函数的角度出发（使用 big 包后代码效率显然不如使用原生数据类型 float64 高），重新编写一个函数 CalCosSimBig 而非修改原有 CalCosSim 函数的代码。

```
// CalCosSimBig 计算两个向量的余弦相似度，使用 big 包避免计算溢出
func CalCosSimBig(f1, f2 []float64) float64 {
  if f1 == nil || f2 == nil {
        Printfln("某个向量是空值 nil")
        return -1
  }

  l1 := len(f1)
  l2 := len(f2)

  if l1 != l2 {
        Printfln("两个向量长度不一致，f1 的长度是：%v，f2 的长度是：%v", l1, l2)
        return -1
  }

  rr := new(big.Float).SetFloat64(0.0)
  f1r := new(big.Float).SetFloat64(0.0)
  f2r := new(big.Float).SetFloat64(0.0)

  for i := 0; i < l1; i++ {
        f1Sub := new(big.Float).SetFloat64(f1[i])
        f2Sub := new(big.Float).SetFloat64(f2[i])

        rr.Add(rr, new(big.Float).Mul(f1Sub, f2Sub))
        f1r.Add(f1r, new(big.Float).Mul(f1Sub, f1Sub))
        f2r.Add(f2r, new(big.Float).Mul(f2Sub, f2Sub))
  }

  tmp1 := new(big.Float).Mul(new(big.Float).Sqrt(f1r), new(big.Float).Sqrt(f2r))

  tmp2 := new(big.Float).Quo(rr, tmp1)

  tmp3, _ := tmp2.Float64()

  return tmp3
}
```

代码 5-18 用 big 包改写的 CalCosSimBig 函数

代码 5-18 中的 CalCosSimBig 函数与 CalCosSim 函数的代码逻辑完全相同，不同之处是使用了 big.Float 类型来替代原来计算过程中的 float64 类型的数据。其中需要说明的要点包括：变量 f1Sub 和 f2Sub 是在求 3 个总和的循环中将切片 f1 和 f2 中的各个 float64 类型的数值转换为 big.Float 类型的；big.Float 类型的成员函数 Add 是加法操作，Mul 是乘法操作，Quo 是除法操作，Sqrt 是求平方根的操作，这些成员函数的共同特点是都会将计算结果存入调用该成员函数的变量中，因此我们都是用内置函数 new 新创建一个变量保存函数的返回值；函数最终的返回值 tmp3 是将计算最后结果转换回 float64 类型作为函数的结果。新增 CalCosSimBig 函数后，用与代码 5-16 几乎一样的代码进行测试，仅将原来调用的 tools.CalCosSim 函数修改为 tools.CalCosSimBig 函数，见代码 5-19。

```
package main

import (
  t "tools"
)

func main() {
  v1 := []float64{1.2, 2.4, 3.6}
  v2 := []float64{1.3, 2.4, 3.7}
  v3 := []float64{3.5, 4.8, 9.9}
```

```
    t.Printfln("v1 - v1: %.5f", t.CalCosSimBig(v1, v1))
    t.Printfln("v1 - v2: %.5f", t.CalCosSimBig(v1, v2))
    t.Printfln("v1 - v3: %.5f", t.CalCosSimBig(v1, v3))

}
```

代码 5-19　调用 tools.CalCosSimBig 函数计算余弦相似度

代码的执行结果相同：

```
v1 - v1: 1.00000
v1 - v2: 0.99980
v1 - v3: 0.99075
```

使用 math/big 包后，可以不用担心数据过大导致计算错误的情况发生。

5.6　计算中的异常处理

Go 语言处理程序运行异常的方法与目前大多数主流开发语言都有所不同，不是使用常见的 try-catch 代码块的方式，而是使用了 panic-defer-recover 机制。

为了有效地讲解 Go 语言的异常处理机制，我们先需要补充一下所需的基础知识：匿名函数和延迟处理机制。

5.6.1　Go 语言中的匿名函数

Go 语言中支持匿名函数（anonymous function），这是一个高级机制，可以把函数当作一个值并赋值给变量。这也意味着变量类型又多了一种：函数类型。匿名函数的基本用法见代码 5-20。

```
package main

import (
  t "tools"
)

func main() {
  a := func() {
        t.Printfln("test")
  }

  a()

  var b func()

  b = a

  b()
}
```

代码 5-20　匿名函数的基本用法

代码 5-20 中直接将一个函数赋值给了变量 a，这是一个匿名函数的基本用法。由于是匿名函数，所以 func 关键字之后没有函数名而是表示函数参数声明的圆括号。由于本例中的函数不需要参数，所以圆括号内不需要任何内容，下面函数体的花括号内仅调用 t.Printfln 函数输出一个字符串“test”。由于此时变量 a 已经是一个函数类型的变量，它的值就是一个函数，所以可以直接用 a() 的形式来调用该函数，即用变量名加上表示函数参数声明的圆括号。

变量 a 是用“:=”操作符进行简化声明和赋值的，为了演示如何声明函数类型的变量，变量 b 是按普通声明方式来声明的，可以看出该函数类型的变量应该被声明为 func()。然后使 b 的值也等于变量 a 的值，那么变量 b 中也是变量 a 中函数的值，因此也可以像 a()那样调用变量 b 中的函数。程序运行的结果表明这两个函数变量执行的结果是相同的，即输出了两个 test。

```
test
test
```

注意，匿名函数既不需要参数也没有返回值，因此函数类型的变量声明仅写 func()就可以了，如果有参数或返回值，需要加上相应的内容，见代码 5-21：

```
package main

import (
  t "tools"
)

func main() {
  a := func(s string) string {
        t.Printfln("收到" + s)

        return "OK"
  }

  a("test")

  var b func(string) string

  b = a

  b("nice")
}
```

代码 5-21　带有参数和返回值的匿名函数

代码 5-21 中赋值给变量 a 的匿名函数带有一个参数并有返回值，除了没有变量名之外，其他部分和普通函数的写法都是一样的。调用该函数的时候，需要在圆括号里加上传入的参数值。需要注意的是，声明该函数类型的变量 b 时的写法与之前有所不同，func(string)string 表示变量 b 是一个指向某种函数类型的变量，该类型的函数接受一个字符串类型的参数并返回一个字符串类型的返回值。与定义该匿名函数时的区别是：不需要写出参数的名字，只有在定义函数时代码中用到参数才需要参数名。调用变量 b 中函数的方法也一样，只是加上所需的参数。该段代码执行结果为：

```
收到 test
收到 nice
```

需要注意的是，本例调用匿名函数时都没有用到该函数的返回值，实际上是丢弃了该返回值，这是允许的。如果需要用到返回值，可以用类似下面的代码：

```
  a := func(s string) string {
        t.Printfln("收到" + s)

        return "OK"
  }

  r := a("test")

  t.Printfln("%v", r)
```

另外，匿名函数还可以定义后直接运行，只需要在定义时加上后面的圆括号和所需参数，见代码 5-22：

```
package main

import (
  t "tools"
)

func main() {
  func(s string) string {
       t.Printfln("收到" + s)

       return "OK"
  }("test")
}
```

代码 5-22　直接定义匿名函数并立即执行

代码 5-22 中并未将定义的匿名函数赋值给某个变量，而是直接在函数体后加上圆括号和所需的参数，这样会导致定义完的函数立即被执行。这也是允许的用法，在 Go 语言中异常处理时也常会用到该方法，我们将在后面详细介绍。

5.6.2 Go 语言的延迟处理机制

Go 语言中有一个关键字 defer，它后面需要且只能跟着一个函数调用。defer 语句会在其所处的函数自然终止或异常中止时被按照定义时的反序依次调用，例如：

```
package main

func main() {
  defer func() {
        println("func1")
  }()

  defer println("func2")

  println("main")

}
```

代码 5-23 defer 的基本用法

我们在代码 5-23 中的 main 函数内编写了两个 defer 语句。其中第一条 defer 语句后采用了 5.6.1 节中介绍的匿名函数定义后立即调用的形式，该匿名函数内仅是调用内置函数 println 来输出字符串“func1”；第二条 defer 语句则直接调用了 println 来输出字符串“func2”。之后又用普通的形式调用 println 输出“main”。运行该代码的输出结果是：

```
main
func2
func1
```

可以发现，defer 语句所指定的函数调用并不会按照正常的代码语句顺序执行，因此输出字符串“main”的语句先被执行；在 main 函数执行完毕后，先执行输出字符串“func2”的 defer 语句，然后才执行输出字符串“func1”的 defer 语句，按照“先定义的后执行”的规则。

也可以在 main 之外的其他函数体内使用 defer 语句，例如：

```
package main

func add(a, b int) int {
  defer func() {
        println("在此处 defer")
  }()

  println("先执行本句")

  return a + b
}

func main() {
  println(add(1, 2))

}
```

代码 5-24 在函数内使用 defer 语句

代码 5-24 的执行结果是：

```
先执行本句
在此处 defer
3
```

代码 5-24 中在自定义的 add 函数中定义了 defer 语句，从代码执行的结果可以看出，defer 语句是在 add 函数体内部代码的最后被执行的。另外，如果函数中有其他 return 语句返回，defer 语句也会在 return 之前被执行。

前面介绍的是函数正常结束或返回的情况，即使出现异常，defer 语句也会被执行。

```
package main

func divide(a, b int) int {
```

```
    defer func() {
        println("在此处 defer")
    }()

    println("先执行本句")

    return a / b
}

func main() {
    println(divide(3, 0))

}
```

代码 5-25 函数执行异常时调用 defer 语句

代码 5-25 中定义了一个除法函数 divide，其中仍然定义了一个 defer 语句，然后在调用 divide 函数时尝试传入会导致异常的参数：除数为 0。除数为 0 会导致计算机除法操作出现异常。本段代码执行的结果是：

```
先执行本句
在此处 defer
panic: runtime error: integer divide by zero

goroutine 1 [running]:
main.divide(0x3, 0x0, 0x0)
        C:/goprjs/src/test/test.go:10 +0xbe
main.main()
        C:/goprjs/src/test/test.go:14 +0x3a
exit status 2
```

可以看出，divide 函数中仍然先执行了 defer 之外的语句，最后在发生异常输出错误信息之前调用了 defer 语句。

由于 defer 语句的这种延迟调用并且无论代码执行正常与否都保证被调用的特性，defer 语句经常被用于 Go 语言的异常处理机制中，并承担比较重要的角色。

5.6.3 Go 语言的异常处理机制

“异常”这个词在计算机编程中一般指的是程序运行中出现了计算机无法处理的情况。异常导致的结果一般是程序终止运行，但各种编程语言中都有一定的异常处理机制，如果按该机制进行，可以妥善解决可能的异常情况并使程序继续运行。当然，对于一些开发者无法解决的问题，也可以利用异常处理机制强制程序中止，以免造成更大损失。这种情况一般需要后续修改代码以避免再次发生该异常，这在编程中称作“排障”或“消除 bug”。Go 语言的异常处理机制比较特殊，是结合了内置函数 panic、recover 和关键字 defer 来实现的。

1. 用内置函数 panic 手动产生异常

Go 语言中，可以直接用 panic 关键字手动产生一个异常，例如：

```
package main

import (
    t "tools"
)

func add(a, b int) int {

    if a+b > 200 {
        panic("a+b > 200")
    }

    return a + b
}

func main() {
    defer func() {
        r := recover()
        t.Printfln("%v", r)
```

```
	}()

	println(add(100, 200))
}
```

代码 5-26 用内置函数 panic 手动产生异常

代码 5-26 中定义了一个加法函数 add，虽然加法的参数可以是任意数值，也不会带来异常，但如果我们认为在特定的环境下相加的结果大于 200 就不是我们期待的结果（例如两门学科成绩相加），那么就可以手动产生一个异常。因此，代码中使用了一个条件判断，如果两个参数相加的和大于 200 就用 panic 函数手动抛出一个异常（“抛出异常”是开发中常用的表示产生异常的说法）。panic 函数接受一个参数可以是任何类型的数值或变量，本例中直接传入了一个表示错误提示信息的字符串。

在 main 函数中，照例定义了一个 defer 语句中的匿名函数处理异常，其中调用了内置函数 recover。recover 函数是 Go 语言中发生异常时尝试恢复动作的函数，该函数主要的作用是能够返回产生异常的说明。对于 panic 函数产生的异常来说，recover 返回的值就是调用 panic 函数时传入参数的值，对其他异常来说 recover 也通常会返回该异常的说明。因此，获取 recover 函数的返回值可以了解发生异常的原因。运行该段代码的输出结果如下：

```
a+b > 200
```

这是我们在 panic 函数中给定的说明异常原因的字符串信息。

2. 用 recover 函数判断异常

recover 函数用于异常的判断和处理时，有以下几种情况会返回空值 nil：

- 调用 panic 函数抛出异常时传入的参数为 nil；
- 函数并非异常退出，而是正常退出时在 defer 语句中调用了 recover；
- recover 并非在 defer 语句中调用的。

观察这三种情况可以看出，对于异常处理，recover 函数仅在 defer 语句中调用才有效；如果 recover 函数返回值为 nil，说明程序没有遇上异常（除非 panic 函数返回 nil，但这种情况一般不会发生，开发者也可以控制不允许发生），此时不应按照发生异常的情况处理。由于 defer 语句无论在函数执行遇到异常还是正常退出时都会被调用，所以有必要通过判断 recover 函数的返回值来确定按异常还是正常退出的情况来处理。

```
package main

import (
	t "tools"
)

func add(a, b int) int {

	if a+b > 200 {
		panic("a+b > 200")
	}

	return a + b
}

func main() {
	defer func() {
		r := recover()

		if r != nil {
			t.Printfln("发生异常: %v", r)
		}
	}()

	println(add(100, 200))
}
```

代码 5-27 判断 recover 函数的返回值来处理异常

代码 5-27 中，main 函数中的 defer 语句内判断了 recover 函数的返回值，只有当其不为空值

nil 时才会输出信息表示发生异常。代码执行的结果如下：

```
发生异常: a+b > 200
```

如果换作相加和不大于 200 的两个参数，输出的结果是正常的计算结果，下面的代码仅仅修改了调用 add 函数时的参数：

```
package main

import (
	t "tools"
)

func add(a, b int) int {

	if a+b > 200 {
		panic("a+b > 200")
	}

	return a + b
}

func main() {
	defer func() {
		r := recover()

		if r != nil {
			t.Printfln("发生异常: %v", r)
		}
	}()

	println(add(1, 2))
}
```

代码 5-28 recover 函数返回空值 nil 说明没有异常

代码 5-28 的输出结果是：

```
3
```

5.6.4 处理计算中的异常

根据前面所述的 Go 语言中的异常处理机制，我们应该结合 panic、recover 函数和 defer 语句来实现自己程序内完整的异常处理逻辑。

1. 计算中预期之外的异常

下面给出一个比较完整的异常处理示例：

```
package main

import (
	t "tools"
)

// sum 累加函数，返回 5 个整数相加的总和
func sum(array []int) int {
	result := 0

	for i := 0; i < 5; i++ {
		result += array[i]
	}

	return result
}

// divide 除法函数，返回 a / b
func divide(a, b int) int {
	if b == 0 {
		panic("除数为 0")
	}

	return a / b
}
```

```
func main() {
  defer func() {
        if r := recover(); r != nil {
              t.Printfln("发生异常，错误信息: %v", r)
        } else {
              t.Printfln("程序正常结束")
        }
  }()

  t.Printfln("累加结果: %v", sum([]int{2, 4, 8, 10, 12}))
  t.Printfln("除法结果: %v", divide(3, 1))

  t.Printfln("累加结果: %v", sum([]int{1, 2, 3, 4}))
  t.Printfln("除法结果: %v", divide(3, 0))

}
```

代码 5-29 计算中的异常处理

代码 5-29 中，主函数 main 的开头定义了 defer 语句来处理异常，如果 recover 函数发现异常（返回值不为 nil）则输出异常信息，否则输出表示程序正常结束的信息。然后先后两次调用了两个函数：对整数切片求总和的函数 sum 和除法函数 divide。注意，调用 recover 函数的条件判断语句用了一个新的简化方法，在关键字 if 后面没有直接跟表示条件判断的表达式，而是用分号“;”分隔，在前面调用了一个赋值语句使变量 r 的值为 recover 函数的返回值，再判断 r 的值是否是 nil。这是 Go 语言中对条件判断语句的一个改进，允许在进行判断前先执行一个赋值语句，可以将原来的两条语句简化成一条，并且变量 r 的作用范围将仅限于该 if 语句及其嵌套代码块中，避免干扰后续代码并有可能节约内存空间。该段代码运行的结果是：

```
累加结果: 36
除法结果: 3
发生异常，错误信息: runtime error: index out of range
```

可以发现，第一轮调用两个函数时，由于参数都没有问题，所以顺利输出了两个函数的返回结果值。但第二轮调用第一个函数 sum 时就发生了异常，而且是没有意料到的异常。“index out of range”是指按索引访问切片变量中的数据项时索引超出了有效范围。通过观察 sum 函数的代码和 main 函数中调用 sum 函数时的代码可以看出，sum 函数是通过循环 5 次来对输入的切片变量的值进行累加，而第二次调用 sum 函数时输入的切片变量只有 4 个数据项，所以在第 5 次循环时，通过 array[i]的形式访问切片数据项中的索引值 i 为 4，已经超出了含有 4 个数据项的切片索引值应为 0～3 的合理范围，因此程序运行到这里会产生一个索引值超范围的异常。而主函数 main 发现异常后会立即调用 defer 语句并终止整个程序的运行。

2. 避免意料之外异常导致程序中断

如果我们想改进 sum 函数来避免整个程序执行出现中断的话应该怎么办呢？虽然 sum 函数要求接受一个 5 个数据项的切片，但假设我们可以接受少于 5 个数据项的情况，发生这种情况时就认为后面的数据项都是 0，那么就把到当前为止已经计算到的累加和作为函数返回值来让函数正常返回。这种解决方案可以避免函数产生异常而导致程序中断。

```
package main

import (
  t "tools"
)

// sum 累加函数，返回 5 个整数相加的总和
func sum(array []int) int {
  defer func() {
        if recover() != nil {
              t.Printfln("警告信息: 数据只有%d 项", len(array))
        }
  }()

  result := 0
```

```
	for i := 0; i < 5; i++ {
		result += array[i]
	}

	return result
}

// divide 除法函数，返回 a / b
func divide(a, b int) int {
	if b == 0 {
		panic("除数为 0")
	}

	return a / b
}

func main() {
	defer func() {
		if r := recover(); r != nil {
			t.Printfln("发生异常，错误信息: %v", r)
		} else {
			t.Printfln("程序正常结束")
		}
	}()

	t.Printfln("累加结果: %v", sum([]int{2, 4, 8, 10, 12}))
	t.Printfln("除法结果: %v", divide(3, 1))

	t.Printfln("累加结果: %v", sum([]int{1, 2, 3, 4}))
	t.Printfln("除法结果: %v", divide(3, 0))

}
```

代码 5-30 改进的 sum 函数

代码 5-30 中改进了 sum 函数，在该函数体内增加了 defer 语句来进行内部异常处理，由于该函数可能发生的异常只有切片索引越界的情况，因此 recover 函数返回值的条件判断语句中我们可以直接判断 recover 函数的返回值是否是空值 nil。

注意 在本书示例中，我们对同样或类似功能的代码尽量多地用各种可能的用法、写法来演示，以便读者尽可能多地了解 Go 语言中的各种可选编程的方式、代码的写法等。

修改后代码的执行结果为：

```
累加结果: 36
除法结果: 3
警告信息: 数据只有 4 项
累加结果: 0
发生异常，错误信息: 除数为 0
```

可以发现，代码执行第二条 sum 函数调用的语句时并没有导致整个程序退出（后面导致程序异常退出的是下一条调用除法函数 divide 的语句），而是输出了一条警告信息“数据只有 4 项”表示数据项个数不够，函数仍然正常返回。这就是 Go 语言中在函数内部处理异常较好的方式，即尽量在函数内部处理各种异常，防止影响到函数外部代码的运行。

3. 给函数返回值命名

但是，我们发现代码 5-30 第二次 sum 函数的返回结果是 0，并不是我们期待的传入的 4 项数据的累加和结果。这是因为 sum 函数中，遇到异常调用 defer 语句后会直接返回而不会继续往下执行，那么最后 return result 这条语句就不会被执行，由于函数返回值声明的是一个 int 类型，所以函数返回结果是一个 int 类型的零值即数字 0。如果此时想要返回正确的累加结果，就需要用到 Go 语言中函数返回值可以命名的特性。

```
package main

import (
	t "tools"
```

```
)

// sum 累加函数，返回 5 个整数相加的总和
func sum(array []int) (result int) {
  defer func() {
        if recover() != nil {
              t.Printfln("警告信息: 数据只有%d 项", len(array))
        }
  }()

  result = 0

  for i := 0; i < 5; i++ {
        result += array[i]
  }

  return result
}

// divide 除法函数，返回 a / b
func divide(a, b int) int {
  if b == 0 {
        panic("除数为 0")
  }

  return a / b
}

func main() {
  defer func() {
        if r := recover(); r != nil {
              t.Printfln("发生异常，错误信息: %v", r)
        } else {
              t.Printfln("程序正常结束")
        }
  }()

  t.Printfln("累加结果: %v", sum([]int{2, 4, 8, 10, 12}))
  t.Printfln("除法结果: %v", divide(3, 1))

  t.Printfln("累加结果: %v", sum([]int{1, 2, 3, 4}))
  t.Printfln("除法结果: %v", divide(3, 0))

}
```

代码 5-31　函数返回值的命名

代码 5-31 中，sum 函数返回值的声明方式改成了用圆括号括起来并且在返回值类型前面加上变量名字的方法，这样就可以在函数内代码中用返回值的名字给它赋值，此时它可以看作一个变量，并且在函数异常中止后也可以返回该值。要注意，此时函数中 result := 0 这一句初始化返回值的语句要改为 result = 0 ，因为 result 在函数中已经声明过了（虽然是在函数体之外，函数的定义中声明的），不是一个新的变量，因此不用再次声明，直接赋值就可以。代码的运行结果是：

```
累加结果: 36
除法结果: 3
警告信息: 数据只有 4 项
累加结果: 10
发生异常，错误信息: 除数为 0
```

可以看到此时 sum 函数的运行已经完全符合我们给它设计的逻辑，无论正常返回和异常返回，都不会导致它影响函数外部的代码运行。

4. 用函数的多返回值解决无法处理的异常

前面的 sum 函数在出现异常时有可以接受的解决方案，但是对于除法函数 divide 来说，如果遇上除数为 0 的异常，无论返回任何值都不合理，但如果抛出异常又有可能导致外部代码中止运行，如代码 5-31 的执行结果最后一行所示，这时候应该如何处理呢？

我们介绍过，Go 语言的函数支持返回多个值，对于上述较难处理的异常情况，建议的解决方法是通过函数的多返回值来辅助处理。

```
package main

import (
  t "tools"
)

// sum 累加函数，返回 5 个整数相加的总和
func sum(array []int) (result int) {
  defer func() {
        if recover() != nil {
              t.Printfln("警告信息: 数据只有%d 项", len(array))
        }
  }()

  result = 0

  for i := 0; i < 5; i++ {
        result += array[i]
  }

  return result
}

// divide 除法函数，返回 a / b
func divide(a, b int) (int, bool) {
  if b == 0 {
        return 0, false
  }

  return a / b, true
}

func main() {
  defer func() {
        if r := recover(); r != nil {
              t.Printfln("发生异常，错误信息: %v", r)
        } else {
              t.Printfln("程序正常结束")
        }
  }()

  t.Printfln("累加结果: %v", sum([]int{2, 4, 8, 10, 12}))

  c, ok := divide(3, 1)

  if ok {
        t.Printfln("除法结果: %v", c)
  } else {
        t.Printfln("除法运算时产生异常")
  }

  t.Printfln("累加结果: %v", sum([]int{1, 2, 3, 4}))

  if c, ok = divide(3, 0); ok {
         t.Printfln("除法结果: %v", c)
  } else {
         t.Printfln("除法运算时产生异常")
  }

}
```

代码 5-32　使用多返回值的除法函数 divide

代码 5-32 中修改了 divide 函数，令其返回值为两个（注意多个返回值的声明方法，需要用圆括号括起来，并用逗号“,”分隔开各个返回值类型声明），其中第二个布尔类型的值是新增的用于表示函数执行成功与否的标志，函数代码在遇上异常时会返回 false，此时前一个返回值是没有意义的；如果一切正常，函数会在前一个返回值中返回正常结果，后一个返回值为 true。注意 return 语句返回多个值的写法，需要在多个返回值之间用逗号“,”分隔开。

当然，由于有多个函数返回值，main 函数中调用 divide 函数时的写法也要改变，并且之后要对第二个返回值 ok 进行条件判断，如果为 true 则正常输出结果，如果为 false 则输出提示的异常信息。注意第二次调用 divide 函数时使用了简化的结合赋值语句的条件判断语句，并且其中变量 c, ok 不能用“:=”来赋值，因为这两个变量在前面已经声明过了，直接用等号“=”赋值即可。

代码 5-32 的执行结果是：

```
累加结果: 36
除法结果: 3
警告信息: 数据只有 4 项
累加结果: 10
除法运算时产生异常
程序正常结束
```

程序执行过程很顺利，到最后正常结束。可以看出，使用函数的多个返回值可以有效地解决一些不易处理的异常情况。在发生这些异常时，函数通过多个返回值中的一个状态值告诉调用该函数的代码是否成功执行。如何处理这种异常就成了外部代码的自由，可以中断程序，也可以选择提示用户等，至少保留了不中断整个程序运行的可能性。

5. 多返回值中用字符串表示异常提示信息

如果希望返回一个提示错误的文字信息，也可以不用布尔值而使用字符串来表示状态。

```
package main

import (
  t "tools"
)

// sum 累加函数，返回 5 个整数相加的总和
func sum(array []int) (result int) {
  defer func() {
       if recover() != nil {
            t.Printfln("警告信息: 数据只有%d 项", len(array))
       }
  }()

  result = 0

  for i := 0; i < 5; i++ {
       result += array[i]
  }

  return result
}

// divide 除法函数，返回 a / b
func divide(a, b int) (result int, message string) {
  if b == 0 {
       return 0, "除数为 0"
  }

  return a / b, ""
}

func main() {
  defer func() {
       if r := recover(); r != nil {
            t.Printfln("发生异常，错误信息: %v", r)
       } else {
            t.Printfln("程序正常结束")
       }
  }()

  t.Printfln("累加结果: %v", sum([]int{2, 4, 8, 10, 12}))

  c, m := divide(3, 1)

  if m == "" {
       t.Printfln("除法结果: %v", c)
  } else {
       t.Printfln("除法运算时产生异常: %v", m)
```

```
    }
    t.Printfln("累加结果: %v", sum([]int{1, 2, 3, 4}))

    if c, m = divide(3, 0); m == "" {
        t.Printfln("除法结果: %v", c)
    } else {
        t.Printfln("除法运算时产生异常: %v", m)
    }
}
```

代码 5-33 多返回值中使用字符串表示错误信息

函数有多个返回值时也可以给每个返回值命名，代码 5-33 中，divide 函数就给两个返回值分别进行了命名。第二个返回值变量 message 使用了一个字符串类型而并非原来的布尔类型值。在函数体中，我们在正常返回时将 message 赋值为一个空字符串（用不含任何字符的双引号""表示），异常返回时则将其赋值为错误提示信息。这样在调用 divide 函数的代码中，直接判断 message 是否为空字符串就可以确定函数运行是否正常，如果异常则直接输出该字符串作为错误提示信息，非常方便。

注意 不要将函数返回值的名字与调用该函数时将其多个返回结果赋值给的变量名字混淆，这是完全不同的两个变量。

另外，Go 语言原则上并不建议开发者经常使用 panic 产生异常，而是使用可以控制的逻辑来让程序流畅地运行，就像本例中 divide 函数的最后修改结果完全抛弃了异常处理的一般逻辑，而是采用了完全可控的方式，即函数给调用者提供函数是否正常执行的状态并最好提供出现异常时的错误原因提示，由调用者选择如何进行下一步处理。同时，开发者也应设法减少预期外异常产生时对程序的影响。

6. 多返回值中用 error 类型表示异常信息

如果不使用布尔值和字符串，Go 语言还提供了一种预定义的 error 类型来表示异常情况，见代码 5-34。

```
package main

import (
    "errors"
    t "tools"
)

// divide 除法函数，返回 a / b
func divide(a, b int) (result int, err error) {
    if b == 0 {
        return 0, errors.New("除数为 0")
    }

    return a / b, nil
}

func main() {
    c, err := divide(3, 1)

    if err != nil {
        t.Printfln("除法运算时产生异常: %v", err.Error())
    } else {
        t.Printfln("除法结果: %v", c)
    }

    if c, err = divide(3, 0); err == nil {
        t.Printfln("除法结果: %v", c)
    } else {
```

```
        t.Println("除法运算时产生异常: %v", err.Error())
    }

}
```

代码 5-34 用预定义的 error 类型表示异常情况

代码 5-34 中，除法函数 divide 返回的第二个值是一个 error 类型的值。error 类型表示出现的错误信息，只有一个成员函数 Error，用于获取该错误的描述信息字符串。一般来说，如果函数正常运行，这个值可以返回空值 nil；如果运行不正常，则用 errors.New 函数新生成一个 error 类型的值并将错误原因字符串作为参数传入。如果仅仅使用 error 类型，无须引用任何包，如果要使用 errors.New 函数则需要引用 errors 包。外部代码通过判断函数返回的 error 类型返回值是否为 nil 来确定函数运行成功与否。代码 5-34 的执行结果是：

```
除法结果: 3
除法运算时产生异常: 除数为 0
```

注意代码 5-34 中对 err 变量的条件判断逻辑。另外，本例中并没有产生真正的 panic 异常，而是按照前面所说异常处理的原则，通过 error 类型的应用来避免可能出现的 panic 异常，也无须使用 recover 函数即 defer 语句进行恢复。

另外，还可以使用 fmt 包中的 Errorf 函数生成 error 类型的变量，该函数和 fmt.Printf 函数用法几乎相同，区别在于 fmt.Errorf 函数不会向命令行界面输出，而是将格式化后的字符串生成为一个 error 类型的变量返回，调用该变量的 Error 成员函数会返回生成的格式化字符串。

Go 语言标准库中的很多函数都是用多返回值中包含 error 类型的方式来处理函数返回异常的情况。

5.6.5 Go 语言中异常的传递顺序

通过本节的例子我们可以看出，函数中产生的异常如果不被处理，会传递到它的外部调用者所在的函数，如此一直“向上”传递，直至 main 函数，如果 main 函数也没有处理，则整个程序会被强行中止。

```
package main

import (
  t "tools"
)

func func1() {
  panic("异常 1")

  t.Println("func1: 本句不会被执行")
}

func func2() {
  func1()

  t.Println("func2: 本句不会被执行")
}

func func3() {
  defer func() {
        if r := recover(); r != nil {
              t.Println("func3 发生异常: %v", r)
        }
  }()

  func2()

  t.Println("func3: 本句不会被执行")
}
```

```
func main() {
  defer func() {
        if r := recover(); r != nil {
              t.Printfln("main 发生异常: %v", r)
        }
  }()

  func3()
}
```

代码 5-35　异常的传递顺序

代码 5-35 的执行结果是：

```
func3 发生异常: 异常 1
```

代码 5-35 的 main 函数中调用了函数 func3，而 func3 又调用了 func2，func2 调用了 func1。而函数 func1 中抛出了一个手工的异常，func2 中没有做处理，func3 则有异常处理，main 函数中也有异常处理。从执行结果看，是在 func3 中“截获”了该异常并进行了处理，main 函数并未收到该异常。这个过程验证了 Go 语言中异常传递的顺序确实是逐级向上，并直至有函数截获处理了该异常为止。

5.6.6 使用 runtime 库输出更多的异常信息

对于开发者来说，如果能够在程序运行出现异常时获得更多的信息，排查错误、改进程序会更加方便。尤其是在代码编译成可执行文件发布给别人使用之后，如果在发生异常时程序的使用者能够获得一些提示信息并反馈给开发者，就能解决远程无法调试程序的问题。这种情况下，可以使用 Go 语言标准库中的 runtime 包及其子包 debug 输出更多有关异常的调试信息。

```
package main

import (
  "runtime"
  "runtime/debug"
  t "tools"
)

func divide(a, b int) int {
  return a / b
}

func main() {
  defer func() {
        if r := recover(); r != nil {
              t.Printfln("发生异常，错误信息: %v", r)

              _, fn, ln, okt := runtime.Caller(0)
              t.Printfln("文件名: %v, 行号: %v, ok: %v", fn, ln, okt)

              t.Printfln("调用栈: %v", string(debug.Stack()))
        } else {
              t.Printfln("程序正常结束")
        }
  }()

  t.Printfln("除法结果: %v", divide(3, 0))
}
```

代码 5-36　用 runtime 包输出更多异常信息

代码 5-36 中引入了 runtime 包和它的子包 runtime/debug，其中 runtime.Caller 函数接受一个参数表示函数调用嵌套层级，一般用 0 表示当前层级；runtime.Caller 函数会返回 4 个结果值，分别代表程序计数、当前调用函数所在的源代码文件名、当前语句所在的行数、信息是否有效。程序计数目前对我们来说意义不大，因此用抛弃占位符“_”表示不需要该返回值，文件名和行数信息对于调试代码很有用，但注意这两个信息只有在最后一个布尔返回值为 true 时才有意义。之后调用的 debug.Stack 函数会输出一直到此处为止函数调用的栈，也就是逐级往回显示到出现异常的时候曾经调用过哪些函数。本段代码会输出以下结果：

```
发生异常，错误信息: runtime error: integer divide by zero
文件名: C:/goprjs/src/test/test.go, 行号: 18, ok: true
调用栈: goroutine 1 [running]:
runtime/debug.Stack(0x4d9972, 0x21, 0xc000075e50)
        C:/Go/src/runtime/debug/stack.go:24 +0xae
main.main.func1()
        C:/goprjs/src/test/test.go:21 +0x1bc
panic(0x4b9e00, 0x575760)
        C:/Go/src/runtime/panic.go:513 +0x1c7
main.divide(...)
        C:/goprjs/src/test/test.go:10
main.main()
        C:/goprjs/src/test/test.go:27 +0x45
```

可以看到，首先布尔返回值 ok 的值是 true，说明其他返回值是有意义的，可以参考。文件名就是我们编写的 test.go，行号是 18，就是我们调用 runtime.Caller 函数的这条语句。而 debug.Stack 输出的函数调用顺序也是正常的，我们回顾一下会发现，是 main 函数中调用了 divide 函数，然后调用了内置函数 panic，此时产生了异常导致跳到 main 函数中的 func1，这个 func1 就是 defer 语句中定义的匿名函数临时的名字，最后在 func1 中又调用了 debug.Stack 函数。整个调用过程显示得很清晰，另外调用栈信息中还会显示各个函数被调用时所在代码的文件名，后面的数字代表调用语句所在的行号，这些信息对于跟踪发生异常时程序的执行过程从而排查问题有很好的参考作用。

5.7 使用第三方包进行更复杂的数学计算

Go 语言的标准库中已经含有很多常用的数学计算函数，基本集中在 math 包和它的子包中，有兴趣的读者可以自行浏览其文档。对于进阶的数学计算和一些科学领域专门的计算，网络上也有不少针对性的包供开发者使用，这些包一般都可以用 go get 的方式获取到。搜索查询所需的包可以到 GitHub 网站或者 godoc 的网站（搜索 godoc 即可）进行。本节将简单介绍常用的 Gonum 包的矩阵计算用法示例。

5.7.1 Gonum 包中用于矩阵运算的 mat 子包简介

Gonum 包其实是一组用于矩阵运算、线性代数、统计、概率分布、采样等方面的辅助性第三方 Go 语言函数包。它类似于 Python 语言中非常有名的数学计算包 numpy 和科学计算包 scipy，这两个包在现代数学、科学领域尤其是近来的人工智能方向发挥了非常重要的作用。Gonum 包也包含了很多可以辅助数学与科学计算的必备函数。

使用 Gonum 包时一般根据需要选择安装所需的子包，例如需要矩阵运算有关的函数包，则用 go get -v gonum.org/v1/gonum/mat 命令即可安装。Gonum 中使用 mat 子包提供了一系列与矩阵的定义、转换、运算有关的函数，我们以一个实例进行说明。为了后面讲解矩阵乘法运算的需要，下一小节将介绍矩阵乘法的知识，如果已经有所了解则可以直接跳过。

5.7.2 矩阵乘法的计算过程

先看一个数学中矩阵乘法运算的例子：

$$\begin{bmatrix}1 & 2 & 3\\4 & 5 & 6\end{bmatrix}\times\begin{bmatrix}1 & 2\\3 & 4\\5 & 6\end{bmatrix}=\begin{bmatrix}22 & 28\\49 & 64\end{bmatrix}$$

这是一个典型的矩阵乘法运算，一个 2 行 3 列的矩阵与一个 3 行 2 列的矩阵相乘，结果是一个 2 行 2 列的矩阵。“2 行 3 列”的矩阵可以简写为“2×3”的矩阵，因此上述计算过程可以简单描述为“一个 2×3 的矩阵与一个 3×2 的矩阵相乘，结果是一个 2×2 的矩阵”。矩阵有几行几列叫作矩阵的形态，例如可以说该算式中第一个矩阵的形态是 2×3 或 2*3，在计算机编程中也常记作(2, 3)或[2, 3]。

矩阵乘法也叫作“叉乘”，这是为了与另一种矩阵运算“点乘”区别开来。数学中矩阵运算的“点乘”是指两个形态相同的矩阵中每个相同位置的数字相乘，结果还是和这两个矩阵形态都一样的矩阵。矩阵乘法一般用乘法符号“×”来表示，而点乘使用一个圆点“·”来表示。只有乘号左边矩阵的列数与乘号右边矩阵的行数相等的时候，两个矩阵才能进行叉乘运算。叉乘运算时会先用左边矩阵的第一行与右边矩阵的第一列进行点乘后求和，作为结果矩阵的第一行的第一项（例子中左边矩阵第一行[1, 2, 3]点乘右边矩阵第一列[1, 3, 5]再求和是 1 * 1 + 2 * 3 + 3 * 5 = 22，即为结果矩阵第一行的第一项），然后用左边矩阵的第一行与右边矩阵的第二列进行点乘后求和，作为结果矩阵的第一行的第二项（例子中左边矩阵第一行[1, 2, 3] 点乘右边矩阵第一列[2, 4, 6]再求和是 1 * 2 + 2 * 4 + 3 * 6= 28，即为结果矩阵第一行的第二项）；这时右边的矩阵所有列都已参加计算完毕，此时开始用左边矩阵的第二行进行类似的计算，放入结果矩阵的第二行，直至左边矩阵的所有行也参与计算完毕。

5.7.3 用 gonum/mat 子包实现矩阵乘法

本小节中将用 gonum/mat 子包实现 5.7.2 节中矩阵乘法例子的计算过程。

在此之前，先补充一下 tools 包，增加一个 Printf 函数，这个函数与 fmt 包中的 Printf 函数完全一致。这是为了有时候输出信息时不需要增加换行符，而且避免既引用 tools 包又引用 fmt 包，所以在 tools 包中把 Printf 和 Printfln 都定义好，这样其他包仅引用 tools 包就可以满足两种输出需求了。直接在 tools 包的 tools.go 文件中增加代码 5-37 中的 Printf 函数即可（可以简称为“在 tools 包中增加……函数”）。

```
// Printf 仅仅封装了 fmt.Printf 函数，与其完全一致
func Printf(format string, a ...interface{}) {
  fmt.Printf(format, a...)
}
```

代码 5-37　tools 包中增加的 Printf 函数

实现 5.7.2 节中矩阵乘法的完整代码见代码 5-38。

```
package main

import (
  t "tools"

  "gonum.org/v1/gonum/mat"
)

func main() {

  // 定义参与运算的矩阵 a 和 b
  var a *mat.Dense
  a = mat.NewDense(2, 3, []float64{
      1, 2, 3,
      4, 5, 6})
```

```
    b := mat.NewDense(3, 2, []float64{
        1, 2,
        3, 4,
        5, 6})

    // 定义用于存放计算结果的矩阵 c
    var c mat.Dense

    // 进行矩阵乘法运算
    c.Mul(a, b)

    // 用 gonum/mat 包中的格式来输出结果矩阵 c 的信息
    cOutput := mat.Formatted(&c)

    t.Printfln("结果矩阵 1: \n%v", cOutput)

    // 按自定义的格式输出结果矩阵 c 的信息
    row, col := c.Caps() // row, col 是矩阵的行数与列数

    t.Printf("\n 结果矩阵 1 的手动控制输出:\n")

    for i := 0; i < row; i++ {
        for j := 0; j < col; j++ {
            t.Printf(" %8.2f", c.At(i, j)) // 每行内的数据连续输出
        }

        t.Printfln("") // 输出完每行数据后输出一个换行符
    }

    // 修改矩阵 a 中第 1 行第 2 列的数据为 5
    a.Set(0, 1, 5)

    // 再次进行矩阵乘法运算
    c.Mul(a, b)

    // 输出第二次矩阵乘法的结果
    cOutput = mat.Formatted(&c)

    t.Printfln("\n\n 结果矩阵 2: \n%v", cOutput)

}
```

代码 5-38 gonum1/gonum1.go

代码 5-38 中展示了完整的矩阵定义、设置数据、矩阵乘法、输出矩阵信息的过程。下面将进行详细的解释，代码中也有充分的注释供参考。

首先要在包声明中引用用到的“gonum.org/v1/gonum/mat”包。注意，如果我们看到代码中有某个引用包的声明而在本机系统上编译出错，可以用 go get 命令来获取该包，例如本例中的包可以用下面的命令来获取：

```
go get gonum.org/v1/gonum/mat
```

> **注意** 虽然引用该包的完整路径为“gonum.org/v1/gonum/mat”，但为了叙述方便，我们后面还是继续使用 gonum/mat 来指代该包。

代码中定义了两个变量 a 和 b 来表示参与运算的两个矩阵，其类型均为*mat.Dense，也就是指向 gonum/mat 包中表示矩阵的 Dense 类型变量的指针，其中变量 a 使用普通的变量定义方式，变量 b 则使用简化方式声明和赋值。两个矩阵变量的赋值使用了 mat.NewDense 函数来创建矩阵并指定各个位置的数据，该函数前两个参数分别代表要创建的矩阵的行数和列数，第三个参数则用于设置数据的 float64 类型的切片。注意该切片是一个一维数组（只有一行数据）而不是一般表示矩阵的二维数组，gonum/mat 包会根据指定的行列数将其理解为一个矩阵，我们在书写代码时也可以同本例中所示，通过换行使该切片看起来像几行几列的矩阵。

变量 c 是用来表示结果矩阵的，它被声明为 mat.Dense 类型。同变量 a、b 不同，c 并不是指

针类型。用 c.Mul(a, b)的形式调用 mat.Dense 类型的成员函数 Mul 做矩阵乘法，该函数会将结果存入调用该函数的变量中。

调用 mat.Formatted 函数获取矩阵 c 用于输出的美化过的字符串信息，并赋值给 cOutput 变量后输出。注意 mat.Formatted 函数接受的参数是一个*mat.Dense 类型，即指向 mat.Dense 类型的指针，因此需要在变量 c 之前加上取地址操作符“&”后再作为参数输入。

mat.Formatted 函数按照 gonum/mat 包指定的格式输出信息。如果需要获取矩阵中的数据并按照需要的方式输出，可以参照代码中相关部分进行。在注释“按自定义的格式输出结果矩阵 c 的信息”的代码段中，使用了一个常见的“嵌套循环”来实现对二维矩阵逐行逐列数据的信息输出。row 和 col 是调用 mat.Dense 类型的成员函数 Caps 来获取到的结果矩阵 c 的行数和列数，外层的循环是对每一行循环一次，而其内部的循环则是对每一列（也就是每一行中的每一个数据项）进行循环遍历，并按指定的格式化符输出，此时用到了 tools.Printf 函数保证输出信息后不换行，每到一行结束也就是到外层循环的最后才用 tools.Printfln 函数输出一个回车符。获取指定位置的数据时，使用了 mat.Dense 类型的成员函数 At，该函数接受分别表示行数和列数的两个参数来指定所需获取数据的位置（都是从 0 开始计数）。

最后，为了演示如何修改矩阵中的数据，我们用 mat.Dense 类型的成员函数 Set 来修改矩阵 a 中指定位置的数据，然后重新做矩阵乘法来查看新的计算结果。

整个代码的运行结果如下：

```
结果矩阵 1:
 22  28
 49  64

结果矩阵 1 的手动控制输出:
   22.00    28.00
   49.00    64.00


结果矩阵 2:
 31  40
 49  64
```

可以看到，第一次矩阵计算的结果与本例完全一致，读者可以自行验证第二次计算的结果是否正确。而 gonum/mat 包输出矩阵的格式虽然更规范，但不太容易改变，因此建议还是自行控制输出的格式。

gonum/mat 包还有许多有用的矩阵处理函数，篇幅所限不再详细介绍。另外，gonum 的子包 gonum/plot 也是优秀的用于科学图表绘制的工具集，有兴趣的读者可以自行研究。

第 6 章 用 Go 语言开发一个命令行工具

本章的主题是开发一个命令行工具，用于演示后续的代码，也可以用于处理一些日常事务。本章的重点是通过命令行工具的开发过程介绍 Go 语言的代码逻辑和流程控制，简单的字符串处理和命令行参数的分析等。

6.1 命令行工具简介

命令行工具又称为命令行程序，在 5.2.3 节中已经实现了一个命令行工具软件 bmi，它运行时接受两个分别代表体重和身高的参数，并输出计算后的体重指数作为运行结果，这是命令行工具的一个典型例子。命令行工具可以简单地概括为：一个一般在命令行界面下运行，接受一定数量的命令行参数并输出结果信息的程序。其中，参数的数量可以是 0 个，即不需要参数；有些命令行程序也可能不输出任何结果信息。

命令行工具在计算机系统中被广泛应用，一般来说在命令行界面中，操作系统中提供一些基本的内置命令用于常用操作，如我们接触过的 cd、mkdir 等都是系统内置命令；而其他一些扩展功能和第三方开发的程序都可以视作命令行工具软件。Windows 系统中简单地区别内置命令与命令行工具软件的方法是使用 where 命令。

```
C:\goprjs\src>where cd
信息: 用提供的模式无法找到文件。

C:\goprjs\src>where setx
C:\Windows\System32\setx.exe

C:\goprjs\src>
```

图 6.1 Windows 系统中用 where 命令区分内置命令与命令行工具软件

如图 6.1 所示，在 Windows 系统中用 where 命令分别查看 cd 和 setx 命令，会发现 setx 对应于 C 盘 Windows 目录下的 System32 子目录下的 setx.exe 工具软件，而 cd 则无法查到。因此一般来说 where 命令能够查到的是工具软件，查不到的则是内置命令。另外，where 本身也是一个工具软件，有兴趣的读者可以尝试使用 where 命令。

本书前面基本上为实现一个功能就使用一段完整的代码，本章将介绍如何开发一个命令行工具软件将很多功能集中在一个程序中实现，该工具也可用于测试一些代码。由于命令行工具一般简称为 CLI（即 Command Line Interface，英语中命令行界面的意思），因此我们先将这个工具命名为 clix，其中 x 代表 extended，表示“扩展”的意思。

6.2 典型命令行工具的架构

先对准备开发的命令行工具进行一个简单的分析。

首先，该工具应该能够获取和分析命令行参数，由于我们准备让它实现多种功能，因此它必须能够识别不同的子命令以便执行不同的功能；初步设计该工具的第一个命令行参数为子命令，其后的命令行参数则是该子命令所需的参数。那么，如果将计算体重指数的程序纳入 clix 中作为一个子命令，整个命令行如下：

```
clix calbmi 70 1.75
```

其中，clix 是准备开发的这个命令行程序的名字，calbmi 代表计算体重指数的子命令（即 calculate BMI，为了输入方便一律采用小写字母），后面的数字 70 和 1.75 代表计算体重指数所需的体重和身高两个参数值。

命令行参数一般包括普通参数和标志（flag）参数，普通参数一般以出现的顺序序号作为索引访问，而标志参数则通过标志中的键值来访问。例如，计算体重指数的 bmi 工具软件是以普通参数的方式来表示两个命令行参数的，即以类似下述命令行来执行：

```
bmi 70.0 1.75
```

如果能够以下述命令行方式来执行，会显得更加清楚，而且两个参数的顺序不影响运行结果。

```
bmi -w=70.0 -h=1.75
```

这就是命令行中标志参数的一般用法，标志参数一般以减号字符“-”开始，然后是该参数的键名（key）、等号字符“=”和该参数的值（value）。按照这个方法，clix 工具计算体重指数的完整命令行如下：

```
clix calbmi -w=70.0 -h=1.75
```

6.3 基本的命令行工具 clix 程序框架

下面的代码实现了一个基本的命令行工具框架，这个框架没有依赖本书外任何第三方的库/包。我们在 src 目录下新建一个 clix 目录，然后在其中新建 clix.go 文件，并将下面的代码输入。

```
package main

import (
  "os"
  t "tools"
)

const ClixVersion = "1.00"

func main() {
  args := os.Args

  argsLen := len(args)

  if argsLen < 2 {
        t.Printfln("请输入命令。")
        return
  }

  subCmd := args[1]

  switch subCmd {
  case "version":
        t.Printfln("CLIX v%v", ClixVersion)
        break
  default:
        t.Printfln("无法识别的命令")
        break
  }
}
```

代码 6-1 命令行工具程序基本架构

代码 6-1 中，main 函数中首先获取了程序运行时的命令行参数并赋值给变量 args。之后用内置函数 len 获取 args 的长度（即命令行参数的个数）并赋值给变量 argsLen，注意如 5.2.3 节说明过的，其中第一个参数是程序可执行文件的路径名，因此 argsLen 至少是 1。

接下来，判断 argsLen 是否小于 2，如果小于 2 则说明程序运行时没有带任何命令行参数，那么程序将给出提示信息“请输入命令。”，然后直接退出运行（用 return 函数从 main 函数返回即能结束程序的运行）。

如果 argsLen 不小于 2，说明程序运行时至少带有一个命令行参数，此时根据我们之前的约定，认为第一个命令行参数（指的都是除去可执行文件路径名之外的序号）就是子命令（后面将简称为“命令”），所以通过 subCmd := args[1] 这条语句将其赋值给变量 subCmd。

> **注意** 对于整个命令行来说，除可执行文件路径名称之外的第一个参数是“子命令”；但对于 clix 程序来说，第一个参数是“命令”，因此我们在程序输出信息中遇到有关内容一律称之为“命令”。

接下来用了一个新的条件分支代码结构对不同的命令进行判断并处理，这就是大多数主流语言都支持的 switch 语句。

6.4 Go 语言中的 switch 语句

一般的计算机语言中，switch 语句是为了简化有较多分支的 if 条件判断语句的。例如，对于多个分支的条件判断结构，如果用 if...else...组合，代码大致如下：

```
package main

func main() {
 a := 10

 if a < 0 {
      println("a < 0")
 } else if a < 10 {
      println("a < 10")
 } else if a < 100 {
      println("a < 100")
 } else {
      println("a >= 100")
 }
}
```

代码 6-2 多分支的 if 条件判断语句

代码 6-2 用 switch 语句可以写作：

```
package main

func main() {
 a := 10

 switch {
 case a < 0:
      println("a < 0")
 case a < 10:
      println("a < 10")
 case a < 100:
      println("a < 100")
 default:
      println("a >= 100")
 }
}
```

代码 6-3 用 switch 语句代替多分支的 if 语句

代码 6-3 中使用了 switch 语句代替代码 6-2 中的多个 if...else...的条件判断分支结构。关键字 switch 后面的嵌入代码块中使用了 case 关键字开始每一个条件判断；如果符合第一个 case 中所列的条件，则执行其对应的代码块，否则将继续判断下一个 case 项；对于不符合任何 case 项中条件的可以用 default 关键字来处理剩余所有的可能性，类似代码 6-2 中最后的 else 分支。可以看出，使用 switch 语句比 if...else...语句组合要简洁一些，代码逻辑看上去也更清晰。

switch 语句也可以指定对某一个变量或数值进行条件判断，例如：

```
package main

func main() {
 a := "Wed."
```

```
  switch a {
  case "Mon.":
      println("星期一")
  case "Tues.":
      println("星期二")
  case "Wed.":
      println("星期三")
  case "Thur.":
      println("星期四")
  case "Fri.":
      println("星期五")
  case "Sat.":
      println("星期六")
  case "Sun.":
      println("星期日")
  default:
      println("未知")
  }
}
```

代码 6-4 switch 语句指定变量或数值

代码 6-4 中的 switch 语句指定对字符串变量 a 进行条件判断，此时每条 case 项实际上是判断 a 的值是否等于 case 后的数值。其他计算机语言中 switch 后面支持的变量类型较少，例如有的语言中只支持整数。而 Go 语言中没有这些限制，本例中用的是字符串类型变量。

很多其他开发语言中，switch 语句的 case 项中的嵌套代码结尾都需要以一条 break 语句结束，标志着本 case 项下面的嵌入代码块代码的结束，如果没有 break 语句将导致代码继续向下执行而进入另一个 case 项，见代码 6-5。

```
public class Switch1 {

    public static void main(String[] args) {
        int a = 2;

        switch (a) {
        case 0:
            System.out.println("a == 0");
            break;
        case 1:
            System.out.println("a == 1");
            break;
        case 2:
            System.out.println("a == 2");
        default:
            System.out.println("无法判断");
            break;
        }
    }
}
```

代码 6-5 switch 语句中缺失了 break 的 Java 程序

代码 6-5 是 Java 语言中用 switch 进行多条件判断分支的例子，由于其中判断变量 a 是否等于 2 的 case 项中没有 break 语句，本程序执行结果将输出：

```
a == 2
无法判断
```

相当于将 a 等于 2 和默认 default 两个分支的代码都执行了。如果希望 Go 语言能够继续执行下一个 case 项的代码，需要使用 fallthrough 语句。如果在 Go 语言中希望实现类似 Java 中代码 6-5 的逻辑（暂时不管它是否合理），代码应写为：

```
package main

func main() {
  a := 2

  switch a {
```

```
    case 0:
        println("a == 0")
    case 1:
        println("a == 1")
    case 2:
        println("a == 2")
        fallthrough
    default:
        println("无法判断")
    }
}
```

出现这种情况的原因之一是有些语言不支持 case 后面指定多个值或条件，而 Go 语言是支持的，所以无须用多个 case 项代码能够连续执行的方式来支持多条件分支的合并判断。Go 语言中 case 项指定多个判断条件的例子见代码 6-6。

```
package main

func main() {
    a := 1

    switch a {
    case 0, 1:
        println("a == 0 或 a == 1")
    case 2:
        println("a == 2")
    default:
        println("无法判断")
    }

    switch {
    case a < 0:
        println("a <= 0")
    case a == 0, a < 100:
        println("a < 100")
    default:
        println("a >= 100")
    }
}
```

代码 6-6 switch 语句中 case 项内多个值或条件

如果 switch 语句中的 case 项内有多个值或多个条件，满足任一条件就会执行该分支。代码 6-6 的执行结果是：

```
a == 0 或 a == 1
a < 100
```

执行的都是有多个条件的 case 项分支代码。

虽然 Go 语言 switch 语句中 case 项不需要 break 语句，但有些开发者（尤其是同时使用多种语言的开发者）为了与其他语言保持一致，习惯都加上 break，这并不算错误。另外，这里在 case 项中不需要 break 指的是嵌入代码块结尾处的 break，如果在代码中间需要终止该代码块的运行，也是需要 break 语句的，例如：

```
    a := 1

    switch a {
    case 0, 1:
        if a == 0 {
            break
        }

        println("a==1")
    case 2:
        println("a==2")

    default:
        print("无法处理的情况")
    }
```

这段代码中，如果 a 的值为 0，第一个 case 项中的条件判断语句中就会直接因 break 语句终止该代码块的执行，跳出整个 switch 语句而继续往下执行其他的代码。

6.5 clix 的第一个命令：version

介绍了 switch 语句后，我们再来看命令行工具 clix 的代码。代码 6-1 中使用 switch 语句判断字符串变量 subCmd 的值，如果是“version”，则会输出一个程序内常量 ClixVersion 的值，这是开发中表示软件版本的常用方法。这样，命令行工具 clix 就有了第一个命令“version”，使用方法是：

```
clix version
```

当然，运行该命令前还要先编译 clix 包（源代码文件是 src 目录下新建的 clix 子目录下的 clip.go 文件）。该命令的输出结果为：

```
CLIX v1.00
```

软件显示名称“CLIX”后面的“v1.00”代表版本号是 1.00。

代码 6-1 中的 switch 语句还使用了 default 关键字指定了不符合任何 case 项条件的情况下（也就是说命令行中除可执行程序名之外的第一个参数不是任何该软件可以识别的命令），将输出字符串信息：“无法识别的命令”。

可以看到，一个基本的命令行工具程序的代码使用 Go 语言很容易就可以实现。下一节我们将把计算体重指数的命令增加进去。

6.6 增加体重指数计算命令 calbmi

体重指数计算命令（我们把它命名为 calbmi）的加入，与 version 命令的不同之处主要体现在 calbmi 命令还需要两个表示体重与身高的命令行参数，这两个命令行参数将用标志参数（flag）的形式来表达，整个命令行如下：

```
clix calbmi -w=70.0 -h=1.75
```

下面将先做一些准备工作，以便处理命令行中的标志参数。

6.6.1 tools 包中增加判断起始子字符串的函数

为了判断命令行参数是否为标志参数，例如“-w=70.0”，需要判断每一个命令行参数是否以“-w=”这个子字符串开始，如果是，则后面跟着的字符串就是该标志参数的值。

为了实现这一点，首先要能够判断字符串是否以某个子字符串作为开始，在 Go 语言标准库中的 strings 包内已经有一个函数可以实现这个功能，这就是 HasPrefix 函数。但是这个函数的名字与一般计算机语言中的习惯不太相同，为了保持一致，建议在 tools 库中用常用的 StartsWith 这个名字来重新编写一个函数，其中只是原样调用 strings.HasPrefix 函数。注意，这种方式并非是必需的，读者也可以直接用 strings.HasPrefix 函数。在 tools 包中增加的 StartsWith 函数代码如下：

```
// StartsWith 检查字符串 strA 开始是否是 subStrA
func StartsWith(strA string, subStrA string) bool {

 return strings.HasPrefix(strA, subStrA)
}
```

其中仅仅是原样调用了 strings.HasPrefix 函数，它接受的两个参数分别是整个字符串和所需判断的子字符串，代码 6-7 是使用该函数（tools.StartsWith）的实例代码。

```
package main

import (
  "tools"
)

func main() {
  s1 := "abcdefg"

  if tools.StartsWith(s1, "abc") {
        tools.Printfln("字符串 %v 是以 %v 开始的。", s1, "abc")
  }

  if !tools.StartsWith(s1, "987") {
        tools.Printfln("字符串 %v 不是以 %v 开始的。", s1, "987")
  }

}
```

代码 6-7 tools.StartsWith 函数的用法

为了演示各种写法，tools 包这次并没有用简写 t 来命名，因此调用时必须写全名 tools.StartsWith 来调用。然后用该函数做了两次判断，其中第二次判断中的条件表达式用了“逻辑非”操作符“!”，代表把后面的表达式的值取反，因此当字符串变量 s1 不是以字符串“987”起始的情况下，才会执行后面的条件分支嵌入代码块。因此，这段代码的输出结果如下：

```
字符串 abcdefg 是以 abc 开始的。
字符串 abcdefg 不是以 987 开始的。
```

6.6.2 子字符串的截取

有了 tools.StartsWith 函数，就可以进一步编写判断命令行中标志参数的函数。但在此之前还需要考虑，当判断出某个标志参数后，还需要取其后面的值，也就是对于“-w=70.0”这个标志参数，需要获取后面的“70.0”这个子字符串作为下一步处理的依据。

Go 语言中，获取某个字符串的子串是用下面的方法来实现的：

```
s1 := "abcdefg"

s2 := s1[2:5]

println(s2)
```

与切片的截取类似，取某个字符串的子串，是用该字符串变量后紧跟的方括号内用冒号字符分隔开的两个数字来表示所需截取的起始字符索引和终止字符索引的。本例中的 s1[2:5]就表示从 s1 中截取从索引序号为 2 的字符开始到索引序号为 5 的字符为止，包含开始序号的字符，但不包含结尾序号的字符（注意索引序号都是从 0 开始计数），因此截取的子字符串是“cde”。

字符串截取中的开始索引和结束索引两个数字都可以省略，如果省略，分别代表从字符串的开头直至结尾。例如，s1[:5]将代表子字符串“abcde”，s1[2:]将代表子字符串“cdefg”，s1[:]将代表整个字符串“abcdefg”，是一个与原字符串相同的子串。

那么，对于标志参数“-w=70.0”，如何去掉前面的三个字符而获取后面的子串“70.0”呢？可以尝试使用下面的代码：

```
s1 := "-w=70.0"

s2 := s1[len("-w="):]

println(s2)
```

由于字符串“-w=”的长度为 3，所以 len("-w=")的值就为 3，因此 s2 将被赋值为 s1[3:]，也就是从索引序号为 3 的字符开始一直到最后的子字符串“70.0”。其他标志参数值的获取也可以采用类似的方式。

6.6.3 tools 包中增加判断标志参数的函数

有了对 tools.StartsWith 函数和字符串截取的了解，就可以完整地编写 tools 包中判断标志参数的函数，见代码 6-8。

```
// GetFlag 检查命令行切片中是否存在某标志参数，如果存在则返回该标志参数的值，否则返回空字符串
// 例：如果对命令行 "clix calbmi -w=70.0 -h=1.75"调用 GetFlag(args, "-w=")，则结果为字符串"70.0"
func GetFlag(argsA []string, flagA string) string {
  for _, argT := range argsA {
      if StartsWith(argT, flagA) {
          argLen := len(flagA)
          tmpStr := argT[argLen:]

          return tmpStr
      }

  }

  return ""
}
```

代码 6-8 用于判断命令行标志参数的 tools.GetFlag 函数

该函数接受表示命令行参数的切片变量 argsA 和要判断是否存在的标志参数变量 flagA，然后循环查找在命令行参数切片中是否存在以 flagA 开始的参数，如果存在，则返回删除起始 flagA 后的子字符串。如果直至循环完毕没有发现符合条件的参数，则返回空字符串。

6.6.4 编写 clix 中的 calbmi 命令

使用 tools.GetFlag 函数编写计算体重指数的 calbmi 命令后 clix 包的代码如下：

```
package main

import (
  "fmt"
  "math"
  "os"
  t "tools"
)

const ClixVersion = "1.00"

func main() {
  args := os.Args

  argsLen := len(args)

  if argsLen < 2 {
      t.Printfln("请输入命令。")
      return
  }

  subCmd := args[1]

  switch subCmd {
  case "version":
      t.Printfln("CLIX v%v", ClixVersion)
      break

  case "calbmi":
      wStr := t.GetFlag(args, "-w=")
      if wStr == "" {
          t.Printfln("请正确输入体重值")
          break
      }

      hStr := t.GetFlag(args, "-h=")
      if hStr == "" {
          t.Printfln("请正确输入身高值")
          break
      }
```

```
        var W float64
        var H float64

        fmt.Sscanf(wStr, "%f", &W)
        fmt.Sscanf(hStr, "%f", &H)

        t.Printfln("体重: %.2f", W)
        t.Printfln("身高: %.2f", H)

        BMI := W / math.Pow(H, 2)

        t.Printfln("BMI: %.2f", BMI)

        if BMI < 18.5 {
            t.Printfln("偏瘦")
        } else if (18.5 <= BMI) && (BMI < 24) {
            t.Printfln("正常")
        } else if 24 <= BMI && BMI < 28 {
            t.Printfln("偏胖")
        } else if 28 <= BMI && BMI < 30 {
            t.Printfln("肥胖")
        } else if BMI >= 30 {
            t.Printfln("重度肥胖")
        }

        break

    default:
        t.Printfln("无法识别的命令")
        break
    }

}
```

代码 6-9 在 clix 程序中增加 calbmi 命令

代码 6-9 中，在原来的 switch 语句中增加了一个 case 项来处理 calbmi 命令，后面计算体重指数的代码与代码 5-10 中相同，不同的是在分析命令行参数时使用了 tools.GetFlag 函数来获取两个代表体重和身高的标志参数。注意这个函数的用法，如果返回的是空值则说明用户没有按正确格式输入该参数，会提示用户正确输入并结束该命令的处理代码（用 break 语句退出 switch 结构）。

代码 6-9 用正确的命令行执行 calbmi 命令后如图 6.2 所示。

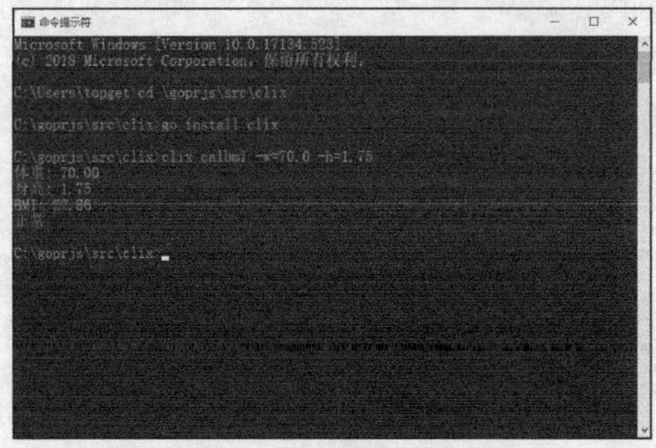

图 6.2 执行 calbmi 命令后的结果

结果与原有的 bmi.go 代码相同。如果不按正确的格式输入，例如使用下面的命令行故意错误输入参数 h 的格式：

```
clix calbmi -w=70 h=1.75
```

得到的命令执行结果是：

```
请正确输入身高值
```

6.6.5 增加命令行开关标志参数

命令行标志参数还有一种形式叫“开关”，这种参数没有等号及其后的值，它代表用户选择的一种“有”或“无”的状态。可以简单地理解为：如果命令行中有这个参数，表示这个状态是布尔值 true，如果没有则为 false。举例来说，如果 calbmi 命令作为给其他软件调用的工具来使用，有时候仅需要输出体重指数的数值而不要其他任何附加的信息（其他软件将自行决定如何利用该数值），这时候就可以增加一个命令行参数“-value”，如果有这个参数则仅输出该数值（并且不加换行符以便调用者处理），否则仍然按原来的方式输出较多的信息。

为了实现开关参数的判断，我们需要在 tools 包中增加一个 FlagExists 函数。

```
// FlagExists 判断命令行参数中是否存在开关，用法：flag := FlagExists(args, "-value")
func FlagExists(argsA []string, flagA string) bool {
 for _, argT := range argsA {
      if StartsWith(argT, flagA) {
           return true
      }
 }

 return false
}
```

该函数判断命令行参数中是否存在与参数 flagA 完全相等的参数，如果有则返回布尔值 true，否则返回 false。

修改 clix 程序的代码如下：

```
package main

import (
 "fmt"
 "math"
 "os"
 t "tools"
)

const ClixVersion = "1.00"

func main() {
 args := os.Args

 argsLen := len(args)

 if argsLen < 2 {
      t.Printfln("请输入命令。")
      return
 }

 subCmd := args[1]

 switch subCmd {
 case "version":
      t.Printfln("CLIX v%v", ClixVersion)
      break

 case "calbmi":
      wStr := t.GetFlag(args, "-w=")
      if wStr == "" {
           t.Printfln("请正确输入体重值")
           break
      }

      hStr := t.GetFlag(args, "-h=")
      if hStr == "" {
           t.Printfln("请正确输入身高值")
           break
      }

      var W float64
      var H float64

      fmt.Sscanf(wStr, "%f", &W)
      fmt.Sscanf(hStr, "%f", &H)

      BMI := W / math.Pow(H, 2)
```

```
        if t.FlagExists(args, "-value") {
              t.Printf("%.2f", BMI)
              break
        }

        t.Printfln("体重: %.2f", W)
        t.Printfln("身高: %.2f", H)

        t.Printfln("BMI: %.2f", BMI)

        if BMI < 18.5 {
            t.Printfln("偏瘦")
        } else if (18.5 <= BMI) && (BMI < 24) {
            t.Printfln("正常")
        } else if 24 <= BMI && BMI < 28 {
            t.Printfln("偏胖")
        } else if 28 <= BMI && BMI < 30 {
            t.Printfln("肥胖")
        } else if BMI >= 30 {
            t.Printfln("重度肥胖")
        }

        break

  default:
       t.Printfln("无法识别的命令")
       break
  }

}
```

代码 6-10　增加了开关参数处理的 calbmi 命令

代码 6-10 中处理 calbmi 命令的 case 项中，在输出更多的信息之前先调用 tools.FlagExists 函数判断开关参数“-value”是否存在，如果存在则调用 tools.Printf 函数仅输出体重指数 BMI 的数值后就结束该命令的处理，否则正常输出。这样，我们的 clix 程序就具备作为一个工具被其他程序调用的能力了，其他程序可以使用 clix 作为计算体重指数的工具获得计算结果后自行决定如何展示这个数据或者用于下一步的计算、统计等功能。代码 6-10 用 clix calbmi -w=70 -h=1.75 -value 命令行执行后将仅输出数值 22.86。

6.6.6 使用 flag 包来分析命令行参数

Go 语言标准库中其实有一个 flag 包，专门用于处理命令行参数中的标志参数和开关参数。它可以处理更多的情况，因为标志参数还有其他的表示格式，例如命令行 clix calbmi -w=70 -h=1.75 -value 在某些情况下又可以写为：

```
clix calbmi -w 70 -h 1.75 -value
```

这里用标志参数名称后紧跟空格和数值的方式来表达整个标志参数，而 flag 包可以处理这种情况。如果使用 flag 包处理命令行参数，代码 6-10 可以改写如下：

```
package main

import (
  "flag"
  "math"
  "os"
  t "tools"
)

const ClixVersion = "1.00"

func main() {
  args := os.Args

  argsLen := len(args)

  if argsLen < 2 {
        t.Printfln("请输入命令。")
```

```
        return
    }

    subCmd := args[1]

    if t.StartsWith(subCmd, "-cmd=") {
        subCmd = subCmd[len("-cmd="):]
    }

    switch subCmd {
    case "version":
        t.Printfln("CLIX v%v", ClixVersion)
        break

    case "calbmi":
        _ = flag.String("cmd", "", "子命令")
        W := flag.Float64("w", -1, "体重，单位千克")
        H := flag.Float64("h", -1, "身高，单位米")
        valueOnly := flag.Bool("value", false, "是否只输出数值")

        flag.Parse()

        BMI := (*W) / math.Pow((*H), 2)

        if *valueOnly {
            t.Printf("%.2f", BMI)
            break
        }

        t.Printfln("体重: %.2f", *W)
        t.Printfln("身高: %.2f", *H)

        t.Printfln("BMI: %.2f", BMI)

        if BMI < 18.5 {
            t.Printfln("偏瘦")
        } else if (18.5 <= BMI) && (BMI < 24) {
            t.Printfln("正常")
        } else if 24 <= BMI && BMI < 28 {
            t.Printfln("偏胖")
        } else if 28 <= BMI && BMI < 30 {
            t.Printfln("肥胖")
        } else if BMI >= 30 {
            t.Printfln("重度肥胖")
        }

        break

    default:
        t.Printfln("无法识别的命令")
        break
    }

}
```

代码 6-11 使用 flag 包的 clix 程序

代码 6-11 使用了 flag 包来处理 calbmi 命令，由于 flag 包分析命令行参数时遇到第一个非标志参数（不以“-”字符开头的）就会停止分析，因此我们只好把子命令也做成标志参数，用 “-cmd=” 来表示。具体分析命令行参数是在调用 flag.Parse()这一行进行的，但在调用 flag.Parse 函数之前，必须先把要分析的标志参数都声明好，例如：

```
W := flag.Float64("w", -1, "体重，单位千克")
```

这条语句调用了 flag.Float64 函数，表示命令行参数中将有名称为 w 的参数，其数值类型是 float64，如果分析成功该函数将返回 w 对应的数值，如果分析失败则返回默认值为-1，如果格式错误，该参数有关的提示信息为“体重，单位千克”。其他几条语句也是类似，根据所需返回的值类型调用了不同的函数。命令行标志参数与变量对应叫作“绑定”。子命令由于之前已经处理过 subCmd 变量，所以没有必要再绑定，因此用了抛弃符号“_”来代替绑定。而开关参数则要绑定为布尔类型的值。

注意，在 flag.Parse 函数调用后，这几个绑定的变量都会被定义为该绑定类型的指针类型，因此需要在各变量前加上“*”操作符来取得指针中的实际变量值。例如，变量 W 的类型是 *float64，即指向 float64 类型的指针，因此使用该浮点数值时需要用*W 来表示。

代码 6-11 需要用类似下面的命令行来执行：

```
clix -cmd=calbmi -w=70 -h=1.75 -value
```

或者：

```
clix -cmd=calbmi -w 70 -h 1.75
```

注意，由于我们特殊处理过 cmd 标志参数，所以无法使用“-cmd calbmi”这种用空格分隔键值的形式。

flag 包功能比较强大，但约束限制也比较多，所以本书还是建议自行处理命令行参数，可以更加灵活，也有助于锻炼自己的能力。

6.7 第三个命令：数字排序

本章的重点之一是代码的控制逻辑，前面已经介绍过常见的用于条件判断分支处理的 if...else...结构和 switch 结构，本节将就一些实例来深入介绍循环结构，在介绍实例之前先回顾和进一步介绍循环结构的一些基本概念和用法。

6.7.1 循环进阶

本书 3.10 节中已经简单介绍过循环的基本概念和常见用法。循环结构在编程中出现的目的主要有两个：一是为了重复做某一件事情；二是为了遍历某一组数据。在 Go 语言中，这两种情况都可以用 for 语句来实现。

1. 无限循环

例如，我们希望每隔 3 秒就重复输出当前的系统时间，可以用代码 6-12 实现。

```
package main

import (
  "time"
  t "tools"
)

func main() {
  for {
       t.Printfln("当前时间是: %v", time.Now())

       time.Sleep(3 * time.Second)
  }
}
```

代码 6-12　无限循环每隔三秒显示当前系统时间

代码 6-12 中实际上是一个无限循环，for 语句中没有设置任何条件而只有循环体代码，这表示将不停地重复执行该嵌入代码块。循环体中调用了 time 包中的 Now 函数来获取当前操作系统的时间并用 tools.Printfln 输出，然后又调用 time 包中的 Sleep 函数来让程序“休眠”3 秒。这两个动作将被周而复始地重复执行。在命令行程序运行时，一般可以用快捷键 Ctrl+C 来强行终止该程序的运行，所以我们的程序只有通过 Ctrl+C 组合键才能停止这个无限循环。time.Second 是 time 包中定义的一个代表每秒长度的数值常量。该代码的执行结果是（运行过程中使用了组合键 Ctrl+C 强制退出）：

```
当前时间是: 2019-01-18 11:10:59.194673 +0800 CST m=+0.000447574
当前时间是: 2019-01-18 11:11:02.195503 +0800 CST m=+3.001395337
```

```
当前时间是: 2019-01-18 11:11:05.197885 +0800 CST m=+6.003893357
当前时间是: 2019-01-18 11:11:08.202638 +0800 CST m=+9.008761599
^Csignal: interrupt
```

2. 用 break 语句中断循环

除少数情况外，无限循环在一般的编程开发中是应该避免的代码逻辑结构，因为程序将陷于这个循环中而无法执行其他的代码，也常会造成对系统资源占用过多的问题。所以一般为重复执行某任务的循环在一定情况下都是可以中止的，例如：

```
package main

import (
  "time"
  t "tools"
)

func main() {
  startTime := time.Now()

  for {

       t.Printfln("当前时间是: %v", time.Now())

       endTime := time.Now()

       if endTime.Sub(startTime) > (20 * time.Second) {
            break
       }

       time.Sleep(3 * time.Second)

  }
}
```

代码 6-13 采用 break 退出循环

代码 6-13 中，在无限循环之前记录了循环前的时间点（在变量 startTime 中）作为开始时间，循环体中则在每次读取系统当前时间之后判断当前时间与开始时间的差异，如果超过 20 秒则用 break 语句退出循环。计算时间差异用的是 Time.Sub 函数，Time 是 time 包中定义的一个数据类型（可以记作 time.Time），而 endTime 和 startTime 都是通过调用 time.Now 函数获得的 time.Time 类型的变量，调用 endTime 变量的 Sub 成员函数会将其自身表示的时间与函数参数传入的变量所代表的时间做减法求得两者之差返回。代码运行的结果是：

```
当前时间是: 2019-01-18 11:22:21.928485 +0800 CST m=+0.000488797
当前时间是: 2019-01-18 11:22:24.933587 +0800 CST m=+3.005702867
当前时间是: 2019-01-18 11:22:27.935883 +0800 CST m=+6.008110657
当前时间是: 2019-01-18 11:22:30.93813 +0800 CST m=+9.010468968
当前时间是: 2019-01-18 11:22:33.942498 +0800 CST m=+12.014948415
当前时间是: 2019-01-18 11:22:36.945443 +0800 CST m=+15.018005283
当前时间是: 2019-01-18 11:22:39.945826 +0800 CST m=+18.018499571
当前时间是: 2019-01-18 11:22:42.946246 +0800 CST m=+21.019031884
```

可以看到，在多次输出系统时间到距开始时间 20 秒之后程序就自然终止了。

3. 带单一条件的 for 循环

代码 6-13 也完全可以用带有单一条件的 for 循环结构来实现。

```
package main

import (
  "time"
  t "tools"
)

func main() {
  startTime := time.Now()

  for time.Now().Sub(startTime) <= (20 * time.Second) {

       t.Printfln("当前时间是: %v", time.Now())
```

```
        time.Sleep(3 * time.Second)

    }
}
```

代码 6-14 带有条件的 for 循环

代码 6-14 中，在关键字 for 之后用了一个复杂的条件判断表达式，每次循环前将进行条件判断，只有在该表达式结果值为 true 的时候才会继续进行循环，如果为 false 则终止循环。另外，由于 time.Now()函数返回的是一个 time.Time 类型的值，因此可以在其后用“变量名+.+成员函数名”的方式连写对其成员函数的调用，所以整个条件判断表达式就是判断系统当前时间是否比整个循环开始前的时间晚不超过 20 秒钟，如果不超过才继续进行循环，否则退出循环。程序执行的结果是：

```
当前时间是: 2019-01-18 15:52:30.653973 +0800 CST m=+0.000538820
当前时间是: 2019-01-18 15:52:33.654403 +0800 CST m=+3.001088151
当前时间是: 2019-01-18 15:52:36.656205 +0800 CST m=+6.003008689
当前时间是: 2019-01-18 15:52:39.657722 +0800 CST m=+9.004643945
当前时间是: 2019-01-18 15:52:42.659869 +0800 CST m=+12.006909286
当前时间是: 2019-01-18 15:52:45.660184 +0800 CST m=+15.007343690
当前时间是: 2019-01-18 15:52:48.664649 +0800 CST m=+18.011927369
```

可以发现，运行结果与代码 6-13 的运行结果基本相同，但少了约 3 秒的输出，这是因为代码 6-13 是在条件判断之前输出此次循环时系统的时间，而代码 6-14 是在条件判断之后才输出，因此造成了是否输出最后一次循环时系统时间的差异。

4. 传统的 for 循环形式

Go 语言也支持其他语言中传统的“三段”for 循环形式，即：

```
for i := 0; i < 10; i++ {
 println(i)
}
```

这种 for 循环结构中，for 关键字后面用分号“;”分隔开的三部分分别代表循环前要执行的语句、维持循环的条件、每次循环结束后执行的语句。因此，上述代码将重复运行 10 次，每次输出 i 的值。传统 for 循环结构也经常用于重复做某件事的场景下，其好处是可以清楚地知道循环的次数。

5. 循环的手动继续

循环中不仅可以用 break 语句来退出循环，也可以用 continue 语句来手动“继续”循环。这里所谓的“继续”循环指的是从 continue 语句所在的位置开始不再继续往下执行其他循环体内的代码，而是重新开始下一次循环。例如：

```
for a := 0; a < 10; a++ {
        println(a)

        if a < 5 {
            continue
        }

        a = a + 1
}
```

这一段代码将输出：

```
0
1
2
3
4
5
7
9
```

可以发现，循环并没有执行 10 次，这是因为，我们在循环体代码中加入了条件判断，当循环变量 a 的值小于 5 时会立即“继续”循环，但当 a 的值大于或等于 5 时，则会再给其值加上 1，那么这时候每次循环会让 a 的值一共加上 2（循环结束时还有一个 a++语句），而维持循环的条件（a < 10）并没有变，所以后面的循环次数减少。

6. 循环的嵌套

循环是可以嵌套的，比如要判断一个切片中的哪些数值大于另一个切片中的所有数值，可以用代码 6-15 中的双重嵌套循环（循环嵌套两次，就可以简称为两重嵌套循环，或双重循环；再多重嵌套循环以此类推）来进行：

```
package main

import (
  t "tools"
)

func main() {
  a := []int{1, 2, 4, 8, 9, 0}

  b := []int{1, 2, 3, 4, 5}

  for i := 0; i < len(a); i++ {

        found := true

        for j := 0; j < len(b); j++ {

              if a[i] <= b[j] {
                    found = false
                    break
              }
        }

        if found {
             t.Printfln("找到了第%v 个数字: %v", i, a[i])
        }
  }
}
```

代码 6-15 基本的双重嵌套循环

代码 6-15 中，试图用双重循环来寻找切片变量 a 中哪些数字项比切片变量 b 中所有数字项的值都大。因此第一重循环是对变量 a 进行遍历，取得 a 中每一个数据项。而所谓的第二重嵌套的循环则是在取得 a 中每一个数据项之后，再对变量 b 做一次遍历，让 a 中的该数据项与 b 中所有的数据项逐一比对。因此，如果没有第二重循环中的条件判断并终止循环的语句，理论上最里层循环内代码执行的次数应该是 a 的长度与 b 的长度的乘积，也就是 len(a) * len(b)次。

在第一重循环中，每次开始第二重循环之前，都新定义一个布尔类型的变量 found，用于表示当时的数字项 a[i]是否满足条件（大于所有 b 中的数字）。这样在循环体中用“:=”赋值的变量每一次循环都是一个新的变量。在第二重循环中，每次都进行条件判断，如果符合表达式 a[i] <= b[j]，则这个 a[i]不符合我们的整体挑选条件，因此将 found 的值设置为 false 并且立即中止第二重循环的继续执行。而在第二重循环之后，通过 found 变量的值来判断：如果 found 值为 true，说明第二重循环是正常执行完毕的，也就是说没有发现任何 a[i] <= b[j]的情况，因此 found 的值还是初始化时赋予的值 true，这时候 a[i]的值就是需要显示的数字；反之，如果 found 值为 false，一定是第二重循环中发现了 a[i] <= b[j]的情况而导致 found 的值被赋为 false。

这样，双重循环全部执行完毕后，就可以看到所有输出的符合条件的数字的索引和值。该段代码执行结果如下：

```
找到了第 3 个数字: 8
找到了第 4 个数字: 9
```

7. 用 for+range 组合的循环结构进行数据遍历

从前面的例子中可以看出，用传统的“三段”for 循环也可以对复合型数据进行遍历。事实上，很多其他语言中也是用这种方式作为遍历数据的主要方式。在此基础上，Go 语言中还提供了

for+range 组合的方式对切片、映射、字符串、通道（chan）等类型的数据进行更方便的遍历，其中关于字符串和通道的遍历将在本书后面的章节中单独介绍。

使用关键字 for+range 组合对切片或映射等复合类型数据进行遍历时，每次循环都会产生两个循环变量，对于切片，这两个变量分别对应该次循环的索引序号和该索引序号对应的切片中数据项的值，习惯上分别用 i 和 v 作变量名（i 是最常用的表示循环次数序号的循环变量名，v 代表 value，即“值”的意思）；对于映射，这两个变量分别对应某个键的名称和映射中该键对应的值，习惯上分别用 k 和 v 作变量名（k 代表 key，指键名，v 代表 value）。3.10 节中已经给出了对这两种复合类型用 for...range 组合进行遍历的例子。

对于映射类型数据，注意使用 for...range 组合进行遍历时，可以保证将所有键值对（Key-Value Pair）都访问到，但是 Go 语言中比较特殊的是不能保证键值对出现的顺序，这与其他语言有所不同。

```
package main

import (
 t "tools"
)

func main() {
 s := map[string]int{"number1": 1, "number2": 2, "number3": 4, "number4": 8}

 for k, v := range s {
       t.Printfln("%v=%v", k, v)
 }

 t.Printfln("--------")

 for k, v := range s {
       t.Printfln("%v=%v", k, v)
 }
 t.Printfln("--------")

 for k := range s {
       t.Printfln("%v=%v", k, s[k])
 }

}
```

代码 6-16　遍历映射类型数据将不保证顺序

代码 6-16 中，对于映射类型的变量 s 使用了 for...range 组合的方式进行遍历。首先需要注意第三个 for+range 循环的写法，其中只写了一个循环变量 k，此时这个变量就是原来两个变量中的第一个（代表切片中的索引序号或映射中键名的变量），之后在循环体中需要用 s[k]这种索引访问的方式获得该键对应的数值。三个循环输出的信息如下：

```
number4=8
number1=1
number2=2
number3=4
--------
number1=1
number2=2
number3=4
number4=8
--------
number4=8
number1=1
number2=2
number3=4
```

可以发现虽然每个循环都是对变量 s 的遍历，但是每次输出的键值对顺序都不一样，而且多次运行程序时每次的结果也可能会不一样，这验证了 Go 语言中映射类型遍历时的随机性。我们在编程中应该注意这一点可能带来的影响，如果需要稳定的输出，应该考虑对其进行键名排序后的输出方法。

```
package main

import (
  "sort"
  t "tools"
)

func main() {
  s := map[string]int{"number1": 1, "number2": 2, "number3": 4, "number4": 8}

  keys := make([]string, 0, len(s))

  for k := range s {
        keys = append(keys, k)
  }

  sort.Strings(keys)

  for _, v := range keys {
        t.Printfln("%v=%v", v, s[v])
  }

  t.Printfln("--------")

  for _, v := range keys {
        t.Printfln("%v=%v", v, s[v])
  }

}
```

代码 6-17　对映射中的键名排序后输出

代码 6-17 中，为了顺序输出映射变量 s 中的键值对，实际上在正式遍历输出 s 之前先对其多做了一次遍历，这次遍历的目的是将所有的键名取出来放入一个切片变量 keys，然后对 keys 调用 sort 包的 Strings 函数进行排序，sort.Strings 函数是专门对字符串类型的切片进行排序的函数。之后的两次正式遍历实际上是对切片变量 keys 的遍历，取出其中的每个键名，再根据每个键名取出在变量 s 中对应的数值（可称作“键值”）一起输出。这样输出的效果就仿佛是对映射变量 s 按字符顺序依次输出各个键值对了。代码 6-17 无论执行多少次，都会输出下面的结果：

```
number1=1
number2=2
number3=4
number4=8
--------
number1=1
number2=2
number3=4
number4=8
```

6.7.2 冒泡法排序

在补充了循环的详细知识之后，我们将继续以一个排序算法为实例演示较复杂的代码逻辑结构。这个排序算法叫作“冒泡法排序”，是比较经典的排序算法之一。

举例来说，如果对一组数字 2,4,9,5,8 进行冒泡法排序，步骤如下：

- 选取第一个数字，依次与它后面所有的数字进行比较，如果发现有比它大的数字，则将两者交换；交换完毕后将用新的数字继续与其后面的数字进行比较（例如 2 与其后第一个数字 4 比较时就会发现 4 比 2 大，两者交换后数字序列变成了 4,2,9,5,8，此时应当用数字 4 继续与后面的数字 9 进行比较）；直至比较完最后一个数字。这样进行完一轮比较之后，第一个数字一定会是这组数字中最大的；
- 然后，从第二个数字开始用同样的方法与其后面所有的数字进行比较和替换，这样这一轮比较完毕之后，第二个数字将是除第一个数字外最大的；
- 用同样的方法重复比较完倒数第二个数字之后（最后一个数字没有必要进行该步骤，因为其后已经没有可以比较的数字），可以推断出，整个数字序列将是从大到小按顺序排列的。

6.7.3 用双重循环实现冒泡法排序

从冒泡法排序的方法可以看出，以上程序完全可以用一个双重循环来实现，其中第一重循环是遍历数字序列中除最后一个数字之外的所有数字，第二重循环则是从第一重循环选取的数字之后的数字开始遍历所有剩余的数字，并且将这两重循环各自选取的数字进行比较，如果符合条件则进行交换。

```
package main

import (
 t "tools"
)

func main() {

 numberList := []int{2, 4, 9, 5, 8}

 t.Printfln("排序之前: %v", numberList)

 listLen := len(numberList)

 for i := 0; i < (listLen - 1); i++ {
        for j := i + 1; j < listLen; j++ {
               if numberList[i] < numberList[j] {
                      numberList[i], numberList[j] = numberList[j], numberList[i]
               }
        }
 }
 t.Printfln("排序之后: %v", numberList)

}
```

代码 6-18 实现冒泡法排序

代码 6-18 实现了 6.7.2 节中描述的冒泡法排序的算法，注意内外层循环（即第二重与第一重循环）中维持循环判断条件的不同，外层循环的循环次数比所有数据项数少 1 次，里层循环次数则每次都有变化，是所有剩余的数字项数。另外比较有特色的是，Go 语言中交换两个变量值无须像其他大多数语言一样需要一个中间变量进行中转，直接用类似函数多返回值赋值的方式将两个变量交换赋值即可，例如：

```
 a := 10
 b := 8

 a, b = b, a
```

这段代码将导致 a 的值为 8，b 的值为 10。与此类似，代码 6-18 中用 numberList[i], numberList[j] = numberList[j], numberList[i]这条语句实现同一切片中两个不同索引对应的数值的交换。代码 6-18 的运行结果是：

```
排序之前: [2 4 9 5 8]
排序之后: [9 8 5 4 2]
```

可以看到，排序顺利进行。有兴趣的读者可以思考一下：当数字序列中含有相等的数字时，该方法是否同样有效？

6.7.4 命令行参数中传入数字序列

如果要把冒泡法排序作为一个命令加入 clix 程序，需要解决好从命令行参数中正确读取数字序列的问题。一般来说，传入的数字可以采用一个参数内用字符分隔或者用多个参数传入的方式。例如，如果要传入 6.7.3 节中的数字序列，用一个命令行参数来表示这个序列可以用类似代码 6-19 的写法。

```
package main

import (
 "fmt"
```

```
  "os"
  "strings"
  t "tools"
)

func main() {

  s := os.Args[1]

  list := strings.Split(s, ",")

  numberList := make([]int, len(list))

  for i, v := range list {
        fmt.Sscanf(v, "%d", &numberList[i])
  }

  t.Printfln("numberList 变量的类型是:%T，内容是%v", numberList, numberList)

}
```

代码 6-19　读取命令行参数中单个参数表示的数字序列

注意	命令行参数都是以字符串的形式传入的，因此如果希望传入的字符串代表数字则需要进行字符串到数字的转换。

代码 6-19 中，默认除可执行文件名外第一个命令行参数是用逗号字符“,”分隔开的一组数字序列（形如“2,4,9,5,8”，这是一个字符串类型的参数），然后调用 strings 包中的 Split 函数对这个字符串进行分割并返回一个字符串类型的切片赋值给变量 list，strings.Split 函数的第二个参数就是分割时的分隔字符串。然后声明并初始化了一个长度与变量 list 中数据项数量相同的 int 类型的切片变量 numberList 来准备装填各个数字。最后用一个循环遍历 list 中的各个字符串，用 fmt.Sscanf 函数将其逐个转换为整数后填入 numberList 中。本程序应用类似下面的命令行执行：

```
test 2,4,9,5,8
```

执行结果是：

```
numberList 变量的类型是:[]int，内容是[2 4 9 5 8]
```

可以看出，程序执行的结果是正确的，已经将字符串类型的命令行参数分析整理为整数类型的切片。

另一种方式是在命令行上将每个数字当作一个参数传递进来。

```
package main

import (
  "fmt"
  "os"
  t "tools"
)

func main() {

  list := os.Args[1:]

  numberList := make([]int, len(list))

  for i, v := range list {
        fmt.Sscanf(v, "%d", &numberList[i])
  }

  t.Printfln("numberList 变量的类型是:%T，内容是%v", numberList, numberList)
}
```

代码 6-20　将数字序列中每个数字单独作为命令行参数传入

代码 6-20 的执行结果与代码 6-19 相同，但是代码开头是将命令行参数去掉第一个之后剩余的截取成为一个字符串切片（用 list := os.Args[1:]这条语句），后面的代码完全相同。

这两种方式都可以选用，但建议采用第一种方式，因为这种方式虽然代码稍复杂一些，但是可以避免在命令行上写入太多参数，可以避免混淆。

6.7.5 在 clix 程序中加入冒泡法排序的命令

有了之前的各种铺垫，在 clix 程序中加入冒泡法排序的命令已经非常简单，在处理命令的 switch 语句的嵌套代码块中加入一个 case 项即可（为简洁起见，以后将仅列出加入的 case 项的代码而非 clix 包完整的代码）。

```
    case "sort":
        if argsLen < 3 {
            t.Printfln("请输入所需排序的数字序列，例如 1,5,6,7,2")
            break
        }

        s := args[2]

        list := strings.Split(s, ",")

        numberList := make([]int, len(list))

        for i, v := range list {
            fmt.Sscanf(v, "%d", &numberList[i])
        }

        t.Printfln("排序之后的数字序列: %v", numberList)

        listLen := len(numberList)

        for i := 0; i < (listLen - 1); i++ {
            for j := i + 1; j < listLen; j++ {
                if numberList[i] < numberList[j] {
                    numberList[i], numberList[j] = numberList[j], numberList[i]
                }
            }
        }

    t.Printfln("排序之后的数字序列: %v", numberList)

    break
```

代码 6-21 clix 程序中排序命令 sort 的代码段

代码 6-21 中，处理 sort 命令的代码将先检查整体命令行参数个数是否合理，如果少于 3 个则明显有问题（前两个分别是可执行文件名和子命令名），此时将给出错误提示并退出命令处理。后面的处理是与前面相同的分析命令行参数、将参数字符串转化成数字的切片，然后使用冒泡法排序，唯一的区别是为了适应有小数的情况，使用了 float64 数据类型来表示数字切片。将这段 sort 命令的处理代码加入 clix 包编译后，用下述命令行执行：

```
clix sort 1,3,9.6,7.2,5
```

得到的结果是：

```
排序之后的数字序列: [1 3 9.6 7.2 5]
排序之后的数字序列: [9.6 7.2 5 3 1]
```

可以看出，命令执行后对输入数字序列的排序结果是正确的。

6.8 Go 语言中对典型代码逻辑结构的支持

任何计算机语言都有自己典型的代码逻辑结构，其核心用途是指明代码中语句的执行顺序，不同的代码逻辑结构适用于不同的需求场景，例如前面介绍过的循环结构适用于重复执行某项任务，而条件判断分支结构适合根据不同情况进行不同的处理。

6.8.1 基本的代码结构

Go 语言中的主要代码逻辑结构包括顺序执行、调用、嵌套、条件分支、循环、跳出（中断）或继续、直接跳转等，其中顺序执行、调用、嵌套、条件分支、循环等结构在本书前面的章节中都已经出现过。本节将介绍其他比较特殊或不常见的一些代码逻辑结构。

6.8.2 利用标签跳出或继续外层循环

有时候，在多重嵌套循环中，需要直接跳出最外层的循环或直接“继续”最外层的循环。这时候并不能使用普通的 break 或 continue 命令，因为直接使用 break 和 continue 语句只对该语句所在层次的循环起作用，需要用到标签（label）来实现这些功能。

Go 语言中，可以任意起一个符合标识符规则的名字带上冒号“:”即成为一个标签。标签一般放在某条语句之前（或之前的一行），用以指明该条语句是跳转的目标。例如，为了实现跳出一个双重嵌套循环的功能可以用代码 6-22 来实现：

```
package main

import (
	"math/rand"
	"time"
	t "tools"
)

func main() {
	rand.Seed(time.Now().Unix())

	count := 20

	intList := make([]int, count)

	for i := 0; i < count; i++ {
		intList[i] = rand.Intn(100)
	}

	t.Printfln("随机数序列: %v", intList)

	distance := 3

label1:
	for i := distance; i < count-distance; i++ {
		for j := i - distance; j < i+distance+1; j++ {
			if intList[j] > intList[i] {
				continue label1
			}
		}

		t.Printfln("尖峰点索引: %v, 值: %v", i, intList[i])

	}
}
```

代码 6-22 用标签继续外层循环

代码 6-22 实现的是这样一个算法：先生成 20 个随机数字组成的一个切片，然后在其中找出所有的尖峰点。所谓尖峰点，在这里定义为比前后 3 个数字都大（准确地说是不小于前后各 3 个数字）的数字项。具体的代码是用一个双重嵌套循环来实现的，外层循环负责依次遍历每个点（去掉前后不到 3 个相邻点的数字），对于每个待评估的点，内层循环负责遍历其前后的 3 个点（实际上为了简化代码，把该点本身也包含在内），如果发现有比该点大的点，则表示该待评估点不是符合要求的尖峰点，不需要继续比较，这时候用 continue 加标签的方式直接继续外层的循环。如果内层循环完毕，表明没有任何附近的点比该点大，说明该点是一个尖峰点，此时将输出该点的信息，并正常继续外层的循环，直至所有待评估的点都被遍历完毕。代码执行的结果如下：

```
随机数序列: [92 92 51 89 20 51 1 13 66 13 51 42 25 57 22 37 52 96 75 20]
尖峰点索引: 8，值: 66
尖峰点索引: 13，值: 57
```

可以看出，对于随机生成的整数序列，该程序成功地将两个符合条件的尖峰点找了出来。

利用标签也可以直接跳出多重循环，例如：

```
package main

import (
 "math/rand"
 "time"
 t "tools"
)

func main() {
 rand.Seed(time.Now().Unix())

 count := 30

 intList := make([]int, count)

 for i := 0; i < count; i++ {
	intList[i] = rand.Intn(100)
 }

 t.Printfln("随机数序列: %v", intList)

 distance := 3

 found := false

label1:
 for i := distance; i < count-distance; i++ {
	for j := i - distance; j < i+distance+1; j++ {
		if (i != j) && (intList[j] == intList[i]) {
			t.Printfln("发现近邻点索引, i: %v, j: %v, 值: %v", i, j, intList[i])
			found = true
			break label1
		}
	}

 }

 if !found {
	t.Printfln("没有发现近邻点")
 }

}
```

代码 6-23 用标签跳出多重循环

代码 6-23 实现了寻找“近邻点”算法，即在一个随机数列中寻找位置相差 3 个点以内并且数值相等的点。在找到符合条件的点之后，直接用 break 加标签的方式跳出指定的循环层。注意由于是判断数值是否相等，所以不能在 i 与 j 相等时进行判断，否则每个数与自身总是相等的。代码 6-23 运行的结果如下：

```
随机数序列: [66 77 49 39 3 70 67 70 26 69 6 20 76 17 77 29 25 21 68 28 77 93 26 79 22 72 84 0 35 50]
发现近邻点索引, i: 5, j: 7, 值: 70
```

6.8.3 goto 语句无条件跳转

很多计算机语言（特别是早期的语言）中都有 goto 语句，用于在代码中跳转到任意标签处（早期语言中还可以跳转到任意行的语句处），但由于这样会导致书写代码随意性太强，容易引起混乱的逻辑思维，因此后来的语言中大多数并不推荐使用 goto 语句，甚至有些语言根本不提供 goto 语句。Go 语言中保留了 goto 语句，但也不建议使用，我们在实际编程中应该也很难遇到要使用 goto 语句的情况。代码 6-24 可以用 goto 语句实现与代码 6-23 相同的功能。

```
package main

import (
  "math/rand"
  "time"
  t "tools"
)

func main() {
  rand.Seed(time.Now().Unix())

  count := 30

  intList := make([]int, count)

  for i := 0; i < count; i++ {
        intList[i] = rand.Intn(100)
  }

  t.Printfln("随机数序列: %v", intList)

  distance := 3

  found := false

  for i := distance; i < count-distance; i++ {
        for j := i - distance; j < i+distance+1; j++ {
              if (i != j) && (intList[j] == intList[i]) {
                    t.Printfln("发现近邻点索引, i: %v, j: %v, 值: %v", i, j, intList[i])
                    found = true
                    goto label1
              }
        }

  }

  label1:
  if !found {
        t.Printfln("没有发现近邻点")
  }

}
```

代码 6-24 goto 语句的使用示例

注意，goto 语句一般不能用于从一个嵌套代码块内直接跳进另一个嵌套代码块内的代码。另外 goto 语句造成的跳转也不应造成变量未经初始化就被使用。下面代码中的两个 goto 语句都将造成编译错误。

```
  for i := 0; i < 10; i++ {
        goto label1
  }

  for j := 0; j < 10; j++ {
  label1:
        t.Printfln("j=%v", j)
  }
```

```
	goto label2

	var a int

label2:
	a = 18

	t.Printfln("a=%v", a)
```

6.8.4 递归（调用自身函数）

递归函数指的是在函数代码内调用了该函数自身的函数，递归函数是解决一些数学和科学问题时比较优雅的处理方法，但它往往也是对计算机语言能力以及计算机软硬件性能的极大考验，因为递归函数会占用大量的内存资源用于函数调用的开销，一般对运算能力也有很高的要求。Go 语言是支持递归函数调用的，在递归调用时还相对会节省一些占用的内存空间，但相对某些语言来说速度稍慢（因为递归的层次多了之后，会造成反复重新分配内存空间导致代码运行效率降低）。下面是有名的生成斐波那契数列（Fibonacci sequence）的代码示例。

> **知识补充**
>
> 斐波那契数列又叫黄金分割数列，它是这样的一个数字序列：第一个数是 0，第二个数是 1，其后每一个数都是前两个数之和。用数学函数式来表达就是：$F_0=0, F_1=1$，当 $n>1$ 时，$F_n=F_{n-1}+F_{n-2}$。也有人用 1 开始作为第一个数，那么就是：$F_1=1, F_2=1$，当 $n>2$ 时，$F_n=F_{n-1}+F_{n-2}$。

```
package main

import (
	t "tools"
)

func fibonacci(n int) int {
	if n < 2 {
		return n
	}

	return fibonacci(n-1) + fibonacci(n-2)
}

func main() {
	n := 20

	t.Printfln("数列的第%v 项是：%v", n, fibonacci(n))
}
```

代码 6-25　递归函数实现求斐波那契数列某项的值

代码 6-25 中编写了求斐波那契数列中任意序号 n 对应项数值的函数 fibonacci，当该函数输入参数 n 为 0 或 1，返回值就是 n 的值，否则就会返回 fibonacci(n-1) + fibonacci(n-2)的计算结果，这就是典型的递归调用，在 fibonacci 函数中再次调用了函数自身。下面是求第 20 项的运行结果：

```
数列的第 20 项是：6765
```

第 7 章

Go 语言中的字符串处理

字符串处理是编程开发的日常任务之一，它是如此重要，以至于在绝大多数编程书籍中都会占据大量的篇幅，本书也不例外，本章将围绕字符串处理这个主题，结合大量实例来帮助读者熟练掌握处理字符串所需的基础知识、常见方法和各种技巧。

7.1 字符串相关的基础知识

7.1.1 字符串的基本概念

字符串指的是一串字符连起来的序列。由于历史原因，计算机语言中表达数据的最小单位一般都是字节（byte），而最早被广泛接受的字符编码——ASCII 编码，就是以字节为单位来表示一个字符的，每一个字节的数值代表一个字符的编码，例如，小写字母“a”的 ASCII 编码就是十进制的 97，小写字母“b”的编码则是 98，后面的小写字母依次加 1 直至小写字母“z”的编码是 122。那么对于一个字符串“abz”，实际上是用一串 byte 类型的数字来表示的，即 97，97，122。

7.1.2 byte、uint8 和 int8 类型

Go 语言中专门有 byte 这个数据类型来表示字节数据，byte 类型实质上是 uint8 类型的别名，而 uint8 类型表示 8 位二进制数据表达的无符号整数（无符号整数指的是非负整数，包括 0 和正整数）。由于 8 位二进制数最大表达无符号整数的范围是[0, 255]，因此 byte 类型的数据范围也是 0～255。

int8 是用 8 位二进制数据来表达有符号整数（即包括负整数、0 和正整数），由于还要表示负数，一般用其第一个二进制位是 0 或 1 表示有无负号，所以表达的范围是[-128, 127]。

通过代码 7-1 来了解这几个类型的区别：

```
package main

import (
  t "tools"
)

func main() {

  var b byte

  b = 0
  t.Printfln("b=%v", b)

  b = 255
  t.Printfln("b=%v", b)

  t.Printfln("b 的类型是: %T", b)

  var u uint8

  u = 0
  t.Printfln("u=%v", u)

  u = 255
  t.Printfln("u=%v", u)
```

```
    t.Printfln("u 的类型是: %T", u)

    var i int8

    i = -128
    t.Printfln("i=%v", i)

    i = 0
    t.Printfln("i=%v", i)

    i = 127
    t.Printfln("i=%v", i)

    t.Printfln("i 的类型是: %T", i)

}
```

代码 7-1　byte、uint8 与 int8 类型

代码 7-1 的运行结果如下：

```
b=0
b=255
b 的类型是: uint8
u=0
u=255
u 的类型是: uint8
i=-128
i=0
i=127
i 的类型是: int8
```

可以看出，我们定义的 byte 类型变量 b 用格式化符“%T”来查看其实际类型为 uint8，说明 byte 就是 uint8 的别名。而变量 b 和 uint8 类型的变量 u 的数值表达范围也完全一致。

变量 i 是 int8 类型的，其数值表达范围是-128～127，如果将它赋值为超出这个范围的数值会发生编译错误。为了了解它二进制位的第一位在表达正负数时的变化，用代码 7-2 来进行实验：

```
    var i int8

    i = -128
    t.Printfln("i=%+09b, i=%08b", i, uint8(i))

    i = -1
    t.Printfln("i=%+09b, i=%08b", i, uint8(i))

    i = 0
    t.Printfln("i=%+09b, i=%08b", i, uint8(i))

    i = 1
    t.Printfln("i=%+09b, i=%08b", i, uint8(i))

    i = 127
    t.Printfln("i=%+09b, i=%08b", i, uint8(i))
```

代码 7-2　int8 类型数据的第一个二进制位

代码 7-2 的执行结果是：

```
i=-10000000, i=10000000
i=-00000001, i=11111111
i=+00000000, i=00000000
i=+00000001, i=00000001
i=+01111111, i=01111111
```

代码 7-2 中每次输出变量 b 的二进制数值采用了两种方式，第一种用格式化符%b 来查看 int8 类型变量 i 的二进制数值，由于对于负数还会输出一个负号字符“-”，因此使宽度标志符多留出一个位置为 9，为了保持统一，我们添加了一个表明输出数字正负号的“+”字符。第二种则强制将变量 b 转换为 uint8 类型的数值再按 8 位输出。可以发现，格式化%b 控制输出二进制数值时，对于有符号数的输出仍然是带有正负号并加上该数值，而想要查看它在内存中的实际二进制形式，需要转化成无符号数再输出。因此每组输出的第二个才是真正的变量 b 的二进制表达形式，其中当 b

是负数时，第一个二进制位都是 1，而 0 与其他正整数的第一位都是 0。

这几种类型都可以用一个字符带上单引号的方式赋值，这时候实质上赋给的是该字符的 ASCII 码代表的整数值，见代码 7-3：

```
var b byte
var u uint8
var i int8
b = 'A'
u = 'A'
i = 'A'
t.Printfln("b=%v, u=%v, i=%v", b, u, i)
```

代码 7-3　用单引号括起来的字符进行赋值

代码 7-3 的输出是：

```
b=65, u=65, i=65
```

变量 b、u、i 都被赋值为大写字母 A 的 ASCII 码 65。

7.1.3 byte 类型的切片（[]byte）与 string

Go 语言中，表示字符串的数据类型是 string，根据前两节介绍的字符串的基本概念，字符串是用字节表达的字符的序列，而字节序列在 Go 语言中是用 byte 类型的切片（[]byte）表达的，因此 string 类型和[]byte 是可以互相转化的。

```
var s string
s = "abz"
byteSlice := []byte(s)
t.Printfln("byteSlice 的类型是: %T, 数值是: %v", byteSlice, byteSlice)
```

这段代码将输出：

```
byteSlice 的类型是: []uint8, 数值是: [97 98 122]
```

可以看出，参照 3.4.8 节中数据类型强制转换的方式可以用 byteSlice := []byte(s) 这样的语句将字符串变量强制转换为 byte 类型的切片，而因为 byte 类型是 uint8 类型的别名，因此输出的 byteSlice 变量的类型是“[]uint8”，而其中的数值是 97、98、122 分别对应 7.1.1 节中介绍过的字母 a、b、z 的 ASCII 编码。

反之，我们也可以把 byte 类型的切片用类似的方法强制转换为字符串。

```
byteSlice := []byte{97, 98, 122}
s := string(byteSlice)
t.Printfln("s 的类型是: %T, 数值是: %v", s, s)
```

这段代码将输出：

```
s 的类型是: string, 数值是: abz
```

由于 Go 语言中要求数据类型转换时两个数据类型必须兼容，说明 string 和[]byte 类型是完全兼容的。

7.1.4 字符串的基本操作：取长度、连接、截取等

根据之前的介绍，由于字符串可以看作字节序列即 byte 类型的切片，因此很多基本操作可以从切片操作的角度去理解。例如，获取字符串中某一个字符是用类似切片类型的索引访问方式，获

取字符串的长度则使用内置的 len 函数等，截取子字符串则采用切片类型截取的方式。代码 7-4 是一些基本字符串操作的实例代码，特别要注意的是，Go 语言中的字符串都是“不可变”的，对字符串的操作基本上都是返回一个新的字符串而不是对该字符串进行直接修改。

```
// 用常规方法声明字符串变量 s1
var s1 string

// 给字符串变量赋值
s1 = "abc"

// 用简化方式声明字符串变量 s2 并赋值
s2 := "12345"

// 用加号"+"来连接（合并）两个字符串
s3 := s1 + s2

// 用内置函数 len 获取字符串的长度
t.Printfln("s1 的长度是: %v", len(s1))
t.Printfln("s2 的长度是: %v", len(s2))

t.Printfln("s3=%v, s3 的长度是: %v", s3, len(s3))

// 用索引访问的方式获取字符串变量中指定位置的字符，返回值是 byte 类型
b := s1[0]

t.Printfln("s1 的第一个字符是: %v，变量类型是: %T", b, b)

// 用切片中截取子切片的方式来截取子字符串，返回值还是 string 类型
subStr1 := s3[2:5]

t.Printfln("subStr1=%v，变量类型是: %T", subStr1, subStr1)
```

代码 7-4 字符串的基本操作

代码 7-4 的输出结果如下：

```
s1 的长度是: 3
s2 的长度是: 5
s3=abc12345, s3 的长度是: 8
s1 的第一个字符是: 97，变量类型是: uint8
subStr1=c12，变量类型是: string
```

代码中照例有很多注释。重点需要注意的是：获取字符串长度用内置函数 len；连接（也叫拼接）两个字符串用加法符号“+”；获取字符串内字符用索引形式访问，返回值是 byte 类型（即 uint8 类型）；而获取字符串的子字符串（简称“子串”）用的是切片变量的截取方式，获得的结果还是 string 类型，即还是一个字符串。截取字符串的子串时，与切片操作类似，其中指定的起始索引和结束索引值都可以省略来分别表示从头开始或直至结尾。

7.1.5 用双引号或反引号括起字符串的区别

在 Go 语言中可以用一对双引号括起来表示字符串，也可以用一对反引号（back quotes）字符“`”括起来表示。这两种方法的区别是：双引号括起来的字符串允许有转义字符，例如“abc\n123”中的“\n”代表换行的转义字符，输出时会替换为一个换行符；而反引号括起来的字符串称作“原始字符串”（raw string），其中如果有转义字符的话不会被转义，也就是说，反引号内的字符串将被原样输出，`abc\n123`标识的字符串如果进行输出，其中的“\n”会被当作普通的字符逐一输出。注意，反引号括起来的原始字符串内当然不能有反引号这个字符本身。

7.2 字符串支持多语言编码的特殊处理

前面介绍的字符串处理，在处理纯英文（包括数字和英文符号等）字符时是没有问题的，但在处理其他语言的字符时会出现一些问题。例如：

```
s := "我们 OK。"
t.Printfln("s 的长度: %v", len(s))
```

对于一个包含中文在内的 5 个字符的字符串 s，如果用 len 函数来获取长度得到的输出结果是：

```
s 的长度: 11
```

len 函数竟然会将这个字符串的长度输出为 11，而不是我们认为合理的 5，这是为什么呢？

Go 语言中统一使用 UTF-8 编码来存储字符串（参见 4.3.2 节和 4.4.7 节），而按照 UTF-8 编码，每个字符用 1 至 4 个字节长度的编码来表示，对于 ASCII 码表中原有的字符（包括所有的英语字母、数字和英文符号等），仍然占用一个字节，而中文字符则一般要占据 3 个字节。因此，由于本例中字符串 s 内含有 3 个中文字符（包括末尾的中文句号），3 乘 3 得 9，两个英文字母仍然各占用一个字节，所以加起来一共占用 11 个字节。

在处理含有非 ASCII 字符的字符串时，不能完全按字节序列的方式来处理，其原因是非 ASCII 字符占用的字节数并不是 1 个。由于我们编写程序时不可避免会需要用到中文等非 ASCII 字符，因此本节将重点讨论处理包含这些字符的字符串的方法，并介绍所需的基本知识。

7.2.1 UTF-8 编码

UTF-8 编码是国际上广泛使用的 Unicode 编码中的一种，也是较为广泛使用的一种。Unicode 编码被用来拓展 ASCII 编码能够标识的字符范围，ASCII 编码由于只用一个字节来表示，所以理论上最多只能表示 256 个字符，而为了表示更多的字符，势必要使用更多的字节来表示。如果每个字符用固定长度的字节序列来表示（例如 4 个字节），对于一些简单字符来说无疑会造成字节浪费，因此 UTF-8 采用了一种可变长度的编码方式，用 1～4 个字节来代表各个字符，其中 ASCII 码表中的字符可以被兼容进这种方式，也就是说 UTF-8 编码兼容 ASCII 编码。这也就可以解释：Go 语言中对字符串都是默认使用 UTF-8 编码，为何在之前对全 ASCII 字符组成的字符串处理时完全正常，而且显示的字节数值就是 ASCII 码的数值。

简要地说 UTF-8 编码是使用其第一个字节的前几位来表示整个字符占用几个字节，即有几个连续二进制的“1”开始，该字符就占用几个字节，如果一个 1 都没有则表示该字符仅占用一个字节的 ASCII 码，如代码 7-5 所示。

```
s := "我们 OK。"
t.Printfln("s 的长度: %v", len(s))
byteSlice := []byte(s)
t.Printfln("byteSlice: %v", byteSlice)
t.Printfln("%08b", uint8(230))
```

代码 7-5 UTF-8 编码示例

代码 7-5 的运行结果为：

```
s 的长度: 11
byteSlice: [230 136 145 228 187 172 79 75 227 128 130]
11100110
11100100
01001111
01001011
11100011
```

byteSlice 是将字符串变量 s 转换后的 byte 类型切片，可以看到其中有 11 个数字组成，这就是表示整个字符串的 11 个字节的数值。对于第一个字节数值 230，输出它的二进制形式后可以发现，前面有 3 个连续的二进制位的 1，说明由这个字节开始的一共 3 个字节（即 230、136、145）代表一个完整的 UTF-8 字符，也就是字符串中的“我”字。继续从第 4 个字节 228 的二进制形式可以看出，它也占用了 3 个字节，这就是“们”字的 UTF-8 编码。这时候下一个字节是 79，它的二进制第一位是 0，说明这是单独的 ASCII 字符，查询 ASCII 码表可以得知 79 是大写字母“O”的编码。以此类推可以看出，75 是大写字母“K”的 ASCII 码，而 227、128、130 三个字节是中文句号“。”字符的编码。

既然 UTF-8 编码的字符占用字节数不定，那么用 len 函数获取的长度就无法真正确定字符串中有多少个字符，用索引方式访问字符串中的某个字符只能得到其中的某个字节，而这个字节可能只是某个 UTF-8 编码字符几个字节中的一个；进行子字符串截取时显然也会出现问题（我们可以尝试输出代码 7-5 中字符串 s 的子串 s[1:3]，将得到一个乱码），那么该如何进行统一的字符串处理呢？Go 语言提供了一个全新的数据类型 rune 来配合 string 类型处理这些问题。

7.2.2 rune 类型和 rune 类型切片

在 Go 语言中，rune 类型实际上是 uint32 类型的别名，也就是 32 个二进制位表示的无符号整数，由于每个字节有 8 个二进制位，所以可以看出来，rune 类型可以说是由 4 个字节组成的。rune 类型是 Go 语言中专门用于表示 Unicode 编码的数据类型，更具体地说一般是表示 UTF-8 类型的 Unicode 编码，因为 Go 语言中一般是用 UTF-8 形式的 Unicode 编码来表示字符串的。而由于 UTF-8 编码采用 1～4 个字节的长编码，所以 rune 类型可以表示任何用 UTF-8 编码的字符，其中不足 4 个字节的在左侧补 0。byte 和 rune 类型对比见代码 7-6。

```
var b byte
var r rune

b = 'A'
r = 'A'

t.Printfln("b=%v, r=%v", b, r)

r = '我'

t.Printfln("r=%v", r)
```

代码 7-6 byte 和 rune 类型对比

代码 7-6 的运行结果如下：

```
b=65, r=65
r=25105
```

代码 7-6 中，给 byte 类型的变量 b 和 rune 类型的变量 r 赋值为单引号括起来的字符'a'，是因为这代表 ASCII 码 65；而给 r 赋值为单引号括起来的中文字符'我'，是因为 rune 类型能够容纳“我”字的 UTF-8 编码（十进制的 25105）。如果将'我'赋值给变量 b 则会造成编译错误，因为单个字节的 byte 变量容纳不下这么大的数字。

对于字符串，我们也可以直接用 rune 类型的切片进行强制类型转换，见代码 7-7。

```
s := "我们 OK。"

t.Printfln("s 的长度: %v", len(s))

runeSlice := []rune(s)

t.Printfln("runeSlice: %v, runeSlice 的长度: %v", runeSlice, len(runeSlice))
```

代码 7-7 字符串转换为 rune 类型的切片

代码 7-7 的运行结果是：

```
s 的长度: 11
runeSlice: [25105 20204 79 75 12290], runeSlice 的长度: 5
```

可以看出，对于本节前面例子中的字符串“我们 OK。”，强制转换后 rune 类型的切片变量 runeSlice 中的数值项是 5 个，其中的数值就是这些字符对应的 UTF-8 编码，这正是我们期待的正确结果。因此，用 rune 切片来处理中英混合的字符串是最合适的。Go 语言标准库中提供的很多字符串处理函数有针对 string 类型的，也有针对 rune 类型的，要根据实际情况选用最合适的函数。总之，选用 string 类型处理字符串效率更高一些，但是对于长度判断、截取子串等操作有可能出现错误；rune 类型则相反，占用空间多（因为每个字符无论是否是 ASCII 字符，均需占用 4 个字节）并且速度慢，但处理非 ASCII 字符可以得到正确的结果。

如果要用 rune 类型处理字符串，就是用上述强制类型转换的方法把 string 类型的数据转换为 []rune 类型后再进行操作。

7.2.3 用 rune 对字符串进行遍历

如果用循环对某个字符串进行遍历，同样要考虑 UTF-8 编码的问题，见代码 7-8。

```
s := "大家都说 nice。"

for i := 0; i < len(s); i++ {
	t.Printfln("字节序号: %d，内容: %v，类型: %T", i, s[i], s[i])
}

t.Printfln("------------")

for i, v := range s {
	t.Printfln("字节序号: %d，内容: %v，类型: %T", i, v, v)
}

t.Printfln("------------")

runeSlice := []rune(s)

for i := 0; i < len(runeSlice); i++ {
	t.Printfln("字节序号: %d，内容: %v，类型: %T", i, runeSlice[i], runeSlice[i])
}

t.Printfln("------------")

for i, v := range runeSlice {
	t.Printfln("字节序号: %d，内容: %v，类型: %T", i, v, v)
}
```

代码 7-8 对字符串进行遍历的几种方式

代码 7-8 中使用了 4 种不同的方式对字符串 s 进行遍历，第 1 种是传统的三段式循环并用索引值访问其中的项目，第 2 种使用 for+range 循环的方式遍历，第 3、4 种方式则是先将字符串转换为[]rune 类型（rune 类型的切片），然后用传统三段式循环和 for+range 方式循环进行遍历。运行结果如下：

```
字节序号: 0，内容: 229，类型: uint8
字节序号: 1，内容: 164，类型: uint8
字节序号: 2，内容: 167，类型: uint8
字节序号: 3，内容: 229，类型: uint8
字节序号: 4，内容: 174，类型: uint8
字节序号: 5，内容: 182，类型: uint8
字节序号: 6，内容: 233，类型: uint8
字节序号: 7，内容: 131，类型: uint8
字节序号: 8，内容: 189，类型: uint8
字节序号: 9，内容: 232，类型: uint8
字节序号: 10，内容: 175，类型: uint8
字节序号: 11，内容: 180，类型: uint8
字节序号: 12，内容: 110，类型: uint8
字节序号: 13，内容: 105，类型: uint8
字节序号: 14，内容: 99，类型: uint8
字节序号: 15，内容: 101，类型: uint8
字节序号: 16，内容: 227，类型: uint8
字节序号: 17，内容: 128，类型: uint8
字节序号: 18，内容: 130，类型: uint8
------------
字节序号: 0，内容: 22823，类型: int32
字节序号: 3，内容: 23478，类型: int32
```

```
字节序号: 6, 内容: 37117, 类型: int32
字节序号: 9, 内容: 35828, 类型: int32
字节序号: 12, 内容: 110, 类型: int32
字节序号: 13, 内容: 105, 类型: int32
字节序号: 14, 内容: 99, 类型: int32
字节序号: 15, 内容: 101, 类型: int32
字节序号: 16, 内容: 12290, 类型: int32
------------
字节序号: 0, 内容: 22823, 类型: int32
字节序号: 1, 内容: 23478, 类型: int32
字节序号: 2, 内容: 37117, 类型: int32
字节序号: 3, 内容: 35828, 类型: int32
字节序号: 4, 内容: 110, 类型: int32
字节序号: 5, 内容: 105, 类型: int32
字节序号: 6, 内容: 99, 类型: int32
字节序号: 7, 内容: 101, 类型: int32
字节序号: 8, 内容: 12290, 类型: int32
------------
字节序号: 0, 内容: 22823, 类型: int32
字节序号: 1, 内容: 23478, 类型: int32
字节序号: 2, 内容: 37117, 类型: int32
字节序号: 3, 内容: 35828, 类型: int32
字节序号: 4, 内容: 110, 类型: int32
字节序号: 5, 内容: 105, 类型: int32
字节序号: 6, 内容: 99, 类型: int32
字节序号: 7, 内容: 101, 类型: int32
字节序号: 8, 内容: 12290, 类型: int32
```

可以发现，第一种方法的索引 i 对应字符串 s 中的每个字节，并且每次增长一个字节，每次循环得到的数据项是一个 byte（uint8）类型的数值。第二种方法则最特殊，用 for+range 对字符串进行遍历时每次循环得到的数据项其实是一个 rune（uint32）类型的数值，内容就是该 rune 对应字符的编码，而索引 i 的增长是按这个 rune 实际在字符串 s 中所占的字节数增长的，所以中文字符每次都会增长 3 个，英文字符则每次增长一个。第三、四种方法看起来是正常的，将字符串转换为 rune 类型的切片之后，无论用传统三段式还是 for+range 的方式遍历，结果相同：索引 i 的值每次增长 1，而数据项内容就是转换后 rune 中的每个字符的 UTF-8 编码。

7.3 常见的字符串操作

除了 7.1.4 节中介绍的字符串基本操作外，还有一些常用的字符串操作，Go 语言标准库中提供了一个专门用于字符串操作的 strings 包，其中包含了很多有用的函数，标准库中一些其他的包和第三方包也有一些常用的函数，本节将结合实例介绍如何综合运用这些工具处理字符串。

7.3.1 判断字符串中是否含有某个子串

strings.Contains 函数可以用于判断某个字符串中是否含有某个指定的子串，例如：

```
s := "我们 OK。"

if strings.Contains(s, "OK") {
	t.Printfln("%v 中含有子串 %v", s, "OK")
} else {
	t.Printfln("%v 中不含有子串 %v", s, "OK")
}
```

strings.Contains 函数接受两个参数，第一个是原字符串，第二个是需要搜索的子字符串。strings.Contains 函数处理 UTF-8 编码是没有问题的，另外还有 strings.ContainsRune 函数可以判断字符串内是否含有某个指定 UTF-8 编码的字符。

```
s := "我们 OK。"

if strings.ContainsRune(s, 25105) {
	t.Printfln("%v 中含有 UTF-8 编码为 25105 的字符", s)
```

```
} else {
    t.Printfln("%v 中不含有 UTF-8 编码为 25105 的字符", s)
}
```

这两个函数的返回值都是布尔类型（bool）的，一般用于条件判断。

7.3.2 获取字符串中子串的位置

strings.Contains 只能获取字符串中是否存在某个子串，如果想了解该子串的位置，需要用到 strings.Index 函数。

```
s := "我们 OK。"

pos := strings.Index(s, "们 O")

t.Printfln("子串的位置在第%v 个字节处开始。", pos)
```

strings.Index 函数将返回第二个参数代表的子字符串在第一个参数代表的字符串内的位置，更确切地说是子串第一个字符在字符串中的索引序号，并且是把字符串作为[]byte 类型来考虑的。对本例来说，返回的索引序号是指“们 O”中的第一个字符“们”的第一个字节在字符串"我们 OK。"中的按字节计算的起始索引位置，由于字符“我”的 UTF-8 编码占用 3 个字节（索引分别是 0、1、2），所以“们”的起始字节索引应该是 3。本段代码执行结果是：

```
子串的位置在第 3 个字节处开始。
```

如果字符串中不包含该子串，则 strings.Index 函数会返回数值-1，因此，我们也可以用 strings.Index 函数来判断字符串中是否包含某子串，判断其返回值是否为-1 即可。

如果要获得以 UTF-8 字符个数为起始序号的字串查找，即我们希望返回 1 这个更合理的结果，见代码 7-9。

```
s := "我们 OK。"

pos := strings.Index(s, "们 O")

posRune := len([]rune(s[:pos]))

t.Printfln("子串的位置在第%v 个字符处开始。", posRune)
```

代码 7-9 获得子串按 UTF-8 字符计算的起始索引序号

代码 7-9 中在获得子串在字符串中的起始字节索引序号 pos 后，又将该字符串的开头处到 pos 位置的子串转换为[]rune 切片类型后求取长度，这样才是该位置之前所有 UTF-8 字符的个数。该段代码的运行结果为：

```
子串的位置在第 1 个字符处开始。
```

7.3.3 获取字符串中子串第 *n* 次出现的位置

strings.Index 函数只能获得子串在字符串中第 1 次出现的位置，strings 包中另一个函数 LastIndex 也仅可以获得子串最后一次出现的位置。如果希望获得子串在字符串中指定的第 *n* 次出现位置，需要用户自行实现。

1. 循环切片法

第一种方法的思路是：每次使用 strings.Index 函数获得子串出现位置后将原字符串进行切片去掉之前的部分（和子串该次出现的部分），然后在新的切片中重复上述步骤，直到第 *n* 次发现该子串，然后将最后一次发现子串的位置加上之前去掉的部分的长度即可得到所求的位置。使用这种思路的代码如下：

```
package main

import (
  "strings"
  t "tools"
```

```
}

func main() {

    s := "我们不能只靠我们自己，要寻找帮助我们的力量。"

    tmpS := s

    count := 0
    totalIndex := 0

    strLen := len(s)
    subLen := len("我们")

    for {
        index := strings.Index(tmpS, "我们")

        if index < 0 {
            break
        }

        count++
        totalIndex += index

        if totalIndex >= strLen {
            break
        }

        if count >= 3 {
            break
        }

        totalIndex += subLen
        tmpS = s[totalIndex:]
    }

    if count < 3 {
        t.Println("没有找到要求搜索的内容")
    } else {
        t.Println("子串第 3 次出现的位置在%v，前面的字符串是\"%v\"，后面的字符串是\"%v\"", 
totalIndex, s[:totalIndex], s[totalIndex+subLen:])
    }

}
```

代码 7-10 切片法寻找子串第 n 次出现的位置

代码 7-10 中，count 变量用于计数寻找多少次子串的变量，我们在本例中设定寻找第 3 次（发现子串“我们”的次数）；tmpS 是将原字符串复制一份进行循环切片，以免影响原字符串的内容；totalIndex 则记录了迄今为止实际去掉的字符串的部分，到最后也就是第 3 次找到子串位置之前所有字符的长度（按字节计算）；totalIndex += subLen 这条语句使用了“+=”操作符，它的作用等价于 totalIndex = totalIndex + 1 ；最后一条输出语句中为了使输出的字符串也带上双引号，使用了转义字符（双引号括起的字符串内如果要输出双引号字符本身，需要用“\"”进行转义）；另外需要注意本段代码中对字符串各种切片方式的运用。代码的运行结果是：

```
子串第 3 次出现的位置在位置索引为 48 的字节，前面的字符串是"我们不能只靠我们自己，要寻找帮助"，后面的字符串是"的力量。"
```

查找结果是正确的，子串“我们”第三次出现之前一共有 16 个汉字，每个占 3 个字节，因此共有 48 个字节，由于第一个字节索引是 0，所以子串“我们”第三次出现的位置索引是 48。

2. 使用 strings.SplitN 函数

第二种方法的思路是利用 strings.Split 函数，strings.Split 函数的作用是将某字符串用某个子串分隔开成为一个字符串切片，例如 strings.Split("ab1cab2cab3", "c")将返回三个子串“ab1”“ab2”“ab3”组成的字符串切片，是字符串“ab1cab2cab3”用子串“c”分割的结果。换个思路，如果用子串作为分隔字符串将原来的字符串拆分成 n+1 个部分，然后取前 n 部分的长度之和加上 n-1 个子串的长度之和就是第 n 次出现该子串的位置。为了提高效率，可以用 strings.Split

函数的变种 strings.SplitN 函数，这个函数多接受一个整数参数，表示分割字符串时最多分割成几个部分（或者说最多分割几次），多于这个指定次数后则不再分割。

```
    s := "我们不能只靠我们自己，要寻找帮助我们的力量。"

    subLen := len("我们")

    list := strings.SplitN(s, "我们", 4)

    if len(list) < 4 {
          t.Println("没有找到要求搜索的内容")
    } else {
          totalIndex := len(list[0]) + subLen + len(list[1]) + subLen + len(list[2])
          t.Printfln("子串第 3 次出现的位置在%v，前面的字符串是\"%v\"，后面的字符串是\"%v\"",
totalIndex, s[:totalIndex], s[totalIndex+subLen:])
    }
```

用这段代码获得的结果与代码 7-10 相同。代码中调用 strings.SplitN 函数将字符串 s 分割成 4 部分组成切片变量 list，然后判断 list 的长度（数据项数），如果少于 4 项说明没有 3 个子串出现（请思索一下为什么），否则计算出前 3 项的总长度加上 2 个子串的长度即为子串第三次出现的索引值。整个代码相对较简洁，用的也是比较巧妙的方法。

7.3.4 统计字符串中子串出现的次数

用 strings.Count 函数可以获得子串在字符串中出现的次数，例如：

```
    s := "我们不能只靠我们自己，要寻找帮助我们的力量。"

    t.Printfln(`子串"我们"共出现了%v 次`, strings.Count(s, "我们"))
```

这段代码将输出：

```
子串"我们"共出现了 3 次
```

注意代码中最后一条输出语句的第一个格式字符串为了避免用转义字符表达双引号，而使用了反引号“`”括起整个字符串。

7.3.5 判断字符串的起始或结尾子串

判断字符串的起始是否是某子串，或者判断字符串的结尾是否是某子串，这两个操作也是开发过程中经常遇到的。判断字符串的起始是否是某子串这个功能已经在 6.6.1 节中介绍过，即使用 strings.HasPrefix 函数，这个函数接受两个字符串类型的参数，返回的结果是一个布尔值，代表第一个参数表示的字符串是否是以第二个参数表示的字符串开始的。为了与其他语言一致，我们还在 tools 包中增加了功能一致仅名称不同的 StartsWith 函数。而类似地，判断字符串的结尾是否是某子串的功能是使用 strings.HasSuffix 函数，方法与 strings.HasPrefix 函数完全一样，唯一的不同是判断结尾而非起始子串。我们同样在 tools 包中加上 EndsWith 函数来与其他语言保持一致，见代码 7-11。

```
// EndsWith 检查字符串 strA 结尾是否是 subStrA
func EndsWith(strA string, subStrA string) bool {

  return strings.HasSuffix(strA, subStrA)
}
```

代码 7-11 加入 tools 包的 EndsWith 函数

tools.EndsWith 函数也只是简单地调用了 strings.HasSuffix 函数。调用 tools.EndsWith 函数的方法是：

```
    if t.EndsWith("两个黄鹂鸣翠柳", "翠柳") {
          t.Println(`字符串"两个黄鹂鸣翠柳"是以子串"翠柳"结尾的。`)
    } else {
          t.Println(`字符串"两个黄鹂鸣翠柳"不是以子串"翠柳"结尾的。`)
    }
```

7.3.6 比较两个字符串

编程中经常会遇到字符串的比较，比较字符串的目的一般是为了判断是否相等或排序，这些功能通过“==”“>”“<”等操作符就可以实现。其中“==”操作符的含义很好理解，就是判断两个字符串是否相等（完全相同），“>”和“<”则是依次按字符串内每个字符的编码顺序来比较两个字符串的“大小”，由于字母在制定编码时已经是按照从小到大的顺序排列，所以其编码也是从小到大排列，而其他一些情况示例见代码 7-12：

```
t.Println("%x, %x", '我', '们')

s1 := "我们"
s2 := "\u6211\U00004eec"

if s1 == s2 {
	t.Printfln(`字符串"%v"与"%v"相等`, s1, s2)
} else {
	t.Printfln(`字符串"%v"与"%v"不相等`, s1, s2)
}
```

代码 7-12　比较两个字符串是否相等

代码 7-12 中，字符串变量 s1 的赋值是比较常规的，但 s2 的赋值稍有变化，为了演示用法，使用了转义字符“\u”和“\U”（一个小写一个大写）及 UTF-8 编码表示两个中文字符。转义字符“\u”后面必须紧跟着 4 位十六进制数字用于表示要显示字符的 UTF-8 编码，而“\U”后面需要跟 8 位十六进制的数字表示字符的 UTF-8 编码（不足的位数在左侧补 0）。代码中的第一行是出于演示目的输出“我”和“们”两个汉字的十六进制形式的 UTF-8 编码。后面的条件判断语句中用了“==”符号来判断两种方法赋值的字符串是否相等并做对应的输出。代码运行的结果是：

```
6211, 4eec
字符串"我们"与"我们"相等
```

其中第一行是“我”和“们”两个汉字十六进制形式的 UTF-8 编码，由于十六进制的 1 位对应二进制的 4 位，所以可以看出这两个汉字其实都只占用 2 个字节（16 个二进制位），因此使用“\u”后加 4 位十六进制数字均可以表达出来，所以“们”字使用“\U”加 8 位十六进制数字仅仅是为了演示。

另外，对于字符串来说下面是一些常见的比较结果，所有表达式的输出结果都是布尔类型的值 true，表示表达式都成立。也可以自行尝试更多比较。

```
t.Printfln("%v", "a" < "b")
t.Printfln("%v", "a1" < "b")
t.Printfln("%v", "a1" <= "b")
t.Printfln("%v", "b" == "b")
t.Printfln("%v", "b1234" != "b")
t.Printfln("%v", "b1234" > "b")
t.Printfln("%v", "b1234" >= "b")
t.Printfln("%v", "b " > "b")
t.Printfln("%v", " b" < "b")
t.Printfln("%v", "0" < "a")
t.Printfln("%v", "0" < "A")
t.Printfln("%v", "A" < "a")
t.Printfln("%v", "Z" < "a")
t.Printfln("%v", "a" < "z")
t.Printfln("%v", "a" < "我")
t.Printfln("%v", "A" < "我")
t.Printfln("%v", "=" < "a")
t.Printfln("%v", "=" < "我")
```

注意其中各种与正常思维不太一致的地方，例如“A”<“a”，这是因为大写字母 A 的编码是 65，小于小写字母 a 的编码 97。

字符串的比较还可以使用 strings.Compare 函数，这个函数接受两个字符串作为参数，返回一个 int 类型的结果值，该值为 0 说明两个字符串相等；该值为小于 0 的负值则说明 a < b；该值大于 0 则说明 a > b。例如：

```
t.Printfln("%x, %x", '我', '们')

s1 := "我们俩"
s2 := "\u6211\U00004eec"

if strings.Compare(s1, s2) == 0 {
	t.Printfln(`字符串"%v"与"%v"相等`, s1, s2)
} else if strings.Compare(s1, s2) < 0 {
	t.Printfln(`字符串"%v" < "%v"`, s1, s2)
} else {
	t.Printfln(`字符串"%v" > "%v"`, s1, s2)
}
```

这段代码将输出：

```
6211, 4eec
字符串"我们俩" > "我们"
```

但这个函数是 Go 语言官方文档中不太建议使用的，还是建议使用“==”“!=”“>”“<”等操作符进行字符串比较。

7.3.7 去除字符串首尾空白或其他字符

去除一个字符串的首尾空白字符，也是编程中常见的任务，所谓的“空白字符”，包括空格字符、tab 字符（可以用转义字符\t 表示）、回车字符（转义字符是\r）、换行字符（转义字符\n）等，在计算机中都是没有实际显示内容而只表示空白或分隔的字符。去除字符串首尾空白字符时，程序会分别从字符串首尾开始一个一个字符检查，如果是空白字符就去掉，直至首尾各自遇上第一个非空白字符则停止。Go 语言在 strings 包中提供了实现该功能的函数，但与其他语言略有不同，Go 语言中去除一个字符串首尾空白字符的函数是 TrimSpace 而不是其他语言常用的 Trim，Go 语言中的 Trim 用于去除自己定义的各种字符。因此，建议为了保持一致，在 tools 包中加上一个自己定义的 Trim 函数，如代码 7-13 所示。

```
// Trim 去除字符串首尾的空白字符
func Trim(strA string) string {
	return strings.TrimSpace(strA)
}
```

代码 7-13 tools 包中加上的 Trim 函数

tools 包中的 Trim 函数只是简单调用了 strings 包中的 TrimSpace 函数，可以用代码 7-14 测试其功能。

```
package main

import (
	t "tools"
)

func main() {
	s := " \n\t 大家 都说\t nice。 \t\r\n\t\n"

	t.Printfln(t.Trim(s))
}
```

代码 7-14 测试 tools.Trim 函数

代码 7-14 将输出：

```
大家 都说	 nice。
```

可以看出，字符串 s 首尾的空白字符都被去除了，而 s 内部的空白字符则继续保留，这就是一般的 Trim 函数应有的功能。

strings 包中也提供了与其他语言里相同的一些更复杂的去除空白或其他字符的函数，例如只去除字符串首部字符的 TrimLeft、去除字符串尾部字符的 TrimRight，可以自定义去除字符规则的 TrimFunc 等。下面用代码 7-15 介绍这些函数的功能。

```
package main

import (
  "strings"
  t "tools"
  "unicode"
)

func main() {
  s := "----大家都说 nice。----"

  t.Printfln("字符串 s: %v", s)

  t.Printfln("去除首部指定的字符后: %v", strings.TrimLeft(s, "-大"))

  t.Printfln("去除尾部指定的字符后: %v", strings.TrimRight(s, "-大"))

  t.Printfln("去除首部指定的字符串后: %v", strings.TrimPrefix(s, "----大家"))

  t.Printfln("去除尾部指定的字符串后: %v", strings.TrimSuffix(s, "nice。----"))

  f := func(r rune) bool {
        return r == '。' || r == '-' || unicode.IsLower(r) || unicode.IsSpace(r)
  }

  t.Printfln("根据函数自定义规则去除字符后: %v", strings.TrimFunc(s, f))

  t.Printfln("根据匿名函数自定义规则去除字符后: %v", strings.TrimFunc(s, func(r rune) bool {
        return unicode.IsPunct(r)
  }))

}
```

代码 7-15　特殊的 Trim 功能

代码 7-15 中，需要特别说明以下几点。

- strings 包中的 TrimLeft 和 TrimRight 函数都接受两个参数，第一个参数都是原字符串，第二个参数是一个特殊的字符串，其中的每一个字符都是要从原字符串首尾部中去除的，TrimLeft 是从首部去除，TrimRight 是从尾部去除。也就是说，这两个函数的第二个参数实际上表示的是要去除字符的集合；
- 与 TrimLeft 和 TrimRight 函数相对应，TrimPrefix 和 TrimSuffix 则是去除首尾的子串，第二个参数是整个要去除的子串；
- 变量 f 是一个函数类型的变量，其中保存了一个用于自定义去除字符规则的函数，调用 strings.TrimFunc 函数会从字符串首尾开始按顺序对每个字符调用该函数（并将该字符的 UTF-8 编码后的 rune 类型的值传入），如果该函数返回 true 则表示要去除该字符，直至该函数返回 false 为止。strings.TrimFunc 接受的两个参数分别是要处理的字符串本身和处理每个字符所调用的函数；
- 第二次调用 strings.TrimFunc 函数时，第二个参数并没有传入变量，而是直接传入了一个匿名函数，这种写法也是允许的，但第一次调用传入函数类型变量的写法使代码更加清晰易懂；
- strings.TrimFunc 函数中第二个参数要求传入判断字符类型的函数，我们在其中使用了 unicode 包中的几个函数，其中 unicode.IsLower 用来判断字符是否是小写字母，unicode.IsSpace 函数用来判断字符是否是空白字符，unicode.IsPunct 函数用来判断字符是否是标点符号；仔细观察本程序的结果可以更深入地了解这几个函数的作用，例如 unicode.IsPunct 函数除英文标点外也可以识别中文标点。

代码 7-15 的运行结果是：

```
字符串 s: ----大家都说 nice。----
去除首部指定的字符后: 家都说 nice。----
去除尾部指定的字符后: ----大家都说 nice。
去除首部指定的字符串后: 都说 nice。----
去除尾部指定的字符串后: ----大家都说
根据函数自定义规则去除字符后: 大家都说
根据匿名函数自定义规则去除字符后: 大家都说 nice
```

7.3.8 替换字符串中的子串

替换字符串中的子串可以用 strings.Replace 函数，这个函数接受 4 个参数，第 1 个是原字符串，第 2 个是要替换的子串（旧子串），第 3 个是替换成什么子串（新子串），第 4 个参数是一个整数，代表最多替换多少次，如果传入-1 则代表替换所有的旧子串为新子串。注意，strings.Replace 函数将返回一个按要求替换了相应子串的新字符串。strings.Replace 函数的用法示例如下：

```
oldString := "天下是天下人的天下，不是一个人的天下。"

newString := strings.Replace(oldString, "天下", "___", 3)

t.Printfln("第 1 次替换结果是: %v", newString)

t.Printfln("第 2 次替换结果是: %v", strings.Replace(oldString, "天下", "___", -1))
```

代码 7-16 字符串替换

代码 7-16 执行的结果是：

```
第 1 次替换结果是: ___是___人的___，不是一个人的天下。
第 2 次替换结果是: ___是___人的___，不是一个人的___。
```

第一次替换时，我们在参数中规定了替换 3 次，因此替换结果是将原字符串中的前 3 个“天下”分别替换成了三个下画线连起来的子串。第二次替换传入了-1 作为替换次数，代表全部替换，因此结果中的“天下”二字全部都被替换掉了。

如果要对字符串进行几种不同的替换，可以通过 strings 包中的数据结构 Replacer 来进行，例如：

```
oldString := "天下是天下人的天下，不是一个人的天下。"

r := strings.NewReplacer("天下", "___", "是", " is ")

t.Printfln("变量 r 的类型是: %T", r)

t.Printfln("替换结果是: %v", r.Replace(oldString))
```

代码 7-17 用 strings.Replacer 进行多组字符串替换

代码 7-17 的运行结果是：

```
变量 r 的类型是: *strings.Replacer
替换结果是: ___ is ___人的___，不 is 一个人的___。
```

代码 7-17 中，调用 strings.NewReplacer 函数可以新建一个 strings.Replacer 结构并返回该结构类型的指针，可以从输出信息中看出来，变量 r 确实是一个*strings.Replacer 类型的变量，也就是指向 strings.Replacer 结构的指针。调用 strings.NewReplacer 函数新建 Replacer 指针时需要传入成对的参数，每对参数中的第一个是要被替换的旧子串，第二个是要替换成的新子串。然后调用 Replacer 的成员函数 Replace 时，将所需替换的字符串传入，就可以得到替换了所有替换组合的新字符串。本例中是将所有的“天下”子串替换为三个下画线字符，并将所有的“是”替换为“ is ”，请仔细查看程序执行的结果进行对照。

7.3.9 字符串大小写的转换

有时候需要对字符串进行大小写的转换，这时候可以使用 strings.ToLower 和 strings.ToUpper 函数：

```
    oldString := "We are so happy."
    newString := strings.ToUpper(oldString)
    t.Printfln("全部转换为大写后是: %v", newString)
    t.Printfln("再次转换为全小写后是: %v", strings.ToLower(newString))
```

代码 7-18　字符串大小写转换

代码 7-18 的执行结果是：

```
全部转换为大写后是: WE ARE SO HAPPY.
再次转换为全小写后是: we are so happy.
```

可以看出，strings.ToUpper 函数是将该字符串中所有的字母转换成大写，而 strings.ToLower 函数则相反，是将该字符串所有的字母转换成小写。

另外，strings 包中还有 ToTitle 函数和 Title 函数，用于将字符串中所有字符转换成所谓的“标题模式”，其中 ToTitle 函数的功能类似于 ToUpper 函数，Title 函数则只是将每个单词的首字母转为大写。

```
    oldString := "the great wall"
    newString := strings.ToTitle(oldString)
    t.Printfln("调用 ToTitle 函数转换后: %v", newString)
    t.Printfln("调用 Title 函数转换后: %v", strings.Title(oldString))
```

代码 7-19　ToTitle 和 Title 函数

代码 7-19 的执行结果为：

```
调用 ToTitle 函数转换后: THE GREAT WALL
调用 Title 函数转换后: The Great Wall
```

7.3.10　切分字符串

切分字符串指的是将字符串以某个子串进行分割（注意与字符串切片的区别），在 6.7.4 节和 7.3.3 节中已经介绍过 strings 包中 Split 函数和 SplitN 函数的用法。我们再来看代码 7-20 了解一些特殊情况。

```
    oldString := "天下是天下人的天下，不是一个人的天下。"
    strList := strings.Split(oldString, "天下")
    t.Printfln("%#v", strList)
    strList = strings.Split(oldString, "")
    t.Printfln("%#v", strList)
    strList = strings.Split(oldString, "天下是天下人的天下，不是一个人的天下。")
    t.Printfln("%#v", strList)
```

代码 7-20　strings.Split 函数的特殊情况

代码 7-20 的运行结果是：

```
    []string{"", "是", "人的", "，不是一个人的", "。"}
    []string{"天", "下", "是", "天", "下", "人", "的", "天", "下", "，", "不", "是", "一", "个",
"人", "的", "天", "下", "。"}
    []string{"", ""}
```

代码 7-20 输出信息时使用了格式化符“%#v”，表示按 Go 语言内部的表示方法输出变量或数值的信息，这可以让我们比较清楚地看到变量数值的类型和内容。从输出信息中可以看出，第一次调用 strings.Split 函数时用的是常规的调用方法，分隔子串是“天下”，字符串被分割为一个字符串类型的切片。需要特别注意的是，由于字符串一开始就是一个“天下”子串，因此分割后的切片中第一项是一个空字符串，如果“天下”在结尾也类似，切片结尾最后一项会是一个空字符串。第二次则是用一个空字符串作为分隔子串，可以从运行结果中发现，用空字符串分割字符串，会将整个字符串按每个字符分割开成为一个每项都是只有一个字符的字符串组成的切片。而第三次调用 strings.Split 函数使用了完整的字符串本身作为分隔子串，这样得到的结果会是两个空字符串组成的切片。

strings 包中还有与 Split 函数和 SplitN 函数对应的 SplitAfter 和 SplitAfterN 函数，它们会将分隔子串包含进分割后的结果中。

```
oldString := "天下是天下人的天下，不是一个人的天下。"

strList := strings.SplitAfter(oldString, "天下")

t.Printfln("%#v", strList)

strList = strings.SplitAfter(oldString, "")

t.Printfln("%#v", strList)

strList = strings.SplitAfter(oldString, "天下是天下人的天下，不是一个人的天下。")

t.Printfln("%#v", strList)
```

代码 7-21 用 SplitAfter 函数分隔字符串

代码 7-21 与代码 7-20 除了将 strings.Split 函数全部换用了 strings.SplitAfter 函数之外完全相同，注意比较两者运行结果的异同，strings.SplitAfter 函数分割后的字符串切片的最后一项不带有分隔子串，因为分隔子串只跟在分割时的前一半后面。代码 7-21 的运行结果是：

```
[]string{"天下", "是天下", "人的天下", "，不是一个人的天下", "。"}
[]string{"天", "下", "是", "天", "下", "人", "的", "天", "下", "，", "不", "是", "一", "个", "人", "的", "天", "下", "。"}
[]string{"天下是天下人的天下，不是一个人的天下。", ""}
```

而 strings.SplitAfterN 与 strings.SplitN 类似，也是指定将字符串分割多少次，但会带上分隔字符串。次数如果为-1 即表示全部分割，与 strings.SplitAfter 等价。

另外，strings 包中还有 Fields 函数，用于将字符串中提取出非空白的字符串，相当于按空白子串分割字符串，连续的空白字符将被看成是一个完整的空白字串，例如：

```
t.Printfln("%#v", strings.Fields("  We are \n very    happy.   "))
```

这条语句将输出：

```
[]string{"We", "are", "very", "happy."}
```

其中包括换行符“\n”在内的连续空白字符都被看作一个个分隔子串来分割字符串。

7.3.11 合并字符串切片

有了切分字符串的功能，就必然会有反过来合并字符串切片的需要。合并字符串是用 strings 包中的 Join 函数来实现的。

```
s1 := "1,2,3,4,5"

strList := strings.Split(s1, ",")

t.Printfln("%v", strings.Join(strList, "-"))

s2 := "  We are \n very    happy.   "

strList = strings.Fields(s2)

t.Printfln("%v", strings.Join(strList, " "))
```

代码 7-22 合并字符串切片

代码 7-22 演示了用 strings.Join 合并两个分别由 strings.Split 和 strings.Fields 函数切割而成的字符串切片。其中，第一次分割与合并的过程，实质上实现了将一串字符由逗号“,”分隔变为以连接符“-”分隔；第二次分割与合并的过程，相当于清理了单词之间没有规律的空白字符，一律统一成为单个空格字符。strings.Join 的第一个参数是要合并的字符串切片，第二个参数是用于连接切片中每一项时使用的连接子串。该段代码的输出结果如下：

```
1-2-3-4-5
We are very happy.
```

7.3.12 生成重复子串组成的字符串

有时候需要用一个字符串重复多次生成一个新的字符串，这种情况可以用 strings 包中的 Repeat 函数来实现，例如：

```
t.Println("%v", "我真的"+strings.Repeat("很想", 3)+"你")
```

这条语句将输出：

```
我真的很想很想很想你
```

其中，“很想”这个字符串被重复了 3 次。

7.3.13 几个 Unicode 操作

7.3.7 节中已经介绍了几个 unicode 包中的函数，unicode 包中的函数主要用于判断字符（一般是 rune 类型的）是否是某一类 unicode 字符或进行转换的字符。比较常用的包括：

- unicode.IsControl 函数，用于判断字符是否是控制字符；
- unicode.IsDigit 函数，用于判断字符是否是十进制数字字符；
- unicode.IsNumber 函数，用于判断字符是否为数字（与 unicode.IsDigit 函数功能接近，但能够识别的数字更多，例如 Unicode 中的罗马数字字符也能识别）；
- unicode.IsLetter 函数，用于判断字符是否为字母（注意包括汉字等，如果要鉴别字母，需要结合 unicode.IsLower 函数和 unicode.IsUpper 函数）；
- unicode.IsLower 函数，用于判断字符是否为小写字母；
- unicode.IsUpper 函数，用于判断字符是否为大写字母；
- unicode.IsPunct 函数，用于判断字符是否为标点符号；
- unicode.IsSpace 函数，用于判断字符是否为空白字符；
- unicode.IsSymbol 函数，用于判断字符是否为符号字符；
- unicode.ToLower 函数，用于将字符转换为小写（如果可以转换的话，否则维持原样）；
- unicode.ToUpper 函数，用于将字符转换为大写（如果可以转换的话，否则维持原样）；
- unicode.ToTitle 函数，用于将字符转换为标题字符（大多数情况下可以看作与 unicode.ToUpper 函数等价，只有对少数特殊的 Unicode 字符才会有所区别）。

下面给出几个主要函数的用法示例，由于输出信息较多容易混乱，为了清楚地说明，我们主要通过代码中的注释来查看这些函数的用法，另外要注意区分代码中的自动折行（又叫“软回车”）与物理折行（又叫“硬回车”），不要把一行代码看成多行。

```
t.Println("%v", unicode.IsControl('\t')) // 将输出 true
t.Println("%v", unicode.IsControl('a'))  // 将输出 false

t.Println("-----1") // 分隔线

t.Println("%v", unicode.IsDigit('8')) // 将输出 true
t.Println("%v", unicode.IsDigit('Ⅷ')) // 将输出 false
t.Println("%v", unicode.IsDigit('½')) // 将输出 false

t.Println("-----2") // 分隔线

t.Println("%v", unicode.IsNumber('8')) // 将输出 true
```

```
t.Printfln("%v", unicode.IsNumber('Ⅷ')) // 将输出 true
t.Printfln("%v", unicode.IsNumber('½')) // 将输出 true

t.Printfln("-----3") // 分隔线

t.Printfln("%v", unicode.IsLetter('8')) // 将输出 false
t.Printfln("%v", unicode.IsLetter('k')) // 将输出 true
t.Printfln("%v", unicode.IsLetter('Q')) // 将输出 true
t.Printfln("%v", unicode.IsLetter('我')) // 将输出 true

t.Printfln("-----4") // 分隔线

t.Printfln("%v", unicode.IsLower('k')) // 将输出 true
t.Printfln("%v", unicode.IsLower('Q')) // 将输出 false
t.Printfln("%v", unicode.IsLower('我')) // 将输出 false

t.Printfln("-----5") // 分隔线

t.Printfln("%v", unicode.IsPunct('?')) // 将输出 true
t.Printfln("%v", unicode.IsPunct('？')) // 将输出 true
t.Printfln("%v", unicode.IsPunct('a')) // 将输出 false
t.Printfln("%v", unicode.IsPunct('我')) // 将输出 false

t.Printfln("-----6") // 分隔线

t.Printfln("%v", unicode.IsSymbol('℃')) // 将输出 true
t.Printfln("%v", unicode.IsSymbol('a')) // 将输出 false
t.Printfln("%v", unicode.IsSymbol('我')) // 将输出 false

t.Printfln("-----7") // 分隔线

t.Printfln("%v", unicode.IsSpace('a'))  // 将输出 false
t.Printfln("%v", unicode.IsSpace(' '))  // 将输出 true
t.Printfln("%v", unicode.IsSpace('\t')) // 将输出 true
t.Printfln("%v", unicode.IsSpace('\r')) // 将输出 true
t.Printfln("%v", unicode.IsSpace('\n')) // 将输出 true
```

代码 7-23 unicode 包中的主要函数

代码 7-23 的输出结果是：

```
true
false
-----1
true
false
false
-----2
true
true
true
-----3
false
true
true
true
-----4
true
false
false
-----5
true
true
false
false
-----6
true
false
false
-----7
false
true
true
true
true
```

7.4 高级字符串操作

在前面介绍过一些基本的字符串操作后，本节将介绍几个稍微复杂一些的字符串操作，都是从实际开发中常遇上的场景中归纳而来的操作实例。

7.4.1 生成随机字符串

在编程时会遇到生成随机字符串的需求，例如帮助用户生成一个随机密码、生成用于加密的随机密钥等。这里给出一个功能较为全面的生成随机字符串的示例函数，可以通过参数控制生成字符串的长度以及是否包含数字、字母、特殊符号等。

```
    // 用于标志是否初始化过随机数种子的变量
    var ifRandomizedG = false

    // Randomize 初始化随机数种子，不会重复操作
    func Randomize() {
      if !ifRandomizedG {
            rand.Seed(time.Now().Unix())
            ifRandomizedG = true
      }
    }

    // GenerateRandomString 生成一个可定制的随机字符串
    func GenerateRandomString(minCharCountA, maxCharCountA int, hasUpperA, hasLowerA,
hasDigitA, hasSpecialCharA, hasSpaceA bool, hasOtherChars bool) string {
      Randomize()

      if minCharCountA <= 0 {
          return ""
      }

      if maxCharCountA <= 0 {
          return ""
      }

      if minCharCountA > maxCharCountA {
          return ""
      }

      countT := minCharCountA + rand.Intn(maxCharCountA+1-minCharCountA)

      baseT := ""
      if hasUpperA {
          baseT += "ABCDEFGHIJKLMNOPQRSTUVWXYZ"
      }

      if hasLowerA {
          baseT += "abcdefghijklmnopqrstuvwxyz"
      }

      if hasDigitA {
          baseT += "0123456789"
      }

      if hasSpecialCharA {
          baseT += "!@#$%^&*-=[]{}."
      }

      if hasSpaceA {
          baseT += " "
      }

      if hasOtherChars {
          baseT += "/\\:*\"<>|(),+?;"
      }

      rStrT := ""
      var idxT int

      for i := 0; i < countT; i++ {
```

```
        idxT = rand.Intn(len(baseT))
        rStrT += baseT[idxT:(idxT + 1)]
    }

    return rStrT
}
```

代码 7-24　生成随机字符串的函数

代码 7-24 中编写了一个生成随机字符串的函数 GenerateRandomString，而且将该函数加入到 tools 包中。由于生成随机字符串时需要用到产生随机数的功能，因此需要进行初始化随机数种子的工作，所以我们在 tools 包中加入 Randomize 函数用于初始化随机数种子，并且为了避免多次进行随机数种子的初始化，在 tools 包内定义了一个布尔类型的全局变量 ifRandomizedG 用于标志是否进行过随机数种子初始工作。

> **注意**　使用全局变量也是编程中避免引起逻辑混乱或其他代码运行问题的方法，但在一些特定场景下，使用全局变量可以简化很多任务的代码量，并且也不会造成什么问题，尤其是在 Go 语言中将其作用范围限制在一个包内的情况下。

GenerateRandomString 函数的第一个参数代表生成的随机字符串最少有多少个字符，第二个参数代表生成的随机字符串最多有多少个字符；后面的几个参数则分别代表生成的随机字符串中是否允许有大写字母、小写字母、数字、常用特殊字符、空格字符和其他不太常用的特殊字符。函数中首先根据各个参数的要求确定一个基本码表（baseT），其中包含生成随机字符串中可以有的字符；然后通过循环按照指定的次数（长度）逐个从码表中随机挑选一个字符作为随机字符串的一位，用 rand.Intn 函数产生一个随机数并保证该随机数不超过基本码表的长度，然后用该数字作为索引访问基本码表的对应数值项，就可以得到所需的字符。注意：rStrT += baseT[idxT:(idxT + 1)]这条语句中的表达式 baseT[idxT:(idxT + 1)]实际上是截取 baseT 中的索引为 idxT 的单个字符，但如果直接用 baseT[idxT]则只能得到一个字节（byte）类型的数值，因此我们用切片切取一个字符长度的子串，注意这种方法显然不适用于含有超过一个字节长度的 UTF-8 字符的字符串，需要使用 rune 类型的切片来解决。我们尝试在主程序中调用 tools. GenerateRandomString 函数来看一下效果。

```
package main

import (
  t "tools"
)

func main() {
    t.Printfln("生成的随机字符串 1: %v", t.GenerateRandomString(3, 3, true, true, true, false,
false, false))
    t.Printfln("生成的随机字符串 2: %v", t.GenerateRandomString(6, 12, true, true, true, true,
false, false))
    t.Printfln("生成的随机字符串 3: %v", t.GenerateRandomString(8, 50, true, true, true, true,
true, true))
}
```

代码 7-25　调用 tools. GenerateRandomString 函数生成随机字符串

代码 7-25 的运行结果类似如下（由于随机性，每次运行的结果会有所不同）：

```
生成的随机字符串 1: s9p
生成的随机字符串 2: sT0sy4wiOx&
生成的随机字符串 3: UEoK:hb]4{xa}eR[jd7Mi.&f]Uou]&i-fUh6;[QGu
```

其中，第一次由于我们将第一个和第二个参数均设置为 3，因此生成的随机字符串长度将是固定的 3 个字符；第二次生成的则是一般登录各种系统时规定的长度为 6 至 12 之间包含大小写字母、数字和特殊字符在内的复杂口令形式；第三次生成的是较长的、包含各种特殊字符的、适合用作密钥的随机字符串。也可以自行修改，增加一些新的规则，例如有些登录口令要求大小写字母、数字和特殊字符分别至少有一个，此时就应该加入更复杂的代码逻辑来实现这个要求，限于篇幅，本书不做进一步讲解。

7.4.2 用 strings.Builder 实现不断增长的字符串

7.4.1 节中生成随机字符串时，使用了变量 rStrT 来保存生成过程中每一步最新的字符串结果。Go 语言中字符串都是只读的，不可修改，如果要改变，必须要生成新的字符串。那么代码 7-24 中 rStrT += baseT[idxT:(idxT + 1)]这一条语句实际上会生成一个新的字符串并将其内容赋值为原来的 rStrT 加上 baseT[idxT:(idxT + 1)]的新值。重新生成字符串意味着程序要重新进行内存分配和数据复制的工作，当这种情况次数较多时，会严重影响代码的执行效率，因此当本例生成的随机字符串较长时，代码运行速度会显著降低。在编程开发中，也经常需要处理这种不断增加长度的字符串，例如记录日志，或者组成一段很长的 HTML 网页内容字符串等。

这种情况下，Go 语言中的 strings 包内提供了一个 Builder 数据类型及其相关的成员函数专门用于处理可变长字符串，可以大幅提高较长的动态变化字符串的处理性能。下面将编写一个使用 strings.Builder 来实现与 tools.GenerateRandomString 功能相同的函数，我们将其也放入 tools 包中，并命名为 GenerateRandomStringX，见代码 7-26。

```
// GenerateRandomStringX 生成一个可定制的随机字符串，使用 strings.Builder 效率更高
func GenerateRandomStringX(minCharCountA, maxCharCountA int, hasUpperA, hasLowerA,
hasDigitA, hasSpecialCharA, hasSpaceA bool, hasOtherChars bool) string {
    Randomize()

    if minCharCountA <= 0 {
        return ""
    }

    if maxCharCountA <= 0 {
        return ""
    }

    if minCharCountA > maxCharCountA {
        return ""
    }

    countT := minCharCountA + rand.Intn(maxCharCountA+1-minCharCountA)

    baseT := ""
    if hasUpperA {
        baseT += "ABCDEFGHIJKLMNOPQRSTUVWXYZ"
    }

    if hasLowerA {
        baseT += "abcdefghijklmnopqrstuvwxyz"
    }

    if hasDigitA {
        baseT += "0123456789"
    }

    if hasSpecialCharA {
        baseT += "!@#$%^&*-=[]{}."
    }

    if hasSpaceA {
        baseT += " "
    }

    if hasOtherChars {
        baseT += "/\\:*\"<>|(),+?;"
    }

    var builderT strings.Builder
    var idxT int

    for i := 0; i < countT; i++ {
        idxT = rand.Intn(len(baseT))
        builderT.WriteByte(baseT[idxT])
    }

    return builderT.String()
}
```

代码 7-26 使用 strings.Builder 来增加变长字符串的处理效率

代码 7-26 中声明了一个 strings.Builder 类型的变量代替原来的字符串变量 rStrT。strings.Builder 类型的变量声明后可以直接使用，不需要再手工进行初始化，其内容可以看作字符串的零值——一个空字符串。之后可以调用 strings.Builder 类型的几个写操作的成员函数向其中添加新的字符或字符串，我们选用了 WriteByte 函数来直接写入一个字节（此时就可以用 baseT[idxT]来获取指定索引位置上的字符了）。最后，调用 strings.Builder 类型的成员函数 String 就可以得到最终的整个字符串结果。

注意	细心的读者可以发现，本书代码中的变量命名有一些规律，例如函数参数中声明的形式变量一般会以大写字母 A 结尾，程序中临时使用的变量一般以大写字母 T 结尾，全局变量一般以大写字母 G 结尾，对于一些非常简单的变量则不一定完全按照此规则。这是个人习惯，为了阅读代码时便于理解或回忆变量的作用范围等分类，并非强制的规则或编码规范，不需要遵循。

编写一段代码对比测试使用和不使用 strings.Builder 这两种方法生成变长字符串的实际效率。

```
package main

import (
	"time"
	t "tools"
)

func main() {
	startTime := time.Now()

	t.GenerateRandomString(100000, 100000, true, true, true, true, true, true)

	endTime := time.Now()

	t.Printfln("原方法耗时: %v", endTime.Sub(startTime))

	startTime = time.Now()

	t.GenerateRandomStringX(100000, 100000, true, true, true, true, true, true)

	endTime = time.Now()

	t.Printfln("使用 strings.Builder 耗时: %v", endTime.Sub(startTime))
}
```

代码 7-27　两种不同方法生成变长字符串的对比

代码 7-27 中先后使用了两种方法生成随机字符串，其中第二次调用了 strings.Builder 类型的函数。为了更容易区别，两次都使用相同的参数来生成 10 万个字符长度的随机字符串（为了避免显示太长的字符串影响视觉，我们并没有输出这两个字符串），并且在每次生成操作的前后记录了起始时间和结束时间，然后输出结束时间减去起始时间所得的耗时时长（用 time 包中的 Time.Sub 成员函数实现时间差的计算，参见 6.7.1 节）以便进行对比。该程序的运行结果类似于：

```
原方法耗时: 538.129974ms
使用 strings.Builder 耗时: 3.906797ms
```

由于系统计算能力的不同可能会得到不同的数值，但整体趋势应该是一致的，可以看出，使用 strings.Builder 后同样的任务速度比不使用提升了很多。

向 strings.Builder 类型的变量中写入字符串还可以使用成员函数 Write 来写入一个 byte 类型的切片，使用 WriteRune 写入一个 rune 类型的字符，或使用 WriteString 直接写入一个字符串，还可以用 Reset 函数清空整个字符串。另外，strings.Builder 类型使用一个 byte 切片作为内部存储字符串的空间，如果字符串长度增长，会造成该 byte 切片也需要重新分配内存空间，一样会造成效率下降，因此可以用成员函数 Grow 指定一个预估的字符串长度以便保留一定的空间以避免多次重新分配。Grow 函数带一个整数参数用于指定所需保留的字符（按字节计算）长度，一般可以稍微多预留一些。

7.4.3 用于读取字符串内容的 strings.Reader

与 Builder 相对应，strings 包中还有一个 Reader 数据类型，它提供了一系列成员函数来实现从一个字符串内选择性地读取内容。

```
package main

import (
  "io"
  "strings"
  t "tools"
)

func main() {
  s := "这是一个10斤重的西瓜。"

  readerT := strings.NewReader(s)

  t.Printfln("字符串长度为: %v", readerT.Len())

  for {
       charT, sizeT, errT := readerT.ReadRune()

       if errT != nil {
             break
       }

       t.Printfln("读取的字符为: %c(编码: %v)，字节数为: %v", charT, charT, sizeT)

  }

  readerT.Seek(12, io.SeekStart)

  charT, sizeT, errT := readerT.ReadRune()

  if errT == nil {
        t.Printfln("从字节索引 12 开始读取的字符为: %c(编码: %v)，字节数为: %v", charT, charT,
sizeT)
  }

  buf1 := make([]byte, 5)

  n, errT := readerT.ReadAt(buf1, 9)

  if errT == nil {
        t.Printfln("从索引9开始读取%v个字节为: %#v", n, buf1)
  } else {
        t.Printfln("ReadAt函数出现错误: %v", errT.Error())
  }
}
```

代码 7-28 strings.Reader 类型的用法

代码 7-28 演示了 strings.Reader 类型及其几个主要成员函数的用法，其中：

- strings.NewReader 函数用于基于一个字符串新建一个 strings.Reader 类型的变量（实际上是一个指针，即*strings.Reader 类型）;
- strings.Reader 类型的成员函数 Len 用于获取该字符串的长度;
- ReadRune 成员函数用于从 strings.Reader 类型变量中读取一个 rune 字符，返回三个值，分别表示读取的字符、该字符的字节数、表示错误信息的 error 类型值（如果为 nil 表示没有错误产生，此时前两个参数的值才有意义）;
- Seek 成员函数用于将所谓的“读取指针”移位，因为 strings.Reader 类型提供的几个读取内容的函数都是依据该指针来读取数据的，该指针的初始位置是 0（索引为 0 表示从字符串开始处进行读取），每次读取后会自动向后移动已读取字节的数量（即指针的数值增加实际读取的字节数），下次读取会从已读取的字节后开始。如果要指定从哪个索引位置开始读取，可以用 Seek 函数将指针手工移动到指定的字节索引位置，下一次调用读取函数时将从此位置开始读取；本例中的 readerT.Seek(12, io.SeekStart)语句将把读取指针移动到字节索引为 12 的位置，第二个参数 io.SeekStart 用于指定从字符串开始处计算移动指针的位置，还可以用 io.SeekCurrent 来指定从当前指针位置开始计算，或用 io.SeekEnd 指定从字符串末尾开始计算移动位置。

- ReadAt 成员函数用于从字符串指定的位置开始读取一定长度（个数）的字节到指定的 byte 类型切片中，该 byte 切片需要已经分配好空间并确定了长度，ReadAt 函数将据此确定读取多少个字节。ReadAt 函数的第一个参数用于指定 byte 类型切片，第二个参数用于指定从原字符串中的第几个字节开始读取。

代码 7-28 的运行结果如下：

```
字符串长度为: 32
读取的字符为: 这(编码: 36825), 字节数为: 3
读取的字符为: 是(编码: 26159), 字节数为: 3
读取的字符为: 一(编码: 19968), 字节数为: 3
读取的字符为: 个(编码: 20010), 字节数为: 3
读取的字符为: 1(编码: 49), 字节数为: 1
读取的字符为: 0(编码: 48), 字节数为: 1
读取的字符为: 斤(编码: 26020), 字节数为: 3
读取的字符为: 重(编码: 37325), 字节数为: 3
读取的字符为: 的(编码: 30340), 字节数为: 3
读取的字符为: 西(编码: 35199), 字节数为: 3
读取的字符为: 瓜(编码: 29916), 字节数为: 3
读取的字符为:。(编码: 12290), 字节数为: 3
从字节索引 12 开始读取的字符为: 1(编码: 49), 字节数为: 1
```

7.4.4 字符串与数字的相互转化

本书中已经出现过字符串与数字互相转换的例子，实际开发中，字符串与数字互相转换的场景也是常有的。严格地说，这个功能并不算什么高级操作，但是比较琐碎，因此放在这节中单独介绍。由于 Go 语言对数据类型控制比较严格，因此每种数字类型与字符串的转换基本都要单独编写代码，下面给出各种主要数字类型与字符串之间互相转换的示例，这些转换函数都将被加入 tools 包中以备后续使用。注意，很多转换并非只有一种方法，我们将介绍相对使用起来比较方便的方法，也尽量在不同例子中体现出各种方法供参考，希望读者能够触类旁通。

1. int 类型转换为 string 类型

可以用 Go 语言标准库中 strconv 包的 Itoa 函数将 int 类型的数值转换为 string 类型字符串。下面是加入 tools 包中用于将 int 类型数值转换为 string 类型字符串的函数。

```
// IntToString int 类型转换为 string 类型
func IntToString(valueA int) string {
  return strconv.Itoa(valueA)
}
```

调用该函数的方法是：

```
var n int

n = 25

t.Printfln("int -> string: %v", t.IntToString(n))
```

由于调用这些转换函数的方法类似，下面将不再一一给出调用示例。

2. byte 类型转换为 string 类型

本书前面的章节已经介绍过，byte 类型实际上是 uint8 类型的别名，本身可以表达的数值范围是[0, 255]，包含在 int 类型可以表达的数值范围之内，因此 byte 类型转换为字符串也可以用 strconv.Itoa 函数。strconv.Itoa 函数其实是调用了 strconv 包中的另一个函数 FormatInt，该函数用于转换整数到不同进制（如二进制、十进制、十六进制等）表达形式的字符串，它所接受的第二个参数指明了所需转换的进制，例如：

```
var n int64

n = 200

t.Printfln("%v", strconv.FormatInt(n, 2))
t.Printfln("%v", strconv.FormatInt(n, 10))
t.Printfln("%v", strconv.FormatInt(n, 16))
```

这段代码将输出 int64 类型的变量 *n* 中数值的二进制、十进制和十六进制形式，输出结果如下：

```
11001000
200
c8
```

注意 strconv.FormatInt 函数接受的参数是 int64 类型，如果要转换成其他整数类型，在保证其与 int64 类型兼容的情况下（即表达数值的范围在 int64 可表达的数值范围之内），可以用强制数制转换来实现。按照此方法，用 strconv.FormatInt 函数将 byte 类型的数值转换为 string 类型的代码如下：

```
// ByteToString byte 类型转换为 string 类型
func ByteToString(valueA byte) string {
 return strconv.FormatInt(int64(valueA), 10)
}
```

调用该函数的示例代码如下：

```
var b byte

b = 25

t.Printfln("byte -> string: %#v", t.ByteToString(b))
```

3. 用空接口及类型断言实现将任意整数类型转换为字符串

前面已经介绍过如何将 int 和 byte 类型转换为字符串，这两种类型表达的都是整数，Go 语言中还有很多种整数类型（例如 rune、int32、uint16 等），我们当然可以如法炮制对每种整数类型都编写一个转换函数，但如果能够编写一个统一的函数来处理所有的整数类型是最好的。在 Go 语言中可以用本书 4.8 节中介绍的空接口（类型为 interface{}）类型来实现，来看代码 7-29。

```
// IntegerToString 所有整数类型转换为 string 类型
func IntegerToString(valueA interface{}) string {
 switch valueA.(type) {
 case byte:
      return strconv.FormatInt(int64(valueA.(byte)), 10)
 case rune:
      return strconv.FormatInt(int64(valueA.(rune)), 10)
 case int64:
      return strconv.FormatInt(valueA.(int64), 10)
 default:
      return ""
 }
}
```

代码 7-29 用空接口实现转换不同类型的整数为字符串

代码 7-29 是在 tools 包中编写的转换多种整数类型的函数 IntegerToString，它所接受的参数不是指定的某一种整数类型，而是 interface{}类型，即空接口类型。空接口类型实际上可以代表任何类型，在此有必要详细解释一下为什么空接口类型可以表示任何类型。

Go 语言中的接口与 Java 等纯面向对象语言中的接口有类似之处，也有独特的实现方式，在一定意义上可以实现面向对象编程中的对象继承等功能。简单地说，Go 语言中的接口是一种特殊的数据类型，每个接口在定义时都声明了一组成员函数，任何实现了这一组成员函数的其他数据类型都可以被认为属于这个接口类型。

```
package main

import (
```

```
    "fmt"
    "strings"
    t "tools"
)

func main() {

    var buf strings.Builder

    for i := 0; i < 3; i++ {
        fmt.Fprintf(&buf, "这是第%v个苹果。\n", i)
    }

    t.Printf("%v", buf.String())
}
```

代码 7-30　实现了 io.Writer 接口的 strings.Builder 类型

7.4.2 节中介绍了 strings.Builder 结构，这是用于高效处理可变长字符串的数据结构，查阅 strings 包的参考文档可以看到 strings.Builder 类型包含的所有成员函数：

如图 7.1 所示，strings.Builder 中包含一个声明为 func (b *Builder) Write(p []byte) (int, error) 的成员函数，利用它可以往 strings.Builder 类型的变量中写入一个 byte 类型的切片数据。再来看标准库中 io 包中 Writer 这个数据类型的定义，如图 7.2 所示。

https://golang.org/pkg/strings/

```
func TrimRight(s string, cutset string) string
func TrimRightFunc(s string, f func(rune) bool) string
func TrimSpace(s string) string
func TrimSuffix(s, suffix string) string
type Builder
    func (b *Builder) Grow(n int)
    func (b *Builder) Len() int
    func (b *Builder) Reset()
    func (b *Builder) String() string
    func (b *Builder) Write(p []byte) (int, error)
    func (b *Builder) WriteByte(c byte) error
    func (b *Builder) WriteRune(r rune) (int, error)
    func (b *Builder) WriteString(s string) (int, error)
type Reader
    func NewReader(s string) *Reader
    func (r *Reader) Len() int
```

图 7.1　strings.Builder 的参考文档

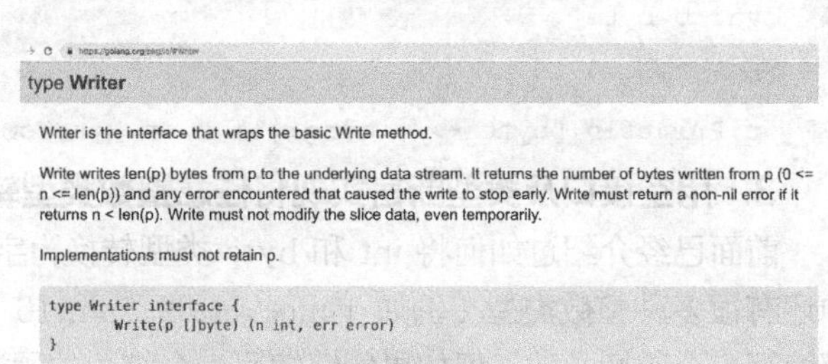

type Writer

Writer is the interface that wraps the basic Write method.

Write writes len(p) bytes from p to the underlying data stream. It returns the number of bytes written from p (0 <= n <= len(p)) and any error encountered that caused the write to stop early. Write must return a non-nil error if it returns n < len(p). Write must not modify the slice data, even temporarily.

Implementations must not retain p.

```
type Writer interface {
        Write(p []byte) (n int, err error)
}
```

图 7.2　io.Writer 类型的参考文档

会发现 io.Writer 实际上定义的是一个接口（interface）类型，其中只有一个成员函数（或者叫“方法”）Write，而 Write 函数的定义也是 Write(p []byte) (int，error)，我们在 strings.Builder 中看到的 Write 成员函数的定义与其完全相同。在这种情况下，strings.Builder 类型的变量就可以看作一个 io.Writer 类型的变量，也可以称作“strings.Builder 类型实现了 io.Writer 接口”。而代码 7-30 中使用的 fmt 包中的 Fprintf 函数的参考文档如图 7.3 所示。

func Fprintf ¶

```
func Fprintf(w io.Writer, format string, a ...interface{}) (n int, err error)
```

Fprintf formats according to a format specifier and writes to w. It returns the number of bytes written and any write error encountered.

图 7.3　fmt.Fprintf 函数的参考文档

可以看出，fmt.Fprintf 函数与 fmt.Printf 函数相比，除了多出第一个参数外，其他参数都相同，而第一个参数是一个 io.Writer 类型的变量 w。fmt.Fprintf 函数的功能与 fmt.Printf 基本相同，唯一的区别是 fmt.Printf 会把按格式化符组织的结果字符串输出到命令行界面上（通常称为标准输出），而 fmt.Fprintf 则会输出到第一个参数指定的 io.Writer 类型的数据中。因此，代码 7-30 的功能就很清楚了，首先定义了一个 strings.Builder 类型的变量 buf，然后循环 3 次写入不同的字符串到 buf 中，最后输出 buf 中保存的整个字符串。由于 fmt.Fprintf 要求的是一个 io.Writer 接口类型的变量，注意要用取地址符“&”来获得 buf 的指针来传入(这是由于 strings.Builder 的成员函数是定义在该类型的指针类型上的，所以 *strings.Builder 类型才满足 io.Writer 接口类型的要求)，该程序运行的结果是：

```
这是第 0 个苹果。
这是第 1 个苹果。
这是第 2 个苹果。
```

从这个例子可以看出 Go 语言中接口使用非常灵活，新的数据类型无须像其他语言一样声明继承了某个接口，只要实现了该接口上规定的成员函数，就会自动被认为是这个接口类型（或称作“实现了这个接口”）。而空接口类型 Interface{}是一个没有定义任何成员函数的接口，任何其他类型都可以看作实现了该接口，因此任何类型的数据都可以作为空接口类型的数据来使用，这就是空接口最主要的意义所在。

但是当变量或数值作为空接口类型传入某个函数后，经常需要根据其原本是什么类型的来做出不同的处理，这时候就需要用 Go 语言中所谓的“类型断言”和“类型 switch 判断分支”来解决，代码 7-29 中完整演示出了这两个 Go 语言中的特性。代码 7-29 中的 tools.IntegerToString 函数传入的是一个 interface{}类型的参数 valueA，在函数体内通过 switch valueA.(type)开始的 switch 判断分支代码逻辑结构来实现根据 valueA 的原有类型来分别处理（注意在变量名后跟随一个圆点和圆括号内写有“type”这种形式只能在 switch 结构体中使用，也就是说我们不能用这种方法在其他形式的代码中确定或输出变量的类型）。对于 byte 类型，则使用了“valueA.(byte)”这样在变量后跟随一个圆点加圆括号内指定数据类型的称为“类型断言”的方法来获取其真实类型（byte 类型）的取值。然后再用强制类型转换将 byte 类型的数据转换为 strconv.FormatInt 函数所需的 int64 类型。后面对 rune 类型和 int64 类型的处理方式也极为类似，如果是这些类型之外的其他类型，则转入 default 分支处理并返回一个空字符串作为结果。这样，就通过空接口类型用单一的函数实现了对 byte、rune、int64 这 3 种整数类型转换为字符串操作的统一处理。代码的运行结果为：

```
byte -> string: "25"
rune -> string: "36"
int64 -> string: "48"
```

空接口类型在 Go 语言中有着广泛的应用，开发者需要能够熟练应用这种类型来解决问题。本书后面的章节中还将介绍如何准确判断空接口类型数据的原有类型等更进一步的方法。

4. 其他数字类型转换为字符串的函数

由于与前述各种转换过程类似，因此不再赘述，直接把能够将主要数字类型转换为字符串的函数 tools.NumberToString 给出，注意这个函数还能做布尔类型的转换（转换为“true”或“false”）。

```
// NumberToString 所有主要数字类型转换为 string 类型
func NumberToString(valueA interface{}) string {
  switch valueA.(type) {
  case bool:
      return strconv.FormatBool(valueA.(bool))
  case byte:
      return strconv.FormatInt(int64(valueA.(byte)), 10)
  case rune:
      return strconv.FormatInt(int64(valueA.(rune)), 10)
  case int:
      return strconv.FormatInt(int64(valueA.(int)), 10)
  case int64:
      return strconv.FormatInt(valueA.(int64), 10)
  case uint32:
      return strconv.FormatUint(uint64(valueA.(uint32)), 10)
  case uint64:
      return strconv.FormatUint(valueA.(uint64), 10)
  case float32:
      return strconv.FormatFloat(float64(valueA.(float32)), 'f', -1, 32)
  case float64:
      return strconv.FormatFloat(valueA.(float64), 'f', -1, 64)

  // 对于其他不能处理的类型返回空字符串
  default:
      return ""
  }
}
```

代码 7-31　转换主要数字类型到字符串的函数

代码 7-31 中的 tools.NumberToString 函数，可以转换 bool、byte（也就是 uint8）、rune（也就是 int32）、int64、uint32、uint64、float32 和 float64 这些类型的数值为字符串，调用该函数的示例如下：

```
package main

import (
  t "tools"
)

func main() {
  var bl bool
  bl = true
  t.Println("bool -> string: %#v", t.NumberToString(bl))

  var b byte
  b = 25
  t.Println("byte -> string: %#v", t.NumberToString(b))

  var r rune
  r = 36
  t.Println("rune -> string: %#v", t.NumberToString(r))

  var n1 int
  n1 = 46
  t.Println("int -> string: %#v", t.NumberToString(n1))

  var n2 int64
  n2 = -48
  t.Println("int64 -> string: %#v", t.NumberToString(n2))

  var n3 int16
  n3 = 49
  t.Println("int16 -> string: %#v", t.NumberToString(n3))

  var n4 int32
  n4 = -50
  t.Println("int32 -> string: %#v", t.NumberToString(n4))

  var u1 uint32
  u1 = 50
  t.Println("uint32 -> string: %#v", t.NumberToString(u1))

  var u2 uint64
  u2 = 101
  t.Println("uint64 -> string: %#v", t.NumberToString(u2))

  var u3 uint8
  u3 = 200
  t.Println("uint8 -> string: %#v", t.NumberToString(u3))

  var f1 float32
  f1 = 3.14159265358979
  t.Println("float32 -> string: %#v", t.NumberToString(f1))

  var f2 float64
  f2 = 3.14159265358979
  t.Println("float64 -> string: %#v", t.NumberToString(f2))

}
```

代码 7-32 调用 tools.NumberToString 函数的示例

代码 7-32 的运行结果如下：

```
bool -> string: "true"
byte -> string: "25"
rune -> string: "36"
int -> string: "46"
int64 -> string: "-48"
int16 -> string: ""
int32 -> string: "-50"
uint32 -> string: "50"
uint64 -> string: "101"
uint8 -> string: "200"
float32 -> string: "3.1415927"
float64 -> string: "3.14159265358979"
```

需要说明的几点是：

- uint8 和 int32 两种类型虽然没有在 tools.NumberToString 函数中的 switch 语句中出现，但由于 byte 和 rune 分别是这两种类型的别名，所以传入参数时可以直接传入 uint8 和 int32 类型的数值，函数能够正常处理。如果在 switch 语句中再写入这两种类型的 case 项反而会引起编译错误，因为 switch 中不允许重复的 case 项；
- 为了演示，我们故意没有处理 int16 这种类型，因此代码 7-32 中传入 int16 类型的数据给 tools.NumberToString 参数时，会得到一个空字符串，表示函数无法正常对其进行转换；
- 代码 7-31 中对无符号整数类型 uint32 和 uint64 使用了 strconv.FormatUint 函数，它与 strconv.FormatInt 函数用法类似，唯一的区别是第一个输入参数要求是 uint64。代码 7-29 中定义的 IntegerToString 函数无法处理 uint64 函数，因为该函数要求传入的参数是有符号整数类型 int64，而 uint64 类型可以表达的范围在正整数方向上超出了 int64 可以表达的范围，而 tools.NumberToString 函数做的改进使其可以同时适应 int64 和 uint64 的数值范围；
- 代码 7-31 中对浮点数类型 float32 和 float64 的处理使用了 strconv.FormatFloat 函数，该函数的定义在参考文档中是：

```
func FormatFloat(f float64, fmt byte, prec, bitSize int) string
```

其中第 1 个参数 f 是 float64 类型，所以转换 float32 类型的数据时需要先转换成 float64 类型；第 2 个参数 fmt 是 byte 类型，表示转换浮点数为字符串的格式，它的取值主要有'b'、'e'、'E'、'f'、'g'和'G'这几种选择，其中'b'代表二进制指数的形式，比较少用，'e'和'E'表示用科学计数法来表示该数字（两者的区别仅是输出采用小写还是大写的字母 e），'f'表示用普通的小数形式表示，'g'表示如果数字较大（或者小数位数较多）则用与'e'字符相同的科学计数法来表示，否则用与'f'相同的普通形式表达该数字；'G'表示如果数字较大（或者小数位数较多）则用与'E'字符相同的科学计数法来表示，否则用与'f'相同的普通形式表达该数字；第 3 个参数 prec 代表精度，对于'e'、'E'、'f'这几种表达形式指的是小数点后的位数，可以用数值-1 来表示让其自行选择最合适的精度；第 4 个参数 bitSize 用于表示原有数据的位数（float32 应为 32，float64 则应为 64）；

- 可以看出由于 float32 类型数值的精度不如 float64，所以对于同样的小数 3.14159265358979 所转换出的字符串是经过四舍五入删减掉后面一些小数位的，而 float64 类型的数据对于这样精度（小数位数）的数值则还可以正确容纳。

5. 字符串转换为数字

字符串转换为数字的需求也是很常见的，可以通过 strconv 包中的 ParseBool、ParseInt、ParseUint 和 ParseFloat 这几个函数来实现。这几个函数都是多返回值的函数，第一个返回值是转换成功情况下的对应转换值，第二个返回值是如果转换不成功时的错误信息（error 类型）。函数的第一个参数都是需要转换的字符串，ParseInt 和 ParseUint 还有第二个参数指定表达形式（指被转换的字符串是二进制、十进制、十六进制等形式表达的数字），除 ParseBool 外还有最后一个参数用于指定按 32 位还是 64 位（的整数或浮点数）进行转换。这几个函数的定义如下：

```
func ParseBool(str string) (bool, error)
func ParseInt(s string, base int, bitSize int) (i int64, err error)
func ParseUint(s string, base int, bitSize int) (uint64, error)
func ParseFloat(s string, bitSize int) (float64, error)
```

注意，bitSize 参数的值可以传入 32 或 64，但函数返回值都是 64 位的数值（int64、unit64 和 float64），bitSize 是用于分析字符串时按 32 位或 64 位来分析。下面是用这几个函数进行转换的示例：

```
package main

import (
```

```
    "strconv"
    t "tools"
)

func main() {
    s1 := "true"

    b1, errT := strconv.ParseBool(s1)

    if errT != nil {
        t.Printfln("转换字符串 s1 为 bool 值时发生错误: %v", errT.Error())
    } else {
        t.Printfln("b1: %v", b1)
    }

    s2 := "falsee"

    b2, errT := strconv.ParseBool(s2)

    if errT != nil {
        t.Printfln("转换字符串 s2 为 bool 值时发生错误: %v", errT.Error())
    } else {
        t.Printfln("b2: %v", b2)
    }

    s3 := "1248"

    n1, errT := strconv.ParseInt(s3, 10, 64)

    if errT != nil {
        t.Printfln("转换字符串 s3 为 int64 值时发生错误: %v", errT.Error())
    } else {
        t.Printfln("n1: %v", n1)
    }

    s4 := "FF39"

    n2, errT := strconv.ParseUint(s4, 16, 64)

    if errT != nil {
        t.Printfln("转换字符串 s4 为 uint64 值时发生错误: %v", errT.Error())
    } else {
        t.Printfln("n2: %v (十六进制: %x)", n2, n2)
    }

    s5 := "3.14159265358979"

    f1, errT := strconv.ParseFloat(s5, 32)

    if errT != nil {
        t.Printfln("转换字符串 s5 为 float64 值时发生错误: %v", errT.Error())
    } else {
        t.Printfln("f1: %v", f1)
    }

    f2, errT := strconv.ParseFloat(s5, 64)

    if errT != nil {
        t.Printfln("转换字符串 s5 为 float64 值时发生错误: %v", errT.Error())
    } else {
        t.Printfln("f2: %v", f2)
    }

}
```

代码 7-33　字符串转换为数字

代码 7-33 中演示了如何将表示数字的字符串转换为各种类型的数值，需要重点说明的是：

- 代表 bool 类型数值的字符串 s2 我们故意写错了（多了一个字母 e）以便测试转换出错时程序处理逻辑是否正常；
- 字符串 s4 是十六进制形式表示的数字，因此在转换为 uint64 类型的数值时 strconv.ParseUint 的第二个参数要传入 16；
- 同样的字符串 s5，按照 32 位浮点数及 64 位浮点数分析转换后结果会有所不同，这是因为

32 位浮点数及 64 位浮点数两者能表示浮点数的精度造成的；

- 另外需要注意的是，由于调用每个 ParseXXX 系列的函数我们都用 errT 放置第二个返回值，并且用了“:=”操作符，这样看起来 errT 仿佛被重复定义了多次，这在 Go 语言中是允许的，因为“:=”操作符左边的这些变量只要至少有一个是新出现的变量就可以，对于非新变量相当于使用了等号“=”操作符。

代码 7-33 的运行结果是：

```
b1: true
转换字符串 s2 为 bool 值时发生错误: strconv.ParseBool: parsing "falsee": invalid syntax
n1: 1248
n2: 65337（十六进制: ff39）
f1: 3.1415927410125732
f2: 3.14159265358979
```

与我们预期的结果基本一致，注意转换布尔数值 b2 时的错误信息。

7.4.5 用 fmt.Sprintf 实现灵活的字符串处理

我们已经了解了 fmt.Printf 函数灵活组织字符串输出的能力，也了解了 fmt.Fprintf 可以将灵活组织的字符串传入一个符合 io.Writer 接口类型的数据类型中。实际上 Go 语言与很多其他语言一样，还提供一个 fmt.Sprintf 函数，用于直接获得该灵活组织的字符串作为函数返回值返回而并不输出，这样就可以利用这个字符串继续做自己想做的事。事实上 fmt.Sprintf 也经常被用来做很多字符串操作，甚至可以更方便地完成一些常用的操作，下面将给出一些该函数的使用示例。

1. 实现字符串连接（相加）

字符串连接可用 fmt.Sprintf 来实现与加法符号相同的效果：

```
s1 := "恭喜"
s2 := "发财"

// 下面的语句将输出字符串"恭喜发财"
t.Printfln(fmt.Sprintf("%s%s", s1, s2))
```

在 fmt.Sprintf 中用两个连续的“%s”格式化符可以实现两个字符串的连接（相加），也就是说，fmt.Sprintf("%s%s", s1, s2) 与 s1 + s2 作为表达式是等价的。

2. 实现变量类型的判断

7.4.4 节中介绍了用类型断言和类型 switch 判断分支判断通过空接口（interface{}）传入函数参数的数据类型，但这种方法并不能灵活处理各种数据类型，需要事先了解可能会有哪些数据类型传入才能针对性地通过类型断言来一一处理。而通过 fmt.Sprintf 函数结合“%T”格式化符，则可以得到用字符串来表达的任何变量的类型，这样就可以更方便地进行下一步处理。

```
package main

import (
	"fmt"
	t "tools"
)

func getType(valueA interface{}) string {
	return fmt.Sprintf("%T", valueA)
}

func main() {

	n1 := 64
	s1 := "恭喜"

	typeT := getType(n1)

	switch typeT {
	case "int":
		t.Printfln("n1 的类型是 int")
```

```
    default:
        t.Println("n1 的类型不是 int，是%s", typeT)
    }

    typeT = getType(s1)

    if typeT == "int" {
        t.Println("s1 的类型是 int")
    } else {
        t.Println("s1 的类型不是 int，是%s", typeT)
    }
}
```

代码 7-34　用 fmt.Sprintf 结合格式化符“%T”实现变量类型的判断

代码 7-34 中的 getType 函数对传入的空接口类型的参数通过 fmt.Sprintf 函数结合格式化符“%T”来获取表示该参数实际类型的字符串并作为函数返回值返回。这样后面的代码就可以用类型 switch 判断分支之外的方法（如例子中的 if 条件判断分支）来进行不同类型的区别处理了。代码 7-34 的运行结果是：

```
n1 的类型是 int
s1 的类型不是 int，是 string
```

3. 实现数字转换为字符串

用 fmt.Sprintf 可以方便地将各种数字转换为字符串，甚至比之前介绍的方式更方便。最简单的是，所有数字都可以用格式化符“%v”来输出为字符串，见代码 7-35：

```
    var bl bool
    bl = true
    t.Println("bool -> string: %v", fmt.Sprintf("%v", bl))

    var b byte
    b = 25
    t.Println("byte -> string: %v", fmt.Sprintf("%v", b))

    var n1 int
    n1 = 46
    t.Println("int -> string: %v",  fmt.Sprintf("%v", n1))

    var f1 float64
    f1 = 3.14159265358979
    t.Println("float64 -> string: %v",  fmt.Sprintf("%v", f1))
```

代码 7-35　用 fmt.Sprintf 来将数字转换为字符串

代码 7-35 中用 fmt.Sprintf 函数基本可以取代我们自己编写的 tools.NumberToString 函数的作用。当然，我们也可以用“%b”“%d”“%f”等格式化符针对不同的数据类型来做转换，并且可以加上宽度标志符等更精确地控制输出字符串的格式。

7.4.6 用 fmt.Sscanf 从字符串中读取信息

本书前面章节中，已经多次使用 fmt.Sscanf 函数从命令行参数等字符串中读取信息。实际上 fmt 包中还有一系列类似 Sscanf 的函数，与 Printf、Sprintf、Fprintf 类似，函数名中有一定规律来体现该函数的功能。例如，Sprintf 函数名中，print 是英语中“打印”的意思，表示输出信息，一开始的字母 S 代表“string”，表示输出到字符串中，最后的 f 代表 format，表示按格式化符指定输出信息的格式；而 Fprintf 中一开始的字母 F 则代表 file，即文件的意思，因为该函数的第一个参数是一个 io.Writer 类型的数据，实际应用中常用于将信息写入一个文件或其他输出设备，例如命令行界面。命令行界面上的输出在计算机中常常被抽象成一个“设备”（我们不妨可以简单地认为这里的设备指的是显示器，虽然实际上并非完全正确），称作“标准输出设备”，在 Go 语言中用 os 包中的 Stdout 来表示，fmt.Printf 函数起始相当于固定往标准输出设备上输出信息的 fmt.Fprintf 函数，即：

```
fmt.Printf("1 + 2 = %v", 1+2)
fmt.Fprintf(os.Stdout, "1 + 2 = %v", 1+2)
```

上面这两条语句是完全等价的。

相应地，fmt 包中的 Scanf、Sscanf、Fscanf 这几个函数的区别是类似的，Scanf 用于从“标准输入设备”（一般指键盘）中读取信息，Sscanf 从字符串中读取信息，Fscanf 从文件等（io.Reader 类型）设备中读取信息。具体到 Sscanf 函数，函数名字中的 scan 是英语中扫描的意思，一开始的字母 s 代表“string”，表示从一个字符串中扫描信息，最后的 f 代表 format，表示通过格式化符指明读取数据的格式，该函数在 Go 语言参考文档中的定义如下：

```
func Sscanf(str string, format string, a ...interface{}) (n int, err error)
```

函数参数中，str 是需要扫描的字符串，format 指定的是格式化符，a 则是用“...”表示的可变长参数（即参数个数可变，可以一个没有，也可以有很多个），并且类型是空接口类型，表示可以传入任何类型的数值。fmt.Sscanf 函数返回两个值分别代表成功读取到的数值个数和可能的错误信息。fmt.Sscanf 的用法一般是：

```
package main

import (
 "fmt"
 t "tools"
)

func main() {

 var n1 int

 var f1 float64

 countT, errT := fmt.Sscanf(" 1918 35.49 ", "%d %f", &n1, &f1)

 if errT != nil {
       t.Printfln("读取数据失败: %v", errT.Error())
       return
 }

 t.Printfln("成功读取到%v个数据, 分别是: %v 和 %v", countT, n1, f1)

}
```

代码 7-36　fmt.Sscanf 读取数据示例

代码 7-36 中演示了 fmt.Sscanf 的一般用法，其中可变长参数 a 实际上传入了两个变量的指针，分别用取地址操作符来获得，这是所有 scanf 系列函数要求的类型。这也很好理解，因为 Sscanf 是要把扫描到的数据放入各个变量中，所以需要知道这些变量的地址才可以做到。

当输入的字符串并没有用空格符分开所需读取的多个数据时，可以用宽度标志符来指定如何读取，例如：

```
package main

import (
 "fmt"
 t "tools"
)

func main() {
 var n1 int

 var f1 float64

 countT, errT := fmt.Sscanf(" 191835.49 ", "%d%f", &n1, &f1)

 if errT != nil {
       t.Printfln("读取数据失败: %v", errT.Error())
       return
 }

 t.Printfln("成功读取到%v个数据, 分别是: %v 和 %v", countT, n1, f1)

 countT, errT = fmt.Sscanf(" 191835.49 ", "%4d%f", &n1, &f1)
```

```
	if errT != nil {
		t.Printfln("读取数据失败: %v", errT.Error())
		return
	}

	t.Printfln("成功读取到%v 个数据，分别是: %v 和 %v", countT, n1, f1)
}
```

代码 7-37　fmt.Sscanf 函数中指定读取数字的宽度

代码 7-37 的执行结果是：

```
成功读取到 2 个数据，分别是: 191835 和 0.49
成功读取到 2 个数据，分别是: 1918 和 35.49
```

可以看出，当第一次用 fmt.Sscanf 函数读取两个连续的数字时，因为没有指定宽度标志符，程序只能自行决定如何读取两个数字，结果与我们期待的结果有所不同；第二次指定了要读取的第一个整数的宽度（位数），读取结果正常。

fmt.Sscanf 函数也可以被用于将字符串转换为数字，只需要将表示数字的字符串按指定的格式化符扫描并放入对应类型的变量即可，下面试着以 fmt.Sscanf 函数为主编写一个转换字符串到浮点数的函数，见代码 7-38。

```
package main

import (
	"fmt"
	t "tools"
)

func stringToFloat64(strA string, defaultA float64) float64 {
	var resultT float64

	_, errT := fmt.Sscanf(strA, "%f", &resultT)

	if errT != nil {
		return defaultA
	}

	return resultT
}

func main() {

	s1 := "1234.56"

	t.Printfln("字符串%#v 转换为 64 位浮点数结果是: %v", s1, stringToFloat64(s1, 0))
}
```

代码 7-38　用 fmt.Sscanf 函数实现将字符串转为浮点数

代码 7-38 中编写了一个 stringToFloat64 函数用于将字符串转换为 float64 类型的浮点数，有下述几点需要注意。

- 一般仅在本代码或包内使用的函数用小写字母开头，所以 stringToFloat64 函数没有用大写字母开头，一般需要被其他包引用的函数才以大写字母开头；这虽然不是绝对的，但养成良好的习惯没有坏处；
- stringToFloat64 函数并没有用多返回值来处理发生错误的情况，而是多了一个参数用于表示当转换发生错误时返回的默认数值。这种方法经常用于直接调用该函数的结果而不需要多返回值处理的过程，本例中主函数内调用 stringToFloat64 函数可以直接写在输出语句中，而不用先写一条类似 f1, errT := stringToFloat64("1234.56")这样的语句了。当然，默认值的确定很重要，尤其是需要对错误进行判断处理时，所以默认值一般会是比较特殊的取值；
- 输出语句中使用了格式化符“%#v”来输出字符串，这样可以自动在输出时加上双引号，而不用在该输出语句中用反引号“`”来括起字符串。

第 8 章

Go 语言中的正则表达式

正则表达式可以说是计算机科学发展历史中的一个重要发明，它起源于 20 世纪中期，逐步被广泛应用于编程开发中，现在几乎所有主要的计算机语言都支持正则表达式，Go 语言当然也不例外，并且提供了具有自身特色的解决方案。正则表达式能够提供的功能非常强大，它本身包含的知识点也非常多，在任何编程书籍中都足以单独成章，虽然正则表达式主要用于处理字符串，但在本书中还是把它拿出来单独作为一章来介绍。另外，本章还要介绍面向对象的编程思维在 Go 语言中的具体运用。

8.1 正则表达式的基本概念与用法

正则表达式是一种特殊的表达式，它与我们在本书前面章节中见过的表达式不同，不是表达一个计算过程并且有一个结果值的普通表达式，而是表达一种字符串“匹配模式”（pattern matching）的表达式，即字符串是否符合一定的规则。用正则表达式可以判断某个字符串是否符合一定的规则，或者从一个字符串中找出符合一定规则的子串，也可以进一步用于替换寻找出的子串。这么说也许有些抽象，下面结合 Go 语言的相关包看一些具体的例子，可能更便于理解。Go 语言中标准库内用于正则表达式处理的包是 regexp，其中提供了使用正则表达式各项功能所必需的函数。

8.1.1 用正则表达式判断字符串是否含有符合一定规则的子串

正则表达式本身也是一个字符串，是由一串字符组成的，例如“abc”。我们可以用“abc”去判断另一个字符串是否符合“abc”这个规则，或者判断某个字符串中是否包含“abc”，但其实这与判断字符串相等或在字符串中用普通方法查找子串并无区别。正则表达式应该能够提供更高级的功能，例如判断字符串内是否有一串连续的字符，这用普通的字符串操作是比较难做到的，见代码 8-1。

```
package main

import (
  "regexp"
  t "tools"
)

func main() {

  patternT := "太*高兴"

  s1 := "她真是太太太太太高兴了！"

  matched, errT := regexp.MatchString(patternT, s1)

  if errT != nil {
       t.Printfln("正则表达式匹配时发生错误：%v", errT.Error())
       return
  }

  if matched {
       t.Printfln("字符串%#v中包含符合正则表达式%#v的子串。", s1, patternT)
  } else {
       t.Printfln("字符串%#v中不包含符合正则表达式%#v的子串。", s1, patternT)
  }
}
```

代码 8-1　用正则表达式查找包含连续字符的子串

有些人说话比较夸张，例如有人说“我真是太太太太太高兴了！”，不知道他会说出多少个“太”字。那么如果想判断这句话中是否包含“太太……高兴”这个子字符串，其中“太”字可能出现任意多次，可以用类似代码 8-1 中的方法进行处理。

代码 8-1 中首先引用了 regexp 包，然后定义了一个正则表达式的字符串变量 patternT（pattern 是计算机英语中是“模式”“模板”的意思，在这里引申含义指字符串匹配的规则），并赋值为“太*高兴”，这就是一个非常简单的正则表达式，其中的“*”号代表它之前的字符可以出现任意次（也包括不出现，即出现 0 次）。那么，“太*高兴”这个正则表达式就可以匹配“高兴”“太高兴”“太太高兴”等“高兴”前面带有任意个“太”字的字符串（所谓的“匹配”就是指一个字符串是否“符合”某个正则表达式的规则）。

regexp 包中的 MatchString 函数用于在字符串中查找是否包含符合某个正则表达式的子串，它的定义是：

```
func MatchString(pattern string, s string) (matched bool, err error)
```

它接受两个参数，其中 pattern 是正则表达式，s 是要查找子串的字符串；返回两个返回值，其中布尔型变量 matched 代表是否找到了匹配的字符串，err 用于函数处理出错后返回错误信息（可能发生的错误主要是正则表达式本身写法不规范）。

代码 8-1 的执行结果是：

```
字符串"她真是太太太太太高兴了！"中包含符合正则表达式"太*高兴"的子串。
```

可以看出，regexp.MatchString 函数正确判断出了结果，即字符串"她真是太太太太太高兴了！"中包含符合正则表达式"太*高兴"的子串。

8.1.2 用正则表达式从字符串中提取符合一定规则的子串

大多数情况下，不仅需要判断字符串中有无某个子串，还需要看具体是哪些子串符合规则，这时候可以用 regexp 包中定义的 Regexp 对象类的方法 FindAllString 来实现，见代码 8-2。

```
package main

import (
 "regexp"
 t "tools"
)

func main() {

  patternT := "太*高兴"

  s1 := "她真是太太太太太高兴了！"

  regexT, errT := regexp.Compile(patternT)

  if errT != nil {
       t.Printfln("编译正则表达式时发生错误：%v", errT.Error())
       return
  }

  matches := regexT.FindAllString(s1, -1)

  t.Printfln("查找结果：%#v", matches)
}
```

代码 8-2 用 Regexp.FindAllString 从字符串中查找符合规则的子串

在本章之前，我们在解说代码中提到变量、数据类型时都尽量使用传统的概念，从本章起，我们将结合面向对象的思维来解释代码。例如，有时候会把包中的数据类型称为“对象类”或“对象”，数据类型关联的函数会被称为该对象的“方法”或该对象的“成员函数”等。这是因为 Go

语言中虽然没有很明确地提出面向对象的概念，但实际上是支持面向对象的，包括它的参考文档中有时候也直接以对象“object”（即对象）来称呼某些数据类型，我们这样做是为了让读者查看参考文档或技术资料时能够适应这种说法和思维。但有时候使用“数据类型”之类的称呼更合适，我们也会称之为“数据类型”而不是对象。

因此，“regexp 包中定义的 Regexp 对象类的方法 FindAllString”等同于传统编程思维下的“regexp 包中定义的 Regexp 数据类型的成员函数 FindAllString”，请尽快理解并适应这种描述方法。

代码 8-2 中，首先调用 regexp.Compile 函数生成一个*Regexp 类型的指向 Regexp 对象的指针变量（compile 是英语中“编译”的意思，正则表达式在使用前往往会被编译为计算机使用起来更高效的格式），如果正则表达式本身写错了，可能会导致正则表达式编译失败，此时该函数返回值中的第二个 error 对象中会返回错误信息，第一个指针变量则没有意义。用 regexp.Compile 函数编译正则表达式并赋值给 Regexp 对象类的实例变量 regexT 后，就可以在变量 regexT 上调用 Regexp 对象的方法 FindAllString 从字符串中查找符合该正则表达式的子串，该方法的定义如下：

```
func (re *Regexp) FindAllString(s string, n int) []string
```

它是定义在*Regexp 类型上的，第一个参数 s 代表需要查找的字符串，第二个参数 n 表示最多查找几个匹配的子串，如果传入-1 则代表不限个数；返回值是一个字符串切片，代表查找到的所有符合条件的子串。

代码 8-2 的运行结果是：

```
查找结果: []string{"太太太太太高兴"}
```

可以看出，程序成功地将符合正则表达式“太*高兴”的子串“太太太太太高兴”找了出来，并存放在一个字符串切片中，该切片中只有一个数据项，表明只找到了一个匹配的子串。

8.1.3 用通配符“.”匹配任意字符

在正则表达式中，可以用通配符“.”（即小数点或英文句点符号）表示匹配任意字符。例如，“a.*b”可以匹配“accb”“a123b”“aaaab”“ab”这些字符串，因为“.”表示任意字符，而“.*”表示任意个任意字符，见代码 8-3。

```
package main

import (
 "regexp"
 t "tools"
)

func main() {

 regexT := regexp.MustCompile("叫.*。")

 s1 := "他的名字叫张小宝。"

 s2 := "他的名字叫王小宝。"

 t.Printfln("查找结果: %#v", regexT.FindAllString(s1, -1))

 t.Printfln("查找结果: %#v", regexT.FindAllString(s2, -1))
}
```

代码 8-3 用通配符“.”匹配子串

代码 8-3 使用了 regexp.MustCompile 函数编译正则表达式，这个函数的优点是写法比较简单，只会返回一个 Regexp 对象指针，但是如果正则表达式写法有误则会导致程序产生异常（panic）而中断。因此，如果使用 regexp.MustCompile 函数，应保证正则表达式的写法是正确的。代码 8-3 演示了用通配符“.”匹配任意字符：分别从 s1、s2 两个字符串中寻找符合正则表达式“叫.*。”的子串，也就是在“叫”字和中文句号“。”之间含有 0 到任意多个任何字符。程序运行结果是：

```
查找结果: []string{"叫张小宝。"}
查找结果: []string{"叫王小宝。"}
```

可以发现，程序将两个字符串中符合条件的子串分别正确地找了出来。

8.1.4 贪婪与非贪婪匹配

如果想要在 8.1.1 节示例中的字符串“她真是太太太太太高兴了!”中查找符合正则表达式“真是太*”的子串，可以用代码 8-4。

```
regexT := regexp.MustCompile("真是太*")

t.Printfln("查找结果: %#v", regexT.FindAllString("她真是太太太太太高兴了! ", -1))
```

代码 8-4 贪婪模式匹配

运行代码 8-4 后的查找结果是：

```
查找结果: []string{"真是太太太太太"}
```

但如果我们仔细思考一下，“真是太太太太太”确实是符合正则表达式“真是太*”的子串，但“真是太太太太”“真是太”甚至“真是”也都是符合该正则表达式的子串。正则表达式提供了所谓的“贪婪”与“非贪婪”模式来处理最长匹配与最短匹配的问题。“真是太*”这种形式的正则表达式是“贪婪”模式的，也就是说“*”号会匹配尽可能多的“太”这个字符，所以代码 8-4 返回的结果是含有最多个“太”字的结果。而如果要做“非贪婪”模式的匹配，也就是尽可能少地匹配“太”字，就要在“*”号后面再加一个问号“?”字符来表示使用“非贪婪”模式进行匹配，见代码 8-5。

```
regexT := regexp.MustCompile("真是太*?")

t.Printfln("查找结果: %#v", regexT.FindAllString("她真是太太太太太高兴了! ", -1))
```

代码 8-5 非贪婪模式匹配

代码 8-5 的运行结果是：

```
查找结果: []string{"真是"}
```

可以看出，非贪婪模式匹配到了最短的符合正则表达式“真是太*?”的子串“真是”（即含有 0 个“太”字）。这也表明了正则表达式贪婪模式匹配与非贪婪模式匹配之间的区别。

但是还需要考虑正则表达式匹配的顺序问题，我们来看一下代码 8-6。

```
regex1T := regexp.MustCompile("太*高兴")

regex2T := regexp.MustCompile("太*?高兴")

t.Printfln("查找结果: %#v", regex1T.FindAllString("她真是太太太太太高兴了! ", -1))

t.Printfln("查找结果: %#v", regex2T.FindAllString("她真是太太太太太高兴了! ", -1))
```

代码 8-6 非贪婪模式无效的情况

代码 8-6 的运行结果是：

```
查找结果: []string{"太太太太太高兴"}
查找结果: []string{"太太太太太高兴"}
```

在这种情况下，贪婪模式和非贪婪模式查找到的子串是一样的，这是因为正则表达式查找是从发现第一个符合条件的字符开始进行贪婪或非贪婪模式的查找，而从第一个“太”字开始，只有完整的“太太太太太高兴”子串符合这两个正则表达式的要求。

正则表达式的贪婪与非贪婪模式的区别只是在表达数量的符号（例如“*”号）后是否加上

一个问号“?”，有问号则表示非贪婪模式，没有问号则表示贪婪模式。贪婪与非贪婪模式在正则表达式的应用中有着重要的地位，通过代码 8-7 可以更明显地看出非贪婪模式与贪婪模式的区别与作用。

```
package main

import (
 "regexp"
 t "tools"
)

func main() {

 regex1T := regexp.MustCompile("叫.*。")

 regex2T := regexp.MustCompile("叫.*?。")

 s := "他的名字叫张小宝。他的名字叫马小宝。她的名字叫欧阳小宝。它的名字叫喵小宝。"

 t.Printfln("查找结果: %#v", regex1T.FindAllString(s, -1))

 t.Printfln("查找结果: %#v", regex2T.FindAllString(s, -1))
}
```

代码 8-7　贪婪模式与非贪婪模式更明显的区别

代码 8-7 中，regex1T 和 regex2T 分别是贪婪模式和非贪婪模式的正则表达式，程序的运行结果是：

```
查找结果: []string{"叫张小宝。他的名字叫马小宝。她的名字叫欧阳小宝。它的名字叫喵小宝
。"}
查找结果: []string{"叫张小宝。", "叫马小宝。", "叫欧阳小宝。", "叫喵小宝。"}
```

可以看出，用贪婪模式将从字符串中匹配出从第一个“叫”字到最后一个中文句点“。”之间的整个子字符串作为唯一一个找到的结果项返回；而用非贪婪模式则每次只取最接近的“叫”字和中文句点“。”之间的子串，这样会返回多个子串作为结果。显然，从这段程序的本意来说，非贪婪模式应该是合适的选择。这个例子也充分体现出了贪婪模式与非贪婪模式的区别，应能够灵活地选择合理的模式去处理不同的问题。

8.1.5　分组提取子串

代码 8-7 中按正则表达式提取的是形如“叫马小宝。”的子串，但显然如果能仅仅将人名提取出来是更好的，这时候可以使用正则表达式中的“捕获组”（catching group）来实现，见代码 8-8。

```
package main

import (
 "regexp"
 t "tools"
)

func main() {

 regexT := regexp.MustCompile("叫(.*?)。")

 s := "他的名字叫张小宝。他的名字叫马小宝。她的名字叫欧阳小宝。它的名字叫喵小宝。"

 t.Printfln("查找结果: %#v", regexT.FindStringSubmatch(s))
}
```

代码 8-8　用捕获组提取子串中的子串

代码 8-8 中，在 regexT 变量定义的正则表达式中我们希望将提取出来的人名部分（即“.*?”，用非贪婪模式来准备匹配介于“叫”字和中文句点“。”之间的任意长任何字符）两侧用圆括号括起来，这样就形成了一个“捕获组”；而在查找子串时使用了 Regexp 对象的成员函数 FindStringSubmatch，

它的作用是将所有寻找到的捕获组用一个字符串切片表示出来。代码 8-8 运行后的输出结果是：

```
查找结果: []string{"叫张小宝。", "张小宝"}
```

可以看出，Regexp.FindStringSubmatch 函数返回了一个字符串切片，其中有两个数值项，第一个是符合整个正则表达式 regexT 的子串，第二个是括号内的部分，也就是第一个捕获组的内容。Regexp.FindStringSubmatch 函数返回的结果是所有寻找到的捕获组的切片，捕获组一般是按顺序进行编号的，第一个捕获组在切片中的序号是 1，也就是第二项；而结果切片中第一项（序号为 0 的项）则固定留给整个正则表达式匹配的子串。

> **注意** 用“Regexp.FindStringSubmatch”这种形式表达 Regexp 结构（对象）的成员函数 FindString Submatch，在这里我们忽略该函数是绑定在 Regexp 类型指针上的，以免写成“*Regexp.FindString Submatch”这种过于麻烦的形式。另外，虽然表述为“Regexp.FindString Submatch”，但在代码中该函数实际上是在一个 Regexp 类型指针变量上调用的，例如代码 8-8 中是在 regexT 这个实例指针变量上调用的。

再通过代码 8-9 来了解多个捕获组的应用示例。

```
regexT := regexp.MustCompile("(.*?)的名字叫(.*?)。")

s := "他的名字叫张小宝。他的名字叫马小宝。她的名字叫欧阳小宝。它的名字叫喵小宝。"

listT := regexT.FindStringSubmatch(s)

t.Printfln("查找结果: %#v", listT)

t.Printfln("%v 叫%v", listT[1], listT[2])
```

代码 8-9　多个捕获组

代码 8-9 中的正则表达式使用了两个捕获组分别试图捕获不同的“他”字和对应人名。最后的输出语句中，使用了正则表达式输出查找结果切片中的序号为 1 及序号为 2 的项。程序运行的结果是：

```
查找结果: []string{"他的名字叫张小宝。", "他", "张小宝"}
他叫张小宝
```

程序运行的结果完全符合预期：首先查找结果切片 listT 中依次是完整正则表达式匹配到的子串和两个捕获组捕获到的内容，其次调用 listT[1]和 listT[2]输出两个捕获组的信息也是正确的。

8.1.6　提取所有符合条件的带捕获组的匹配结果

代码 8-9 中还有一个问题，就是只提取出了符合正则表达式 regexT 的一组匹配结果，但其实字符串 s 中还有几个符合条件的结果，如果想获得符合条件的所有结果，就需要用到 Regexp 对象的 FindAllStringSubmatch 成员函数。该函数的定义如下：

```
func (re *Regexp) FindAllStringSubmatch(s string, n int) [][]string
```

它接受的第二个参数 n 表示最多获取多少个结果，传入-1 表示不限制结果的个数。它的返回值是一个“字符串切片的切片”，即返回一个切片类型的变量，其中的每个数值项还是一个字符串切片，这在其他计算机语言中相当于二维数组的概念。具体来说，它返回的是所有查找结果，其中每一组查找结果都是符合 Regexp 结构的成员函数 FindStringSubmatch 返回值形式的一个字符串切片，见代码 8-10。

```
package main

import (
  "regexp"
  t "tools"
)

func main() {
```

```
    regexT := regexp.MustCompile("(.*?)的名字叫(.*?)。")

    s := "他的名字叫张小宝。他的名字叫马小宝。她的名字叫欧阳小宝。它的名字叫喵小宝。"

    listT := regexT.FindAllStringSubmatch(s, -1)

    t.Printfln("查找结果: %#v", listT)

    for i, v := range listT {
        t.Printfln("第%v 组结果: %v 叫%v", i+1, v[1], v[2])
    }

}
```

代码 8-10 用 Regexp.FindAllStringSubmatch 函数查找所有捕获结果

代码 8-10 的运行结果是：

```
查找结果: [][]string{[]string{"他的名字叫张小宝。", "他", "张小宝"}, []string{"他的名字叫马小宝。", "他", "马小宝"}, []string{"她的名字叫欧阳小宝。", "她", "欧阳小宝"}, []string{"它的名字叫喵小宝。", "它", "喵小宝"}}
第 1 组结果: 他叫张小宝
第 2 组结果: 他叫马小宝
第 3 组结果: 她叫欧阳小宝
第 4 组结果: 它叫喵小宝
```

可以看出，用 Regexp.FindAllStringSubmatch 函数获得的返回值确实是一个[][]string 类型的变量，其中每一项又是一个[]string 类型的变量。而用循环遍历 listT 中的每一项时，处理方式与 Regexp.FindStringSubmatch 函数返回值处理的方式类似。

注意 可以思考一下为什么最后的输出语句中输出组序号时要输出 i+1。

总而言之，如果需要从字符串中查找所有符合某正则表达式的子串，可以用 Regexp.FindAllString 函数；而如果要查找符合一个带有捕获组的正则表达式的子串，并且需要提取其中的捕获组，则应该使用 Regexp.FindStringSubmatch。

Regexp.FindStringSubmatch 函数的返回结果是一个捕获组的切片，假设将其赋值给变量 list，那么其中 list[0]符合整个正则表达式匹配结果（有时候也叫捕获组 0），list[1]是捕获组 1（即正则表达式中符合第一个圆括号内的部分），list[2]是捕获组 2……。捕获组的个数依据正则表达式确定，可能是任意个数，如果个数为 n，则捕获组切片中的数据项为 n+1 项，因为第一项总是整个正则表达式的匹配结果。如果要在字符串中查找出所有符合某个带有捕获组的正则表达式的子串，则应该用 Regexp.FindAllStringSubmatch 函数，该函数返回的结果值是一个切片的切片（二维切片），其中第一维上的每一项都是一个与 Regexp.FindStringSubmatch 函数返回结果相同的字符串切片。

8.1.7 替换符合正则表达式的子串

使用正则表达式最重要的应用之一就是替换字符串中符合规则的子串，这可以用 Regexp.ReplaceAllString 函数来实现，见代码 8-11。

```
package main

import (
  "regexp"
  t "tools"
)

func main() {

  regexT := regexp.MustCompile("重(.*?)公斤")

  s := "这个苹果重 0.5 公斤，那个橙子重 0.6 公斤。"

  t.Printfln("第 1 次替换后结果: %#v", regexT.ReplaceAllString(s, "沉"))
```

```
    t.Printfln("第 2 次替换后结果: %#v", regexT.ReplaceAllString(s, "重$1"))
    t.Printfln("第 3 次替换后结果: %#v", regexT.ReplaceAllString(s, "重$1kg"))
    t.Printfln("第 4 次替换后结果: %#v", regexT.ReplaceAllString(s, "重${1}kg"))

}
```

代码 8-11 用 Regex.ReplaceAllString 函数替换符合规则的子串

代码 8-11 中演示了如何用 Regex.ReplaceAllString 函数替换字符串中符合某个正则表达式的子串为另一个子串。该代码的运行结果是:

```
第 1 次替换后结果: "这个苹果沉，那个橙子沉。"
第 2 次替换后结果: "这个苹果重 0.5，那个橙子重 0.6。"
第 3 次替换后结果: "这个苹果重，那个橙子重。"
第 4 次替换后结果: "这个苹果重 0.5kg，那个橙子重 0.6kg。"
```

Regex.ReplaceAllString 函数的第一个参数是需要替换的字符串，第二个参数则是所谓的替换体（replacement），即用于替换符合某个正则表达式子串的替换字符串。第一次替换过程中将字符串 s 中符合整个正则表达式“重(.*?)公斤”的所有匹配结果都替换成了一个“沉”字，替换体就是一个普通的字符串“沉”，这次替换没有涉及任何捕获组，因此如果正则表达式写作“重.*?公斤”，替换的结果也是一样的，无论“重”与“公斤”之间是什么内容，都统一替换为“沉”字。

第二次替换，替换体中用了一个特殊的写法“$1”，这是替换体中用于代表正则表达式匹配结果中捕获组 1 的特殊写法，叫作捕获组展开（expand），Regex.ReplaceAllString 函数在做子串替换时遇上捕获组展开时会自动将其转换为第一个捕获组捕获的实际子串，本例中是“0.5”和“0.6”（两次匹配各自的捕获组 1）。可以查看运行结果中第二次替换的输出来印证这一点：其中的匹配结果被替换为不同的子串“重 0.5”和“重 0.6”。与此类似，可以用$2 代表捕获组 2，用$3 代表捕获组 3 等，$0 则代表整个匹配结果。

第三次替换时，我们的本意是希望将类似“重 0.5 公斤”的子串替换为“重 0.5kg”，但是发现运行结果与预期的不一致。这是因为 Go 语言中的捕获组不仅可以按数字顺序标识，还可以给每个捕获组命名来方便后面的引用，例如:

```
    regexT := regexp.MustCompile("重(?P<weight>.*?)公斤")

    s := "这个苹果重 0.5 公斤，那个橙子重 0.6 公斤。"

    // 替换结果将是"这个苹果重 0.5，那个橙子重 0.6。"
    t.Printfln("替换后结果: %#v", regexT.ReplaceAllString(s, "重$weight"))
```

这段代码是将代表公斤数的捕获组命名为“weight”，后面替换时则用“%weight”来表达这个替换体。给捕获组命名的方法是在圆括号的前面加上“?P<name>”，其中的 name 指自己命名的捕获组名称。这种方法有时候显得过于复杂，容易引起视觉混乱，没有必要的情况下不建议使用。但这可以解释第三次替换为什么没有成功：因为 Go 语言将我们写的替换体“$1kg”识别成了一个已经命名的捕获组，而由于实际上没有这个名称的捕获组，因此使用了零值（空字符串）来替代了它的展开取值，得到了我们预料之外的运行结果。

如果要解决上面这种可能引起的混乱，在 Go 语言中可以使用花括号将捕获组的序号或名称括起来，第四次替换时使用这种方法后可以看到输出结果就正常了。

8.1.8 转义字符

如果在正则表达式中需要表达“*”号、“?”号这些具有特殊含义的字符本身（而不是指任意次数或贪婪模式的指示符），则需要用类似字符串中转义字符的方式来书写，见代码 8-12。

```
    regexT := regexp.MustCompile(".*?*.*?=.*?. ")
```

```
s := "第一个等式是 3*4=12。第二个等式是 5.1*9.6=48.96。"
t.Printfln("查找结果: %#v", regexT.FindAllString(s, -1))
```

代码 8-12 正则表达式中错误的“*”号表达方式

代码 8-12 中，正则表达式中的第二个“*”号试图去匹配数学算式中表示两个数字之间乘法符号（其他 3 个跟在通配符“.”后的“*”号则表示任意次数的正常用法），但这样写是错误的，如果运行程序，Regexp.MustCompile 函数会由于无法正确分析该正则表达式而产生异常导致整个程序运行中断。此时正则表达式中需要在“*”号前加上转义字符反斜杠“\”才是正确的，即应该写作“.**.*=.*”，但正则表达式在 Go 语言中作为一个字符串，如果用双引号括起来表示，还需要将“\”字符本身进行转义才是正确的，所以代码 8-12 应该修改如下。

```
regexT := regexp.MustCompile(".*?\\*.*?=.*?。")
s := "第一个等式是 3*4=12。第二个等式是 5.1*9.6=48.96。"
t.Printfln("查找结果: %#v", regexT.FindAllString(s, -1))
```

该代码的运行结果是：

```
查找结果: []string{"第一个等式是 3*4=12。", "第二个等式是 5.1*9.6=48.96。"}
```

如果觉得转义两次太麻烦或容易引起混乱，可以用反引号“`”括起正则表达式字符串，这种写法会简单清晰一些：

```
regexT := regexp.MustCompile(`.*?\*.*?=.*?。`)
s := "第一个等式是 3*4=12。第二个等式是 5.1*9.6=48.96。"
t.Printfln("查找结果: %#v", regexT.FindAllString(s, -1))
```

在正则表达式中，不单单是“*”号字符，其他所有具有特殊含义的字符在需要表示自身字符时，都需要用同样的方法进行转义。

8.2 正则表达式进阶知识

8.1 节中介绍的内容实际上已经包含了绝大部分使用正则表达式所需的基本概念、运用正则表达式能够解决的主要问题以及解决这些问题所用的常见方法。本节将继续介绍一些比较复杂的正则表达式应用场景、方法示例，并补齐一些必要的概念和知识点。

8.2.1 单个字符的表达

从 8.1 节的示例中可以看出，普通的字符可以直接在正则表达式中表示匹配该字符本身。而且我们介绍过，通配符“.”可以用于替代任何字符；当要表示“.”字符本身时，需要用转义字符的方法表示。正则表达式中还有一些类似通配符“.”的其他特殊字符或特殊表达方式，用来匹配一些更具体的字符，这些表示的方法一般称为“字符类”（character class），下面将介绍几个比较常用的字符类。

1. 匹配指定范围内的字符

正则表达式中可以用方括号括起几个可能的字符来指定匹配一定范围内的字符，例如“[abc123]”将匹配“a”“b”“c”“1”“2”“3”中任一个字符。也可以用连字符连起首尾两个字符的类似“[a-z]”的写法表示匹配字母 a~z 范围内任意一个字符，当然也可以用“[0-9]”来匹配 0~9 的任一个数字字符。也可以混合这两种写法，例如“[A-Za-z13579]”表示匹配所有的英文字母和所有的奇数数字。

```
regexT := regexp.MustCompile(`[a-g苹果0-2\.]`)
s := "这个苹果重 0.5 公斤，非常 nice。"
t.Printfln("查找结果: %#v", regexT.FindAllString(s, -1))
```

本段代码中的正则表达式将匹配单个字符，允许是 a～g 之间的字母、“苹”与“果”两个汉字、0 至 2 之间的数字和小数点“.”（注意“.”用了转义字符，并且整个正则表达式用反引号括起），代码的运行结果是：

```
查找结果: []string{"苹", "果", "0", ".", "c", "e"}
```

可以看到，符合该正则表达式的字符确实都被作为一个单字符的子串提取了出来。如果要提取符合上述规则的最长连续字符串，可以加上贪婪模式的“*”号：

```
regexT := regexp.MustCompile(`[a-g苹果0-2\.]*`)
s := "这个苹果重 0.5 公斤，非常 nice。"
t.Printfln("查找结果: %#v", regexT.FindAllString(s, -1))
```

本段代码的运行结果是：

```
查找结果: []string{"", "", "苹果", "0.", "", "", "", "", "", "", "", "ce", ""}
```

可以看到，程序将所有符合 0 个或多个指定范围内的字符组成的最长字符串都找了出来，由于空字符串也符合这个规则，所以每隔一个不符合正则表达式的字符，程序就会找出一个空字符串的结果。

2. 匹配指定范围之外的字符

指定范围也可以用“^”符号“取反”，例如“[^123]”表示匹配除了“1”“2”“3”三个字符之外的任意字符；“[^a-z]”表示匹配除了小写字母之外的任意字符。“[^A-Za-z0-9]”表示除了英语字母和数字之外的任意字符。例如下面的代码将取得与正则表达式“[a-g 苹果 0-2\.]”相反的结果。

```
regexT := regexp.MustCompile(`[^a-g苹果0-2\.]`)
s := "这个苹果重 0.5 公斤，非常 nice。"
t.Printfln("查找结果: %#v", regexT.FindAllString(s, -1))
```

本段代码的运行结果是：

```
查找结果: []string{"这", "个", "重", "5", "公", "斤", "，", "非", "常", "n", "i", "。"}
```

3. 匹配数字或非数字的字符

正则表达式中，使用转义符“\d”可以表示匹配一个数字字符，而大写的“\D”则表示匹配一个非数字字符，见代码 8-13。

```
regexT := regexp.MustCompile(`\d\d\.\d`)
t.Printfln("查找结果: %#v", regexT.FindAllString("32.1 56.25 8.88", -1))
regexT = regexp.MustCompile(`[\d\D]*`)
t.Printfln("查找结果: %#v", regexT.FindAllString("abc123rst986qqq", -1))
```

代码 8-13 表示数字的\d 和非数字的\D

代码 8-13 的运行结果是：

```
查找结果: []string{"32.1", "56.2"}
查找结果: []string{"abc123rst986qqq"}
```

需要注意的是，“[\d\D]”这种范围表示既可以是数字字符又可以是非数字字符，与“.”的意义相同，即可以表示是任意字符。因此第二次匹配正则表达式“[\d\D]*”会匹配到整个字符串。

4. 匹配空白与非空白的字符

与“\d”和“\D”类似，正则表达式中，使用转义符“\s”表示匹配一个空白字符（如空格、回车换行等，相当于“[\t\n\f\r]”，其中“\f”表示换页字符很少用），而大写的“\D”则表示匹配一个非空白字符。同样的，“[\s\S]”也可匹配任意字符，而且这个组合经常被用于替代通配符“.”，这是因为如果不加一些设定，一般的计算机语言中的正则表达式引擎默认是不会将“.”匹配换行符“\n”的，也就是说，通配符“.”只能在一行内起作用，对于多行的文本无法跨行匹配。而“[\s\S]”则可以匹配包括换行符在内的任意字符，见代码 8-14。

```
regexT := regexp.MustCompile(`.+`)

t.Printfln("查找结果: %#v", regexT.FindAllString("第一行\n第二行\n第三行", -1))

regexT = regexp.MustCompile(`[\s\S]+`)

t.Printfln("查找结果: %#v", regexT.FindAllString("第一行\n第二行\n第三行", -1))
```

代码 8-14　通配符“.”与“[\s\S]”的区别

代码 8-14 的运行结果是：

```
查找结果: []string{"第一行", "第二行", "第三行"}
查找结果: []string{"第一行\n第二行\n第三行"}
```

在代码 8-14 中用于搜寻的字符串内，为了测试特地加入了换行符“\n”而使其成为多行的字符串，从运行结果中可以看出，通配符“.”最多只能匹配一行文本，而使用“[\s\S]”则可以跨行进行匹配（第二次搜索的输出中，“\n”表示找到的换行符）。当然，通过设置也可以使“.”能够匹配换行符，这在 Go 语言中需要通过在正则表达式内加上“标志位”（flag）来实现，有关标志位的用法将在后面的章节中进行介绍。

5．其他一些字符匹配

Go 语言正则表达式中还有一些不太常用的单个字符的表示法，在此也列出一部分作为参考，由于不太常用并且都比较好理解，在此不再一一举例。更多的字符表达方式可查看 Go 语言的参考文档。

- “\w”可用于匹配所谓的“单词字符”，即能够组成单词的字符，相当于“[0-9A-Za-z_]”，注意除了英文字母、数字还包括下画线字符；
- “\W”（即大写的字母 W）与小写的“\w”相反，表示除符合“\w”规则之外的字符，相当于“[^0-9A-Za-z_]”；
- 可以用类似“\pN”的方式匹配 Unicode 中的一类字符，其中最后一个字母“N”指数字字符，前面的“\p”是固定的转义符。所有支持的 Unicode 类可以在 Go 语言标准库 unicode 包的参考文档中查到，比较有用的还有“\pL”表示字母、“\pC”表示控制字符、“\pP”表示标点符号、“\pZ”表示空白字符、“\pS”表示符号字符等。
- 与“\pN”相反，用大写字母“P”写的“\PN”则表示“\pN”的取反，即所有非数字字符，其他 Unicode 字符类也是如此；
- “\pN”和“\PN”的写法要求在 Unicode 转义符“\p”或“\P”后只能带一个字母，但有些 Unicode 字符类型是多个字母的，这时候需要加上花括号，例如，表示汉字类字符的 Unicode 分类是“Han”，则正则表达式中应写作“\p{Han}”，而表示非汉字字符则应写成“\P{Han}”。

代码 8-15 简单演示了上述内容的几个写法：

```
s := `我们一起说: "1, 2, 3, go, go, go."`

regexT := regexp.MustCompile(`\W\w+\W`)

t.Printfln("查找结果: %#v", regexT.FindAllString(s, -1))

regexT = regexp.MustCompile(`\pN+?`)

t.Printfln("查找结果: %#v", regexT.FindAllString(s, -1))
```

```
regexT = regexp.MustCompile(`\PN+?`)

t.Printfln("查找结果: %#v", regexT.FindAllString(s, -1))

regexT = regexp.MustCompile(`\p{Han}+?`)

t.Printfln("查找结果: %#v", regexT.FindAllString(s, -1))
```

代码 8-15 其他字符匹配的一些示例

代码 8-15 的运行结果是：

```
查找结果: []string{"\"1,", " 2,", " 3,", " go,", " go,", " go."}
查找结果: []string{"1", "2", "3"}
查找结果: []string{"我", "们", "一", "起", "说", ":", " ", "\"", ",", " ", ",", " ", ",", " ", "g", "o", ",", " ", "g", "o", ",", " ", "g", "o", ".", "\""}
查找结果: []string{"我", "们", "一", "起", "说"}
```

注意，为了演示需要，字符串 s 中的所有标点符号为英文标点，请查看代码中各个正则表达式并参考运行结果，验证是否与所预期的结果一致。

8.2.2 表达字符出现的次数（数量）

正则表达式中，可能还会有一些“修饰字符”跟在字符类后面起到一定的辅助作用，例如表示该字符类匹配字符的出现次数等。

1. 用“+”表示字符至少出现 1 次

8.2.1 节的例子中，用正则表达式“[a-g 苹果 0-2\.]*”会匹配出空字符串，因为“*”号的含义是匹配它之前的字符出现任意次（包括 0 次）的情况。如果不希望匹配空字符串，可以用其他表示数量的符号，例如“+”号。“+”号在正则表达式中的含义是匹配它之前的字符出现至少 1 次的情况。例如：

```
regexT := regexp.MustCompile(`[a-g 苹果 0-2\.]+`)

s := "这个苹果重 0.5 公斤，非常 nice。"

t.Printfln("查找结果: %#v", regexT.FindAllString(s, -1))
```

这段代码将不会找出空字符串作为结果，因为正则表达式中使用了“+”号，运行结果如下：

```
查找结果: []string{"苹果", "0.", "ce"}
```

2. 表示字符数量的其他方法

Go 语言中的正则表达式还有下面一些方法来表示各种数量范围（可以称为数量指示符），这些方法都是紧跟在字符类的后面书写的。

- 表示出现 0 次或 1 次（即有可能出现也有可能不出现）：用问号“?”，注意此时的“?”并不是非贪婪模式的指示符，还可以在其后面加一个表示非贪婪模式的“?”号。

```
regexT := regexp.MustCompile(`[ni]??ce`)

s := "It's so nice."

t.Printfln("查找结果: %#v", regexT.FindAllString(s, -1))
```

这段代码将输出：

```
查找结果: []string{"ice"}
```

其中正则表达式的第一个问号是表示前面的字符出现 0 次或 1 次的数量指示符，第二个问号则是非贪婪模式的指示符。

- 表示出现固定次数：用花括号括起来的数字指定固定出现的次数，例如“[an]{3}”表示匹配字符“a”或“n”连续出现 3 次的情况。

```
regexT := regexp.MustCompile(`[an]{3}`)

s := "It's a banana."
```

```
// 将输出: 查找结果: []string{"ana"}
t.Printfln("查找结果: %#v", regexT.FindAllString(s, -1))
```

- 表示出现次数的范围：用花括号括起来的两个以逗号分隔的数字指定出现次数的范围，例如“[an]{2,5}”表示匹配字符“a”或“n”连续出现 2～5 次的情况，注意此时默认为贪婪模式，即匹配符合规则的最长子串，如果要匹配符合规则的最短子串，则可以加上非贪婪模式指示符“?”。

```
regexT := regexp.MustCompile(`[an]{2,5}`)

s := "It's a banana."

// 将输出: 查找结果: []string{"anana"}
t.Printfln("查找结果: %#v", regexT.FindAllString(s, -1))

// 改为非贪婪模式
regexT = regexp.MustCompile(`[an]{2,5}?`)

// 将输出: 查找结果: []string{"an", "an"}
t.Printfln("查找结果: %#v", regexT.FindAllString(s, -1))
```

- 表示字符至少出现多少次：还可以省略范围内后面的数字来表示字符至少出现多少次，例如“[an]{2, }”表示匹配字符“a”或“n”连续出现 2 次或以上的情况。

最后，注意所有表示字符出现数量的指示符或表示数量范围的花括号后都可以加上非贪婪模式指示符“?”来表示按最短可能子串来匹配，否则默认为按贪婪模式处理。

8.2.3 非字符匹配（位置匹配）

正则表达式中，还有一类指示符并不表示具体可见的字符本身，而是表示一些特定的位置（这种情况下一般都需要搭配表示实际字符的指示符一起使用）。

例如，“\A”被用来表示整个字符串的开始（即字符串的第一个字符前），“\z”被用来表示整个字符串的结尾（即字符串的最后一个字符后），注意其中的“z”是小写字母。那么，正则表达式“\A.*\z”显然将匹配整个字符串；如果更加严谨一些，“\A[\s\S]*\z”将匹配包括换行符在内的整个字符串。

“\b”被用来匹配一个单词的边界，不会匹配任何字符，如果单写“\b”会匹配出一些空字符串。“\b”可以这样理解：它表示符合“\w”与“\W”的连续两个字符之间的位置，或者是符合“\W”与“\w”的连续两个字符之间的位置。“\b”有时候比用“\s”来分辨字符更有效，例如：

```
s := `我们一起说: "1, 2, 3, go, go, go."`

regexT := regexp.MustCompile(`\b\w+\b`)

t.Printfln("查找结果: %#v", regexT.FindAllString(s, -1))

regexT = regexp.MustCompile(`\s\w+\s`)

t.Printfln("查找结果: %#v", regexT.FindAllString(s, -1))
```

本段代码的运行结果是：

```
查找结果: []string{"1", "2", "3", "go", "go", "go"}
查找结果: []string(nil)
```

可以看出，用空白指示符“\s”无法有效提取出带有标点符号的内容（返回的切片是空值 nil，表明一个都没有匹配到），而用“\b”可以很好地处理单词（包括数字）两边含有标点符号的情况并正确分离。

与“\b”相反，“\B”表示非单词边界，也就是说会匹配连续两个“\w”中间的位置或连续两个“\W”中间的位置。

另外，一般情况下“^”与“$”这两个指示符分别与“\A”和“\z”的作用相同，表示整个字符串的开始和结尾处的位置，当我们希望仅从字符串开始处或结尾处进行一些特殊的匹配时，可以用这些指示符。但当使用标志位进行一定设置后，“^”与“$”也可以用于在多行字符串中指示每一行的行首和行尾，这种用法将在后面章节中介绍。

非字符匹配也是在实际应用中常用到的方法，有时可以更精准地从字符串中提取到需要的子串。

8.2.4 正则表达式中使用标志位进行设置

Go 语言的正则表达式中还支持“标志位”（flag）的写法，我们可以对正则表达式的匹配做一些个性化的设置。例如，如果要让正则表达式匹配时忽略大小写的区别可以用标志位“i”来实现，见代码 8-16。

```
regexT := regexp.MustCompile(`[a-nA-N]+`)

t.Printfln("查找结果: %#v", regexT.FindAllString("We all like Jerry.", -1))

regexT = regexp.MustCompile(`(?i)[a-n]+`)

t.Printfln("查找结果: %#v", regexT.FindAllString("We all like Jerry.", -1))
```

代码 8-16 正则表达式中使用标志位“i”忽略大小写

代码 8-16 的运行结果是：

```
查找结果: []string{"e", "all", "like", "Je"}
查找结果: []string{"e", "all", "like", "Je"}
```

可以看出，要忽略大小写的区别，可以在正则表达式中用类似代码 8-16 中第一个正则表达式“[a-nA-N]+”这种指定范围的写法，也可以像第二个正则表达式那样，在开头加上一个“(?i)”表示使用标志位“i”，即指定用后面的正则表达式匹配时忽略字符串中大小写字母的区别。注意，此时“?i”外的圆括号并不代表捕获组，这种在正则表达式内虽然用圆括号括起来但不代表捕获组的内容称作“非捕获组”（non-capturing group）。

类似的标志位还有“s”，如果设定了该标志位，则正则表达式中的通配符“.”将会匹配换行符“\n”，见代码 8-17。

```
regexT := regexp.MustCompile(`.+`)

t.Printfln("查找结果: %#v", regexT.FindAllString("第一行\n第二行\n第三行", -1))

regexT = regexp.MustCompile(`(?s).+`)

t.Printfln("查找结果: %#v", regexT.FindAllString("第一行\n第二行\n第三行", -1))
```

代码 8-17 使用标志位“s”让通配符“.”可以匹配换行符

代码 8-17 的运行结果是：

```
查找结果: []string{"第一行", "第二行", "第三行"}
查找结果: []string{"第一行\n第二行\n第三行"}
```

可以看出，在正则表达式前加上“(?s)”表示使用“s”标志位后，通配符“.”可以匹配换行符“\n”了。

而标志位“m”用于将正则表达式设为“多行模式”，此时表示位置匹配的“^”与“$”这两个指示符将不再表示匹配整个字符串的开始和结尾，而是匹配多行字符串中每行的开始与结尾。

```
regexT := regexp.MustCompile(`^.*$`)

t.Printfln("查找结果: %#v", regexT.FindAllString("第一行\n第二行\n第三行", -1))

regexT = regexp.MustCompile(`(?m)^.*$`)

t.Printfln("查找结果: %#v", regexT.FindAllString("第一行\n第二行\n第三行", -1))
```

代码 8-18 用标志位“m”进入多行匹配模式

代码 8-18 的运行结果是：

```
查找结果: []string(nil)
查找结果: []string{"第一行", "第二行", "第三行"}
```

可以发现，第一个正则表达式没有匹配到任何结果，这是因为通配符“.”默认不能匹配换行符，而此时默认不是多行模式，“^”与“$”分别代表的是整个字符串的开始和结尾，所以字符串 s 中确实没有符合该正则表达式的子串。而第二个正则表达式设定了多行模式，所以正常匹配出了每一行的内容。

注意，本书前面章节中介绍过，“^”与“$”在正则表达式中都还有其他的含义，要注意区别，避免混淆。

另外，还有标志位“U”（大写的字母 U）用于表示切换默认的贪婪模式，原本正则表达式默认是贪婪模式，加上“?”号后则是非贪婪模式；而使用了“(?U)”之后，默认是非贪婪模式，加上“?”号后则变成贪婪模式。

8.2.5 可选子串匹配

在正则表达式中，单个字符可以指定可选的范围，但实际上多个字符组成的子串也可以指定可选的范围，只需要加上圆括号并将可选项用“|”号（该字符输入一般用位于回车键上方的按键并结合上档键“Shift”一起按下可得）分隔开，见代码 8-19。

```
s := "我们是工程师。你们是工程师。汤姆和汉森也是工程师。"

regexT := regexp.MustCompile(`(我们|你们)是工程师`)

t.Printfln("查找结果: %#v", regexT.FindAllStringSubmatch(s, -1))
```

代码 8-19 可选子串匹配

代码 8-19 中，正则表达式中用圆括号括起了用“|”号分隔的两个字符串“我们”和“你们”，表示匹配的内容可以是这两者之一，因此该代码将匹配前两句话，而最后一句话不符合条件，将不会被匹配。代码 8-19 运行结果如下：

```
查找结果: [][]string{[]string{"我们是工程师", "我们"}, []string{"你们是工程师", "你们"}}
```

注意，如果有多于两个可选的子串选项，同样可以采用类似的写法，每个选项之间都用“|”号分隔开即可，如“(我们|你们|汤姆和汉森)”。

另外，竖线“|”实际上还可以分隔更复杂的选项，不一定仅仅是字符串，也可以是复杂的子正则表达式，例如：“(.们|大家)是工程师”可以匹配“我们是工程师”“你们是工程师”和“大家是工程师”等。

8.2.6 非捕获组

代码 8-19 中使用了 Regexp.FindAllStringSubmatch 函数来同时找出匹配子串和其中的捕获组，这是因为用了圆括号之后在正则表达式中形成了一个捕获组，因此该代码输出的每一个匹配项切片中都有两项，说明捕获到了 1 个捕获组（另一个是完整的匹配子串）。但对于本例来说，并无意获得捕获组，用圆括号的意思只是要设定可选子串，这种情况可以将该圆括号设置为“非捕获组”：只需要在圆括号内开头的位置加上“?:”两个连续字符即可，例如：

```
s := "我们是工程师。你们是工程师。汤姆和汉森也是工程师。"

regexT := regexp.MustCompile(`(?:我们|你们)是工程师`)

t.Printfln("查找结果: %#v", regexT.FindAllStringSubmatch(s, -1))
```

该代码将输出：

```
查找结果: [][]string{[]string{"我们是工程师"}, []string{"你们是工程师"}}
```

可以看出，其中已经没有捕获组了。这种定义非捕获组的方法与设置标志位时所定义的非捕获组虽然功能不同，但都属于非捕获组的一种。

8.2.7 获取匹配到子串的索引位置

如果需要获得正则表达式匹配到的子串在原字符串中的索引位置，Go 语言中也提供了相应的函数。例如，Regexp.FindStringIndex 函数的定义如下：

```
func (re *Regexp) FindStringIndex(s string) (loc []int)
```

该函数与 Regexp.FindString 函数类似，都是从字符串中找到第一个符合正则表达式的子串，区别之处在于 Regexp.FindString 函数将返回该子串，而 Regexp.FindStringIndex 将返回一个含有两项的 int 类型切片，其中第一项是该子串第一个字符在原字符串中的索引位置，第二项则是该子串最后一个字符在原字符串中的索引位置，见代码 8-20。

```
s := "世界很大，世界也很小。"

regexT := regexp.MustCompile(`很.`)

locationT := regexT.FindStringIndex(s)

t.Printfln("查找结果: %#v", locationT)

t.Printfln("子串内容: %#v", s[locationT[0]:locationT[1]])
```

代码 8-20 获得正则表达式匹配子串在原字符串中的索引位置

代码 8-20 的运行结果是：

```
查找结果: []int{6, 12}
子串内容: "很大"
```

可以看出，Regexp.FindStringIndex 函数确实返回了第一个符合正则表达式“很.”的子串的起始和结尾索引位置（注意是按字节计算的），这时再用字符串截取子串（子切片）的方法，将这两个索引位置传入，也可以得到该子串的实际内容。

类似的，还有 Regexp.FindAllStringIndex 函数用于获取所有符合条件子串的索引位置，以及 Regexp.FindAllStringSubmatchIndex 函数处理包括捕获组的情况，由于与 Regexp.FindStringIndex 函数及 Regexp.FindString 函数的作用类似，在此不再赘述。

8.2.8 用正则表达式分割字符串

正则表达式还可以用于分割字符串，可以提供比 strings.Split 函数更加灵活的功能，是通过 Regexp.Split 函数来实现的。

```
s := "世界很大，世界也很小。天涯才咫尺。"

regexT := regexp.MustCompile(`[，。]`)

t.Printfln("分割结果: %#v", regexT.Split(s, -1))
```

这段代码的运行结果是：

```
分割结果: []string{"世界很大", "世界也很小", "天涯才咫尺", ""}
```

需要说明的是：

- Regexp.Split 函数将从第一个参数指定的字符串中查找所有符合该正则表达式的子串并用作分隔符，将分隔开的其他子串形成一个字符串切片返回，第二个参数用于指定最多有多少个分割后的结果，传入-1 表示没有限制；
- 我们指定的分隔符用正则表达式来表达是指包括中文的逗号与句号，都可以用于分割；

- 注意分割出的切片中最后一项是一个空字符串，这是因为最后一个分隔符（中文的句号）后没有其他字符，这种情况该函数会返回一个空字符串。

8.2.9 判断整个字符串是否匹配正则表达式

有时候需要判断整个字符串是否符合某个正则表达式，可以用 regexp.MatchString 函数（注意这是 regexp 包里的函数）或者 Regexp.MatchString 函数（注意这是 Regexp 类型的成员函数），见代码 8 21。这时候还需要结合表示字符串起始位置和结束位置的指示符“\A”和“\z”来进行，否则容易匹配到子串而非整个字符串，因为这两个 MatchString 函数都是只要找到符合条件的任何子串就返回布尔值 true。

```
s := "abc123xyz"

regexT := regexp.MustCompile(`[a-z]+`)

t.Printfln("判断结果：%#v，匹配子串：%#v", regexT.MatchString(s), regexT.FindString(s))

regexT = regexp.MustCompile(`\A[a-z]+\z`)

t.Printfln("判断结果：%#v，匹配子串：%#v", regexT.MatchString(s), regexT.FindString(s))
```

代码 8-21　完整匹配字符串

代码 8-21 的运行结果是：

```
判断结果：true，匹配子串："abc"
判断结果：false，匹配子串：""
```

代码 8-21 中，第一个正则表达式没有用位置指示符“\A”和“\z”，因此 Regexp.MatchString 函数返回 true，因为可以找到符合正则表达式“[a-z]+”的子串“abc”；而第二个正则表达式加上了“\A”和“\z”，因此 Regexp.MatchString 函数找不到符合条件（即从字符串开始到结尾都是字母）的子串而返回了 false。

8.2.10 按字节进行正则表达式匹配

regexp 包中还提供了与 Regexp.FindString、Regexp.FindAllString、Regexp.FindStringSubmatch 等函数功能类似，但参数和返回值类型都是 byte 类型的函数版本，例如对应于 Regexp.FindString 函数的 Regexp.Find 函数定义如下：

```
func (re *Regexp) Find(b []byte) []byte
```

可以看出该函数接受一个 byte 类型的切片作为唯一的参数，返回值也是一个 byte 类型的切片，即可以在一个字节切片中寻找符合条件的一个子切片，见代码 8-22。

```
buf := []byte{61, 62, 63, 65, 66}

regexT := regexp.MustCompile("[A-C]+")

t.Printfln("查找结果：%#v", regexT.Find(buf))
```

代码 8-22　按字节进行正则表达式匹配

代码 8-22 的运行结果是：

```
查找结果：[]byte{0x41, 0x42}
```

其中需要说明的是：65 是字母 A 的 ASCII 码，即十六进制的 0x41；字母 B 的 ASCII 码依次是 66，即十六进制的 0x42；因此，Regexp.Find 函数查找出的符合正则表达式“[A-C]+”的 byte 切片是连续的两个字节 0x41 和 0x42，即十进制的 65 和 66。

第 9 章

Go 语言文件处理

在计算机中，文件被广泛用于存储各种信息，由于信息内容不同，文件被分为很多类型，在操作系统中常用文件名中的后缀（也称作文件的“扩展名”，一般指文件名中最后以小数点字符“.”开始的部分）表示文件的类型，例如文件名“abc.txt”的后缀是“.txt”，代表该文件是纯文本文件，而“picture.jpg”则代表该文件是 jpg 格式的图像文件。我们平时在谈及文件类型时，也往往习惯按文件的后缀名称作“txt 类型”“txt 文件”“jpg 类型”等。

注意	Windows 系统中，默认会把常见的扩展名隐藏起来，例如“abc.txt”文件在 Windows 系统中将只显示“abc”，而文件类型中会显示为“文本文件”。如果要看到扩展名，需要在资源管理器中进行设置，具体步骤参见 2.2.1 节。

注意，文件的名称后缀只是为了方便标识该文件的类型，但文件的实际类型仅取决于其中存储信息的格式，即使把一个图像文件的文件名后缀改为“.txt”，也不能改变它存储的是一幅图片信息的本质，还可能会导致依据文件名判断文件类型的一些软件处理异常。

另外，所有文件从本质上都是由一个个字节组成的，不同的只是如何用这些字节表示不同的信息，也就是用不同的数据格式表达不同的信息。文件类型也可能是重叠的，例如，一个 Excel 软件可以识别的后缀为“.csv”的表示二维表格信息的文件，其表达数据的格式也是用纯文本字符来表示的，因此这类文件其实也可以算作纯文本文件；而文字编辑软件 Word 保存的文档格式有时候其实是通用的 xml 格式的文件。如果从“所有文件都是由字节组成的”这一观点来看，所有文件都可以看成是所谓的“二进制文件”，即把文件内容理解成一个个 8 位二进制数字（字节）序列合起来表示的信息。

Go 语言在标准库中提供了丰富的函数用于处理各种涉及文件的操作，本章的重点就是介绍各种涉及文件的操作如何在 Go 语言中实现。

9.1 Go 语言中文本文件的处理

文本文件又叫作纯文本文件，是计算机中常用的一种文件格式。文本文件一般都是由“可见字符”或者“可打印字符”组成的，但实际上其中也会有一些“不可见字符”，例如 Tab 键输入的 Tab 字符、回车换行等字符，当然也可以认为这些字符是“可见”的。

9.1.1 文本文件的编码

本章开始时介绍过，所有文件实际上都是由字节组成的，文本文件中实际存储的是每个字符的编码。而文本有不同的编码格式，例如我们介绍过的 Unicode 编码以及其中的一种实现方案 UTF-8 编码、中文文档常用的 GB2312、GBK、GB18030 编码，以及英文和欧洲国家文档常用的 ISO-8859-1 编码，还有这些编码都兼容的 ASCII 编码（编码范围是 0x00-0xFF，包括所有的英文字母、数字和一些常用的符号）。严格地说，我们所说的“文本编码”指的是文本本身（在编程中体现为字符串）使用的编码格式，而文本文件的编码实际上指的是该文件中存储的文本使用的编码格式。

大多数文本编辑软件或编程开发 IDE 软件都能够将所打开文件的编码格式显示出来。例如，我们介绍过的 VS Code 软件会将当前打开文件的编码显示在软件下方状态栏的右边，如图 9.1 所示。

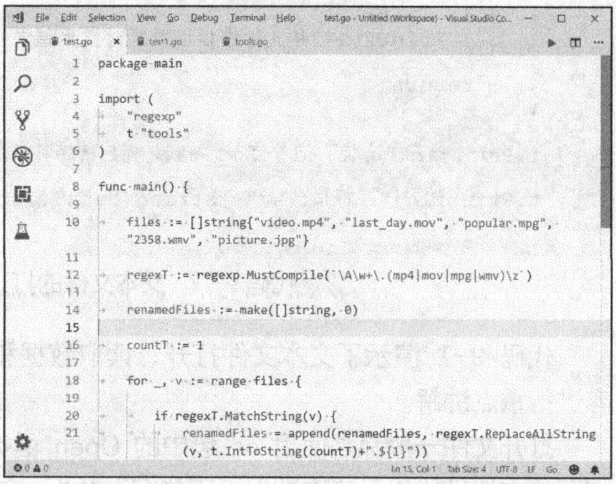

图 9.1 VS Code 软件中显示的文件编码

图 9.1 中的 test.go 是 Go 语言的源代码文件，但本质上也是纯文本文件，因此也可以显示文本编码，可以看出，该文本编码格式是 UTF-8 的，因为 Go 语言（包括现在大多数语言）的默认文本编码是 UTF-8。另外，“UTF-8”旁边的“LF”指的是该文件使用“\n”作为回车换行符，这是 Linux 和 UNIX 系统中文本文件常用的换行符表示方式，Windows 中会用“\r\n”两个字符作为换行符（显示为 CR/LF），而 MacOS 系统中常只用“\r”作为换行符（显示为“CR”）。

另外，Windows 系统中的 UTF-8 编码格式的文本文件常常有一个称作“BOM”的文件头，即在文本文件一开始有一个不可见的 Unicode 字符“\uFEFF”，BOM 是 Byte Order Mark（字节顺序标记）的缩写，它是 Unicode 中用于指示文本字节顺序的，在 UTF-8 编码中它实际上占用 3 个字节，编码分别是 0xEF、0xBB、0xBF。由于在 UTF-8 编码中实际上不需要 BOM 头，并且在一些软件中由于不能识别 BOM 头反而会带来处理异常，因此不建议使用带有 BOM 头的 UTF-8 文件。带有 BOM 头的 UTF-8 编码的文本文件可以在 VS Code 等软件中看到文件编码是类似“UTF-8 with BOM”的字样，可以在编辑软件中通过另存或修改编码格式等操作将该文件的编码格式改为普通的 UTF-8 编码。

本书中所有文本文件和源代码文件除非特殊说明，一律要求是不含 BOM 头的普通 UTF-8 编码格式。

9.1.2 文本文件的打开、读取与关闭等基本操作

可以把文本文件看作存储了一个字符串的文件，那么对文本文件最基本的操作就是如何从该文件中读取到一个字符串。为了实验，先用 VS Code 或其他文本编辑软件编辑一个文本文件，里面仅输入“abc”这三个字母，然后保存为 abc.txt 文件，假设保存的路径位置是“c:\test\abc.txt”（即 C 盘的 test 文件夹下的文件名为 abc.txt 的文件，如果 C 盘下没有 test 文件夹则需要先创建该文件夹）。然后编写代码，见代码 9-1。

```
package main
import (
 "os"
 t "tools"
)

func main() {

 fileT, errT := os.Open(`c:\test\abc.txt`)

 if errT != nil {
     t.Printfln("打开文件时发生错误：%v", errT.Error())

     return
 }

 defer fileT.Close()

 dataT := make([]byte, 100)

 countT, errT := fileT.Read(dataT)
```

```
    if errT != nil {
        t.Printfln("从文件中读取数据时发生错误: %v", errT.Error())

        return
    }

    t.Printfln("读取了%d 个字节: %#v, 对应的字符串是%q", countT, dataT[:countT], dataT[:countT])

    t.Printfln("字符串: %v", string(dataT[:countT]))

}
```

代码 9-1 文本文件的打开、读取、关闭等基本操作

代码 9-1 演示了文本文件打开、读取数据和关闭等基本操作的写法，下面将对其中的重要内容进行重点讲解。

打开文件一般都是使用 os 包中的 Open 函数，该函数用于以只读的方式打开文件，也就是说打开的文件只能用于读取数据而不能写入数据。该函数的定义如下：

```
func Open(name string) (*File, error)
```

它接受一个表示文件名（确切地说应该是文件的完整路径）的参数 name，然后返回一个 *os.File 类型的指针和一个表示错误信息的 error 类型的值。如果文件打开成功，*os.File 类型的指针就代表该打开的文件对象，可以进一步进行后续操作，error 类型的值为空值 nil；反之如果文件打开时发生了错误，则此时*os.File 指针的值无意义，错误原因信息将被放在 error 值中返回。Go 语言的函数有很多使用返回某个（或某几个）值和 error 值来处理可能的异常情况的方法，本书后面将不再一一解释正常和异常情况下函数返回值中正常值与 error 值的区别。

注意	绝大多数接受文件名作为参数的函数，所谓的文件名都是指文件的路径，如果没有写明完整的路径（即绝对路径），将被认为是相对路径，例如只写文件名则表示是在程序运行的当前工作目录下的该文件。由于 Go 语言中相关函数的声明中一般都是以表示“文件名”意思的“name”“filename”等名字来命名参数，本书后面也将直接称之为“文件名参数”等，但读者应该理解这是指文件的路径。

打开文件后，立即使用了一条 defer 语句调用 File.Close 函数来确保关闭文件。计算机中，文件被打开后一般都需要关闭，否则可能会导致文件内容异常。defer 语句的特点是无论函数正常退出还是异常退出都会被依次执行（按语句出现的顺序反序执行），因此，在成功打开文件后应当立即写一条 defer 语句来保证文件最终会被关闭。反之，如果文件没有打开成功，则文件指针中是无意义的值，此时不应调用关闭文件的函数。

之后，定义了一个 byte 类型的切片变量 dataT 并为其分配了 100 项（即可以容纳 100 个字节）的空间，准备放置从文件中读取的数据，然后调用 File.Read 函数读取数据，该函数的定义是：

```
func (f *File) Read(b []byte) (n int, err error)
```

该函数的第一个参数应传入 byte 类型的切片 b，File.Read 函数将从文件中试图读取尽可能多的字节到变量 b 中，最多读取的个数为 b 的长度（本例中就是 100），如果文件中没有这么多个字节可读取，则读取该文件中所有的字节后就停止。该函数的返回值中的 n 是成功读取到的字节数量。由于作为测试例子的文件 abc.txt 中只有“abc”三个字母，因此该函数应该只读取到这三个字母，返回值 n 应当为 3。

最后，我们输出读取到的数据时，使用了“dataT[:countT]”这种切片的方式从 dataT 中截取读取到的实际长度的子切片，防止输出 dataT 种后面无意义的值（应该都是值为 0 的字节）。另外，“%q”的格式化符输出字节切片[]byte 类型的值时，会将其转换为字符串的形式输出；而最后一条输出语句则使用了一个强制类型转换将 dataT 转换成了 string 类型来输出，这两种字符串输出的结果应该都是一样的。但注意强制类型转换时，如果该字节切片中存放的数据不是 UTF-8 编码的字符串时，可能会产生错误。

运行代码 9-1 的输出结果是：

```
读取了 3 个字节：[]byte{0x61, 0x62, 0x63}，对应的字符串是"abc"
字符串：abc
```

可以看出，程序确实从文件中读取到了 3 个字节，分别是“a”“b”“c”3 个字母的 UTF-8 编码（也是 ASCII 编码）。

9.1.3 从较大的文本文件中读取完整内容

在从文本文件读取字符串之前，代码 9-1 中预先分配了较大空间的字节切片来存放内容，这在文件内容比该空间可容纳的字符串容量小的时候是可以的，但如果文件较大，这种方法就可能无法完整读取文件中的内容，此时可以用缓冲读取的方法读取完整的文件内容。

为了演示，我们再在 C 盘的 test 目录下新建一个文本文件 long.txt，并在其中输入以下内容：

```
abc2136782368xyz
大家玩得都很高兴。

3.14159265358979
```

然后用代码 9-2 进行测试：

```
package main

import (
  "io"
  "os"
  t "tools"
)

func main() {

  fileT, errT := os.Open(`c:\test\long.txt`)

  if errT != nil {
        t.Printfln("打开文件时发生错误：%v", errT.Error())

        return
  }

  defer fileT.Close()

  totalCountT := 0
  totalDataT := make([]byte, 0, 100)

  bufT := make([]byte, 5)

  for {
        countT, errT := fileT.Read(bufT)
        if errT != nil {

              if errT == io.EOF {
                    break
              }

              t.Printfln("从文件中读取数据时发生错误：%v", errT.Error())

              return
        }

        totalDataT = append(totalDataT, bufT[:countT]...)

        totalCountT += countT
  }

  t.Printfln("一共读取了%d 个字节：%#v，对应的字符串是%q", totalCountT, totalDataT[:totalCountT],
totalDataT[:totalCountT])

  t.Printfln("字符串：%v", string(totalDataT[:totalCountT]))

}
```

代码 9-2 用缓冲方式读取完整的文本文件内容

代码 9-2 演示了开发过程中常见的用缓冲方式读取较长文件内容的方法，这种方法的核心是：用一个固定长度的缓冲区（英文名称为 buffer，在 Go 语言中缓冲区指一个[]byte 类型的字节切片）从文件中循环读取数据，每次读取成功后将该次读取到的内容逐步添加到最终的字节切片中，直至读完整个文件。

代码 9-2 中定义的变量 bufT 是固定大小为 5 的字节切片，即用作缓冲区的变量，而 totalDataT 则是用于放置整体读取到的内容的字节切片，它的长度会随着用 append 函数不停为其增加内容而变大，初始容量 50 只是随意设定的预估容量值，初始大小则是 0（注意这里不能是大于 0 的数值，否则会被预先分配该数值大小的数据项并赋为零值，append 函数会从这之后追加内容，结果会发生错误）。

我们用了一个循环不断从文件中读取内容，每次读取 5 个字节（由 bufT 的长度决定），读取成功后用 append 函数将其中的内容加入 totalDataT 中。对于切片类型的变量，用 append 为其追加另一个切片中所有数值项的内容时，需要在追加的切片后加上“...”（三个小数点）。而 bufT[:countT]是 bufT 的子切片，也是切片类型的，所以要用“bufT[:countT]...”这样的形式来传入。totalCountT 是在 totalDataT 中有效存入的字节总数。

在循环中，每次读取文件数据后都会判断 errT 是否为 io.EOF，如果是则中止循环。io.EOF 是在 io 包中定义的一个常量，当 File.Read 函数读取文件内容时遇到文件结尾时（也就是读取完了所有文件内容时），会返回（0, io.EOF）这两个值，其中 0 指读取到了 0 个字节，error 类型的值则会是 io.EOF，可以通过判断这两个值来确定是否将整个文件的内容都读取完毕了。

这样，代码 9-2 就完整实现从一个任意大小的文本文件中读取所有内容到一个字符串中的功能，或者确切地说是读取所有内容到字节切片中，然后用强制类型转换将字节切片转换成为字符串。该代码的运行结果是：

```
    一共读取了 65 个字节: []byte{0x61, 0x62, 0x63, 0x32, 0x31, 0x33, 0x36, 0x37, 0x38, 0x32, 0x33, 0x36, 0x38, 0x78, 0x79, 0x7a, 0xd, 0xa, 0xe5, 0xa4, 0xa7, 0xe5, 0xae, 0xb6, 0xe7, 0x8e, 0xa9, 0xe7, 0x9a, 0x84, 0xe9, 0x83, 0xbd, 0xe5, 0xbe, 0x88, 0xe9, 0xab, 0x98, 0xe5, 0x85, 0xb4, 0xe3, 0x80, 0x82, 0xd, 0xa, 0xd, 0xa, 0x33, 0x2e, 0x31, 0x34, 0x31, 0x35, 0x39, 0x32, 0x36, 0x35, 0x33, 0x35, 0x38, 0x39, 0x37, 0x39}, 对应的字符串是 "abc2136782368xyz\r\n大家玩的都很高兴。\r\n\r\n3.14159265358979"
    字符串: abc2136782368xyz
    大家玩的都很高兴。

    3.14159265358979
```

从运行结果中我们还可以看出：程序一共读取了 65 个字节的数据，而 totalDataT 预分配的容量是 50，因此后来 append 函数一定会有一个重新分配更大空间的过程；另外字符串中的换行是由“\r\n”两个字符来表示的，说明这个文本文件是按 Windows 换行格式保存的。

9.1.4 较简单的读取完整文本的方法

代码 9-2 中演示的方法其实可以用来读取任何类型的文件：先将文件内容读入某个字节切片中，然后根据其数据类型转换为需要的类型，存储进相应的变量中以备下一步处理。这种方法非常重要，读者应该熟练掌握，但是对于纯文本文件来说，还有更简化的方法来方便地从文件中读取字符串。

本节将编写一个 tools 包中的函数 LoadStringFromFile，用于从文本文件中读取整个内容，见代码 9-3。

```
// LoadStringFromFile 从文件中读取所有内容并返回为字符串，如果出错则返回 defaultA 参数指定的字符串
func LoadStringFromFile(fileNameA string, defaultA string) string {
  fileT, err := os.Open(fileNameA)
  if err != nil {
        return defaultA
  }

  defer fileT.Close()

  fileContentT, err := ioutil.ReadAll(fileT)
  if err != nil {
        return defaultA
```

```
    }
    return string(fileContentT)
}
```

代码 9-3　读取文本文件整个内容的 tools.LoadStringFromFile 函数

代码 9-3 中的注释将该函数的功能解释得很清楚。需要说明的是我们用了标准库中 io/ioutil 包的 ReadAll 函数将文件中的所有内容一次性读取到 fileContentT 中。ioutil.ReadAll 函数的定义如下：

```
func ReadAll(r io.Reader) ([]byte, error)
```

它接受一个 io.Reader 类型的参数，并返回一个[]byte 类型的变量（error 类型返回值以后将不再单独解释）。在代码 9-3 中，直接将用 os.Open 函数打开的文件指针 fileT 传入，这是因为 io.Reader 是一个接口类型，它的定义是：

```
type Reader interface {
        Read(p []byte) (n int, err error)
}
```

也就是说，任何数据结构只要实现了与 io.Reader 中声明的 Read 函数完全相同的成员函数，就可以被看作 io.Reader 类型，而 os.File 类型实现了完全相同的 Read 函数（在代码 9-1 和代码 9-2 中已经使用过该函数），因此可以作为该类型的参数传入 ioutil.ReadAll 函数。ioutil.ReadAll 函数将从该文件中读取所有的内容并将所有字节放入一个[]byte 类型的切片作为函数的返回值。

最后，仍然用强制类型转换将字节切片转换为字符串，并作为整个函数（tools.LoadStringFromFile）的返回值。在函数执行过程中如果发生错误，将返回函数参数中指定的默认值 defaultA。注意 ioutil.ReadAll 函数不会将读到文件结尾的情况作为一种异常，因此不用判断 io.EOF 的情况。

编写完该工具函数之后，用它来读取文本文件内容的代码将非常简单，见代码 9-4。

```
package main

import (
  t "tools"
)

func main() {

  s := t.LoadStringFromFile("c:\\test\\long.txt", "")

  t.Printfln("一共读取了%d 个字节，字符串是%#v", len(s), s)

}
```

代码 9-4　简化读取文本文件内容的方式

代码 9-4 仅用了 1 行主要代码就实现了从文本文件中读取整个内容的过程，非常方便。注意由于文件名字符串用双引号括起，所以其中的路径分隔符反斜杠“\”需要双写作为转义字符的形式。另外，获取字符串长度用内置函数 len 即可，返回的值是字符串的字节长度。代码 9-4 的运行结果是：

```
一共读取了 65 个字节，字符串是"abc2136782368xyz\r\n 大家玩的都很高兴。\r\n\r\n3.14159265358979"
```

实际应用中，tools.LoadStringFromFile 函数中的参数 defaultA 根据需要传入不同的数值，以便调用该函数的代码能够鉴别出发生错误的情况，常见的包括传入空字符串或某个不可能从文件中读到的字符串（例如“\u0000\u0001”等）。这种处理异常的方法一般用于不太关心发生异常的原因，而只关心是否有正确结果的情况。

9.1.5 更简单的读取完整文本的方法

从文本文件中读取完整内容还有更简单的方法，tools.LoadStringFromFile 函数可以进一步修改为代码 9-5。

```
// LoadStringFromFile 从文件中读取所有内容并返回为字符串，如果出错则返回 defaultA 参数指定的字符串
func LoadStringFromFile(fileNameA string, defaultA string) string {
```

```
    fileContentT, err := ioutil.ReadFile(fileNameA)
    if err != nil {
        return defaultA
    }

    return string(fileContentT)
}
```

代码 9-5　改进后的 tools.LoadStringFromFile 函数

代码 9-5 中使用了 io/ioutil 包中的函数 ReadFile，这个函数可以直接接受一个文件名参数并读取其中的内容作为字节切片返回。使用该方法也无须考虑用 defer 关闭文件的问题，tools.LoadStringFromFile 函数可以被进一步简化。

这种方法显然是最简单的，但是代码 9-4 中使用 ioutil.ReadAll 函数也能够发挥作用，因为它所接受的参数是 io.Reader 类型，所以可以被用于从并非文件但是符合 io.Reader 接口类型的其他数据源中读取数据，例如从一个字符串中读取（用前面介绍过的 strings.Reader 类型）数据等。

9.1.6　从文本文件中读取指定数量的行

有时候可能需要仅从文本文件中读取前几行内容，例如如果想从测试文件 long.txt 中读取前两行内容，可以用下面的方法。

首先，再编写一个 tools 包中的函数 LoadLinesFromFile，见代码 9-6。

```
// LoadLinesFromFile 从文件中读取指定数量的行
func LoadLinesFromFile(fileNameA string, limitA int) string {

    fileT, err := os.Open(fileNameA)
    if err != nil {
        return "\u0001\u0001\u0001" + err.Error()
    }

    defer fileT.Close()

    var buf strings.Builder

    reader := bufio.NewReader(fileT)

    limitT := 0

    for true {
        strT, err := reader.ReadString('\n')
        if err != nil {
            break
        }

        buf.WriteString(strT)

        limitT++

        if (limitA > 0) && (limitT >= limitA) {
            break
        }
    }

    return buf.String()
}
```

代码 9-6　从文本文件中读取指定行数的 tools.LoadLinesFromFile 函数

该函数除接受一个文件名参数外，还接受一个指定最大读取行数的参数 limitA，该函数将从文件中读取 limitA 指定行数的内容，如果文件没有那么多行，则会返回全部文件内容。代码 9-6 中需要做如下说明。

- 这次没有使用默认值或者包括 error 类型在内的多返回值形式来处理发生异常的情况，而是在发生异常时返回了一个特殊的字符串，这个字符串由连续三个特殊的 Unicode 字符“\u0001\u0001\u0001”开始，然后则是错误的原因。调用该函数的代码可以根据返回的字符串来判断是否出错。

- 变量 buf 是 strings.Builder 类型的变量，用于保存从文件中读取的数据，使用 strings.Builder 替代之前用 append 追加一个字节切片的方法；
- 本段代码中使用了 Go 语言标准库中 bufio 包内的 Reader 类型来处理从文件中逐行读取文本的任务，该类型主要用于缓冲式地读取数据（该类型将建立一个内部缓冲区来存放每一次读取的数据，我们无须关心它实现缓冲读取的具体方式）。首先，bufio.NewReader 将新建一个 bufio.Reader 类型的变量，它是根据传入参数中的 os.File 类型的数值来创建的（意味着 bufio.Reader 的成员函数读取信息时将从 os.File 类型数值所代表的文件中读取，本例中是从变量 fileT 打开的文件中读取）。
- 然后用一个循环从该文件中反复读取内容，每次读取一行，这是通过调用 bufio.Reader 的成员函数 ReadString 来实现的，该函数的唯一一个参数用于指定读取到什么字符结束，传入换行符“\n”即可达到每次读取一行的目的，Reader.ReadString 函数的返回值是字符串而非字节切片。
- Reader.ReadString 函数遇到文件结束或其他错误时都将返回 error 值，此时终止循环；否则将读取到的字符串追加到 buf 中，同时将用于计数的变量 limitT 的数值加 1，并判断该值是否超过了参数 limitA，如果大于或等于 limitA，说明已经取到足够的行数，此时也应终止循环。
- 增加一个条件判断“limitA > 0”的原因是为了让本函数也像 Go 语言其他函数一样可以传入-1 表示不限制行数，此时该函数将读取整个文件的内容。

调用 tools.LoadLinesFromFile 函数时应使用代码 9-7。

```
package main

import (
 t "tools"
)

func main() {

  s1 := t.LoadLinesFromFile("c:\\test\\longe.txt", 2)

  if t.StartsWith(s1, "\u0001\u0001\u0001") {
       t.Printfln("读取文件时发生错误: %v", s1[3:])
  }

  s2 := t.LoadLinesFromFile("c:\\test\\long.txt", 2)

  if t.StartsWith(s2, "\u0001\u0001\u0001") {
       t.Printfln("读取文件时发生错误: %v", s2[:3])
       return
  }

  t.Printfln("一共读取了%d 个字节，字符串是%#v", len(s2), s2)

}
```

代码 9-7 调用 tools.LoadLinesFromFile 函数并处理异常情况

代码 9-7 中演示了如何处理 tools.LoadLinesFromFile 返回表示错误的字符串的情况，即调用该函数的代码都应该判断返回的字符串是否以约定的“\u0001\u0001\u0001”三个字节开头，如果是则表明有错误发生，将输出这三个字节之后的错误信息，否则继续执行代码。为了达到测试效果，我们故意将变量 s1 中的文件名写错，来观察程序的执行结果：

```
读取文件时发生错误: open c:\test\longe.txt: The system cannot find the file specified.
一共读取了 47 个字节，字符串是"abc2136782368xyz\r\n 大家玩得都很高兴.\r\n"
```

可以看出，程序正确处理了异常情况，对于 s1 代表的文件读取错误，输出的信息提示说明系统中没有找到这个文件；对于 s2 代表的文件则正确读取出了我们指定的两行文本。

9.1.7 将字符串写入文本文件

与读取动作相反，也可以将字符串写入文件中，代码 9-8 是在 tools 包中编写的用于保存字符串到文件中的函数 tools.SaveStringToFile。

```
// SaveStringToFile 将字符串存入文件，如果原来有同名文件则其内容将被冲掉
func SaveStringToFile(strA string, fileA string) string {
  fileT, errT := os.Create(fileA)

  if errT != nil {
        return errT.Error()
  }

  defer fileT.Close()

  writerT := bufio.NewWriter(fileT)

  writerT.WriteString(strA)

  writerT.Flush()

  return ""
}
```

代码 9-8 tools.SaveStringToFile 函数

代码 9-8 中使用 os.Create 函数创建一个新的文件，此时如果原来有同名文件，则其内容将被新的内容冲掉。然后用 bufio 包的 NewWriter 函数创建了一个 bufio.Writer 类型的变量 writerT，再用 bufio.Writer 类型的成员函数 WriteString 将字符串的内容写入文件。Writer.Flush 函数则保证操作系统将文件真正写入硬盘中（否则有可能在内存中缓冲而没有真正写入硬盘上，这也是平时为什么要先“安全退出”再拔出 U 盘的原因）。

另外，tools.SaveStringToFile 函数处理异常又用了一种新的方法，出现错误时将返回一个表示错误信息的字符串，否则将返回一个空串。目前本书中介绍了几种函数发生异常时的处理方式，读者可以根据实际需要选择最适合的方式。

调用 tools.SaveStringToFile 函数见代码 9-9。

```
package main

import (
  t "tools"
)

func main() {

  s := "第一行内容\n 第二行内容\n 第三行内容"

  resultT := t.SaveStringToFile(s, "c:\\test\\save.txt")

  if resultT != "" {
        t.Printfln("写入文件时发生错误: %v", resultT)
        return
  }

  t.Printfln("已成功将字符串%#v 写入文件。", s)

}
```

代码 9-9 调用 tools.SaveStringToFile 函数

代码 9-9 的执行结果是：

```
已成功将字符串"第一行内容\n 第二行内容\n 第三行内容"写入文件。
```

打开位于“C:\test\save.txt”路径位置的文件，可以看到其中的内容是正确的，如下所示：

```
第一行内容
第二行内容
第三行内容
```

9.1.8 向已有的文本文件中追加内容

可以用多种方法向已有的文本文件中追加内容，先从文件中读取所有内容到一个字符串变量中，然后将该字符串加上另一个要追加的字符串（用字符串连接的方法），再将结果字符串整体重新写入该文件，冲掉原有内容即可。也可以用下面的方法，先编写一个 tools 包中用于追加字符串到文件中的函数 AppendStringToFile，见代码 9-10。

```
// AppendStringToFile 向文件中追加字符串，如果文件不存在则新建该文件后再追加
func AppendStringToFile(strA string, fileNameA string) string {

 fileT, errT := os.OpenFile(fileNameA, os.O_RDWR|os.O_CREATE|os.O_APPEND, 0666)

 if errT != nil {
      return errT.Error()
 }

 defer fileT.Close()

 writerT := bufio.NewWriter(fileT)

 writerT.WriteString(strA)

 writerT.Flush()

 return ""
}
```

代码 9-10 tools.AppendStringToFile 函数

然后用类似代码 9-11 来调用该函数：

```
package main

import (
 t "tools"
)

func main() {

 s := "\n 第四行内容\n 第五行内容"

 resultT := t.AppendStringToFile(s, "c:\\test\\save.txt")

 if resultT != "" {
      t.Printfln("追加写入文件时发生错误: %v", resultT)
      return
 }

 t.Printfln("已成功将字符串%#v 追加至文件。", s)

}
```

代码 9-11 调用 tools.AppendStringToFile 函数追加字符串至文件

tools.AppendStringToFile 函数与 tools.WriteStringToFile 函数的主要区别是打开文件时使用了 os.OpenFile 函数，该函数的定义如下：

```
func OpenFile(name string, flag int, perm FileMode) (*File, error)
```

与 os.Open 函数的区别是，os.OpenFile 函数多接受两个参数，flag 表示打开文件的方式，perm 代表文件的权限设置。flag 参数传入了“os.O_RDWR|os.O_CREATE|os.O_APPEND”，这是几个 os 包中的常量用“按位或”的形式组合起来的数值，其中 os.O_CREATE 表示如果文件不存在则新建一个文件，os.O_RDWR 表示用可读可写的方式打开文件，os.O_APPEND 表示写入时是向文件中追加数据（在文件末尾），这三个常量用“按位或”操作符组合起来就能够达到无论是否有该文件存在都向其中追加数据（没有的话新建一个空文件之后再进行追加。）。参数 perm 一般置为八进制数字“0666”（注意，Go 语言中以“0”开头的数字表示八进制的数字）表示任何操作系统都可以读写，也可以置为“0777”表示在“0666”表示的权限基础上还可以让所有用户把该

文件作为可执行文件执行。

> **注意**
>
> Linux/UNIX 等操作系统中使用掩码（umask）表示不同用户对文件或目录的操作权限。掩码用三个八进制数字表示，每一个八进制数字分别代表用户本身、用户所属的组、所有用户对该文件或目录所拥有的权限。例如“666”这个八进制数字，表示这三者的权限是一样的，而八进制的“6”即为二进制的“110”，其中的每个二进制位分别代表“读”“写”“执行”三种权限，如果为 1 则表示有权限，为 0 则表示无权限。因此“6”的前两个二进制位是 1，最后一个二进制位是 0，表示有“读”和“写”的权限，但没有执行的权限。“执行”的权限一般是对可执行文件或脚本文件来说的。

这样，tools.AppendStringToFile 函数就实现了向文本文件追加内容的功能。代码 9-11 中调用了该函数向代码 9-9 中已经写入了字符串的 C:\test\save.txt 文件中追加两行，开头要加一个换行符“\n”，因为原来写入时最后没有换行符。代码 9-11 运行后，save.txt 文件中的内容如下：

```
第一行内容
第二行内容
第三行内容
第四行内容
第五行内容
```

9.1.9 用移动文件指针的方法向文件中追加内容

9.1.8 节中介绍的是用追加模式打开文件（在 os.OpenFile 的文件打开方式参数中使用了 os.O_APPEND 标志）后就可以向文件中追加内容。本小节将介绍使用可读写模式打开文件后，通过移动文件读写指针的方式来实现追加内容的目的，见代码 9-12。

```
package main

import (
  "io"
  "os"
  t "tools"
)

func main() {

  s := "\n 第六行内容\n 第七行内容"

  fileT, errT := os.OpenFile("c:\\test\\save.txt", os.O_RDWR, 0666)

  if errT != nil {
        t.Printfln("打开文件时发生错误: %v", errT.Error())
        return
  }

  defer fileT.Close()

  oldSizeT, errT := fileT.Seek(0, io.SeekEnd)

  if errT != nil {
        t.Printfln("移动文件指针时发生错误: %v", errT.Error())
        return
  }

  t.Printfln("原有文件大小: %v 个字节", oldSizeT)

  _, errT = fileT.Write([]byte(s))

  if errT != nil {
        t.Printfln("追加写入文件时发生错误: %v", errT.Error())
        return
  }

  t.Printfln("已成功将字符串%#v 追加至文件。", s)

}
```

代码 9-12 移动文件指针来实现追加内容

用 os.Open 或 os.OpenFile 打开文件后，其实都有一个文件读写指针用于确定下一次读取或写入数据从文件的什么位置来进行。代码 9-10 中 os.OpenFile 函数打开文件时使用了 os.O_APPEND 模式标志位，相当于打开文件后直接将文件读写指针移动到了文件末尾，因此再写入数据时自然就是追加到文件末尾了。

而代码 9-12 中，在用 os.OpenFile 函数打开文件时，文件打开模式参数 flag 仅使用了 os.O_RDWR 一个标志，说明要求按可读写的方式打开文件。此时没有使用 os.O_APPEND 标志的情况下，文件读写指针默认是 0，也就是在文件一开始的位置，写入数据时会将原有的数据覆盖。因此，使用 File.Seek 函数将文件读写指针移动到文件末尾。

Seek 函数其实是 io.Seeker 这个接口类型的成员函数，严谨地说应该是 Seeker.Seek 函数，io.Seeker 接口类型的定义如下：

```
type Seeker interface {
        Seek(offset int64, whence int) (int64, error)
}
```

而 os.File 实现了这个接口，因此可以直接在 os.File 类型的变量上调用这个函数来移动文件读写指针（注意，实现了 io.Seeker 这个接口的数据类型不一定表示文件，也有可能是字符串，例如 strings.Reader 等，此时移动的就是字符串读写指针了）。Seeker.Seek 函数的第一个参数表示移动多少个字节，第二个参数表示从哪里开始移动，一般有三个值可以选用：io.SeekStart 表示从文件头开始计算，io.SeekEnd 表示从文件尾开始计算，io.SeekCurrent 表示从当前文件读写指针所在的位置开始计算。本代码示例中从文件尾开始移动 0 个字节，即将文件读写指针移动到文件尾，再用 File.Write 函数写入数据时就是从文件尾开始写入了。

Seeker.Seek 函数在成功调用后会返回本次移动了多少个字节的距离，这也常常被用作获取文件大小的一种方法。但这种方法不是很好，因为对于处理大文件效率极低，本书后面将介绍获取文件大小更合理的方法。

代码 9-12 运行的结果是：

```
原有文件大小: 83 个字节
已成功将字符串"\n 第六行内容\n 第七行内容"追加至文件。
```

最后要注意，用 os.O_RDWR 而没有 os.O_CREATE 标志位的情况下打开文件，必须要保证该文件是已经存在的，否则会运行出错。

9.1.10 文件、目录的其他基本操作

文件的删除与重命名等操作其实对所有类型的文件来说是一样的，由于本章介绍的是文本文件的处理，所以放在本节进行介绍。

Go 语言标准库中提供了一系列用于文件和目录处理的函数，本小节将选择其中比较常用的进行介绍。本小节介绍的内容基本可以用于各种类型的文件，而不仅仅是文本文件。

1. 判断文件或目录是否存在

对文件进行操作时常常需要先判断该文件是否存在，在 Go 语言中是这样实现的，见代码 9-13。

```
// FileExists 判断文件或目录是否存在
func FileExists(fileNameA string) bool {
  _, errT := os.Stat(fileNameA)
  return errT == nil || os.IsExist(errT)
}
```

代码 9-13 判断文件或目录是否存在的函数

把代码 9-13 中的 FileExists 函数也加入 tools 包中，该函数首先调用 os.Stat 函数，定义如下：

```
func Stat(name string) (FileInfo, error)
```

该函数用于返回指定文件或目录的相关信息，如果返回的 error 值是 nil 则表示正确获取了该文件

或目录的信息，此时该文件一定是已经存在的；另一种情况是，error 值不为 nil，此时可能有一种特殊的错误表示文件或目录已经存在，这时候可以用 os.IsExist 函数判断该 error 值是否表示这种错误，如果是则证明该文件或目录是存在的。因此 tools.FileExists 函数使用了这两种情况的“逻辑或”来进行判断，即满足任何一种条件则表示文件存在，整个函数将返回 true。在对已有文件进行操作时（如追加内容、删除文件等），都建议先判断文件是否存在，tools.FileExists 函数的用法见代码 9-14。

```
    s := "\n 第四行内容\n 第五行内容"

    fileNameT := "c:\\test\\save.txt"

    if !t.FileExists(fileNameT) {
          t.Printfln("文件 %v 不存在", fileNameT)
          return
    }

    resultT := t.AppendStringToFile(s, fileNameT)

    if resultT != "" {
          t.Printfln("追加写入文件时发生错误：%v", resultT)
          return
    }

    t.Printfln("已成功将字符串%#v 追加至文件。", s)
```

代码 9-14　追加文件内容前先检测文件是否存在

2. 区分文件和目录

当函数参数中传入一个文件名时，有可能表示一个文件，也有可能是一个目录名称，这时候可以用代码 9-15 中的两个函数进行判断（这两个函数也将被加入 tools 包）。

```
// IsFile 判断路径名是否是文件
func IsFile(fileNameA string) bool {
  f, errT := os.Open(fileNameA)
  if errT != nil {
        return false
  }
  defer f.Close()

  fi, err := f.Stat()
  if err != nil {
        return false
  }

  if mode := fi.Mode(); mode.IsRegular() {
      return true
  } else {
      return false
  }
}

// IsDirectory 判断路径名是否是目录
func IsDirectory(dirNameA string) bool {
  f, err := os.Open(dirNameA)
  if err != nil {
        return false
  }
  defer f.Close()

  fi, err := f.Stat()
  if err != nil {
        return false
  }

  if mode := fi.Mode(); mode.IsDir() {
      return true
  } else {
      return false
  }
}
```

代码 9-15　判断路径名是文件还是目录

tools.IsFile 和 tools.IsDirectory 函数方法类似，都是先用 os.Open 函数尝试打开该文件或目录的路径名，如果产生错误，说明文件不存在或有其他问题，此时将返回 false。然后用 File.Stat 成员函数尝试获取该文件或目录的信息，如果出现错误也用同上的方法处理，如果没有错误，该函数将返回一个 os.FileInfo 结构类型的数值。最后调用 FileInfo.Mode 成员函数获得该文件的模式信息（os.FileMode 类型）并调用其成员函数 IsRegular 和 IsDir 来判断该路径名指的是文件还是目录。

可以看出，Go 语言中判断文件和目录的程序是相对比较复杂的，但这个操作有时候是必须的，例如删除文件或目录时，要先进行判断后再进行不同的操作。

3. 删除文件

删除文件可以使用类似代码 9-16。

```
package main

import (
  "os"
  t "tools"
)

func main() {

  fileNameT := "c:\\test\\save.txt"

  if !t.FileExists(fileNameT) {
        t.Printfln("文件 %v 不存在", fileNameT)
        return
  }

  errT := os.Remove(fileNameT)

  if errT != nil {
        t.Printfln("删除文件时发生错误: %v", errT.Error())
        return
  }

  t.Printfln("已成功删除文件%v。", fileNameT)

}
```

代码 9-16　用 os.Remove 函数删除文件

代码 9-16 中主要是通过调用 os.Remove 函数来删除文件的。os.Remove 函数还可以用来删除空目录，空目录指该目录下没有任何文件或子目录的目录。但是删除的目录通常情况下不会是空目录，所以删除目录时一般不常使用 os.Remove 函数。

4. 删除整个目录

删除整个目录的操作指的是将该目录下所有的文件和子目录（以及子目录下的文件和再下一级的子目录……）全部删除，然后将该目录本身也删除。这在 Go 语言中要用到 os 包中的 RemoveAll 函数，见代码 9-17。

```
package main

import (
  "os"
  t "tools"
)

func main() {

  dirNameT := "c:\\test"

  if !t.FileExists(dirNameT) {
        t.Printfln("目录 %v 不存在", dirNameT)
        return
  }

  errT := os.RemoveAll(dirNameT)

  if errT != nil {
        t.Printfln("删除目录时发生错误: %v", errT.Error())
```

```
        return
    }
    t.Printfln("已成功删除目录%v。", dirNameT)
}
```

代码 9-17 用 os.RemoveAll 函数删除目录

代码 9-17 将会把示例中新建的目录“C:\test”及其中文件完全删除。注意，os.RemoveAll 函数在遇上参数表示一个空目录时并不会返回异常，即 error 值还是 nil，但会在遇上第一个异常情况时终止执行，可能的异常情况包括：目录或其中的文件正在被某个软件使用（例如某个文本文件是打开状态正在编辑，或者 CMD 窗口中正处于该目录下等）、当前操作系统登录用户所没有权限删除某个文件等。注意要谨慎使用删除目录等操作，一旦误删除了某些文件或目录会造成比较严重的后果。

5. 创建新目录和新文件

可以用 os.Mkdir 函数创建新目录，该函数除了需要路径名作为参数之外，还要求传入一个权限码，我们一般传入“0777”来表示所有人都有权限读、写和执行。os.Mkdir 函数的定义如下：

```
func Mkdir(name string, perm FileMode) error
```

使用 os.Mkdir 函数时，必须保证传入目录的上一级目录是已经存在的，否则会出错。例如，如果传入“C:\test\sub1”，而此时 C 盘下的 test 目录已经被删除了，或者本来就不存在，那么 os.Mkdir 函数将会报错（返回非 nil 的 error 值）。如果希望程序智能一些，能够在这种情况下自动建立所有的上级目录，则可以使用 os.MkdirAll 函数，它的用法与 os.Mkdir 函数相同，唯一的区别是会自动创建所有需要的上级目录。

新建文件与之前介绍的向文件中写入数据的方法相同，可以用 os.OpenFile 函数传入适当的参数后直接关闭文件达到新建一个空白文件的效果，见代码 9-18。

```
package main

import (
  "os"
  t "tools"
)

func main() {

  dirNameT := "c:\\test\\sub1"

  errT := os.Mkdir(dirNameT, 0777)

  if errT != nil {
        t.Printfln("创建目录时发生错误: %v", errT.Error())
        return
  }

  t.Printfln("已成功删除目录%v。", dirNameT)

  fileT, errT := os.OpenFile("c:\\test\\sub1\\test.txt", os.O_CREATE, 0666)

  if errT != nil {
        t.Printfln("创建文件时发生错误: %v", errT.Error())
        return
  }

  defer fileT.Close()

}
```

代码 9-18 创建目录和文件

代码 9-18 中，使用 os.MkdirAll 函数创建一个路径为“C:\test\sub1”的目录，注意在代码 9-17 中已经删除了“C:\test”目录，因此该函数应该会先新建“C:\test”目录，再在其中创建“sub1”子目录。用 os.OpenFile 函数新建文件，传入的文件模式参数是 os.O_CREATE，表示如果文件不存在就创建它，然后没有任何操作直接关闭该文件。程序运行后，在“C:\test\sub1”目录下新建了一个名为“test.txt”并且大小为 0 字节的文件。

6. 文件的移动或改名

文件的移动或改名操作是指改变文件的名字，也可以改变文件所在的路径位置，这样就达到了移动文件的效果。但在不同操作系统中移动文件的处理方式不同，一般来说，将文件从一个逻辑磁盘（例如 Windows 中的 C 盘、D 盘等）用改名的方式移动到另一个逻辑磁盘是不允许的。

Go 语言中对文件进行改名或移动操作使用的是 os.Rename 函数，见代码 9-19。

```
package main

import (
 "os"
 t "tools"
)

func main() {

 oldFileNameT := "c:\\test\\sub1\\test.txt"
 newFileNameT := "c:\\test\\new.txt"

 errT := os.Rename(oldFileNameT, newFileNameT)

 if errT != nil {
       t.Printfln("移动文件时发生错误: %v", errT.Error())
       return
 }

 t.Printfln("已成功移动文件 %v 到 %v。", oldFileNameT, newFileNameT)

}
```

代码 9-19 改名或移动文件

代码 9-19 中演示了如何将 9.1.10 节中新建的空文件“C:\test\sub1\test.txt”移动到它所在的上一级目录“C:\test”下，并且改名为“new.txt”。

7. 获取文件的大小

在 Go 语言中如果要获取文件的大小，可以使用类似下面的代码 9-20。

```
package main

import (
 "os"
 t "tools"
)

func main() {

 fileInfoT, errT := os.Stat(`c:\test\long.txt`)

 if errT != nil {
       t.Printfln("获取文件信息时发生错误: %v", errT.Error())
       return
 }

 t.Printfln("文件的大小为: %v", fileInfoT.Size())

}
```

代码 9-20 获取文件大小

注意，代码 9-20 中调用了 os.Stat 函数获取文件信息，该函数将返回一个 os.FileInfo 类型的变量，该类型是一个接口类型，定义如下：

```
type FileInfo interface {
        Name() string       // base name of the file
        Size() int64     // length in bytes for regular files; system-dependent for others
        Mode() FileMode    // file mode bits
        ModTime() time.Time  // modification time
        IsDir() bool        // abbreviation for Mode().IsDir()
        Sys() interface{}   // underlying data source (can return nil)
}
```

可以看出，除了文件大小，还可以调用 os.FileInfo 的其他成员函数来获取文件模式、修改时间等其他信息。

8. 文件复制

Go 语言标准库中并没有可以直接复制文件的函数，需要自己编写。由于所有文件都是由字节组成的，所以可以用类似 9.1.3 节中介绍的方法从文件中读取字节切片类型的数据，然后结合 os 包中的 File.Write 函数将字节切片写入新的文件中，这样就实现了文件复制的功能。考虑到文件可能很大，因此也需要使用缓冲区，每次仅读取和写入缓冲区大小的数据，通过重复从源文件读取和追加到新文件中的步骤，最终将源文件中的所有内容写入新文件中，见代码 9-21。

```
package main

import (
  "io"
  "os"
  t "tools"
)

func main() {

  oldFileNameT := "c:\\test\\long.txt"
  newFileNameT := "c:\\test\\sub1\\copiedFile.txt"

  // 打开源文件
  oldFileT, errT := os.Open(oldFileNameT)

  if errT != nil {
        t.Printfln("打开源文件时发生错误: %v", errT.Error())
        return
  }

  defer oldFileT.Close()

  // 创建新文件
  newFileT, errT := os.OpenFile(newFileNameT, os.O_CREATE|os.O_RDWR, 0666)

  if errT != nil {
        t.Printfln("创建新文件时发生错误: %v", errT.Error())
        return
  }

  defer newFileT.Close()

  bufT := make([]byte, 5)

  for {

        countT, errT := oldFileT.Read(bufT)

        if errT != nil {
              if errT == io.EOF {
                    break
              }

              t.Printfln("从源文件中读取数据时发生错误: %v", errT.Error())
              return
        }

        _, errT = newFileT.Write(bufT[:countT])

        if errT != nil {
              t.Printfln("将数据写入新文件时发生错误: %v", errT.Error())
              return
        }
  }

  t.Printfln("已成功复制文件 %v 到 %v。", oldFileNameT, newFileNameT)
}
```

代码 9-21 file1/file1.go

代码 9-21 演示了如何用一个字节切片缓冲区重复从旧文件逐次复制一批数据到新文件直至复制完所有旧文件的数据，从而达到复制文件的目的。代码中需要做如下说明。

- 源文件用 os.Open 函数以只读方式打开，保证不会因误操作修改源文件；
- 新文件用 os.OpenFile 函数创建，并且文件模式使用“os.O_CREATE|os.O_RDWR”表示需要的话就创建文件并且使该文件可读写；
- 注意用 defer 语句关闭源文件和新文件的时机和顺序，原则上应该在文件打开成功后尽快运行关闭文件的 defer 语句；
- 字节切片变量 bufT 被用作缓冲区，为了演示，我们仅为该缓冲区分配了 5 个字节大小的空间；实际应用中，应该设置较大的缓冲区，例如 1024 个字节；
- 由于并不是只能复制文本文件，而是针对所有的文件类型都可以复制，所以不需要有强制转换字节切片到字符串类型的过程和其反向的过程；
- 将字节切片中的数据写入新文件使用了 File.Write 函数，它与 File.Read 函数是完全相反的操作，一个是写入，一个是读取；
- 涉及文件的操作中，应对各种可能发生的错误有充分的估计并有对应的代码逻辑来处理，因为这些是很容易导致文件内容或文件本身及目录结构错乱的操作。

程序运行后会将前面例子中保存的“C:\test\long.txt”文件中的内容复制到新建的“C:\test\sub1\copiedFile.txt”文件中。

其实在 Go 语言中还有更简单的复制文件的方法，那就是使用 io 包中的 Copy 函数，见代码 9-22。

```
package main

import (
  "io"
  "os"
  t "tools"
)

func main() {

  oldFileNameT := "c:\\test\\long.txt"
  newFileNameT := "c:\\test\\sub1\\copiedFile2.txt"

  // 打开源文件
  oldFileT, errT := os.Open(oldFileNameT)

  if errT != nil {
        t.Printfln("打开源文件时发生错误: %v", errT.Error())
        return
  }

  defer oldFileT.Close()

  // 创建新文件
  newFileT, errT := os.Create(newFileNameT)

  if errT != nil {
        t.Printfln("创建新文件时发生错误: %v", errT.Error())
        return
  }

  defer newFileT.Close()

  countT, errT := io.Copy(newFileT, oldFileT)

  if errT != nil {
        t.Printfln("复制文件时发生错误: %v", errT.Error())
        return
  }

  t.Printfln("已成功复制文件 %v 到 %v，共复制了%v个字节。", oldFileNameT, newFileNameT, countT)

}
```

代码 9-22 用 io.Copy 函数来复制文件

对比代码 9-22 与代码 9-21，可以发现其他部分基本相同，但是在复制数据的部分简化了许多，不需要缓冲区，不需要循环，只需要一条语句就完成了数据的复制动作。注意 io.Copy 函数的定义如下：

```
func Copy(dst Writer, src Reader) (written int64, err error)
```

该函数接受的第一个参数是 io.Writer 类型的，表示要写入的新文件；第二个参数是 io.Reader 类型的，表示源文件；返回的值 written 是代表实际复制了多少个字节数量的整数值。由于 os.File 类型的数值实现了 io.Reader 和 io.Writer 接口（为何符合 io.Reader 接口已经在前面介绍过，而 io.Writer 接口仅需要实现一个 Write 成员函数，该函数已经在代码 9-21 中使用过，说明 os.File 类型也实现了 io.Writer 接口），因此可以直接传入该函数作为参数。

另外稍有不同的是，代码 9-22 创建新文件时使用了用法更简单的 os.Create 函数，这个函数只需要给出新文件名，其功能与原来 os.OpenFile(newFileNameT，os.O_CREATE|os.O_RDWR，0666) 这条语句的作用是相同的。

实际上复制文件还可以用 ioutil 包中的 ReadFile 函数和 WriteFile 函数，程序将会更简单，因为使用这两个函数将省去打开旧文件和创建新文件的代码。在此不再赘述，读者可以自行查阅文档并测试。

总之，使用简单的方式实现功能最好，但了解并掌握最基本的方法也是必要的，对基础知识的熟练掌握，有助于加深对高级函数的理解。

另外，结合复制文件和删除文件的方法，可以实现跨磁盘的文件移动。

9.1.11 文本文件编码转换

平时我们接触到的文本文件一般来说主要有三种编码，ASCII 编码（一般英文文本多用此编码，也可能是基于 ASCII 编码所做的扩展编码，例如常用于欧洲文字的 ISO-8859-1 编码，也称为 Latin-1 编码，也是单字节编码）、中文编码（一般常见的有 GB2312、GBK、GB18030 编码，这三者依次向前兼容，GB18030 编码兼容 GB2312 和 GBK 编码，只是比它们增加了一些不常用的字符）、Unicode 编码（最常见的是 UTF-8 编码）。因此本小节将介绍 ISO-8859-1、GB18030、UTF-8 这三种编码的文本文件相互转换的方法，这些方法也可以用于字符串编码的转换。

1. GB18030 编码与 UTF-8 编码互相转换

由于 GB18030 编码兼容 GBK 和 GB2312 编码，因此只需要研究如何将 GB18030 编码的文件转换为 UTF-8 编码就可以了。进行文本编码依赖于 golang.org\x\text 包，安装过程可以参照 4.5 节中的说明。安装完该工具包之后即可在 tools 包中加入代码 9-23 中的两个函数。

```
// ConvertBytesFromGB18030ToUTF8 转换 GB18030 编码的字节切片为 UTF-8 编码
func ConvertBytesFromGB18030ToUTF8(srcA []byte) []byte {

 bufT := make([]byte, len(srcA)*4)

 transformer := simplifiedchinese.GB18030.NewDecoder()

 countT, _, errT := transformer.Transform(bufT, srcA, true)

 if errT != nil {
       return nil
 }

 return bufT[:countT]
}

// ConvertBytesFromUTF8ToGB18030 转换 UTF-8 编码的字节切片为 GB18030 编码
func ConvertBytesFromUTF8ToGB18030(srcA []byte) []byte {

 bufT := make([]byte, len(srcA)*4)

 transformer := simplifiedchinese.GB18030.NewEncoder()

 countT, _, errT := transformer.Transform(bufT, srcA, true)

 if errT != nil {
```

```
        return nil
    }

    return bufT[:countT]
}
```

代码 9-23 GB18030 编码与 UTF-8 编码互转的工具函数

代码 9-23 中使用了 golang.org/x/text 包下的子包中的函数，所以需要在 tools 包的开头包引用声明的代码中加上下述包的引用：

```
"golang.org/x/text/encoding/simplifiedchinese"
```

代码 9-23 中的两个函数分别用于将 GB18030 编码的字节切片转换为 UTF-8 字节切片和将 UTF-8 字节切片转换为 GB18030 编码的字节切片，两个函数非常接近，下面是一些必要的说明：

- 字节切片类型的变量 bufT 是准备用来进行编码转化的缓冲区，为了避免出现溢出的情况（即转换后的字节数量超出缓冲区的大小），为它分配了 4 倍于传入的字节切片大小的空间；
- ConvertBytesFromGB18030ToUTF8 函数调用了 golang.org/x/text/encoding/simplifiedchinese 子包中 GB18030 结构的 NewDecoder()函数来新建一个 GB18030 编码的解码器（decoder），然后调用该解码器的 Transform 函数来实现把 GB18030 编码的字节切片转换成 UTF-8 字节切片。Transform 函数的定义是：

```
Transform(dst, src []byte, atEOF bool) (nDst, nSrc int, err error)
```

它的第一个参数是目标缓冲区（也就是放置转换编码后内容的字节切片），第二个参数是源字节切片（就是待转换的字节切片），第三个参数表示是否一次性传完所有数据，一般传入布尔值 true 即可；函数的返回值除了 error 值之外，第一个代表实际上往目标缓冲区中写入了多少个字节，第二个代表从源字节切片中读取了多少个字节。由于第二个返回值对我们来说意义不大，因此使用了空白标识符“_”将其丢弃；

- ConvertBytesFromUTF8ToGB18030 函数与 ConvertBytesFromGB18030ToUTF8 函数类似，唯一的不同在于新建的不是 GB18030 的解码器，而是用 NewEncoder()函数新建了一个 GB18030 的编码器。这也很好理解，因为该函数需要将 UTF-8 编码的字节切片编码为 GB18030 的切片；
- 转换过程中如果发生错误（往往是源字节切片中的数据格式不正确，例如并非 GB18030 编码或 UTF-8 编码而是其他的编码格式），这两个函数将返回空值 nil，调用它们的代码需要加以判断处理可能的异常；
- 两个函数最后的返回值都需要做子切片，保证只返回转换后有效的那些字节，因为转换后的字节数量一般都会与源切片的字节数不同。

有了这两个工具函数，就可以编写转换 GB18030 编码和 UTF-8 编码文件的主代码了，见代码 9-24。

```
package main

import (
    "io/ioutil"
    t "tools"
)

func main() {

    oldFileNameT := "c:\\test\\long.txt"
    newFileName1T := "c:\\test\\sub1\\gb18030.txt"
    newFileName2T := "c:\\test\\sub1\\utf8.txt"

    oldBufT, errT := ioutil.ReadFile(oldFileNameT)

    if errT != nil {
        t.Printfln("从源文件中读取数据时发生错误：%v", errT.Error())
```

```
        return
    }

    newBuf1T := t.ConvertBytesFromUTF8ToGB18030(oldBufT)

    if newBuf1T == nil {
        t.Println("第一次编码转换时发生错误")
        return
    }

    errT = ioutil.WriteFile(newFileName1T, newBuf1T, 0666)

    if errT != nil {
        t.Println("向新文件%v 中写入数据时发生错误: %v", newFileName1T, errT.Error())
        return
    }

    newBuf2T := t.ConvertBytesFromGB18030ToUTF8(newBuf1T)

    if newBuf2T == nil {
        t.Println("第二次编码转换时发生错误")
        return
    }

    errT = ioutil.WriteFile(newFileName2T, newBuf2T, 0666)

    if errT != nil {
        t.Println("向新文件%v 中写入数据时发生错误: %v", newFileName2T, errT.Error())
        return
    }

    t.Println("已成功转换所有文件。")
}
```

代码 9-24 GB18030 与 UTF-8 编码的文本文件互相转换

代码 9-24 中同时演示了 UTF-8 编码的文件转换为 GB18030 编码以及反向（GB18030 编码转 UTF-8 编码）的转换。由于之前示例中的文件都要求以 UTF-8 编码，因此我们选用一个位于“C:\test\long.txt”的文件来演示从 UTF-8 编码到 GB18030 编码的转换过程并存入新文件“C:\test\subs\gb18030.txt”，然后又直接将其转换的结果转换回了 UTF-8 编码并存入另一个新文件“C:\test\subs\utf8.txt”。

这次读写文件过程中使用了 ioutil 包中的 ReadFile 函数和 WriteFile 函数，这两个函数都是基于字节切片进行操作的，ioutil.ReadFile 的返回值是一个字节切片类型，ioutil.WriteFile 要求传入的第二个参数（即准备写入文件的内容缓冲区）也是字节切片类型。

代码中也对两个转换编码的工具函数的返回值进行了判断，如果是空值 nil 则作相应的异常处理。

代码 9-24 执行后，在“C:\test\sub1”文件夹下出现了两个文件：“gb18030.txt”和“utf8.txt”，如图 9.2 所示。

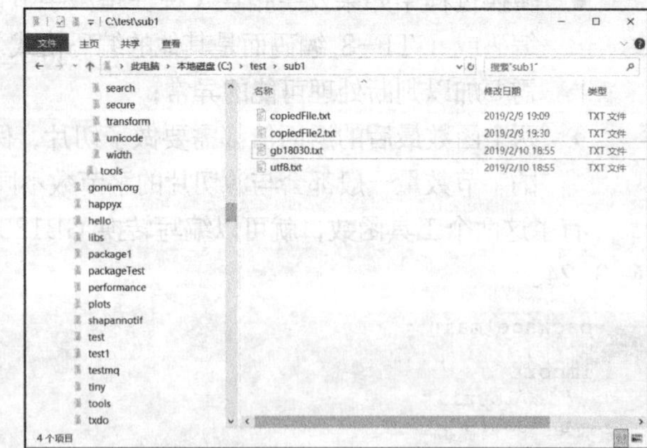

图 9.2 代码 9-24 执行后创建的两个文件

可以用文本编辑工具打开这两个文件并查看这两个文件的编码。注意，在中文版 Windows 中，有些软件会将 GB18030 编码的文件显示为“ANSI”或“GB2312”等，这是正常的。另外，VS Code 软件默认将会以 UTF-8 编码显示文件，因此 gb18030.txt 在打开后会有乱码，如图 9.3 所示。

此时用鼠标单击 VS Code 软件下方状态栏中右边的“UTF-8”字样即可出现转换提示，如图 9.4 所示。

选择弹出菜单中的“Reopen with Encoding”菜单项，如图 9.5 所示。

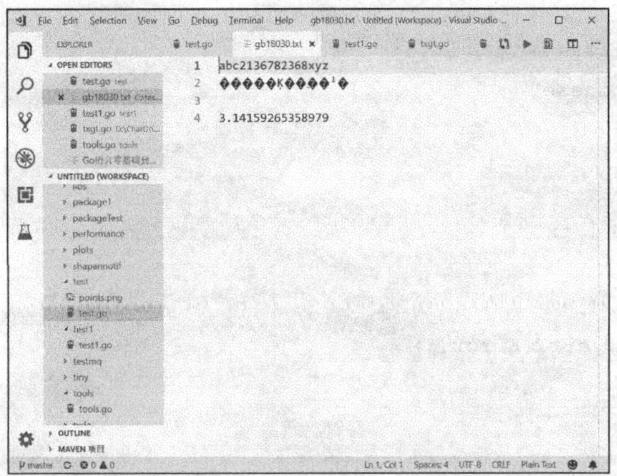

图 9.3 gb18030.txt 文件内容有乱码

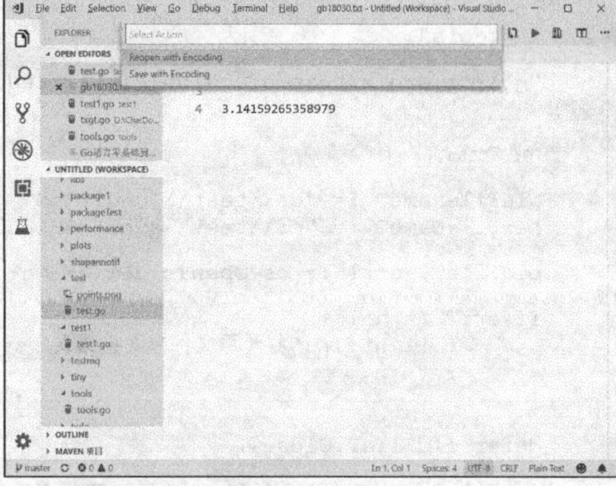

图 9.4 转换提示

然后在弹出的编码列表中选择类似“Simplified Chinese(GB2312)”的选项，文件即可正常显示，如图 9.6 所示。

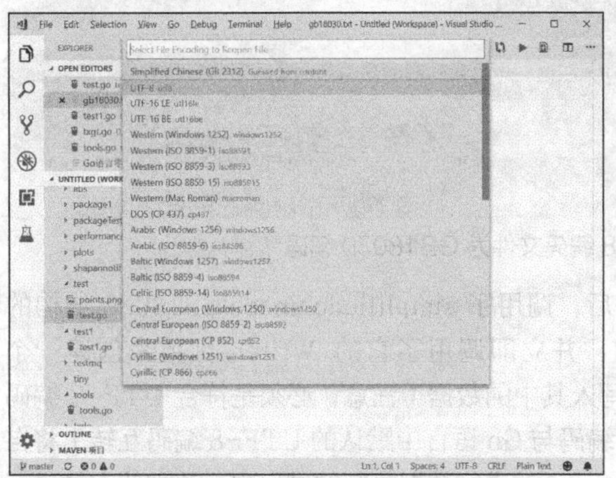

图 9.5 选择菜单项

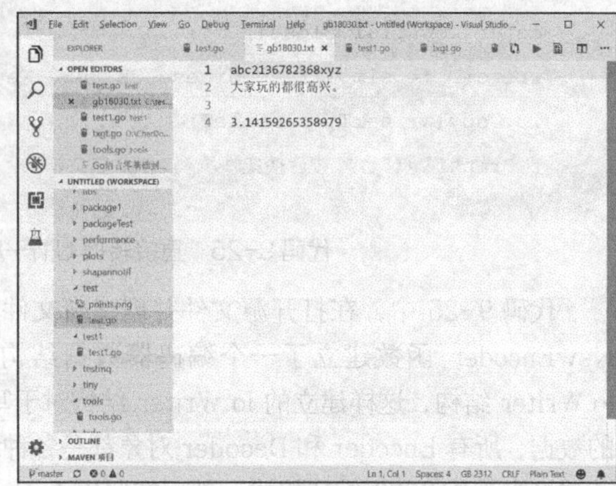

图 9.6 正常显示的文件内容

另外，也可以在 CMD 窗口中直接用下述命令来查看该文件的内容：

```
type c:\test\sub1\gb18030.txt
```

type 命令是 Windows 中用来在命令行界面上显示文本文件内容的命令，由于该命令是以操作系统默认编码来输出文本的，而 Windows 中文系统的默认编码就是 GB2312（CMD 软件窗口默认的编码也是 GB2312），因此可以正确输出 gb18030.txt 文件的内容，但也因此输出 utf8.txt 文件内容时显示的是乱码。如果安装了在 2.2.2 节介绍的完全版的 Cmder 软件后，可以用附带安装的 Linux 命令 cat 以 UTF-8 编码格式输出 utf8.txt 文件，就可以看到文件正常的显示结果了，如图 9.7 所示。

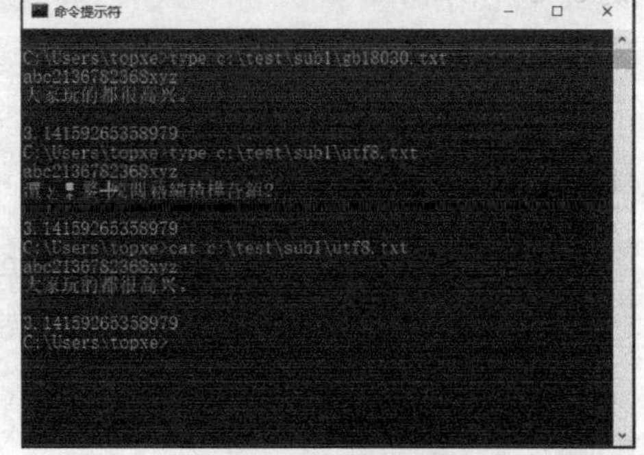

图 9.7 显示结果

2. 直接转换 GB18030 编码与 UTF-8 编码的文件

转换编码也可以直接在文件之间进行而不需要经过缓冲区中转，这时候要使用 io.Reader 或 io.Writer 的方式从文件读取或向文件写入，见代码 9-25。

```
package main

import (
  "io"
```

```
    "os"
    t "tools"

    "golang.org/x/text/encoding/simplifiedchinese"
)

func main() {

    oldFileNameT := "c:\\test\\long.txt"
    newFileNameT := "c:\\test\\sub1\\GB18030_1.txt"

    oldFileT, errT := os.Open(oldFileNameT)

    if errT != nil {
        t.Printfln("打开源文件时发生错误: %v", errT.Error())
        return
    }

    defer oldFileT.Close()

    newFileT, errT := os.Create(newFileNameT)

    if errT != nil {
        t.Printfln("创建新文件时发生错误: %v", errT.Error())
        return
    }

    defer newFileT.Close()

    writerT := simplifiedchinese.GB18030.NewEncoder().Writer(newFileT)

    io.Copy(writerT, oldFileT)

    t.Printfln("已成功转换文件编码。")

}
```

代码 9-25 直接转换 UTF-8 编码文件为 GB18030 编码

代码 9-25 中，在打开源文件并创建新文件后，调用了 simplifiedchinese.GB18030 结构的 NewEncoder 函数建立了一个编码器数据结构，并立即调用了它的 Writer 函数来创建一个 io.Writer 结构，这样建立的 io.Writer 结构对于写入其中的数据（注意，必须是符合 UTF-8 编码的数据，所有 Encoder 和 Decoder 对象都是各种编码与 Go 语言中默认的 UTF-8 编码互转）将自动转换为 GB18030 编码格式。然后在调用 io.Copy 函数进行数据复制的过程中，源文件中的数据就会被自动转换为 UTF-8 格式保存到新的文件中。

反过来，如果要转换 GB18030 编码的文件到 UTF-8 编码，则需要用类似下面的方法，见代码 9-26 所示。

```
package main

import (
    "io"
    "os"
    t "tools"

    "golang.org/x/text/encoding/simplifiedchinese"
)

func main() {

    oldFileNameT := "c:\\test\\sub1\\GB18030_1.txt"
    newFileNameT := "c:\\test\\sub1\\utf8_2.txt"

    oldFileT, errT := os.Open(oldFileNameT)

    if errT != nil {
        t.Printfln("打开源文件时发生错误: %v", errT.Error())
        return
    }

    defer oldFileT.Close()

    newFileT, errT := os.Create(newFileNameT)
```

```
    if errT != nil {
        t.Printfln("创建新文件时发生错误: %v", errT.Error())
        return
    }

    defer newFileT.Close()

    readerT := simplifiedchinese.GB18030.NewDecoder().Reader(oldFileT)

    io.Copy(newFileT, readerT)

    t.Printfln("已成功转换文件编码。")

}
```

代码 9-26 直接转换 GB18030 编码文件为 UTF-8 编码

代码 9-26 中用 simplifiedchinese.GB18030 结构的 NewDecoder 函数新建一个解码器结构，并调用其 Reader 成员函数来新建一个 io.Reader 类型的变量用于后面 io.Copy 函数中做复制的源，注意与前面例子中用编码器生成 io.Writer 类型的区别，需要注意的是本例是从 GB18030 编码的文件中解码成 UTF-8，而上一例是从 UTF-8 编码的文件中读取数据后编码为 GB18030。

3. 转换 GB18030 和 UTF-8 编码的字符串

利用之前编写的两个工具函数 tools.ConvertBytesFromGB18030ToUTF8 和 tools.ConvertBytesFromUTF8ToGB18030，可以用[]byte 与 string 类型的强制转换实现 GB18030 与 UTF-8 编码的字符串之间互相转换，见代码 9-27。

```
package main

import (
  t "tools"
)

func main() {

  s := `英文中的"hello"是打招呼的意思。`

  sGB18030 := t.ConvertBytesFromUTF8ToGB18030([]byte(s))

  t.Printfln("sGB18030: %v", string(sGB18030))

  t.SaveStringToFile(string(sGB18030), `c:\test\sub1\gb18030Save.txt`)
}
```

代码 9-27 GB18030 与 UTF-8 编码的字符串之间的转换

代码 9-27 演示了从普通字符串（Go 语言中默认编码是 UTF-8）到 GB18030 编码的字符串的转换过程示例。注意该代码在 CMD 窗口执行时，输出语句会显示乱码，这是因为 CMD 窗口默认编码是中文的，而 Go 语言的输出函数已经默认将输出字符串做了转换以适应 Windows 系统的需要，如果输出 GB18030 编码的字符串则等于再转换一次，所以会出现乱码。而后面将该字符串存入文件后，用文本编辑软件打开可以确认是 GB18030 编码（一般显示为 ANSI 或 GB2312），或者在命令行界面用 type 及 cat 命令也可以确认，如图 9.8 所示。

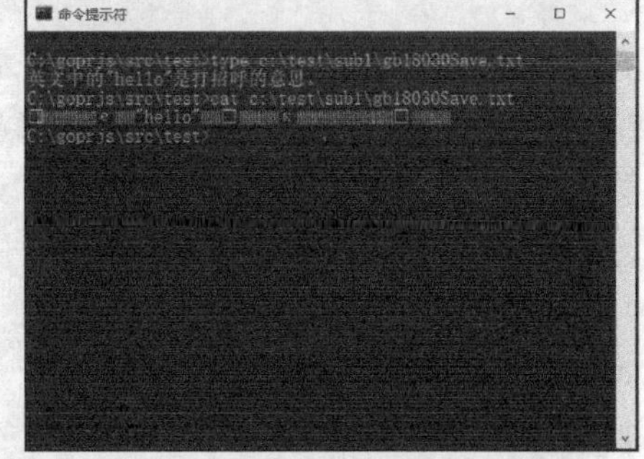

图 9.8 UTF-8 编码的字符串转为 GB18030 并存文件后的结果

图 9.8 中用 type 命令显示中文正常，用 cat 命令显示乱码，说明该文件的编码是中文编码 GB18030。

4. ISO-8859-1 编码与 UTF-8 编码的转换

ISO-8859-1 编码是单字节的编码，即每个字符编码固定使用一个字节，其实是在 ASCII 编码的基础上扩展了 128～255 这个范围内的编码用于表示比较特殊的字符。因此，理论上 ISO-8859-1 编码的文本可以转换为 UTF-8 编码，而 UTF-8 编码的文本必须为 ASCII 字符，否则无法转换为 ISO-8859-1 编码，程序会在编码运行时报错。另外，如果文本只有英文字母、数字等 ASCII 字符，而 ASCII 编码能够被大多数编码所兼容，所以这种文件可以被直接当作 ISO-8859-1、GB 系列编码和 UTF-8 编码的文件打开。代码 9-28 列出将 ISO-8859-1 编码的字节切片转换为 UTF-8 编码的字节切片的工具函数，而调用该函数的方法与 GB18030 转换为 UTF-8 编码类似，不再举例。

```
// ConvertBytesFromISO8859_1ToUTF8 转换 ISO-8859-1 编码的字节切片为 UTF-8 编码
func ConvertBytesFromISO8859_1ToUTF8(srcA []byte) []byte {

  bufT := make([]byte, len(srcA)*4)

  transformer := charmap.ISO8859_1.NewDecoder()

  countT, _, errT := transformer.Transform(bufT, srcA, true)

  if errT != nil {
        return nil
  }

  return bufT[:countT]
}
```

代码 9-28　转换 ISO-8859-1 编码的文本为 UTF-8 编码

需要注意的是，代码 9-28 使用了 golang.org/x/text/encoding/charmap 子包，因此要引用该包，其他均与 tools.ConvertBytesFromGB18030ToUTF8 函数基本一致，因此不再赘述。

另外还要注意，有些版本的 Go 语言可能不支持 ISO-8859-1 编码，此时上面的代码编译会出错，可以用与 ISO-8859-1 编码差别不大的 Windows 1252 编码来代替，即将 charmap.ISO8859_1.NewDecoder()中的 ISO8859_1 替换为 Windows1252。

5. 用流式方法实现字符串编码转换

所谓的“流式方法”，指的是用类似 io.Reader 和 io.Writer 类型进行数据的读取和写入的方法。这种方法在别的计算机语言中一般称作“流式”（streaming）处理方法。流式处理方法的好处是：不用一次性将所有数据从数据源中读取出来，从而节省了内存空间；另外数据源可以有多种，例如文件、其他字符串、网络数据等。用流式方法实现字符串编码转换的方法见代码 9-29。

```
package main

import (
  "io/ioutil"
  "strings"
  t "tools"

  "golang.org/x/text/encoding/simplifiedchinese"
  "golang.org/x/text/transform"
)

func main() {

  s := `英文中的"hello"是打招呼的意思。`

  var bufT strings.Builder

  writerT := transform.NewWriter(&bufT, simplifiedchinese.GB18030.NewEncoder())

  writerT.Write([]byte(s))

  writerT.Close()

  sGB18030 := bufT.String()

  t.Printfln("sGB18030: %v", string(sGB18030))

  readerT := transform.NewReader(strings.NewReader(sGB18030), simplifiedchinese.GB18030.
NewDecoder())

  bufUTF8, _ := ioutil.ReadAll(readerT)

  sUTF8 := string(bufUTF8)

  t.Printfln("sUTF8: %v", sUTF8)

}
```

代码 9-29　用流式方法实现字符串编码转换

代码 9-29 中用流式方法实现了 UTF-8 编码的字符串与 GB18030 编码的互相转换，需要说明的有以下几点。

- 代码中使用了 golang.org/x/text/transform 子包，主要是用它的 NewReader 和 NewWriter 函数新建 transform.Reader 和 transform.Writer 数据类型，而它们分别需要传入 io.Reader 作为读取源与 io.Writer 类型的变量作为写入目的地。
- 在 transform.Writer 中传入了新建的 strings.Builder 类型作为写入目的地；
- 在 transform.NewReader 函数中传入了用 strings.NewReader 函数从字符串 sGB18030 建立的读取源；
- transform.Writer 结构在写入数据完毕后最好调用成员函数 Close 关闭以保证数据完全写入成功。

代码 9-29 在 Windows 的 CMD 中运行结果如下：

```
sGB18030: Й���e�"hello"�Ǵ��к������,��
sUTF8: 英文中的"hello"是打招呼的意思
```

结果显示正常，如前所述，GB18030 编码的文本在 CMD 中输出会显示乱码，而 UTF-8 编码的字符串则显示正常。

6. 其他编码格式的转换

Go 语言中的编码转换主要是各种编码与 UTF-8 编码的互相转换，方法与 GB18030 和 ISO-8859-1 等编码与 UTF-8 编码的互相转换类似，不再一一举例。

在 golang.org/x/text/encoding 包中，可以在 charmap 子包内查到很多基本编码的定义，我们用过的 charmap.ISO8859_1 就是在其中定义的。另外，还有 traditionalchinese、japanese、korean 这几个子包分别用于繁体中文、日文、韩文等文字的转换，有需要的读者可以自行查阅它们的文档并使用。

9.1.12 文本排序

对文本的排序一般是指对多行文本以行为单位对所有行按指定的顺序（一般按字母或汉字的拼音字母的顺序选择升序或者降序）进行排序。

1. 对多行文本按升序排序

对每行文本进行排序，实际上就是对字符串进行排序。可以采用类似 6.7.3 节介绍的冒泡法排序，只需要将其中数字的比较变成字符串比较就可以了。另外还有很多其他的排序算法可供选择，例如常见的快速法排序、选择法排序、插入法排序等。实际应用中，排序算法一般不需要我们来选择，直接利用标准库相应包中的排序函数就可以了。Go 语言标准库中有专用于排序的包 sort，本小节将介绍用 sort 包来对文本文件内的内容进行排序。

在此之前，先编写一个 tools 包中的工具函数将文本文件中读取的整个字符串拆分成多行的字符串切片，见代码 9-30。

```
// LoadStringListFromFile 从文件中读取所有内容并返回为字符串切片，文件中的每一行为字符串切片中的一项
func LoadStringListFromFile(fileNameA string) []string {
 fileContentT, err := ioutil.ReadFile(fileNameA)
 if err != nil {
      return nil
 }

 strT := string(fileContentT)

 strT = strings.Replace(strT, "\r", "", -1)

 listT := strings.Split(strT, "\n")

 return listT
}
```

代码 9-30 从文件读取所有内容并按行拆成字符串切片

tools.LoadStringListFromFile 函数的作用是从文本文件读取所有内容并将其按行拆成字符串列表。首先从文本文件中将所有内容读入一个字符串变量，由于 Windows 系统中的换行符是“\r\n”，Linux 系统中的换行符是“\n”，为了统一，我们用 strings.Replace 函数将“\r”统一删除（注意，这也是从字符串中全部删除某个子串的方法），然后用 strings.Split 函数以“\n”为分隔符分割该字符串即可得到按行分割的字符串切片。

从文件中载入并写好分割多行文本的函数之后，就可以用来进行排序，见代码 9-31。

```
package main

import (
	"sort"
	t "tools"
)

func main() {

	fileNameT := `c:\test\long.txt`

	lines := t.LoadStringListFromFile(fileNameT)

	if lines == nil {
		t.Printfln("从文件%v 中读取字符串列表时发生错误", fileNameT)
	}

	sort.Sort(sort.StringSlice(lines))

	t.Printfln("排序后的字符串列表（行列表）: %#v", lines)

}
```

代码 9-31　对字符串切片进行排序

代码 9-31 的核心是调用 sort 包中的 Sort 函数对字符串切片进行排序，该函数要求一个符合 sort.Interface 类型的参数，可以用 sort.StringSlice 函数将任何一个字符串切片转换为 sort.Interface 类型。代码 9-31 的运行结果是：

```
排序后的字符串列表（行列表）: []string{"", "3.14159265358979", "abc2136782368xyz", "大家玩的都很高兴。"}
```

可以看出，long.txt 中的 4 行文本已经被正确按升序排序了。

2. 对多行文本按降序排序

sort.Sort 函数默认是按升序排序的，如果希望按降序排序，需要加上 sort.Reverse 函数来将排序过程反转，见代码 9-32。

```
package main

import (
	"sort"
	t "tools"
)

func main() {

	fileNameT := `c:\test\long.txt`

	lines := t.LoadStringListFromFile(fileNameT)

	if lines == nil {
		t.Printfln("从文件%v 中读取字符串列表时发生错误", fileNameT)
	}

	sort.Sort(sort.Reverse(sort.StringSlice(lines)))

	t.Printfln("排序后的字符串列表（行列表）: %#v", lines)

}
```

代码 9-32　对字符串切片进行反转排序

需要注意的是，代码 9-32 中对字符串切片进行反序排序的写法比较特殊。该代码的运行结果是：

```
排序后的字符串列表（行列表）：[]string{"大家玩的都很高兴。", "abc2136782368xyz", "3.14159265358979", ""}
```

可以看出，反序排序的结果也是正确的。

3. 将排序后的多行文本写入文本文件

如果要将排序好的字符串列表再写入文件，可以用 strings.Join 函数合并字符串列表后再写入文件，见代码 9-33。

```
package main

import (
 "sort"
 "strings"
 t "tools"
)

func main() {

 fileNameT := `c:\test\long.txt`

 lines := t.LoadStringListFromFile(fileNameT)

 if lines == nil {
       t.Printfln("从文件%v 中读取字符串列表时发生错误", fileNameT)
 }

 sort.Sort(sort.Reverse(sort.StringSlice(lines)))

 t.Printfln("排序后的字符串列表（行列表）: %#v", lines)

 t.SaveStringToFile(strings.Join(lines, "\r\n"), `c:\test\sortedLong.txt`)

}
```

代码 9-33 保存字符串切片

注意 strings.Join 函数中的连接字符串可以酌情选用“\r\n”或“\n”。

4. 自定义排序规则

sort 包中还提供了 sort.Float64Slice 和 sort.IntSlice 这两种类型来处理浮点数切片与整数切片的排序，用法与 sort.StringSlice 类似，非常方便。而事实上，读者也可以自行实现可排序的数据类型，只要实现了以下 sort.Interface 接口即可。

```
type Interface interface {
       // Len is the number of elements in the collection.
       Len() int
       // Less reports whether the element with
       // index i should sort before the element with index j.
       Less(i, j int) bool
       // Swap swaps the elements with indexes i and j.
       Swap(i, j int)
}
```

下面尝试自行定义一个简单的排序规则，只针对空字符串进行修改，在原来的排序规则中认为空字符串最小（从代码 9-31 和代码 9-32 的运行结果可以看出来），我们定义的排序规则将认为它是所有字符串中最大的，见代码 9-34。

```
package main

import (
 "sort"
 "strings"
 t "tools"
)

type NewStringSlice []string

func (v NewStringSlice) Len() int {
 return len(v)
}

func (v NewStringSlice) Swap(i, j int) {
 v[i], v[j] = v[j], v[i]
```

```
}

func (v NewStringSlice) Less(i, j int) bool {
  if v[i] == "" && v[j] != "" {
        return false
  }

  if v[i] != "" && v[j] == "" {
        return true
  }

  return v[i] < v[j]
}

func main() {

  fileNameT := `c:\test\long.txt`

  lines := t.LoadStringListFromFile(fileNameT)

  stringSlice := NewStringSlice(lines)

  if lines == nil {
        t.Printfln("从文件%v 中读取字符串列表时发生错误", fileNameT)
  }

  sort.Sort(sort.Reverse(stringSlice))

  t.Printfln("排序后的字符串列表（行列表）: %#v", lines)
}
```

代码 9-34　使空字符串最大的排序规则

代码 9-34 中首先（注意是在 main 函数之前）用 type 关键字定义了一个新的数据类型 NewStringSlice，其实是[]string 类型，也就是字符串切片类型，这样定义一个新类型的主要目的是为了增加自己定义的成员函数，以便满足 sort.Interface 接口的需要。然后依据 sort.Interface 接口的声明来定义这几个必需的成员函数，前两个成员函数分别用于获取切片长度和交换切片内数据项（当排序时发现需要交换以调整次序时会调用这个函数），第三个成员函数 Less 是为了使 sort.Sort 函数进行排序时能够判断两个数据项大小的重要函数（如果自定义规则中 v[i] < v[j]，则需要 Less 函数返回 true），也就是需要修改规则的地方。修改过程很简单，当比较两个索引序号为 i 和 j 的数值项时，先判断是否一个是空字符串而另一个不是，如果符合这种情况则使空字符串为大（即如果 v[i]是空字符串而 v[j]不是，那么让 Less 函数返回 false 表示 v[i]并不比 v[j]小）。代码 9-34 的执行结果为：

```
排序后的字符串列表（行列表）: []string{"", "大家玩的都很高兴。", "abc2136782368xyz", "3.14159265358979"}
```

可以看到，反序排序的字符串列表已经将空字符串排在了第一个，表示空字符串是最大的。

这个例子也演示了如何在 Go 语言中对一个已有数据类型加上自定义的成员函数，那就是定义一个从原有类型而来的新类型。Go 语言内置数据类型是无法增加自定义成员函数的，而本例的方法是实现该目的的方法之一。这种方法一定程度上也实现了其他面向对象语言中的“继承”和“派生”这两个重要特性。

最后，注意这种方式定义的新数据类型与原数据类型是通过强制类型转换来互相转换的。如果将 NewStringSlice 类型的变量用类似 []string(stringSlice) 的形式转换回字符串切片类型，将无法在新变量上再调用 NewStringSlice 类型上定义的成员函数。

9.1.13　超大文本文件排序

有些项目有对超大文本文件进行排序的特殊需求，这种“超大”的文本文件一般是指远远超出内存大小因而无法一次加载进内存来进行排序的文件。

这种情况要做特殊的方法处理，而 Go 语言的高效性是适合实现这种处理的首选计算机语言之一。由于实现过于复杂，在此并不列出处理过程的实际代码，仅提供算法实现的思路，其中所需的知识在本书中已经全部介绍过。

- 首先用一个 io.Reader 数据类型来分段读取文件中的内容，假设文件大小为 20GB，可用内存为 4GB，比较保守的做法是我们可以每次读取 200MB 左右的数据写入依次编号的文件中，也就是用 200MB 大小的字节切片作为缓冲区；这样会产生 100 个新的文件，每个文件大小为 200MB（1GB 约等于 1024MB）；
- 对于这 100 个文件，分别用之前介绍的文本文件排序的方法进行排序并保存（可以保存到新的文件，也可以打开旧文件读取内容后再写回旧文件中，需要先关闭只读方式打开的旧文件或直接按可读写方式打开旧文件）；这样就得到了 100 个内部已经排好序的文本文件；
- 新建一个用于写入最终结果的文本文件，并用 bufio.Writer 进行追加写入，且可以每次只追加一行；
- 同时打开前面 100 个排好序的文件，用 bufio.Reader 从每个文件读取第一行，并比较这 100 个第一行中哪个最大（或最小，根据升序或降序的排序要求），假设第 3 个文件中的第一行最大，则将这一行追加到结果文件，然后从第 3 个文件中读取下一行替代已被追加到结果的行重新与其他行做比较；
- 用循环重复“判断谁最大，追加该行到结果文件，从该行的来源文件新读取一行”的步骤，直至所有的文件被读取完毕。

这样，循环执行完毕后，结果文件就是完全排好序的超大文本文件了。

9.1.14 文本查重、去重

文本查重一般有三种类型的查重，从编程开发的角度来描述，第一种是指查找字符串中重复出现的子串；第二种是查找多行文本中重复的行；第三种是检查整个字符串与其他字符串的相似度，一般用于互联网论文查重、文章版权所属的查询等。

第一种查重一般需要确定搜寻的子串，之后用子串查找或正则表达式查找很容易实现。如果需要程序自行判断并查找所有子串，这涉及字符串表的创建维护或者自然语言处理的范畴，暂时不做介绍。

第二种查重比较常见，例如有些购物网站获取了大量用户注册的电子邮箱地址，需要向其发送购物订单通知，此时需要进行查重以便将属于一个用户的订单归并处理，而这些电子邮件地址可以整理成每行一个的文件也就是多行字符串然后进行查重处理，每个电子邮件地址只保留唯一的一行。这种查重简单的实现思路是：用前面两节介绍的排序方法对多行字符串排序后，再用一个双重循环将连续的相同行归并成一行即可。也可以用双重循环直接将有重复的行丢弃。

第三种查重比较常见，目前使用的方法主要是将表达该文件的字符串进行向量化，形成计算机可以计算的一行数字（即 5.4 节中介绍过的向量），然后进行向量距离计算来判断与其他字符串的相似度。这种方法将在本书后面自然语言处理的章节专门进行介绍。

9.2 Go 语言中二进制文件的处理

首先需要了解，任何文件都可以被看作“二进制文件”，即由一个个字节组成的文件。但我们通常所说的二进制文件一般是指直接存储数据而不是可显示字符的文件，简单地说就是文本文件以外的其他文件。二进制文件相较于文本文件来说，优点是节省空间、处理速度快，缺点是可读性不强、不便于手动进行修改。在实际应用中，二进制文件常被用于存储占用空间较大、需要快速访问处理的数据，例如图片、音频、视频以及其他需要快速处理或占用空间较大的专有格式的应用数据。

9.2.1 Go 语言中用二进制文件存储数据

将数据存储到文件中的操作一般称作“持久化”（persistence），它的作用是可以将数据从内存中保存到磁盘等介质上，即使计算机断电后数据也可以继续保留以备再次读取利用。而将数据转换成某种格式以便保存或传输的操作过程一般称为“序列化”，它的反向操作称作“反序列化”，即从序列化格式的数据还原出原有的数据的过程。在 Go 语言中用二进制文件来存储数据有多种方法，下面将逐一举例介绍主要方法。

1. 直接用字节切片（[]byte 类型）来保存和读取数据

使用字节切片（[]byte 类型）从文件中读取数据或者向文件中写入数据的方法在 9.1.3 节和 9.1.11 节中已经有所介绍，但主要是针对字符串转换为字节切片类型后的读取和保存，本小节将介绍更常用的方法，可以将各种类型的数据放入字节切片中保存或从文件中读取各种类型的数据，这主要是利用了 Go 语言标准库中的 encoding/binary 包，见代码 9-35。

```
package main

import (
  "bytes"
  "encoding/binary"
  "io/ioutil"
  "log"
  t "tools"
)

type Point struct {
  X float64
  Y float32
}

func main() {

  n1 := 64
  f1 := 12.8
  b1 := false
  s1 := "abc123"
  point1 := Point{X: 1.8, Y: 3.5}

  bufT := new(bytes.Buffer)

  errT := binary.Write(bufT, binary.LittleEndian, int64(n1))

  if errT != nil {
       log.Fatalf("写入数据 n1 时发生错误: %v", errT.Error())
  }

  binary.Write(bufT, binary.LittleEndian, f1)
  binary.Write(bufT, binary.LittleEndian, b1)
  binary.Write(bufT, binary.LittleEndian, []byte(s1))
  binary.Write(bufT, binary.LittleEndian, point1)

  t.Printfln("bufT 中内容: %#v", bufT.Bytes())

  ioutil.WriteFile(`c:\test\binaryFile1.bin`, bufT.Bytes(), 0666)

  bytesT, errT := ioutil.ReadFile(`c:\test\binaryFile1.bin`)

  if errT != nil {
       log.Fatalf("从文件中读取数据时发生错误: %v", errT.Error())
  }

  var n2 int64
  var f2 float64
  var b2 bool
  var s2buf []byte = make([]byte, 6)
  var point2 Point

  newBufT := bytes.NewReader(bytesT)

  errT = binary.Read(newBufT, binary.LittleEndian, &n2)

  if errT != nil {
       log.Fatalf("读入数据 n2 时发生错误: %v", errT.Error())
  }

  binary.Read(newBufT, binary.LittleEndian, &f2)
```

```
    binary.Read(newBufT, binary.LittleEndian, &b2)
    binary.Read(newBufT, binary.LittleEndian, &s2buf)
    binary.Read(newBufT, binary.LittleEndian, &point2)

    t.Printfln("n2=%#v", n2)
    t.Printfln("f2=%#v", f2)
    t.Printfln("b2=%#v", b2)
    t.Printfln("s2=%#v", string(s2buf))
    t.Printfln("point2=%#v", point2)
}
```

代码 9-35 用 binary 包读写二进制数据

代码 9-35 中演示了如何用 Go 语言标准库中 binary 包里的函数处理各种主要数据类型的序列化和反序列化，以及保存到二进制文件或从二进制文件中读取的过程。本段代码虽然简短，但信息量很大，下面我们就其中的知识点逐一进行讲解。

- 首先介绍一个代码中用到但与数据序列化无关的新函数，这就是 log 包中的 Fatalf 函数。简单地说，log.Fatalf 函数相当于一条 fmt.Printf 语句加上一条 os.Exit(1)语句，而 os.Exit(1)这条语句将直接终止程序的执行，并返回状态码 1（一般 0 表示程序执行成功，非 0 的值表示程序运行错误时的错误代码，这个状态码实际上并不常用，可以忽略）。log.Fatalf 函数常被用于 Go 语言中对异常的处理，优点是比较简单，一条语句即可代替 fmt.Printf 和 return 两条语句的功能。需要注意的是：os.Exit 函数执行时不会执行任何 defer 语句而会直接终止程序的运行。另外，log.Fatal 函数也很常用，相当于 fmt.Print 语句加上 os.Exit(1)语句。
- 代码 9-35 中定义了各种主要类型的变量来演示它们序列化成为字节切片中的一系列字节之后保存入文件的过程，以及从文件中读取字节切片后反序列化到新的变量中的过程。
- 序列化和反序列化的缓冲区使用了 bytes 包中的 Buffer 数据类型。bytes.Buffer 数据类型类似前面介绍过的 strings.Builder 和 strings.Reader 的结合体，区别是 bytes.Buffer 是针对字节序列而不是字符串的，它既实现了 io.Writer 接口，也实现了 io.Reader 接口，也就是说既可以向其中写入字节，也可以从其中读取字节。
- 从 bytes.Buffer 类型的数据中将已写入的字节读取成为一个字节切片的函数是 Buffer.Bytes()；而把一个字节切片转换成为一个 bytes.Buffer 类型的数据以便读取或写入，则需要使用 bytes.NewBuffer 函数；
- 可以使用 binary 包中的 Write 函数向字节缓冲区（bytes.Buffer 类型）中将任何类型的数据转换成字节形式（即序列化）写入，该函数的定义是：

```
func Write(w io.Writer, order ByteOrder, data interface{}) error
```

它的第一个参数 w 是一个 io.Writer 类型的变量；第二个参数 order 表示序列化数值时用的字节顺序（例如 int32 类型的整数由 4 个字节组成，那么表示高位的字节顺序在前还是表示低位的字节在前，这个排列规则叫作字节顺序），取值可以是 binary.LittleEndian 或 binary.BigEndian 等，如果不理解该参数的含义也没关系，只要保证序列化和反序列化时使用的取值一致即可；第三个参数 data 是一个空接口类型的变量，也就是可以传入任何类型的数据。注意，binary.Write 函数要求传入的数据（data 参数）必须是一个可确定字节长度的数据类型，例如 int64、float32 都是有明确字节数长度的，均可以传入，bool 类型只占用一个字节，也是可以的；但 int 类型的字节数是可变的（虽然编译时已经能够确定），所以代码中将其转换为 int64 类型后才可以传入；而 string 类型显然也是可变长度的，需要转换为可以确定长度的字节切片才可以传入。

- 反之，从字节缓冲区中将字节数据读取出来并转换成为各个变量的值（即反序列化）使用的是 binary 包中的 Read 函数，该函数的定义是：

```
func Read(r io.Reader, order ByteOrder, data interface{}) error
```

该函数的各参数除第一个换了 io.Reader 类型之外，其他参数的意义与 binary.Write 函数中都是一致的，注意 data 参数需要传入待反序列化的变量的指针（即变量地址）。需要注意的是，字符串类型的数据只能先用字节切片来反序列化，并且要事先分配好与序列化时相同的大小空间，之后再用强制类型转换来转换回字符串，这是用 binary 包进行序列化/反序列化时不太方便的地方。

- Point 类型是我们自定义的结构类型，表示一个点的坐标。对于结构类型的数据也可以进行序列化和反序列化，前提条件是其中的字段（成员变量）都是可确定长度的数据类型，int 或 string 类型将不会被序列化。另外一个经常引起错误而需要注意的问题是，结构类型中的大写开头的成员变量才会被序列化和反序列化，这是 Go 语言中特殊的要求。
- 最后，为了简洁起见，代码中省略了一些雷同的异常处理代码，理论上每次调用 binary.Write 和 binary.Read 函数后都需要做异常判断和处理，例子中只有第一次做了判断处理。

代码 9-35 的运行结果是：

```
    bufT 中内容: []byte{0x40, 0x0, 0x0, 0x0, 0x0, 0x0, 0x0, 0x0, 0x9a, 0x99, 0x99, 0x99,
0x99, 0x99, 0x29, 0x40, 0x0, 0x61, 0x62, 0x63, 0x31, 0x32, 0x33, 0xcd, 0xcc, 0xcc, 0xcc,
0xcc, 0xcc, 0xfc, 0x3f, 0x0, 0x0, 0x60, 0x40}
    n2=64
    f2=12.8
    b2=false
    s2="abc123"
    point2=main.Point{X:1.8, Y:3.5}
```

可以观察各个变量值被序列化后在字节切片中对应的位置和各字节的值并检查是否与预期一致。可以看出，反序列化后正确得到了各个变量的取值，说明整个序列化、保存文件、从文件中读取、反序列化这一系列步骤是正确运行的。

如果需要序列化/反序列化时传递可变长度的字符串，可以在序列化数据时加上一个数值项来表示字符串的长度，相关代码可以修改为类似代码 9-36。

```
    s1 := "abc123"

    s1Len := len(s1)

    bufT := new(bytes.Buffer)

    binary.Write(bufT, binary.LittleEndian, int64(s1Len))
    binary.Write(bufT, binary.LittleEndian, []byte(s1))

    t.Printfln("bufT 中内容: %#v", bufT.Bytes())

    // 跳过读写文件的过程，直接从源字节切片中读取数据，效果是相同的
    newBufT := bytes.NewBuffer(bufT.Bytes())

    var s2Len int64
    binary.Read(newBufT, binary.LittleEndian, &s2Len)

    t.Printfln("s2Len=%#v", s2Len)

    s2buf := make([]byte, s2Len)

    binary.Read(newBufT, binary.LittleEndian, &s2buf)

    t.Printfln("s2=%#v", string(s2buf))
```

代码 9-36 binary1/binary1.go

代码 9-36 中需要说明的是：

- 变量 s1Len 被放入字符串 s1 的长度，然后被序列化进 bufT 中；然后才将字符串 s1 转换为[]byte 类型后序列化；
- 反序列化时，处理顺序与之相反，先要反序列化出表示字符串长度的 s2Len，然后依据 s2Len 就可以确定字节切片 s2buf 所需空间的大小；
- 本代码中省略了写入文件和读取文件的过程。

代码 9-36 的运行结果是：

```
bufT 中内容: []byte{0x6, 0x0, 0x0, 0x0, 0x0, 0x0, 0x0, 0x0, 0x61, 0x62, 0x63, 0x31,
0x32, 0x33}
s2Len=6
s2="abc123"
```

2. 使用 encoding/gob 包来保存和读取数据

理解和掌握了用 binary 包序列化/反序列化数据的基本方法之后，我们可以来了解怎样更方便地进行序列化和反序列化。Go 语言标准库中还有一个 encoding/gob 包是专门针对这种需要而提供的，见代码 9-37。

```
package main

import (
 "bytes"
 "encoding/gob"
 "io/ioutil"
 "log"
 t "tools"
)

type Person struct {
 Name    string
 Age     int
 Gender string
 Height float64
 Weight float64
}

func main() {

 n1 := 64
 f1 := 12.8
 b1 := false
 s1 := "abc123"
 person1 := Person{Name: "张三", Age: 28, Gender: "男", Height: 170, Weight: 60}

 bufT := new(bytes.Buffer)

 encoderT := gob.NewEncoder(bufT)

 errT := encoderT.Encode(n1)

 if errT != nil {
       log.Fatalf("写入数据 n1 时发生错误: %v", errT.Error())
 }

 encoderT.Encode(f1)
 encoderT.Encode(b1)
 encoderT.Encode(s1)
 encoderT.Encode(person1)

 t.Printfln("bufT 中内容: %#v", bufT.Bytes())

 ioutil.WriteFile(`c:\test\binaryFile2.bin`, bufT.Bytes(), 0666)

 bytesT, errT := ioutil.ReadFile(`c:\test\binaryFile2.bin`)

 if errT != nil {
       log.Fatalf("从文件中读取数据时发生错误: %v", errT.Error())
 }

 var n2 int
 var f2 float64
 var b2 bool
 var s2 string
 var person2 Person

 newBufT := bytes.NewBuffer(bytesT)

 decoderT := gob.NewDecoder(newBufT)

 errT = decoderT.Decode(&n2)

 if errT != nil {
```

```
        log.Fatalf("读入数据 n2 时发生错误: %v", errT.Error())
    }

    decoderT.Decode(&f2)
    decoderT.Decode(&b2)
    decoderT.Decode(&s2)
    decoderT.Decode(&person2)

    t.Printfln("n2=%#v", n2)
    t.Printfln("f2=%#v", f2)
    t.Printfln("b2=%#v", b2)
    t.Printfln("s2=%#v", s2)
    t.Printfln("person2=%#v", person2)

}
```

代码 9-37 binary2/binary2.go

代码 9-37 使用 encoding/gob 包实现了与代码 9-35 基本相同的功能，但可以明显看出其方便性有了很大改善。

- 首先，无须再考虑数据类型的长度问题，包括 int 和 string 类型在内的所有数据类型都可以被直接序列化和反序列化；
- 自定义结构类型中也可以有可变长度的数据类型，本例中的自定义类型 Person 包含了 int 和 string 类型的成员变量；
- 对数据进行序列化使用 gob.Encoder 类型的 Encode 成员函数即可，反序列化则用它的 Decode 成员函数，用的是编码和解码的概念；

代码 9-37 的运行结果是：

```
    bufT 中内容: []byte{0x4, 0x4, 0x0, 0xff, 0x80, 0xb, 0x8, 0x0, 0xf8, 0x9a, 0x99, 0x99,
0x99, 0x99, 0x99, 0x29, 0x40, 0x3, 0x2, 0x0, 0x0, 0x9, 0xc, 0x0, 0x6, 0x61, 0x62, 0x63,
0x31, 0x32, 0x33, 0x46, 0xff, 0x81, 0x3, 0x1, 0x1, 0x6, 0x50, 0x65, 0x72, 0x73, 0x6f,
0x6e, 0x1, 0xff, 0x82, 0x0, 0x1, 0x5, 0x1, 0x4, 0x4e, 0x61, 0x6d, 0x65, 0x1, 0xc, 0x0,
0x1, 0x3, 0x41, 0x67, 0x65, 0x1, 0x4, 0x0, 0x1, 0x6, 0x47, 0x65, 0x6e, 0x64, 0x65, 0x72,
0x1, 0xc, 0x0, 0x1, 0x6, 0x48, 0x65, 0x69, 0x67, 0x68, 0x74, 0x1, 0x8, 0x0, 0x1, 0x6,
0x57, 0x65, 0x69, 0x67, 0x68, 0x74, 0x1, 0x8, 0x0, 0x0, 0x0, 0x1b, 0xff, 0x82, 0x1, 0x6,
0xe5, 0xbc, 0xa0, 0xe4, 0xb8,
    0x89, 0x1, 0x38, 0x1, 0x3, 0xe7, 0x94, 0xb7, 0x1, 0xfd, 0x40, 0x65, 0x40, 0x1, 0xfe,
0x4e, 0x40, 0x0}
    n2=64
    f2=12.8
    b2=false
    s2="abc123"
    person2=main.Person{Name:"张三", Age:28, Gender:"男", Height:170, Weight:60}
```

可以看出，所有数据类型的序列化和反序列化结果都是正常的。这种序列化的方法会造成序列化生成的数据比用 encoding/binary 包生成的大一些，但相对方便性来说不算什么大问题。

9.2.2 自定义文件格式存储大量数据记录

实际开发中，保存数据的量经常会比较大，过程也会比 9.2.1 节实例中介绍的要复杂。常见的方法是：根据实际需要，自定义一种文件格式来保存应用程序所需读取和保存的数据。本节将以一个相对简单但功能完整的例子来介绍这一方法的实现过程。

假设某购物网站有一批购买了该公司产品的客户信息数据，需要编写程序将这些数据用特殊的格式保存为文件以备查询，那么可以设计该文件格式如下：

- 文件的扩展名可以暂时定为“.ctm”代表“customer”，即“客户”的意思；这种类型的文件可以简称为“ctm 类型的文件”或“ctm 文件”；
- 不同类型的文件常用文件开始的几个字节来表示该文件的类型，一般这些连续的字节应该是不太常见的组合以免冲突。我们可以使用“0x07”“0x01”“0x00”“0x08”这 4 个连续的字节来表示是 ctm 文件类型；

- ctm 文件中应可以保存很多个客户的信息，每条信息的格式都是相同的（暂定是名称为 Customer 的结构），只是具体内容不同。类似这样符合一定格式的每条信息一般称作“记录”（record），那么，ctm 文件中应该可以保存多条客户记录；
- 如果要保存多条记录，文件中显然还需要有一个地方来保存文件中记录的总条数（数量）。

因此，该文件的格式（内部结构）如图 9.9 所示。

文件头（0x07、0x01、0x00、0x08 共 4 个字节）
记录条数（int64 类型，占用 8 个字节）
第 1 条记录（Customer 类型，长度不固定，下同）
第 2 条记录
……
最后一条记录

图 9.9　自定义客户信息文件的格式

下面来代码 9-38 实现对这种结构文件的存、取操作。

```
package main

import (
  "bytes"
  "encoding/gob"
  "os"
  t "tools"
)

// Customer 是表示客户信息的结构类型
type Customer struct {
  Name    string
  Age    int
  Gender string
  Mobile string
  Email  string
}

func main() {

  // 生成模拟的客户信息，共包含三条记录
  customers := make([]Customer, 3)

  customers[0] = Customer{Name: "张三", Age: 28, Gender: "男", Mobile: "1322226688", Email: "zhangsan@company1.com"}
  customers[1] = Customer{Name: "李四", Age: 24, Gender: "女", Mobile: "15766669999", Email: "lisi@company2.com"}
  customers[2] = Customer{Name: "王五", Age: 16, Gender: "男", Mobile: "19355558985", Email: "wangwu@company3.com"}

  t.Printfln("customers: %v", customers)

  // 创建 ctm 格式的文件用于写入客户信息记录
  file1T, errT := os.Create(`c:\test\customerInfo.ctm`)

  if errT != nil {
        t.Printfln("创建客户信息文件时发生错误: %v", errT.Error())
        return
  }
  // 创建编码器对象
  encoderT := gob.NewEncoder(file1T)

  // 写入文件头
  _, errT = file1T.Write([]byte{0x07, 0x01, 0x00, 0x08})

  if errT != nil {
        t.Printfln("创建客户信息文件时发生错误: %v", errT.Error())
        file1T.Close()
        return
  }
  // 写入记录条数（长度）
  encoderT.Encode(int64(len(customers)))

  // 循环写入所有记录
  for _, v := range customers {
        encoderT.Encode(v)
  }
```

```
    // 关闭文件
    file1T.Close()

    // 为读取而打开文件
    file2T, errT := os.Open(`c:\test\customerInfo.ctm`)

    if errT != nil {
          t.Printfln("打开客户信息文件时发生错误: %v", errT.Error())
          return
    }

    // file2T 可以用 defer 语句来关闭
    defer file2T.Close()

    // 创建解码器
    decoderT := gob.NewDecoder(file2T)

    // 分配用于存储文件头的字节切片变量
    fileHeadT := make([]byte, 4)

    // 读取文件头
    _, errT = file2T.Read(fileHeadT)

    if errT != nil {
          t.Printfln("读取文件头时发生错误: %v", errT.Error())
          return
    }

    t.Printfln("文件头: %#v", fileHeadT)

    // 判断是否是正确的文件头
    if bytes.Compare(fileHeadT, []byte{0x07, 0x01, 0x00, 0x08}) != 0 {
          t.Printfln("该文件不是 cfm 格式的文件")
          return
    }

    // 读取记录条数
    var recordCountT int64

    decoderT.Decode(&recordCountT)

    t.Printfln("记录条数: %v", recordCountT)

    // 按记录条数分配相应空间
    records := make([]Customer, recordCountT)

    // 循环读取每条记录
    for i := 0; i < int(recordCountT); i++ {
          decoderT.Decode(&records[i])
    }

    t.Printfln("客户信息记录: %v", records)
}
```

代码 9-38 binary3/binary3.go

代码 9-38 中的重点解释如下：

- Customer 结构类型是自定义的用于存储客户信息的数据类型，其中的字段有表示姓名的 Name、表示年龄的 Age、表示性别的 Gender、表示手机号码的 Mobile 和表示电子邮件地址的 Email。ctm 文件中存储的每条记录应该都是 Customer 结构类型的数据；
- 程序的开头，模拟生成了 3 条客户信息记录，放在 Customer 类型的切片变量 customers 中，这些就是准备写入 cfm 文件的客户信息；数据记录再多，方法也是相同的；
- 然后我们用 os.Create 函数来创建用于存储客户信息的 ctm 格式文件“c:\test\customerInfo.ctm”；
- 之后直接基于该文件创建了一个编码器 encoderT，因为 os.File 类型也实现了 io.Writer 接口。这样可以避免像代码 9-36 那样使用一个字节切片缓冲区来放置准备一次性写入整个文件的内容，而是直接向文件中按需写入数据，既节省了内存空间又更加快速；这也是流式编程（使用支持 io.Writer 和 io.Reader 接口类型的函数可以使用各种数据源，如文件、字符串、字节切片等）带来的好处。

- 写入文件头代表文件格式的 4 个特殊字节时，没有使用 gob.Encoder 类型的成员方法 Encode，而是直接用 File.Write 函数直接做字节写入。这是因为如果用 Encoder.Encode 函数，会额外写入一些附加信息，导致文件头并非仅是这 4 个字节。
- 然后将记录的条数用 Encoder.Encode 函数来写入，注意记录的条数数值可以用内置函数 len 来获取；
- 之后才能用一个循环来将所有客户记录逐条写入；
- 由于我们准备用同一个文件来演示写入数据和读取数据，后面还要打开该文件进行读取，因此必须先关闭该文件以便保证写入动作生效，所以 file1T 的 Close 函数不能放在 defer 语句中（否则会在主函数退出时才被调用），只能在需要的地方手动编写，并且要注意不能遗漏任何可能退出程序的代码，在退出之前都要先关闭 file1T。file2T 则可以用 defer 来关闭；
- 关闭 file1T 之后，再次用 file2T 变量来打开同一个文件“c:\test\customerInfo.ctm”以演示从文件中读取客户信息的过程；
- 与写入文件头对应，读取文件头时也要用 File.Read 函数来读取，之后要用 bytes.Compare 函数来与正确的文件头比对以确认是否为 cfm 格式的文件。bytes.Compare 函数可以逐字节比较两个字节切片，用法与字符串比较函数 strings.Compare 类似，返回的整数值为 0 代表两者内容完全相同；
- 之后读取记录条数到变量 recordCountT 中，并根据该数值来分配放置所有客户信息记录的空间；
- 最后还是用一个循环来读取所有的记录条目，循环的次数也由记录条数 recordCountT 来决定；

代码 9-38 的运行结果是：

```
    customers: [{张三 28 男 1322226688 zhangsan@company1.com} {李四 24 女 15766669999 lisi@company2.com} {王五 16 男 19355558985 wangwu@company3.com}]
    文件头: []byte{0x7, 0x1, 0x0, 0x8}
    记录条数: 3
    客户信息记录: [{张三 28 男 1322226688 zhangsan@company1.com} {李四 24 女 15766669999 lisi@company2.com} {王五 16 男 19355558985 wangwu@company3.com}]
```

可以看出，写入前的客户信息、条数与读取后的客户信息、条数完全一致，说明程序运行正常。也可以用以十六进制方式查看二进制文件的软件来查看生成的文件“customerInfo.cfm”（用 VS Code 软件加装 hexdump for VSCode 插件即可，或者直接安装 HxD 等免费的十六进制文件编辑器打开查看也可以，如图 9.10 所示），可以看到其中具体的每个字节来印证该文件实际存储的内容。

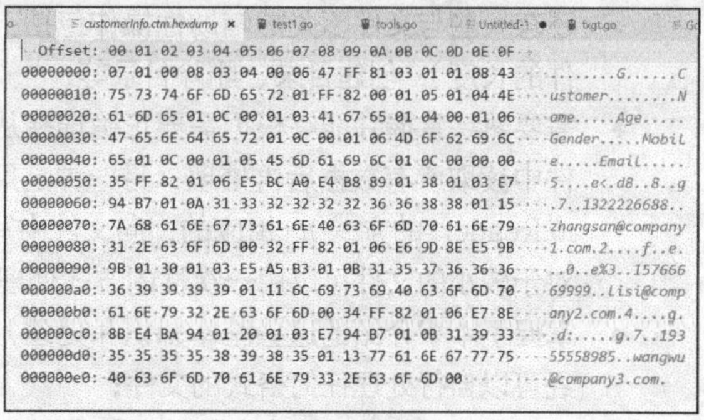

图 9.10　VS Code 加装 hexdump 插件后查看 cfm 文件内容

9.3　文件处理总结

本章前面对文件处理的介绍其实已经涵盖了 Go 语言有关文件处理的主要基础知识和方法，这些方法是处理所有类型文件的根本。理论上，在本书已经介绍过的这些知识和方法的基础上，已经可以处理任何格式的文件。在本节中将对文件处理做一下整理，归纳总结一些基本原则并给出更进一步应用的指南：

- 所有文件从本质上都是由一个个连续的字节组成的，都可以被看作二进制文件；
- 二进制文件的处理，也就是对连续字节的处理，是一切文件处理的基础；

- 文件处理的核心任务主要是 3 项：从文件中读取数据、向文件中写入数据、数据格式的转换（包括文件格式的数据转换并存放至某种或某些数据类型的变量中，以及反向的将某种或某些变量中的数据转换为准备写入文件格式的操作）；
- 将数据保存至文件的过程一般称为“持久化”，将程序运行时的数据（主要是各种类型的变量）转换为准备保存在文件中的格式的过程叫作“序列化”，而从文件格式的数据转换到各种类型变量中的过程一般叫作“反序列化”；
- 虽然有些包中提供一些方便或更易懂的表达方式来表示序列化后的数据形式，但我们要清楚最终保存到文件中数据的格式还是一个个的字节；
- 文本文件也可以当作二进制文件处理，但由于它的特殊性，一般计算机语言中都有针对性的处理函数来提升处理的效率、简化处理的步骤；
- 文本文件反序列化的结果就是一个字符串；但如果从每行是一条文本的角度来看，又可以反序列化成每行一个字符串从而形成一个字符串切片。因此，也可以看出，反序列化的结果是可以根据实际需要而定的，一般编程中选择的原则是选用使得代码处理起来更方便的方式；
- 相应地，序列化的结果也是可以不一样的，最简单的例子就是：一个数字可以按文本形式保存，也可以保存为二进制的形式；也需要根据实际情况决定数据保存的格式；
- 从二进制角度来看，典型的文件结构一般包括：文件头、文件结构信息、实际数据。文件头即类似 9.2.2 节中介绍的文件开头的几个表示文件类型的特殊字节；文件结构信息即类似 9.2.2 节中介绍的表示记录条数的数据；实际数据则有可能是单独的一组数据，也有可能是多条格式相同的数据记录。有时候，文件结构信息也会包括在文件头中。另外，所有这些都不是必需的，例如文本文件可以说没有文件头和文件结构信息，因为文本文件默认为由一连串可显示字符组成的文件格式，因此无须再在文件本身内部设法表示；
- 对文件进行的基础操作主要包括：创建新文件、打开已有文件、删除文件、移动文件或文件重命名、向文件中写入数据（包括覆盖和追加写入）、从文件中读取数据、关闭文件等。其他的文件操作都是基于这些基本操作的组合与延伸应用，例如文件的复制可以看作打开已有文件、从文件中读取数据、创建新文件、向文件中写入数据、关闭文件这几个基础操作的组合；
- 还有一些与文件相关的辅助性操作包括：判断文件或目录是否存在、获取文件信息（如文件的长度）、创建目录、删除目录等；
- 需要熟练掌握并能够根据需要正确选择从文件中读取数据的两种方式：一种是一次性从文件中读取所有数据后再处理；另一种是用流式的方法从文件中按需要逐步读取数据（即用 io.Reader 的方式）；相应的，向文件中写入数据也需要掌握一次性和流式两种方式；一般对于较小的文件可以用一次性的方式处理，较大的文件用流式方法处理；
- 掌握了本章介绍的这些基本知识和处理方法，再获得不同类型文件的格式说明，理论上已经可以自行处理任何格式的文件；
- 但为了对某些常用格式文件处理起来更方便，Go 语言标准库或第三方包中提供了一些写好的处理这些文件的数据类型和工具函数，可以直接使用；
- Go 语言标准库中，可以直接利用的文件处理有关的包还有：用于处理 zip 压缩文件的 archive/zip 包、用于处理 XML 格式数据的 encoding/xml 包、用于处理 JSON 格式数据的 encoding/json 包等（注意 encoding/xml、encoding/json 包主要是针对处理数据，但由于 XML 文件和 JSON 文件中整个都是 XML 或 JSON 格式组织的文本数据，所以也可以看成是对文件的处理）；
- 网络上还可以找到大量处理其他格式文件的第三方包，包括处理音频、视频文件在内的各种包，有兴趣的读者可以自行搜索并尝试应用。

第 10 章

Go 语言中数据格式的分析与转换

本章主要介绍在 Go 语言中如何处理用于进行传输或交换的各种数据格式，重点在于各种格式的分析与转换，特别是基于文本的主要数据存储与交换的格式。如果与 9.2 节更侧重于各种数据类型到二进制的序列化和反序列化相比，本章更侧重于各种数据类型到基于文本的几种主要数据格式的序列化和反序列化。

10.1 常见的数据交换格式

所谓的“数据交换格式”，是指在不同的计算机之间、应用程序之间，通过文件、网络等各种途径进行信息交换时，为了双方都能够理解而制定的数据格式。

数据交换格式的基本要求是能够跨平台、跨语言得到准确无误的理解。在此基础上，各种数据交换格式往往又具有自身的特点和适用的环境，有的数据交换格式可能偏重数据格式规范的严谨性，有的侧重于分析转换时的简单快速，有的则着重于可扩展性如支持表达更多的数据类型等。

目前主流的数据交换格式有纯文本、CSV、XML、JSON（及其各种变体）、YAML、ProtoBuf 等。其中 XML 和 JSON 无疑是目前应用最广泛的数据交换格式。本章将就这两种格式结合实例来介绍 Go 语言对它们的支持。

10.2 XML 格式的处理

XML 是可扩展标记语言（EXtensible Markup Language）的缩写简称，它被设计为专注于数据的表达而非其他（例如数据的显示样式等）方面，因此特别适合也主要被应用于传输数据和存储数据。

XML 格式是基于文本格式之上的，从这个意义上来说，XML 文件就是纯文本文件，XML 数据在程序中的表现形式就是一个字符串，事实上，XML 文件可以直接用文本编辑软件打开，其中的内容也都是由人可以识别的字符组成的。而 XML 是对具体的文本进行了更高级别的格式要求，以便能够用一定的文本格式规范来表现出各种类型的数据类型和数据结构，XML 在这方面做得非常严谨，能够支持复杂的数据类型并且能对数据的取值范围等做出更具体的规定和限制。

XML 格式本身并非本书要介绍的重点，有兴趣的读者自行查阅相关参考书或文档。下面将直接开始介绍 Go 语言中如何实现对 XML 格式数据的处理。

10.2.1 将数据序列化成 XML 格式

在 Go 语言中，准备序列化为 XML 的数据类型应该是一个结构类型，并且用一些专为 XML 序列化而设的修饰代码来做好转换的设定。代码 10-1 是一个典型的例子。

```
package main

import (
  "encoding/xml"
  "os"
  "strings"
```

```
    t "tools"
)

// AddressType 表示个人住址的数据结构
type AddressType struct {
    State      string
    City       string
    Detail     string
    PostalCode string `xml:"postalCode,attr"`
    Remark     string
}

// Person 准备进行 XML 序列化的表示个人信息的数据结构类型
type Person struct {
    XMLName xml.Name `xml:"person"`
    Name    string   `xml:"name"`
    ID      string   `xml:"id,attr"`
    Age     int      `xml:"age"`
    Married bool
    Phone   string   `xml:"phone,omitempty"`
    Mobile  []string `xml:"mobiles>mobile"`
    height  float64  `xml:"height"`
    AddressType
    SecondAddress AddressType `xml:"secondAddress"`
    Remark        string      `xml:",comment"`
}

func main() {

    person1 := &Person{Name: "张三", ID: "111111199001013336", Age: 25, Married: false,
Mobile: []string{"13222228888", "15866669999"}, height: 170, AddressType: AddressType
{State: "中国", City: "北京", Detail: "海淀区中关村 1 号", PostalCode: "100099", remark: "路口
右转"}, SecondAddress: AddressType{State: "中国", City: "上海", Detail: "徐汇区南京路 1 号",
PostalCode: "210001", remark: "无"}, Remark: "信息有待完善"}

    var strT strings.Builder

    encoderT := xml.NewEncoder(&strT)

    errT := encoderT.Encode(person1)

    if errT != nil {
        t.Printfln("XML 编码时发生错误: %v", errT.Error())
        return
    }

    t.Printfln("XML 字符串为: %#v", strT.String())

    t.Printfln("\n---分隔线---\n")

    outputT, errT := xml.MarshalIndent(person1, "  ", "    ")
    if errT != nil {
      t.Printfln("XML 缩进编码时发生错误: %v", errT)
      return
    }

    os.Stdout.Write(outputT)

    t.SaveStringToFile(string(outputT), `c:\test\person1.xml`)

}
```

代码 10-1 xml1/xml1.go

代码 10-1 的运行结果如下：

```
XML 字符串为: "<person id=\"111111199001013336\" postalCode=\"100099\"><name>张三</name>
<age>25</age><Married>false</Married><mobiles><mobile>13222228888</mobile><mobile>1586666
9999</mobile></mobiles><State>中国</State><City>北京</City><Detail>海淀区中关村 1 号</Detail>
<secondAddress postalCode=\"210001\"><State>中国</State><City>上海</City><Detail>徐汇区南京
路 1 号</Detail></secondAddress><!--信息有待完善--></person>"

---分隔线---

  <person id="111111199001013336" postalCode="100099">
      <name>张三</name>
```

```
    <age>25</age>
    <Married>false</Married>
    <mobiles>
      <mobile>13222228888</mobile>
      <mobile>15866669999</mobile>
    </mobiles>
    <State>中国</State>
    <City>北京</City>
    <Detail>海淀区中关村 1 号</Detail>
    <secondAddress postalCode="210001">
      <State>中国</State>
      <City>上海</City>
      <Detail>徐汇区南京路 1 号</Detail>
    </secondAddress>
    <!--信息有待完善-->
</person>
```

可以看到，程序输出了两段 XML 格式的文本，第一段是紧凑格式，第二段则是用了逐层缩进的格式来显示，比较清晰。另外，第二段 XML 文本在程序运行后也被保存在位于“C:\test\person1.xml”的新建 XML 文件中。下面来具体了解代码中需要解释的要点：

- 处理 XML 格式文本需要使用“encoding/xml”包，因此在程序开始包声明处不要忘记引用该包；
- Person 类型是自定义的用于存储个人信息的一个数据结构类型，也是我们准备用来演示 XML 序列化的数据类型；
- Person 结构类型中的大多数字段（成员变量）后都有一个用于指导如何进行 XML 序列化的特殊字符串，称作“标记”（tag），由于“标记”这个词定义不够准确，并且在 XML 处理中“标记”主要用于指导如何进行 XML 的序列化与反序列化，因此我们习惯将其称为 XML 序列化描述字符串，简称描述字符串；例如，“Name”字段后的用反引号括起来的描述字符串`xml:"name"`，表示 Name 字段在序列化后的 XML 中将被转换成名字为“name”的 XML 元素节点；
- Person 结构中的第一行“XMLName xml.Name `xml:"person"`”并非定义一个字段，而是结构体中为 XML 序列化专用的一个设置方法，用于指定该结构在 XML 序列化后根节点的名称（从运行结果中可以看出，根节点确实被命名为指定的“person”）；
- 描述字符串如果是类似`xml:"id,attr"`的形式，则表明该字段将被序列化成为它上级节点的“id”属性（例子是 Person 结构中的 ID 字段）；
- 描述字符串如果是类似`xml:"phone,omitempty"`的形式，则表示如果该字段有值则将正常序列化为名字为“phone”的 XML 元素节点，如果是空值（包括各种 Go 语言中的零值，例如 nil）则该节点将被省略掉；
- 描述字符串如果是类似`xml:"mobiles>mobile"`的形式，则表示该字段将被序列化成名为 mobile 的元素节点，并且放在 mobiles 元素节点之内成为它的下一级节点；这种嵌套的级别可以是多级的，例如`xml:"mobiles>mobile>subs"`；
- Person 结构中的 Mobile 字段是[]string 类型的，表示一个人可以有多个手机号，结合描述字符串`xml:"mobiles>mobile"`序列化出来的 XML 文本中，将用 mobiles 节点下并列的名为“mobile”的 XML 元素节点来表示多个手机号；如果描述字符串为`xml:"mobile"`，则会有多个 mobile 节点被直接放在根节点（即本例中的 person 节点）下；
- 形如`xml:",comment"`的描述字符串修饰的字段将被序列化成 XML 中的注释，不再起数据存储的作用；
- 没有加上描述字符串的字段，类似 Person 结构中的 Married 字段，将被序列化为与该字段名称一致的 XML 节点；

- 所有被导出的字段即大写字母开头的字段才可以被序列化，小写字母开头的字段将被忽略，例如本例 Person 结构中的 height 字段，虽然后面写有 XML 序列化描述字符串，但仍然在序列化后的 XML 文本中被忽略；
- Person 结构中的 SecondAddress 字段是 AddressType 类型的，这也是我们在代码中自定义的一个结构，用于表示个人住址信息；本例中也演示了结构体中包含复合数据类型以及嵌套另一个结构的方法；
- 在 Person 结构中还有一个没有字段名的也是 AddressType 类型的字段，这是 Go 语言中结构体中允许存在的“匿名字段”。匿名字段是 Go 语言中实现类似面向对象中“继承”概念的重要手段之一。一个结构体中如果有一个匿名字段，而该匿名字段又是一个结构类型，则该匿名字段代表结构类型的所有字段会被自动导入到该结构体中。因此可以看到代码运行结果中，匿名字段表示的第一套个人住址信息中的相关字段都被直接序列化为根节点下的子节点，而同样类型的非匿名字段 SecondAddress 的成员变量则被序列化为 SecondAddress 子节点再下一级的子节点。
- 引用结构体中的匿名字段时，直接用该匿名字段的数据类型作为字段名即可，例如本代码中就在赋值时直接对 AddressType 来赋初始值。
- AddressType 结构类型中的 PostalCode 字段的 XML 描述字符串演示了如何在某个子节点而非根节点中添加属性；
- 代码中使用了 encoding/xml 包中的 Encoder 数据类型来做 XML 的编码（也就是将数据序列化为 XML），用 xml.NewEncoder 来创建一个 xml.Encoder 类型的结构类型，然后调用该类型的成员函数 Encode 来进行具体编码操作；
- 调用 encoding/xml 包中的 Encoder.Encode 函数编码后的 XML 文本是紧凑格式的，为了方便读懂，我们在后面使用 xml.MarshalIndent 函数来编码出带有缩进的 XML 文本，该函数第二个参数是每行都有的第一个缩进，第二个参数代表每一个子级别所需增加的缩进，一般都是若干个空格字符；xml.MarshalIndent 函数返回的是[]byte 类型的数据，需要转换成字符串才能输出；
- 与 xml.MarshalIndent 函数类似的还有 xml.Marshal 函数，但它编码 XML 后的文本也没有缩进；
- os.Stdout 是 os 包中预定义的一个常量，代表标准输出，也就是抽象出来的向命令行界面的输出，它本身是 os.File 类型的，因此可以直接调用它的 Write 函数来输出信息，与 fmt.Print 等函数的作用类似。

总体来说，在 Go 语言中处理 XML 的序列化还是相对比较烦琐的，需要准备好加上 XML 序列化描述符的数据结构定义，并且支持的数据类型也不全面，例如不能直接支持 map 类型。

10.2.2 将 XML 格式的文本反序列化

Go 语言中 XML 的反序列化代码操作与序列化正好相反，但对数据结构的准备工作是相同的，加上 XML 序列化描述符的数据结构定义才可以进行 XML 反序列化，见代码 10-2。

```
package main

import (
  "encoding/xml"
  "io/ioutil"
  "os"
  t "tools"
)

// AddressType 表示个人住址的数据结构
```

```
type AddressType struct {
  State      string
  City       string
  Detail     string
  PostalCode string `xml:"postalCode,attr"`
  remark     string
}

// Person 准备进行 XML 序列化的表示个人信息的数据结构类型
type Person struct {
  XMLName xml.Name `xml:"person"`
  Name    string   `xml:"name"`
  ID      string   `xml:"id,attr"`
  Age     int      `xml:"age"`
  Married bool
  Phone   string   `xml:"phone,omitempty"`
  Mobile  []string `xml:"mobiles>mobile"`
  height  float64  `xml:"height"`
  AddressType
  SecondAddress AddressType `xml:"secondAddress"`
  Remark        string      `xml:",comment"`
}

func main() {

  person1 := new(Person)

  fileT, errT := os.Open(`c:\test\person1.xml`)

  if errT != nil {
        t.Println("打开 XML 文件时发生错误: %v", errT.Error())
        fileT.Close()
        return
  }

  decoderT := xml.NewDecoder(fileT)

  errT = decoderT.Decode(person1)

  fileT.Close()

  if errT != nil {
        t.Println("XML 解码时发生错误: %v", errT.Error())
        return
  }

  t.Println("person1: %#v", person1)

  t.Println("\n---分隔线---\n")

  person2 := &Person{}

  bytesT, errT := ioutil.ReadFile(`c:\test\person1.xml`)

  if errT != nil {
        t.Println("再次读取 XML 文件时发生错误: %v", errT.Error())
        return
  }

  errT = xml.Unmarshal(bytesT, person2)
  if errT != nil {
        t.Println("第二次 XML 解码时发生错误: %v", errT)
        return
  }

  t.Println("person2: %#v", person2)
}
```

代码 10-2　XML 反序列化

代码 10-2 演示了用不同方法两次反序列化 XML 文件的过程，使用的是代码 10-1 保存的 XML 文件“C:\test\person1.xml”。

- 代码 10-2 中保留了 Person 及其所需的 AddressType 两个数据结构的定义，说明序列化和反序列化时所用的数据类型定义可以是相同的；

- 第一次反序列化中，用 new 函数新建了一个 Person（指针）类型的变量 person1，其初始值应该是零值；
- 第一次反序列化使用了与 xml.Encoder 相反作用的 xml.Decoder 结构类型；用法与 xml.Encoder 基本一致，只是作用相反，在此不再赘述；
- 第二次反序列化中，Person（指针）类型的变量 person2 则是用另一种方式声明及赋初值的，注意与 new 函数写法的区别；
- 第二次反序列化时用 ioutil.ReadFile 函数直接将 XML 文件读取到字节切片中，然后调用 xml.Unmarshal 函数来进行反序列化，这也是与序列化时使用的 xml.MarshalIndent 函数相反的操作；

代码 10-2 的运行结果为：

```
person1: &main.Person{XMLName:xml.Name{Space:"", Local:"person"}, Name:"张三", ID:"111111199001013336", Age:25, Married:false, Phone:"", Mobile:[]string{"13222228888", "15866669999"}, height:0, AddressType:main.AddressType{State:"中国", City:"北京", Detail:"海淀区中关村 1 号", PostalCode:"100099", remark:""}, SecondAddress:main.AddressType{State:"中国", City:"上海", Detail:"徐汇区南京路 1 号", PostalCode:"210001", remark:""}, Remark:"信息有待完善"}

---分隔线---

person2: &main.Person{XMLName:xml.Name{Space:"", Local:"person"}, Name:"张三", ID:"111111199001013336", Age:25, Married:false, Phone:"", Mobile:[]string{"13222228888", "15866669999"}, height:0, AddressType:main.AddressType{State:"中国", City:"北京", Detail:"海淀区中关村 1 号", PostalCode:"100099", remark:""}, SecondAddress:main.AddressType{State:"中国", City:"上海", Detail:"徐汇区南京路 1 号", PostalCode:"210001", remark:""}, Remark:"信息有待完善"}
```

首先可以看到，两次反序列化都是成功的，正确地解析出了 XML 文本中包含的数据并放入了两个 Person 类型的变量 person1 和 person2 中。还可以看到，在序列化过程中被忽略掉的信息（例如 height 字段等）维持零值，说明反序列化时对它们没有影响。最后，Person 结构中声明根节点名称的 XMLName xml.Name `xml:"person"`这条附加的字段定义，解码时如果不需要可以将其删除。

最后，如果 XML 文件中有某个元素节点在定义的结构体没有定义，则该节点将被忽略。

10.2.3 省略字段、字符字段和原始 XML 文本字段

XML 序列化和反序列化还有以下一些主要知识点，在本节一起列出供读者参考：

- 如果在结构体中没有定义 XMLName 字段，XML 序列化时将以结构名字作为 XML 文本中根节点的名称；
- 普通的数据类型也可以被进行 XML 编码，此时生成的节点名为该类型的名称；
- 描述字符串为`xml:"-"`的结构体中的字段将被忽略；
- 描述字符串为`xml:",innerxml"`的字段，将原样放在 XML 中而不会被加上标签（即不会生成 XML 元素节点），如果需要标签则应自行添加；
- 描述字符串为`xml:",chardata"`的字段不会生成 XML 元素节点，将被作为字符数据直接放入；
- 描述字符串为`xml:",cdata"`的字段，同样也不会生成 XML 元素节点，而是编码为 XML 中的 CDATA 字符数据形式，该形式主要用于放入包含一些特殊字符的文本；
- 如果要让 CDATA 字符数据在 XML 中放于一个元素节点之内，需要定义一个结构类型，如代码 10-3 中示例的形式。

```
package main

import (
  "encoding/xml"
  t "tools"
)
```

```
type CDATA struct {
  string `xml:",cdata"`
}

type CodeData struct {
  CodeName        string
  CodeType        string `xml:",attr"`
  CodeDescription string `xml:",innerxml"`
  CodeData1       []byte `xml:",chardata"`
  CodeData2       CDATA
  Remark          string `xml:"-"`
}

func main() {

  code1 := new(CodeData)

  code1.CodeName = "测试代码"
  code1.CodeType = "Go"
  code1.CodeDescription = "\n<CodeDescription>本段描述将被原样保留</CodeDescription>"
  code1.CodeData1 = []byte{0x65, 0x33, 0x32}
  code1.CodeData2 = CDATA{`for i := 0; i <= 18; i ++ {fmt.Printf("18");}`}
  code1.Remark = "本段备注将被忽略"

  xmlBytesT, errT := xml.MarshalIndent(code1, "", "  ")
  if errT != nil {
        t.Printfln("XML 编码时发生错误: %v", errT)
        return
  }

  t.Printfln("%v", string(xmlBytesT))
}
```

代码 10-3 XML 序列化的补充知识点示例

代码 10-3 的运行结果如下：

```
单个浮点数的 XML: <float64>64.8</float64>
code1 编码后的 XML: <CodeData CodeType="Go">
  <CodeName>测试代码</CodeName>
<CodeDescription>本段描述将被原样保留</CodeDescription>e32
  <CodeData2><![CDATA[for i := 0; i <= 18; i ++ {fmt.Printf("18");}]]></CodeData2>
</CodeData>
```

可以看出，float64 类型的浮点数变量 a 被序列化成“<float64>64.8</float64>”；变量 code1 也被正确编码。反序列化中，这些用法也类似，在此不再举例。

XML 序列化和反序列化时还有一些更精细的控制方式，但并不常用，将在 10.2.4 节简单介绍。

10.2.4 自行控制某数据类型的 XML 序列化/反序列化

在 XML 序列化和反序列化过程中，还可以控制自定义数据结构类型如何序列化和反序列化，可以与默认的编码解码方式不同。代码 10-4 就将我们定义的 AddressType 类型进行了特殊的编码解码处理。

```
package main

import (
  "encoding/xml"
  "strings"
  t "tools"
)

// AddressType 表示个人住址的数据结构
type AddressType struct {
  State      string
  City       string
  Detail     string
  PostalCode string `xml:"postalCode,attr"`
  remark     string
}
```

```
    func (v AddressType) MarshalXML(e *xml.Encoder, start xml.StartElement) error {
      stringAllT := v.State + "|" + v.City + "|" + v.Detail + "|" + v.PostalCode + "|" + v.remark

      e.EncodeElement(stringAllT, start)

      return nil
    }

    func (p *AddressType) UnmarshalXML(d *xml.Decoder, start xml.StartElement) error {
      var stringBufT string

      d.DecodeElement(&stringBufT, &start)

      listT := strings.Split(stringBufT, "|")

      *p = AddressType{State: listT[0], City: listT[1], Detail: listT[2], PostalCode: listT[3], remark: listT[4]}

      return nil
    }

    // Person 准备进行XML序列化的表示个人信息的数据结构类型
    type Person struct {
      XMLName xml.Name `xml:"person"`
      Name    string   `xml:"name"`
      ID      string   `xml:"id,attr"`
      Age     int      `xml:"age"`
      Married bool
      Phone   string   `xml:"phone,omitempty"`
      Mobile  []string `xml:"mobiles>mobile"`
      height  float64  `xml:"height"`
      // AddressType
      SecondAddress AddressType `xml:"secondAddress"`
      Remark        string      `xml:",comment"`
    }

    func main() {

      person1 := &Person{Name: "张三", ID: "111111199001013336", Age: 25, Married: false, Mobile: []string{"13222228888", "15866669999"}, height: 170, SecondAddress: AddressType{State: "中国", City: "上海", Detail: "徐汇区南京路 1 号", PostalCode: "210001", remark: "无"}, Remark: "信息有待完善"}

      xmlBytesT, errT := xml.MarshalIndent(person1, "", "  ")
      if errT != nil {
            t.Printfln("XML缩进编码时发生错误: %v", errT)
            return
      }

      t.Printfln("XML字符串为: %v", string(xmlBytesT))

      t.Printfln("\n---分隔线---\n")

      person2 := &Person{}

      errT = xml.Unmarshal(xmlBytesT, person2)
      if errT != nil {
            t.Printfln("XML解码时发生错误: %v", errT)
            return
      }

      t.Printfln("person2: %#v", person2)

    }
```

代码 10-4 xml2/xml2.go

代码 10-4 中完整演示了如何定义在 XML 序列化与反序列化时，对指定数据结构类型的编解码进行定制的过程。代码 10-4 中，为 AddressType 结构类型定义了两个成员函数 MarshalXML 和 UnmarshalXML，分别用于该结构类型的 XML 编码和解码。定义 AddressType 结构类型的编码过程是：把所有字段（都是 string 类型）用竖线字符“|”连接起来；而 AddressType 结构类型的解码过程则是它的反向操作，把字符串按“|”分割后逐个填入结构体对应的字段中。同时为了代码简洁，我们只使用了 xml.MarshalIndent 函数来序列化 XML，并且跳过了文件保存和读取

的过程，然后直接进行了反序列化，程序运行的结果是：

```
XML 字符串为: <person id="111111199001013336">
 <name>张三</name>
 <age>25</age>
 <Married>false</Married>
 <mobiles>
   <mobile>13222228888</mobile>
   <mobile>15866669999</mobile>
 </mobiles>
 <secondAddress>中国|上海|徐汇区南京路1号|210001|无</secondAddress>
 <!--信息有待完善-->
</person>

---分隔线---

person2: &main.Person{XMLName:xml.Name{Space:"", Local:"person"}, Name:"张三", ID:
"111111199001013336", Age:25, Married:false, Phone:"", Mobile:[]string{"13222228888",
"15866669999"}, height:0, SecondAddress:main.AddressType{State:"中国", City:"上海",
Detail:"徐汇区南京路1号", PostalCode:"210001", remark:"无"}, Remark:"信息有待完善"}
```

可以看出，AddressType 类型的 SecondAddress 字段被按照指定的规则成功地序列化和反序列化了。

需要注意的是，自定义了序列化函数和反序列化函数的结构类型作为上级结构类型的字段时，最好不使用匿名字段的方式，否则可能会导致 XML 编码异常，因此本例中的 Person 类型中删除了 AddressType 类型的匿名字段。

另外，AddressType 类型的两个成员函数分别定义在 AddressType 类型的变量和变量指针上，注意这种用法。

需要说明的是，我们自定义的 MarshalXML 和 UnmarshalXML 成员函数，其实是 xml 包中规定的 Marshaler 和 Unmarshaler 接口类型中所要求的函数，实际上是按要求实现了这两个接口。实现了这两个接口的数据类型，Go 语言就会在 XML 编解码时自动调用对应的成员函数来编解码。

10.3 JSON 格式的处理

JSON 格式是数据交换格式中使用最广泛的格式之一，虽然起源于 JavaScript 语言，但实际应用中已经完全实现了跨语言、跨平台的使用。JSON 格式最大的特点就是写法简单易懂、处理快速，并具备大多数主要基本数据类型的表达能力。

Go 语言中处理 JSON 格式的序列化和反序列化与 XML 相比要简单很多，另外由于 JSON 格式的应用越来越广，在很多领域已经一定程度上超越了 XML 等格式，本节将进行举例介绍。

10.3.1 将数据序列化成 JSON 格式

首先来看一下实现与代码 10-1 基本相同的功能，把数据序列化为 JSON 格式的代码 10-5。

```
package main

import (
  "encoding/json"
  "os"
  "strings"
  t "tools"
)

// AddressType 表示个人住址的数据结构
type AddressType struct {
  State      string
  City       string
  Detail     string
  PostalCode string
  remark     string
```

```
}

// Person 表示个人信息的数据结构类型
type Person struct {
 Name    string
 ID      string
 Age     int
 Married bool
 Phone   string
 Mobile  []string
 height  float64
 AddressType
 SecondAddress AddressType
 Remark        string
}

func main() {

  person1 := &Person{Name: "张三", ID: "111111199001013336", Age: 25, Married: false, Mobile: []string{"13222228888", "15866669999"}, height: 170, AddressType: AddressType{State: "中国", City: "北京", Detail: "海淀区中关村 1 号", PostalCode: "100099", remark: "路口右转"}, SecondAddress: AddressType{State: "中国", City: "上海", Detail: "徐汇区南京路 1 号", PostalCode: "210001", remark: "无"}, Remark: "信息有待完善"}

  var strT strings.Builder

  encoderT := json.NewEncoder(&strT)

  errT := encoderT.Encode(person1)

  if errT != nil {
        t.Printfln("JSON 编码时发生错误: %v", errT.Error())
        return
  }

  t.Printfln("JSON 字符串为: %#v", strT.String())

  t.Printfln("\n---分隔线---\n")

  outputT, errT := json.MarshalIndent(person1, " ", "    ")
  if errT != nil {
        t.Printfln("JSON 缩进编码时发生错误: %v", errT)
        return
  }

  os.Stdout.Write(outputT)

  t.SaveStringToFile(string(outputT), `c:\test\person1.json`)
}
```

代码 10-5　将数据序列化成 JSON 文本

可以看出，在定义 Person 结构类型的时候，没有必要加上类似 XML 序列化描述字符串之类的内容，代码简化了许多。而 JSON 序列化的规则也很简单，就是可导出字段（大写字母开头的）会被按其字段名称导出到 JSON 中，其他的会被忽略。代码其他部分与代码 10-1 也基本相同，仅是把 encoding/xml 包换成了 encoding/json 包，使用的函数名称和调用方法都是类似的。应该说，Go 语言中的一致性还是做得相当不错的，例如 encoding 包下的各个格式编码解码的函数形式非常相似。

代码 10-5 的运行结果如下：

```
C:\goprjs\src\test>go run test.go
JSON 字符串为: "{\"Name\":\"张三\",\"ID\":\"111111199001013336\",\"Age\":25,\"Married\":false,\"Phone\":\"\",\"Mobile\":[\"13222228888\",\"15866669999\"],\"State\":\"中国\",\"City\":\"北京\",\"Detail\":\"海淀区中关村 1 号\",\"PostalCode\":\"100099\",\"SecondAddress\":{\"State\":\"中国\",\"City\":\"上海\",\"Detail\":\"徐汇区南京路 1 号\",\"PostalCode\":\"210001\"},\"Remark\":\"信息有待完善\"}\n"

---分隔线---

{
     "Name": "张三",
     "ID": "111111199001013336",
     "Age": 25,
```

```
    "Married": false,
    "Phone": "",
    "Mobile": [
       "13222228888",
       "15866669999"
    ],
    "State": "中国",
    "City": "北京",
    "Detail": "海淀区中关村 1 号",
    "PostalCode": "100099",
    "SecondAddress": {
       "State": "中国",
       "City": "上海",
       "Detail": "徐汇区南京路 1 号",
       "PostalCode": "210001"
    },
    "Remark": "信息有待完善"
}
```

另外，相关的 JSON 文本也被保存至“c:\test\person1.json”。

10.3.2 将 JSON 格式的文本反序列化

JSON 文本的反序列化与 XML 的反序列化基本类似，仅仅是简化了结构类型的定义并采用了 encoding/json 包来处理，见代码 10-6。

```
package main

import (
 "encoding/json"
 "io/ioutil"
 "os"
 t "tools"
)

// AddressType 表示个人住址的数据结构
type AddressType struct {
 State      string
 City       string
 Detail     string
 PostalCode string
 remark     string
}

// Person 表示个人信息的数据结构类型
type Person struct {
 Name    string
 ID      string
 Age     int
 Married bool
 Phone   string
 Mobile  []string
 height  float64
 AddressType
 SecondAddress AddressType
 Remark        string
}

func main() {

 person1 := new(Person)

 fileT, errT := os.Open(`c:\test\person1.json`)

 if errT != nil {
       t.Printfln("打开 JSON 文件时发生错误: %v", errT.Error())
       fileT.Close()
       return
 }

 decoderT := json.NewDecoder(fileT)

 errT = decoderT.Decode(person1)
```

```
    fileT.Close()

    if errT != nil {
        t.Printfln("JSON 解码时发生错误: %v", errT.Error())
        return
    }

    t.Printfln("person1: %#v", person1)

    t.Printfln("\n---分隔线---\n")

    person2 := &Person{}

    bytesT, errT := ioutil.ReadFile(`c:\test\person1.json`)

    if errT != nil {
        t.Printfln("再次读取 JSON 文件时发生错误: %v", errT.Error())
        return
    }

    errT = json.Unmarshal(bytesT, person2)
    if errT != nil {
        t.Printfln("第二次 JSON 解码时发生错误: %v", errT)
        return
    }

    t.Printfln("person2: %#v", person2)
}
```

代码 10-6 json1/json1.go

代码 10-6 与代码 10-2 也是基本相同，仅是简化了 Person 结构类型的定义并改用了 encoding/json 包来处理 JSON 文本的解码。该段代码的运行结果如下：

```
person1: &main.Person{Name:"张三", ID:"111111199001013336", Age:25, Married:false, Phone: "", Mobile:[]string{"13222228888", "15866669999"}, height:0, AddressType:main.AddressType{State:"中国", City:"北京", Detail:"海淀区中关村 1 号", PostalCode:"100099", remark:""}, SecondAddress: main.AddressType{State:"中国", City:"上海", Detail:"徐汇区南京路 1 号", PostalCode:"210001", remark:""}, Remark:"信息有待完善"}

---分隔线---

person2: &main.Person{Name:"张三", ID:"111111199001013336", Age:25, Married:false, Phone: "", Mobile:[]string{"13222228888", "15866669999"}, height:0, AddressType:main.AddressType{State:"中国", City:"北京", Detail:"海淀区中关村 1 号", PostalCode:"100099", remark:""}, SecondAddress: main.AddressType{State:"中国", City:"上海", Detail:"徐汇区南京路 1 号", PostalCode:"210001", remark:""}, Remark:"信息有待完善"}
```

10.3.3 JSON 序列化/反序列化时使用描述字符串

从 Go 语言中进行基本的 JSON 序列化和反序列化的例子中可以看出，在 Go 语言中 JSON 的编解码比 XML 的编解码要方便很多。但实际上，JSON 也可以通过类似 XML 序列化描述字符串（标记）的方式来规定字段的名称、有无等，相对更简单一些，这也是由于 JSON 格式本身的定义比 XML 格式要简单而决定的。

代码 10-7 是加上了 JSON 序列化描述字符串的实例，可以看出，JSON 序列化描述字符串只是把 XML 序列化描述字符串中的 xml 字样改成了 json 字样，并且描述字符串类型也少了一些。

```
package main

import (
  "encoding/json"
  t "tools"
)

// AddressType 表示个人住址的数据结构
type AddressType struct {
  State      string
  City       string
  Detail     string
```

```
    PostalCode string
    remark    string
  }

  // Person 表示个人信息的数据结构类型
  type Person struct {
    Name   string `json:"name"`
    ID     string
    Age    int  `json:",string"`
    Married bool `json:",omitempty"`
    Phone  string
    Mobile []string
    height float64 `json:"height"`
    AddressType
    SecondAddress AddressType
    Remark      string `json:"-"`
  }

  func main() {

    person1 := &Person{Name: "张三", ID: "111111199001013336", Age: 25, Married: false,
Mobile: []string{"13222228888", "15866669999"}, height: 170, AddressType: AddressType{State:
"中国", City: "北京", Detail: "海淀区中关村 1 号", PostalCode: "100099", remark: "路口右转"},
SecondAddress: AddressType{State: "中国", City: "上海", Detail: "徐汇区南京路 1 号",
PostalCode: "210001", remark: "无"}, Remark: "信息有待完善"}

    jsonT, errT := json.MarshalIndent(person1, " ", "  ")
    if errT != nil {
        t.Printfln("JSON 缩进编码时发生错误: %v", errT)
        return
    }

    t.Printfln("JSON: %v", string(jsonT))

    t.Printfln("\n---分隔线---\n")

    person2 := &Person{}

    errT = json.Unmarshal(jsonT, person2)
    if errT != nil {
        t.Printfln("JSON 解码时发生错误: %v", errT)
        return
    }

    t.Printfln("person2: %#v", person2)
  }
```

代码 10-7 使用描述字符串来控制 JSON 序列化与反序列化

代码 10-7 演示了如何使用 JSON 序列化描述字符串来控制 JSON 的序列化与反序列化，代码的运行结果如下：

```
  JSON: {
       "name": "张三",
       "ID": "111111199001013336",
       "Age": "25",
       "Phone": "",
       "Mobile": [
          "13222228888",
          "15866669999"
       ],
       "State": "中国",
       "City": "北京",
       "Detail": "海淀区中关村 1 号",
       "PostalCode": "100099",
       "SecondAddress": {
          "State": "中国",
          "City": "上海",
          "Detail": "徐汇区南京路 1 号",
          "PostalCode": "210001"
       }
   }

  ---分隔线---
```

```
person2: &main.Person{Name:"张三", ID:"111111199001013336", Age:25, Married:false, Phone:"", Mobile:[]string{"13222228888", "15866669999"}, height:0, AddressType:main.AddressType{State:"中国", City:"北京", Detail:"海淀区中关村 1 号", PostalCode:"100099", remark:""}, SecondAddress:main.AddressType{State:"中国", City:"上海", Detail:"徐汇区南京路 1 号", PostalCode:"210001", remark:""}, Remark:""}
```

代码 10-7 中需要说明的是：

- 使用类似`json:"name"`的 JSON 序列化描述字符串，可以设置该字段在 JSON 中的键（key）名，也可以突破不使用描述字符串时键名必须为大写字母开头的限制，这一点在解析网络上很多 JSON 接口或文件时非常有用，因为除了 Go 语言之外，很少有其他语言限制这一点；
- 类似`json:"-"`的描述字符串表示该字段将被忽略，例如本代码中 Person 结构的 Remark 字段；
- 类似`json:",omitempty"`的描述字符串表示该字段如果是空值（零值）则将在 JSON 编码中被忽略；如果使用类似`json:"name,omitempty"`这样的描述字符串则表示如果该字段非空值则 JSON 编码时将该字段的键名设为“name”；
- `json:",string"`这样的描述字符串一般用于描述数字类型的字段，表示虽然该字段是数字，但是也按照字符串形式来编码；
- 结构体中小写字母开头的非导出字段即使写了 JSON 描述字符串也不会被编码，例如本例中的 height 字段。

10.3.4 自行控制自定义数据类型的 JSON 序列化/反序列化

与 XML 序列化/反序列化相同，JSON 序列化/反序列化时也可以通过自定义 JSON 编解码的函数来控制某个数据结构类型的编解码行为，见代码 10-8。

```
package main

import (
  "encoding/json"
  "strings"
  t "tools"
)

// AddressType 表示个人住址的数据结构
type AddressType struct {
  State      string
  City       string
  Detail     string
  PostalCode string
  remark     string
}

func (v AddressType) MarshalJSON() ([]byte, error) {
  stringAllT := v.State + "|" + v.City + "|" + v.Detail + "|" + v.PostalCode + "|" + v.remark

  return json.Marshal(stringAllT)
}

func (p *AddressType) UnmarshalJSON(b []byte) error {
  var stringBufT string

  errT := json.Unmarshal(b, &stringBufT)

  if errT != nil {
    return errT
  }

  listT := strings.Split(stringBufT, "|")

  *p = AddressType{State: listT[0], City: listT[1], Detail: listT[2], PostalCode: listT[3], remark: listT[4]}

  return nil
}
```

```
// Person 表示个人信息的数据结构类型
type Person struct {
  Name         string `json:"name"`
  ID          string
  Age         int  `json:",string"`
  Married      bool `json:",omitempty"`
  Phone        string
  Mobile       []string
  height       float64 `json:"height"`
  SecondAddress AddressType
  Remark       string `json:"-"`
}

func main() {

  person1 := &Person{Name: "张三", ID: "111111199001013336", Age: 25, Married: false, Mobile:
[]string{"13222228888", "15866669999"}, height: 170, SecondAddress: AddressType{State: "中国",
City: "上海", Detail: "徐汇区南京路 1 号", PostalCode: "210001", remark: "无"}, Remark: "信息有待完善"}

  jsonT, errT := json.MarshalIndent(person1, "  ", "  ")
  if errT != nil {
       t.Println("JSON 缩进编码时发生错误: %v", errT)
       return
  }

  t.Printfln("JSON: %v", string(jsonT))

  t.Printfln("\n---分隔线---\n")

  person2 := &Person{}

  errT = json.Unmarshal(jsonT, person2)
  if errT != nil {
       t.Printfln("JSON 解码时发生错误: %v", errT)
       return
  }

  t.Printfln("person2: %#v", person2)
}
```

代码 10-8　自行控制 JSON 序列化反序列化的过程

代码 10-8 与代码 10-4 非常类似，它为自定义数据结构类型 AddressType 增加了两个成员函数 MarshalJSON 和 UnmarshalJSON，分别用于按自己定义的规则来把 AddressType 类型的数据进行 JSON 编解码。我们指定的编码规则是：用竖线字符“|”将 AddressType 类型数据中的所有字段（都是字符串类型）连接起来；而解码的规则是反向操作，即把字符串按“|”字符分割后赋值给该类型变量的各个字段。

同样，对自定义了编码规则的 AddressType 结构类型最好不要使用匿名字段的方式作为上一级结构中的字段。代码 10-8 的运行结果是：

```
JSON: {
    "name": "张三",
    "ID": "111111199001013336",
    "Age": "25",
    "Phone": "",
    "Mobile": [
      "13222228888",
      "15866669999"
    ],
    "SecondAddress": "中国|上海|徐汇区南京路 1 号|210001|无"
  }
---分隔线---

person2: &main.Person{Name:"张三", ID:"111111199001013336", Age:25, Married:false, Phone:"",
Mobile:[]string{"13222228888",   "15866669999"},   height:0,   SecondAddress:main.AddressType
{State:"中国", City:"上海", Detail:"徐汇区南京路 1 号", PostalCode:"210001", remark:"无"}, Remark:""}
```

可以看到，自定义的编解码规则被正确地应用了。

需要说明的是，我们自定义的 MarshalJSON 和 UnmarshalJSON 成员函数，其实是 json 包中规定的 Marshaler 和 Unmarshaler 接口类型中所要求的函数，我们实际上是按要求实现了这两个接口。实现了这两个接口的数据类型，Go 语言就会在 JSON 编解码时自动调用对应的成员函数来编解码。xml 包进行自定义编解码行为时也是类似的过程。

另外，Go 语言支持对 map[string]string 类型的 JSON 序列化和反序列化，因此无须自行编写编解码函数。这点与 XML 的序列化/反序列化略有不同，见代码 10-9。

```
package main

import (
 "encoding/json"
 t "tools"
)

func main() {

 map1T := map[string]string{"Name": "小明", "Age": "11", "Gender": "男"}

 bytesT, errT := json.MarshalIndent(map1T, "", "  ")

 if errT != nil {
        t.Printfln("JSON 编码时发生错误: %v", errT.Error())
        return
 }

 t.Printfln("JSON: %v", string(bytesT))

 t.Printf("\n---分隔线---\n")

 students2T := new(map[string]string)

 errT = json.Unmarshal(bytesT, &students2T)

 if errT != nil {
        t.Printfln("JSON 解码时发生错误: %v", errT.Error())
        return
 }

 t.Printfln("students2T: %#v", students2T)
}
```

代码 10-9 map[string]string 类型的 JSON 编解码

代码 10-9 的运行结果如下：

```
JSON: {
 "Age": "11",
 "Gender": "男",
 "Name": "小明"
}
---分隔线---
students2T: &map[string]string{"Name":"小明", "Age":"11", "Gender":"男"}
```

可见 Go 语言能够支持直接对 map[string]string 类型的 JSON 序列化与反序列化。

10.3.5 用空接口类型实现复杂结构的 JSON 序列化

实际上 Go 语言中 JSON 的序列化与反序列化除了能够直接支持 map[string]string 类型外，还可以通过 map[string]interface{}类型以及空接口类型的各种组合变化来对大多数数据进行直接的 JSON 序列化和反序列化而无须实现定义复杂的数据结构类型，见代码 10-10。

```
package main

import (
 "encoding/json"
 t "tools"
)

func main() {
```

```
    map1T := map[string]interface{}{
        "Name":    "小明",
        "Age":     11,
        "Gender":  "男",
        "Mobiles": []string{"137", "159"},
        "Pets": []interface{}{
            map[string]interface{}{"Name": "Bob", "Type": "dog", "weight": 3.8},
            map[string]interface{}{"Name": "Susan", "Type": "cat", "weight": 2.8},
        },
    }

    bytesT, errT := json.MarshalIndent(map1T, "", " ")

    if errT != nil {
        t.Printfln("JSON 编码时发生错误: %v", errT.Error())
        return
    }

    t.Printfln("JSON: %v", string(bytesT))

    t.Printf("\n---分隔线---\n")

    map2T := new(map[string]interface{})

    errT = json.Unmarshal(bytesT, &map2T)

    if errT != nil {
        t.Printfln("JSON 解码时发生错误: %v", errT.Error())
        return
    }

    t.Printfln("map2T: %#v", map2T)
}
```

代码 10-10 灵活使用空接口类型进行 JSON 的序列化与反序列化

代码 10-10 中，使用了一个 map[string]interface{}类型的变量 map1T 作为 JSON 编码的数据源。由于 JSON 数据常常是字典形式的，而其中的字段又有可能是不同的数据类型，因此用 map[string]interface{}类型来做数据源比 map[string]string 类型更加合适。

而 map1T 中放入了各种类型的数据，包括字符串、整数、浮点数、字符串切片、map[string]interface{}类型的切片等，所以 Go 语言的 JSON 编码几乎可以支持所有可能的情况。

代码 10-10 在 JSON 编码之后又用 map[string]interface{}类型的变量来做 JSON 文本字符串的解码，我们来观察运行结果：

```
JSON: {
 "Age": 11,
 "Gender": "男",
 "Mobiles": [
  "137",
  "159"
 ],
 "Name": "小明",
 "Pets": [
  {
   "Name": "Bob",
   "Type": "dog",
   "weight": 3.8
  },
  {
   "Name": "Susan",
   "Type": "cat",
   "weight": 2.8
  }
 ]
}

---分隔线---
map2T: &map[string]interface {}{"Age":11, "Gender":"男", "Mobiles":[]interface {}{"137", "159"}, "Name":"小明", "Pets":[]interface {}{map[string]interface {}{"Type":"dog", "weight":3.8, "Name":"Bob"}, map[string]interface {}{"Type":"cat", "weight":2.8, "Name":"Susan"}}}
```

可以发现，整个 JSON 编码和解码的过程非常完美，包括像“weight”这种小写字母开头的字段也被顺利地编解码成功。因此，对于生成 JSON 文本，一般可以用这样的方式来随时生成。但对于解析任意 JSON 文本，还需要做更多的工作。

10.3.6 JSON 解析中空接口类型的应用

前面几节的实例中对 JSON 文本的反序列化（也可以称作类似含义的“解码”）必须先定义好用于接收数据的结构类型，其中所需字段都要逐个定义好，如果有字段名首字母大小写的问题还要做相应的 JSON 描述字符串定义，整个过程是比较麻烦的。然而在实际应用中经常遇到的场景是：假设已经从网络或文件中获得了一个 JSON 字符串，我们只需要在其中检索或利用少数内容，如果定义一个庞大的结构类型来处理显然十分低效，也不必要。在这种情况下，可以用 Go 语言中的空接口类型（interface{}）的变量来接收 JSON 的反序列化结果，然后进行进一步的分析处理。另外，上一节中是使用 map[string]interface{}类型来接收 JSON 反序列化结果，但这并不通用，例如，对于直接是数组类型的 JSON 数据会解析出错，而使用空接口类型则显然适应性更强，见代码 10-11。

```
package main

import (
  "encoding/json"
  t "tools"
)

func main() {

  jsonT := `{
       "name": "Bob",
       "type": "dog",
       "weight": 3.3,
       "color": "brown",
       "parents": [
             {
             "name": "Tom",
             "type": "dog",
             "weight": 8.3,
             "color": "Black"
             },
             {
                   "name": "Mary",
                   "type": "dog",
                   "weight": 6.7,
                   "color": "White"
             }
       ]
  }`

  var bufT interface{}

  errT := json.Unmarshal([]byte(jsonT), &bufT)

  if errT != nil {
       t.Printfln("JSON 解码时发生错误: %v", errT.Error())
       return
  }

  t.Printfln("bufT: %#v", bufT)

  parents := bufT.(map[string]interface{})["parents"]

  t.Printfln("parents: %#v", parents)

  parentsLen := len(parents.([]interface{}))

  t.Printfln("parentsLen: %v", parentsLen)

  firstParent := parents.([]interface{})[0]

  t.Printfln("firstParent: %#v", firstParent)

  firstParentName := firstParent.(map[string]interface{})["name"]
```

```
    t.Println("firstParentName: %#v", firstParentName)

    t.Println("firstParentWeight: %#v", bufT.(map[string]interface{})["parents"].([]interface{})
[0].(map[string]interface{})["weight"])

    t.Println("firstParent 中共有%v 个 key/value 对", len(firstParent.(map[string]interface{})))

    for k, v := range firstParent.(map[string]interface{}) {
        t.Println("第一条狗的%v 属性值为: %v", k, v)
    }

}
```

代码 10-11 json2/json2.go

代码 10-11 比较详尽地演示了如何从一个 JSON 字符串逐步解析出其中的某个或某些键值对（key-value pair）的内容。其中变量 jsonT 存放的是用于测试的 JSON 字符串，用了反引号来实现直接在代码中书写多行的字符串以便能够更清楚地查看其内容。该 JSON 字符串内表达的信息显然是一条小狗的各种属性信息，包括姓名、类型、体重、颜色等，还有一个 parents 字段表示它的父母，因此也有姓名、类型、体重、颜色等属性信息。我们在本段代码中试图获取其中的某些属性值。先看一下代码的执行结果：

```
   bufT: map[string]interface {}{"parents":[]interface {}{map[string]interface {}{"type":"dog",
"weight":8.3, "color":"Black", "name":"Tom"}, map[string]interface
   {}{"weight":6.7, "color":"White", "name":"Mary", "type":"dog"}}, "name":"Bob", "type":"dog",
"weight":3.3, "color":"brown"}
   parents: []interface {}{map[string]interface {}{"name":"Tom", "type":"dog", "weight":8.3,
"color":"Black"}, map[string]interface {}{"weight":6.7, "color":"White", "name":"Mary",
"type":"dog"}}
   parentsLen: 2
   firstParent: map[string]interface {}{"weight":8.3, "color":"Black", "name":"Tom", "type":
"dog"}
   firstParentName: "Tom"
   firstParentWeight: 8.3
   firstParent 中共有 4 个 key/value 对
   第一条狗的 name 属性值为: Tom
   第一条狗的 type 属性值为: dog
   第一条狗的 weight 属性值为: 8.3
   第一条狗的 color 属性值为: Black
```

- 首先可以看出，定义好用于接受 JSON 解码的 interface{}类型变量 bufT 后，再用 json.Unmarshal 函数将 jsonT 中的字符串解码，从输出中看出 bufT 的类型是 map[string]interface{}，这也是字典类型的 JSON 数据在 Go 语言中的通常表达形式；
- bufT.(map[string]interface{})这种形式用的是 Go 语言中的类型断言，将 bufT 转换为 map[string]interface{}类型，否则 bufT 本身声明是空接口类型 interface{}，不能有任何的成员函数和操作，包括用索引来访问其中的值。转换之后可以用 parents := bufT.(map[string]interface{})["parents"]这样的键名索引访问的方式将解析出来的 parents 键值对相关数据读取出来放入 parents 中；
- 对于数组类型的 JSON 数据，观察后面输出的 parents 变量内容，可以发现 Go 语言是用 []interface{}类型来表示的，也就是空接口的切片；
- 虽然能够看出 parents 变量内部保存的数据是[]interface{}类型，但 parents 本身还是 interface{}类型，所以还要用类型断言才能对其进行获取长度和索引访问操作，因此要用 len(parents.([]interface{}))这样的形式来获取其长度，用 parents.([]interface{})[0]这样的形式来获取其第一个（索引序号为 0 的）数据项；
- 用类似的方法取出了小狗父母这个切片中第一条狗的名字（“name”字段）；
- 至此为止，我们是分段用断言的方式逐个取出下一级的属性字段来使用，而后面为了演示，用连写的方式直接取出小狗父母中第一条狗的体重信息来输出，即输出“firstParentWeight”信息的这一条输出语句。这样写法比较方便，但十分容易出现混淆，也不易理解，实际编程时要自行判断选用哪种方式更适合；

- 最后，又演示了怎样用循环遍历 JSON 中的字典字段，即对 firstParent 变量也就是小狗父母中第一条狗的所有属性键值对进行遍历输出；
- 遍历 JSON 中的数组字段显然也是可行的，本例中已经演示了如何获取代表小狗父母两条狗的数组变量 parents 的长度，以及用索引序号访问其数值项，那么用循环来进行遍历也是可行的。

从本例可以看出，Go 语言支持对于任意 JSON 文本的解析应用，并且在此过程中不区分首字母大小写。

至于如何从空接口类型判断出其中的 JSON 数据是字典类型、数组类型还是其他的类型，需要用到反射机制，请参考本书后面关于反射机制的章节，其中有对 JSON 数据进行更灵活分析处理的例子。

10.3.7 使用第三方包进行 JSON 格式的序列化与反序列化

网络上还有一些优秀的第三方包来实现更加简单的 JSON 解析，由于在 Go 语言中 JSON 编码并不复杂，所以这些包主要解决的是解析 JSON 时的方便性和效率问题。本小节将介绍其中使用较广的 github.com/tidwall/gjson 这个包，该包使用前也需要用 go get 命令来安装，见代码 10-12。

```
package main

import (
 "github.com/tidwall/gjson"

 t "tools"
)

func main() {

 jsonT := `{
     "name": "Bob",
     "type": "dog",
     "weight": 3.3,
     "color": "brown",
     "parents": [
          {
          "name": "Tom",
          "type": "dog",
          "weight": 8.3,
          "color": "Black"
          },
          {
               "name": "Mary",
               "type": "dog",
               "weight": 6.7,
               "color": "White"
          }
     ]
 }`

 rootNode := gjson.Parse(jsonT)

 t.Printfln("rootNode: %#v", rootNode)

 parents := rootNode.Get("parents")

 t.Printfln("parents: %#v", parents)

 parentsLen := rootNode.Get("parents.#").Int()

 t.Printfln("parentsLen: %v", parentsLen)

 firstParent := parents.Get("0")

 t.Printfln("firstParent: %#v", firstParent)

 firstParentName := firstParent.Get("name").String()

 t.Printfln("firstParentName: %#v", firstParentName)

 t.Printfln("firstParentWeight: %#v", gjson.Get(jsonT, "parents.0.weight").Float())

 t.Printfln("firstParent 内共有%v 个 key/value 对", len(firstParent.Map()))
```

```
    firstParent.ForEach(func(k, v gjson.Result) bool {
        t.Printfln("第一条狗的%v 属性值为: %v", k.String(), v.String())
        return true // 返回 true 保持循环，否则中止循环
    })

}
```

代码 10-12 使用 gjson 包实现更方便的 JSON 文本的解析

代码 10-12 使用第三方包 github.com/tidwall/gjson 实现了与代码 10-11 基本相同的功能。总体来说，使用第三方包提供的一些功能使代码更加清晰易懂，下面简单对代码做一些说明。

- 使用 gjson.Parse 函数可以对 JSON 字符串进行分析，并返回一个根节点；gjson 包中所有节点分析的结果都是 gjson.Result 类型，代表一个 JSON 节点，该节点可以是任何类型，需要通过类型转换函数来转换成所需的具体数据类型；
- 使用 gjson.Result 类型的成员函数 Get 可以获得其指定“路径”的子节点，这里的“路径”指的是 gjson 包中自己定义的一种能够表达出 JSON 中任意一个节点的所处级别和位置的字符串表达形式，我们将其简称为“节点路径”；
- “节点路径”是相对的，例如代码中 rootNode 存储的是分析出来的根节点，那么 rootNode.Get("parents")得到的将是根节点下的 parents 节点；
- rootNode.Get("parents.#")将获得 parents 节点中子节点的数量，“parents.#”这种节点路径要求 parents 节点是数组类型的；由于 Result.Get 函数获取的是 gjson.Result 类型的返回值，因此需要调用 gjson.Result 类型的成员函数 Int 将其转换为整数值；
- 对于数组类型的节点，可以用类似 firstParent := parents.Get("0")的方式按照索引序号来获取它下一级的子节点；
- firstParentName := firstParent.Get("name").String() 这条语句将获取 firstParent 节点中的名为“name”的子节点，并转换为 string 类型；
- gjson.Get(jsonT, "parents.0.weight").Float() 这条语句是直接对 jsonT 中的 JSON 文本进行解析，并直接取出 parents 节点的索引序号为 0 的子节点的 weight 子节点并将其值转换为浮点数类型；
- 而对数组或字典类型数据的循环遍历是采用 firstParent.ForEach 开始的这一个循环结构来实现的，实际上是 gjson.Result 类型的一个成员函数，该函数的参数是函数类型的，所以可以容纳循环的代码。这里也体现出了 Go 语言中匿名函数的作用。

代码 10-12 的运行结果是：

```
   rootNode: gjson.Result{Type:5, Raw:"{\n\t\t\"name\": \"Bob\",\n\t\t\"type\": \"dog\",\n\t\t\"weight\": 3.3,\n\t\t\"color\": \"brown\",\n\t\t\"parents\": [\n\t\t\t{\n\t\t\t\t\"name\": \"Tom\",\n\t\t\t\t\"type\": \"dog\",\n\t\t\t\t\"weight\": 8.3,\n\t\t\t\t\"color\": \"Black\"\n\t\t\t},\n\t\t\t{\n\t\t\t\t\"name\": \"Mary\",\n\t\t\t\t\"type\": \"dog\",\n\t\t\t\t\"weight\": 6.7,\n\t\t\t\t\"color\": \"White\"\n\t\t\t}\n\t\t]\n\t}", Str:"", Num:0, Index:0}
   parents: gjson.Result{Type:5, Raw:"[\n\t\t\t{\n\t\t\t\t\"name\": \"Tom\",\n\t\t\t\t\"type\": \"dog\",\n\t\t\t\t\"weight\": 8.3,\n\t\t\t\t\"color\": \"Black\"\n\t\t\t},\n\t\t\t{\n\t\t\t\t\"name\": \"Mary\",\n\t\t\t\t\"type\": \"dog\",\n\t\t\t\t\"weight\": 6.7,\n\t\t\t\t\"color\": \"White\"\n\t\t\t}\n\t\t]", Str:"", Num:0, Index:86}
   parentsLen: 2
   firstParent: gjson.Result{Type:5, Raw:"{\n\t\t\t\t\"name\": \"Tom\",\n\t\t\t\t\"type\": \"dog\",\n\t\t\t\t\"weight\": 8.3,\n\t\t\t\t\"color\": \"Black\"\n\t\t\t}", Str:"", Num:0, Index:5}
   firstParentName: "Tom"
   firstParentWeight: 8.3
   firstParent 内共有 4 个 key/value 对
   第一条狗的 name 属性值为: Tom
   第一条狗的 type 属性值为: dog
   第一条狗的 weight 属性值为: 8.3
   第一条狗的 color 属性值为: Black
```

使用优秀的第三方包一般来说还是会带来比较大的便捷性，实际开发中可以根据需要选用。

第 11 章 Go 语言的并发处理

Go 语言的并发处理可以说是其最主要的特点之一，也是 Go 语言从诞生之初就作为重点解决的目标之一。因此，Go 语言的并发处理可以说具有先天的优势。本章中将以实例来介绍 Go 语言并发编程所涉及的主要概念、知识点和常见开发场景及应对措施。

11.1 Go 语言并发编程基础

Go 语言中进行基本的并发编程是非常简单的，在 3.11 节中已经介绍过，Go 语言通过类似协程的轻量级线程“Go 例程”（一般直接用英文名称 goroutine 来称呼它）来实现高效的并发任务调度，直接用关键字 go 加在任何函数前面就可以启动一个 goroutine，非常方便。本节再用一个简单的例子来验证以下两点。

- Go 语言具备很方便的并发编程能力；
- Go 语言在语言级别上先天支持多核 CPU 上的调度。

早期版本的 Go 语言需要设置环境变量 GOMAXPROCS 或调用 runtime 包的 GOMAXPROCS 函数，才能使 Go 语言编写的程序利用 CPU 中的多核。而最新版本的 Go 语言已经支持直接利用 CPU 的多核，而且默认就是满额利用所有的 CPU 核来运行。下面通过代码 11-1 来了解一个单线程计算与多个 goroutine 并发计算的性能对比实例。

```
package main

import (
  "runtime"
  "time"
  t "tools"
)

var goroutineCount int // 用于设置 goroutine 数量

var resultBuffer []float64 // 用于放置各个 goroutine 计算的结果

// 单线程计算累加和的函数
func simpleAdd(countA int) float64 {
  sumT := 0.0

  for i := 0; i < countA; i++ {
        sumT += 1.1
  }

  return sumT
}

// 多 goroutine 计算累加和的单个 goroutine
// indexA 是 goroutine 索引号，主要用于将结果写入 resultBuffer 时的索引
// countA 代表本 goroutine 需要执行多少次计算
func addRoutine(indexA int, countA int) {
  sumT := 0.0

  for i := 0; i < countA; i++ {
        sumT += 1.1
  }

  resultBuffer[indexA] = sumT
```

```
}
// 调用多个 addRoutine 函数实现多 goroutine 计算累加和的函数
// 将各个 goroutine 计算的结果之和加起来就是最终的总和
func addByGoroutine(countA int) float64 {
  sumT := 0.0

  // lenT 是每个 goroutine 需要计算的次数
  lenT := countA / goroutineCount

  // leftT 是平均分给每个 goroutine 后还剩余需要计算的次数
  leftT := countA - (countA/goroutineCount)*goroutineCount

  // 第一个 goroutine 将多计算 leftT 次，即 lenT+leftT 次
  go addRoutine(0, lenT+leftT)

  // 其他 goroutine 将计算 lenT 次
  for i := 1; i < goroutineCount; i++ {
        go addRoutine(i, lenT)
  }

  // 循环读取 resultBuffer 中每个计算结果值
  // 如果为 0 表示还没有计算结果则继续循环等待
  i := 0
  for i < goroutineCount {
        if resultBuffer[i] == 0 {
              continue
        }

        sumT += resultBuffer[i]
        i++
  }

  // 返回最终的计算结果
  return sumT
}

func main() {

  // 计算的次数
  times := 50000000000

  // 第一次计算
  startTime := time.Now()

  result := simpleAdd(times)

  endTime := time.Now()

  t.Printfln("第 1 次计算结果：%v", result)

  t.Printfln("第 1 次计算时长：%v", endTime.Sub(startTime))

  // 第二次计算

  // 获取实际 CPU 核数
  cpuCores := runtime.NumCPU()
  t.Printfln("CPU 核数：%v", cpuCores)

  // goroutine 个数设为可用 CPU 核数
  goroutineCount = cpuCores

  // 结果缓冲区大小应与 goroutine 个数相等
  resultBuffer = make([]float64, goroutineCount)

  startTime = time.Now()

  result = addByGoroutine(times)

  endTime = time.Now()

  t.Printfln("第 2 次计算结果：%v", result)

  t.Printfln("第 2 次计算时长：%v", endTime.Sub(startTime))

  // 第三次计算

  // 将可用 CPU 核数设为 2
  runtime.GOMAXPROCS(2)

  resultBuffer = make([]float64, goroutineCount)
```

```
    startTime = time.Now()

    result = addByGoroutine(times)

    endTime = time.Now()

    t.Printfln("第 3 次计算结果: %v", result)

    t.Printfln("第 3 次计算时长: %v", endTime.Sub(startTime))

    // 第四次计算

    // 将 goroutine 数设为实际可用 CPU 核数的 3 倍
    goroutineCount = cpuCores * 3

    // 设置可用 CPU 核数为实际 CPU 核数
    runtime.GOMAXPROCS(cpuCores)

    resultBuffer = make([]float64, goroutineCount)

    startTime = time.Now()

    result = addByGoroutine(times)

    endTime = time.Now()

    t.Printfln("第 4 次计算结果: %v", result)

    t.Printfln("第 4 次计算时长: %v", endTime.Sub(startTime))

}
```

代码 11-1　单线程计算与多 goroutine 计算的性能对比

代码 11-1 中共进行了 4 次累加运算，第 1 次计算使用单线程（由于 goroutine 从作用上看接近于线程，只是更轻量级，所以有时候也用线程来称呼它，以便与其他语言中一致）进行累加计算；第 2 次计算用多个 goroutine 分担累加计算任务，最后将每个 goroutine 计算的结果相加就是全部累加的总和，并且第 2 次计算没有设置可用 CPU 核数，即采用默认的 CPU 核数设置，并设置 goroutine 个数与可用 CPU 核数相等；第 3 次计算与第 2 次计算过程完全相同，只是第 3 次计算设置可用 CPU 核数为 2 个；第 4 次计算也与第 2 次计算过程相同，但恢复了可用 CPU 核数为 CPU 实际拥有的全部核数，把 goroutine 的个数设置为可用 CPU 核数的 3 倍。另外还需要做如下说明：

- 每次计算都使用 time 包的相关函数获取计算过程花费的时长以便进行对比，估算时长的方法可以参见 6.7.1 节；
- simpleAdd 函数是单线程计算累加和的函数，它根据传入参数 countA 计算 countA 个浮点数相加后的总和；
- goroutineCount 是全局变量，表示多 goroutine 计算累加和时启用的进行并发计算的 goroutine 个数；
- resultBuffer 是切片类型变量，也是全局变量，用于保存各个 goroutine 计算的结果，它的大小与 goroutine 的个数必须一致。每一个 goroutine 根据传入的 indexA 参数确定索引序号，将其计算结果存入 resultBuffer 对应的索引位置中；这样做主要是为了防止不同 goroutine 之间保存结果时发生冲突；
- addByGoroutine 函数是进行并发计算的主要调度函数，它负责将整个累加计算任务平均分解成 goroutineCount 个子任务。每个 goroutine 只负责其中的一个子任务的计算并将结果放入 resultBuffer 中的对应位置，最后 addByGoroutine 函数再负责将各个子任务的结果汇总相加即可得到最终的累加结果；
- addByGoroutine 函数中平均分配任务时有可能会有剩余，例如，如果要累加 10 次，而我们分配 4 个 goroutine 来处理，则 10 / 4 = 2（注意对于两个整数的相除，得到的结果也将是向下取整的整数），也就是说每个 goroutine 将被分配到 2 次累加的计算任务，但 4 个 goroutine 每个计算 2 次一共是 8 次，比 10 次还少 2 次，因此在 addByGoroutine 函数中用 leftT 表示所余次数，并让第一个 goroutine 多计算 leftT 次；

- addRoutine 函数是我们准备执行每个计算子任务的 goroutine 函数，它接受 indexA 和 countA 两个参数，indexA 代表将结果写入 resultBuffer 时的索引序号，countA 代表要执行的累加计算次数；
- 主函数 main 中，runtime.NumCPU 函数用于获取实际的 CPU 核数；runtime.GOMAXPROCS 函数用于设置程序可以使用的最大可用 CPU 核数。

设置累加次数为 500 亿次，程序运行结果如下（注意由于计算机的配置不同，在不同计算机上实际 CPU 核数和计算时长都有可能存在差异，但趋势应该相同）：

```
第 1 次计算结果: 5.499995174283872e+10
第 1 次计算时长: 40.6064375s
CPU 核数: 8
第 2 次计算结果: 5.500000505089676e+10
第 2 次计算时长: 10.3434117s
第 3 次计算结果: 5.500000505089676e+10
第 3 次计算时长: 41.1528957s
第 4 次计算结果: 5.499999786007758e+10
第 4 次计算时长: 6.9568613s
```

可以看到，测试所用的计算机具备 8 核 CPU，第一个单线程计算用了约 40 秒；第二次用默认 CPU 核数来创建了 8 个 goroutine 进行并发计算仅用了 10 秒左右（两次计算结果非常接近但略有不同，这是由于多次计算中浮点数精度问题所致）；而第三次限制使用 2 个 CPU 核进行并发计算，结果使用了 41 秒左右，比单线程运算时间稍长，这是因为我们的 goroutine 个数是 8 个， 8 个 goroutine 在两个 CPU 上做多任务调度的开销反而会降低整个计算过程的速度；第四次将可用 CPU 核数恢复至实际 CPU 核数，goroutine 个数则设置为可用 CPU 核数的 3 倍，结果计算时长更短，接近 7 秒，但并没有缩减到三分之一的程度。

总结以上结果可以得出结论：Go 语言确实具备直接利用 CPU 的多核来支持并发计算的能力；适当增加 goroutine 的个数可以加快并发运算的整体速度，但超过一定的范围将由于多任务调度的附加开销导致速度比预期的有所降低。可见使用 Go 语言进行并发编程是非常简单的。本代码中除了关键字 go 之外几乎没有其他语言中创建一个线程所需要的各种语句和参数。

最后还要注意，一个任务能够分解成可以完全并发进行的子任务的条件是：各个子任务之间不能有相关性。也就是说，总任务可以与子任务有关联性或依赖性（本例中需要获得各子任务的结果后才能汇总相加），但子任务之间应该没有关联。如果子任务之间有关联性，会因为它们的互相依赖而导致整体速度减慢，无法充分发挥并发处理的优势。

11.2 并发处理时的共享冲突

通道类型是 Go 语言中专门用于并发执行的函数（也就是 goroutine）之间进行通信的数据类型，用关键字 chan 来声明定义。chan 类型的变量可以用于在 goroutine 之间共享数据，它是“并发安全”的，下面先通过代码 11-2 来介绍“并发安全”的概念。

```
package main

import (
  t "tools"
)

var valueG int = 0

var stop1 bool = false
var stop2 bool = false

func routine1(countA int, stopA *bool) {
  for i := 0; i < countA; i++ {
```

```
        valueG = valueG + 2
    }

    *stopA = true
}

func main() {

    go routine1(10000, &stop1)
    go routine1(10000, &stop2)

    for {
        if stop1 && stop2 {
            break
        }
    }

    t.Printfln("valueG: %v", valueG)
}
```

代码 11-2 并发处理时的共享冲突问题

代码 11-2 中同时并发运行两个 gouroutine（都是基于 routine1 函数），它们都会将全局变量 valueG 加上 2。这样两个 goroutine 各运行 10000 次之后，valueG 最终的值应该是 40000。代码中布尔型变量 stop1 和 stop2 是为了等待两个 goroutine 都运行结束的标志变量，其初始值是 false，在运行两个 goroutine 时，分别通过指针传入该 routine1 函数，然后每个 routine1 函数在 goroutine 运行完毕之前会将对应的 stop1 或 stop2 中的值设置为 true，表明该 goroutine 运行完毕。主进程函数中则通过循环不断判断 stop1 和 stop2 是否都已经为 true，如果是，则说明两个 goroutine 都已经执行完毕，此时将输出 valueG 当时的值并结束程序运行。如果不进行这样的循环判断处理，Go 语言中默认主函数退出将标志着整个程序的终止，此时所有的 goroutine 将立即被停止运行，无论它是否已经执行完毕。因此，用关键字 go 启动两个 goroutine 之后，应该设法等待所有 goroutine 运行完毕。

这个例子中，valueG 显然可以访问两个 goroutine，如果把主函数所处的线程计算在内，有 3 个并发任务可以同时访问 valueG，这种可以被并发任务访问到的变量叫作“共享变量”，如果针对其中存储的数据来说，也称作“共享数据”，由于变量或数据是在内存中的，因此有时候也称作“共享内存”。stop1 和 stop2 也可以算一种共享变量，只不过在本例中仅被某一个 goroutine 和主函数两者用于表示该 goroutine 是否执行完毕。共享内存是多任务处理（也就是并发处理）中非常常见的各个任务（有可能是进程、线程、goroutine 等）之间分享数据、进行通信的主要方式之一。

如果尝试运行该程序，得到的结果如下（具体数值可能不同）：

```
valueG: 35768
```

我们会发现结果并不是预期的 40000，并且每次运行有可能都会不同，这是为什么呢？其实，这是使用共享内存的方式不正确的情况下常犯的错误：对并发任务访问共享内存的控制做得不够好。对于本例来说，主要问题出在这条语句上：

```
        valueG = valueG + 2
```

每个 goroutine 中将 valueG 的值加 2 这一条语句有问题。这一条语句执行时的具体操作实际上可以分成两步：第一步是等号右边将 valueG 当前的值取出并加上 2 获得该表达式的计算结果值；第二步才是将该结果值再次存入 valueG。而两个 goroutine 是高速并发执行的，程序无法保证这两步每次都能被执行完才执行另外一个 goroutine，有可能在某一个 goroutine 中执行完第一步，而此时第二个 goroutine 也执行了第一步，这一时刻两个 goroutine 取到的 valueG 的值是相同的，都是没有加 2 的值，因为都还没有执行存回 valueG 的第二步，这时候如果两个 goroutine 都再执行第二步，实际的效果是 valueG 的值只被加了一次。这样的情况一般称作“共享冲突”，本例中由于两个 goroutine 会发生共享冲突，导致实际运行中会丢失若干次 valueG 加 2 的过程，因此最后的计算结果只会比 40000 小。

并发处理中的首要任务之一就是要保证“共享安全”，也就是保证在多任务并发处理时共享数据不会因共享冲突而导致错误，这往往要加上一些控制机制来保证同一时刻只能由一个任务来访问该数据，在完成适当的操作后才能被其他任务访问。当变量或数据不会因多任务并发访问而出现异常时，我们就可以认为它是“共享安全”的。

11.3 使用通道类型实现安全的数据共享

如何解决共享冲突是各种通用计算机语言中必须要解决的问题，一般的语言是在库函数级别上解决该问题，而 Go 语言由于设计之初就重点考虑更好地支持并发处理，因此是在语言级别上直接来解决该问题的。Go 语言中解决共享冲突的主要方法之一就是使用通道类型，即 chan 类型的变量。

chan 类型定义的变量本身是“共享安全的”，代码 11-3 中将使用 chan 类型来实现上一节实例中的全局变量 valueG，从而保证通过执行程序获得想要的结果。

```
package main

import (
	t "tools"
)

var valueG chan int

var stop1 bool = false
var stop2 bool = false

func routine1(countA int, stopA *bool) {
	for i := 0; i < countA; i++ {
		tmpC := <-valueG
		valueG <- (tmpC + 2)
	}

	*stopA = true
}

func main() {
	valueG = make(chan int, 1)

	go routine1(10000, &stop1)
	go routine1(10000, &stop2)

	valueG <- 0

	for {
		if stop1 && stop2 {
			break
		}
	}

	t.Printfln("valueG: %v", <-valueG)

	close(valueG)
}
```

代码 11-3 使用 chan 类型实现共享安全

代码 11-3 运行的结果总是固定的：

```
valueG: 40000
```

下面解释如何使用 chan 类型来实现这一目的。

chan 类型可以理解成一个具备“共享安全”特性的“先入先出队列”。所谓的“先入先出队列”又可以理解成一个切片（或数组），向里面添加数据项时总是会被添加在末尾处且每次只能添加一项，而从其中取出数据项时只能从开始处取出一项（取出后队列里面就没有这一项了，第二项将变成第一项）且每次只能取出一项；这样这个队列就实现了“先添加进队列的数据项总是会被先取出来”这个特性。有时候我们把 chan 类型的变量作为缓冲区来使用，此时也可以称之为“先入先出缓冲区”。而在 Go 语言中 chan 类型的正规名称应该是“通道”，我们记住它是具备“先入先出”特性的通道就可以了。

声明 chan 类型的变量时必须要指定一种数据类型，表明在该通道中存储的数据的具体类型，例如：

```
var valueG chan int
```

这条语句定义了一个通道类型的变量 valueG，它内部存储的数据项类型只能是 int 类型，对于这种情况，我们一般简称为“valueG 是 int 通道类型的变量”。通道类型类似切片类型，它的零值（空值）是 nil，在使用之前需要用 make 函数来指定该通道的容量。

```
valueG = make(chan int, 1)
```

这条语句为 int 通道类型的变量 valueG 指定了最大能容纳一个数据项的容量。需要了解的是，我们也可以用：

```
valueG = make(chan int, 0)
```

或

```
valueG = make(chan int)
```

为该通道设置容量为 0，这时候从该通道中读取数据和向该通道中写入数据都将变成是阻塞式的，即写入数据时必须有另一个 goroutine 同时来读取，该写入操作才会结束，否则将一直等待到该数据项被读取之后才能结束操作继续执行下面的代码。阻塞式的方法不太方便，一般并不建议用阻塞式的方法来使用通道。

需要注意的是，即使为 chan 类型的变量指定了容量，该通道也是可能阻塞的。因为通道的容量指它所能容纳的最大数据项数。当通道已经填满，此时再往里写入数据时，该写入操作也将变成阻塞的，直到该通道被读取一个数据项后才能结束。因此，设置了非 0 容量的通道往往被称作缓冲式通道，通道的容量也被称作缓冲能力，在没有达到缓冲能力之前，向通道里写入数据的动作会立即执行完毕。容量为 0 的通道也可以理解成缓冲能力为 0，因此任何写入操作都将阻塞等待。

设置 valueG 的容量是 1，也就是说 valueG 中仅可以存储一个数据，这对我们来说已经够用了。

向通道中写入数据需要用特殊的操作符“<-”，例如：

```
valueG <- (tmpC + 2)
```

这条语句表示向 valueG 中写入 tmpC+2 这个表达式的计算结果值。

从通道中读取数据同样需要使用特殊操作符“<-”，但它的位置将放在被读取的通道变量之前，并且不能有空白字符分隔。

```
tmpC := <-valueG
```

这条语句表示从 valueG 中读取一个数据项并存入变量 tmpC 中。

显然，刚才的两条语句可以合并写作：

```
valueG <- (<-valueG + 2)
```

这条语句表示从通道中取出一个数值项加 2 后再放入通道中，这样就与代码 11-2 中的 valueG = valueG + 2 语句一致了（并且变成了防止共享冲突的增强版）。这种写法可以节省一个中间变量 tmpC，但是有可能引起阅读时的混乱，所以使用时请自行决定哪种写法更合适。

代码运行中，某个 goroutine 中用 tmpC := <-valueG 语句从通道变量 valueG 中读取出一项后，valueG 通道中已经没有任何数据项，所以此时其他 goroutine 的读取语句将无法读取到数据，因而会阻塞等待直至我们用 valueG <- (tmpC + 2) 语句将这一步的计算结果放回通道中才能继续读取，从而实现了两个 goroutine 之间的共享冲突问题。在并发处理中，这种保证并发操作对共享数据的操作不会引起共享冲突的处理方式，称作“同步”或“同步互斥”。本例中就通过通道

实现了两个 goroutine 之间的同步。

注意主函数 main 中要用 valueG <- 0 语句向通道中放入一个初始值 0，否则两个 goroutine 会一直阻塞并等待读取。另外，通道使用完毕之后，还要调用内置函数 close 来将其关闭。

最后，可以尝试给 valueG 分配容量为 0，此时代码执行时将会阻塞在最后一个结束的 goroutine 的最后一次写入通道的动作中，因为此时没有对应的通道读取动作，主函数 main 还在不停地循环判断两个 stop1 和 stop2 标志变量而没有执行到最后的读取通道的语句。

11.4 使用通道作为数据访问的令牌

从通道的特性来看，也可以把它用作多任务开发中常用的“令牌”（token），控制对共享数据的访问，这种方式也可以实现共享数据的安全。所谓“令牌”的作用是获取到令牌的任务才能访问某些数据，访问完毕之后应交回令牌供其他任务使用。

代码 11-4 演示了如何将通道类型作为令牌来实现与代码 11-3 类似的功能。

```
package main

import (
 t "tools"
)

var valueG int = 0

var tokenG chan bool

var stop1 bool = false
var stop2 bool = false

func routine1(countA int, stopA *bool) {
 for i := 0; i < countA; i++ {
       <-tokenG

       valueG = valueG + 2

       tokenG <- false

 }

 *stopA = true
}

func main() {
 tokenG = make(chan bool, 1)

 go routine1(10000, &stop1)
 go routine1(10000, &stop2)

 tokenG <- false

 for {
       if stop1 && stop2 {
              break
       }
 }

 t.Printfln("valueG: %v", valueG)

 <-tokenG // 本条语句可以不写，close 通道时其中内容会自动丢弃

 close(tokenG)
}
```

代码 11-4　用通道类型作为令牌来实现共享数据安全

代码 11-4 的运行结果也总是正确的：

```
valueG: 40000
```

代码 11-4 中，变量 valueG 恢复了如同代码 11-2 中的 int 类型。为了避免共享冲突，我们使

用了一个通道变量 tokenG 表示令牌，该通道变量的数据类型已经不重要（本例中是 bool），因为我们不会使用它的具体数值。代码 11-4 与代码 11-2 的主要区别是，goroutine 中每次对 valueG 操作之前都将要求先获取令牌（也就是从通道 tokenG 中读取一个数值项），获取成功后才会进行加 2 的操作，完成该操作之后才会将令牌交回（即往通道里再存入一个数值），这样也能实现同一完整操作中只能有一个 goroutine 访问到共享变量 valueG，从而实现了共享安全。

需要注意的是，主函数 main 中需要往通道中写入一个初始数值项（具体数值可以是任意值），代表将一个令牌放入该通道，其他 goroutine 才能获取到这个令牌。最后，用 close 函数将通道关闭时其中的数值项都将被丢弃，所以最后一条读取通道内容的语句可以省略不写。

11.5 使用通道实现多任务的归并

在并发编程中，主任务将任务拆分成子任务并等待所有子任务完成之后再进行下一步处理的过程称作“多任务的归并（或合并）”，英文用“join”表示。

11.1 节的代码 11-1 中，将一个累加任务分解成为多个子任务进行并发计算并在最后进行多个子任务的归并和结果汇总，可以大幅减少整个任务的处理时间。这个处理方法本身没有问题，但是在各个执行子任务的 goroutine 存放结果时却是放在一个并非共享安全的全局变量 resultBuffer 中的，另外，负责切分子任务和汇总子任务结果的函数 addByGoroutine 中需要循环获取 resultBuffer 中各个数值项以便汇总相加，这也是相对比较危险的操作，并且代码逻辑不够简洁清晰。本节将介绍使用通道来安全且便捷地实现这个算法过程，见代码 11-5。

```
package main

import (
  "runtime"
  "time"
  t "tools"
)

var goroutineCount int // 用于设置 goroutine 数量

var resultBuffer chan float64 // 用于放置各个 goroutine 计算的结果

// 单线程计算累加和的函数
func simpleAdd(countA int) float64 {
  sumT := 0.0

  for i := 0; i < countA; i++ {
        sumT += 1.1
  }

  return sumT
}

// 多 goroutine 计算累加和的单个 goroutine
// countA 代表本 goroutine 需要执行多少次计算
func addRoutine(countA int) {
  sumT := 0.0

  for i := 0; i < countA; i++ {
        sumT += 1.1
  }

  // 将结果写入通道中
  resultBuffer <- sumT
}

// 调用多个 addRoutine 函数实现多 goroutine 计算累加和的函数
// 将各个 goroutine 计算的结果之和加起来就是最终的总和
func addByGoroutine(countA int) float64 {
  sumT := 0.0

  // lenT 是每个 goroutine 需要计算的次数
  lenT := countA / goroutineCount
```

```
    // leftT 是平均分给每个 goroutine 后还剩余需要计算的次数
    leftT := countA - (countA/goroutineCount)*goroutineCount

    // 第一个 goroutine 将多计算 leftT 次，即 lenT+leftT 次
    go addRoutine(lenT + leftT)

    // 其他 goroutine 将计算 lenT 次
    for i := 1; i < goroutineCount; i++ {
        go addRoutine(lenT)
    }

    // 从通道循环读取 resultBuffer 中的值，直到读满足够的个数
    for i := 0; i < goroutineCount; i++ {
        sumT += <-resultBuffer
    }

    // 返回最终的计算结果
    return sumT
}

func main() {

    // 计算的次数
    times := 50000000000

    // 第一次计算
    startTime := time.Now()

    result := simpleAdd(times)

    endTime := time.Now()

    t.Printfln("第 1 次计算结果: %v", result)

    t.Printfln("第 1 次计算时长: %v", endTime.Sub(startTime))

    // 第二次计算

    // 获取实际 CPU 核数
    cpuCores := runtime.NumCPU()
    t.Printfln("CPU 核数: %v", cpuCores)

    // goroutine 个数设为可用 CPU 核数
    goroutineCount = cpuCores

    // 结果缓冲区大小与 goroutine 个数应相等，以便接受足够个数的计算结果
    resultBuffer = make(chan float64, goroutineCount)

    startTime = time.Now()

    result = addByGoroutine(times)

    endTime = time.Now()

    close(resultBuffer)

    t.Printfln("第 2 次计算结果: %v", result)

    t.Printfln("第 2 次计算时长: %v", endTime.Sub(startTime))
}
```

代码 11-5 使用通道实现多任务的归并处理

代码 11-5 中使用了 float64 类型的通道来定义 resultBuffer 变量，每个 goroutine 计算完毕之后的结果无须再找指定的索引值放入原来的切片类型变量，而直接放入通道中，主任务函数 addByGoroutine 则只需保证从通道中读取到足够数量（goroutineCount 个）的结果值即可代表子任务全部执行完毕。

可以看出，使用这种用通道实现多任务归并的方式可以使代码大大简化，并且显得比较易懂，运行速度也有所提升，代码 11-5 的运行结果是（为了代码简洁起见，代码 11-5 中只保留了前两次计算过程）：

```
第 1 次计算结果: 5.499995174283872e+10
第 1 次计算时长: 41.3606661s
```

```
CPU 核数: 8
第 2 次计算结果: 5.5000005055089676e+10
第 2 次计算时长: 6.685157s
```

11.6 用 select 实现多通道的归并

11.5 节的实例中用通道实现了多个子任务的归并，但如果有不同类型的 goroutine 导致需要使用几个不同类型的通道汇总结果，而通道读取动作又是阻塞式的，读取一个通道的时候无法读取另一个，那么如何实现这种多通道的合并呢？下面将通过代码 11-6 举例说明。

```
package main

import (
  "runtime"
  "time"
  t "tools"
)

var goroutineCount int // 用于设置 goroutine 数量

var resultBuffer1 chan float64 // 用于放置各个 addRoutine1 计算的结果
var resultBuffer2 chan int     // 用于放置各个 addRoutine2 计算的结果

// 多 goroutine 计算浮点数累加和的单个 goroutine
// countA 代表本 goroutine 需要执行多少次计算
func addRoutine1(countA int) {
  sumT := 0.0

  for i := 0; i < countA; i++ {
        sumT += 1.1
  }

  // 将结果写入对应的通道中
  resultBuffer1 <- sumT
}

// 多 goroutine 计算整数累加和的单个 goroutine
// countA 代表本 goroutine 需要执行多少次计算
func addRoutine2(countA int) {
  sumT := 0

  for i := 0; i < countA; i++ {
        sumT += 7
  }

  // 将结果写入对应的通道中
  resultBuffer2 <- sumT
}

// 调用多个 addRoutine1 函数和多个 addRoutine2 实现各自累加和并将两个累加和求相除结果的函数
func addByGoroutine(countA int) float64 {
  sumT1 := 0.0
  sumT2 := 0

  // lenT 是每个 goroutine 需要计算的次数
  lenT := countA / goroutineCount

  // leftT 是平均分给每个 goroutine 后还剩余需要计算的次数
  leftT := countA - (countA/goroutineCount)*goroutineCount

  // 第一个 goroutine 将多计算 leftT 次，即 lenT+leftT 次
  // addRoutine1 和 addRoutine2 都将被运行成同样个数的 goroutine
  // 各自生成 goroutineCount 个 goroutine
  go addRoutine1(lenT + leftT)
  go addRoutine2(lenT + leftT)

  // 其他 goroutine 将计算 lenT 次
  for i := 1; i < goroutineCount; i++ {
        go addRoutine1(lenT)
        go addRoutine2(lenT)
  }

  // 从通道循环读取 resultBuffer1 或 resultBuffer2 中的值
```

```
	// 直到读满足够的个数（应为 2 * goroutineCount 个）

	var tmpF float64
	var tmpC int

	for i := 0; i < goroutineCount*2; i++ {
		select {
		case tmpF = <-resultBuffer1:
			sumT1 += tmpF
		case tmpC = <-resultBuffer2:
			sumT2 += tmpC
		}

	}

	// 返回最终的计算结果，为了计算类型一致，需要强制类型转换
	return float64(sumT2) / sumT1
}

func main() {

	// 计算的次数
	times := 50000000000

	// 获取实际 CPU 核数
	cpuCores := runtime.NumCPU()
	t.Printfln("CPU 核数: %v", cpuCores)

	// goroutine 个数设为可用 CPU 核数
	goroutineCount = cpuCores

	// 结果缓冲区大小与 goroutine 个数应相等，以便接受足够个数的计算结果
	resultBuffer1 = make(chan float64, goroutineCount)
	resultBuffer2 = make(chan int, goroutineCount)

	startTime := time.Now()

	result := addByGoroutine(times)

	endTime := time.Now()

	// 别忘了关闭两个通道
	close(resultBuffer1)
	close(resultBuffer2)

	t.Printfln("计算结果: %v", result)

	t.Printfln("计算时长: %v", endTime.Sub(startTime))

}
```

代码 11-6　用 select 实现多通道的合并

代码 11-6 使用了 goroutine 和 addRoutine1 两种函数计算 float64 类型的累加和，并将结果放入 float64 类型的通道 resultBuffer1 中；addRoutine2 函数用于计算 int 类型的累加和，并将结果放入 int 类型的通道 resultBuffer2 中。而主任务函数 addByGoroutine 中将这两种 goroutine 最后计算的结果汇总起来，并求出两个累加和的相除结果。

select 语句与用于条件判断分支的 switch 语句非常相似，不同的是其中的 case 项只能表示通信的操作，即通道的读取或写入操作。select 语句中任何一个 case 项有执行结果（从通道中读取到数据或向通道中写入数据成功）时，将执行该 case 项的分支代码后结束整个 select 语句的执行并继续执行后面的代码，否则 select 语句将阻塞等待直至有结果为止。

本例中使用 select 语句同时从两个通道中等待结果数据，并循环直至接收到 2 * goroutineCount 个结果（因为我们 addRoutine1 和 addRoutine2 各自生成了 goroutineCount 个 goroutine）为止，然后才进行汇总计算。

可以看到，select 语句很好地解决了多个通道同时等待结果的问题。代码 11-6 的执行结果如下：

```
CPU 核数: 8
计算结果: 6.363635778750009
计算时长: 11.1995258s
```

11.7 select 中实现超时中止

在一些场景下（例如再在 Web 服务器内处理网络请求时），我们需要为 select 语句设置一个超时的门限，如果等待某个操作的时间超出了指定的门限，将停止等待，继续执行下面的代码。这也可以避免 select 语句不停地等待浪费系统资源。

代码 11-7 演示了如何在 select 语句中设置超时中止的机制。

```
package main

import (
  "runtime"
  "time"
  t "tools"
)

var goroutineCount int // 用于设置 goroutine 数量

var resultBuffer1 chan float64 // 用于放置各个 addRoutine1 计算的结果
var resultBuffer2 chan int     // 用于放置各个 addRoutine2 计算的结果

// 多 goroutine 计算浮点数累加和的单个 goroutine
// countA 代表本 goroutine 需要执行多少次计算
func addRoutine1(countA int) {
  sumT := 0.0

  for i := 0; i < countA; i++ {
        sumT += 1.1
  }

  // 将结果写入对应的通道中
  resultBuffer1 <- sumT
}

// 多 goroutine 计算整数累加和的单个 goroutine
// countA 代表本 goroutine 需要执行多少次计算
func addRoutine2(countA int) {
  sumT := 0

  for i := 0; i < countA; i++ {
        sumT += 7
  }

  // 将结果写入对应的通道中
  resultBuffer2 <- sumT
}
// 调用多个 addRoutine1 函数和多个 addRoutine2 实现各自累加和并将两个累加和求相除结果的函数
func addByGoroutine(countA int) float64 {
  sumT1 := 0.0
  sumT2 := 0

  // lenT 是每个 goroutine 需要计算的次数
  lenT := countA / goroutineCount

  // leftT 是平均分给每个 goroutine 后还剩余需要计算的次数
  leftT := countA - (countA/goroutineCount)*goroutineCount

  // 第一个 goroutine 将多计算 leftT 次，即 lenT+leftT 次
  // addRoutine1 和 addRoutine2 都将被运行成同样个数的 goroutine
  // 各自生成 goroutineCount 个 goroutine
  go addRoutine1(lenT + leftT)
  go addRoutine2(lenT + leftT)

  // 其他 goroutine 将计算 lenT 次
  for i := 1; i < goroutineCount; i++ {
        go addRoutine1(lenT)
        go addRoutine2(lenT)
  }

  // 从通道循环读取 resultBuffer1 或 resultBuffer2 中的值
  // 直到读满足够的个数（应为 2 * goroutineCount 个）

  var tmpF float64
```

```
    var tmpC int

    timeoutFlag := false

    for i := 0; i < goroutineCount*2; i++ {
        select {
        case tmpF = <-resultBuffer1:
            sumT1 += tmpF
        case tmpC = <-resultBuffer2:
            sumT2 += tmpC
        case <-time.After(3 * time.Second):
            timeoutFlag = true
        }

        if timeoutFlag {
            return 0.0
        }
    }

    // 返回最终的计算结果，为了计算类型一致，需要强制类型转换
    return float64(sumT2) / sumT1
}

func main() {

    // 计算的次数
    times := 50000000000

    // 获取实际 CPU 核数
    cpuCores := runtime.NumCPU()
    t.Printfln("CPU 核数: %v", cpuCores)

    // goroutine 个数设为可用 CPU 核数
    goroutineCount = cpuCores

    // 结果缓冲区大小与 goroutine 个数应相等，以便接受足够个数的计算结果
    resultBuffer1 = make(chan float64, goroutineCount)
    resultBuffer2 = make(chan int, goroutineCount)

    startTime := time.Now()

    result := addByGoroutine(times)

    endTime := time.Now()

    // 别忘了关闭两个通道
    close(resultBuffer1)
    close(resultBuffer2)

    t.Printfln("计算结果: %v", result)

    t.Printfln("计算时长: %v", endTime.Sub(startTime))

}
```

代码 11-7 goroutine1/goroutine1.go

代码 11-7 中，select 语句中增加了一个 case 项，其中使用了 time 包中的 After 函数。该函数比较特殊，将在等待参数中指定的时间后直接返回一个通道类型的值。该通道中还将存放当前时间。这样该函数就可以被用在 select 语句中，使该 select 语句在指定的时间结束运行。代码 11-7 的 select 语句表示超时的 case 项中，设置了一个 timeoutFlag 表示该 select 语句是因为超时而结束的，后续代码可以据此做出进一步的判断处理。代码 11-7 的运行结果如下：

```
CPU 核数: 8
计算结果: 0
计算时长: 3.3805261s
```

可以看出整个代码并没有正常执行完毕，而是超过了指定的 3 秒后就直接终止运行了。

11.8 用单向通道自定义超时函数

我们在之前介绍的通道都是“双向”通道，即可以同时读写的通道。Go 语言还支持定义单向

通道，即只能读或只能写的通道。定义单向通道可以明确通道的用途，避免通道的误操作。定义单向通道的方式如下：

```
var c1 chan<- int  // 定义一个只能写的通道

c1 = make(chan<- int, 10) // 为只写通道设定容量

c2 := make(<-chan float64, 10) // 直接简化式声明一个只读通道并设置容量
```

定义一个只读的通道只需要在声明时在 chan 关键字左边写上“←”符号，而只写通道则在 chan 右侧加上“←”符号。单向通道一般多用于函数参数传递中或者函数返回值中。下面用一个在 select 语句结构中使用自定义的超时处理来举例说明，见代码 11-8。

```
package main

import (
  "time"
  t "tools"
)

var resultBuffer1G chan int
var resultBuffer2G chan int

func routine1(countA int) {
  sumT := 0

  for i := 0; i < countA; i++ {
        sumT += i + 2*i
  }

  resultBuffer1G <- sumT
}

func routine2(countA int) {
  sumT := 1

  for i := 1; i < countA; i++ {
        sumT *= i + 3 ^ i
  }

  resultBuffer2G <- sumT
}

// 真正的超时函数，休眠指定的描述后，
// 向通道中写入一个数值表示超时（数值本身不重要）
// chanA 是只能写入的通道
func realTimeout1(secondsA time.Duration, chanA chan<- bool) {
  time.Sleep(secondsA * time.Second)

  chanA <- true
}

// 仅用于新建一个通道后启动真正的超时 routine,
// 并将该通道返回让 select 等待通道中有值
func timeout1(secondsA time.Duration) <-chan bool {

  chan1 := make(chan bool, 1)

  // 传入 realTimeout1 的 chan1 被强制转换为只写通道类型
  go realTimeout1(secondsA, (chan<- bool)(chan1))

  // 返回时将 chan1 强制转换为只读通道类型
  return (<-chan bool)(chan1)
}

func main() {

  resultBuffer1G = make(chan int, 2)
  resultBuffer2G = make(chan int, 2)

  defer close(resultBuffer1G)
  defer close(resultBuffer2G)

  // 让 goroutine 运行足够长的时间
  go routine1(10000000000000)
  go routine1(10000000000000)
```

```
    go routine2(10000000000000)
    go routine2(10000000000000)

    totalSumT := 0

ForLabel:
    for i := 0; i < 4; i++ {
        select {
        case tmpC := <-resultBuffer1G:
            totalSumT += tmpC
        case tmpC := <-resultBuffer2G:
            totalSumT += tmpC
        case <-timeout1(2): // 超时时间是 2 秒
            totalSumT = 0
            break ForLabel // 直接跳出循环而不是 select 结构
        }
    }

    t.Printfln("totalSumT: %v", totalSumT)

}
```

代码 11-8 单向通道和自定义超时函数

代码 11-8 中自定义了一个超时函数 timeout1。该函数的返回值类型比较特殊，是一个只读通道，这样 select 语句就可以从其中读取数值，如果读取成功，表明超时时间已到。timeout1 函数实际上仅仅是创建了一个通道 chan1，注意这时候的 chan1 通道定义的是双向的通道，否则超时函数中也将无法向其中写入数据，最后函数返回时将会把 chan1 直接返回，由于函数返回值的声明是一个只读类型的通道，因此如果直接返回 chan1 将被自动强制类型转换为只读的通道，但为了严谨起见，我们在返回时加上了强制类型转换，即 return (<-chan bool)(chan1) ，由于通道类型中间有一个空格，因此也要用圆括号括起来。 timeout1 函数的另一项主要工作是启动了一个由 realTimeout1 函数所定义的 goroutine，realTimeout1 函数才是真正休眠指定的时间后向通道中写入数值的超时函数。这种做法的原因是：如果直接在 timeout1 函数中进行休眠，它还是在主线程（这里暂时还是用“线程”表示主函数 main 中代码所处的任务）中的代码，将引起主线程阻塞而无法从其他通道中读取到数据。注意 realTimeout1 函数接受的通道是只写类型的通道，因为它只需要往通道中写入数据，因此在 timeout1 函数启动 realTimeout1 函数时，要将双向通道 chan1 强制转换为只写通道的类型再传入参数。

另外，select 语句中有关超时的 case 项的分支代码中，直接用了“break+标签号”的形式来退出整个循环。resultBuffer1G 和 resultBuffer2G 的关闭使用了 defer 语句。

代码 11-8 的运行结果是：

```
totalSumT: 0
```

说明程序确实是因为超时退出的。

代码 11-8 主要说明了两点：

- 通道类型作为 Go 语言原生类型之一，可以被作为函数参数传递，也可以被作为函数返回值返回；
- 通道实质上都是双向的，因为通道必须能够写入数据并读取数据才能完整发挥作用，但为了限制使用权限，可以用强制类型转换将其转换成单向通道供局部代码使用。

11.9 使用 sync 包进行传统的并发处理

虽然 Go 语言提供了通道来处理并发冲突和 goroutine 的调度，并且有足够的信息可以满足绝大部分并发处理的需要，但是鉴于有些开发者更适应传统的并发处理方式，所以 Go 语言在标准库中提供了 sync 包来满足这些需求。本节将介绍使用该包来进行并发处理的方法。注意，使用该包并不是推荐的并发处理方式，还是建议尽可能使用通道。

11.9.1 用 sync.WaitGroup 实现 goroutine 归并

使用 sync 包中的 WaitGroup 类型可以实现多个 goroutine 的归并，方法也比较简单，见代码 11-9。

```
package main

import (
  "sync"
  t "tools"
)

var valueG int
var groupG sync.WaitGroup

func addRoutine(countA int) {
  defer groupG.Done()

  for i := 0; i < countA; i++ {
        valueG = valueG + 2
  }

}

func minusRoutine(countA int) {
  defer groupG.Done()

  for i := 0; i < countA; i++ {
        valueG = valueG - 2
  }

}

func main() {

  // 计算的次数
  times := 50000

  groupG.Add(2)

  go addRoutine(times)
  go minusRoutine(times - 2) // 少减两次

  groupG.Wait()

  t.Printfln("valueG: %v", valueG)

}
```

代码 11-9 使用 sync.WaitGroup 来实现多个 goroutine 归并

代码 11-9 中声明了一个 sync.WaitGroup 类型的全局变量 groupG，代表要等待完成的 goroutine 组，简称“等待组”。等待组的使用非常简单，只要在启动 goroutine 线程前调用 WaitGroup.Add 函数设置要等待执行完毕的 goroutine 的个数，然后在各个 goroutine 结束之前调用 WaitGroup.Done 函数表示执行完毕，最后主函数中使用 WaitGroup.Wait 函数来等待所有 goroutine 执行完毕即可。WaitGroup.Wait 函数是阻塞式执行的，它会等待直至组中的所有 goroutine 都执行完毕（实际上 WaitGroup.Add 函数是给该等待组的一个内部计数器加上指定的数值，而 WaitGroup.Wait 函数是阻塞等待这个计数器的值变为 0，WaitGroup.Done 函数每次调用将会把计数器的值减 1）。goroutine 中最好如本代码中一样，一开始就用 defer 语句来保证退出该函数时能够调用 WaitGroup.Done 函数，否则容易引起计数器永远不归 0 而导致程序永远无法结束。

代码 11-9 的运行结果是（具体数值可能会有所变化）：

```
valueG: 92596
```

说明已经实现了两个 goroutine 的归并，如果不使用 WaitGroup.Wait 函数，程序将直接退出，输出 valueG 的值应为 0。但显然该代码还没有实现共享冲突的处理，因此结果值不是我们预期的 4。

11.9.2 用锁（互斥量）实现 goroutine 同步

传统计算机语言中往往有互斥量（mutex）的概念，用于控制在同一时刻多个任务中只能有一个任务访问到某个共享数据。由于对互斥量的操作主要有“加锁”和“解锁”，因此我们一般也简称互斥量为“锁”。

代码 11-10 中是一个用锁控制共享变量访问的例子，是基于代码 11-9 改进而来的。

```
package main

import (
  "sync"
  t "tools"
)

var valueG int
var groupG sync.WaitGroup

var mutexG sync.Mutex

func addRoutine(countA int) {
  defer groupG.Done()

  for i := 0; i < countA; i++ {
        mutexG.Lock()
        valueG = valueG + 2
        mutexG.Unlock()
  }

}

func minusRoutine(countA int) {
  defer groupG.Done()

  for i := 0; i < countA; i++ {
        mutexG.Lock()
        valueG = valueG - 2
        mutexG.Unlock()
  }

}

func main() {

  // 计算的次数
  times := 50000

  groupG.Add(2)

  go addRoutine(times)
  go minusRoutine(times - 2) // 少减 2 次

  groupG.Wait()

  t.Printfln("valueG: %v", valueG)

}
```

代码 11-10 使用锁来解决共享冲突

代码 11-10 与代码 11-9 基本相同，只是增加了一个 sync.Mutex 类型的变量 mutexG，这就是我们准备用于控制对 valueG 变量操作时可能引起的共享冲突进行处理的锁。锁的使用也非常简单，只需要确保在访问该锁对应的数据时调用 Mutex.Lock 函数来加锁，然后在访问结束时调用 Mutex.Unlock 函数来解锁即可。某个锁被加锁后，另一个该锁的加锁请求会阻塞等待该锁被解锁释放才能继续执行下去，这样就实现了对共享数据的保护，确保同一时刻只能有一个任务来访问指定的数据。

代码 11-10 的运行结果总是：

```
valueG: 4
```

说明使用锁来保护共享变量 valueG 是成功的。

另外需要注意，锁变量与它所保护的共享数据（包括变量、甚至是代码段）并没有直接的联系，而是由我们代码的逻辑所决定的。而且锁与被保护的共享数据也不一定是一一对应的关系，可以用一个锁来保护多个共享变量。

11.9.3 用读写锁（互斥量）做“多读少写”型并发任务

有时候，并发任务中没有必要对数据加完全互斥的锁，例如有些数据很少变化，此时所有只是读取该数据来应用的并发任务就没有必要加完全互斥的锁，只有当其他并发任务修改该数据的时候，才需要加锁以保证修改成功后其他并发任务才能读取该数据的值。解决这类问题可以用 sync 包中的“读写锁”RWMutex 类型。

读写锁的一般应用是对共享数据只做读取操作的并发任务加“读锁”，见代码 11-11，即调用 RWMutex.RLock 函数来加锁，释放“读锁”时直接调用 RWMutex.RUnlock 函数；对共享数据做写入操作的并发任务，则需要调用 RWMutex.Lock 函数来加“写锁”，释放“写锁”时调用 RWMutex.Unlock 函数。读锁之间并不互斥，一个已经加了读锁的读写锁，还可以被无限次地再加读锁，这表明读取操作没有必要做共享保护；但是写锁之间、写锁与读锁之间是互斥的，也就是任何对共享数据的写入操作必须在同一时刻没有其他操作进行才可以。因此，加写锁时，所有读锁和写锁必须都已经被释放（即解锁）才能够成功；同样，已经加了写锁后，任何加读锁和加写锁的请求都将被阻塞。

```
package main

import (
  "sync"
  "time"
  t "tools"
)

var currentNumberG int

var groupG sync.WaitGroup

var mutexG sync.RWMutex

func checkEvery3Seconds() {

  for {
        mutexG.Lock()

        currentNumberG++

        mutexG.Unlock()

        time.Sleep(3000 * time.Millisecond) // 休眠 3 秒
  }

}

func repeatOutput(indexA int) {
  defer groupG.Done()

  sumT := 0

  for {
        mutexG.RLock()

        numT := currentNumberG

        mutexG.RUnlock()

        sumT += numT

        // 设定一个退出条件
        if sumT > 30 {
            break
        }

        t.Printfln("indexA: %v, currentNumberG: %v, sumT: %v", indexA, numT, sumT)

        time.Sleep(1000 * time.Millisecond) // 休眠 1 秒
```

```
    }

  }

  func main() {

   groupG.Add(2)

   go checkEvery3Seconds()
   go repeatOutput(1)
   go repeatOutput(2)

   groupG.Wait()

   t.Printfln("currentNumberG: %v", currentNumberG)

  }
```

代码 11-11 用读写锁进行共享数据保护

代码 11-11 中，使用了读写锁 mutexG 保护全局变量 currentNumberG，checkEvery3Seconds 函数每隔 3 秒会请求写锁来修改 currentNumberG 的值，而 repeatOutput 函数的两个 goroutine 会每隔 1 秒申请读锁来读取 currentNumberG 的值后做相应的输出。请自行观察该代码运行的结果并思考原因。

```
indexA: 2, currentNumberG: 0, sumT: 0
indexA: 1, currentNumberG: 1, sumT: 1
indexA: 2, currentNumberG: 1, sumT: 1
indexA: 1, currentNumberG: 1, sumT: 2
indexA: 1, currentNumberG: 1, sumT: 3
indexA: 2, currentNumberG: 1, sumT: 2
indexA: 1, currentNumberG: 2, sumT: 5
indexA: 2, currentNumberG: 2, sumT: 4
indexA: 1, currentNumberG: 2, sumT: 7
indexA: 2, currentNumberG: 2, sumT: 6
indexA: 1, currentNumberG: 2, sumT: 9
indexA: 2, currentNumberG: 2, sumT: 8
indexA: 1, currentNumberG: 3, sumT: 12
indexA: 2, currentNumberG: 3, sumT: 11
indexA: 2, currentNumberG: 3, sumT: 14
indexA: 1, currentNumberG: 3, sumT: 15
indexA: 1, currentNumberG: 3, sumT: 18
indexA: 2, currentNumberG: 3, sumT: 17
indexA: 2, currentNumberG: 4, sumT: 21
indexA: 1, currentNumberG: 4, sumT: 22
indexA: 2, currentNumberG: 4, sumT: 25
indexA: 1, currentNumberG: 4, sumT: 26
indexA: 1, currentNumberG: 4, sumT: 30
indexA: 2, currentNumberG: 4, sumT: 29
currentNumberG: 5
```

注意本例中的 WaitGroup.Wait 只等待两个 goroutine 的退出，即调用了 WaitGroup.Done 函数的两个 repeatOutput 对应的 goroutine。其他 goroutine 会在程序整体结束运行时被强制退出。

sync 包中还有一些其他的函数，例如 sync.Once 可以保证让某段代码只调用一次，有兴趣的读者可以自行研究。

第 12 章 Go 语言进行数据库开发

Go 语言同大多数主流语言一样，能够支持基于传统关系型数据库和较新的 NoSQL 数据库以及分布式数据库的开发。相对某些语言来说，Go 语言做数据库开发没有那么方便，而是有自己的实现特色。Go 语言标准库中并不直接支持任何传统数据库的开发，而是通过 database/sql 包提供了一个标准的 SQL 类型数据库的接口，第三方包只要按要求实现了该接口，都可以按统一的方式进行数据库访问和操作。虽然近年来 SQL 数据库受到了新型数据库或类数据库应用不小的冲击，但还是有其存在的价值。因此本章仍将简要介绍 SQL 数据库的开发方法和过程，并给出必要的示例。

注意	本章不介绍 SQL 型数据库的基本知识，需要补充这些知识的读者请自行参阅有关书籍或文档。

12.1 Go 语言进行数据库开发的一般方式

由于 Go 语言标准库中只提供了通用的数据库访问接口（在 database/sql 包中定义），所以开发某种具体类型数据库的应用之前，必须下载该类型数据库的驱动（driver）。任何类型数据库的驱动只要符合 database/sql 包中定义的一系列接口，就可以用统一的数据类型和成员函数来访问该数据库。从这方面来说，在 Go 语言中开发数据库也是比较方便的。本章将以轻量级的文件型数据库 SQLite 为例介绍使用 Go 语言通用接口开发数据库应用的方法。

注意	有些数据库驱动并没有遵循 database/sql 包的通用接口标准，而是按自己的方式处理数据库访问，这其中也有一些第三方包比较优秀。本书以讲解通用数据库接口为主。

12.2 安装 SQLite 数据库驱动

使用 Go 语言编写访问 SQLite 数据库的应用程序并不需要安装 SQLite 软件本身，只要安装第三方的 SQLite 驱动包即可。这些第三方包中比较常用的是位于 github.com/mattn/go-sqlite3 的包。

但在用 go get 命令安装该包之前，由于该包使用了 Cgo 技术（即在 Go 语言中融合 C 语言编写的代码），所以系统中还需要有合适版本的 C 语言编译工具 gcc（只是在安装该包时需要，用该包开发的程序运行并不需要 gcc）。推荐安装 64 位版本的 tdm-gcc，可以通过搜索引擎找到下载地址。

安装完合适的 gcc 工具之后，就可以通过下述 go get 命令安装 SQLite 驱动包：

```
go get -v github.com/mattn/go-sqlite3
```

其中，“-v”参数代表输出更多的信息（verbose output）。安装的过程比较长，耐心等待安装结束即可。

12.3 基本的数据库操作——新建库表、插入记录和查询

本章虽然是以 SQLite 数据库为例来介绍的，但是由于用的是 Go 语言定义的通用数据库接口

来进行数据库访问和操作，因此只要将一开始连接或打开数据库语句中驱动的类型稍做修改，就可以适用于大多数类似的 SQL 型数据库（关系型数据库），只需要安装相应的驱动就可以用基本相同的代码访问其他类型的数据库。

代码 12-1 演示了几个最基本的数据库操作：创建新数据库、创建新的表、向表中插入新纪录、查询记录等操作。

```
package main

import (
	"database/sql"
	"os"
	t "tools"

	_ "github.com/mattn/go-sqlite3"
)

func main() {

	// 如果存在该库（SQLite 库是放在单一的文件中的）则删除该文件
	if t.FileExists(`c:\test\test.db`) {
		os.Remove(`c:\test\test.db`)
	}

	// 创建新库
	dbT, errT := sql.Open("sqlite3", `c:\test\test.db`)

	if errT != nil {
		t.Printfln("创建数据库时发生错误: %v", errT.Error())
		return
	}

	defer dbT.Close()

	//创建表
	sqlStmtT := `
	create table TEST (ID integer not null primary key, CODE text);
	`

	_, errT = dbT.Exec(sqlStmtT)
	if errT != nil {
		t.Printfln("创建表时发生错误: %v", errT.Error())
		return
	}

	// 开始一个数据库事务
	txT, errT := dbT.Begin()
	if errT != nil {
		t.Printfln("新建事务时发生错误: %v", errT.Error())
		return
	}

	// 准备一个 SQL 语句，用于向表中插入记录
	stmtT, errT := txT.Prepare("insert into TEST(ID, CODE) values(?, ?)")
	if errT != nil {
		t.Printfln("准备 SQL 语句插入记录时发生错误: %v", errT.Error())
		return
	}

	defer stmtT.Close()

	// 向表中插入 10 条记录
	// 每条记录的 ID 字段用循环变量的值赋值
	// CODE 字段用随机产生的字符串
	for i := 0; i < 10; i++ {
		_, errT = stmtT.Exec(i, t.GenerateRandomString(5, 8, true, true, true, false,
false, false))
		if errT != nil {
			t.Printfln("执行 SQL 插入记录语句时发生错误: %v", errT.Error())
```

```
                return
            }
        }

    // 执行事务，此时新记录才会被真正插入到表中
    txT.Commit()

    // 进行 SQL 查询
    rowsT, errT := dbT.Query("select ID, CODE from TEST")
    if errT != nil {
        t.Printfln("执行 SQL 查询语句时发生错误: %v", errT.Error())
        return
    }

    defer rowsT.Close()

    // 遍历查询结果
    for rowsT.Next() {
        var idT int
        var codeT string

        errT = rowsT.Scan(&idT, &codeT)
        if errT != nil {
            t.Printfln("遍历查询结果时发生错误: %v", errT.Error())
            return
        }

        t.Printfln("ID: %v, CODE: %v", idT, codeT)
    }

    // 检查查询结果的错误
    errT = rowsT.Err()
    if errT != nil {
        t.Printfln("查询结果有错误: %v", errT.Error())
    }

}
```

代码 12-1 db1/db1.go

代码 12-1 中已经有一些注释，我们选择要点说明如下：

- 首先需要在包声明中引用"database/sql"包；
- 然后要引用"github.com/mattn/go-sqlite3"，比较特殊的是，引用该包时前面要加下画线“_”，这表示并不真导入该包，而只是运行这个包中所有的 init 函数进行初始化；某些第三方包只能通过这种方法引用，至于某个第三方包具体应该怎样引用，可以根据该包的参考文档或范例来进行；
- 我们在 main 函数中先判断是否已经存在路径为“c:\test\test.db”的 SQLite 文件，如果存在则删除。SQLite 是轻量级的数据库，整个库内容都存放在单个文件中；
- 然后调用 sql.Open 来打开数据库，如果数据库不存在，则会创建一个新的数据库（文件）。sql.Open 函数的定义如下：

```
func Open(driverName, dataSourceName string) (*DB, error)
```

其中第一个参数填写数据库驱动的名称，对于本例来说就是“sqlite3”，SQLite 3 是 SQLite 目前最常用的并且较新的版本。第二个参数填写数据库的数据源名，对于 SQLite 数据库来说就是它所对应的文件路径，对于其他类型的数据库有可能是它的连接字串或 URL。sql.Open 运行成功后将返回一个 sql.DB 类型；

- 创建数据库成功后，调用 sql.DB 的成员函数 Exec 来执行建库的 SQL 语句“create table TEST (ID integer not null primary key, CODE text);”，这条 SQL 语句将创建一个新的名字为“TEST”的表，主键是整数类型的 ID，另外还有一个文本类型的字段 CODE；

- 之后开始向 TEST 表中插入数据记录，这个过程比较复杂，首先要用 DB.Begin 函数创建一个数据库事务（类型为 sql.Tx），然后准备（prepare）一个用于插入数据库记录的 SQL 语句并生成 DB.Stmt 类型的变量 stmtT，之后用一个循环插入 10 条记录，每条记录的 ID 字段为循环变量的值，CODE 字段为随机产生的字符串；最后调用 Tx.Commit 才会真正把数据库事务提交，也就是这时才真正写入数据库。需要注意插入记录时是如何向 SQL 语句中的参数传递数值的。
- SQL 语句中的参数除了像本例中在 values 中用问号“?”表示之外，也可以用命名参数的方式，例如将 SQL 语句改为“insert into TEST(ID, CODE) values(:id, :code)”，后面在调用 Stmt.Exec 函数传递参数时，仍然可以按顺序传递；
- 如果要执行更新数据库记录的 SQL 语句，与本例中插入记录的语句是类似的，直接换成类似“update TEST set CODE = :code where ID = :id”的 SQL 语句即可；
- 插入记录后，调用 DB.Query 函数来执行一条 SQL 查询语句，该函数执行成功后将返回一个 DB.Rows 类型的查询结果，其中每项代表一条数据库记录；
- 然后对查询结果记录进行遍历，循环调用 Rows.Next 即可获得下一条记录，循环体中调用 Rows.Scan 即可将其中相应的字段值取出；
- main 函数的最后，调用 Rows.Err 函数可以判断是否在遍历过程中发生过其他异常；
- 注意，所有 sql.DB、DB.Stmt、DB.Rows 类型的变量均需要用其 Close 成员函数来关闭；
- 另外，只有执行时需要传递参数的 SQL 语句需要进行“准备”（prepare），中间需要用到 DB.Stmt 类型的变量，这是为了准备好 SQL 语句后可以一次或多次调用并传递不同的参数来进行数据库操作的方式。如果不需要传递参数，即整个 SQL 语句是拼好的字符串，则直接调用 DB.Exec 或 DB.Query 函数来执行即可，这种方法相对方便一些。本例中，插入库表记录使用了准备 SQL 的方式，其他数据库操作均未使用此方式。

代码 12-1 的执行结果如图 12.1 所示。

```
C:\goprjs\src\test>go install

C:\goprjs\src\test>test
ID: 0, CODE: YgGMK
ID: 1, CODE: yoGBef
ID: 2, CODE: 5OqcUrYP
ID: 3, CODE: gbKMz
ID: 4, CODE: R5fbsT
ID: 5, CODE: mYPsknd
ID: 6, CODE: T521A468
ID: 7, CODE: Lecocg
ID: 8, CODE: v1VIZTtc
ID: 9, CODE: bGWVp

C:\goprjs\src\test>dir c:\test\test.db
 驱动器 C 中的卷没有标签。
 卷的序列号是 D47D-DCEE

 c:\test 的目录

2019/02/17  21:21             8,192 test.db
               1 个文件          8,192 字节
               0 个目录 58,200,092,672 可用字节

C:\goprjs\src\test>
```

图 12.1 代码 12-1 的执行结果

可以看出，通过数据库查询的结果可以确认库表 TEST 中确实插入了 10 条格式和数值都正确的记录，并且在“C:\test”目录中生成了“test.db”这个数据库文件。有兴趣的读者可以自行使用 SQLite 的相关工具来查看该库文件的内容。

12.4 删除记录、准备 SQL 查询等操作

代码 12-2 中演示了一些其他的数据库表操作：

```
package main

import (
  "database/sql"
  t "tools"

  _ "github.com/mattn/go-sqlite3"
)

func main() {

  dbFileT := `c:\test\test.db`
```

```
    if !t.FileExists(dbFileT) {
        t.Println("数据库文件%v 不存在", dbFileT)
        return
    }

    // 打开已存在的库
    dbT, errT := sql.Open("sqlite3", dbFileT)

    if errT != nil {
        t.Println("打开数据库时发生错误: %v", errT.Error())
        return
    }

    defer dbT.Close()

    // 用"准备"方式做 SQL 查询
    stmtT, errT := dbT.Prepare("select CODE from TEST where ID = ?")
    if errT != nil {
        t.Println("准备 SQL 查询语句时发生错误: %v", errT.Error())
        return
    }

    defer stmtT.Close()

    var codeT string

    errT = stmtT.QueryRow("5").Scan(&codeT)

    if errT != nil {
        t.Println("从查询结果中获取字段数值时发生错误: %v", errT.Error())
        return
    }

    t.Println("第 5 条记录中的 CODE 字段值为: %v", codeT)

    // 删除 TEST 表中所有记录
    _, errT = dbT.Exec("delete from TEST")
    if errT != nil {
        t.Println("删除数据库表记录时发生错误: %v", errT.Error())
        return
    }

    // 重新插入 3 条记录
    _, errT = dbT.Exec("insert into TEST(ID, CODE) values(5, '汤姆'), (10, '杰瑞'), (18,
'史诺比')")
    if errT != nil {
        t.Println("插入新数据库表记录时发生错误: %v", errT.Error())
        return
    }

    // 再次进行 SQL 查询
    rowsT, errT := dbT.Query("select * from TEST")
    if errT != nil {
        t.Println("执行 SQL 查询语句时发生错误: %v", errT.Error())
        return
    }

    defer rowsT.Close()

    // 遍历查询结果
    for rowsT.Next() {
        var idT int
        var codeT string

        errT = rowsT.Scan(&idT, &codeT)
        if errT != nil {
            t.Println("遍历查询结果时发生错误: %v", errT.Error())
            return
        }

        t.Println("ID: %v, CODE: %v", idT, codeT)
```

```
    }

    // 检查查询结果的错误
    errT = rowsT.Err()
    if errT != nil {
        t.Printfln("查询结果有错误: %v", errT.Error())
    }

}
```

代码 12-2 db2/db2.go

代码 12-2 中首先演示了打开已有数据库的方法，即先检查该文件是否存在，然后用 sql.Open 函数打开，否则 sql.Open 函数会在文件不存在的情况下自动创建这个文件。

为了演示多种用法，代码 12-2 中的 SQL 查询使用了带参数的方式，所以需要进行“准备”，用 DB.Stmt 类型来处理查询；而 Stmt.QueryRow("5")表示从查询结果中读取第 5 条符合条件的记录。

代码 12-2 中也演示了删除数据库表中所有记录的方法，这是通过使用 DB.Exec 函数执行 SQL 语句来实现的。也可以通过修改 SQL 语句删除一部分记录。

代码 12-2 的运行结果是：

```
第 5 条记录中的 CODE 字段值为: khYKZyWf
ID: 5, CODE: 汤姆
ID: 10, CODE: 杰瑞
ID: 18, CODE: 史诺比
```

可以看出，获取原有库表中的记录字段值以及删除库表所有记录后再新插入记录的操作都是成功的。

12.5 获取记录条数、删除库表等操作

代码 12-3 将演示获取记录的条数与删除库表等操作。

```
package main

import (
    "database/sql"
    t "tools"

    _ "github.com/mattn/go-sqlite3"
)

func main() {

    dbFileT := `c:\test\test.db`

    if !t.FileExists(dbFileT) {
        t.Printfln("数据库文件%v 不存在", dbFileT)
        return
    }

    // 打开已存在的库
    dbT, errT := sql.Open("sqlite3", dbFileT)

    if errT != nil {
        t.Printfln("打开数据库时发生错误: %v", errT.Error())
        return
    }

    defer dbT.Close()

    // 查询表中所有符合条件的记录总数

    var countT int64

    errT = dbT.QueryRow("select count(*) from TEST").Scan(&countT)
```

```
    if errT != nil {
        t.Printfln("执行 SQL 查询语句时发生错误: %v", errT.Error())
        return
    }

    t.Printfln("库表中共有%v 条记录", countT)

    // 删除库表

    _, errT = dbT.Exec(`drop table TEST`)
    if errT != nil {
        t.Printfln("删除库表时发生错误: %v", errT.Error())
        return
    }

    // 再次查询时会提示出错，因为库表已经被删除了
    errT = dbT.QueryRow("select count(*) from TEST").Scan(&countT)
    if errT != nil {
        t.Printfln("执行 SQL 查询语句时发生错误: %v", errT.Error())
        return
    }

    t.Printfln("库表中共有%v 条记录", countT)

}
```

代码 12-3 db3/db3.go

代码 12-3 中，仍然打开之前例子中创建和修改的`C:\test\test.db`库文件，然后通过适当的 SQL 语句结合 DB.QueryRow 函数即可查询到相应数据库表中符合条件的记录总数。SQL 查询语句“select count(*) from TEST”将会把 TEST 表中所有记录总数放在查询结果集中，也就是说结果集中的记录只有一条，字段也只有一个，就是记录总数，所以可以用 DB.QueryRow 函数来执行，这个函数要求返回值只能是 1 条记录。

之后又调用 DB.Exec 函数执行了删除 TEST 表的 SQL 语句“drop table TEST”，然后再次查询以验证该库表是否确实已经被删除。程序的运行结果是：

```
库表中共有 3 条记录
执行 SQL 查询语句时发生错误: no such table: TEST
```

可以看到，第二次查询时因为库表已经被删除，所以提示了错误信息。

12.6 SQL 型数据库开发总结

至此，如何利用 Go 语言标准库结合第三方包通过通用数据库接口方式访问和操作数据库的方法已经基本介绍完毕。一些的其他常用数据库操作都可以用类似的方法实现，例如：建索引、建视图、复杂查询等都可以用两种方法（准备式和简单式）结合不同的 SQL 语句来实现。

而连接其他 SQL 型数据库的操作也是一样的，区别在于调用 sql.open 函数时第一个参数填写的驱动名称和第二个表示数据源的参数填写的数值不同，例如用 goracle 包(包路径为 gopkg.in/goracle.v2)连接局域网上某个 oracle 数据库服务器时使用类似下面的语句：

```
dbT, errT := sql.Open("goracle", `user/password@192.168.1.1:1521/dbname`)
```

12.7 NoSQL 型数据库开发示例

NoSQL 数据库技术是近些年来迅猛发展的新数据库技术，虽然还无法彻底取代传统的关系型数据库，但在某些特定的领域已经得到了比关系型数据库更广泛的应用。NoSQL 是“non SQL”

的简称（也有说是“Not only SQL”即“不仅仅是 SQL”的），由于 SQL 语言是关系型数据库使用的主要语言，因此 NoSQL 指的是不使用关系型数据库的新数据库技术。NoSQL 数据库技术的主要特点是摒弃了传统关系型数据库中用二维表表达数据的形式，同时查询二维库表常用的 SQL 语言自然也就不常用了。NoSQL 技术最主要支持的是以键值对（Key-Value Pair）为主的数据存储方式，也支持图像、文档、数据等对象的存储。本节以一个最简单的示例来演示 NoSQL 库的基本操作。

以第三方包 github.com/dgraph-io/badger 实现的 Badger 数据库为例介绍基本 KV 数据库（Key-Value Store）的操作，KV 数据库是 NoSQL 数据库中目前应用最多的一种。

首先要用下述命令安装该包：

```
go get -v github.com/dgraph-io/badger/...
```

go get 命令中的包路径最后含有英文省略号“...”表示将安装该包下的所有子包以及所有依赖的包。

然后输入代码 12-4 进行测试。

```
package main

import (
	"fmt"
	"log"

	// 应用所需的包
	"github.com/dgraph-io/badger"
)

func main() {

	// 准备创建数据库的设置参数
	optionsT := badger.DefaultOptions

	// 设置数据库的工作目录
	optionsT.Dir = `c:\test\db`
	optionsT.ValueDir = `c:\test\db`

	// 创建或打开数据库
	dbT, errT := badger.Open(optionsT)
	if errT != nil {
		log.Fatal(errT)
	}

	// 确保退出前关闭数据库
	defer dbT.Close()

	// 准备用于测试的数据，是映射类型的数据
	dataT := make(map[string]string)

	dataT["ok"] = "yes"
	dataT["名字"] = "张三"

	// 新建一个事务
	transT := dbT.NewTransaction(true)

	// 遍历测试数据并存入数据库
	for k, v := range dataT {

		// 将对应的键值对存入
		errT := transT.Set([]byte(k), []byte(v))

		if errT != nil {
			fmt.Printf("设置 KV 对时发生错误：%v", errT.Error())
		}

	}
```

```
    // 提交事务，此时才真正写入数据库
    _ = transT.Commit()

    // 输出分隔线
    fmt.Printf("\n-----\n")

    // 再次新建一个事务用于查询
    transT = dbT.NewTransaction(true)

    // 查询键名为 ok 对应的键值
    itemT, errT := transT.Get([]byte("ok"))

    if errT != nil {
        log.Fatalf("获取 KV 对时发生错误: %v", errT)
    }

    // 获取键值
    valueT, errT := itemT.ValueCopy(nil)

    if errT != nil {
        log.Fatalf("获取 KV 对值时发生错误: %v", errT)
    }

    fmt.Printf("获取到的键名为%v 的键值: %v\n", "ok", string(valueT))

    // 用只读模式打开数据库后遍历其中所有的键值对
    errT = dbT.View(func(txn *badger.Txn) error {

        // 准备遍历数据库中键值对的设置参数，这里用的是默认设置
        optionsT := badger.DefaultIteratorOptions

        // 设置预获取的数量
        optionsT.PrefetchSize = 10

        // 创建遍历用的枚举对象
        iteratorT := txn.NewIterator(optionsT)

        // 确保枚举对象被关闭
        defer iteratorT.Close()

        // 进行遍历
        for iteratorT.Rewind(); iteratorT.Valid(); iteratorT.Next() {

            // 获取一个枚举值
            itemT := iteratorT.Item()

            // 获取该枚举值中的键值
            k := itemT.Key()

            // 调用匿名函数获取键值并处理
            errT := itemT.Value(func(v []byte) error {
                fmt.Printf("键名: %s，键值: %s\n", k, v)
                return nil
            })

            if errT != nil {
                return errT
            }

        }

        return nil
    })

    if errT != nil {
        log.Fatalf("遍历 KV 对时发生错误: %v", errT)
    }

    fmt.Printf("\n-----\n")
}
```

代码 12-4 nosql1/nosql1.go

代码 12-4 演示了创建 Badger 数据库、向数据库中写入键值对、查询某个键名对应的键值、遍历所有的键值对等典型操作。代码说明如下：

- 指定创建的数据库工作路径如果不存在，可以先手动创建该目录（C:\test\db）；
- Badger 数据库将在该工作目录下用多个文件来存储有关的数据；
- 在代码中打开数据库后记得要关闭，否则可能造成数据丢失；
- 事务对象（*badger.Txn 类型）在用 Commit 成员函数提交之后就会失效，所以后面查询时需要再次创建一个新的事务对象，但查询后还可以继续使用；
- Badger 数据库读写数据都是基于[]byte 类型的，如果存取字符串需要自行转换；
- 用 Item.ValueCopy 成员函数获取键值时，如果参数是 nil，则会在返回值中传回键名对应的键值；

代码 12-4 的运行结果如下：

```
badger 2019/03/19 10:51:24 INFO: All 0 tables opened in 0s
badger 2019/03/19 10:51:24 INFO: Replaying file id: 0 at offset: 0
badger 2019/03/19 10:51:24 INFO: Replay took: 993µs

-----
获取到的键名为 ok 的键值: yes
键名: ok，键值: yes
键名: 名字，键值: 张三

-----
badger 2019/03/19 10:51:24 DEBUG: Storing value log head: {Fid:0 Len:42 Offset:7
7}
badger 2019/03/19 10:51:24 INFO: Got compaction priority: {level:0 score:1.73 dr
opPrefix:[]}
badger 2019/03/19 10:51:24 INFO: Running for level: 0
badger 2019/03/19 10:51:24 DEBUG: LOG Compact. Added 3 keys. Skipped 0 keys. Ite
ration took: 0s
badger 2019/03/19 10:51:24 DEBUG: Discard stats: map[]
badger 2019/03/19 10:51:24 INFO: LOG Compact 0->1, del 1 tables, add 1 tables, t
ook 3.9956ms
badger 2019/03/19 10:51:24 INFO: Compaction for level: 0 DONE
badger 2019/03/19 10:51:24 INFO: Force compaction on level 0 done
```

输出信息中以“badger”开头的行都是 badger 包输出的调试信息，只注意用分隔线分开的输出信息即可。从其中可以看出：创建数据库并向数据库中写入数据的操作显然成功了，因为后面进行单个键值对的查询以及进行所有键值对的遍历结果都是正确的。

Badger 数据库是持久化的数据库，也就是说不仅仅将数据保存在内存中，而是保存为文件，因此如果将代码中的写入操作部分删除，再次运行后仍然可以查询到数据。也可以在 C:\test\db 目录下查看，可以看到 Badger 数据库创建的多个文件。

NoSQL 数据库还有很多更复杂的应用，有兴趣的读者可以阅读相关的文档进一步研究尝试，本书不再详细论述。

第 13 章 Go 语言进行网络服务的开发

Go 语言由于其高效简洁的特性，以及先天对于并发处理和负载分担的优越性，所以特别适合做网络服务端应用的开发。事实上，现在服务器端（也可以称作“云端”）应用中，以 Go 语言作为主要开发语言的案例已经越来越多。本章将介绍用 Go 语言进行常见的、经典的基于 Socket 通信的客户端/服务器模式开发，以及目前使用广泛的 Web 服务端的开发。

13.1 C/S 架构与 B/S 架构的概念

Socket 是 Web 服务出现之前最常用的网络通信协议之一，当时常被用于开发“客户端/服务器”（Client-Server，C/S 结构）模式的应用系统。C/S 结构的系统中一般会有一个服务器来监听网络上发来的各种请求（request）并作相应的处理，还会有一个或多个客户端来发送这些请求并接收服务器发回的反馈信息。

Web 服务器与浏览器组合也可以看作是一种 C/S 结构的系统，但由于浏览网页都是使用浏览器（browser），而客户端（client）一般是指各个操作系统上除了浏览器之外原生的可执行程序，所以为了区分，Web 服务器加浏览器的模式一般被称为 B/S 结构（即 Browser/Server 结构）。

本章将详细介绍如何用 Go 语言实现这两种结构的网络开发。

13.2 基于 Socket 通信的客户端/服务器模式

基于 Socket 的客户端/服务器模式指的是服务器和客户端之间使用 Socket 协议进行通信的客户端/服务器模式。网络上的通信协议是按“层”（layer）来进行组织的，上层的通信协议一般会依赖于较下层的通信协议，Socket 协议是基于更底层的 TCP 和 UDP 等网络传输协议的接近于“应用层”的通信协议。以该协议为基础，理论上已经可以进行大多数网络应用的开发。

基于 Socket 的客户端/服务器系统中，一般都会开发两个应用（对我们来说也就是程序），一个是服务器程序，一个是客户端程序。这两者需要搭配使用，一般来说，服务器程序将一直运行，以便接收客户端（可以是同一个，也可以是不同的）随时可能发来的网络请求并作相应的处理；客户端则可以视情况需要决定何时运行。

Socket 通信方式主要分为基于 TCP 和 UDP 两种，其中基于 TCP 的一般是使用“长连接”的方式，即客户端与服务器之间将建立一个维持较长时间的连接，期间双方会互相发送消息直至通信结束。偶尔 TCP 协议也会使用“短连接”方式，即客户端与服务器都是发送完消息就立即断开连接，这种情况客户端也需要监听消息才能收到服务器的反馈。而基于 UDP 协议的通信使用所谓的“分组报文”，与 TCP 通信有所区别，通常客户端每次向服务器上的指定端口发送一定数量的数据即可，理论上无须建立双向连接并且占用系统资源较少，但这种方式也存在一定的不可靠性。实际应用发展过程中，这两种方式也都对自身的缺陷有所改进。

相较于其他的主要开发语言，Go 语言对基于 Socket 的开发过程做了很多优化，使开发过程更加简单方便。

13.3 基于 TCP 的 Socket 客户端/服务器系统

Go 语言在标准库的 net 包中提供了比较统一的 Socket 开发所需的数据类型和函数，下面将针对服务器端和客户端分别进行典型实现方式的介绍。

13.4 典型的 Socket 服务器的例子

典型的 Socket 服务器程序需要进行下面几个步骤来完成一个服务器应用需要做的事情：

- 在某个网络端口上创建监听网络请求的监听器；
- 通过监听器接受客户端的连接请求；
- 为成功接入的客户端连接分配单独的并发线程（早期是进程）分别处理；
- 在单独的处理线程中接收客户端发送的数据，并在做相应处理后向客户端发送反馈信息；
- 在客户端完成通信或中断连接后，清理线程和网络连接等系统资源；
- 上述处理过程中各个客户端通信的单独线程都是并发运行的，监听客户端连接请求并分配单独处理线程的主线程也是和它们并发运行的；
- 在收到特殊的指令或满足指定的条件时服务器终止运行。

下面给出一个典型的 Socket 服务端（本书中大部分 Socket 服务端和 Socket 客户端都是基于 TCP，而基于 UDP 的则称为 UDP 服务端和 UDP 客户端，这也是一般开发者中常用的称呼方式）的代码样例，要运行该代码，需要在 src 目录下新建一个 socketserver 子目录，然后在该子目录下新建一个 socketserver.go 文件来输入代码 13-1。

```
package main

import (
  "bufio"
  "fmt"
  "net"
  "strings"
  "time"
)

// connectionHandler 是处理单个连接的函数
func connectionHandler(connectionA net.Conn) {

  // 确保连接最终会被关闭
  defer connectionA.Close()

  messageCountT := 0

  // 在连接上循环接收一行一行的文本字符串并作处理
  for {
      // 从连接读取字符串，每次接收一行（以"\n"换行符为分界）
      messageT, errT := bufio.NewReader(connectionA).ReadString('\n')

      if errT != nil {
          fmt.Printf("从连接读取数据时发生错误（连接将被关闭）: %v\n", errT.Error())
          return
      }

      // 去除收到字符串的首尾空白字符（包括最后的"\n"）
      messageT = strings.TrimSpace(messageT)

      // 根据收到的字符串进行处理
      switch messageT {
```

```
        case "exit": // 收到"exit"则关闭连接，本 goroutine 将终止

            // 用 fmt.Fprintf 直接在连接上写入字符串
            fmt.Fprintf(connectionA, "连接将被关闭，共收到%v 条消息\n", messageCountT)

            return
        default: // 默认是做加上当前系统时间的简单回复

            // 对收到的消息进行计数
            messageCountT++

            responseT := fmt.Sprintf("[%v] 已收到%v\n", time.Now(), messageT)

            // 在连接上写入回复字符串
            connectionA.Write([]byte(responseT))
        }
    }
}

func main() {

    // 在本机的 8818 端口监听 TCP 的连接
    listenerT, errT := net.Listen("tcp", ":8818")
    if errT != nil {
        fmt.Printf("监听端口时发生错误: %v\n", errT.Error())
        return
    }

    // 循环监听，接受连接并对每个连接新建一个 goroutine 处理
    for {
        connectionT, errT := listenerT.Accept()

        if errT != nil {
            fmt.Printf("接受连接时发生错误: %v\n", errT.Error())

            // 此时连接无效，直接继续循环而不启动 goroutine
            continue
        }

        // 新建 goroutine 来处理连接
        go connectionHandler(connectionT)
    }
}
```

代码 13-1　socketserver/socketserver.go

代码 13-1 中，listenerT，errT := net.Listen("tcp"，":8818")用于在本机的 8818 端口建立一个监听器，net.Listen 函数将返回一个 net.Listener 类型的变量。后面的循环体中，connectionT，errT := listenerT.Accept()则调用 Listener.Accept 函数来接受客户端的连接请求，该函数将阻塞式运行，直至成功接收到一个连接请求或者出现错误为止。成功收到连接请求后，Listener.Accept 函数将返回一个 net.Conn 类型的变量，`go connectionHandler (connectionT)`将新建一个 goroutine 来单独处理该连接，该 goroutine 将基于 connectionHandler 函数来创建。

在 connectionHandler 函数中，`messageBytesT, errT := bufio.NewReader(connectionA).ReadString('\n')`从该连接上读取一行字符串。之后的 switch 语句会根据收到的字符串进行不同的处理：收到“exit”会关闭该连接并退出本 goroutine；收到其他的信息则会加上当前系统时间等信息作为反馈信息发回给客户端，同时会先进行消息计数。给客户端发送信息直接使用 Conn.Write 函数即可，注意 Conn.Write 函数发送信息需要字节切片类型的参数，所以要做强制类型转换。

另外，connectionHandler 函数中在接收到“exit”消息后，是调用 fmt.Fprintf 函数来向表示网络连接的变量 connectionA 中写入数据的，这也是流式的编程写法之一，比起先用 fmt.Sprintf 来组织字符串再用 Write 函数写入更加方便。

由于代码中用到了 fmt 包的 Sprintf 和 Fprintf 函数，所以我们也索性使用了 fmt.Printf 函数来输出信息，这样可以少引用一个 tools 包。

有疑问的读者可以参阅代码 13-1 中的注释帮助理解。

至此我们完整实现了一个简单的 Socket 服务器，已经可以编译运行该程序了。但没有客户端程序的情况下，服务端程序运行后将会一直运行（因为有无限循环）但没有任何输出。下面介绍 Socket 客户端的样例。

13.5 典型的 Socket 客户端的例子

Socket 客户端需要做的事情相对简单，只需要向服务器发送信息就可以完成必要任务，可选的任务还包括从服务端接收反馈信息等。本节中将实现一个稍微复杂一点的 Socket 客户端，它将不断接收用户在命令行上敲入的信息来发给服务器，然后接收服务器的反馈信息并显示在命令行界面上，如此循环往复。然后在 src 目录下新建一个 socketclient 子目录，并将代码 13-2 输入其中的 socketclient.go 文件中。

```
package main

import (
  "bufio"
  "fmt"
  "io"
  "net"
  "strings"
)

func main() {

  // 连接服务器，127.0.0.1 是特殊的 IP 地址，表示本机
  connectionT, errT := net.Dial("tcp", "127.0.0.1:8818")

  if errT != nil {
        fmt.Printf("连接服务器时发生错误: %v\n", errT.Error())
        return
  }

  // 确保连接会被关闭
  defer connectionT.Close()

  // inputT 用于放置命令行输入的字符串
  var inputT string

  // 重复循环从命令行读取字符串并发送到服务器，然后等待响应
  for {
        // 从命令行接收一行字符串
        fmt.Scanln(&inputT)

        // 将字符串写入到与服务器的连接，注意最后一定要加上"\n"
        fmt.Fprintf(connectionT, "%v\n", strings.TrimSpace(inputT))

        // 接收服务器的响应信息
        responseT, errT := bufio.NewReader(connectionT).ReadString('\n')

        if errT != nil {

                // 如果服务器已关闭连接，将会受到 io.EOF 的错误，此时应退出 goroutine
                if errT == io.EOF {
                        fmt.Printf("服务器已关闭连接: %v\n", errT.Error())
                        return
                }

                // 遇到其他错误则输出信息后中止循环
                fmt.Printf("从服务器接受响应时发生错误: %v\n", errT.Error())

                break
        }

        // 将响应信息中的首尾空白字符删除
        responseT = strings.TrimSpace(responseT)

        // 在命令行界面上输出从服务器收到的响应信息
```

```
        fmt.Printf("服务器响应: %v\n", responseT)
    }
}
```

代码 13-2 Socket 客户端样例

代码 13-2 中也有详尽的注释，我们再补充说明几点：

- 客户端调用 net.Dial 函数来请求与服务器连接（如同 dial 的英文含义，像是“拨通”与服务器的电话一样），其中第一个参数对于 TCP 的 Socket 服务器要填写字符串“tcp”；第二个参数中填写的 127.0.0.1 是一个特殊的 IP 地址，代表本机，如果在实际应用中则需要填写服务器的局域网或互联网 IP 地址；而冒号“:”后面的端口号必须要与服务器监听的端口号一致才能通信成功；
- 最后要关闭连接，可以在成功连接之后立即使用 defer 语句；
- 接下来程序循环接收用户从键盘输入的一行行字符串，将其发给服务器，并接收服务器返回的反馈信息显示在命令行界面上；
- 接收键盘输入的一行字符串我们使用了 fmt.Scanln 函数，该函数将收到换行符为止之前（包括换行符）的所有字符组成一个字符串返回，所以后面要用 strings.TrimSpace 来删除换行符和字符串前面用户误输入的空白字符等；
- 向服务器发送数据仍然通过 fmt.Fprintf 函数用流式的方法写入连接中；写入时又加上了一个换行符“\n”，这是因为服务端读取数据时也是逐行读取的；
- 读取服务器返回信息时，要判断 bufio.ReadString 函数的返回错误值，如果是 io.EOF 表示服务端切断了连接，这时候客户端也应该退出；

这样，Socket 客户端的代码也完成了，可以结合 Socket 服务器一起来进行测试。首先编译执行 socketserver.go，然后另外启动一个命令行界面来执行 socketclient.go，并尝试输入几行字符，注意输入“exit”可以让服务器中断与该客户端的连接（这是我们在 Socket 服务器端实现的逻辑），客户端将会退出（需要再按一个回车之后），而服务端则需要按 Ctrl+C 组合键才能退出。图 13.1 所示的是一次运行后的结果示例。

```
C:\goprjs\src\socketclient>go run socketclient.go
abc
服务器响应：[2019-02-18 20:42:34.198549 +0800 CST m=+1967.977618601] 已收到abc
12345
服务器响应：[2019-02-18 20:42:39.2547626 +0800 CST m=+1973.033832301] 已收到1234
5
世界真美好
服务器响应：[2019-02-18 20:42:45.2949725 +0800 CST m=+1979.074042101] 已收到世界
真美好
exit
服务器响应：连接将被关闭，共收到3条消息

从服务器接受响应时发生错误：read tcp 127.0.0.1:57679->127.0.0.1:8818: wsarecv: A
n established connection was aborted by the software in your host machine.

C:\goprjs\src\socketclient>
```

图 13.1 结果示例

观察运行结果，可以发现 Socket 服务器程序和客户端程序都运行正常，客户端顺利发送每一次的数据到了服务器，而服务器也正确地返回了反馈信息；在客户端发送“exit”消息之后，服务器发送回消息计数值后关闭了连接，而客户端也退出了运行。唯一意外的是服务器关闭连接之后，客户端并没有收到 io.EOF，而是其他类型的错误信息，这个信息的内容也是说明连接中断的。

本例中使用了 fmt.Scanln 函数来逐行读取用户输入的文本信息，但实际使用时会发现，如果输入带有空格等空白字符的行，该函数将只能读取空白字符之前的字符。因此，可以换用 bufio 包中的 Reader 类型并结合其成员函数 ReadString 来实现读取一整行文本的内容。代码修改见代码 13-3：

```
package main

import (
  "bufio"
  "fmt"
  "io"
  "net"
  "os"
  "strings"
)

func main() {

  // 连接服务器，127.0.0.1是特殊的 IP 地址，表示本机
  connectionT, errT := net.Dial("tcp", "127.0.0.1:8818")

  if errT != nil {
       fmt.Printf("连接服务器时发生错误: %v\n", errT.Error())
       return
  }

  // 确保连接会被关闭
  defer connectionT.Close()

  // inputT 用于放置命令行输入的字符串
  var inputT string

  // 新建一个从标准输入读取信息的 bufio.Reader 类型变量
  stdInputT := bufio.NewReader(os.Stdin)

  // 重复循环从命令行读取字符串并发送到服务器，然后等待响应
  for {
       // 从命令行接收一行字符串
       inputT, errT = stdInputT.ReadString('\n')

       // 将字符串写入到与服务器的连接，注意最后一定要加上"\n"
       fmt.Fprintf(connectionT, "%v\n", strings.TrimSpace(inputT))

       // 接收服务器的响应信息
       responseT, errT := bufio.NewReader(connectionT).ReadString('\n')

       if errT != nil {

            // 如果服务器已关闭连接，将会收到 io.EOF 的错误信息，此时应退出 goroutine
            if errT == io.EOF {
                 fmt.Printf("服务器已关闭连接: %v\n", errT.Error())
                 return
            }

            // 遇到其他错误则输出信息后中止循环
            fmt.Printf("从服务器接受响应时发生错误: %v\n", errT.Error())

            break
       }

       // 将响应信息去掉首尾空白字符
       responseT = strings.TrimSpace(responseT)

       // 在命令行界面上输出从服务器收到的响应信息
       fmt.Printf("服务器响应: %v\n", responseT)
  }

}
```

代码 13-3 socketclient/socketclient.go

代码 13-3 中仅修改了接收用户输入的几行代码，将原来使用 fmt.Scanln 函数读取标准输入的语句换成了调用 bufio.NewReader 函数来新建 bufio.Reader 类型的变量 stdInputT，然后调用 stdInputT 的成员函数 ReadString 来读取信息，在 Reader.ReadString 中传入字节类型的数值'\n'表示遇到数值为换行符的字节则中止本次读取，这样就实现了每次读取一行的目的。

13.6 典型的 UDP 服务器的例子

UDP 服务器的代码与 Socket 服务器有相同之处，区别是 UDP 服务器不需要有一个接受连接的过程，因为根本就没有双向连接，通信的双方直接向对方的指定地址（包括 IP 地址和端口）发送数据即可。当然，监听的步骤还是需要的，否则将接收不到数据。

UDP 服务器的代码见代码 13-4，我们也仿照 Socket 的例子在 src 目录下新建 udpserver 子目录并在其中创建 udpserver.go 文件并输入代码 13-4。

```
package main

import (
  "fmt"
  "net"
  "strings"
  "time"
  t "tools"
)

func main() {

  // 在本机的 8819 端口监听 UDP 协议的连接
  listenerT, errT := net.ListenPacket("udp", ":8819")
  if errT != nil {
        t.Printfln("监听端口时发生错误: %v\n", errT.Error())
        return
  }

  // 保证 UDP 监听器会被关闭
  defer listenerT.Close()

  // 声明用于接收客户端信息的缓冲区
  bufT := make([]byte, 4096)

  // 用于收到消息的计数
  messageCountT := 0

  // 循环监听数据
  for {
        // countT 中是成功接收消息后实际读取到的字节数
        // addressT 是客户端的地址
        countT, addressT, errT := listenerT.ReadFrom(bufT)

        if errT != nil {
             t.Printfln("接收数据时发生错误: %v", errT.Error())

             continue
        }

        // 将收到的数据清理
        messageT := strings.TrimSpace(string(bufT[:countT]))

        // 根据收到的字符串进行处理
        switch messageT {
        case "exit": // 收到"exit"则关闭连接，程序将终止

             listenerT.WriteTo([]byte(fmt.Sprintf("连接将被关闭，共收到%v 条消息\n", message
CountT)), addressT)

             return
        default: // 默认是做加上当前系统时间的简单回复

             // 对收到的消息进行计数
             messageCountT++

             t.Printfln("收到: %v", messageT)

             // 生成回复字符串
             responseT := fmt.Sprintf("[%v] 已收到%v\n", time.Now(), messageT)

             // 在连接上写入回复字符串
             listenerT.WriteTo([]byte(responseT), addressT)
```

```
        }
    }
}
```

代码 13-4 udpserver/udpserver.go

代码 13-4 中创建的 UDP 服务器使用 net.ListenPacket 函数对指定的端口做监听（注意这些端口如果已经被系统占用，将会运行出错），该函数将返回一个 net.PacketConn 类型的变量，在该变量上调用 ReadFrom 函数就可以读取接收到的数据。

PacketConn.ReadFrom 函数执行成功时将返回实际读取到的字节数和发送者的地址，利用这个地址就可以向发送者回传数据。回传数据时使用了 PacketConn.WriteTo 函数。

读取数据的字节缓冲区一般设置成 1KB 大小就可以，本例中为了保险，设置成了 4KB。

UDP 服务器并没有用 goroutine 来并发处理请求，这对于小吞吐量（即网络请求数尤其是同时并发的网络请求数不多，并且每个请求的处理时间不长）的服务器来说已经足够，但如果要求吞吐量大，则应该每收到一个消息就由一个 goroutine 来处理，另外一般还需要使用 goroutine 池来控制其数量，以免系统资源被消耗殆尽。

UDP 服务器同样是接收到"exit"消息就会退出，由于不是一个 goroutine 处理一个连接，所以退出会终止整个程序的执行。

13.7 典型的 UDP 客户端的例子

UDP 客户端的代码如下，我们也在 src 目录下新建 udpclient 子目录并在其中创建 udpclient.go 文件来输入代码 13-5。

```
package main

import (
  "net"
  "os"
  t "tools"
)

func main() {

  // 程序必须有一个命令行参数，即所需发送的字符串
  if len(os.Args) < 2 {
        t.Printfln("请输入所需发送的字符串")
        return
  }

  // 建立 UDP 连接
  connectionT, errT := net.Dial("udp", `localhost:8819`)
  if errT != nil {
        t.Printfln("建立 UDP 连接时发生错误: %v", errT)
        return
  }

  // 保证连接会被关闭
  defer connectionT.Close()

  // 向服务端发送数据
  _, errT = connectionT.Write([]byte(os.Args[1]))
  if errT != nil {
        t.Printfln("发送数据时发生错误: %v", errT)
        return
  }

  // 声明用于接收服务器响应的缓冲区
  bufT := make([]byte, 4096)

  // 读取服务器响应
  countT, errT := connectionT.Read(bufT)
  if errT != nil {
```

```
        t.Println("读取服务器响应时发生错误: %v", errT)
        return
    }

    t.Println("服务器响应: %v", string(bufT[:countT]))
}
```

代码 13-5 udpclient/udpclient.go

代码 13-5 中 UDP 客户端与服务端的通信与 Socket 客户端非常相似，区别是 net.Dial 函数中的第一个表示通信协议的参数要填写字符串“udp”。

另外，这次稍作变化，没有循环读取命令行的输入来发送给服务器端，而是要求运行该 UDP 客户端时必须带上一个命令行参数，我们会把该参数作为字符串发给服务器。

细节可以参看代码中的注释。测试时也先编译运行 udpserver.go 代码，然后执行 udpclient.go，结果如图 13.2 所示。

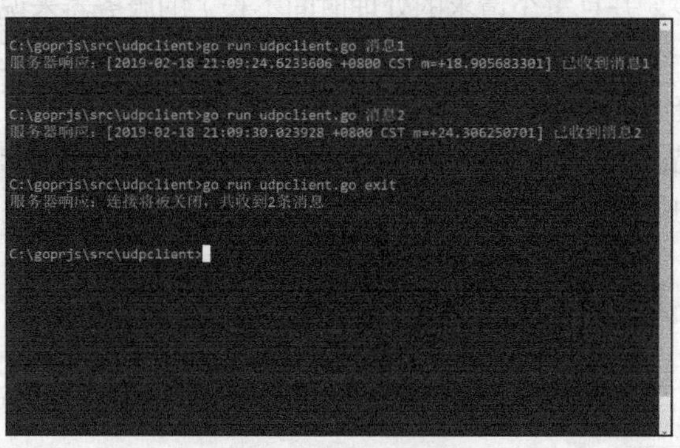

图 13.2 测试结果

可以看出，服务器和客户端运行正常。至此对基于 Socket 的客户端/服务器模式的开发也介绍完毕。下面将介绍流行的 B/S 模式开发，即用 Go 语言来实现 Web 服务器端（客户端用通用的浏览器即可）。

13.8 用 Go 语言搭建简单的 Web 服务器

前文已经介绍过，由于 Go 语言先天的优势，使用 Go 语言来开发服务器端的应用是非常方便的。本节将演示如何用简单的几行代码实现一个简单的 Web 服务器，Go 语言中实现 Web 服务器（也就是支持 HTTP 访问的服务器）主要是通过 net/http 包来进行的，见代码 13-6。

```
package main

import (
  "fmt"
  "net/http"
)

func httpHandler(responseA http.ResponseWriter, requestA *http.Request) {
  responseA.WriteHeader(http.StatusOK)

  responseA.Write([]byte("Hello!"))
}

func main() {

  http.HandleFunc("/", httpHandler)

  errT := http.ListenAndServe(":8838", nil)

  if errT != nil {
       fmt.Printf("打开 HTTP 监听端口时发生错误: %v\n", errT.Error())
  }

}
```

代码 13-6 用 Go 语言搭建简单的 Web 服务器

代码 13-6 中，只用了不超过 10 行有效代码就实现了一个极其简单的 Web 服务器，运行该代码后，用任何浏览器打开“http://127.0.0.1:8388”这个网址，就可以看到类似图 13.3 中的网页页面。

> **小知识补充**
>
> 一般我们在介绍网页开发中，网址常称为 URL（即 Uniform Resource Locator 的缩写）或 URI（即 Uniform Resource Identifier 的缩写），是互联网上各种资源的地址。最常见的互联网资源是我们日常浏览的各种网页，以及图片、音频、视频等。而网页往往是承载各种资源的主要门户和载体，提供网页访问服务的服务端应用系统一般叫作 Web 服务器，Web 服务器并不仅指计算机硬件，还包括软件系统。Web 开发一般是指开发实现各种功能服务并在网页或其他互联网资源中提供给用户使用。

这说明 Web 服务器已经正常运行了。

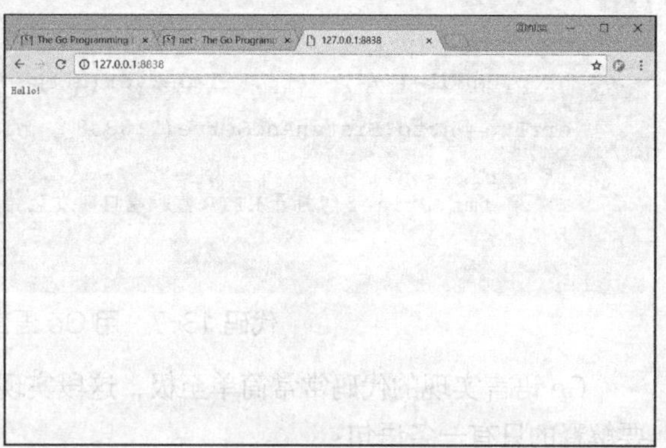

图 13.3 浏览器访问简单 Web 服务器

代码 13-6 中最主要的代码段主要有三处：第一处是调用 http 包的 ListenAndServe 函数来监听指定的端口；第二处是在监听之前设定处理 HTTP 访问请求的处理函数为 httpHandler 函数；第三处就是在 httpHandler 函数对请求作出处理，本例中仅简单地输出一个包含最简单字符串的网页。

另外需要注意的还有以下几点：

- http.HandleFunc("/", httpHandler) 这条语句指定了处理该 Web 服务器根路径的处理函数，可以尝试将其改为 http.HandleFunc("/ab", httpHandler)，则浏览器访问“http://127.0.0.1:8838/ab”时才会有正确的响应，直接访问“http://127.0.0.1:8838”将会显示“404 page not found”即在指定的网址（常简称为 URL）找不到网页的错误。
- http.HandleFunc 函数可以执行多次来指定对多个 URL 的处理函数；
- 也可以通过 http.ListenAndServe 函数的第二个参数指定处理 HTTP 请求的函数，但一般不这样使用；
- 端口如果被占用，http.ListenAndServe 函数将会报错；
- 类似 httpHandler 这样处理 HTTP 请求的函数，名称可以自行任意设置，但是参数必须符合要求，第一个参数需要是 http.ResponseWriter 类型的，第二个参数需要是*http.Request 类型的。http.ResponseWriter 类型的参数变量用于向发起 HTTP 请求的客户端（浏览器）发送响应信息。响应信息可能是一个网页，也有可能是下载的文件等。
- 本例中调用 ResponseWriter.WriteHeader 函数将 HTTP 响应头中写入 http.StatusOK，这通常是向浏览器表明请求成功的状态信息。然后调用 ResponseWriter.Write 函数将向浏览器发送网页或下载的文件等各种资源数据，本例仅写入了一个字符串，这将被浏览器理解成是一个网页，因为网页文件也是基于纯文本格式的；
- 表示本机还可以用特殊字符串“localhost”，例如可以访问“http://localhost:8838”，与访问“http://127.0.0.1:8838”的效果是一样的。一般在测试的时候，往往把网站部署在本机上测试，以后将代码和所需的文件部署到对外的服务器上时，其中的“127.0.0.1”或“localhost”部分要替换成该服务器的域名，例如“http://myserver.com:8838”。
- 本例中 http.ListenAndServe 函数中的第一个参数使用了“:8838”这样的格式，这相当于规定在本机所有的 IP 地址上进行 8838 端口的监听，如果要限定在某个特定 IP 地址上的监听，可以用类似“http.ListenAndServe("192.168.110.111:8838", nil)”这样的写法。

13.9 搭建简单的文件服务器

Go 语言也可以快速实现一个基于 Web 的文件服务器，同样仅需要几行代码就可以实现，见代码 13-7。

```
package main

import (
  "fmt"
  "net/http"
)

func main() {

  http.Handle("/", http.FileServer(http.Dir(`c:\test`)))

  errT := http.ListenAndServe(":8838", nil)

  if errT != nil {
        fmt.Printf("打开 HTTP 监听端口时发生错误: %v\n", errT.Error())
  }

}
```

代码 13-7 用 Go 语言实现简单的文件服务器

Go 语言实现的代码常常简单至极，这段实现了一个基于 Web 的文件服务器的代码也一样，需要解释的只有一条语句：

```
  http.Handle("/", http.FileServer(http.Dir(`c:\test`)))
```

http.Handle 函数同之前介绍的 http.HandleFunc 函数类似，只不过它接受的第二个参数要求是 http.Handler 类型的，这是一个接口类型，定义如下：

```
type Handler interface {
        ServeHTTP(ResponseWriter, *Request)
}
```

可以看出，只要实现了 ServeHTTP 成员函数的数据类型都可以作为 http.Handler 类型，而 http 包中已经提供了 FileServer 函数来返回一个处理文件列表和文件下载请求的 http.Handler。http.FileServer 函数只要传入一个表示作为文件服务器根路径的文件系统中的目录路径就可以了。代码 13-7 执行后，用浏览器访问网址“http://localhost:8838”就可以在网页中查看文件和目录，单击文本类型的文件可以直接在浏览器中查看该文件内容，单击音视频文件可以直接在浏览器中播放（需要浏览器支持此功能），查看其他类型的文件则可以下载，查看子目录则会进入该目录并列出其中的文件。这就实现了一个可以与他人简单共享自己一个目录中文件的 Web 服务器，这些功能实际上都是在网页中实现的，而 Go 语言代码 13-7 则做了两个工作：搭建并运行了一个 Web 服务器，以及用网页形式向用户提供了对文件和目录访问的能力。图 13.4 是代码 13-7 运行后用浏览器访问其服务网址的运行截图。

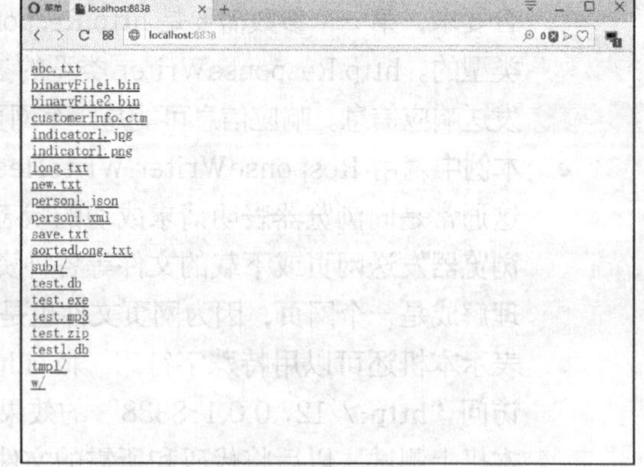

图 13.4 简单文件服务器的运行截图

13.10 搭建静态文件型的 Web 网站服务器

虽然利用文件服务器共享文件很方便，但对于一般常用于向用户分享信息、展示自己形象的网站建设需求来说，显然是不太合适的，这种需求适合用最简单的静态文件型 Web 服务器来实现。所谓静态文件，指的主要是 HTML 格式的网页文件（一般以“.html”或“.htm”为文件后缀）、一些在浏览器中运行的 JavaScript 语言文件（一般以“.js”作为文件后缀）和用于指定网页中显示样式的 CSS 格式的文件（一般以“.css”为文件后缀），还有一些音频和视频文件也可以算作静态文件。一般的 Web 服务器会使浏览器可以访问到服务器内存储的这些静态文件，浏览器会以指定的样式将网页等文件中的内容展现在浏览器窗口中，而一般 Web 服务器不会让用户看到类似文件型服务器中的目录列表，以免发生安全或者其他一些问题。静态文件型的 Web 服务器已经能够满足大多数网站的需要，这种模式的核心是：Web 服务器提供静态文件供浏览器访问，动态内容由 JavaScript 语言编写的脚本在浏览器中运行而实现。

在 Go 语言中可以用代码 13-8 来实现具有上述功能的 Web 服务器。

```
package main

import (
  "net/http"
  "os"
  "path"
  "path/filepath"
  t "tools"
)

func serveStaticDir(w http.ResponseWriter, r *http.Request) {
  staticFileHandler := http.StripPrefix("/w/", http.FileServer(http.Dir(`c:\test\w`)))

  urlPathT := r.URL.Path

  t.Printfln("访问的 URL 路径: %v", r.URL.Path)

  filePathT := filepath.Join(`c:\test`, path.Clean(urlPathT))

  t.Printfln("本地文件路径: %v", filePathT)

  info, err := os.Lstat(filePathT)
  if err == nil {
        if !info.IsDir() {
              staticFileHandler.ServeHTTP(w, r)
        } else {
              if t.FileExists(filepath.Join(filePathT, "index.html")) {
                    staticFileHandler.ServeHTTP(w, r)
              } else {
                    http.NotFound(w, r)
              }
        }
  } else {
        http.NotFound(w, r)
  }

}

func main() {

  portT := "8838"

  if len(os.Args) >= 2 {
        portT = os.Args[1]
  }

  http.HandleFunc("/w/", serveStaticDir)

  err := http.ListenAndServe(":"+portT, nil)
  if err != nil {
        t.Printfln("打开 HTTP 监听端口时发生错误: %v", err.Error())
  }

}
```

代码 13-8 静态文件型的 Web 服务器示例代码

代码 13-8 相对较为复杂，我们来详细解释主函数中的这几行代码：

```
portT := "8838"

if len(os.Args) >= 2 {
    portT = os.Args[1]
}
```

这几行代码的作用是使程序允许用户指定其他的监听端口：首先设置默认端口为“8838”，注意是字符串形式的；然后查看程序运行时的命令行参数，如果有第二个参数，则将端口改为第二个参数的字符串。简单起见，这里没有做异常处理，输入的端口应该是符合操作系统对端口的范围要求的数字，并且不能和已经运行的程序占用的端口冲突。

```
http.HandleFunc("/w/", serveStaticDir)
```

这条语句指定了处理“/w/”这个 URL 的函数是 serveStaticDir 函数，这样设置之后，类似“/w/abc”“/w/u23/cccd”这样的所谓“下级”URL 也都将由 serveStaticDir 函数处理，除非为某个特定的下级 URL 指定了专门的处理函数。

而重点需要解说的 serveStaticDir 中，先介绍下面几个知识点：

- 通过 http.Request.URL.Path（虽然我们很少用多级的成员变量或成员函数，但这样也是可以的，其实也更清晰）可以获得本次 Web 请求的网址信息；为了演示，我们特地在服务器端输出了该信息以便对照；
- filepath.Join 函数用于连接文件路径中两个或多个组成部分，path.Clean 则用于清理 URL 中一些不合理的内容，例如误写的连续多个斜杠等；
- os.Lstat 函数用于获取文件的信息，本例中主要用于后面调用其成员函数 IsDir 判断一个路径指的是否是目录；
- http.NotFound 函数是 http 包提供的一个便捷函数，用于向 Web 请求返回一个“找不到该页面”的错误信息页面，也就是我们常遇到的“404 错误”页面；
- staticFileHandler 是建立了一个类似代码 13-7 中的文件服务器处理函数，区别是又用了一个 http.StripPrefix 函数来处理，这是因为我们准备将 URL 中的“/w/”对应到文件系统中的“c:\test\w”目录，如果不使用 http.StripPrefix 函数来将 Web 请求中的/w/去掉，会导致 http.FileServer 函数建立的 Handler 在文件路径上多加一个“/w/”，目录成为“C:\test\w\w\”。

然后我们来介绍代码 13-8 的核心逻辑。

首先，我们的意图是，用户访问类似“http://localhost:8838/w/abc.html”的网址时，将会显示文件系统中“C:\test\w\abc.html”的内容，访问类似“http://localhost:8838/w/aa/index.html”的网址时，将会显示文件系统中“C:\test\w\aa\index.html”的内容，也就是访问多级的 URL 就映射到文件系统中多级的目录。另外，一般的 Web 服务器如果收到访问类似“http://localhost:8838/w/”或“http://localhost:8838/w”这样网址的请求，将不会显示该 URL 对应的文件系统目录中的文件列表，而是会先在该目录中寻找有没有“index.html”等默认的主文件，如果有则返回该文件，等同于访问“http://localhost:8838/w/index.html”，如果没有该文件，则直接返回 404 错误。

因此可以看出，为了实现静态文件型的 Web 服务器，最主要的是不能让服务器允许用户访问里面的目录，这就是代码 13-8 的目的。代码中首先获得 Web 请求的 URL 放在 urlPathT 变量中，然后确定其对应的文件系统中的路径 filePathT。之后判断它是不是代表一个文件系统中的目录，如果不是，则调用 staticFileHandler 的 ServeHTTP 函数将其作为文件返回，这与文件服务器的响应方式一样。如果是一个目录，则首先判断该目录中是否存在“index.html”文件，如果存在则调用 staticFileHandler 的 ServeHTTP 函数作为文件返回，否则用 http.NotFound 函数返回 404 错误。

虽然对目录的特殊处理导致代码多了一些行，但是一共四五十行代码就实现了一个功能完整的 Web 服务器，已经充分体现了 Go 语言对服务端开发的支持能力。

代码 13-8 运行后，使用浏览器访问该程序的服务网址并尝试访问几个下级网址，可以看到图 13.5～图 13.8 所示的浏览器界面和服务器输出，请自行验证其中 URL 和文件及目录的对应关系（注意其中 C:\test\w 目录下的文件和子目录可以自行修改）。

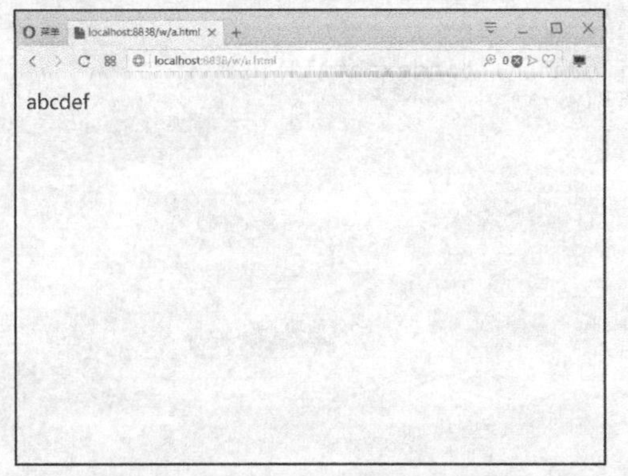

图 13.5 访问目录中存在的一个文件

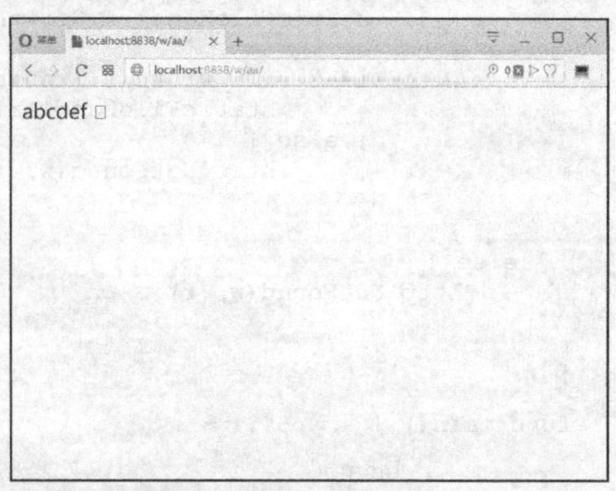

图 13.6 访问其中存在 index.html 文件的目录

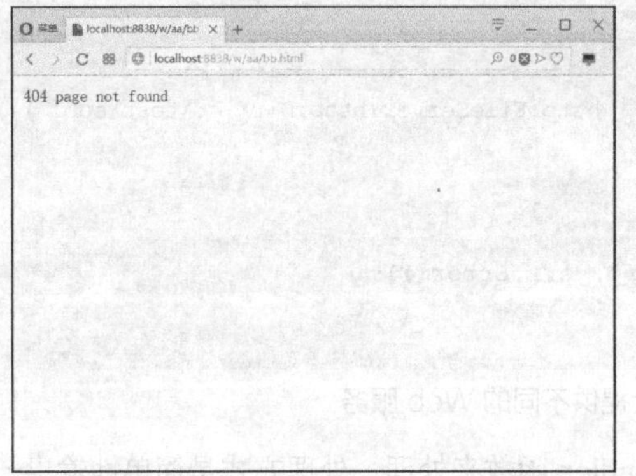

图 13.7 访问不存在的一个文件

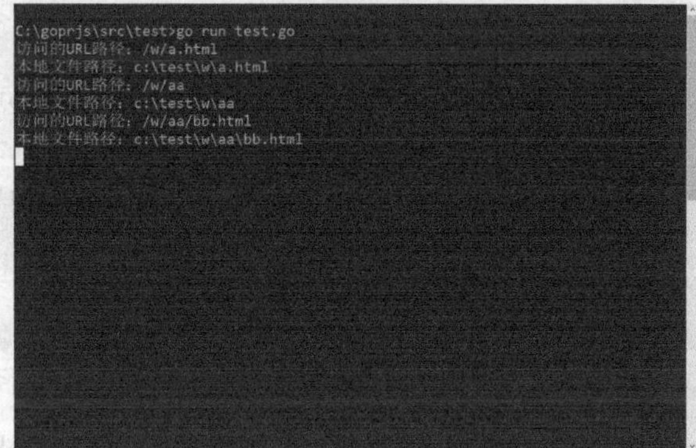

图 13.8 Web 服务器对几次请求的输出

13.11 混合不同方式的 Web 服务器

在 Web 服务器中可以根据不同的 URL 路径指定不同的处理方式，代码 13-9 中混合了前面介绍过的几种方式。

```
package main

import (
  "net/http"
  "os"
  "path"
  "path/filepath"
  t "tools"
)

func welcomeHandler(w http.ResponseWriter, r *http.Request) {
  w.WriteHeader(http.StatusOK)

  w.Write([]byte("欢迎来到本网站"))
}

func staticDirHandler(w http.ResponseWriter, r *http.Request) {
  staticFileHandler := http.StripPrefix("/w/", http.FileServer(http.Dir(`c:\test\w`)))

  urlPathT := r.URL.Path
```

```
	t.Printfln("访问的 URL 路径: %v", r.URL.Path)

	filePathT := filepath.Join(`c:\test`, path.Clean(urlPathT))

	t.Printfln("本地文件路径: %v", filePathT)

	info, err := os.Lstat(filePathT)
	if err == nil {
		if !info.IsDir() {
			staticFileHandler.ServeHTTP(w, r)
		} else {
			if t.FileExists(filepath.Join(filePathT, "index.html")) {
				staticFileHandler.ServeHTTP(w, r)
			} else {
				http.NotFound(w, r)
			}
		}
	} else {
		http.NotFound(w, r)
	}

}

func main() {

	portT := "8838"

	if len(os.Args) >= 2 {
		portT = os.Args[1]
	}

	http.HandleFunc("/w/", staticDirHandler)
	http.Handle("/sub1/", http.StripPrefix("/sub1/", http.FileServer(http.Dir(`c:\test\sub1`))))

	http.HandleFunc("/", welcomeHandler)

	err := http.ListenAndServe(":"+portT, nil)
	if err != nil {
		t.Printfln("打开 HTTP 监听端口时发生错误: %v", err.Error())
	}

}
```

代码 13-9　在不同 URL 路径上提供不同的 Web 服务

代码 13-9 在 URL 根路径“/”上用 welcomeHandler 函数来处理，处理方式是简单地输出一些文本信息；在路径“/sub1/”上则直接提供了基于文件系统中某个目录的文件共享服务器；在路径“/w/”上则提供了静态文件型的 Web 服务器。这些方式由于通过不同的 URL 路径独立开来，因此不会产生冲突；并且由于共同使用了 Web 服务端口来提供服务，还节省了系统资源。

13.12　搭建提供网络接口服务的 API 服务器

搭建某些 Web 服务器的目的并不是供用户浏览网页，而是提供一些接口（一般称为 API，即 Application Programming Interface 的简称，原指应用程序编程接口，现在一般指通过各种方式来向其他应用程序提供服务的接口）供其他应用软件、网站应用调用。尤其是随着移动应用的发展，这种形式的 Web 服务器也越来越多，一般可以称之为“API 服务器”。这些 API 服务器的实质是用 Web 访问的方式和接口协议（主要是 HTTP 协议）提供各种服务，尤其是常用的、可复用的或者是特殊的服务。

应用软件与 API 服务器之间的通信，HTTP 通信协议一般使用，而传递信息的格式有很多种，其中用得最广泛的是 JSON 格式。本节将介绍如何搭建一个用 JSON 格式数据提供服务的 API 服务器，见代码 13-10。

```
package main

import (
	"encoding/json"
	"fmt"
```

```
    "net/http"
    "os"
    "time"
    t "tools"
)

func japiHandler(w http.ResponseWriter, r *http.Request) {
    reqT := r.FormValue("req")

    returnObjectT := make(map[string]string)

    switch reqT {
    case "":
        returnObjectT["Status"] = "fail"
        returnObjectT["Value"] = fmt.Sprintf("请求不能为空")
    case "getTime":
        returnObjectT["Status"] = "success"
        returnObjectT["Value"] = fmt.Sprintf("%v", time.Now())
    case "generatePassword":
        lenStrT := r.FormValue("len")

        if lenStrT == "" {
            returnObjectT["Status"] = "fail"
            returnObjectT["Value"] = "需要指定长度(len)"
            break
        }

        var lenT int

        _, errT := fmt.Sscanf(lenStrT, "%d", &lenT)
        if errT != nil {
            returnObjectT["Status"] = "fail"
            returnObjectT["Value"] = "长度格式不正确"
            break
        }

        returnObjectT["Status"] = "success"
        returnObjectT["Value"] = fmt.Sprintf("%v", t.GenerateRandomString(lenT, lenT,
true, true, true, true, false, false))
    default:
        returnObjectT["Status"] = "fail"
        returnObjectT["Value"] = fmt.Sprintf("未知的请求: %v", reqT)
    }

    bufT, _ := json.Marshal(returnObjectT)

    w.Header().Set("Access-Control-Allow-Origin", "*")
    w.Header().Set("Content-Type", "text/json;charset=utf-8")

    w.WriteHeader(http.StatusOK)

    callbackT := r.FormValue("callback")
    if callbackT != "" {
        w.Write([]byte(fmt.Sprintf("%v(%v);", callbackT, string(bufT))))
    } else {
        w.Write(bufT)
    }
}

func main() {

    portT := "8838"

    if len(os.Args) >= 2 {
        portT = os.Args[1]
    }

    http.HandleFunc("/japi/", japiHandler)

    err := http.ListenAndServe(":"+portT, nil)
    if err != nil {
        t.Println("打开 HTTP 监听端口时发生错误: %v", err.Error())
    }

}
```

代码 13-10 web1/web1.go

代码 13-10 在“/japi/”的 URL 上提供服务，它并不会提供文件访问，所以不会有多级的 URL 层级，而是通过“URL 参数”来提供服务。

例如，服务器提供查询时间和生成随机密码等服务，规定要用“http://localhost/ japi/?req=generatePassword&len=3”这样的 URL 来使用我们的接口服务，其中问号“?”后面是一系列的 URL 参数，URL 参数也是多个键值对，键名和值之间用等号“=”隔开，多个键值对之间用符号“&”隔开。并且，我们规定“req”参数固定用于表示具体请求名，其他参数的有无与取值则根据不同的请求而定。“http://localhost/japi/?req=generatePassword&len=3”这个 URL 网址就代表“请求服务器生成密码，并且指定生成密码的长度是 3 个字符”的接口调用请求，每个使用本服务器接口服务的应用都需要按照这种格式来调用服务。

这种通过 URL 传递参数的方式叫作“GET”方式，另外还有一种 POST 形式传递的请求，本代码也可以处理。

服务器会对请求做出适当的响应，返回的信息内容是一个 JSON 格式的字符串，其格式如下：

```
{"Status":"success","Value":"-9U"}
```

这是 JSON 中的字典形式，其中 Status 字段表示该请求处理是否成功，可能的取值为“success”或“fail”，分别表示成功和失败；Value 字段一般用于放置请求处理成功后的结果内容，或者请求处理失败后的错误原因信息。

另外，由于网页中用 AJAX 形式调用 API 服务器提供的服务可能存在“跨域请求”的问题，所以我们还准备支持 JSONP 的形式来调用接口。

代码 13-10 中需要说明的要点如下：

- japiHandler 函数是处理 API 请求的主函数；
- http.Request.FormValue 函数将会自动分析 URL 参数或 POST 方式传递过来的参数，其参数是键名，返回值为该键对应的值；如果不存在该参数，则返回空字符串；
- “req”为键名的对应键值被当作具体请求，japiHandler 函数中将根据它的值进行分支处理；
- 本例中支持两个请求，一个是“getTime”，用于获取服务器的系统时间；另一个是“generatePassword”，用于获得一个随机生成的可以用于密码的字符串，该请求需要用 len 参数指定生成随机密码的长度；如果没有带“req”参数，其值将是空字符串，将提示“请求不能为空”；如果是其他请求，则会提示是未知请求；
- 返回的 JSON 字符串是使用 map[string]string 类型的数据作其基础数据，因为这种类型用来存储信息和进行 JSON 编码都比较方便；
- w.Header().Set("Content-Type", "text/json;charset=utf-8")这条语句用于设定服务器返回信息的内容类型和编码等信息，本例中说明返回的是 JSON 数据，并且使用 UTF-8 编码。
- http.ResponseWriter.Header 函数用于获取服务器准备返回响应信息的信息头（http.Header 类型）内容，该内容是在 HTTP 协议返回信息的一段说明性的内容，并不是响应的主体。Header.Set 函数必须在 WriteHeader 函数之前调用才能成功设置返回时的信息头，否则无效；
- w.Header().Set("Access-Control-Allow-Origin", "*")这条语句用于设置服务器端允许的所有 JSON 跨域请求；
- 对于非 JSONP 形式的请求（也是大多数请求的方式），这时候直接写入 JSON 数据就可以了；但是对于 JSONP 形式的请求，则需要特殊的处理。JSONP 形式的请求会带有一个“callback”参数，指明该请求的回调函数，相应 JSONP 的请求需要用“回调函数名

(JSON 文本);”的形式来返回，一般调用该服务的 JavaScript 代码直接调用该函数处理服务器返回的 JSON 数据；因此我们先判断请求中是否有“callback”参数，再根据有无情况做不同的分支处理。

至此，一个功能齐全的迷你网络 API 服务器就完成了。代码 13-10 运行后用浏览器访问该服务的几个示例如图 13.9～图 13.11 所示（注意，实际使用 API 服务器时一般都不是通过浏览器来访问的，而是在应用系统中发出 Web 请求，但浏览器可以用于开发调试阶段进行测试）。

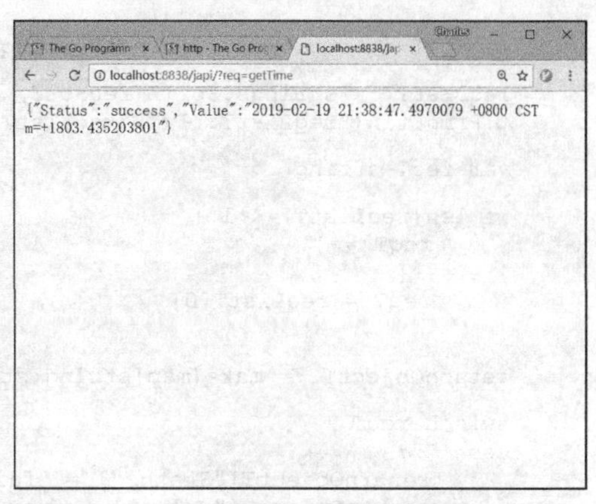

图 13.9　获取系统时间

图 13.10　生成 18 个字符长度的随机密码

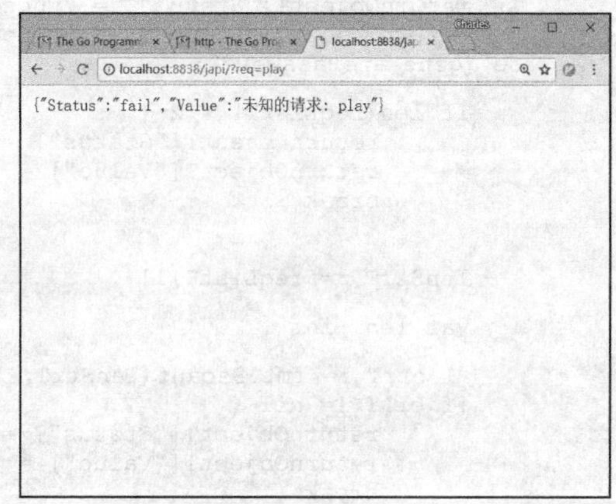

图 13.11　故意输错的请求

13.13　Web 服务器的路由管理

在 Web 服务器中，基于不同的 URL 做出不同的响应，叫作“路由”（route）处理，路由处理是 Web 服务器要重点解决的问题之一。前面介绍的路由处理方式相对比较简单，支持复杂应用的 Web 服务器一般都需要做比较复杂的路由处理。

另外，路由处理还可以被用于处理 URL 参数，即 URL 参数可以不用问号“?”加键值对这样的 GET 参数形式来表示，而是通过特殊的 URL 路径表达形式来表达，例如 13.12 中的“http://localhost/japi/?req=generatePassword&len=3”，可以用 URL 路径的形式来表示成“http://localhost:8838/japi/generatePassword/3”，其中 japi 后的第一级下级路径表示请求 req 参数的值，第二级下级路径表示另一个参数 len 的取值。Web 服务器需要具备对这样的 URL 路径进行路由处理的能力。

下面就是完成与代码 13-10 相同功能但是使用了 URL 路径表示参数方式的代码 13-11。

```
package main

import (
  "encoding/json"
  "fmt"
  "net/http"
  "os"
  "strings"
  "time"
  t "tools"
)

func japiHandler(w http.ResponseWriter, r *http.Request) {
```

```
    reqStrT := strings.TrimPrefix(r.RequestURI, "/japi/")

    reqListT := strings.Split(reqStrT, "/")
    t.Printfln("reqListT: %v", reqListT)

    var reqT string

    if len(reqListT) < 1 {
        reqT = ""
    } else {
        reqT = reqListT[0]
    }

    returnObjectT := make(map[string]string)

    switch reqT {
    case "":
        returnObjectT["Status"] = "fail"
        returnObjectT["Value"] = fmt.Sprintf("请求不能为空")
    case "getTime":
        returnObjectT["Status"] = "success"
        returnObjectT["Value"] = fmt.Sprintf("%v", time.Now())
    case "generatePassword":

        if len(reqListT) < 2 {
            returnObjectT["Status"] = "fail"
            returnObjectT["Value"] = "需要指定长度（len）"
            break
        }

        lenStrT := reqListT[1]

        var lenT int

        _, errT := fmt.Sscanf(lenStrT, "%d", &lenT)
        if errT != nil {
            returnObjectT["Status"] = "fail"
            returnObjectT["Value"] = "长度格式不正确"
            break
        }

        returnObjectT["Status"] = "success"
        returnObjectT["Value"] = fmt.Sprintf("%v", t.GenerateRandomString(lenT, lenT,
true, true, true, true, false, false))
    default:
        returnObjectT["Status"] = "fail"
        returnObjectT["Value"] = fmt.Sprintf("未知的请求: %v", reqT)
    }

    bufT, _ := json.Marshal(returnObjectT)

    w.Header().Set("Access-Control-Allow-Origin", "*")
    w.Header().Set("Content-Type", "text/json;charset=utf-8")

    w.WriteHeader(http.StatusOK)

    w.Write(bufT)

}

func main() {

    portT := "8838"

    if len(os.Args) >= 2 {
        portT = os.Args[1]
    }

    http.HandleFunc("/japi/", japiHandler)

    err := http.ListenAndServe(":"+portT, nil)
    if err != nil {
        t.Printfln("打开 HTTP 监听端口时发生错误: %v", err.Error())
    }

}
```

代码 13-11　Web 服务器的路由处理

代码 13-11 的 japiHandler 函数中，首先将 URL 路径中的前缀“/japi/”删除，因为所有被该函数处理的请求 URL 路径开头都是这个前缀。然后用 strings.split 函数将 URL 路径以斜杠字符分隔开，这样就形成了一个字符串切片，其中第一个字符串是 req 参数的值，后面以此类推。代码中其他的部分与代码 13-10 基本一样，为了简化，还去除了 JSONP 处理的部分代码。

该代码执行后效果如图 13.12 所示。

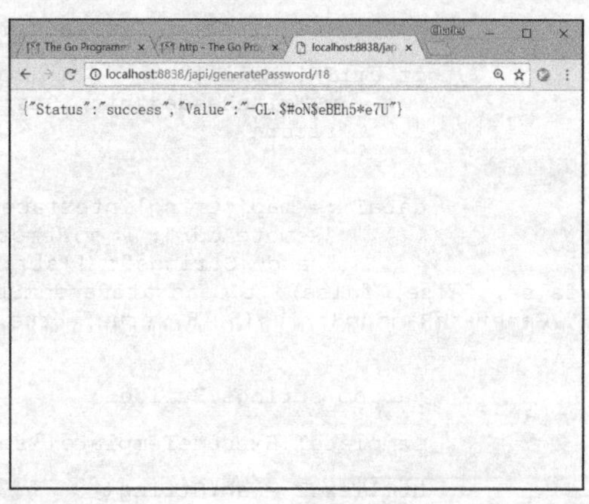

图 13.12　URL 路径方式传递参数

13.14　动态网页的生成

动态网页技术是搭建网站的主要技术之一，虽然这些年有趋向于“静态网页+JavaScript+AJAX 访问网络接口服务”这种增加浏览器对页面的处理比重而降低后台 Web 服务器工作量的势头，但基于后台处理为主的动态网页技术也一直保持着极强的生命力，在以后很长一段时期内也将继续发挥作用。

所谓“动态网页”技术，指的是 Web 服务器接收到请求后动态生成网页内容，填写网页中的 HTML 代码，而不是直接将文件系统中存在的静态网页文件直接推送给用户。使用动态网页技术典型的代表有 ASP、ASP.NET、JSP、PHP 等，在互联网发展历程中发挥过并且还在发挥着重要的作用。

由于动态网页主要在服务端生成，所以它的优点是安全性较好，缺点则是对后台服务器的压力较大，网站访问量大时容易引起请求响应速度下降。实际应用中，为了提升速度，服务器往往也不是每个网页都完全动态生成，而是结合了静态的“模板”文件。由于一般的网页中，大多数内容是不变的，只有少数信息需要动态改变；模板文件中就负责保存不变的信息，但是还会使用一些标记方式，给需要动态输入的信息留下接口；Web 服务器会读取模板文件中的内容，填入动态的具体数据后作为请求响应返回，这样处理速度相对较快。

Go 语言也在标准库中提供了支持这种利用模板生成动态网页的能力，本节将以一个简单的例子来介绍如何实现，见代码 13-12。

```
package main

import (
	"html/template"
	"net/http"
	"os"
	"path/filepath"
	"strings"
	t "tools"
)

func dynamicHandler(w http.ResponseWriter, r *http.Request) {

	urlPathT := strings.TrimPrefix(r.RequestURI, "/dynamic/")

	t.Printfln("urlPath: %v", urlPathT)

	var htmlTextT string

	switch urlPathT {
	case "index.html", "", "next/test.html":
		tmplFilePathT := filepath.Join(`c:\test\tmpl`, "indextmpl.html")

		t.Printfln("filePath: %v", tmplFilePathT)

		if !t.FileExists(tmplFilePathT) {
			http.NotFound(w, r)
			return
		}
```

```
		templateT, errT := template.ParseFiles(tmplFilePathT)

		if errT != nil {
			w.WriteHeader(http.StatusInternalServerError)
			return
		}

		dataT := map[string]interface{}{
			"RemoteAddr":    r.RemoteAddr,
			"RandomStrings": []string{t.GenerateRandomString(5, 8, true, true, true, 
false, false, false), t.GenerateRandomString(5, 8, true, true, true, false, false, false), 
t.GenerateRandomString(5, 8, true, true, true, false, false, false)},
		}

		var sb strings.Builder

		templateT.ExecuteTemplate(&sb, "indextmpl.html", dataT)

		htmlTextT = sb.String()
	default:
		http.NotFound(w, r)
		return
	}

	w.Header().Set("Content-Type", "text/html;charset=utf-8")

	w.WriteHeader(http.StatusOK)

	w.Write([]byte(htmlTextT))
}

func main() {

	portT := "8838"

	if len(os.Args) >= 2 {
		portT = os.Args[1]
	}

	http.HandleFunc("/dynamic/", dynamicHandler)

	err := http.ListenAndServe(":"+portT, nil)
	if err != nil {
		t.Printfln("打开 HTTP 监听端口时发生错误: %v", err.Error())
	}

}
```

代码 13-12　web2/web2.go

为了保证代码 13-12 正常运行，需要在“C:\test\tmpl”目录下创建一个名为“indextmpl.html”的模板文件，该模板文件的内容见代码 13-13。

```
<!DOCTYPE html>
<html>
<header>
	<meta charset="utf-8">
	<title>欢迎</title>
</header>

<body>
	<div>
		<span>欢迎来自</span>
		<span style="color: green;">{{.RemoteAddr}}</span>
		<span>的用户。</span>
	</div>
	<div style="margin-top: 20px;">
		{{range $i, $v := .RandomStrings}}
		<span>第{{$i}}个随机字符串: {{$v}}</span><br />
		{{end}}
	</div>

</body>

</html>
```

代码 13-13　模板文件 indextmpl.html 的内容

模板文件 indextmpl.html 可以用任何文本编辑软件编辑，其中主要是标准的 HTML 代码，不同之处在于包含了几个占位的标记代码，例如："{{.RemoteAddr}}"是一个用于填写单个数据的占位标记，表示以后 Web 服务器将在此处填入名为"RemoteAddr"的变量的值；而下面这一段则类似循环语句，表示将收到一个切片类型的变量 RandomStrings，然后循环生成指定格式的 HTML 标签，其中{{$i}}处会用循环变量的值来填充，{{$v}}则是遍历 RandomStrings 时的各个数值项。遍历映射类型的变量也是类似，只是循环变量 i 变成键名 k 即可。

```
{{range $i, $v := .RandomStrings}}
<span>第{{$i}}个随机字符串: {{$v}}</span><br />
{{end}}
```

这些占位标记的写法，在 Go 语言 http/template 包和 text/template 包的参考文档中有详细的说明，不过上述几个标记已经可以处理大多数情况。

代码 13-12 中需要解释的要点如下：

- dynamicHandler 是处理 URL"/dynamic/"的主函数；
- 分析处理 URL 路径时，由于都是动态生成的网页，因此没有必要保持和文件系统中的文件和目录一一对应的关系，所以本例中演示了对"index.html"、""、"next/test.html"这几个 URL 路径可以用同样的代码逻辑来处理，用户看到的是虚拟的、动态生成的网页，和文件系统中的具体文件没有关系；
- 在处理上述几个 URL 路径时，我们先用 http/template 包中的 ParseFiles 函数来载入指定的模板文件，它会返回一个*template.Template 类型的变量，后面我们调用 Template.ExecuteTemplate 函数来执行往模板文本中填入所需数据的工作；该函数第一个参数是准备放入输出结果的缓冲区，第二个参数是模板名称（如果用 template.ParseFiles 函数生成的模板名称就是该文件名），第三个参数则是要传入的数据；
- 传入的数据是以 map[string]interface{}类型来组织的，其中可以看到我们在模板中见过的"RemoteAddr"和"RandomStrings"，其中 RandomStrings 参数是切片类型的，符合模板中的定义，其中放置了 3 个随机生成的字符串；
- 响应头中写入的 http.StatusInternalServerError 是指服务器内部处理时出错，即我们在访问网页时有时会发生代码为 500 的错误；
- 这次响应信息头中写入的信息类型是 text/html，表示这是一个网页。

程序运行后，访问指定的几个 URL 都将返回图 13.13 和图 13.14 所示的信息，符合预期，说明服务器搭建成功，动态网页被正确生成。

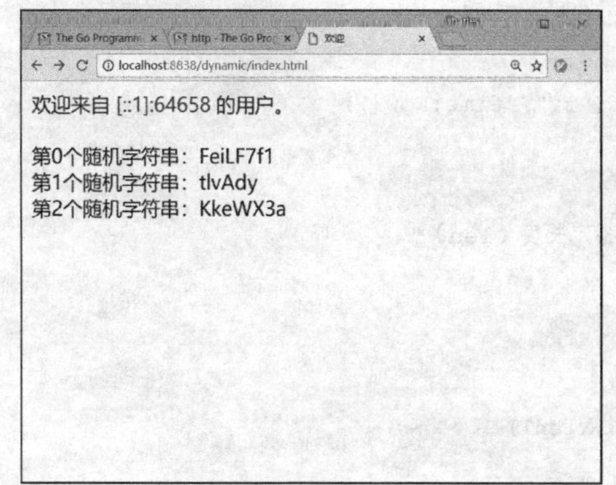

图 13.13 通过正确的 URL 访问动态网页

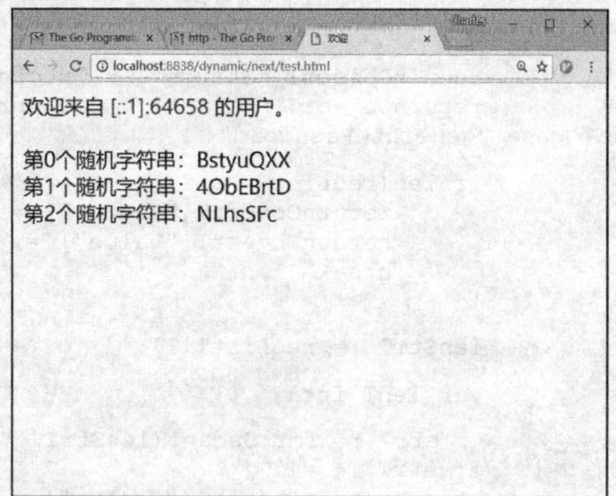

图 13.14 通过另一个正确的 URL 访问动态网页

13.15 提供 HTTPS 方式访问

HTTPS 访问方式在现在的网站中使用越来越广泛，它比传统的 HTTP 方式能够提供更好的安全性。Go 语言在 Web 服务器中提供 HTTPS 的方式很简单，只需要几条语句就可以为原有的 Web 服务器增加 HTTPS 访问的支持。

搭建 HTTPS 服务之前，先需要做几个准备工作：

- 首先，Web 服务器应该有互联网上能够访问到的 IP 地址；
- 第二，Web 服务器需要有互联网上的域名；
- 第三，需要根据域名来申请 SSL 证书，目前在网上可以搜索到一些可信的免费的 SSL 证书颁发机构，根据说明申请即可。

SSL 证书申请成功后，应该会获得一个证书文件，一般以“.crt”为文件名后缀，申请时密钥文件一般以“.key”为文件名后缀。将这两个文件放在合适的目录下，之后就可以按照代码 13-14 来添加 HTTPS 服务。

```
package main

import (
  "encoding/json"
  "fmt"
  "net/http"
  "os"
  "strings"
  "time"
  t "tools"
)

func japiHandler(w http.ResponseWriter, r *http.Request) {

  reqStrT := strings.TrimPrefix(r.RequestURI, "/japi/")

  reqListT := strings.Split(reqStrT, "/")
  t.Printfln("reqListT: %v", reqListT)

  var reqT string

  if len(reqListT) < 1 {
        reqT = ""
  } else {
        reqT = reqListT[0]
  }

  returnObjectT := make(map[string]string)

  switch reqT {
  case "":
        returnObjectT["Status"] = "fail"
        returnObjectT["Value"] = fmt.Sprintf("请求不能为空")
  case "getTime":
        returnObjectT["Status"] = "success"
        returnObjectT["Value"] = fmt.Sprintf("%v", time.Now())
  case "generatePassword":

        if len(reqListT) < 2 {
              returnObjectT["Status"] = "fail"
              returnObjectT["Value"] = "需要指定长度（len）"
              break
        }

        lenStrT := reqListT[1]

        var lenT int

        _, errT := fmt.Sscanf(lenStrT, "%d", &lenT)
        if errT != nil {
              returnObjectT["Status"] = "fail"
              returnObjectT["Value"] = "长度格式不正确"
              break
```

```
        }

        returnObjectT["Status"] = "success"
        returnObjectT["Value"] = fmt.Sprintf("%v", t.GenerateRandomString(lenT, lenT,
true, true, true, true, false, false))
    default:
        returnObjectT["Status"] = "fail"
        returnObjectT["Value"] = fmt.Sprintf("未知的请求: %v", reqT)
    }

    bufT, _ := json.Marshal(returnObjectT)

    w.Header().Set("Access-Control-Allow-Origin", "*")
    w.Header().Set("Content-Type", "text/json;charset=utf-8")

    w.WriteHeader(http.StatusOK)

    w.Write(bufT)

}

func startHttpsServer(portA string) {
    errT := http.ListenAndServeTLS(":"+portA, `c:\test\test.crt`, `c:\test\test.key`, nil)
    if errT != nil {
        t.Println("打开 HTTPS 监听端口时发生错误: %v", errT.Error())
    }
}

func main() {

    portT := "8838"

    if len(os.Args) >= 2 {
        portT = os.Args[1]
    }

    http.HandleFunc("/japi/", japiHandler)

    go startHttpsServer("8839")

    err := http.ListenAndServe(":"+portT, nil)
    if err != nil {
        t.Println("打开 HTTP 监听端口时发生错误: %v", err.Error())
    }

}
```

代码 13-14 为 Web 服务器添加 HTTPS 服务

代码 13-14 以代码 13-10 为基础，仅添加了一个 startHttpsServer 函数用于启动 HTTPS 服务，其中调用 http.ListenAndServeTLS 函数就可以开始在指定端口上监听 HTTPS 请求，该函数的第二、第三个参数需要分别指明 SSL 证书和密钥文件所在的路径。在主函数中，用 go 关键字来将其启动成为一个 goroutine，如果不这样做，由于 http.ListenAndServeTLS 函数和启动 HTTP 监听服务的 http.ListenAndServe 函数都是阻塞运行，所以必然有一个将不会被执行到。执行代码 13-14 后用浏览器以 HTTPS 方式访问指定的 Web 服务器端口结果如图 13.15 所示。

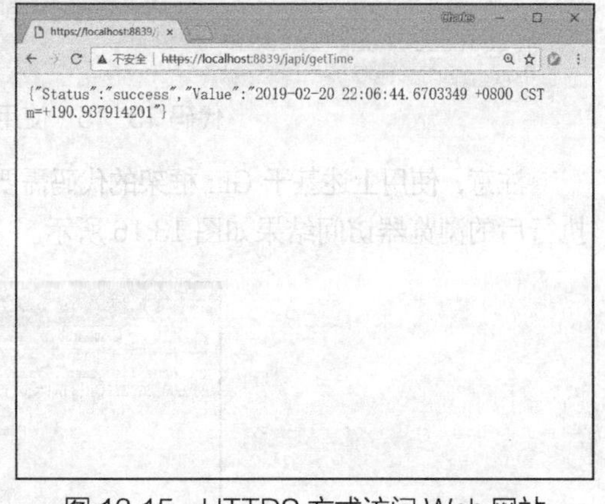

图 13.15 HTTPS 方式访问 Web 网站

需要注意的是，如果 HTTPS 证书不正确，或者与网站的域名不匹配，浏览器有可能会如图 13.13 所示提示安全警告，但仍然可以选择继续访问。

13.16 第三方的 Web 开发包

本章对于网络服务器尤其是 Web 服务器在 Go 语言中的开发已经介绍完毕，读者可以掌握 Go

语言开发 Web 服务应用的关键技术和大多数具体方法。

Go 语言中也有不少第三方提供的用于 Web 服务器开发的包，其中比较优秀的有 Beego、Gin 等，在掌握了本书介绍的基础知识之后，再使用这些第三方包可以更好地理解它们里面的概念、功能和一些实现方式的原委。

这些包往往功能更加强大，开发起来更加方便，一些功能实现的效率也比较高。

本节仅简单举一个例子供读者体验使用这些框架的方便性，例如利用代码 13-15 可以在 Gin 框架下实现一个生成随机密码的 Web 服务。

```
package main

import (
  "fmt"
  t "tools"

  "github.com/gin-gonic/gin"
)

func main() {
  routerT := gin.Default()

  routerT.GET("/generatePassword/:len", func(c *gin.Context) {
        lenStrT := c.Param("len")

        var lenT int

        _, errT := fmt.Sscanf(lenStrT, "%d", &lenT)
        if errT != nil {
              c.JSON(200, gin.H{
                    "Status": "fail",
                    "Value":  "需要指定长度",
              })
              return
        }

        c.JSON(200, gin.H{
              "Status": "success",
              "Value":  t.GenerateRandomString(lenT, lenT, true, true, true, true, false,
false),
        })
  })

  routerT.Run(":8838")
}
```

代码 13-15 使用 Gin 框架实现的 Web 服务器

注意，使用上述基于 Gin 框架的代码需要安装位于 github.com/gin-gonic/gin 的包。代码 13-15 执行后的浏览器访问结果如图 13.16 所示。

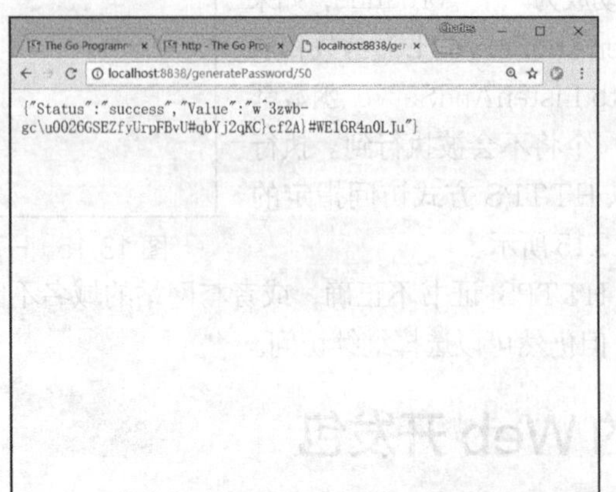

图 13.16 执行代码 13-15 后的浏览器访问结果

13.17 Go 语言中实现 Web 客户端

前面介绍的都是如何用 Go 语言进行 Web 服务端的开发，但相应地，有时候除了浏览器也需要使用 Go 语言来开发 Web 客户端的程序，例如下载一个网页页面、下载媒体资源文件、进行数据采集、实现网络爬虫、调用网络上提供的 API 等。本节简单介绍一个通用的下载网页的代码示例，见代码 13-16，主要是使用 net/http 包的 Client 类型来实现的。我们将其封装成函数加入 tools 包中，命名为 DownloadPageUTF8，为了简单起见，该函数设计为只能下载 UTF-8 编码的文件。当然，如果应用 9.1 节中介绍的编码转换知识，稍做修改即可下载 GB2312 或其他编码的网页，也不难将其修改为可以下载音视频等媒体资源的函数；再加上对于网页中 URL 的分析处理，则可以进一步做成网页爬虫类的应用。

```
// DownloadPageUTF8 用于下载 UTF-8 或兼容 UTF-8 编码的网页
func DownloadPageUTF8(urlA string, postDataA url.Values, timeoutSecsA time.Duration)
(string, error) {
    client := &http.Client{
        Timeout: time.Second * timeoutSecsA,
    }

    var errT error

    var respT *http.Response

    if postDataA == nil {
        respT, errT = client.Get(urlA)
    } else {
        respT, errT = client.PostForm(urlA, postDataA)
    }

    if errT != nil {
        return "", errT
    }

    defer respT.Body.Close()

    if respT.StatusCode != http.StatusOK {
        return "", fmt.Errorf("response status: %v", respT.StatusCode)
    }

    body, errT := ioutil.ReadAll(respT.Body)

    if errT != nil {
        return "", errT
    }

    return string(body), nil
}
```

代码 13-16 通用的下载 UTF-8 编码网页的函数

访问网页时，往往带有一些参数来控制网页的行为和展现内容，传递这些参数一般可以用 GET 方式或 POST 方式。GET 方式传递的参数会体现在 URL 网址中，例如“http://127.0.0.1/?request=gettime®ion=China”这个 URL 中，request 和 region 都是 GET 方式传递的参数，它们的值分别是 gettime 和 China。POST 方式传递的参数则不会显示在 URL 中。代码 13-16 中，tools.DownloadPageUTF8 函数的第二个参数 postDataA 是为了兼容 GET 和 POST 两种方式而设计的；第一个参数 urlA 表示 URL 网址，第三个参数 timeoutSecsA 表示设定的网页访问超时时间（单位为秒），超出这个时间，网页将下载失败。

tools.DownloadPageUTF8 函数中最重要的是创建了 http.Client 类型的变量，然后调用它的 Get 或 PostForm 成员函数来下载网页内容，Get 函数将以 GET 方式访问网页，此时访问网页的参数都在 urlA 中，PostForm 函数则是以 POST 方式访问网页，网页参数包含在 postDataA 中（注意区分我们描述中的“网页参数”和“函数参数”）。postDataA 是 url.Values 类型，该类型是在 net/url 包中定义的。实际上，我们会根据函数传入的 postDataA 参数是否为空值 nil 来决定是调用 Client.Get 函数还是 Client.PostForm 函数。

这两个函数执行成功后会返回一个 http.Response 类型的变量，这就是下载的网页内容了。调用 ioutil.ReadAll 函数来读取 Response.Body 就可以将所有的网页内容读取到一个字节切片中，然后强制转换为 string 类型（必须是兼容 UTF-8 编码的网页内容才可以），就得到了最终需要的网页文本。

我们试着用该函数来访问我们在代码 13-10 中实现的 API 服务器，可以用代码 13-17。

```
package main

import (
  "net/url"
  t "tools"
)

func main() {

  // 用 GET 方式获取网页
  pageT, errT := t.DownloadPageUTF8("http://127.0.0.1:8838/japi/?req=generatePassword&
len=10", nil, 15)

  if errT != nil {
        t.Printfln("下载网页中发生错误: %v", errT.Error())
        return
  }

  t.Printfln("GET 方式下载的网页内容为: %v\n", pageT)

  // 开始用 POST 方式获取网页

  // 设置 POST 参数
  postValues := url.Values{}

  postValues.Set("req", "generatePassword")
  postValues.Set("len", "10")

  pageT, errT = t.DownloadPageUTF8("http://127.0.0.1:8838/japi/", postValues, 15)

  if errT != nil {
        t.Printfln("下载网页中发生错误: %v", errT.Error())
        return
  }

  t.Printfln("POST 方式下载的网页内容为: %v\n", pageT)

}
```

代码 13-17　用 GET 和 POST 方式获取网页内容

代码 13-17 中，分别用 GET 和 POST 方式两次调用了 tools.DownloadPageUTF8 函数来下载网页内容。可以清楚地看到，使用 GET 方式的时候，postDataA 参数直接传入 nil，而 urlA 中会有网页参数；使用 POST 方式时，需要定义一个 url.Values 类型的变量，并且用它的 Set 成员函数往其中写入键值对，相应的 urlA 中就没有必要写入网页参数了。

运行代码 13-10 启动该 API 服务器后，尝试运行代码 13-17 可以获得下面的运行结果：

```
GET 方式下载的网页内容为: {"Status":"success","Value":"B[3Tv!S6t2"]
POST 方式下载的网页内容为: {"Status":"success","Value":"d{3ejFk$k{"}
```

可以发现，使用 GET 方式和 POST 方式访问该网络 API 的结果是相同的（除了两次随机生成的字符串不同），这是因为实现 API 服务器时兼容了这两种方式。

本节示例中的方法是开发中调用网络上或者云端的 API 服务时常用的方法，需要熟练掌握。

第 14 章

Go 语言进行绘图和图像处理

Go 语言也具备一定的绘图和图像处理能力，标准库中的包可以支持很多绘图和图像处理的工作，也有不少第三方包提供更加高级的功能。本章将介绍用 Go 语言进行基础的绘图和图像处理的方法。

14.1 基本的点绘图

图像都是由一个个的点组成的，绘图最基本的操作就是在图片上绘制每个点，而所谓绘制点的操作，对于计算机绘图来说，其实是给每个点设置颜色的过程。

计算机中的颜色有多种表示方式，最常见的是用 RGB（即红绿蓝三原色）方式加上一个表示透明度的 A 形成的 RGBA 色彩体系，那么表达一个点的色彩将会有 4 个数字来代表。使用 RGBA 颜色体系新建一张图片时，一般会将图中每个点的颜色初始化为透明色，也就是 4 个数字都是 0。因此，用代码绘图时，只需要将要绘制的点设置上其他颜色就可以了。

下面是直接利用标准库的 image 包和它的子包来进行一个按点绘图的简单示例，见代码 14-1。

```
package main

import (
  "image"
  "image/color"
  "image/png"
  "os"
  t "tools"
)

func main() {

  // 新建一个 NRGBA 颜色体系的图片
  // 图片大小为 100 * 100， 即宽度和高度都是 100 像素
  imageT := image.NewNRGBA(image.Rect(0, 0, 100, 100))

  // 设置画点所需的色彩，这里设置的是纯红色
  colorT := color.RGBA{0xFF, 0x00, 0x00, 0xFF}

  // 用两重循环逐行进行绘制，i 代表纵坐标，j 代表横坐标
  // 由于 i 和 j 都是每次加 2，因此相当于横向和纵向都是隔一个点画一个红点
  for i := 0; i < 100; i = i + 2 {
        for j := 0; j < 100; j = j + 2 {
              imageT.Set(int(j), int(i), colorT)
        }
  }

  // 将图像保存为 png 格式的图片文件
  fileT, errT := os.Create(`C:\test\test.png`)

  if errT != nil {
        t.Printfln("创建图像文件时发生错误: %v", errT.Error())
  }

  defer fileT.Close()

  png.Encode(fileT, imageT)
}
```

代码 14-1　基本的点绘图示例

代码 14-1 中，需要说明的有以下几点：

- 画图前先要创建一个 image.NRGBA 类型的图片对象（或称作*image.NRGBA 数据类型的图片），这是用 NRGBA 色彩空间创建的图片。NRGBA 色彩空间与 RGBA 类似，但它是非常常用的 PNG 格式图片的默认色彩空间形式，因此我们按 NRGBA 形式来创建图片对象；
- 创建图片对象所用的 image.NewNRGBA 函数的参数要求是一个 image.Rectangle 类型的对象，表示一个矩形区域，该对象可以用 image.Rect 函数创建，该函数前两个参数代表该矩形区域左上角点的坐标，后两个参数代表该矩形区域右下角点的坐标，因此“0，0，100，100”这 4 个数值代表从坐标(0，0)点和(100，100)这两个点围起来的一块矩形区域。注意，在计算机中，横轴坐标是从小到大的，但纵轴坐标是从大到小的，如果整个屏幕是一张图片，该屏幕的分辨率是 1024×768，那么屏幕左上角的坐标是（0，0），右下角的坐标是（1024，768）；
- colorT := color.RGBA{0xFF，0x00，0x00，0xFF} 这条语句是设置画点的颜色，直接声明并初始化了一个 color.RGBA 数据类型，其中的 4 个数字分别代表红、黄、兰 3 色和透明度的数值，它们都是字节类型，最大值是 255（即十六进制的 0xFF），表示该颜色的强度最强，透明度值越大表示越不透明，因此本例中画点使用的颜色 colorT 是完全不透明的纯红色；
- 之后代码中用了一个双重循环来绘制点，由于循环变量 i 和 j 每次都是加 2，因此实际的绘制效果是：横向和纵向每隔一个点才会绘制一个红点；
- 绘制完整幅图后，我们又调用了 png 包的 Encode 函数来将图片对象 imageT 用流式方法保存到文件中。

代码 14-1 运行后，将在“C:\test”目录下新生成一个“test.png”图片（如果已经有了该文件，内容会被覆盖掉）。用图片查看软件打开后，可以看到图 14.1 所示的图像。

为了演示清楚，我们将该图片进行了放大（400%），可以看到，确实是纵横方向每个点之间都会有一个点的空白间隔，所谓的空白实际上是完全透明的点。

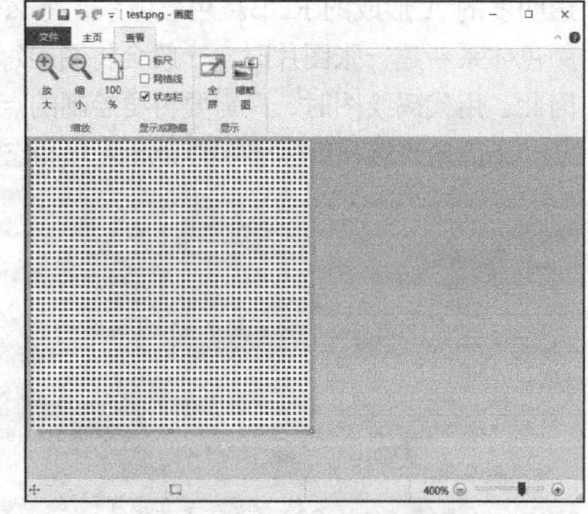

图 14.1 基本点绘图示例代码的运行结果

14.2 绘制曲线图

本节在绘制点的基础上再来尝试根据一组数值绘制一幅曲线图，见代码 14-2。

```
package main

import (
  "image"
  "image/color"
  "image/png"
  "os"
  t "tools"
)

func main() {

  // 准备绘制的曲线上 8 个点的数据（y 坐标）
  dataT := []int{10, 20, 50, 80, 60, 20, 10, 10}

  // 新建一个 NRGBA 颜色体系的图片
  // 图片大小为 200 * 100， 即宽度为 200，高度是 100 个像素
  imageT := image.NewNRGBA(image.Rect(0, 0, 200, 100))

  // 设置画点所需的色彩，这里设置的是纯红色
  colorT := color.RGBA{0xFF, 0x00, 0x00, 0xFF}

  // 循环每隔 20 个点画一个点，每个点的纵坐标从 dataT 中获取
```

```
    for i := 0; i < len(dataT); i++ {
        imageT.Set(i*20, dataT[i], colorT)
    }

    // 将图像保存为 png 格式的图片文件
    fileT, errT := os.Create(`c:\test\test.png`)

    if errT != nil {
        t.Printfln("创建图像文件时发生错误: %v", errT.Error())
    }

    dofor fileT.Close()

    png.Encode(fileT, imageT)
}
```

代码 14-2　绘制曲线的尝试

代码 14-2 试图根据一组数据绘制出一条曲线，这是在数学计算中常见的场景，即在横坐标等距离增长的情况下，纵坐标依次取这组数据中的每个值，绘制出一条曲线。但是代码运行后绘制出来的图片如图 14.2 所示。

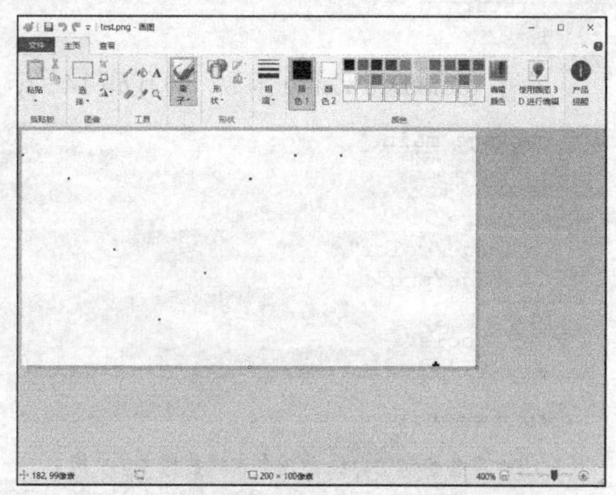

图 14.2　代码 14-2 绘制曲线的运行结果

可以看到，图片上只有零散的 8 个点，数量是对的，但是有两个问题：一是纵坐标反了，这是由于我们介绍过的计算机中的坐标系纵轴方向与正常相反；二是只画出了 8 个离散的点，并不成为一条曲线，如果用作示意图显然不太理想。下面我们来尝试解决这两个问题。

首先，先在 tools 包中增加一个画线的函数 DrawLine，输入如下代码。

```
func DrawLine(imageA *image.NRGBA, x1, y1, x2, y2 int, colorA color.Color) {
    dx := AbsInt(x2 - x1)
    dy := AbsInt(y2 - y1)

    sx, sy := 1, 1
    if x1 >= x2 {
        sx = -1
    }

    if y1 >= y2 {
        sy = -1
    }

    errT := dx - dy

    for {
        imageA.Set(x1, y1, colorA)

        if x1 == x2 && y1 == y2 {
            return
        }

        e2 := errT * 2

        if e2 > -dy {
            errT -= dy
            x1 += sx
        }

        if e2 < dx {
            errT += dx
            y1 += sy
        }
    }

}
```

该函数将在 imageA 参数传入的图片对象中，从 (x1，y1)点到 (x2，y2)点之间用颜色 colorA 画一条线段，用的是经典的布兰森汉姆直线算法（Bresenham's Line Algorithm）来计算所画线段中需要画出的点的坐标，这个算法特别适合计算全部由整数表示的坐标系中的线段点坐标。这个算法中用到了 AbsInt 函数，这也是需要加进 tools 包的函数，用于计算整数的绝对值。由于 Go 标准库中只提供了计算浮点数绝对值的函数（big 包除外），因此我们只好自行编写一个求整数绝对值的函数。tools.AbsInt 函数代码如下：

```
func AbsInt(n int) int {
  if n < 0 {
       return -n
  }

  return n
}
```

有了 tools.DrawLine 函数，见代码 14-3，我们就可以将整条曲线的图画出来了。

```
package main

import (
  "image"
  "image/color"
  "image/png"
  "os"
  t "tools"
)

func main() {

  // 准备绘制的曲线上 8 个点的数据（y 坐标）
  dataT := []int{10, 20, 50, 80, 60, 20, 10, 10}

  // 新建一个 NRGBA 颜色体系的图片
  // 图片大小为 200 * 100， 即宽度为 200 个像素，高度是 100 个像素
  imageT := image.NewNRGBA(image.Rect(0, 0, 200, 100))

  // 设置画点所需的色彩，这里设置的是纯红色
  colorT := color.RGBA{0xFF, 0x00, 0x00, 0xFF}

  // 循环画出 ((i-1)*20, 100-dataT[i-1]) 到 (i*20, 100-dataT[i]) 之间的线段
  // 共 len(dataT) - 1 条线段
  // 用整张图的高度 100 去减每个点的数值，才能得到计算机中的正确纵坐标
  for i := 1; i < len(dataT); i++ {
        t.DrawLine(imageT, (i-1)*20, 100-dataT[i-1], i*20, 100-dataT[i], colorT)
  }

  // 将图像保存为 png 格式的图片文件
  fileT, errT := os.Create(`c:\test\test.png`)

  if errT != nil {
        t.Printfln("创建图像文件时发生错误: %v", errT.Error())
  }

  defer fileT.Close()

  png.Encode(fileT, imageT)
}
```

代码 14-3　用折线模拟曲线

代码 14-3 中，用循环画出 len(dataT) - 1 条线段，每条线段是从坐标为((i-1)*20，100-dataT[i-1])的点到坐标为(i*20，100-dataT[i])的点之间绘制，纵坐标可以用图片的高度 100 减去每个点的数值得到。实际上最终得到的图像是用多个点之间的折线模拟出的一条曲线，当采样点的数量增多时，折线会看起来更像曲线。代码 14-3 运行后得到的图片如图 14.3 所示，接近于一条曲线，只是不够平滑。

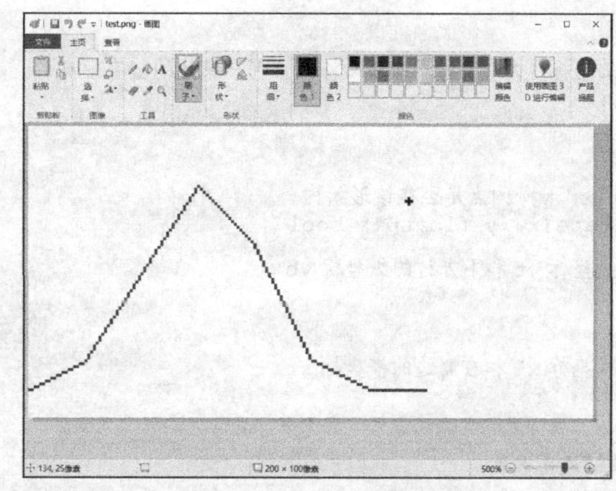

图 14.3 代码 14-3 的运行结果

14.3 绘制有填充色的形状

有了画点和画线的方法，可以很方便地画出各种图案或形状，例如，用下面的几行代码就可以画出一个黑色的矩形。

```
imageT := image.NewNRGBA(image.Rect(0, 0, 300, 300))

colorT := color.RGBA{0, 0, 0, 255}

tools.DrawLine(imageT, 10, 10, 200, 10, colorT)
tools.DrawLine(imageT, 200, 10, 200, 100, colorT)
tools.DrawLine(imageT, 200, 100, 10, 100, colorT)
tools.DrawLine(imageT, 10, 100, 10, 10, colorT)
```

这段代码实际上是分别画出了矩形的四条边线。如果想在矩形中填充颜色，虽然可以逐点去设置颜色来画出填充的效果，但毕竟太麻烦。代码 14-4 演示了另一种画有填充色的形状的方法。

```
package main

import (
  "fmt"
  "image"
  "image/color"
  "image/png"
  "math"
  "os"
)

// Circle 表示圆形的对象，(X0, Y0)是圆心的坐标，R是半径
type Circle struct {
  X0, Y0, R float64
}

// InShape 确定坐标为 (x, y) 的点是否在该圆形内
func (p *Circle) InShape(x, y float64) bool {

  // 计算该点与圆心的相对坐标 (dx, dy)
  // 注意这种同时给两个变量赋值的方法
  var dx, dy float64 = p.X0 - x, p.Y0 - y

  // 计算该点与圆心的距离 d
  d := math.Sqrt(dx*dx + dy*dy)

  if d > p.R {
        // 如果 距离 d 大于半径，则该点一定在圆形之外
        return false
  }

  // 否则该点在圆形内部（包括边）
  return true
}
```

```
// Square 表示正方形的对象
// (X0, Y0)是其中心点的坐标，R是半径，即中心点到任何一条边的垂直距离
type Square struct {
 X0, Y0, R float64
}

// InShape 确定坐标为 (x, y) 的点是否在该形状内
func (p *Square) InShape(x, y float64) bool {

 // 计算正方形上方边的纵坐标yt和下方边的纵坐标yb
 yt := p.Y0 - p.R
 yb := p.Y0 + p.R

 // 计算正方形左侧边的横坐标xl和右侧边的横坐标xr
 xl := p.X0 - p.R
 xr := p.X0 + p.R

 // 如果 y > yb 则该点不在形状内
 if y > yb {
      return false
 }

 // 如果 y < yt 则该点不在形状内
 if y < yt {
      return false
 }

 // 如果 x < xl 则该点不在形状内
 if x < xl {
      return false
 }

 // 如果 x > xr 则该点不在形状内
 if x > xr {
      return false
 }

 // 默认返回true，表示该点在形状内
 return true

}

// Triangle 表示等边三角形的对象，金字塔型对称放置
// (X0, Y0)是其中心点的坐标，R是半径，即中心点到任何一个顶点的距离
type Triangle struct {
 X0, Y0, R float64
}

// InShape 确定坐标为 (x, y) 的点是否在该形状内
func (p *Triangle) InShape(x, y float64) bool {

 // 求得该三角形上顶点的纵坐标yt和两个下顶点的纵坐标yb
 yt := p.Y0 - p.R
 yb := p.Y0 + p.R/2

 // 如果 y 大于 yb，则该点在形状外
 if y > yb {
      return false
 }

 // 如果 y 小于 yt，则该点在形状外
 if y < yt {
      return false
 }

 // 求该等边三角形的边长
 sideLength := math.Sqrt(3) * p.R

 // x坐标在中心点左侧时与右侧时需要用相反的计算方式确定该点是否在形状内
 if x < p.X0 {

      // 用矢量方向法判断该点是在三角形左侧边的左边还是右边
      x1 := p.X0
      y1 := yt

      x2 := p.X0 - sideLength/2
      y2 := yb
```

```
        x3 := x
        y3 := y

        s := (x1-x3)*(y2-y3) - (y1-y3)*(x2-x3)

        if s <= 0 {
            // s <= 0 表示在右侧，即在形状内
            return true
        }

    } else {
        // 用矢量方向法判断该点是在三角形右侧边的左边还是右边
        x1 := p.X0
        y1 := yt

        x2 := p.X0 + sideLength/2
        y2 := yb

        x3 := x
        y3 := y

        s := (x1-x3)*(y2-y3) - (y1-y3)*(x2-x3)

        if s > 0 {
            // s > 0 表示在左侧，即在形状内
            return true
        }
    }

    // 默认返回 false，表示该点不在形状内
    return false

}

func main() {
    // 确定图片的宽与高
    // 注意这种同时声明两个同类型变量并用一个等号分别赋值的写法
    var w, h int = 600, 400

    // 为计算三个形状的圆心准备数据
    var hw, hh float64 = float64(w / 2), float64(h / 2)
    r := 80.0
    θ := math.Pi * 2 / 3

    // 生成三个形状，第一个形状用红色，第二个用绿色，第三个用蓝色填充
    //第一个形状用三角形，第二个用方形，第三个用原型
    // 出于照顾视觉的考虑，适当调整了几个形状的中心位置和半径
    shapeRedT := &Triangle{hw - r*math.Sin(0) + 90*0.1, hh - r*math.Cos(0) + 90*0.3, 90 *
1.18}
    shapeGreenT := &Square{hw - r*math.Sin(θ), hh - r*math.Cos(θ), 90 * 0.9}
    shapeBlueT := &Circle{(hw - r*math.Sin(-θ)), hh - r*math.Cos(-θ), 90}

    // 新建一个 RGBA 色彩空间的图形对象
    imageT := image.NewRGBA(image.Rect(0, 0, w, h))

    // 循环逐行设置每个点的颜色
    for y := 0; y < h; y++ {
        for x := 0; x < w; x++ {
            // 根据该点是否在 shapeRedT 内确定红色的强度
            var colorRedT byte = 0
            if shapeRedT.InShape(float64(x), float64(y)) {
                colorRedT = 255
            }

            // 根据该点是否在 shapeGreenT 内确定绿色的强度
            var colorGreenT byte = 0
            if shapeGreenT.InShape(float64(x), float64(y)) {
                colorGreenT = 255
            }

            // 根据该点是否在 shapeBlueT 内确定蓝色的强度
            var colorBlueT byte = 0
            if shapeBlueT.InShape(float64(x), float64(y)) {
                colorBlueT = 255
            }
```

```
                // 根据汇总的 RGB 颜色确定最终该点的颜色
                colorT := color.RGBA{colorRedT, colorGreenT, colorBlueT, 255}

                // 设置该点的颜色
                imageT.Set(x, y, colorT)
            }
        }

    // 保存图像为 PNG 格式的图片文件
    fileT, errT := os.Create("c:\\test\\rgb.png")

    if errT != nil {
        fmt.Println(errT)
        return
    }

    defer fileT.Close()

    png.Encode(fileT, imageT)
}
```

代码 14-4　image1/image1.go

代码 14-4 演示的方法在绘图中很重要，建议对绘图有需求的开发者仔细理解全部代码，代码中有详细注释，补充说明如下：

- 代码 14-4 试图在一幅图像中画出三个形状，分别是圆形、等边三角形和正方形；三个形状分别用红绿蓝三原色填充；
- 程序中为此定义了三个数据类型（或者叫对象）Circle、Triangle 和 Square 来分别表示圆形、三角形和正方形三种形状，这三种形状对象的成员变量主要是各个形状的中心点坐标以及半径（注意代码中注释的正方形和三角形半径与圆形半径的不同）；
- 每个形状对象都定义了一个成员函数 InShape，用于判断任意一个坐标为（x，y）的点是否落在该形状内，这样根据该函数的判断结果，就可以对整张图内的所有点确定该点如何着色；
- InShape 函数中使用的算法根据形状不同各有不同，在代码中都有说明，圆形和方形判断起来比较简单，三角形比较复杂，使用了向量方向法；
- 然后用一个双重循环来逐行对每个点进行颜色设置，三个形状针对的色彩不同，但在两个形状的重合处以及三个形状重合处会由于色彩调配的原理造成混色的效果；
- 最后注意本例中新建图像使用 image.NewRGBA 函数新建的是 image.RGBA 色彩空间的图像，这种图像默认背景色是黑色的，也可以保存为 png 类型的图片文件。

代码 14-4 运行后获得的图片如图 14.4 所示。

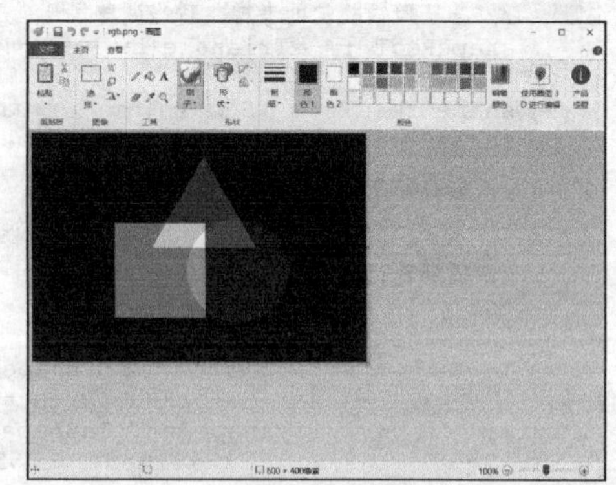

图 14.4　代码 14-4 的运行结果

生成的图片还是很漂亮的，其中有我们预期的形状类型和填充颜色。本例的核心要点是：根据数学算法判断任意一个点与形状之间的关系（是否属于该形状内），然后根据结果设置该点的颜色。通过对整个图像进行逐点处理，就等同于画出了所需的有填充色的图形。

14.4　实现渐变的填充色

实际上，如果我们稍加改造，让 InShape 函数不再返回该点是否在形状内的结果，而是返回一个颜色的数值，就可以更加灵活地控制形状的填充颜色，见代码 14-5。

```
package main

import (
 "fmt"
 "image"
 "image/color"
 "image/png"
 "math"
 "os"
)

// Circle 表示圆形的对象，(X0, Y0)是圆心的坐标，R 是半径
type Circle struct {
 X0, Y0, R float64
}

// InShape 确定坐标为 (x, y) 的点是否在该圆形内
func (p *Circle) InShape(x, y float64) bool {

 // 计算该点与圆心的相对坐标 (dx, dy)
 // 注意这种同时给两个变量赋值的方法
 var dx, dy float64 = p.X0 - x, p.Y0 - y

 // 计算该点与圆心的距离 d
 d := math.Sqrt(dx*dx + dy*dy)

 if d > p.R {
       // 如果 距离 d 大于半径，则该点一定在圆形之外
       return false
 }

 // 否则该点在圆形内部（包括边）
 return true
}

// GetColorValue 确定坐标为 (x, y) 的点的色彩
func (p *Circle) GetColorValue(x, y float64) byte {

 // 计算该点与圆心的相对坐标 (dx, dy)
 // 注意这种同时给两个变量赋值的方法
 var dx, dy float64 = p.X0 - x, p.Y0 - y

 // 计算该点与圆心的距离 d
 d := math.Sqrt(dx*dx + dy*dy)

 if d > p.R {
       // 如果 距离 d 大于半径，则该点一定在圆形外
       // 返回 0 值，表示没有该种色调
       return 0
 }

 // 否则该点在圆形内部（包括边）
 // 此时根据与圆心距离的远近确定颜色强度
 return byte(255.0 * d / p.R)
}

// Square 表示正方形的对象
// (X0, Y0)是其中心点的坐标，R 是半径，即中心点到任何一条边的垂直距离
type Square struct {
 X0, Y0, R float64
}

// InShape 确定坐标为 (x, y) 的点是否在该形状内
func (p *Square) InShape(x, y float64) bool {

 // 计算正方形上方边的纵坐标 yt 和下方边的纵坐标 yb
 yt := p.Y0 - p.R
 yb := p.Y0 + p.R

 // 计算正方形左侧边的横坐标 xl 和右侧边的横坐标 xr
 xl := p.X0 - p.R
 xr := p.X0 + p.R

 // 如果 y > yb 则该点不在形状内
 if y > yb {
       return false
 }
```

```
    // 如果 y < yt 则该点不在形状内
    if y < yt {
        return false
    }

    // 如果 x < xl 则该点不在形状内
    if x < xl {
        return false
    }

    // 如果 x > xr 则该点不在形状内
    if x > xr {
        return false
    }

    // 默认返回 true，表示该点在形状内
    return true

}

// Triangle 表示等边三角形的对象，金字塔型对称放置
// (X0, Y0)是其中心点的坐标，R是半径，即中心点到任何一个顶点的距离
type Triangle struct {
    X0, Y0, R float64
}

// InShape 确定坐标为 (x, y) 的点是否在该形状内
func (p *Triangle) InShape(x, y float64) bool {

    // 求得该三角形上顶点的纵坐标 yt 和两个下顶点的纵坐标 yb
    yt := p.Y0 - p.R
    yb := p.Y0 + p.R/2

    // 如果 y 大于 yb，则该点在形状外
    if y > yb {
        return false
    }

    // 如果 y 小于 yt，则该点在形状外
    if y < yt {
        return false
    }

    // 求该等边三角形的边长
    sideLength := math.Sqrt(3) * p.R

    // x 坐标在中心点左侧时与右侧时需要用相反的计算方式确定该点是否在形状内
    if x < p.X0 {

        // 用矢量方向法判断该点是在三角形左侧边的左边还是右边
        x1 := p.X0
        y1 := yt

        x2 := p.X0 - sideLength/2
        y2 := yb

        x3 := x
        y3 := y

        s := (x1-x3)*(y2-y3) - (y1-y3)*(x2-x3)

        if s <= 0 {
            // s <= 0 表示在右侧，即在形状内
            return true
        }

    } else {

        // 用矢量方向法判断该点是在三角形右侧边的左边还是右边
        x1 := p.X0
        y1 := yt

        x2 := p.X0 + sideLength/2
        y2 := yb

        x3 := x
        y3 := y

        s := (x1-x3)*(y2-y3) - (y1-y3)*(x2-x3)
```

```
        if s > 0 {
            // s > 0 表示在左侧，即在形状内
            return true
        }
    }

    // 默认返回 false，表示该点不在形状内
    return false

}

func main() {
    // 确定图片的宽与高
    // 注意这种同时声明两个同类型变量并用一个等号分别赋值的写法
    var w, h int = 600, 400

    // 为计算三个形状的圆心准备数据
    var hw, hh float64 = float64(w / 2), float64(h / 2)
    r := 80.0
    θ := math.Pi * 2 / 3

    // 生成三个形状，第一个形状用红色，第二个用绿色，第三个用蓝色填充
    //第一个形状用三角形，第二个用方形，第三个用圆形
    // 处于照顾视觉的考虑，适当调整了几个形状的中心位置和半径
    shapeRedT := &Triangle{hw - r*math.Sin(0) + 90*0.1, hh - r*math.Cos(0) + 90*0.3, 90 *
1.18}
    shapeGreenT := &Square{hw - r*math.Sin(θ), hh - r*math.Cos(θ), 90 * 0.9}
    shapeBlueT := &Circle{(hw - r*math.Sin(-θ)), hh - r*math.Cos(-θ), 90}

    // 新建一个 RGBA 色彩空间的图形对象
    imageT := image.NewRGBA(image.Rect(0, 0, w, h))

    // 循环逐行设置每个点的颜色
    for y := 0; y < h; y++ {
        for x := 0; x < w; x++ {
            // 根据该点是否在 shapeRedT 内确定红色的强度
            var colorRedT byte = 0
            if shapeRedT.InShape(float64(x), float64(y)) {
                colorRedT = 255
            }

            // 根据该点是否在 shapeGreenT 内确定绿色的强度
            var colorGreenT byte = 0
            if shapeGreenT.InShape(float64(x), float64(y)) {
                colorGreenT = 255
            }

            // 根据该点是否在 shapeBlueT 内确定蓝色的强度
            var colorBlueT byte = shapeBlueT.GetColorValue(float64(x), float64(y))

            // 根据汇总的 RGB 颜色确定最终该点的颜色
            colorT := color.RGBA{colorRedT, colorGreenT, colorBlueT, 255}

            // 设置该点的颜色
            imageT.Set(x, y, colorT)
        }
    }

    // 保存图像为 PNG 格式的图片文件
    fileT, errT := os.Create("c:\\test\\rgb.png")

    if errT != nil {
        fmt.Println(errT)
        return
    }

    defer fileT.Close()

    png.Encode(fileT, imageT)
}
```

代码 14-5　控制渐变的填充色

代码 14-5 与代码 14-4 基本相同，但是为圆形对象 Circle 增加了一个 GetColorValue 成员函数来获取渐变的颜色，该函数通过某点与圆心的距离来确定颜色的强度。主函数中绘制圆形时，也改为调

用该函数获取每个点的颜色。代码 14-5 执行后获得的图片如图 14.5 所示，注意其中圆形的渐变色。

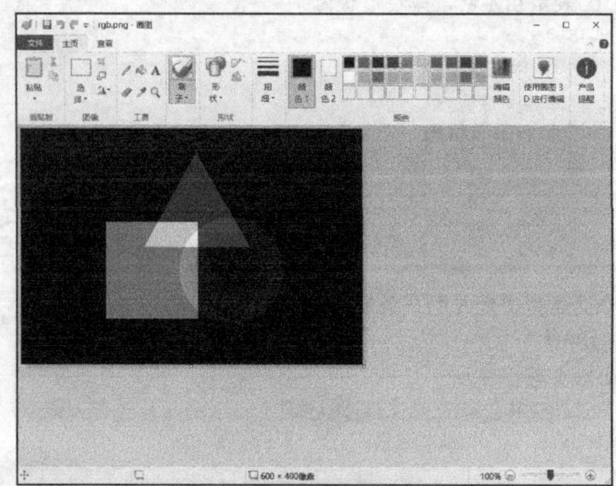

图 14.5 用渐变色填充图形

14.5 使用第三方库更方便实现复杂图形绘制

虽然理论上可以用基本方法绘制出任何图形，但实际应用中还是需要利用一些优秀的、成熟的第三方包来节约开发时间、减少开发成本。

第 5 章中介绍过的 gonum 包及其子包也可以用于一般图形的绘制。还有一些第三方包是专门针对基本图形的绘制的，例如位于 github.com/llgcode/draw2d 和 github.com/fogleman/gg 等的第三方包都是其中比较优秀的。我们用几个例子来说明用这些包如何更方便地进行图形绘制，见代码 14-6。

```
package main

import (
  "image/color"

  "github.com/fogleman/gg"
)

func main() {

  // 建立一个绘图环境，图片大小为 600×400 像素
  contextT := gg.NewContext(600, 400)

  // 用十六进制方式设置当前颜色
  contextT.SetHexColor("FFFFFF")

  // 用当前颜色来清空整个图片
  contextT.Clear()

  // 设置线宽为 2 个像素
  contextT.SetLineWidth(2)

  // 设置 RGB 颜色，每种颜色的数值范围是 0.0 - 1.0
  contextT.SetRGB(0.0, 0.0, 1.0)

  // 画一个圆，以坐标为 (200, 200) 的点为圆心，半径为 50 像素
  contextT.DrawCircle(250, 250, 60)

  // 真正进行线条绘制，并且保留绘图路径以便后面填充颜色
  contextT.StrokePreserve()

  // 创建一个渐变色填充方案 gradientT
  // 是两点之间的圆环式渐变色
  gradientT := gg.NewRadialGradient(250, 250, 0, 250, 250, 80)
  gradientT.AddColorStop(0, color.RGBA{0, 0, 0, 255})
  gradientT.AddColorStop(1, color.RGBA{0, 0, 255, 255})

  // 设置用渐变色 gradientT 填充
  contextT.SetFillStyle(gradientT)
```

```
    // 真正进行填充，并清除绘画路径，因为后面已经不需要了
    contextT.Fill()

    // 开始用填充的方式绘制一个矩形

    // 用 RGBA 色彩体系设置当前颜色
    // 用 0~255 的数值范围表示颜色和透明度
    // 设置一定的透明度以便显示出被覆盖住的图形（圆形）
    contextT.SetRGBA255(0, 255, 0, 180)

    // 绘制一个左上角点坐标为 (300, 200)，宽 100，高 100 的矩形
    contextT.DrawRectangle(300, 200, 100, 100)

    // 仅填充颜色不绘制边线
    contextT.Fill()

    // 开始用路径法绘制一个三角形

    // 用十六进制字符串设置颜色
    // 可以加上前面的"#"号，也可以后面加上一个字节表示透明度
    contextT.SetHexColor("#FF000099")

    // 将虚拟的画笔移动到坐标为 (300, 120) 的点
    contextT.MoveTo(300, 120)

    // 从当前点绘制一条线到坐标为 (240, 230)的点为止
    // 当前点将随之移动到 (240, 230)
    contextT.LineTo(240, 230)

    // 继续绘制一条直线到 (360, 230)
    contextT.LineTo(360, 230)

    // 继续绘制一条直线到 (300, 120)
    contextT.LineTo(300, 120)

    // 创建一个新的线性渐变色
    gradientT = gg.NewLinearGradient(240, 120, 360, 230)
    gradientT.AddColorStop(0, color.RGBA{0, 255, 0, 255})
    gradientT.AddColorStop(1, color.RGBA{0, 0, 255, 255})
    gradientT.AddColorStop(0.5, color.RGBA{255, 0, 0, 255})

    // 渐变色也可以用于线条颜色的渐变
    contextT.SetStrokeStyle(gradientT)

    // 设置粗一点的线宽以体现渐变色
    contextT.SetLineWidth(10)

    // 真正绘制三角形
    contextT.Stroke()

    // 保存图像为 PNG 格式的图片文件
    contextT.SavePNG(`c:\test\gg.png`)

}
```

代码 14-6 image2/image2.go

代码 14-6 中用第三方包 github.com/fogleman/gg（后面简称 gg 包）绘制了类似图 14.2 中的形状和渐变色填充等，为了展示该包的一些功能和用法，稍许做了一些变化，下面做一些说明。

gg 包中新建一张图片可以有几种方法：

```
NewContext(width, height int) *Context
NewContextForImage(im image.Image) *Context
NewContextForRGBA(im *image.RGBA) *Context
```

创建空白图像一般采用第一种方式；第二种方式适用于已经有一张图片（放在 image.Image 类型的参数中）后在其上再进行绘制的情况；第三种情况类似，但适用于已经有一个 image.RGBA 类型的图片对象时再进行绘制。本例中使用了第一种方法来创建图像，gg.NewContext 函数接收图片的宽度和高度参数，返回一个*gg.Context 类型的对象。计算机绘图中“context”一般用来表示一个虚拟的“绘图环境”，在其中可以进行各种绘制、填充、移动虚拟画笔、清除等各种与绘图有关的操作，还可以将绘制好的图像以各种形式输出，或者从外部将图片读取进这个环境。gg.Context 对象非常重要，绘制过程中的大多数动作都是基于该对象来进行的。

gg 包中各种绘制图形的函数一般不需要当时设置颜色，而是预先设置一个"当前颜色"，后面的绘制动作就会用这个颜色来进行绘画。当前颜色可以随时改变，这与生活中真正画图时随时可以更换画笔一样。设置的当前颜色可以有多种写法，例如普通的写法是用[0，255]范围内的数值来表示 RGB 颜色和透明度（如果有的话），可以用 Context.SetRGB255 函数或 Context.SetRGBA255 函数来实现：

```
contextT.SetRGB255(0, 255, 0)
contextT.SetRGBA255(0, 255, 0, 180)
```

还有一种写法是用[0.0，1.0]范围内的浮点数来表示颜色和透明度，这时候，1.0 就相当于前面范围内的 255。这种写法可以用 Context.SetRGB 和 Context.SetRGBA 来实现。

```
contextT.SetRGB(0.0, 0.0, 1.0)
contextT.SetRGBA(0.5, 0.2, 1.0, 0.8)
```

另外，gg 包也支持 Web 开发中常见的十六进制数字表示颜色的形式，下面几种写法都是可以的：

```
contextT.SetHexColor("FFFFFF")
contextT.SetHexColor("#0099FFAA")
contextT.SetHexColor("FFF")
```

Context.Clear 函数可以用来以当前颜色清空图片，也可以看作用该颜色填充整个图片。

Context.DrawCircle 函数和 DrawRectangle 函数分别用于绘制圆形和矩形。

需要特别注意的是，gg 包中所有的绘制动作，只有在调用 Context.Stroke 或 Context.Fill 等少数几个函数的时候才会真正被实现。Context.Stroke 用于真正绘制画线、画点、画形状等有笔画的绘制动作，Context.Fill 函数则一般用于以填充某个封闭的形状。假设调用 Context.DrawCircle 函数画了一个圆形，此时如果紧接着调用 Context.Stroke 则会用当前颜色画出一个仅有边的圆形；而如果继续调用的是 Context.Fill 函数，则会用当前颜色填充出一个圆形。Context.Stroke 和 Context.Fill 函数调用后，前面的绘画动作会被清除，再次调用 Context.Stroke 和 Context.Fill 函数将不会有任何实际的绘制行为，因此如果想画一个圆的边线后再填充另外一种颜色，就需要调用两次 Context.DrawCircle 函数，一次后面执行 Context.Stroke 函数，另一次执行 Context.Fill 函数。如果不希望绘制行为被清除，可以用对应的 Context.StrokePreserve 和 Context.FillPreserve 函数，这两个函数在画线或填充后，将保留原来的绘制动作，可以继续被用于 Context.Stroke 等函数。可以简单理解，其他绘图函数相当于设计了一组绘图动作，而 Context.Stroke 和 Context.Fill 这一类函数则实际执行这一组动作后清除这组动作，Context.StrokePreserve 和 Context.FillPreserve 这一类函数则执行这一组动作后保留这组动作。

绘制三角形时，由于 gg 包中没有专门的函数，因此我们使用了"路径绘制法"来进行绘制。路径绘制法是用于绘制各种非常规形状的重要方法，它模拟的是我们使用画笔绘画的行为，把绘画的动作分解成一个个笔画，每一笔都是从一个点移动到另一个点，移动中如果虚拟的画笔是落下的，则会根据画笔颜色绘制出一条线；如果画笔是抬起的，则不会留下痕迹。

gg 包中，使用 Context.MoveTo 函数来将画笔抬起移动，用 Context.LineTo 来将画笔落下移动，也就是画线，见如下代码。

```
contextT.MoveTo(300, 120)
contextT.LineTo(240, 230)
contextT.LineTo(360, 230)
contextT.LineTo(300, 120)
```

这几句执行的绘制行为是：先将画笔抬起移动到坐标为（300，120)，这是准备绘制的三角形的顶点；然后落下移动（画线）到（240，230)这个点，再画线到（360，230)这个点，再画线到(240，230)这个点，这样就绘制了一个封闭的三角形。这些画笔移动的过程叫作"绘制路径"，简称"路径"（path），所以这种绘制图像的方法称作"路径绘制法"。完成一个路径后，也要调用

Context.Stroke、Context.Fill、Context.StrokePreserve 和 Context.FillPreserve 等函数来真正绘制边线或填充，并且调用后会根据是否有 Preserve 函数来决定是否将整个绘制路径清除。

进行颜色填充时，如果绘制路径没有形成一个封闭路径（一般指最后一个点与起始点重合或者有线连接的路径），可以调用 Context.ClosePath 将其封闭（增加从最后一个点到第一个点之间的连线），然后才能正确填充。

Context.SetLineWidth 函数用于设置线宽。

Context.SetStrokeStyle 函数用于设置线条的样式，本例中用了一个渐变色方案来绘制三角形的线条；Context.SetFillStyle 函数则用于设置填充的渐变色方案，本例中使用了一个圆环形扩散的渐变色方案来填充圆形。渐变色一般是通过设置两个点间颜色的变化来实现一个渐变色模式（pattern），两点之间可以设置几个中间变化点实现不同颜色的渐变，添加中间点用 Gradient.AddColorStop 函数。本例中三角形的线条渐变使用的是线性渐变模式，填充圆形用的是圆环形渐变模式，这其中还需要有变化半径参数等。

整个图形绘制完毕后，可以用 Context.SavePNG 函数来保存图片。

从代码量上来说代码 14-6 比代码 14-5 简化了不少，逻辑上也清晰了许多，可见使用优秀的第三方包可以大幅减少开发的工作量，提高工作效率。

代码 14-6 运行后生成的图片如图 14.6 所示。

图 14.6 代码 14-6 的运行结果

14.6 绘制平滑曲线

代码 14-3 绘制的曲线更像是一个“折线”，两点之间都是直线连接。在实际应用中，一般都会将折线转换成平滑变化的曲线，这需要一个算法，根据折线中任意相邻两点前后各点数值模拟出一条平滑线段连接这两点，所有线段组成一条完整的平滑曲线。比较常用的是贝塞尔曲线算法，其原理是通过在两点间插入适当的控制点来辅助生成曲线线段，控制点不会被绘制出来，而是用于控制曲线的走势。根据插入控制点的个数贝塞尔曲线算法又分成二次贝塞尔曲线法和三次贝塞尔曲线法，二次贝塞尔曲线法需要一个控制点，三次贝塞尔曲线法需要两个控制点。

代码 14-7 将使用平滑曲线来代替该折线，仍然使用该折线的原始数据，但为了突出演示效果做了适当比例的放大。

```
package main

import (
  "github.com/fogleman/gg"
)

// getCtrlPoints 计算三次贝塞尔曲线所需的每两点之间的两个控制点
// 参数 pointsA 是整个曲线上需要经过的点的切片，indexA 是需要画曲线的当前点索引
func getCtrlPoints(pointsA []gg.Point, indexA int) (gg.Point, gg.Point) {

  // 两个控制点的调节因子，可以自行调节
  factor1 := 0.18
  factor2 := 0.18

  // 两个控制点的 X、Y 坐标
  var controlPoint1X, controlPoint1Y, controlPoint2X, controlPoint2Y float64

  if indexA <= 0 {
        controlPoint1X = pointsA[0].X + (pointsA[1].X-pointsA[0].X)*factor1
        controlPoint1Y = pointsA[0].Y + (pointsA[1].Y-pointsA[0].Y)*factor1
  } else {
        controlPoint1X = pointsA[indexA].X + (pointsA[indexA+1].X-pointsA[indexA-1].X)*factor1
        controlPoint1Y = pointsA[indexA].Y + (pointsA[indexA+1].Y-pointsA[indexA-1].Y)*factor1
  }

  lenT := len(pointsA)
```

```
    if indexA > lenT-3 {
        controlPoint2X = pointsA[lenT-1].X - (pointsA[lenT-1].X-pointsA[lenT-2].X)*factor2
        controlPoint2Y = pointsA[lenT-1].Y - (pointsA[lenT-1].Y-pointsA[lenT-2].Y)*factor2
    } else {
        controlPoint2X = pointsA[indexA+1].X - (pointsA[indexA+2].X-pointsA[indexA].X)*factor2
        controlPoint2Y = pointsA[indexA+1].Y - (pointsA[indexA+2].Y-pointsA[indexA].Y)*factor2
    }

    return gg.Point{X: controlPoint1X, Y: controlPoint1Y}, gg.Point{X: controlPoint2X, Y: 
controlPoint2Y}
}

func main() {

    // 曲线原始数据
    dataT := []int{10, 20, 50, 80, 60, 20, 10, 10}

    // 将数据整理放入 gg.Point 类型的切片中
    // 首先需要将 int 类型转换为 float64 类型
    // 为了看起来更清楚，将数据按一定比例放大
    pointsT := make([]gg.Point, len(dataT))

    for i, v := range dataT {
        // Y 坐标需要根据图片高度反转
        pointsT[i] = gg.Point{X: float64((i + 1) * 60), Y: float64(400 - v*4)}
    }

    // 建立一个绘图环境，图片大小为 600×400 像素
    contextT := gg.NewContext(600, 400)

    // 用黑色清除整个图像
    // 相当于将整个图片背景填充成黑色
    contextT.SetHexColor("000000")
    contextT.Clear()

    // 设置线宽为 6
    contextT.SetLineWidth(6)

    // 设置当前颜色（画笔颜色）为红色
    contextT.SetHexColor("FF0000")

    // 画出每个点，半径为 10
    for _, v := range pointsT {
        contextT.DrawPoint(v.X, v.Y, 10)
    }

    // 实际画点
    contextT.Stroke()

    // 移动到第一个数据点
    contextT.MoveTo(pointsT[0].X, pointsT[0].Y)

    // 依次在每两个点间画线
    for i := 0; i < len(pointsT)-1; i++ {
        contextT.LineTo(pointsT[i+1].X, pointsT[i+1].Y)
    }

    // 实际画线
    contextT.Stroke()

    // 设置线宽为 10
    contextT.SetLineWidth(10)

    // 更换画笔颜色
    contextT.SetHexColor("AAAA00")

    // 画笔移动回第一个数据点
    contextT.MoveTo(pointsT[0].X, pointsT[0].Y)

    // 循环在每两个点之间画出三次贝塞尔曲线
    for i := 0; i < len(pointsT)-1; i++ {
        // 调用 getCtrlPoints 函数算出当前点绘制贝塞尔曲线所需的两个控制点
        controlPoint1, controlPoint2 := getCtrlPoints(pointsT, i)

        // 从当前点画三次贝塞尔曲线到下一个点（索引序号为 i+1 的点）
        contextT.CubicTo(controlPoint1.X, controlPoint1.Y, controlPoint2.X, controlPoint2.Y, 
pointsT[i+1].X, pointsT[i+1].Y)
```

```
    }

    // 实际画线
    contextT.Stroke()

    // 保存图像为 PNG 格式的图片文件
    contextT.SavePNG(`c:\test\gg.png`)

}
```

代码 14-7 用三次贝塞尔插值法画平滑曲线

代码 14-7 中的核心算法是 getCtrlPoints 函数实现的计算任意两个点之间的两个贝塞尔曲线控制点的算法。其他需要注意的要点包括：

- gg.Point 类型是 gg 包中定义的数据类型，只有表示 X 坐标和 Y 坐标的两个字段，但与 image 包中的 Point 类型不同的是，image.Point 中的 X 与 Y 坐标字段是 int 类型的，只能表示整数坐标，而 gg.Point 中的 X、Y 则是 float64 类型的，在一些计算中用浮点数表示坐标可以使计算结果更加精确；
- 由于使用了 gg.Point 类型表示各个点的坐标，因此 dataT 中的坐标数据需要转换成浮点数放入 gg.Point 切片中；
- Context.DrawPoint 函数用于在指定 X、Y 坐标处绘制一个点，通过设置其绘制半径可以画出不同大小的点，结合线条宽度可以画出空心和实心的点；
- 为了对照，我们也画出了 pointsT 表示的折线；
- 一般不能连续画点或画线，因为 Context.DrawPoint 函数也属于一个绘制动作，会移动画笔位置，除非每次画线前再用 Context.MoveTo 把画笔移回该点的原始位置。本例中是集中了画点操作并调用了 Context.Stroke 函数实际绘制后再进行折线绘制操作的；同样地，绘制折线和后面绘制曲线的操作也都是集中设计并执行动作的；
- 算法并非本书介绍的重点，因此我们只是了解其基本原理并应用就可以了，并不需要详细了解贝塞尔曲线的数学和几何意义；
- Context.CubicTo 函数用于从当前点画三次贝塞尔曲线到第三组坐标参数表示的点，前两组坐标参数表示两个控制点坐标；如果使用二次贝塞尔曲线，则可以用 Context.QuadraticTo 函数，该函数只需要一个控制点。

代码 14-7 运行后生成的图片如图 14.7 所示。

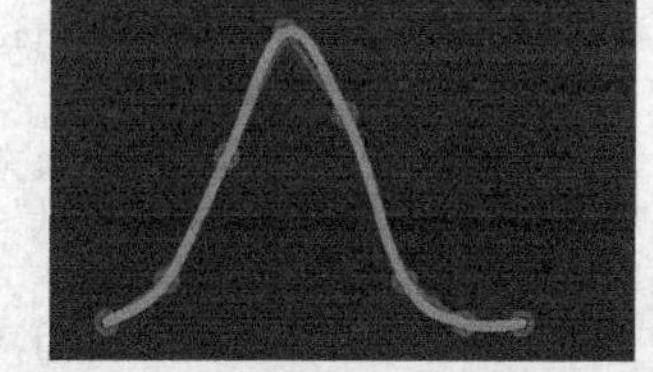

图 14.7 代码 14-7 的运行结果

14.7 在图片上绘制文字

gg 包也提供在图片上绘制文字的功能，绘制文字前需要载入字体，特别是如果要输出中文，一定要载入合适的中文字体。代码 14-8 将在代码 14-7 的基础上为每个数据点增加坐标数字，并为全图增加一个文本标题。

```
package main

import (
  "fmt"

  "github.com/fogleman/gg"
)

// getCtrlPoints 计算三次贝塞尔曲线所需的每两点之间的两个控制点
// 参数 pointsA 是整个曲线上需要经过的点的切片，indexA 是需要画曲线的当前点索引
func getCtrlPoints(pointsA []gg.Point, indexA int) (gg.Point, gg.Point) {

  // 两个控制点的调节因子，可以自行调节
  factor1 := 0.18
```

```
    factor2 := 0.18

    // 两个控制点的 X、Y 坐标
    var controlPoint1X, controlPoint1Y, controlPoint2X, controlPoint2Y float64

    if indexA <= 0 {
        controlPoint1X = pointsA[0].X + (pointsA[1].X-pointsA[0].X)*factor1
        controlPoint1Y = pointsA[0].Y + (pointsA[1].Y-pointsA[0].Y)*factor1
    } else {
        controlPoint1X = pointsA[indexA].X + (pointsA[indexA+1].X-pointsA[indexA-1].X)*factor1
        controlPoint1Y = pointsA[indexA].Y + (pointsA[indexA+1].Y-pointsA[indexA-1].Y)*factor1
    }

    lenT := len(pointsA)

    if indexA > lenT-3 {
        controlPoint2X = pointsA[lenT-1].X - (pointsA[lenT-1].X-pointsA[lenT-2].X)*factor2
        controlPoint2Y = pointsA[lenT-1].Y - (pointsA[lenT-1].Y-pointsA[lenT-2].Y)*factor2
    } else {
        controlPoint2X = pointsA[indexA+1].X - (pointsA[indexA+2].X-pointsA[indexA].X)*factor2
        controlPoint2Y = pointsA[indexA+1].Y - (pointsA[indexA+2].Y-pointsA[indexA].Y)*factor2
    }

    return gg.Point{X: controlPoint1X, Y: controlPoint1Y}, gg.Point{X: controlPoint2X, Y:
controlPoint2Y}
  }

  func main() {

    // 曲线原始数据
    dataT := []int{10, 20, 50, 80, 60, 20, 10, 10}

    // 将数据整理放入 gg.Point 类型的切片中
    // 首先需要将 int 类型转换为 float64 类型
    // 为了看起来更清楚，将数据按一定比例放大
    pointsT := make([]gg.Point, len(dataT))

    for i, v := range dataT {
        // Y 坐标需要根据图片高度反转
        pointsT[i] = gg.Point{X: float64((i + 1) * 60), Y: float64(400 - v*4)}
    }

    // 建立一个绘图环境，图片大小为 600×400 像素
    contextT := gg.NewContext(600, 400)

    // 用黑色清除整个图像
    // 相当于将整个图片背景填充成黑色
    contextT.SetHexColor("000000")
    contextT.Clear()

    fontFaceT, errT := gg.LoadFontFace("C:\\Windows\\Fonts\\simhei.ttf", 22)

    if errT != nil {
        fmt.Printf("载入黑体字体时发生错误: %v", errT.Error())
        return
    }

    // 画出图片标题文字
    contextT.SetFontFace(fontFaceT)
    contextT.SetHexColor("EEEEEE")

    contextT.DrawStringAnchored(fmt.Sprintf("平滑曲线图 %v×%v", 600, 400), 480, 50, 0.5,
0.5)

    contextT.Stroke()

    // 设置线宽为 6
    contextT.SetLineWidth(6)

    // 设置当前颜色（画笔颜色）为红色
    contextT.SetHexColor("FF0000")

    // 画出每个点，半径为 10
    for _, v := range pointsT {
        contextT.DrawPoint(v.X, v.Y, 10)
    }

    // 实际画点
```

```
    contextT.Stroke()

    // 标出每个点的坐标
    contextT.SetHexColor("DDDDDD")

    if errT := contextT.LoadFontFace("C:\\Windows\\Fonts\\Arial.ttf", 16); errT != nil {
        fmt.Printf("载入 Arial 字体时发生错误: %v", errT.Error())
        return
    }

    for _, v := range pointsT {
        contextT.DrawString(fmt.Sprintf("%v,%v", v.X+8, v.Y-12), v.X+8, v.Y-12)
    }

    contextT.Stroke()

    // 移动到第一个数据点
    contextT.MoveTo(pointsT[0].X, pointsT[0].Y)

    // 依次在每两个点间画线
    for i := 0; i < len(pointsT)-1; i++ {
        contextT.LineTo(pointsT[i+1].X, pointsT[i+1].Y)
    }

    // 实际画线
    contextT.Stroke()

    // 设置线宽为 10
    contextT.SetLineWidth(10)

    // 更换画笔颜色
    contextT.SetHexColor("AAAA00")

    // 画笔移动回第一个数据点
    contextT.MoveTo(pointsT[0].X, pointsT[0].Y)

    // 循环在每两个点之间画出三次贝塞尔曲线
    for i := 0; i < len(pointsT)-1; i++ {
        // 调用 getCtrlPoints 函数算出当前点绘制贝塞尔曲线所需的两个控制点
        controlPoint1, controlPoint2 := getCtrlPoints(pointsT, i)

        // 从当前点画三次贝塞尔曲线到下一个点(索引序号为 i+1 的点)
        contextT.CubicTo(controlPoint1.X, controlPoint1.Y, controlPoint2.X, controlPoint2.Y,
pointsT[i+1].X, pointsT[i+1].Y)
    }

    // 实际画线
    contextT.Stroke()

    // 保存图像为 PNG 格式的图片文件
    contextT.SavePNG(`c:\test\gg.png`)

}
```

代码 14-8 用 gg 包在图片上绘制文字

代码 14-8 演示了用 gg 包在图片中添加文字的方法。首先需要载入字体，如果不载入字体则使用默认字体，但不支持中文显示。载入字体可以使用 gg.LoadFontFace 或者 Context 对象实例的 LoadFontFace 成员函数，两个函数的第一个参数都是字体文件名称，一般可以从系统字体中选择，第二个参数都是字体的点阵大小，载入后就无法改变字体大小了。用 gg.LoadFontFace 函数可以返回一个 font.Face 对象，并且可以用 Context.SetFontFace 函数随时切换使用其他字体。

绘制字体使用 Context.DrawString 或 Context.DrawStringAnchored 函数，Context.DrawString 函数是在指定的坐标处绘制文字，Context.DrawStringAnchored 函数则可以在指定点的相对偏移处绘制字体，最后两个参数 a_x 和 a_y 是横向偏移和纵向偏移，设置为 0.5 表示在该方向上居中。相对偏移处的点称作“锚点”，绘制文字时将从该点开始进行绘制，锚点的坐标计算公式是：锚点的横坐标 $X_a = x - w * a_x$，纵坐标 $Y_a = y - h * a_y$，其中 x 和 y 是 Context.DrawStringAnchored 函数指定点的坐标（第二、三个参数表示的），w 和 h 是文字所需的宽度和高度，a_x、a_y 分别是横向和纵向的偏移指示量，一般在[0, 1]之间。还有一个 Context.DrawStringWrapped 函数可以绘制一段允许自动折行的文字，但对于中文支持得不好。

注意，绘制文字也要调用 Context.Stroke 来实际执行。代码 14-8 执行后生成的图片如图 14.8 所示。

可以看到，图片标题和各点的坐标文字都被正确地绘制了出来。

图 14.8　代码 14-8 的执行结果

14.8　使用 freetype 包进行文字绘制

如果不使用 gg 包，可以使用 github.com/golang/freetype 包进行图片上文字的绘制，代码 14-9 演示了用该包在载入的一个已有图片上绘制文字后保存的过程。

```
package main

import (
  "fmt"
  "image"
  "image/png"
  "io/ioutil"
  "os"

  "github.com/golang/freetype"

  t "tools"
)

var textT = []string{
  "三人行，必有我师",
  "得道多助，失道寡助",
  "飘风不到夕，暴雨不终朝",
  "",
  "We are so nice.",
}

func main() {

  // 打开一个已有图片
  fileT, errT := os.Open(`c:\test\rgb.png`)

  if errT != nil {
        t.Printfln("打开图片文件时发生错误：%v", errT.Error())
        return
  }

  defer fileT.Close()

  imgT, errT := png.Decode(fileT)
  if errT != nil {
        t.Printfln("图片解码时发生错误：%v", errT.Error())
        return
  }
  // 要从 image.Image 对象强制转换为 image.RGBA 图像对象
  imageT := imgT.(*image.RGBA)

  // 载入字体文件内容
  fontBytesT, errT := ioutil.ReadFile(`C:\Windows\Fonts\simhei.ttf`)

  if errT != nil {
        t.Printfln("载入字体时发生错误：%v", errT.Error())
        return
  }
  // 解析字体
  fontT, errT := freetype.ParseFont(fontBytesT)

  if errT != nil {
        t.Printfln("分析字体时发生错误：%v", errT.Error())
        return
  }
  // 设置前景色，即绘制文字用的颜色
  foreColorT := image.White
```

```
    // 设置字体大小
    fontSizeT := 28.0

    // 绘制字体需要创建一个 freetype.Context 类型的环境对象
    contextT := freetype.NewContext()

    // 设置 DPI
    contextT.SetDPI(72)

    // 设置使用的字体
    contextT.SetFont(fontT)

    // 设置字体大小
    contextT.SetFontSize(fontSizeT)

    // 设置绘制文字的区域
    contextT.SetClip(imageT.Bounds())

    // 设置在哪个图形对象上绘制
    contextT.SetDst(imageT)

    // 设置绘制源，这里直接用绘制文字的颜色传入即可
    contextT.SetSrc(foreColorT)

    // 设置绘制文字的位置 pt
    // PointToFixed 函数将相对文字大小 pt 转换为实际像素大小
    // 因为 PointToFixed 函数返回的是特殊的 freetype.Int26_6 类型的数值
    // 如果转换成整数需要右移六个二进制位
    pt := freetype.Pt(10, 10+int(contextT.PointToFixed(fontSizeT)>>6))

    for _, s := range textT {
        // 实际绘制文字的语句
        _, errT = contextT.DrawString(s, pt)
        if errT != nil {
            t.Printfln("绘制文字时发生错误: %v", errT.Error())
            return
        }

        // 每次画完文字将 pt 的纵坐标下移 1.5 倍字体大小
        pt.Y += contextT.PointToFixed(fontSizeT * 1.5)
    }

    // 保存图像为 PNG 格式的图片文件
    fileT, errT = os.Create("c:\\test\\font.png")

    if errT != nil {
        fmt.Println(errT)
        return
    }

    defer fileT.Close()

    png.Encode(fileT, imageT)
}
```

代码 14-9 image3/image3.go

代码 14-9 中首先载入了 14.3 节中绘制的图片 rgb.png，然后在其中逐行绘制全局字符串切片变量 textT 中的每个字符串文字。代码中有充分的注释，可以看到，用 freetype 包绘制文字比 gg 包要略微复杂一些。代码中需要说明的要点有：

- 载入旧图片文件时，用 png.Decode 函数返回的是 image.Image 类型的对象，需要用类型断言将其强制转换成 image.RGBA 对象才能进行后续处理。如果原有图片的色彩空间不兼容，还有可能出错；
- 字体一般用 point 作单位（长度为 1/72 英寸），绘制时的计算过程中有时候需要将其与固定的像素个数进行转换；
- 绘制文字主要是由 Context.DrawString 函数来执行，注意这是 freetype 包中的函数，不是 gg 包中的同名函数。

代码 14-9 运行后可以看到生成的图片中加上了我们设置的文字，如图 14.9 所示。

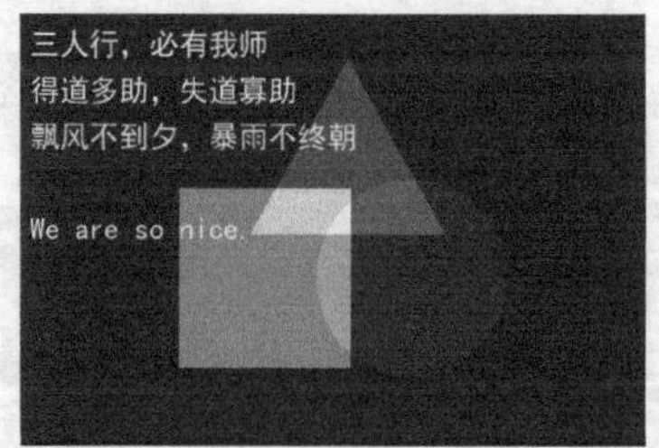

图 14.9 代码 14-9 的运行结果

14.9 用 image/draw 包实现灵活的图像处理

Go 语言标准库中 image 包的 draw 子包中有一个很有用的函数 Draw，用于将一张图片中的一部分或全部画到另一张图片上。由于 Go 语言中接口的灵活性，所以我们可以用它来做更多的事情，本节将介绍用 draw.Draw 函数来进行各种图像处理。

draw.Draw 函数的定义如下：

```
func Draw(dst Image, r image.Rectangle, src image.Image, sp image.Point, op Op)
```

第一个参数 dst 是准备在其上进行绘制的图片对象；第二个参数 r 是一个表示矩形区域的对象，表示在 dst 的哪一片区域中进行绘制；第三个参数 src 表示源图片，即准备从其中读取一部分内容画到 dst 上的图片；第四个参数是表示从 src 图片读取的区域的左上角的点，是 image.Point 类型，内含该点的 x、y 坐标；第五个参数 op 表示绘图的模式，一般有 draw.Src 和 draw.Over 两个可选值，其中 draw.Src 表示将原图中读取的区域覆盖式地画在 dst 上（原图内容将被冲掉），而 draw.Over 表示将原图中读取的区域叠加式地画在 dst 上（原图内容将保留，如果颜色不冲突的话）。因此，整个 draw.Draw 函数的作用就是：将源图片 src 中从左上角点开始的大小为与 r 相同大小的区域的内容复制到目标图片 dst 的 r 区域中，并使用 op 指定的绘制模式。

14.9.1 实现图片区域复制

如果我们希望将在前面例子中生成的两张图 rgb.png 和 gg.png 进行类似图片的区域剪切复制处理，可以用 draw.Draw 函数来进行。

为了演示绘制模式 op 的影响，需要将其中的图片 rgb.png 用下面的代码重新生成一下，目的是使其中的背景颜色变成透明色，以便能够区分出覆盖式复制和叠加式复制的区别。

```
package main

import (
  "fmt"
  "image"
  "image/color"
  "image/png"
  "math"
  "os"
)
// Circle 表示圆形的对象，(X0, Y0)是圆心的坐标，R是半径
type Circle struct {
  X0, Y0, R float64
}
// InShape 确定坐标为 (x, y) 的点是否在该圆形内
func (p *Circle) InShape(x, y float64) bool {
  // 计算该点与圆心的相对坐标 (dx, dy)
  // 注意这种同时给两个变量赋值的方法
  var dx, dy float64 = p.X0 - x, p.Y0 - y
```

```
    // 计算该点与圆心的距离 d
    d := math.Sqrt(dx*dx + dy*dy)

    if d > p.R {
        // 如果 距离 d 大于半径，则该点一定在圆形外
        return false
    }

    // 否则该点在圆形内部（包括边）
    return true
}

// GetColorValue 确定坐标为 (x, y) 的点的色彩
func (p *Circle) GetColorValue(x, y float64) byte {

    // 计算该点与圆心的相对坐标 (dx, dy)
    // 注意这种同时给两个变量赋值的方法
    var dx, dy float64 = p.X0 - x, p.Y0 - y

    // 计算该点与圆心的距离 d
    d := math.Sqrt(dx*dx + dy*dy)

    if d > p.R {
        // 如果 距离 d 大于半径，则该点一定在圆形之外
        // 返回 0 值，表示没有该种色调
        return 0
    }

    // 否则该点在圆形内部（包括边）
    // 此时根据与圆心距离的远近确定颜色强度
    return byte(255.0 * d / p.R)
}

// Square 表示正方形的对象
// (X0, Y0)是其中心点的坐标，R是半径，即中心点到任何一条边的垂直距离
type Square struct {
    X0, Y0, R float64
}

// InShape 确定坐标为 (x, y) 的点是否在该形状内
func (p *Square) InShape(x, y float64) bool {

    // 计算正方形上方边的纵坐标 yt 和下方边的纵坐标 yb
    yt := p.Y0 - p.R
    yb := p.Y0 + p.R

    // 计算正方形左侧边的横坐标 xl 和右侧边的横坐标 xr
    xl := p.X0 - p.R
    xr := p.X0 + p.R

    // 如果 y > yb 则该点不在形状内
    if y > yb {
        return false
    }

    // 如果 y < yt 则该点不在形状内
    if y < yt {
        return false
    }

    // 如果 x < xl 则该点不在形状内
    if x < xl {
        return false
    }

    // 如果 x > xr 则该点不在形状内
    if x > xr {
        return false
    }

    // 默认返回 true，表示该点在形状内
    return true

}

// Triangle 表示等边三角形的对象，金字塔型对称放置
// (X0, Y0)是其中心点的坐标，R是半径，即中心点到任何一个顶点的距离
type Triangle struct {
    X0, Y0, R float64
}
```

```
// InShape 确定坐标为 (x, y) 的点是否在该形状内
func (p *Triangle) InShape(x, y float64) bool {
  // 求得该三角形上顶点的纵坐标 yt 和两个下顶点的纵坐标 yb
  yt := p.Y0 - p.R
  yb := p.Y0 + p.R/2
  // 如果 y 大于 yb，则该点在形状外
  if y > yb {
      return false
  }
  // 如果 y 小于 yt，则该点在形状外
  if y < yt {
      return false
  }
  // 求该等边三角形的边长
  sideLength := math.Sqrt(3) * p.R
  // x 坐标在中心点左侧时与右侧时需要用相反的计算方式确定该点是否在形状内
  if x < p.X0 {
      // 用矢量方向法判断该点是在三角形左侧边的左边还是右边
      x1 := p.X0
      y1 := yt
      x2 := p.X0 - sideLength/2
      y2 := yb
      x3 := x
      y3 := y
      s := (x1-x3)*(y2-y3) - (y1-y3)*(x2-x3)
      if s <= 0 {
          // s <= 0 表示在右侧，即在形状内
          return true
      }
  } else {
      // 用矢量方向法判断该点是在三角形右侧边的左边还是右边
      x1 := p.X0
      y1 := yt
      x2 := p.X0 + sideLength/2
      y2 := yb
      x3 := x
      y3 := y
      s := (x1-x3)*(y2-y3) - (y1-y3)*(x2-x3)
      if s > 0 {
          // s > 0 表示在左侧，即在形状内
          return true
      }
  }
  // 默认返回 false，表示该点不在形状内
  return false
}

func main() {
  // 确定图片的宽与高
  // 注意这种同时声明两个同类型变量并用一个等号分别赋值的写法
  var w, h int = 600, 400
  // 为计算三个形状的圆心准备数据
  var hw, hh float64 = float64(w / 2), float64(h / 2)
  r := 80.0
  θ := math.Pi * 2 / 3
  // 生成三个形状，第一个形状用红色，第二个用绿色，第三个用蓝色填充
  //第一个形状用三角形，第二个用方形，第三个用圆形
  // 出于照顾视觉的考虑，适当调整了几个形状的中心位置和半径
  shapeRedT := &Triangle{hw - r*math.Sin(0) + 90*0.1, hh - r*math.Cos(0) + 90*0.3, 90 * 1.18}
  shapeGreenT := &Square{hw - r*math.Sin(θ), hh - r*math.Cos(θ), 90 * 0.9}
```

```
    shapeBlueT := &Circle{(hw - r*math.Sin(-θ)), hh - r*math.Cos(-θ), 90}

    // 新建一个 RGBA 色彩空间的图形对象
    imageT := image.NewRGBA(image.Rect(0, 0, w, h))

    // 循环逐行设置每个点的颜色
    for y := 0; y < h; y++ {
        for x := 0; x < w; x++ {
            // 根据该点是否在 shapeRedT 内确定红色的强度
            var colorRedT byte = 0
            if shapeRedT.InShape(float64(x), float64(y)) {
                colorRedT = 255
            }

            // 根据该点是否在 shapeGreenT 内确定绿色的强度
            var colorGreenT byte = 0
            if shapeGreenT.InShape(float64(x), float64(y)) {
                colorGreenT = 255
            }

            // 根据该点是否在 shapeBlueT 内确定蓝色的强度
            var colorBlueT byte = shapeBlueT.GetColorValue(float64(x), float64(y))

            // 根据汇总的 RGB 颜色确定最终该点的颜色

            var colorT color.RGBA

            // 如果该点为黑色，即 RGB 三色的值都为 0，则将该点透明度设为 0，使其完全透明
            if colorRedT == 0 && colorGreenT == 0 && colorBlueT == 0 {
                colorT = color.RGBA{0, 0, 0, 0}
            } else {
                colorT = color.RGBA{colorRedT, colorGreenT, colorBlueT, 255}
            }

            // 设置该点的颜色
            imageT.Set(x, y, colorT)
        }
    }

    // 保存图像为 PNG 格式的图片文件
    fileT, errT := os.Create("c:\\test\\rgb.png")

    if errT != nil {
        fmt.Println(errT)
        return
    }

    defer fileT.Close()

    png.Encode(fileT, imageT)
}
```

重新生成后透明底色的图片 rgb.png 内容如图 14.10 所示。

图片 gg.png 内容如图 14.11 所示。

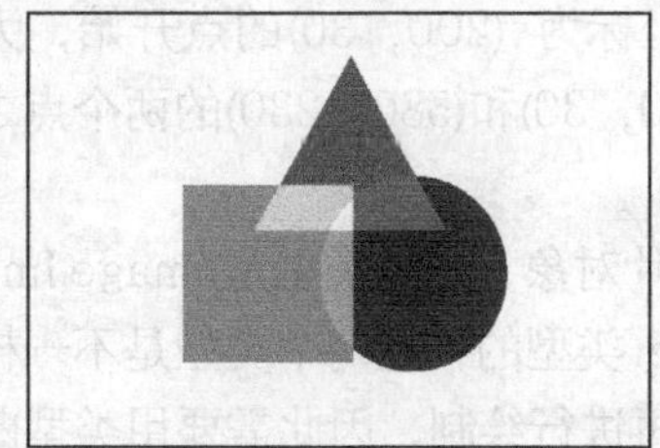

图 14.10 图片 rgb.png

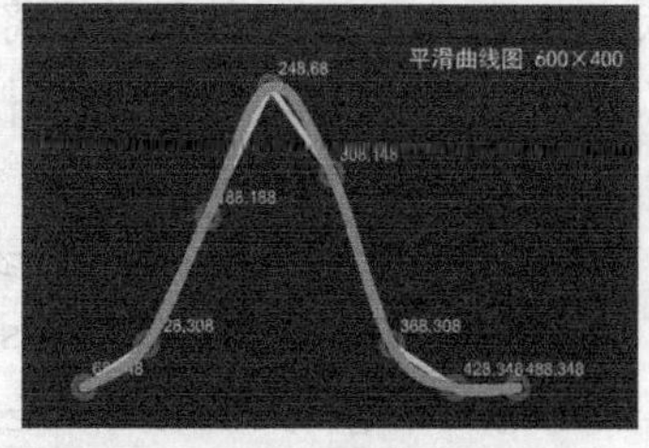

图 14.11 图片 gg.png

图片区域复制的代码见代码 14-10。

```
package main

import (
    "fmt"
    "image"
    "image/draw"
    "image/png"
    "os"
```

```
    t "tools"
)

func main() {
    // 打开一个已有图片
    file1T, errT := os.Open(`c:\test\rgb.png`)

    if errT != nil {
        t.Printfln("打开图片文件时发生错误: %v", errT.Error())
        return
    }

    defer file1T.Close()

    originalImage1T, errT := png.Decode(file1T)
    if errT != nil {
        t.Printfln("图片解码时发生错误: %v", errT.Error())
        return
    }

    // 打开一个已有图片
    file2T, errT := os.Open(`c:\test\gg.png`)

    if errT != nil {
        t.Printfln("打开图片文件时发生错误: %v", errT.Error())
        return
    }

    defer file2T.Close()

    originalImage2T, errT := png.Decode(file2T)
    if errT != nil {
        t.Printfln("图片解码时发生错误: %v", errT.Error())
        return
    }

    // 进行图片区域复制
    draw.Draw(originalImage2T.(draw.Image), image.Rect(380, 30, 580, 230), originalImage1T,
image.Point{200, 30}, draw.Src)
    // 保存图像为 PNG 格式的图片文件
    fileT, errT := os.Create("c:\\test\\drawSrc.png")

    if errT != nil {
        fmt.Println(errT)
        return
    }

    defer fileT.Close()

    png.Encode(fileT, originalImage2T)
}
```

代码 14-10 图片的区域复制

代码 14-10 实现的效果是：将图片文件 rgb.png 中从坐标为 (200, 30)的点开始，大小为 200×200 的区域中的内容复制到图片 gg.png 中的坐标为(380, 30)和(580, 230)的两个点之间的区域，并且复制时使用覆盖式复制。代码中需要注意以下几点：

- 变量 originalImage2T 是代表 gg.png 文件中读取的图片对象，它的类型是 image.Image；但是 draw.Draw 函数的 dst 参数需要是 draw.Image 类型的，这两个类型是不一样的，image.Image 类型的图片是只读的，不能够在其上面再进行绘制，因此需要用类型断言来进行类型转换；
- 从原图 rgb.png 中复制区域的大小是由 draw.Draw 函数的参数 r 确定的，传入的是 image.Rect(380, 30, 580, 230)，表示(380, 30)和(580, 230)的两个点之间的区域，通过计算可以验证该区域的大小是 200×200；
- 传入的 op 参数是 draw.Src，因此区域复制时将会以覆盖式来进行绘制；
- 区域复制完成后，把结果的图片对象又重新保存为另一个文件 drawSrc.png。

代码 14-10 运行后得到的新图片 drawSrc.png 如图 14.12 所示。

可以看出，图片 rgb.png 中指定区域的内容被成功复制到了 gg.png 表示的图片中。另外，虽然 rgb.png 的背景是透明色，但是由于 op 选择了 draw.Src，因此原图对应区域原来的文字内容被覆盖了。如果我们将 op 参数的值改为 draw.Over，得到的将是图 14.13 所示的结果。

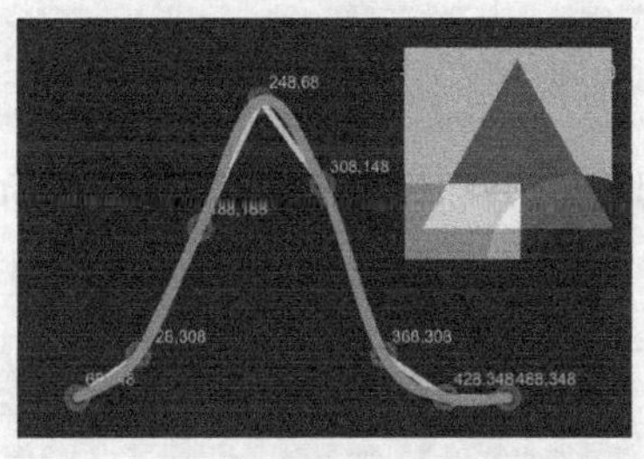

图 14.12 代码 14-10 的运行结果

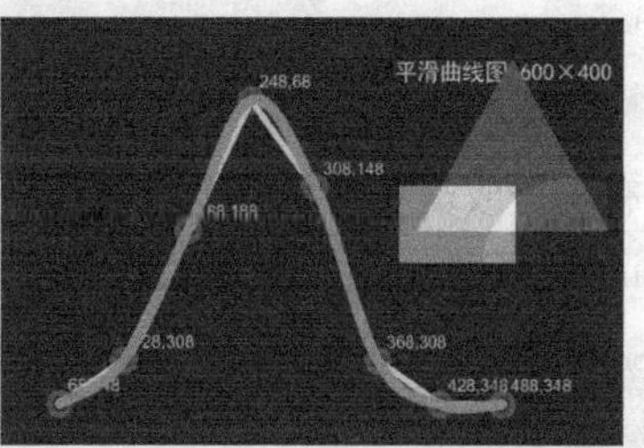

图 14.13 op 参数值为 draw.Over 时得到的图片结果

可以看到，这次区域复制确实使用了叠加式的方式，原图中的图片标题文字被保留下来了。图片 rgb.png 中不透明颜色的点还是会冲掉原图上的点，只有透明色才会保留原图中的点，透明度如果不为 0，则会造成原图上的点与绘制图上对应的点进行叠加，根据透明度的大小决定两种颜色的混合程度。

通过修改区域 r 的大小以及 sp 参数的取值，显然也可以实现全图复制或者移位复制（将原图某个区域的图像复制到目标图片中的另一个区域）的效果。

14.9.2 用 draw.Draw 函数进行颜色填充

用 draw.Draw 函数还可以实现各种对图片的颜色填充，例如，要对一幅图片填充红色，可以用下面的代码实现：

```
imageT := image.NewNRGBA(image.Rect(0, 0, 480, 320))

colorT := color.RGBA{255, 0, 0, 255}

draw.Draw(imageT, imageT.Bounds(), &image.Uniform{colorT}, image.ZP, draw.Src)
```

代码中，draw.Draw 函数的第二个参数 r 传入的值 imageT.Bounds()是获取了图片的整个区域；第四个参数 sp 传入的 image.ZP 是 image 包中定义的常量，代表坐标为 (0, 0)的原点。需要注意的是第三个参数 src，image.Uniform 对象是 image 包中定义的一个特殊的数据类型，表示无限大小的一幅纯色图像，常用于颜色填充。因此，本例中的 draw.Draw 函数的作用就是：将一副纯红色的图片中从原点开始的、大小与 imageT 相同的区域用覆盖方式复制到 imageT 的全图区域中。

14.9.3 image 包中的几个重要对象

image.Image 类型是一个接口类型，很多图形绘制函数要求的参数都是该类型。例如 draw.Draw 函数表示原图的参数 src 就要求是 image.Image 类型。image.Image 接口类型的定义如下：

```
type Image interface {
        // ColorModel returns the Image's color model.
        ColorModel() color.Model
        // Bounds returns the domain for which At can return non-zero color.
        // The bounds do not necessarily contain the point (0, 0).
        Bounds() Rectangle
        // At returns the color of the pixel at (x, y).
        // At(Bounds().Min.X, Bounds().Min.Y) returns the upper-left pixel of the grid.
        // At(Bounds().Max.X-1, Bounds().Max.Y-1) returns the lower-right one.
        At(x, y int) color.Color
}
```

可以看出，只要实现了其中 ColorModel、Bounds 和 At 三个函数的对象都可以看作 image.Image 类型的对象。image 包中介绍过的 image.NRGBA 和 image.RGBA 都实现了该接口，因此可以直接当作 image.Image 对象来使用，另外 image 包中还有很多其他色彩空间的图片对象，例如 CMYK、YCbCr、Gray（表示灰度图像）等都可以当作 image.Image 对象来使用。

image.Rectangle 对象代表一个矩形区域，它的定义如下：

```
type Rectangle struct {
        Min, Max Point
}
```

它有两个成员变量 Min 和 Max，都是 image.Point 类型，分别代表矩形区域左上角和右下角的点，image.Point 类型的定义如下：

```
type Point struct {
        X, Y int
}
```

其中仅包含坐标值 X、Y。

image.Rectangle 对象的特殊之处在于它也是一个 image.Image 对象，可以把它看作一个大小为该对象表示的区域大小的图片，区域内所有点的颜色都是 color.Opaque（在 image/color 包中定义的常量，表示完全不透明，一般相当于白色），区域外所有点的颜色都是 color.Transparent（全透明色）。

14.9.4 用颜色填充绘制矩形框

至此可以发现，很多对象都实现了 image.Image 接口，可以当作图片对象来使用，给我们处理图像带来了很大的灵活性。例如下面的代码段就实现了画一个矩形框的效果。

```
    imageT := image.NewNRGBA(image.Rect(0, 0, 480, 320))
    colorT := color.RGBA{255, 0, 0, 255}
    draw.Draw(imageT, imageT.Bounds(), &image.Uniform{colorT}, image.ZP, draw.Src)
    draw.Draw(imageT,  image.Rect(10,  10,  470,  310),  image.Rect(10,  10,  470,  310),
image.Point{10, 10}, draw.Src)
```

执行这段代码得到的图片如图 14.14 所示。

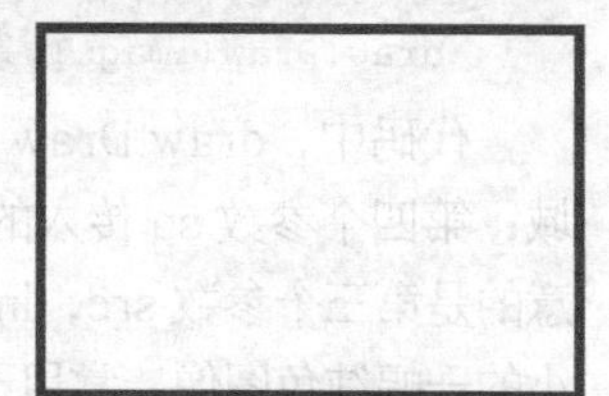

图 14.14 用颜色填充绘制的矩形框

上述代码相当于绘制出了一个线宽为 10 个像素的矩形红色方框，因为首先绘制了一个全红色的矩形，然后第二次调用 draw.Draw 函数时，在 r 参数中传入的是 (10，10)与(470，310)两点间的矩形区域，在 src 函数中传入的是一个 image.Rectangle 对象表示的图片，该对象矩形区域与 r 完全一样，因此相当于把一个全白色的矩形区域填充到了 imageT 图片的区域 r 中，最终效果就好像是画了一个红色的矩形框一样。

14.9.5 将图片变成全透明

如果要把整个图片重新清空成全透明色，可以用下面的代码：

```
    draw.Draw(imageT, imageT.Bounds(), image.Transparent, image.ZP, draw.Src)
```

其中，image.Transparent 是 image 包中预定义的变量，代表一个透明的 image.Uniform 类型的图片，它和同一包内类似的对象是这样定义的。

```
var (
        // Black is an opaque black uniform image.
        Black = NewUniform(color.Black)
        // White is an opaque white uniform image.
        White = NewUniform(color.White)
        // Transparent is a fully transparent uniform image.
        Transparent = NewUniform(color.Transparent)
        // Opaque is a fully opaque uniform image.
```

```
        Opaque = NewUniform(color.Opaque)
)
```

首先，注意 image 包中预定义了 Black、White、Transparent 和 Opaque 这几个变量，分别代表白色、黑色、全透明、全不透明的 Uniform 图片；其次注意用 image.NewUniform 函数新建 image.Uniform 对象的写法。

14.9.6 复制原图中的区域到目标图中另一个区域

要实现 14.9.1 节末尾提出的“移动复制”，即复制原图中的区域到目标图中另一个区域，例如要将原图中从坐标为 (100, 50)的点开始的大小为 200×180 的区域复制到目标图片中的(300,400)开始的区域中，可以这样写：

```
sourcePointT := image.Pt(300, 400)
rSrc := image.Rectangle{sourcePointT, sourcePointT.Add(image.Pt(200, 180))}

draw.Draw(imageDstT, rSrc, image.Black, image.Pt(100, 50), draw.Src)
```

image.Pt 函数可以新建一个 image.Point 类型的点，Point.Add 函数则实现了将两个点相加，sourcePointT.Add(image.Pt(200, 180))这个表达式实际上算出了从 sourcePointT 开始的宽为 200、高为 180 的矩形的右下角点坐标。要注意理解这种将 image.Point 中的 X、Y 成员变量当作宽和高的用法，还有 image.Rectangle 对象有一个成员函数 Size 用于返回这个区域的大小，该函数的返回类型是 image.Point，但其中的 X、Y 成员变量也代表区域的宽度和高度。

14.9.7 使用蒙版复制不规则区域

专业的绘图软件中常用到蒙版，蒙版的主要用途之一是从原图中取出不规则的区域并复制到目标图上。下面我们来看看如何用 image/draw 包来使用蒙版复制不规则图形区域。这要用到该包中另一个主要的函数 DrawMask，这是 Draw 函数的增强版，可以在复制图形区域时使用蒙版，也可以把 Draw 当作使用了空蒙版的 DrawMask 函数。DrawMask 函数的定义如下：

```
func DrawMask(dst Image, r image.Rectangle, src image.Image, sp image.Point, mask image.Image, mp image.Point, op Op)
```

可以看出，DrawMask 函数比 Draw 函数多了一个 mask 参数和 mp 参数，mask 表示一个当作蒙版使用的图形，mp 表示蒙版中使用区域的起点。由于蒙版一般用于对原图中的点进行取舍，这是通过透明度来实现的，因此蒙版一般是只有透明度作为唯一色彩的图像，这在 image 包中可以用 image.Alpha 类型来表示。代码 14-11 演示了如何使用蒙版复制不规则图形区域的过程。

```
package main

import (
  "fmt"
  "image"
  "image/color"
  "image/draw"
  "image/png"
  "math"
  "os"
)

// TwoCircle 表示两个交叠的圆形的对象，(X0, Y0)、(X1, Y1)分别是两个圆心的坐标，R是半径
type TwoCircle struct {
  X0, Y0, X1, Y1, R float64
}

// InShape 确定坐标为 (x, y) 的点是否在该形状内
func (p *TwoCircle) InShape(x, y float64) bool {

  // 计算该点与两个圆心的相对坐标 (dx1, dy1)和(dx2, dy2)
  // 注意这种同时给两个变量赋值的方法
  var dx1, dy1 float64 = p.X0 - x, p.Y0 - y
```

```
    var dx2, dy2 float64 = p.X1 - x, p.Y1 - y

    // 计算该点与两个圆心的距离 d1 和 d2
    d1 := math.Sqrt(dx1*dx1 + dy1*dy1)
    d2 := math.Sqrt(dx2*dx2 + dy2*dy2)

    // 判断 (x, y) 点是否在形状内
    if d1 <= p.R || d2 <= p.R {
        // 如果 距离 d1 和 d2 中的任意一个不大于半径，则该点一定在形状内
        return true
    }

    // 否则该点在图形外
    return false
}

func main() {

    // 设置图片的宽度和高度
    widthT, heightT := 640, 480

    // 创建原图与目标图
    srcImageT := image.NewRGBA(image.Rect(0, 0, widthT, heightT))
    dstImageT := image.NewRGBA(image.Rect(0, 0, widthT, heightT))

    // 将原图填充成红色
    draw.Draw(srcImageT, srcImageT.Bounds(), image.NewUniform(color.RGBA{255, 0, 0, 255}), image.ZP, draw.Src)

    //将目标图填充成黑色
    draw.Draw(dstImageT, srcImageT.Bounds(), image.Black, image.ZP, draw.Src)

    // 创建蒙版图形对象
    maskT := image.NewAlpha(image.Rect(0, 0, widthT, heightT))

    // 创建蒙版所用的两个交叠圆形的形状
    twoCircleT := &TwoCircle{X0: 200, Y0: 200, X1: 300, Y1: 200, R: 80}

    // 生成蒙版: 用两重循环设置每个点的颜色 (透明或不透明)
    for y := 0; y < heightT; y++ {
        for x := 0; x < widthT; x++ {
            // 根据该点是否在 shapeRedT 内确定透明与否
            var colorTransparentT byte = 0
            if twoCircleT.InShape(float64(x), float64(y)) {
                colorTransparentT = 255
            }

            // 设置 (x, y) 点颜色
            maskT.Set(x, y, color.Alpha{colorTransparentT})
        }
    }

    // 将原图通过蒙版截取的不规则区域复制到目标图片上
    draw.DrawMask(dstImageT, dstImageT.Bounds(), srcImageT, image.ZP, maskT, image.ZP, draw.Over)

    // 保存图片
    fileT, errT := os.Create(`c:\test\mask1.png`)

    if errT != nil {
        fmt.Println(errT)
        return
    }

    defer fileT.Close()

    png.Encode(fileT, dstImageT)
}
```

代码 14-11 利用蒙版复制不规则的图形区域

代码 14-11 实现的效果是：从原图中复制一个不规则区域到目标图中，该不规则区域的形状是由两个并列的圆形交叠而成的。

两个并列的圆形交叠而成的形状用类似 14.3 节中的方法来生成，代码 14-11 中用 TwoCircle 这个对象来表示该形状。然后根据该形状生成蒙版，蒙版 maskT 是 image.Alpha 色彩空间的图形对象，对于每个点的颜色只设置了全透明和不透明两种，在该形状内的点都设置成不透明的，在形

状外的点都设置成全透明的。在后面 draw.DrawMask 函数复制区域时，蒙版中不透明点对应的同位置的原图的点将被复制到目标图上，蒙版中透明点对应的同位置的原图的点将不会被复制到目标图上。

原图 srcImageT 被填充为全红色，目标图 dstImageT 被设置为全黑色。代码 14-11 运行后生成的图片如图 14.15 所示。

图 14.15 利用蒙版复制原图中不规则区域到目标图中

可以看到，原图中两个交叠圆区域（红色）被复制到了黑色的目标图上相应的位置。

14.9.8 自定义 image.Image 类型的蒙版对象

14.9.7 节中定义蒙版的过程比较复杂，相当于画了一张图。其实蒙版只是 image.Image 类型的对象，而我们介绍过，image.Image 是一个接口类型，只需要定义 ColorModel、Bounds 和 At 三个成员函数就可以符合要求。其中 ColorModel 用于定义它的色彩空间，Bounds 用于定义它的区域大小，At 函数用于确定每个点的颜色。那么，可以通过自定义一个符合条件的对象，实现这三个函数用作蒙版，见代码 14-12。

```
package main

import (
 "fmt"
 "image"
 "image/color"
 "image/draw"
 "image/png"
 "math"
 "os"
)

// TwoCircleMask 表示内含两个交叠圆形的蒙版对象
// W、H 分别是蒙版的宽度和高度
// (X0, Y0)、(X1, Y1)是分别是两个圆心的坐标，R 是半径
type TwoCircleMask struct {
 W, H          int
 X0, Y0, X1, Y1 float64
 R             float64
}

func (p *TwoCircleMask) ColorModel() color.Model {
 return color.AlphaModel
}

func (p *TwoCircleMask) Bounds() image.Rectangle {
 return image.Rect(0, 0, p.W, p.H)
}

func (p *TwoCircleMask) At(x, y int) color.Color {
 // 计算该点与两个圆心的相对坐标 (dx1, dy1)和(dx2, dy2)
 // 注意这种同时给两个变量赋值的方法
 var dx1, dy1 float64 = p.X0 - float64(x), p.Y0 - float64(y)
 var dx2, dy2 float64 = p.X1 - float64(x), p.Y1 - float64(y)

 // 计算该点与两个圆心的距离 d1 和 d2
 d1 := math.Sqrt(dx1*dx1 + dy1*dy1)
 d2 := math.Sqrt(dx2*dx2 + dy2*dy2)

 // 判断 (x, y) 点是否在形状内
 if d1 <= p.R || d2 <= p.R {
       // 如果 距离 d1 和 d2 中的任意一个不大于半径，则该点一定在形状之内
       // 使用一定的算法规则实现渐变的蒙板（即透明度渐变）
       return color.Alpha{byte(255 * (d1 + d2) / 2 / p.R)}
 }

 // 否则该点在图形外
 return color.Alpha{0}
}
```

```
func main() {
  // 设置图片的宽度和高度
  widthT, heightT := 640, 480
  // 创建原图与目标图
  srcImageT := image.NewRGBA(image.Rect(0, 0, widthT, heightT))
  dstImageT := image.NewRGBA(image.Rect(0, 0, widthT, heightT))
  // 将原图填充成红色
  draw.Draw(srcImageT, srcImageT.Bounds(), image.NewUniform(color.RGBA{255, 0, 0, 255}),
image.ZP, draw.Src)
  //将目标图填充成黑色
  draw.Draw(dstImageT, srcImageT.Bounds(), image.Black, image.ZP, draw.Src)
  // 将原图通过蒙版截取的不规则区域复制到目标图片上
  draw.DrawMask(dstImageT, dstImageT.Bounds(), srcImageT, image.ZP, &TwoCircleMask{W:
widthT, H: heightT, X0: 200, Y0: 200, X1: 300, Y1: 200, R: 80}, image.ZP, draw.Over)
  // 保存图片
  fileT, errT := os.Create(`mask2.png`)
  if errT != nil {
      fmt.Println(errT)
      return
  }
  defer fileT.Close()
  png.Encode(fileT, dstImageT)
}
```

代码 14-12 image4/image4.go

代码 14-12 自定义了一个结构类型（或者叫对象）TwoCircleMask，用于表示内含两个交叠圆形的蒙版。它实现了 ColorModel、Bounds 和 At 三个成员函数，因此可以视作 image.Image 对象。TwoCircleMask.ColorModel 函数返回 color.AlphaModel，这是 image/color 包中预定义的表示 Alpha 色彩空间（只有透明度）的变量；TwoCircleMask.Bounds 函数返回指定宽度和高度的区域；TwoCircleMask.At 函数则根据是否在不规则区域内返回蒙版上指定坐标点的颜色（透明度），为了与前面例子进行区分，这次使用了渐变的透明度。最后 draw.DrawMask 函数中用新生成的 TwoCircleMask 类型的对象来作为蒙版参数传入，得到的结果图片如图 14.16 所示。

图 14.16 代码 14-12 的运行结果

可以看出，带蒙版复制过来的整体区域还是两个交叠的圆，但由于透明度的渐变，导致复制过来的内容出现了有趣的纹理变化，这也说明灵活运用蒙版能够实现很多奇妙的视觉效果。

14.9.9 图片色彩空间的转换

可以看到，image/draw 子包中的 Draw 和 DrawMask 两个函数已经可以做很多灵活的图片处理。本节介绍如何用 draw.Draw 函数实现图片色彩空间的转换，见代码 14-13。

```
package main

import (
  "fmt"
  "image"
  "image/draw"
  "image/jpeg"
  "image/png"
  "os"
  t "tools"
)

func main() {
  // 打开一个已有的 JPG 格式图片
  fileT, errT := os.Open(`c:\test\indicator1.jpg`)
```

```
    if errT != nil {
        t.Printfln("打开图片文件时发生错误: %v", errT.Error())
        return
    }

    defer fileT.Close()

    imgT, errT := jpeg.Decode(fileT)
    if errT != nil {
        t.Printfln("图片解码时发生错误: %v", errT.Error())
        return
    }

    // 获取原图的大小，返回一个 image.Rectangle 区域对象
    r := imgT.Bounds()

    // 创建灰度图像，大小与 r 表示的区域相同
    // Rectangle.Dx()函数返回该区域的宽度，Rectangle.Dy()函数返回该区域的高度
    dstImageT := image.NewGray(image.Rect(0, 0, r.Dx(), r.Dy()))

    // 在弧度图像中绘制出原图，实现色彩空间的转换
    draw.Draw(dstImageT, r, imgT, image.ZP, draw.Src)

    // 保存新生成的图片
    fileT, errT = os.Create(`c:\test\convert.png`)

    if errT != nil {
        fmt.Println(errT)
        return
    }

    defer fileT.Close()

    png.Encode(fileT, dstImageT)
}
```

代码 14-13 将图片转为灰度图像

代码 14-13 可以将一幅彩色的图片转换为灰度图像（image.Gray 色彩空间的图像），用同样的方法还可以实现如 CMYK 到 RGBA 色彩空间、从 YCbCr 到 Paletted 色彩空间等转换过程。

14.10 在 Web 中输出图像

在 Web 服务器中也可以直接输出图片，这对于动态网页生成或者测试比较有用。

代码 14-14 中的示例是直接将图片数据以流式方法作为某个 URL 的访问响应。

```
package main

import (
    "image"
    "image/color"
    "image/png"
    "math"
    "net/http"
)

// Circle 表示圆形的对象，(X0, Y0)是圆心的坐标，R是半径
type Circle struct {
    X0, Y0, R float64
}

// GetColorValue 确定坐标为 (x, y) 的点的色彩
func (p *Circle) GetColorValue(x, y float64) byte {

    // 计算该点与圆心的相对坐标 (dx, dy)
    // 注意这种同时给两个变量赋值的方法
    var dx, dy float64 = p.X0 - x, p.Y0 - y

    // 计算该点与圆心的距离 d
    d := math.Sqrt(dx*dx + dy*dy)

    if d > p.R {
        // 如果 距离 d 大于半径，则该点一定在圆形之外
```

```
        // 返回 0 值，表示没有该种色调
        return 0
    }

    // 否则该点在圆形内部（包括边）
    // 此时根据与圆心距离的远近确定颜色强度
    return byte(255.0 * d / p.R)
}

// Square 表示正方形的对象
// (X0, Y0)是其中心点的坐标，R 是半径，即中心点到任何一条边的垂直距离
type Square struct {
    X0, Y0, R float64
}

// InShape 确定坐标为 (x, y) 的点是否在该形状内
func (p *Square) InShape(x, y float64) bool {

    // 计算正方形上方边的纵坐标 yt 和下方边的纵坐标 yb
    yt := p.Y0 - p.R
    yb := p.Y0 + p.R

    // 计算正方形左侧边的横坐标 xl 和右侧边的横坐标 xr
    xl := p.X0 - p.R
    xr := p.X0 + p.R

    // 如果 y > yb 则该点不在形状内
    if y > yb {
        return false
    }

    // 如果 y < yt 则该点不在形状内
    if y < yt {
        return false
    }

    // 如果 x < xl 则该点不在形状内
    if x < xl {
        return false
    }

    // 如果 x > xr 则该点不在形状内
    if x > xr {
        return false
    }

    // 默认返回 true，表示该点在形状内
    return true

}

// GetColorValue 确定坐标为 (x, y) 的点的色彩
func (p *Square) GetColorValue(x, y float64) byte {
    // 如果不在该形状内，则色彩强度为 0
    if !p.InShape(x, y) {
        return 0
    }

    // 对 x，y 坐标取模后用一定公式确定色彩强度
    return byte((int(x)%5)*32 + (int(y)%5)*32)
}

// Triangle 表示等边三角形的对象，金字塔型对称放置
// (X0, Y0)是其中心点的坐标，R 是半径，即中心点到任何一个顶点的距离
type Triangle struct {
    X0, Y0, R float64
}

// InShape 确定坐标为 (x, y) 的点是否在该形状内
func (p *Triangle) InShape(x, y float64) bool {

    // 求得该三角形上顶点的纵坐标 yt 和两个下顶点的纵坐标 yb
    yt := p.Y0 - p.R
    yb := p.Y0 + p.R/2

    // 如果 y 大于 yb，则该点在形状外
    if y > yb {
```

```
        return false
    }

    // 如果 y 小于 yt，则该点在形状外
    if y < yt {
        return false
    }

    // 求该等边三角形的边长
    sideLength := math.Sqrt(3) * p.R

    // x 坐标在中心点左侧时与右侧时需要用相反的计算方式确定该点是否在形状内
    if x < p.X0 {

        // 用矢量方向法判断该点在三角形左侧边的左边还是右边
        x1 := p.X0
        y1 := yt

        x2 := p.X0 - sideLength/2
        y2 := yb

        x3 := x
        y3 := y

        s := (x1-x3)*(y2-y3) - (y1-y3)*(x2-x3)

        if s <= 0 {
            // s <= 0 表示在右侧，即在形状内
            return true
        }

    } else {

        // 用矢量方向法判断该点在三角形右侧边的左边还是右边
        x1 := p.X0
        y1 := yt

        x2 := p.X0 + sideLength/2
        y2 := yb

        x3 := x
        y3 := y

        s := (x1-x3)*(y2-y3) - (y1-y3)*(x2-x3)

        if s > 0 {
            // s > 0 表示在左侧，即在形状内
            return true
        }
    }

    // 默认返回 false，表示该点不在形状内
    return false

}

func handleImage(respA http.ResponseWriter, reqA *http.Request) {
    // 确定图片的宽与高
    // 注意这种同时声明两个同类型变量并用一个等号分别赋值的写法
    var w, h int = 600, 400

    // 为计算三个形状的圆心准备数据
    var hw, hh float64 = float64(w / 2), float64(h / 2)
    r := 80.0
    θ := math.Pi * 2 / 3

    // 生成三个形状，第一个形状用红色，第二个用绿色，第三个用蓝色填充
    //第一个形状用三角形，第二个用方形，第三个用圆形
    // 出于照顾视觉的考虑，适当调整了几个形状的中心位置和半径
    shapeRedT := &Triangle{hw - r*math.Sin(0) + 90*0.1, hh - r*math.Cos(0) + 90*0.3, 90 *
1.18}
    shapeGreenT := &Square{hw - r*math.Sin(θ), hh - r*math.Cos(θ), 90 * 0.9}
    shapeBlueT := &Circle{(hw - r*math.Sin(-θ)), hh - r*math.Cos(-θ), 90}

    // 新建一个 RGBA 色彩空间的图形对象
    imageT := image.NewRGBA(image.Rect(0, 0, w, h))

    // 循环逐行设置每个点的颜色
    for y := 0; y < h; y++ {
```

```
        for x := 0; x < w; x++ {
            // 根据该点是否在 shapeRedT 内确定红色的强度
            var colorRedT byte = 0
            if shapeRedT.InShape(float64(x), float64(y)) {
                colorRedT = 255
            }

            // 根据该点 x、y 坐标的奇偶数确定绿色的强度
            var colorGreenT byte = shapeGreenT.GetColorValue(float64(x), float64(y))

            // 根据该点是否在 shapeBlueT 内确定蓝色的强度
            var colorBlueT byte = shapeBlueT.GetColorValue(float64(x), float64(y))

            // 根据汇总的 RGB 颜色确定最终该点的颜色
                colorT := color.RGBA{colorRedT, colorGreenT, colorBlueT, 255}

            // 设置该点的颜色
            imageT.Set(x, y, colorT)
        }
    }

    // 写入网页响应头中的内容类型，表示是 png 格式的图片
    respA.Header().Set("Content-Type", "image/png")

    // 进行 png 格式的图形编码，并以流式方法写入 http 响应中
    png.Encode(respA, imageT)

}

func main() {

    // 设定根路由处理函数
    http.HandleFunc("/", handleImage)

    // 在指定端口上监听
    http.ListenAndServe(":8837", nil)
}
```

代码 14-14　Web 服务器中流式输出图片

代码 14-14 基于代码 14-5 做了一些修改，将生成的图片作为 Web 服务器的响应输出，这种方式输出的图片，用浏览器访问该网址 URL 时会直接显示在浏览器中，也可以被下载另存为图片文件。代码中主要的修改包括：

- 将生成图片的代码移到了 handleImage 函数内；
- handleImage 函数中绘制完图片内容后，没有保存为图片，而是以流式的方法直接编码为 PNG 格式的图片数据并写入了 HTTP 响应中；
- 注册 handleImage 函数为处理 Web 访问时根路由的函数；
- 在 8837 端口上进行 HTTP 协议的监听；
- 为了演示，修改了正方形形状的上色方式。

代码 14-14 运行后，用浏览器访问本机的 8837 端口，可以看到图 14.17 所示的图片。

如果将流式输出图片的 URL 改为类似“/image1.png”，可以再用其他网页将其容纳起来，这与网页中包含静态图片的效果是相同的，但实际上我们可以在后台动态生成图片，这样可以大大提高网页输出的灵活性，并起到一定的保护作用。

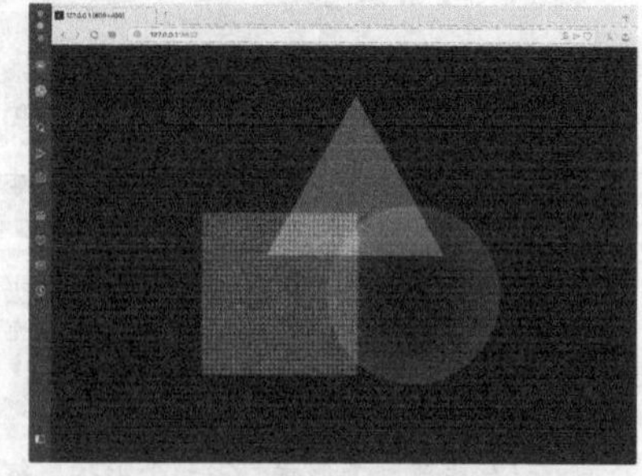

图 14.17　代码 14-14 运行后的结果

第 15 章

Go 语言进行图形界面开发

最初 Go 语言的设计重点并不包括图形界面（Graphic User Interface，GUI）的开发，而是以命令行方式的开发为主，标准库和官方的主要工具中也不包含图形界面开发的库/包。但这并不代表用无法 Go 语言开发图形界面，相反，Go 语言还是可以开发出较好的界面的，我们使用的 Go 语言开发工具软件 LiteIDE 就是用 Go 语言结合界面开发框架 Qt 编写出来的。本章将介绍如何使用 Go 语言结合其他的界面开发框架或工具进行图形界面开发。

15.1　使用 Qt 开发图形界面

Qt 是业界有名的跨平台的成熟界面开发框架，已经有近 30 年的发展历史，拥有完善的面向对象体系和丰富的界面组件，并陆续推出了移动端和嵌入式的框架，足以支持各种场景下的界面开发，包括商业级软件图形界面的开发，事实上很多大型软件都是选用 Qt 进行图形界面开发的。

15.1.1　Go 结合 Qt 开发环境的搭建

Go 语言中，可以通过 github.com/therecipe/qt、github.com/visualfc/goqt 等第三方包进行 Qt 的绑定，作为一个中介来实现对 Qt 框架的使用。本书将以一个实例介绍如何用 github.com/therecipe/qt 包开发一个简单但是完整的图形界面应用程序。在进入实例之前，我们当然还是要先准备好开发的环境，整个安装过程相对长一些，要有足够的心理准备。

首先，自然是要安装 Qt 开发包，Qt 同时提供商业版本和免费的开源版本，一般的开发使用开源版本已经足够。Qt 支持 Windows、MacOS、Linux 等平台，以 Windows 系统为例，我们直接访问 Qt 的官网并选择“Go Open Source”字样的按钮即可进入注册页面，如图 15.1 所示，下载前必须输入信息注册一个 Qt 账户。

完成账户注册后再次进入下载页面，系统就会自动下载 Qt 的在线安装版本，运行该版本的安装程序，在类似图 15.2 所示的页面中选择“Skip”字样的按钮，即可开始开源版本的安装。

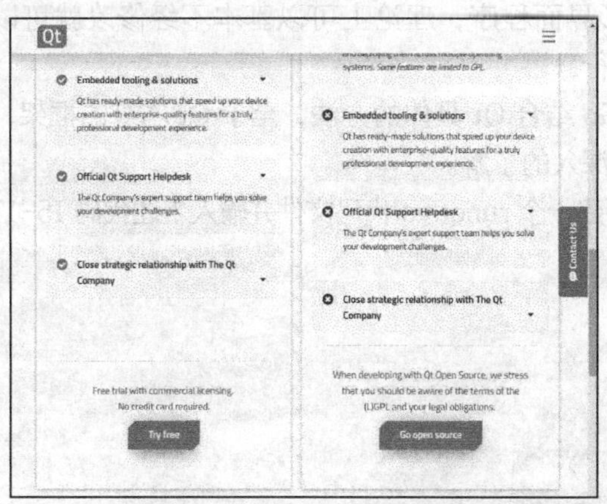

图 15.1　Qt 官网中选择下载开源版本

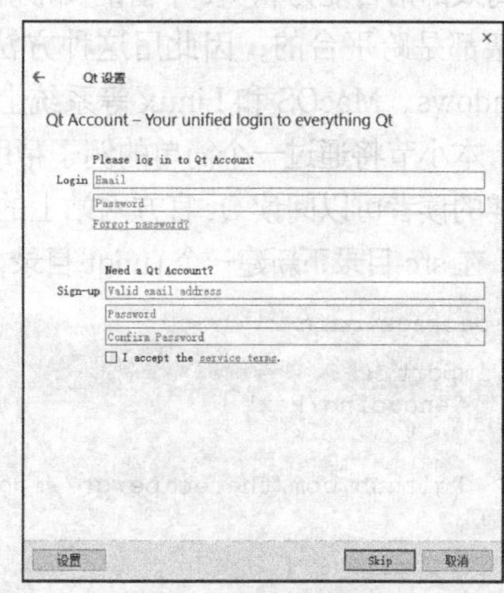

图 15.2　Qt 安装中选择开源版本

然后安装程序会要求选择所需安装的组件，一般选择最新的稳定版本（例如 5.12.1 版本等）安装即可，不要选择 Preview 版本。按照提示逐步操作即可完成 Qt 框架本身的安装。

然后安装用于 Go 语言 Qt 框架绑定的第三方包 github.com/therecipe/qt，由于该包在安装过程中用到了 golang.org/x 下的几个子包，因此也需要用 git clone 的方式来预先安装这些依赖包。简单来说就是依次用下面的命令进行安装：

```
c:
cd \goprjs\src\golang.org\x
git clone https://github.com/golang/sys
git clone https://github.com/golang/crypto
```

然后运行 go get -v github.com/therecipe/qt/cmd/... 命令安装 github.com/therecipe/qt 包，注意不要使用 -u 参数（官方的安装说明中有-u，但我们不应该使用）。

用 go get 命令安装完 github.com/therecipe/qt 包后，还要执行 qtsetup 命令才能最后完成整个开发环境的安装，如图 15.3 所示。执行该命令成功时，会弹出多个 Qt 图形界面例子程序的窗口，逐一关闭就可以了。

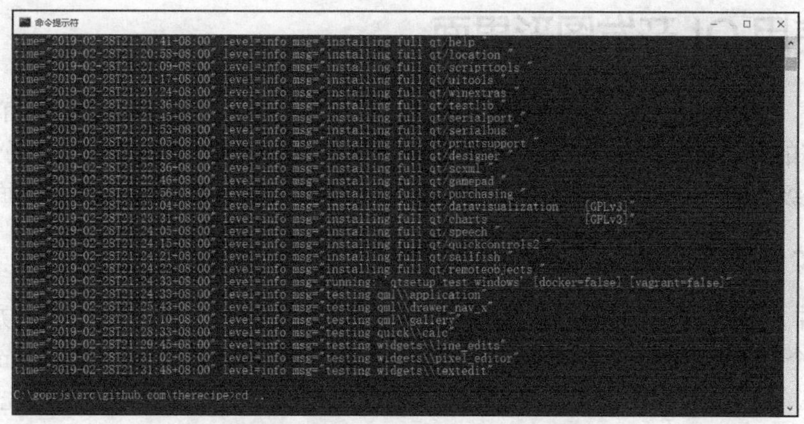

图 15.3 Go+Qt 开发环境安装完毕

最后需要说明的是，有时候防病毒或防火墙软件会造成 Qt 安装过程中的干扰，建议在安装过程中全程关闭这些软件。

15.1.2 Go 结合 Qt 开发基础示例

本章的重点是介绍 Go 语言与 Qt 框架结合运用的方法，两者结合的目的是充分发挥 Go 语言简洁高效的语言能力和 Qt 丰富的图形界面表达能力以及跨平台统一界面的优势。由于 Go 语言和 Qt 框架都是跨平台的，因此用这种方法编写的图形界面程序，理论上可以基本不经修改就可以在 Windows、MacOS 和 Linux 等系统上分别编译运行。

本小节将通过一个简单的例子帮助读者了解 Go 结合 Qt 具体的方法，至于 Qt 本身的框架，有兴趣的读者可以阅读 Qt 官方网站上的文档进行更深入的了解。

在 src 目录下新建一个 runqt 目录，并在其中新建一个 runqt.go 代码文件并输入下述代码 15-1。

```
package main

import (
  "encoding/hex"
  "os"

  "github.com/therecipe/qt/widgets"
)

func main() {
  // 创建一个图形窗口应用
```

```
    appT := widgets.NewQApplication(len(os.Args), os.Args)

    // 创建一个最小为 250*200 大小的主窗口
    // 并设置窗口标题为 "十六进制编码"
    windowT := widgets.NewQMainWindow(nil, 0)
    windowT.SetMinimumSize2(250, 200)
    windowT.SetWindowTitle("十六进制编码")

    // 创建一个 widget
    // 使用 QVBoxLayout 布局，即纵向顺序排放控件的布局
    // 并使其居中
    widgetT := widgets.NewQWidget(nil, 0)
    widgetT.SetLayout(widgets.NewQVBoxLayout())
    windowT.SetCentralWidget(widgetT)

    // 在上述 widget 中创建两个纯文本编辑框
    // 编辑框内都有提示文本
    input1 := widgets.NewQPlainTextEdit(nil)
    input1.SetPlaceholderText("在此输入要编码的文本……")
    input1.SetFixedHeight(100)
    widgetT.Layout().AddWidget(input1)

    input2 := widgets.NewQPlainTextEdit(nil)
    input2.SetPlaceholderText("此处将显示编码后的十六进制文本")
    input2.SetFixedHeight(100)
    widgetT.Layout().AddWidget(input2)

    // 再创建一个按钮并设置点击事件的处理函数
    buttonT := widgets.NewQPushButton2("编码", nil)

    // 设置 buttonT 按钮处理点击事件的函数
    buttonT.ConnectClicked(func(bool) {
        // 将 input2 编辑框中的文字设置成 input1 编辑框中文字十六进制编码后的文本
        input2.SetPlainText(hex.EncodeToString([]byte(input1.ToPlainText())))

        // 弹出消息框提示操作成功
        widgets.QMessageBox_Information(nil, "OK", "编码完毕", widgets.QMessageBox__Ok, widgets.
QMessageBox__Ok)
    })

    widgetT.Layout().AddWidget(buttonT)

    // 显示主窗口
    windowT.Show()

    // 运行该图形应用程序
    // 直至遇到调用 app.Exit()函数
    // 或者用户关闭该程序的主窗口
    appT.Exec()
}
```

代码 15-1 runqt/runqt.go

代码 15-1 演示的是最基本的 Go 语言结合 Qt 实现图形界面的代码示例。本例中全部使用代码来手动生成界面，没有使用 Qt Creator 等图形界面设计工具。代码 15-1 中按照一般 Qt 程序的典型代码逻辑，首先创建了 QApplication 应用程序对象；然后创建了 QMainWindow 主窗口对象；在主窗口中居中创建了一个 QWidget 对象作为其他控件的容器，并设置使用纵向布局；之后依次创建了两个文本编辑框和一个按钮；之后设置按钮单击时间的处理函数，函数中主要是将文本编辑框 input1 中的文本编码为十六进制文本字符串后显示在文本编辑框 input2 中；最后两条语句中 windowT.Show()用于显示主窗口（之前并不显示），appT.Exec()则是真正运行整个 Qt 图形程序。

编译 Qt 图形程序不能用 go build 或 install 命令，但可以先用 go build 来检验代码中的错误（忽略可能出现的一些与代码无关的错误信息）。代码无误后，要在代码所在目录（src 目录下的 runqt 子目录，本书所建的代码目录为 C:\goprjs\src\runqt）下运行下述命令来生成 Qt 程序的可执行程序包。

```
qtdeploy build desktop .
```

qtdeploy 命令是在安装完 github.com/therecipe/qt 包后在 bin 目录下生成的，命令行参数中 desktop 是指按当前操作系统自动创建适合的可执行文件包，最后的“.”表示编译当前目录。命令执行完毕后，在该目录下会生成两个子目录“deploy”和“windows”，在“deploy”子目录再下

一级的“windows”子目录下，就是编译后的可执行文件和其他执行所需的 Qt 库文件和资源文件等。如果要把该程序拿到别的计算机上运行（可能没有安装过 Qt 软件），把该目录整体复制即可。该目录中的文件应如图 15.4 所示。

其中的 runqt.exe 就是最终生成的可执行文件，双击后打开该程序界面如图 15.5 所示。

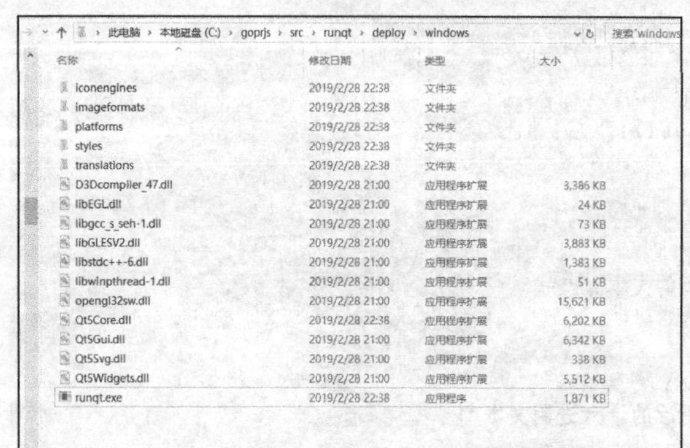

图 15.4 qtdeploy 编译后生成的可执行文件目录

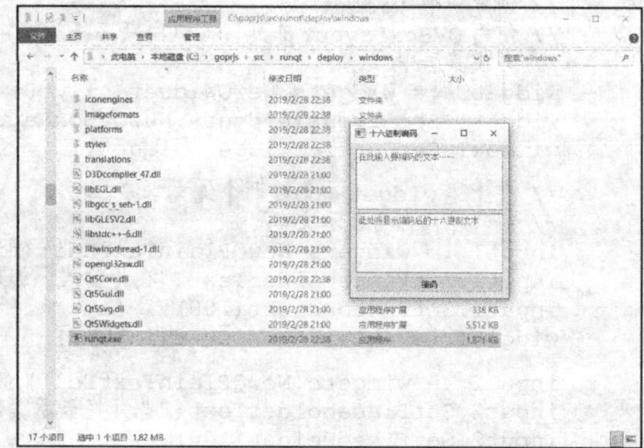

图 15.5 runqt 程序运行后的界面

可以看到，一个简单的、具有图形界面的应用程序已经运行起来了。在上边第一个文本编辑框中输入任意一个字符串后单击“编码”按钮会在下面的文本编辑框中得到该字符串的十六进制编码，并有弹出的操作成功提示，如图 15.6 所示。

至此为止，已经成功地实现了 Go 语言与 Qt 框架的结合开发。更多的开发文档，可以参考 Qt 的官方文档。需要特别注意的是，Qt 官方文档中的对象类及其成员变量和成员函数很多是以小写字母开始的，由于 Go 语言中的约定，需要转换成大写字母开头。例如，图 15.7 显示的是代码 15-1 中用到的 QPlainTextEdit 对象的 toPlainText 函数的文档说明，toPlainText 函数是小写字母开头的，如果代码中这样写则会导致编译错误，要换成大写字母开头，即 ToPlainText 才是正确的。

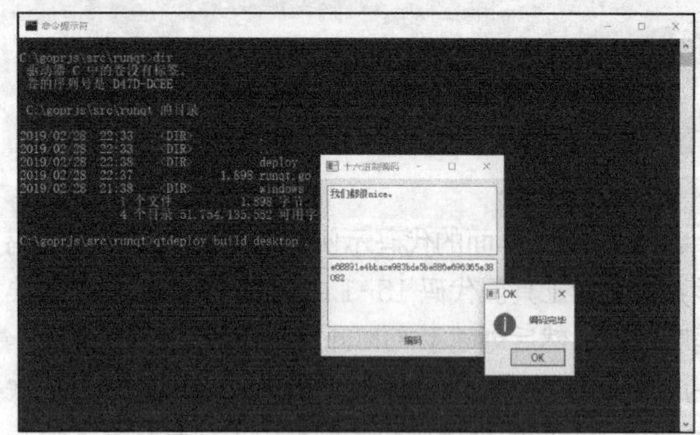

图 15.6 十六进制编码后的图形界面

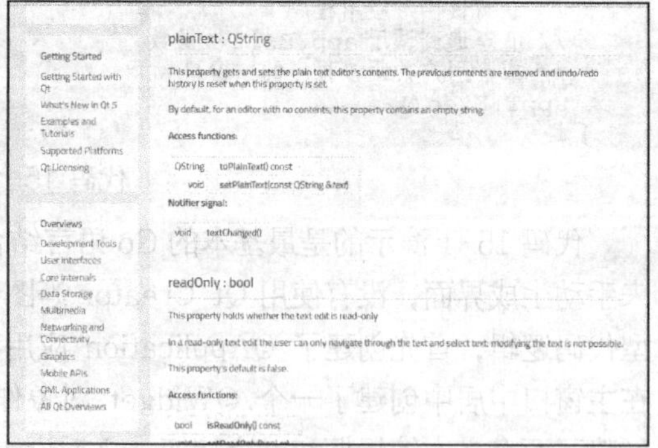

图 15.7 QPlainTextEdit 的参考文档

15.1.3 部署 therecipe/qt 示例程序

github.com/therecipe/qt 包提供了很多示例代码可以供使用者学习，可以直接去 GitHub 网站查看，示例代码的位置在 GitHub 网站的/therecipe/examples 目录下，如图 15.8 所示。

可以直接进入 basic 或 advanced 目录查看代码，也可以将代码复制到本机，然后通过 qtdeploy 命令进行编译部署，这样可以编译出示例代码的可执行文件，以便查看实际运行效果。将示例代码复制到本机可以用下面的命令：

```
go get -v github.com/therecipe/examples
```

该命令运行后会得到提示信息“package github.com/therecipe/examples: no Go files in C:\goprjs\src\github.com\therecipe\examples”，用户可以忽略该信息。另一个方法是在 src 目录下的 github.com/therecipe 子目录下用 git clone 命令复制示例代码：

```
git clone https://github.com/therecipe/examples
```

之后可以用 qtdeploy 命令编译部署具体的示例代码。例如，如果要查看示例目录下 basic/widgets 代码示例，可以运行下面的命令来编译部署：

```
qtdeploy test desktop github.com/therecipe/examples/basic/widgets
```

在 src 目录下的 github.com\therecipe\examples\basic\widgets\deploy\windows 子目录可以找到编译好的可执行文件 widgets.exe 和它的依赖文件。运行 widgets.exe 效果如图 15.9 所示。

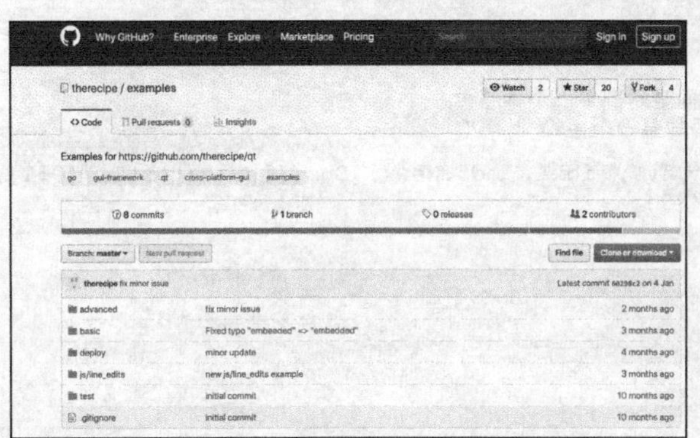

图 15.8 therecipe/qt 包例子代码位置

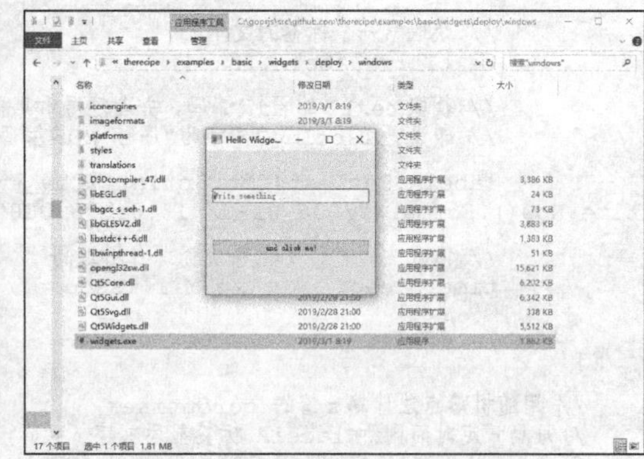

图 15.9 示例代码 widgets 的运行结果

15.1.4 在 goroutine 中安全操作图形界面

图形界面的程序中，一般都需要处理在线程中更新界面的并发问题，因为如果多个线程同时操作主界面，往往会引起程序崩溃异常而中止。对于这种情况常见的处理逻辑之一是：只允许主线程修改主界面，其他线程与主进程进行通信来告知准备怎样修改主界面，具体操作由主线程来实施。另一种逻辑是：各个线程与主线程之间通过共享锁进行同步，保证同一时刻只有一个线程在操作界面。

Qt 中有自己独特的信号/槽（Signals/Slots）机制来处理这种图形界面并发访问冲突问题，简单地说就是线程对象向图形控件对象发送信号，图形控件对象的槽函数负责处理该信号。该机制可以保证操作的并发安全，因此可以被用来处理图形界面的共享冲突。

> **注意** 实际上 Qt 的信号/槽机制主要用于两个对象之间的通信，应用范围更广，在本例中只被用来做界面操作并发控制。

> **注意** Go 语言中的 goroutine 比线程更轻量级，但从作用上来说与线程基本是一致的，为了描述方便，我们有时候会将 goroutine 与线程等同起来。

1. 不安全操作图形界面的方式

先看一段在多个 goroutine 中访问图形界面时没有进行并发安全处理的示例代码，见代码 15-2。

```
package main

import (
  "crypto/md5"
  "fmt"
  "math/rand"
  "os"
  "strings"
  "time"
```

```
    "github.com/therecipe/qt/gui"
    "github.com/therecipe/qt/widgets"
)

// 用于控制多个 goroutine 是否工作的标志
// runFlagG 为 false 时表示不工作，true 时表示可以有效进行工作
var runFlagG bool = false

// 根据当前时间刷新 label1 标签显示文字的 goroutine
func updateLabel1(labelA *widgets.QLabel, idxA int) {
  for {
      // 如果 runFlagG 为 false，则休眠 1 秒后继续循环
      // 不进行有效工作
      if !runFlagG {
          time.Sleep(1 * time.Second)

          continue
      }

      // 获取第一个标签的文本
      textT := labelA.Text()

      // 获取 textT 的 md5 编码，并与序号和时间显示到第一个标签中
      // 即设置 labelA 的文字为"序号_MD5 编码的第一个字符_时间"

      labelA.SetText(fmt.Sprintf("%v_%v_%v", idxA, md5.New().Sum([]byte(textT))[0:1],
time.Now().Format("2006-01-02 15:04:05.000")))

      // 休眠 1 毫秒，防止系统资源占用过高
      time.Sleep(1 * time.Millisecond)

  }
}

// 用随机落点法计算π值的 goroutine
//每隔一定时间刷新 label2 标签显示文字
func updateLabel2(labelA *widgets.QLabel, anotherLabelA *widgets.QLabel) {

  // 用随机落点法计算圆周率π
  inCircleCount := 0
  pointCountT := 0

  var x, y float64
  var piT float64

  for {
      if !runFlagG {
          time.Sleep(1 * time.Second)
          continue
      }

      pointCountT++

      x = rand.Float64()
      y = rand.Float64()

      if x*x+y*y < 1 {
          inCircleCount++
      }

      piT = (4.0 * float64(inCircleCount)) / float64(pointCountT)

      // 获取第一个标签的文字
      textT := anotherLabelA.Text()

      // 获取其中第一项内容（即 goroutine 序号）
      textT = strings.Split(textT, "_")[0]

      // 设置第二个标签的文字为第一个标签的 goroutine 序号和π值
      labelA.SetText(fmt.Sprintf("[%v]计算的π值: %1.5f", textT, piT))

      time.Sleep(1 * time.Millisecond)
  }
}

func main() {

  appT := widgets.NewQApplication(len(os.Args), os.Args)

  // 新建主窗口
  windowT := widgets.NewQMainWindow(nil, 0)
  windowT.SetMinimumSize2(250, 200)
```

```
    windowT.SetWindowTitle("并发测试")

    // 新建一个 widget，用于包含两个纵向排列的子 widget
    widget1T := widgets.NewQWidget(nil, 0)
    widget1T.SetLayout(widgets.NewQVBoxLayout())
    windowT.SetCentralWidget(widget1T)

    // widget1T 中纵向排列的第一个 widget
    // 用于包含两个 CustomLabel 标签
    widget2T := widgets.NewQWidget(nil, 0)
    widget2T.SetLayout(widgets.NewQHBoxLayout())
    widget1T.Layout().AddWidget(widget2T)

    // widget1T 中纵向排列的第二个 widget
    // 用于包含按钮 buttonT
    widget3T := widgets.NewQWidget(nil, 0)
    widget3T.SetLayout(widgets.NewQHBoxLayout())
    widget1T.Layout().AddWidget(widget3T)

    // 第一个标签，用于显示当前时间等信息
    label1 := widgets.NewQLabel(nil, 0)
    label1.SetText("")
    label1.SetFixedHeight(100)
    label1.SetFixedWidth(200) // 设置固定的宽度

    widget2T.Layout().AddWidget(label1)

    // 创建字体对象，用于更改 label2 的字体
    fontT := gui.NewQFont2("Helvetica", -1, -1, false)
    fontT.SetPointSize(16) // 设置字体的大小

    // 第二个标签，用于表示计算中的 π 值等信息
    label2 := widgets.NewQLabel(nil, 0)
    label2.SetText("")
    label2.SetFixedHeight(100)
    label2.SetFixedWidth(360)
    label2.SetFont(fontT) // 设置所用的字体

    widget2T.Layout().AddWidget(label2)

    // 用于控制两个线程运行与否的按钮
    buttonT := widgets.NewQPushButton2("开始", nil)

    // 设置 buttonT 按钮处理点击事件的函数
    buttonT.ConnectClicked(func(bool) {

        // 切换 runFlagG 的状态
        // runFlagG 控制了 goroutine 是否可以有效运行
        // true 表示可以运行，false 代表不应工作
        // 从另一个角度说也代表了 goroutine 是否正在运行
        runFlagG = !runFlagG

        if runFlagG {
            // 如果 goroutine 正在运行，设置按钮 buttonT 的文字为"停止"
            buttonT.SetText("停止")
        } else {
            // 如果 goroutine 不在有效运行，设置按钮 buttonT 的文字为"开始"
            buttonT.SetText("开始")
        }

    })

    widget3T.Layout().AddWidget(buttonT)

    // 运行 5 个 updateLabel1 函数生成的 goroutine
    go updateLabel1(label1, 0)
    go updateLabel1(label1, 1)
    go updateLabel1(label1, 2)
    go updateLabel1(label1, 3)
    go updateLabel1(label1, 4)

    // 运行 1 个 updateLabel2 函数生成的 goroutine
    go updateLabel2(label2, label1)

    windowT.Show()

    appT.Exec()
}
```

代码 15-2 qtgoroutine/qtgoroutine.go

代码 15-2 试图实现的逻辑是：使用多个 goroutine 对两个文本标签进行并发的读写操作来测试并发界面访问的安全性。本例中除了界面并发访问是新内容外，还有一些新知识，下面将逐一进行解释。

主函数中创建了一个略微复杂的界面布局，可以用示意图表示如图 15.10 所示。

主窗口中，widget1T 是最外层的布局容器，它对自己内部的界面元素是纵向布局的，因此它所包含的 widget1T 和 widget2T 是上下排列的。而 widget2T 是横向布局的，因此包含的两个文本标签 label1 和 label2 是左右排列的，并将根据它们各自的内容大小确定在 widget2T 中所占的比例。widget3T 中只有一个按钮控件 buttonT，buttonT 默认将充满它的上级界面元素 widget3T。传统的图形界面开发中，这种可以嵌套的纵横布局方式一般称作网格布局或栅格布局（Grid Layout），网格布局已经可以解决大多数图形界面的表现要求。

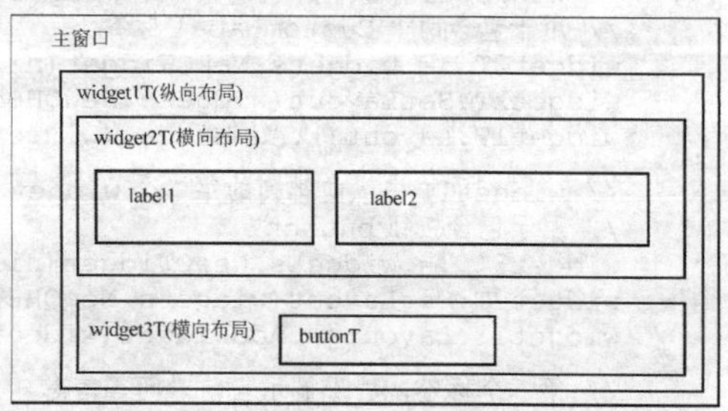

图 15.10　代码 15-2 主界面布局示意图

为了演示，我们对文本标签 label2 的字体进行了手工设置，gui.NewQFont2 函数将创建一个 Qt 的字体对象（QFont 类型），该函数的定义如下：

```
func NewQFont2(family string, pointSize int, weight int, italic bool) *QFont
```

其中 family 参数表示字体的名称；pointSize 是字体的大小，单位是 pt；weight 参数是以整数表示的粗体、细体等样式，可以传入 QFont__Normal、QFont__Bold 等预定义的常量；italic 表示是否是斜体；pointSize 和 weight 参数传入-1 表示使用默认数值。QFont 的 SetPointSize 函数用于设置字体的大小，参数的含义与 gui.NewQFont2 函数中的 pointSize 参数相同；设置完字体后调用 QLabel 对象的 SetFont 成员函数来设置文本标签的字体。

代码 15-2 中定义了两个设置文本标签的函数 updateLabel1 和 updateLabel2，它们将分别作为并发的 goroutine 运行。为了演示可能的并发冲突，这两个函数中都有对界面的读操作和写操作。

updateLabel1 函数每隔 1 毫秒将读取文本标签 label1 中的文本，对其进行 MD5 编码后，加上该 goroutine 的序号以及当前系统时间等信息再显示在 label1 中（这是一个界面写入操作，即对界面进行了修改）。

updateLabel2 函数每隔 1ms 将用随机落点法计算圆周率π的值，然后读取 label1 中的文本，从其中取出 goroutine 的序号，然后将序号和圆周率π的信息组合写入到文本标签 label2 中。

为了充分测试可能的并发冲突，主函数中启动了 5 个基于 updateLabel1 函数的 goroutine 和 1 个基于 updateLabel2 函数的 goroutine。

全局变量 runFlagG 是一个布尔类型的变量，用于控制所有运行的 goroutine 是否真正工作，updateLabel1 函数和 updateLabel2 函数中，每次循环的一开始都会检查 runFlagG，如果该变量的值为 false，则将不执行真正的工作，而是休眠等待 1 秒后继续循环。runFlagG 的初始值是 false，因此程序运行后，虽然 6 个 goroutine 都被启动，但都不会实际工作，直至单击按钮 buttonT 为止。

按钮 buttonT 绑定的点击事件处理函数的主要代码逻辑是：每次单击后将 runFlagG 的值切换，如果原来是 false 就变为 true，如果是原来是 true 则变为 false。这样就达到了用按钮控制那些 goroutine 工作状态的作用，同时为了用户看起来更清晰，还会根据 runFlagG 的值将按钮的文字适当修改，体现从用户的角度看下一次单击该按钮的功能（是开始 goroutine 的执行还是停止执行）。

编译执行代码 15-2 后会看到图 15.11 所示的界面。

单击“开始”按钮后，会出现类似图 15.12 所示的界面：

图 15.11 “开始”界面

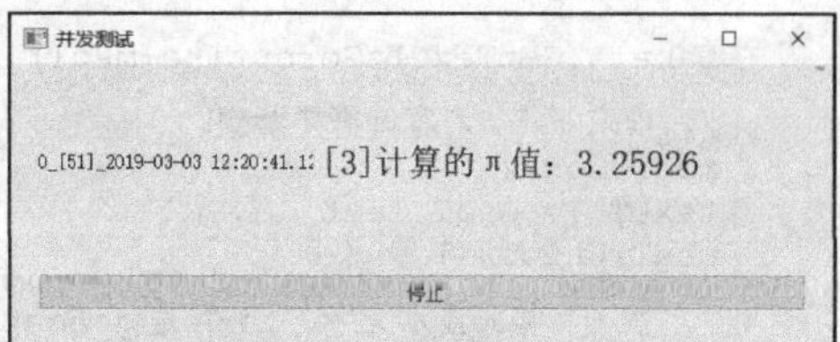

图 15.12 “停止”界面

左右两个文本标签上的文字会不断地飞快变化，当按钮上的文字变成“停止”时表示再次单击将停止两个文本标签的刷新。但当代码运行一定时间后，会突然闪退（界面自行消失），说明出现了界面操作的共享冲突而导致程序运行时崩溃。因此，必须进行并发界面访问的处理来实现安全的界面操作。

2. 并发操作图形界面的正确方式

代码 15-3 演示了如何使用 Go 语言结合 Qt 在 goroutine 中安全地操作主界面。

```
package main

import (
  "crypto/md5"
  "fmt"
  "math/rand"
  "os"
  "strings"
  "sync"
  "time"

  "github.com/therecipe/qt/gui"
  "github.com/therecipe/qt/widgets"
)

// ReturnMsg 用于 CustomLabel 类型中 getTextInGoroutine 函数返回数据用
type ReturnMsg struct {
  sync.Mutex // 继承自 sync.Mutex，以便可以加共享锁

  Text string // 用于存放实际的结果字符串
}

// CustomLabel 自定义的文字标签图形控件
// 继承自 widgets.QLabel （使用匿名字段的方式）
// 增加声明了一个 slot 函数 changeTextInGoroutine 用于修改标签的文字
// 和一个 slot 函数 getTextInGoroutine 用于读取标签文字
type CustomLabel struct {
  widgets.QLabel

  _ func(textA string) `slot:"changeTextInGoroutine"`

  // getTextInGoroutine 函数会将读取到的标签文字存放在参数 t 指向的变量中
  _ func(t *ReturnMsg) `slot:"getTextInGoroutine"`
}

// 全局变量 runFlagG 是用于控制多个 goroutine 是否工作的标志
// runFlagG 为 false 时表示不工作，true 时表示可以有效进行工作
var runFlagG bool = false

// 根据当前时间刷新 label1 标签显示文字的 goroutine
func updateLabel1(labelA *CustomLabel, idxA int) {
  for {
      // 如果 runFlagG 为 false，则休眠 1 秒后继续循环
      // 不进行有效工作
      if !runFlagG {
            time.Sleep(1 * time.Second)

            continue
      }
```

```
        // 新建一个 ReturnMsg 类型的变量 msgT 用于 GetTextInGoroutine 函数的返回结果
        msgT := new(ReturnMsg)

        // 读取标签文字时需要加锁，因为要写入 msgT 中
        msgT.Lock()

        labelA.GetTextInGoroutine(msgT)

        // 读取 msgT 内容时需要加锁
        msgT.Lock()
        textT := msgT.Text
        msgT.Unlock()

        // 按一定格式显示文字，idxA 是 goroutine 的序号
        // 输出字符串中用下划线分割的第二部分是 md5 对 textT 进行编码后的结果，仅保留一个字节
        // 第三部分是当前时间
        labelA.ChangeTextInGoroutine(fmt.Sprintf("%v_%v_%v", idxA, md5.New().Sum([]byte (textT))
[0:1], time.Now().Format("2006-01-02 15:04:05.000")))

        time.Sleep(1 * time.Millisecond)
    }
}
// 用随机落点法计算π值的 goroutine
//每隔一定时间刷新 label2 标签显示文字
func updateLabel2(labelA *CustomLabel, anotherLabelA *CustomLabel) {
    // 用随机落点法计算圆周率π
    inCircleCount := 0
    pointCountT := 0

    var x, y float64
    var piT float64

    for {
        if !runFlagG {
            time.Sleep(1 * time.Second)

            continue
        }

        pointCountT++

        x = rand.Float64()
        y = rand.Float64()

        if x*x+y*y < 1 {
            inCircleCount++
        }

        piT = (4.0 * float64(inCircleCount)) / float64(pointCountT)

        // 获取 label1 的文字
        msgT := new(ReturnMsg)

        msgT.Lock()

        anotherLabelA.GetTextInGoroutine(msgT)

        // 调用 labelA 的 slot 函数设置该标签的文字为正在计算的π值
        msgT.Lock()
        textT := msgT.Text
        msgT.Unlock()

        // 选取分割后第一个部分，即序号部分
        textT = strings.Split(textT, "_")[0]

        // 显示所取的 updateLabel1 函数启动的 goroutine 序号以及当前计算的π值
        labelA.ChangeTextInGoroutine(fmt.Sprintf("[%v]计算的π值: %v", textT, piT))

        time.Sleep(1 * time.Millisecond)
    }
}

func main() {

    appT := widgets.NewQApplication(len(os.Args), os.Args)

    // 新建主窗口
    windowT := widgets.NewQMainWindow(nil, 0)
    windowT.SetMinimumSize2(250, 200)
    windowT.SetWindowTitle("并发安全测试")
```

```
// 新建一个widget，用于包含两个纵向排列的子widget
widget1T := widgets.NewQWidget(nil, 0)
widget1T.SetLayout(widgets.NewQVBoxLayout())
windowT.SetCentralWidget(widget1T)

// widget1T中纵向排列的第一个widget
// 用于包含两个CustomLabel标签
widget2T := widgets.NewQWidget(nil, 0)
widget2T.SetLayout(widgets.NewQHBoxLayout())
widget1T.Layout().AddWidget(widget2T)

// widget1T中纵向排列的第二个widget
// 用于包含按钮buttonT
widget3T := widgets.NewQWidget(nil, 0)
widget3T.SetLayout(widgets.NewQHBoxLayout())
widget1T.Layout().AddWidget(widget3T)

// 第一个标签，用于显示当前时间
label1 := NewCustomLabel(nil, 0)
label1.SetText("")
label1.SetFixedHeight(100)
label1.SetFixedWidth(220)

// 设置label1的slot处理函数ChangeTextInGoroutine
// 将label1的文字设置为传入的textA参数
label1.ConnectChangeTextInGoroutine(func(textA string) {
    label1.SetText(textA)
})

// 设置label1的slot处理函数GetTextInGoroutine
// 读出label1的文字放入msgA参数的Text字段中
label1.ConnectGetTextInGoroutine(func(msgA *ReturnMsg) {
    msgA.Text = label1.Text()

    msgA.Unlock()
})

widget2T.Layout().AddWidget(label1)

// 创建字体对象，用于更改label2的字体
fontT := gui.NewQFont2("Helvetica", -1, -1, false)
fontT.SetPointSize(16) // 设置字体的大小

// 第二个标签，用于表示计算中的π值
label2 := NewCustomLabel(nil, 0)
label2.SetText("")
label2.SetFixedHeight(100)
label2.SetFixedWidth(400)
label2.SetFont(fontT) // 设置所用的字体

// 设置label2的slot处理函数
// 将label2的文字设置为传入的textA参数
label2.ConnectChangeTextInGoroutine(func(textA string) {
    label2.SetText(textA)
})

widget2T.Layout().AddWidget(label2)

// 用于控制两个线程运行与否的按钮
buttonT := widgets.NewQPushButton2("开始", nil)

// 设置buttonT按钮处理点击事件的函数
buttonT.ConnectClicked(func(bool) {
    // 切换runFlagG的状态
    // runFlagG控制了goroutine是否可以有效运行
    // true表示可以运行，false代表不应工作
    // 从另一个角度说也代表了goroutine是否正在运行
    runFlagG = !runFlagG

    if runFlagG {
        // 如果goroutine正在运行，设置按钮buttonT的文字为"停止"
        buttonT.SetText("停止")
    } else {
        // 如果goroutine不在有效运行，设置按钮buttonT的文字为"开始"
        buttonT.SetText("开始")
    }

})
```

```
    widget3T.Layout().AddWidget(buttonT)

    // 启动 5 个 updateLabel1 的 goroutine
    go updateLabel1(label1, 0)
    go updateLabel1(label1, 1)
    go updateLabel1(label1, 2)
    go updateLabel1(label1, 3)
    go updateLabel1(label1, 4)

    // 启动 1 个 updateLabel1 的 goroutine
    go updateLabel2(label2, label1)

    windowT.Show()

    appT.Exec()
}
```

代码 15-3 qtgoroutine1/qtgoroutine1.go

代码 15-3 与代码 15-2 相比基本一致，只是在涉及读取图形界面和修改图形界面时采用了不同的方法。代码 15-3 编译运行后，可以看到图 15.13 所示的界面，在启动 goroutine 后会一直刷新界面且不会崩溃，说明成功解决了并发访问界面时的冲突问题。

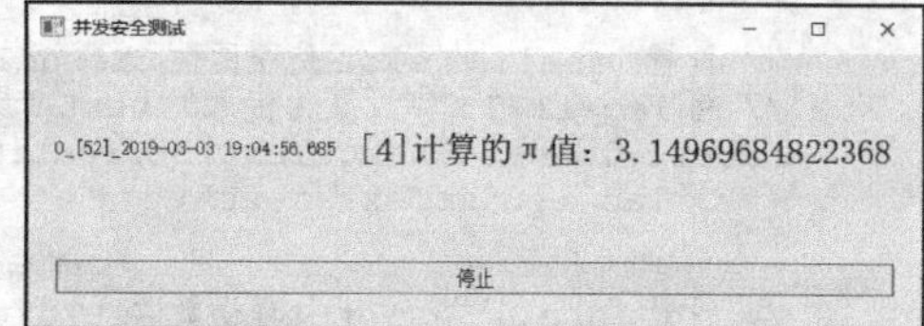

图 15.13 代码 15-3 编译运行后的界面

要让 Qt 的界面控件使用 Signal/Slot 机制来实现可以安全地并发操作，一般需要从普通的 Qt 界面控件派生出一个新的对象类，其目的是加入 slot 函数（如果只是为了并发安全控制，选择实现 signal 或 slot 函数中的一种即可，我们选择 slot 函数来实现）。代码 15-3 中就定义了一个派生自 QLabel 对象类的新对象 CustomLabel，表示并发情况下可以安全操作的文本标签。

CustomLabel 中定义了两个 slot 函数，分别是用于修改标签文字的 changeTextInGoroutine 函数和用于获取文字的 getTextInGoroutine 函数。注意 slot 函数的写法，它们都是作为匿名的字段，并且本身类型是函数类型。

在各个 goroutine 中写入操作时（即修改 label1 和 label2 的文字内容时），直接调用 label1 或 label2 的 slot 函数 ChangeTextInGoroutine 就可以实现安全的并发操作。读取操作则略为烦琐，目前 therecipe/qt 包对此支持还不完美（但正在改进中），需要用一些额外的并发处理方式来保证能够正确读取到数据并避免冲突。本例中选择了用一个可以加共享锁的数据类型 ReturnMsg 来存放从 label1 中读取的文字，它有一个 sync.Mutex 匿名字段，意味着它可以被看作继承了 sync.Mutex，因而可以被当作共享锁使用，可以 Lock 加锁或 Unlock 解锁。在使用 ReturnMsg 类型的变量时，无论是向其中保存数据还是从其中读取数据都需要加锁后再操作，以保证并发操作时其数据安全。注意 slot 函数 GetTextInGoroutine 中带有对 ReturnMsg 类型的变量的解锁操作，所以在 GetTextInGoroutine 函数之前加的共享锁不需要再进行解锁。这种对界面读取操作复杂的并发处理方式预计将在不久后得到改进，读者可以持续关注 therecipe/qt 包的更新。

注册 slot 函数时要用连接函数的写法，即对于 slot 函数：

```
_ func(textA string) `slot:"changeTextInGoroutine"`
```

要用类似下面的语句来注册实际的函数内容：

```
label1.ConnectChangeTextInGoroutine(func(textA string) {
        label1.SetText(textA)
  })
```

即调用 CustomLabel 的 ConnectChangeTextInGoroutine 函数（注意其中 Change 的首字母要换成大写）并传入一个匿名函数作为实际的处理函数，该函数的形式（参数与返回值等）要与 CustomLabel 中声明的 slot 函数一致。

实现 GetTextInGoroutine 正确返回值也可以使用全局变量，但要求每个 goroutine 使用不同的全局变量以免互相冲突。

15.2 使用 govcl 包开发图形界面

除了 Qt 这种成熟的、重量级的图形界面开发框架，也有一些比较优秀的轻量级开发框架可以用于 Go 语言的图形界面开发，例如 govcl 包就是利用发展了很多年的优秀界面组件库 VCL（原来在著名的软件开发环境 Delphi 中的核心界面组件库）或从 VCL 发展而来的免费界面组件库 LCL。LCL 是在免费的开发工具 Lazarus 中提供的，而 Go 语言的第三方包 github.com/ying32/govcl 提供了在 Go 语言中使用 LCL 或 VCL 界面组件库的能力。

VCL 和 LCL 库本来主要是基于 Pascal 语言的开发工具和环境，但使用了 govcl 库后，可以将开发语言换成 Go 语言。

VCL 界面组件库主要支持的是 Windows 平台，LCL 界面组件库则是跨平台的，可以在 Windows、MacOS 和 Linux 系统下使用。这两个界面组件库使用 govcl 包开发编译后的程序只需带上一个对应的动态链接库文件即可发布，在其他计算机上运行时同目录下有这个动态链接库文件就可以正常运行，非常方便，比起 Qt 等较大型的框架也显得非常轻量级，功能也足够强大。

15.2.1 使用 govcl 包开发图形界面的基础示例

使用 govcl 包开发图形界面非常简便，几乎可以说是即插即用的。首先还是需要安装该包，使用 go get -v github.com/ying32/govcl 命令安装即可。安装时可能会有一些提示信息（类似“package github.com/ying32/govcl: no Go files in C:\goprjs\src\github.com\ying32\govcl”），可以忽略。

然后在该包的 GitHub 网页处可以找到动态链接库（预编译 GUI 库的二进制文件）的下载，下载后是一个 zip 格式的压缩文件，解压缩后从其中选出所需平台版本的动态链接库文件备用，对于 Windows 平台，我们一般应该选择 liblcl\win64 子目录下的 liblcl.dll，将其复制到 bin 目录下，这样用 go install 编译的基于 govcl 包的图形界面程序就可以正常运行了。如果不打算在该目录下运行图形程序，例如要发布给别人使用，将可执行文件和这个动态链接库放在一起（同一个目录下）就可以了。

之后就可以输入下面的基础示例代码进行测试，见代码 15-4。

```
package main

import (
  "encoding/hex"
  "strings"

  "github.com/ying32/govcl/vcl"
)

// TMainForm 是代表主窗体的自定义结构类型
type TMainForm struct {
  *vcl.TForm // 应继承自 vcl.TForm

  // 各个界面控件的成员变量
  Button1 *vcl.TButton
  Label1  *vcl.TLabel
  Label2  *vcl.TLabel
  Edit1   *vcl.TEdit
  Edit2   *vcl.TEdit
}

// 设置表示主窗体实例的全局变量 mainForm
var (
  mainForm *TMainForm
)

func main() {

  // 主函数中的常规操作
  vcl.Application.Initialize()
```

```
    vcl.Application.SetMainFormOnTaskBar(true)
    vcl.Application.CreateForm(&mainForm)
    vcl.Application.Run()
}
// OnFormCreate 函数会在主窗体创建时被首先调用
func (f *TMainForm) OnFormCreate(sender vcl.IObject) {
    f.SetCaption("第一个例子")              // 设置主窗体标题
    f.SetBounds(0, 0, 320, 240)          // 设置主窗体大小
    // 设置窗体的字体样式，对窗体内所有控件有效
    // 除非该控件自行再设置字体
    f.Font().SetName("Simhei")
    f.Font().SetSize(11)
    // 设置第一个标签控件
    f.Label1 = vcl.NewLabel(f) // 新建标签对象
    f.Label1.SetParent(f)                  // 设置其父控件为主窗体
    f.Label1.SetBounds(20, 20, 50, 28)  // 设置位置和大小，参数依次为左上角的 X、Y 坐标及宽、高
    f.Label1.SetCaption("原文本")          // 设置标签文字
    // 设置第一个文本编辑框控件
    f.Edit1 = vcl.NewEdit(f)
    f.Edit1.SetParent(f)
    f.Edit1.SetBounds(120, 20, 160, 28)
    // 设置第二个标签控件
    f.Label2 = vcl.NewLabel(f)
    f.Label2.SetParent(f)
    f.Label2.SetBounds(20, 60, 50, 28)
    f.Label2.SetCaption("编码后文本")
    // 设置第二个文本编辑框控件
    f.Edit2 = vcl.NewEdit(f)
    f.Edit2.SetParent(f)
    f.Edit2.SetBounds(120, 60, 160, 28)
    // 设置按钮控件
    f.Button1 = vcl.NewButton(f)
    f.Button1.SetParent(f)
    f.Button1.SetBounds(100, 108, 48, 28)
    f.Button1.SetCaption("编码")
    // 设置按钮控件的点击事件处理函数
    f.Button1.SetOnClick(f.OnButtonClick)
}
// OnButtonClick 是按钮 Button1 点击事件的处理函数
func (f *TMainForm) OnButtonClick(sender vcl.IObject) {
    // 获取文本编辑框 Edit1 中的文本
    strT := f.Edit1.Text()
    // 如果文本去除两边空白后是空字符串则弹出提示信息后退出
    if strings.TrimSpace(strT) == "" {
        vcl.ShowMessage("原文本为空字符串")
        return
    }
    // 将该文本编码为十六进制文本后显示在 Edit2 中
    f.Edit2.SetText(hex.EncodeToString([]byte(strT)))
}
```

代码 15-4 rungovcl/rungovcl.go

先来看看代码的运行结果，编译基于 govcl 包的代码最好加上命令行参数 -ldflags="-H windowsgui"（否则编译出来的程序运行时会首先打开一个命令行窗口再弹出图形界面），即编译时用类似下面的命令行：

```
go install -i -ldflags="-H windowsgui"
```

其中，命令行参数“-i”指示编译器在需要的时候安装该程序所依赖的其他包。编译后，确保

LCL 的动态链接库文件（liblcl.dll）在当前目录下或者 bin 目录下，运行该程序可以得到如图 15.14 所示的图形界面。

在第一个文本编辑框中输入任意文本后单击“编码”按钮即可得到该文本的十六进制编码后。

代码中有必要的注释，在此基础上我们再解释以下几点：

- govcl 包也提供了图形化的设计工具来设计界面，然后用代码去控制该工具生成的界面。因为这种方法相对比较繁琐，本书中对此方式不做介绍，我们还是建议用代码去生成图形界面，掌握了这种基础的方法之后，再去研究简便的方法将会更驾轻就熟。有兴趣的读者可以自行研究，govcl 在 GitHub 网站的主页面上也有详细的说明。
- Delphi 中图形化界面的程序的代码逻辑都是：先定义一个主窗体对象类（名字一般为 TMainForm，在 Go 语言中对应一个自定义的结构类型），然后实例化这个对象类（即创建该结构类型的变量），主函数中做一些应用程序的初始化工作后，会显示这个主窗体，并进入正常的运行过程，运行过程一般是等待窗体中各种控件的事件并作响应，例如按钮被用户按下后会产生一个事件。
- TMainForm 结构类型中要加上类型为*vcl.TForm 的匿名字段，其意义是表明 TMainForm 类是从 vcl.TForm 类继承而来（因此也继承了该类所有的成员变量和函数）。另外，主窗体中所需用到的界面控件都需要先在 TMainForm 类型中声明。
- 主函数 main 中的代码一般依样写上即可，很少会有改变；真正需要修改的代码逻辑一般在主窗体的 OnFormCreate 成员函数中；主窗体创建完成时会触发一个 FormCreate 事件，而 OnFormCreate 成员函数就是负责处理该事件的。
- 我们在 OnFormCreate 函数中初始化了各个控件，最后还设置了按钮 Button1 的点击事件处理函数。
- 该函数中与代码 15-1 类似，都是将第一个文本框中的原文本编码为十六进制的形式显示在第二个文本框中。

可以看出，使用 govcl 包进行图形界面编程非常简单。代码编译的速度也比 Qt 等大型框架快了许多，并且发布代码也很简单，只需要一个可执行文件加一个动态链接库就可以了。对于轻量级的应用或者演示，使用 govcl 包开发不失是一个较好的选择。

govcl 包在 GitHub 网站上的主网页中可以找到所需的 LCL 库和 VCL 库控件说明以及其他一些必需的参考文档，使用 govcl 包开发时需要经常查阅，如图 15.15 所示。为了熟悉 LCL 库，我们也建议下载和试用 Lazarus 软件来体会用图形界面设计工具设计出来的界面大致是什么样，以及有哪些控件可以使用。

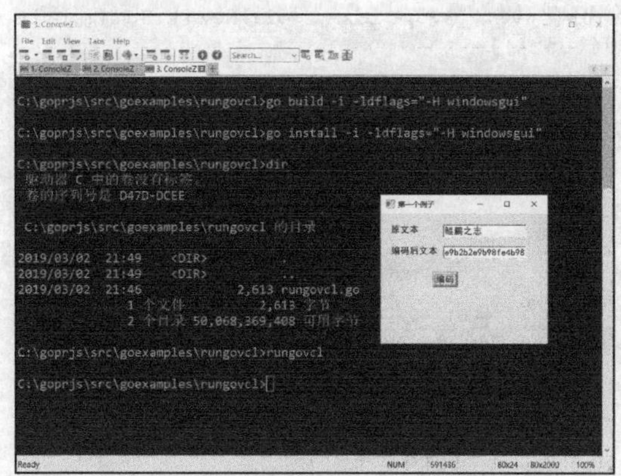

图 15.14　代码 15-4 运行界面

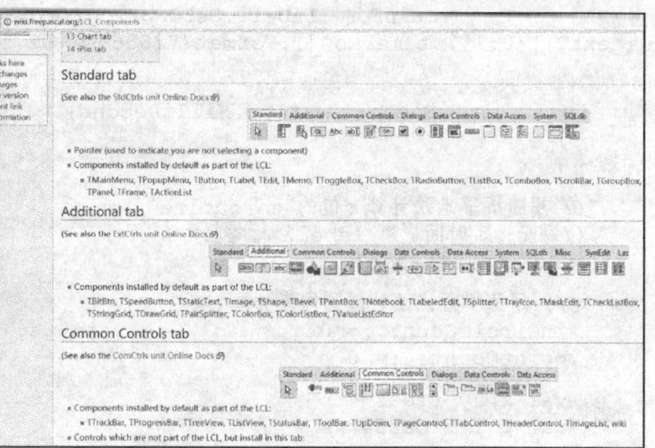

图 15.15　LCL 库的参考文档首页

15.2.2 govcl 包中避免并发界面操作冲突

在 govcl 包中进行图形界面开发时，也需要解决图形界面并发操作的冲突问题，只需要用 vcl.ThreadSync 函数将界面操作的代码封装起来即可。代码 15-5 实现了与代码 15-3 类似的功能。

```
package main

import (
  "crypto/md5"
  "fmt"
  "math/rand"
  "strings"
  "time"

  "github.com/ying32/govcl/vcl"
)

// TMainForm 是代表主窗体的自定义结构类型
type TMainForm struct {
  *vcl.TForm // 应继承自 vcl.TForm

  // 各个界面控件的成员变量
  Button1 *vcl.TButton
  Label1  *vcl.TLabel
  Label2  *vcl.TLabel
}

// 设置表示主窗体实例的全局变量 mainForm
var (
  mainForm *TMainForm
)

// 用于控制两个 goroutine 是否工作的标志
// runFlagG 为 false 时表示不工作，true 时表示可以有效进行工作
var runFlagG bool = false

// 根据当前时间刷新 Label1 标签显示文字的 goroutine
func updateLabel1(idxA int) {
  for {
      // 如果 runFlagG 为 false，则休眠 1 秒后继续循环
      // 不进行有效工作
      if !runFlagG {
            time.Sleep(1 * time.Second)

            continue
      }

      // 用 vcl.ThreadSync 来执行所需的操作界面的代码
      vcl.ThreadSync(func() {
            // 获取 Label1 的文字
            textT := mainForm.Label1.Caption()

            // 按一定格式显示文字，idxA 是 goroutine 的序号
            // 输出字符串中用下划线分割的第二部分是 md5 对 textT 进行编码后的结果
            // 第三部分是当前时间
            mainForm.Label1.SetCaption(fmt.Sprintf("%v_%v_%v", idxA, md5.New().Sum([]byte
(textT))[0:1], time.Now().Format("2006-01-02 15:04:05")))
      })

      time.Sleep(1 * time.Millisecond)
  }
}

// 用随机落点法计算π值的 goroutine
//每隔一定时间刷新 label2 标签显示文字
func updateLabel2() {

  // 用随机落点法计算圆周率π
  inCircleCount := 0
  pointCountT := 0

  var x, y float64
  var piT float64

  for {
       if !runFlagG {
```

```
            time.Sleep(1 * time.Second)
            continue
        }

        pointCountT++

        x = rand.Float64()
        y = rand.Float64()

        if x*x+y*y < 1 {
            inCircleCount++
        }

        piT = (4.0 * float64(inCircleCount)) / float64(pointCountT)

        vcl.ThreadSync(func() {
            // 获取 Label1 的文字
            textT := mainForm.Label1.Caption()

            // 选取分割后第一个部分，即序号部分
            textT = strings.Split(textT, "_")[0]

            // 显示所取的 updateLabel1 函数启动的 goroutine 序号以及当前计算的π值
            mainForm.Label2.SetCaption(fmt.Sprintf("[%v]计算的π值: %v", textT, piT))
        })

        time.Sleep(1 * time.Millisecond)
    }
}

// OnButtonClick 是按钮 Button1 点击事件的处理函数
func (f *TMainForm) OnButtonClick(sender vcl.IObject) {

    // 切换 runFlagG 的状态
    runFlagG = !runFlagG

    if runFlagG {
        // 如果 goroutine 正在运行，设置按钮 Button1 的文字为"停止"
        f.Button1.SetCaption("停止")
    } else {
        // 如果 goroutine 不在有效运行，设置按钮 Button1 的文字为"开始"
        f.Button1.SetCaption("开始")
    }
}

// OnFormCreate 函数会在主窗体创建时被首先调用
func (f *TMainForm) OnFormCreate(sender vcl.IObject) {

    f.SetCaption("并发测试")                 // 设置主窗体标题
    f.SetBounds(0, 0, 360, 240)             // 设置主窗体大小

    // 设置默认字体样式，对窗体内所有控件有效
    // 除非该控件自己再设置字体
    f.Font().SetName("Simhei")
    f.Font().SetSize(11)

    // 设置第一个标签控件
    f.Label1 = vcl.NewLabel(f)               // 新建标签对象

    f.Label1.SetParent(f)                    // 设置其父控件为主窗体
    f.Label1.SetBounds(20, 20, 240, 28)  // 设置位置和大小，参数依次为左上角的 X、Y 坐标及宽、高
    f.Label1.SetCaption("")                  // 设置标签文字

    // 设置第二个标签控件
    f.Label2 = vcl.NewLabel(f)
    f.Label2.SetParent(f)
    f.Label2.SetBounds(20, 60, 240, 28)
    f.Label2.SetCaption("")

    // 设置按钮控件
    f.Button1 = vcl.NewButton(f)
    f.Button1.SetParent(f)
    f.Button1.SetBounds(100, 108, 48, 28)
    f.Button1.SetCaption("开始")

    // 设置按钮控件的点击事件处理函数
    f.Button1.SetOnClick(f.OnButtonClick)

    // 启动 5 个 updateLabel1 的 goroutine
    go updateLabel1(1)
```

```
    go updateLabel1(2)
    go updateLabel1(3)
    go updateLabel1(4)
    go updateLabel1(5)

    // 启动 1 个 updateLabel1 的 goroutine
    go updateLabel2()

  }

  func main() {

    // 主函数中的常规操作
    vcl.Application.Initialize()

    vcl.Application.SetMainFormOnTaskBar(true)

    vcl.Application.CreateForm(&mainForm)

    vcl.Application.Run()
  }
```

代码 15-5 testgovcl/ testgovcl.go

代码 15-5 的逻辑与代码 15-3 基本相同：updateLabel1 函数的 goroutine 将启动 5 个，它会读取界面上文本标签 Label1 中的内容，也会有写入 Label1 的操作（设置 Label1 的文本）；updateLabel2 函数的 goroutine 将启动一个，它也会读取文本标签 Label1 中的内容，并会写入 Label2 的一些内容；这些操作显然是可能会引发界面并发访问冲突的。

图 15.16 govcl 包并发访问界面的测试

代码 15-5 中的两个 goroutine 函数中，将所有涉及界面读写的操作都封装在了 vcl.ThreadSync 函数所传入的匿名函数中，这样就能够实现同一时刻只有一个 goroutine 能够访问界面。与 Qt 相比，govcl 包的并发界面访问冲突控制方式显然要简单许多，如图 15.16 所示。

运行代码 15-5，单击界面上的开始按钮启动所有 goroutine 后，两个文本标签中的内容会不断刷新，并且不会有程序崩溃的现象。

15.3 Go 语言中开发基于 Web 的图形界面

在 Go 语言中，结合 HTML/CSS/JavaScript 开发图形界面的方式也很常见。该方式的主要原理是，Go 语言设法运行一个包含浏览器控件（WebView Control）的图形界面或者直接启动操作系统中已经安装好的浏览器，然后自动让该浏览器控件（或浏览器）访问指定的 URL 地址来执行网页，该 URL 地址可以指向打包程序中的某个网页，也可以指向互联网上的某个网页地址。后续界面与 Web 开发中相同，稍有增强的是，这种方式在网页中可以通过 JavaScript 语言来使用一些操作系统原生的功能，调用这些功能一般在普通的浏览器中无法实现，但用 Go 语言结合 JavaScript 可以提供这种能力。

由于这种开发方式于与 Go 语言本身的关系不大，因此本书中不再做详细的实例介绍，有兴趣的读者可以自行尝试研究 GitHub 网站上的 asticode/go-astilectron、sciter-sdk/go-sciter 等第三方包。

第 16 章

Go 语言的反射机制

计算机语言中的反射（reflection）指的是用该语言编写的程序在运行时动态地获取内部数据、改变内部数据和程序行为的能力。简单地举例来说，如果我们在程序运行中获得了一个结构类型的变量，但又不知道该结构中有什么字段和成员函数，这时候就可以通过反射机制去获取这些信息，并根据结果来采取对应的措施。最典型的例子就是解析任意的 JSON 文本后，Go 语言中会返回一个 interface{}类型的对象，程序需要分析其中包含了哪些类型的数据才能进一步利用这些数据。本章将介绍 Go 语言中反射机制的基础知识以及如何应用。

16.1　用反射机制获取基本类型的信息

Go 语言中需要使用 reflect 包来实现反射机制，最简单的例子是用反射查看各种基本的变量类型，见代码 16-1。

```
package main

import (
 "reflect"

 t "tools"
)

func main() {

 b := 'a'
 t.Printfln("b 的类型是 %v", reflect.TypeOf(b))

 c := 64
 t.Printfln("c 的类型是 %v", reflect.TypeOf(c))

 f := 50.0
 t.Printfln("f 的类型是 %v", reflect.TypeOf(f))

 s := "这是一个字符串"
 t.Printfln("s 的类型是 %s", reflect.TypeOf(s).String())
}
```

代码 16-1　用反射输出基本数据类型

代码 16-1 将输出：

```
b 的类型是 int32
c 的类型是 int
f 的类型是 float64
s 的类型是 string
```

可以看出，用 reflect.TypeOf 函数可以获取基本数据类型的信息，reflect.TypeOf 函数的定义如下：

```
func TypeOf(i interface{}) Type
```

它接受任何类型的参数 i（因为定义 i 的类型为空接口，因此可以接受任何类型的参数），返回一个 reflect.Type 类型的值。reflect.Type 类型是一个接口类型，它有一个 String 成员函数以字符串的形式返回该类型的名称，而 Go 语言中只要实现了 String 成员函数的数据类型，在格式化输出中使用“%v”格式化符时，都会调用该类型的 String 函数来获取要输出的字符串形式的信息，因此代码 16-1

中将输出各个变量的类型名字。当然，用户也可以直接调用 String 成员函数来获得该类型的字符串信息，这样类型比较确定，可以用“%s”格式化符来输出，本例中对变量 s 就是这样来处理的。

另外，注意对于变量 b，输出的类型名称为“int32”，b 实际上是 rune 类型，但 rune 类型是 int32 类型的别名，因此可以看出反射机制获取的类型名称是该类型的基类型名称。

16.2 用反射获取复杂类型的信息

通过代码 16-2，对于复合类型、自定义类型和结构类型等，我们可以观察反射返回的类型是什么。

```
package main

import (
  "reflect"

  t "tools"
)

type NewInt int32

type IntAlias = int32

type NewStruct struct {
  X int
  Y int
  Z int
}

func main() {

  intArray := [5]int{3, 5, 8, 10, 99}
  t.Printfln("intArray 的类型是 %v", reflect.TypeOf(intArray))

  floatSlice := make([]float32, 10)
  t.Printfln("intSlice 的类型是 %v", reflect.TypeOf(floatSlice))

  stringMap := make(map[string]string, 10)
  t.Printfln("stringMap 的类型是 %v", reflect.TypeOf(stringMap))

  c := NewInt(32)
  t.Printfln("c 的类型是 %v", reflect.TypeOf(c))

  var d IntAlias = 32
  t.Printfln("d 的类型是 %v", reflect.TypeOf(d))

  point := NewStruct{X: 10, Y: 20, Z: 50}
  t.Printfln("point 的类型是 %v", reflect.TypeOf(point))

  pointP := &NewStruct{X: 10, Y: 20, Z: 50}
  t.Printfln("pointP 的类型是 %v", reflect.TypeOf(pointP))
}
```

代码 16-2 复杂类型反射后的信息

代码 16-2 的运行结果是：

```
intArray 的类型是 [5]int
intSlice 的类型是 []float32
stringMap 的类型是 map[string]string
c 的类型是 main.NewInt
d 的类型是 int32
point 的类型是 main.NewStruct
pointP 的类型是 *main.NewStruct
```

观察代码 16-2 的运行结果可以看出，对于数组类型的变量 intArray、切片类型的变量 intSlice、映射类型的变量 stringMap 的反射输出都很正常。对于自定义类型的 c 的输出也很正常。变量 d 的输出有些奇怪，没有显示 IntAlias，而是显示为 int32，这是因为 type IntAlias = int32 这样的定义不是自定义类型，而是定义了类型别名，即定义 IntAlias 类型是 int32 类型的别名。声明类型别名与声明自定义类型的区别在于：声明类型别名时需要用等号“=”，而自定义类型没有等号。对于类型别名，反射机制将输出它的基类型。

而对于结构类型变量 point 的输出也是正常的，指向结构类型的指针变量 pointP 的输出也是正常的，注意 NewStruct{X: 10, Y: 20, Z: 50} 和 &NewStruct{X: 10, Y: 20, Z: 50} 这两种初始化结构类型变量的方法前一个会返回 NewStruct 结构类型，后一个返回的则是指向 NewStruct 结构类型的指针。

注意，NewInt、IntAlias、NewStruct 等类型名称前都有一个“main.”，表示这些结构是在 main 包内定义的（程序开头声明了“package main”）。

16.3 函数的传值与传引用

介绍到这里，我们需要穿插介绍一下 Go 语言中传值与传引用的问题，见代码 16-3。如果做过其他语言的开发，一般都会了解，函数参数可以传入值，也可以传入引用（可以将“引用”理解为指针），它们的区别在于：以传值方式传入函数的参数，对其进行的修改只在函数内部有效，将不影响原来变量的值，因为传值方式实际上是把原来的变量复制了一份传入的；而传引用方式传入的是原变量的指针，这时候修改其中的值，实际上是修改原变量的值，会导致原变量值的改变。

```
package main

import (
 t "tools"
)

func setv(numberA int) {
 numberA = 99
}

func setp(numberA *int) {
 *numberA = 10
}

func main() {

 var c int = 99

 t.Printfln("c: %v", c)

 setv(c)

 t.Printfln("c: %v", c)

 setp(&c)

 t.Printfln("c: %v", c)

}
```

代码 16-3 函数参数传值与传引用的区别

代码 16-3 中的函数 setv 的参数是以传值方式传入的，而函数 setp 的参数是以传引用的方式传入的（即传入指针）。本代码运行的结果是：

```
c: 99
c: 99
c: 10
```

查看运行的结果会发现传值的函数运行后原变量值不变，而传引用的函数运行后原变量发生了改变。

在给自定义结构类型（对象）定义成员函数时也是类似的，如果绑定在该对象的值上定义成员函数，则该函数对该对象的赋值操作不会影响对象本身字段的取值；如果绑定在该对象的引用（指针）上定义成员函数，则该函数对该对象的修改操作将是有效的。代码 16-4 演示了这个区别：

```
package main

import (
 "fmt"
```

```
t "tools"
)

type NewStruct struct {
 X int
 Y int
 Z int
}

func (v NewStruct) Sum() int {
 return v.X + v.Y + v.Z
}

func (p *NewStruct) Set(xA, yA, zA int) {
 p.X = xA
 p.Y = yA
 p.Z = zA
}

func (v NewStruct) Set2(xA, yA, zA int) {
 v.X = xA
 v.Y = yA
 v.Z = zA
}

func (v NewStruct) String() string {
 return fmt.Sprintf("[X: %v, Y: %v, Z: %v]", v.X, v.Y, v.Z)
}

func main() {

 pointT := NewStruct{X: 10, Y: 20, Z: 50}

 t.Printfln("point 变量的内容是: %v", pointT)

 pointT.Set2(2, 5, 8)

 t.Printfln("point 变量的内容是: %v", pointT)

 pointT.Set(2, 5, 8)

 t.Printfln("point 变量的内容是: %v", pointT)

}
```

代码 16-4 成员函数定义时绑定到值或引用

代码 16-4 中对于自定义结构类型 NewStruct 定义了多个成员变量，其中的 Set 和 Set2 分别是绑定到该类型的引用和值上的成员函数。运行该代码的结果是：

```
point 变量的内容是: [X: 10, Y: 20, Z: 50]
point 变量的内容是: [X: 10, Y: 20, Z: 50]
point 变量的内容是: [X: 2, Y: 5, Z: 8]
```

可以看出，传值的 Set2 函数没有改变变量 point 中的值，而传引用的 Set 函数则实现了改变。

一般来说，对于不需要修改对象中字段值的函数，可以用传值的方式定义，如果需要修改对象中的值，则应该用传引用的方式定义。

另外，注意代码中定义的 NewStruct 类型的成员函数 String。Go 语言中约定，任何数据类型只要实现了这样的 String 函数（无参数且返回 string 类型的值），在用“%v”格式化符输出时，将会输出 String 函数的返回值。因此可以看到，用“%v”格式化符输出 NewStruct 类型的变量时，是按照 NewStruct.String 函数设置的格式来输出的。在定义其他自定义类型时也可以用这种方式控制该类型的输出信息。由于 String 函数只会读取对象内容，不需要修改对象内容，因此它也是绑定在对象的值上而非引用上的。

16.4 用反射获取结构类型（对象）的成员信息

对于结构类型，可以在 reflect 包的基础上用代码 16-5 中的方法来获取相关信息。

```
package main

import (
  "fmt"
  "reflect"

  t "tools"
)

type NewStruct struct {
  X int
  Y int
  Z int
}

func (v NewStruct) Sum() int {
  return v.X + v.Y + v.Z
}

func (p *NewStruct) Set(xA, yA, zA int) {
  p.X = xA
  p.Y = yA
  p.Z = zA
}

func (v NewStruct) String() string {
  return fmt.Sprintf("[X: %v, Y: %v, Z: %v]", v.X, v.Y, v.Z)
}

func main() {
  pointT := NewStruct{X: 10, Y: 20, Z: 50}
  typeT := reflect.TypeOf(pointT)
  t.Printfln("pointT 的类型是: %v，类型名称（没有前缀）是: %v", typeT, typeT.Name())
  fieldCountT := typeT.NumField()
  t.Printfln("%v 类型的字段数量为: %v", typeT.Name(), fieldCountT)
  for i := 0; i < fieldCountT; i++ {
        fieldT := typeT.Field(i)
        t.Printfln("第%v 个字段名称为%v，类型为%v", i+1, fieldT.Name, fieldT.Type)
  }
  methodCountT := typeT.NumMethod()
  t.Printfln("%v 类型的方法数量为: %v", typeT.Name(), methodCountT)
  for i := 0; i < methodCountT; i++ {
        methodT := typeT.Method(i)
        t.Printfln("第%v 个方法名称为%v, 定义为: %v", i+1, methodT.Name, methodT.Type)
  }
  type2T := reflect.TypeOf(&pointT)
  methodCount2T := type2T.NumMethod()
  t.Printfln("%v 类型的方法数量为: %v", type2T, methodCount2T)
  for i := 0; i < methodCount2T; i++ {
        method2T := type2T.Method(i)
        t.Printfln("第%v 个方法名称为%v, 定义为: %v", i+1, method2T.Name, method2T.Type)
  }
}
```

代码 16-5 用反射获取结构类型的信息

代码 16-5 的运行结果是：

```
pointT 的类型是: main.NewStruct，类型名称（没有前缀）是: NewStruct
NewStruct 类型的字段数量为: 3
第 1 个字段名称为 X，类型为 int
第 2 个字段名称为 Y，类型为 int
第 3 个字段名称为 Z，类型为 int
NewStruct 类型的方法数量为: 2
第 1 个方法名称为 String, 定义为: func(main.NewStruct) string
```

```
第 2 个方法名称为 Sum, 定义为: func(main.NewStruct) int
*main.NewStruct 类型的方法数量为: 3
第 1 个方法名称为 Set, 定义为: func(*main.NewStruct, int, int, int)
第 2 个方法名称为 String, 定义为: func(*main.NewStruct) string
第 3 个方法名称为 Sum, 定义为: func(*main.NewStruct) int
```

需要注意以下几点：

- reflect.TypeOf 函数返回的是一个 reflect.Type 类型的对象，它包含很多有用的字段与方法（即成员函数），可以用来获取结构类型的细节信息。
- reflect.Type 类型的 NumField 方法返回该结构中字段的数量，而 Field 方法则根据传入的序号参数获取对应的字段名称，结合这两个方法，就可以用循环来遍历结构中的每一个字段；
- 相应地，reflect.Type 类型的 NumMethod 方法返回该结构中方法的数量，而 Method 方法则根据传入的序号参数获取对应的方法（即成员函数）名称，结合这两个方法，就可以用循环来遍历结构中的每一个方法；
- 特别注意，reflect.TypeOf 函数如果传入结构类型的值，返回的 reflect.Type 类型变量中，将只有绑定在该结构类型值上的方法，而本例中只有 Sum 和 String 两个方法是绑定在值上的，因此对于 typeT 只找到了这两个方法；反之，对于指针类型的变量（用 type2T := reflect.TypeOf(&pointT)语句获取的）type2T，则可以取到所有的方法，甚至是绑定在值上的方法，但从其定义中看，都变成了绑定在引用上；因此可以理解为，Go 语言对于绑定在值上的方法，都自动生成了绑定在引用上的对应方法，因此对于该对象的指针也可以调用同名方法。

16.5 用反射获取空接口类型数据的实际类型

反射真正有意义的应用在于如何获取空接口类型数据（代表任意类型的数据）的实际类型信息。例如，7.4.4 节中实现的用于转换任意类型数字到字符串的 tools.NumberToString 函数，是使用类型断言的方式来判断传入的空接口类型数据的实际类型的，如果用反射机制，将会大大简化并且能够扩展到更多的数字类型，见代码 16-6。

```
package main

import (
 "reflect"
 t "tools"
)

func NumberToStringByReflect(valueA interface{}) string {

 typeT := reflect.TypeOf(valueA)
 valueT := reflect.ValueOf(valueA)

 t.Printfln("%v, %v", typeT, valueT)

 switch typeT.Name() {
 case "bool":
       return valueT.String()

 default:
      return valueT.String()
 }
}

func main() {
 t.Printfln("%v", NumberToStringByReflect(false))
}
```

代码 16-6 reflect.ValueOf 函数的用法

先来看一下简单的修改，上面的代码中编写了一个 NumberToStringByReflect 函数用于转换任意数字到字符串，其中除了用 reflect.TypeOf 函数获取空接口类型数据的实际类型之外，还使用了 reflect.ValueOf 函数来获取该空接口类型数据的“实际数值”（concrete value），该函数将返回一个 reflect.Value 类型的变量。代码运行输出的结果如下：

```
bool, false
<bool Value>
```

对于传入的布尔类型数据 false，显然程序正确判断出了它的类型和值。有一个特殊的地方需要注意，对于 reflect.Value 类型，本来格式化符“%v”应该输出其 String 方法的返回值，但我们从代码中可以看出，“%v”格式化符的输出与 Type.String 方法输出的结果并不相同。这是因为，Go 语言的 fmt 包对于 reflect.Value 类型做了特殊处理，遇到格式化符“%v”时不会调用其 String 方法来输出，而是直接输出它的实际数值。

因此，要获得 bool 等类型的实际数值的字符串，应该使用 fmt.Sprintf 函数，将代码 16-6 中的输出 valueT.String()的语句改为输出 fmt.Sprintf("%v", valueT)。代码 16-7 为进一步扩展到所有数值类型后的代码。

```
package main

import (
  "fmt"
  "reflect"
  t "tools"
)

func NumberToStringByReflect(valueA interface{}) string {

  typeT := reflect.TypeOf(valueA)
  valueT := reflect.ValueOf(valueA)

  switch typeT.Name() {
  case "bool", "byte", "rune", "int", "int64", "uint64", "float64":
      return fmt.Sprintf("%v: %v", typeT, valueT)

  // 对于其他不能处理的类型返回空字符串
  default:
      return ""
  }
}

func main() {
  t.Printfln("%v", NumberToStringByReflect(false))
  t.Printfln("%v", NumberToStringByReflect(18))
  t.Printfln("%v", NumberToStringByReflect(uint64(64.0)))
  t.Printfln("%v", NumberToStringByReflect(32.0))
  t.Printfln("%v", NumberToStringByReflect(int32(16.0)))
}
```

代码 16-7 用反射机制简化的数字转字符串函数

为了起到展示效果，代码 16-7 只处理了几种数字类型，如果要加上其他数字类型，只需要在第一个 case 项中增加上类似“uint16”之类的多选项即可。代码 16-7 的输出结果如下：

```
bool: false
int: 18
uint64: 64
float64: 32
```

对于认识的类型，NumberToStringByReflect 都按照设定的输出格式输出了类型和实际数值（最后的 int32 没有加入 case 项中，所以无法识别，输出的是空白字符串）。

16.6 用 Kind 函数获取基类型

前面我们用 reflect.TypeOf 函数获取的类型名称，有可能是复杂类型（如结构类型或自定义类型等）的名称，但如果只希望获知它们的基类型怎么办呢？这种情况可以用 reflect.Type 和 reflect.Value 都支持的 Kind 方法，见代码 16-8。

```
package main

import (
  "reflect"
  t "tools"
)

type NewInt int32
type MyInt = int32

func check(valueA interface{}) {

  typeT := reflect.TypeOf(valueA)
  valueT := reflect.ValueOf(valueA)

  t.Printfln("类型: %v, 基类型: %v", typeT, typeT.Kind())
  t.Printfln("实际数值: %v, 基类型: %v", valueT, valueT.Kind())

}

func main() {
  check(NewInt(16))
  check(MyInt(78))
  check(byte(9))

  if reflect.TypeOf(NewInt(8)).Kind() == reflect.TypeOf(MyInt(10)).Kind() {
        t.Printfln("NewInt(8)与 MyInt(10)的基类型相同, 都是%v", reflect.TypeOf(MyInt(10)).
Kind(). String())
   } else {
        t.Printfln("NewInt(8)与 MyInt(10)的基类型不同")
   }
}
```

代码 16-8　Kind 成员函数的用法

运行代码 16-8 的输出结果为：

```
类型: main.NewInt, 基类型: int32
实际数值: 16, 基类型: int32
类型: int32, 基类型: int32
实际数值: 78, 基类型: int32
类型: uint8, 基类型: uint8
实际数值: 9, 基类型: uint8
NewInt(8)与 MyInt(10)的基类型相同, 都是 int32
```

从这里可以看出几点：

- reflect.Type 和 reflect.Value 都支持 Kind 方法，并且该方法能够获取正确的基类型；
- Kind 方法返回的值可以进行比对，因为它返回的是一个 reflect.Kind 类型的变量，其实质是一个整数。

但是 Kind 方法对于结构和映射类型等类型将返回最简单的信息，例如无论任何结构类型，都将返回 struct；无论任何映射类型，都将返回 map，见代码 16-9。

```
package main

import (
  "reflect"
  t "tools"
)

type MyStruct1 struct {
  A int
  B float64
}

type MyStruct2 struct {
  int64
  F float64
}

func check(valueA interface{}) {

  typeT := reflect.TypeOf(valueA)
  valueT := reflect.ValueOf(valueA)

  t.Printfln("类型: %v, 基类型: %v", typeT, typeT.Kind())
```

```
	t.Printfln("实际数值: %v, 基类型: %v", valueT, valueT.Kind())
}

func main() {
	check(MyStruct1{A: 5, B: 6})
	check(MyStruct2{int64: 5, F: 6})
	check(&MyStruct2{9, 17})

	check(map[string]string{"S1": "abc", "S2": "999,999,000"})
	check(map[int]float64{1: 2.0, 2: 888.0})
}
```

代码 16-9　Kind 函数获取结构、映射与指针的基类型

运行代码 16-9 的输出结果如下：

```
类型: main.MyStruct1, 基类型: struct
实际数值: {5 6}, 基类型: struct
类型: main.MyStruct2, 基类型: struct
实际数值: {5 6}, 基类型: struct
类型: *main.MyStruct2, 基类型: ptr
实际数值: &{9 17}, 基类型: ptr
类型: map[string]string, 基类型: map
实际数值: map[S1:abc S2:999,999,000], 基类型: map
类型: map[int]float64, 基类型: map
实际数值: map[1:2 2:888], 基类型: map
```

可以看出，Kind 方法对所有的结构都输出 struct，对映射则输出 map，对于指针则输出 ptr，这是 reflect.Type 类型转换成字符串后的输出，而 Kind 方法返回的值是 reflect.Kind 类型的数值，其取值只适用于下面列出的 reflect 包中的这些常量中。

```
		Invalid
		Bool
		Int
		Int8
		Int16
		Int32
		Int64
		Uint
		Uint8
		Uint16
		Uint32
		Uint64
		Uintptr
		Float32
		Float64
		Complex64
		Complex128
		Array
		Chan
		Func
		Interface
		Map
		Ptr
		Slice
		String
		Struct
		UnsafePointer
```

其中，不常见的 Invalid 表示无效的类型，Complex64 表示 64 位的复数类型，Func 表示函数类型，UnsafePointer 表示不安全的指针，可以用代码 16-10 中的方法来判断比较某个变量是否是某种类型。

```
package main

import (
	"reflect"
	t "tools"
)
```

```
func check(valueA interface{}) {

  kindT := reflect.TypeOf(valueA).Kind()

  if kindT == reflect.String {
       t.Println("这是个字符串")

       return
  }

  switch kindT {
  case reflect.Int, reflect.Int32, reflect.Int64:
       t.Println("这是个整数")
  case reflect.Float32, reflect.Float64:
       t.Println("这是个浮点数")
  default:
       t.Println("这种基类型还没有被处理: %v", kindT)
  }

}

func main() {

  check(18)
  check(66.0)
  check("true")
  check(true)

}
```

代码 16-10　基于 reflect.Kind 类型的数据进行判断分支处理

代码 16-10 中演示了用 if 语句和 switch 语句两种方式对 reflect.Kind 类型的值进行判断，程序的运行结果为：

```
这是个整数
这是个浮点数
这是个字符串
这种基类型还没有被处理: bool
```

16.7　判断对象是否实现了某方法或接口

对于一个自定义的数据类型，也可以通过反射来判断它是否实现了某个方法，或者是否实现了某个接口，见代码 16-11。

```
package main

import (
  "fmt"
  "io"
  "reflect"
  t "tools"
)

type MyStruct1 struct {
  A int
  B float64
  S string
}

func (p *MyStruct1) SumWith(aA float64, bA float64) float64 {

  var f float64

  _, errT := fmt.Sscanf(p.S, "%f", &f)

  if errT != nil {
       f = 0
  }

  return float64(p.A) + p.B + f + aA + bA
}

func (p1 *MyStruct1) Write(p []byte) (n int, err error) {
  p1.S = string(p)
```

```
    return len(p1.S), nil
}

type MySum interface {
    SumWith(aA float64, bA float64) float64
}

func check(valueA interface{}) {

    typeT := reflect.TypeOf(valueA)
    valueT := reflect.ValueOf(valueA)

    t.Printfln("类型：%v，基类型：%v，实际数值：%v", typeT, valueT.Kind(), valueT)

    if valueT.Kind() == reflect.Struct || valueT.Kind() == reflect.Ptr {
        methodT := valueT.MethodByName("SumWith")

        if methodT.IsValid() {
            t.Printfln("类型：%v 包含 SumWith 方法", typeT)
        }
    }

    interfaceTypeT := reflect.TypeOf((*MySum)(nil)).Elem()

    t.Printfln("interfaceTypeT: %v", interfaceTypeT)

    if typeT.Implements(interfaceTypeT) {
        t.Printfln("类型：%v 实现了接口 MySum", typeT)
    }

    interfaceType2T := reflect.TypeOf(new(MySum)).Elem()

    t.Printfln("interfaceType2T: %v", interfaceType2T)

    if typeT.Implements(interfaceType2T) {
        t.Printfln("类型：%v 实现了接口 MySum", typeT)
    }

    interfaceType3T := reflect.TypeOf(new(io.Writer)).Elem()

    t.Printfln("interfaceType3T: %v", interfaceType3T)

    if typeT.Implements(interfaceType3T) {
        t.Printfln("类型：%v 实现了接口 io.Writer", typeT)
    }

}

func main() {
    check(MyStruct1{A: 5, B: 6, S: "9.9"})

    t.Printfln(" ---------- ")

    check(&MyStruct1{A: 8, B: 10, S: "9.9"})
}
```

代码 16-11　用反射确定对象是否包含某方法或者实现了某接口

代码 16-11 中声明了一个自定义结构类型 MyStruct1，并定义了它的两个方法 SumWith 和 Write；然后定义了一个接口类型 MySum。之后就开始演示如何检查 MyStruct1 是否实现了 MySum 接口和 io.Writer 接口，以及是否含有 SumWith 方法。代码的运行结果如下：

```
类型：main.MyStruct1，基类型：struct，实际数值：{5 6 9.9}
interfaceTypeT: main.MySum
interfaceType2T: main.MySum
interfaceType3T: io.Writer
 ----------
类型：*main.MyStruct1，基类型：ptr，实际数值：&{8 10 9.9}
类型：*main.MyStruct1 包含 SumWith 方法
interfaceTypeT: main.MySum
类型：*main.MyStruct1 实现了接口 MySum
interfaceType2T: main.MySum
类型：*main.MyStruct1 实现了接口 MySum
interfaceType3T: io.Writer
类型：*main.MyStruct1 实现了接口 io.Writer
```

从运行结果可以看出，程序成功地判断出了*main.MyStruct1（即 MyStruct1 类型的指针）实现了 MySum 接口和 io.Writer 接口，并且包含 SumWith 方法，而 main.MyStruct1 则全是否。

下面介绍判断过程中的几个要点：

如果 reflect.Value 对象的实际类型是一个 struct 或者指向 struct 的指针，可以用 MethodByName 方法来按名称获取它的方法（成员函数）。本例中的 valueT.MethodByName("SumWith") 将返回 valueT 对象中名为 SumWith 的方法。返回值的类型也是一个 reflect.Value 对象，可以用 Value.IsValid 方法来检查其是否有效。

要判断一个对象类是否实现了某个接口，可以调用 reflect.Type 对象的 Implements 方法，该方法需要传入要判断的接口作为参数，并且要求也是 reflect.Type 类型的。因此，还需要先把接口类型转换成 reflect.Type 类型。本例中演示了两种转换接口类型为 reflect.Type 类型的方法，其基本原理都是新建一个接口类型的指针，然后获取该指针的反射类型，再获取该反射类型指向的数值类型，最后的结果就会是 reflect.Type 类型的对象。以 interfaceType2T 为例详细介绍：

- new(MySum)这个操作（也可以看作是表达式）将获得一个 MySum 类型的指针，即*MySum（在 main 包中全称为*main.MySum，为了描述方便我们使用简称）；
- reflect.TypeOf(new(MySum))将会得到*MySum 类型对应的 reflect.Type 对象；
- 由于该对象是表示指针的对象，因此还需要用 Type.Elem 方法将其转换为该类型指针所指的对象类型，其结果将是我们需要的 reflect.Type 类型；
- 因此，reflect.TypeOf(new(MySum)).Elem()这个表达式将会得到 MySum 接口类型的 reflect.Type 对象；
- 另外顺便介绍一下，Type.Elem 方法还可以对数组、切片、映射、通道等复合类型使用，将会获取到这些复合类型中元素（数值项）的类型；如果 Type.Elem 方法用于非复合类型或非指针类型，将会产生运行时异常，因此使用前一定要先判断该类型是否是复合类型或指针类型。

对于 interfaceTypeT，我们使用了强制类型转换来把一个 nil 类型的指针数值转换成为*MySum 类型的指针，之后的操作与 interfaceType2T 是相同的。

nil 作为空指针值，不能单独赋值，必须指定类型。例如，如果直接写：a := nil 会报编译时错误，提示使用了无类型的 nil 值。

获得了 MySum 的 reflect.Type 对象后，就可以用类似：typeT.Implements(interfaceType2T)的表达式来判断 typeT 是否实现了 interfaceType2T 代表的接口类型。结果发现，MyStruct1 并没有实现该接口，而* MyStruct1 实现了该接口。请注意理解其中的原因，我们已经反复介绍过多次，后面的章节中将不再解释类型与类型指针在实现接口方面的差异，如果描述中提到“某某对象实现了某接口或某方法”，请根据该接口或方法是绑定在结构类型还是结构类型指针上自行判断。

至于 interfaceType3T，我们演示了如何判断 typeT 是否实现了 io.Writer 接口。io.Writer 接口的定义如下：

```
type Writer interface {
	Write(p []byte) (n int, err error)
}
```

其中只有一个 Write 方法，而我们为 MyStruct1 定义的 Write 方法完全与该方法的定义相同，显然 MyStruct1 对象实现了 io.Writer 接口，可以被当作 io.Writer 对象来使用。

16.8 动态调用对象的方法

判断对象存在某个方法并且获取到代表该方法的 reflect.Value 对象之后，就可以用反射的方式动态调用该函数，这也是反射机制的主要用途之一，见代码 16-12。

```
package main

import (
  "fmt"
  "reflect"
  t "tools"
)

type MyStruct1 struct {
  A int
  B float64
  S string
}

func (p *MyStruct1) Sum() float64 {
  var f float64
  _, errT := fmt.Sscanf(p.S, "%f", &f)
  if errT != nil {
      f = 0
  }
  return float64(p.A) + p.B + f
}

func (p *MyStruct1) SumWith(aA float64, bA float64) float64 {
  var f float64
  _, errT := fmt.Sscanf(p.S, "%f", &f)
  if errT != nil {
      f = 0
  }
  return float64(p.A) + p.B + f + aA + bA
}

func check(valueA interface{}) {
  typeT := reflect.TypeOf(valueA)
  valueT := reflect.ValueOf(valueA)
  t.Printfln("类型: %v，基类型: %v，实际数值: %v", typeT, valueT.Kind(), valueT)
  methodT := valueT.MethodByName("Sum")
  if methodT.IsValid() {
      resultT := methodT.Call(nil)
      t.Printfln("函数调用结果: %#v", resultT[0].Float())
  }
  methodT = valueT.MethodByName("SumWith")
  if methodT.IsValid() {
      inParams := make([]reflect.Value, 2)
      inParams[0] = reflect.ValueOf(11.0)
      inParams[1] = reflect.ValueOf(23.0)
      resultT := methodT.Call(inParams)
      t.Printfln("函数调用结果: %#v", resultT[0].Float())
  }
}

func main() {
  check(&MyStruct1{A: 8, B: 10, S: "9.9"})
}
```

代码 16-12 用反射动态调用对象的方法

代码 16-12 中，为自定义类型 MyStruct1 定义了两个方法 Sum 和 SumWith，主要是为了演示不带参数和带有参数的函数在反射机制中分别如何调用。

在获取到对象方法对应的 reflect.Value 对象后，可以用其 Call 方法来调用该函数。如果该函数需要参数，则需要准备一个[ ]reflect.Value 类型的切片来传入函数所需的参数。如果不需要参数，直接传入空指针 nil 即可。

对于表示方法的 reflect.Value 对象，可以调用 Type 方法获取其反射类型，这是表示一个函数的 reflect.Type 对象，调用该对象的 NumIn 方法可以获得该方法所需的参数，用 In 方法可以用索引遍历其中所有的参数。相应地，用 NumOut 和 Out 方法可以遍历该函数所有的返回值。

代码 16-12 运行的输出结果如下：

```
类型：*main.MyStruct1，基类型：ptr，实际数值：&{8 10 9.9}
函数调用结果：27.9
SumWith 函数的第 1 个参数是：float64
SumWith 函数的第 2 个参数是：float64
函数调用结果：61.9
```

可以看出，对于两个函数的调用都是成功的，无论是否有参数。

16.9 修改数据

在反射机制中，另外一个重要的应用就是如何在程序运行时动态地修改任意类型数据中的值。这里需要特别注意的是，使用反射机制获取的数据类型中，需要判断哪些数据是可以修改的。判断能否修改的原则也很简单，如同 16.3 节中所介绍的传值和传引用的区别，如果反射中遇到的是一个传值的数据，处理的其实是一个数据的副本，即使修改也不会影响原始数据，因此这种数据将是“不可修改的”；而如果是一个引用（指针）类型的数据，则是可以修改的。

原则上，在用反射机制分析空接口类型数据时，需要用 Value.CanSet 方法来判断该数值是否可以修改。下面通过代码 16-13 来看一个完整的示例。

```
package main

import (
	"reflect"
	t "tools"
)

type MyStruct1 struct {
	A int
	B float64
	S string
}

func changeNumbers(valueA interface{}) {

	typeT := reflect.TypeOf(valueA)

	valueT := reflect.ValueOf(valueA)

	t.Printfln("类型：%v，基类型：%v，实际数值：%v", typeT, valueT.Kind(), valueT)

	if valueT.Kind() == reflect.Ptr {
		valueT = valueT.Elem()
	}

	if valueT.CanSet() {
		if valueT.Kind() == reflect.Struct {
			fieldCountT := valueT.NumField()

			for i := 0; i < fieldCountT; i++ {
				fieldValueT := valueT.Field(i)

				if fieldValueT.CanSet() {
					if fieldValueT.Kind() == reflect.Int {
						fieldValueT.SetInt(fieldValueT.Int() + 100)
					} else if fieldValueT.Kind() == reflect.Float64 {
						fieldValueT.SetFloat(fieldValueT.Float() + 200.5)
					}
				}
			}
		}
	}
```

```
}
func main() {
  a := MyStruct1{A: 5, B: 6, S: "9.9"}
  t.Printfln("原始数据: %#v\n", a)
  changeNumbers(a)
  t.Printfln("结果 1: %#v\n", a)
  changeNumbers(&a)
  t.Printfln("结果 2: %#v", a)
}
```

代码 16-13　用反射机制修改数据

代码 16-13 中，changeNumbers 用于对传入的任意一个结构进行字段遍历，将所有 int 类型和 float64 类型的字段数值都加上一个数值。在主函数 main 中分别用传值和传引用的方式将自定义类型 MyStruct1 的变量传入进行测试。代码运行结果如下：

```
原始数据: main.MyStruct1{A:5, B:6, S:"9.9"}
类型: main.MyStruct1, 基类型: struct, 实际数值: {5 6 9.9}
结果 1: main.MyStruct1{A:5, B:6, S:"9.9"}
类型: *main.MyStruct1, 基类型: ptr, 实际数值: &{5 6 9.9}
结果 2: main.MyStruct1{A:105, B:206.5, S:"9.9"}
```

最后发现传值方式确实不会对原有数据做改动，而传引用的方式则会对数据进行有效的修改。

代码 16-13 中，注意 changeNumbers 函数中

```
  if valueT.Kind() == reflect.Ptr {
        valueT = valueT.Elem()
  }
```

这一段代码的作用是，如果传入的是指针类型（也就是结构的引用），则要用 Elem 函数来获取其指针指向的数据对应的 reflect.Value 对象，因为不能对指针对象来操作。

然后用 Value.NumField 方法获取该值的所有字段，用 Value.Field 遍历所有字段时，都要用 Value.CanSet 函数判断该值是否可以修改，确定可以修改后才能进行修改。最后调用 Value.SetInt 和 Value.SetFloat 等方法来具体修改字段的取值。

16.10　实例：JSON 处理

代码 16-14 为解析 JSON 文本的实例，这是反射机制最典型的应用场景之一：因为任意一段 JSON 文本可能表示的是任意复杂的类型，其中还会有多级的嵌套结构，例如字典中包含数组，数组中又包含字典等；这正需要反射机制来根据具体的数据类型来逐级进行处理分析。

```
package main

import (
  "encoding/json"
  "reflect"
  t "tools"
)

var jsonTextG = `{
"ID": "12345",
"name": "张三",
"曾用名": ["李四", "王五"],
"年龄": 28,
"电话": {"座机": "66668888", "手机": "13333338888"},
"pets": [
  {"name": "Tom", "type": "cat"},
  {"name": "Jerry", "type": "mouse"}
  ]
}
```

```
`

func analyzeJsonObject(vA interface{}, compareKeyA string, lastKeyA string, listA *[]string) {

	valueT := reflect.ValueOf(vA)

	switch valueT.Kind() {
	case reflect.String:
		if compareKeyA != "" {
			if lastKeyA != compareKeyA {
				break

			}
		}

		*listA = append(*listA, valueT.String())
	case reflect.Slice:
		for i := 0; i < valueT.Len(); i++ {
			v := valueT.Index(i)

			analyzeJsonObject(v.Interface(), compareKeyA, "", listA)
		}
	case reflect.Map:
		keys := valueT.MapKeys()

		for _, k := range keys {
			v := valueT.MapIndex(k)

			analyzeJsonObject(v.Interface(), compareKeyA, k.String(), listA)

		}
	default:
		t.Printfln("遇到未处理的数据类型: %v, 值为: %v\n", valueT.Kind(), valueT)
	}
}

func main() {

	var v interface{}

	errT := json.Unmarshal([]byte(jsonTextG), &v)

	if errT != nil {
		t.Printfln("JSON 解析错误: %v", errT.Error())
		return
	}

	t.Printfln("解析 JSON 文本后获得的数据类型为: %v\n", reflect.TypeOf(v))

	listT := make([]string, 0, 10)

	analyzeJsonObject(v, "", "", &listT)

	t.Printfln("结果 1: %#v\n", listT)

	listT = make([]string, 0, 10)

	analyzeJsonObject(v, "name", "", &listT)

	t.Printfln("结果 2: %#v\n", listT)

}
```

代码 16-14 reflect/reflect.go

在 Go 语言中，对 JSON 文本解析之后会得到一个 interface{}类型的数据，也就是一个空接口对象，接下来进一步的分析就需要反射机制来大显身手。为了充分达到测试的效果，我们特地准备了一段虽然简短但是非常复杂的 JSON 文本。全局变量 jsonTextG 中的 JSON 文本几乎包含了大多数可能出现的 JSON 数据类型和关系：既包含中文字段名，也包括英文字段名；即有大写的字段名，也有小写的字段名；既有文本类型的字段，也有数字类型的字段；既有数组，也有字典；并且还有数组嵌套字典的情况。

analyzeJsonObject 函数则是我们处理 JSON 对象的主要函数，我们试图用它来实现将 JSON 对象（由参数 vA 表示）中所有字段名称与参数 compareKeyA 相同并且字段类型为字符串的字段值取出来放入切片变量 listA 中。

为了实现这一目标，对于可能是无限层级的 JSON 对象，将 analyzeJsonObject 函数设计成了一个递归函数，递归的过程是这样的：

- 每次该函数会判断传入的数据类型，如果是字符串类型，则判断参数 lastKeyA 是否与 compareKeyA 相等，相等则说明该字段的名称是指定的名称，这时候程序会将该字符串值存入切片 listA 中，然后中止该函数的运行；
- 如果该数据类型是切片（即 JSON 中的数组），则会遍历其中的每一个元素（即数值项），对每一个元素递归调用 analyzeJsonObject 函数，即将该元素作为 vA 参数传入 analyzeJsonObject 函数再次执行；
- 如果该数据类型是映射（即 JSON 中的字典），也会遍历其中的每一个元素，对每一个元素递归调用 analyzeJsonObject 函数；
- lastKeyA 在第一次调用该函数时（即处理 JSON 文本的根节点时）会传入空字符串，而后只有对映射类型的数值才会将 lastKeyA 值设为该映射的键名；对于其他的类型（包括切片类型和基础类型等）则都传入空字符串；因此，只有对映射类型的值才会去判断 lastKeyA 与 compareKeyA 是否相等，并在相等时将映射中的对应数值存入 listA，其他情况都不会将字符串存入；
- 遇到其他类型的数值时，则直接输出该数值信息并结束函数的运行。

可以看出，递归函数 analyzeJsonObject 如果第一次传入的数据是基本类型（如整数、字符串等），则该函数仅执行一次就会退出。如果是复合类型的切片或映射时，则会遍历它们中的每一个元素，对每个元素都调用该函数；而每个元素都有可能是基本类型（叫作叶子节点）或者复合类型（称作非叶子节点或分支节点），对于复合类型的元素，又会再次遍历其下一级的元素并依次调用 analyzeJsonObject 函数，直至遍历完所有的叶子节为止。这就是典型的递归函数的执行过程。

另外，我们设计当 compareKeyA 参数传入空字符串时，将不做字段名称的比较，这时候会将所有字符串都收集到 listA 切片中。

代码 16-14 的执行结果如下：

```
解析 JSON 文本后获得的数据类型为: map[string]interface {}
遇到未处理的数据类型: float64, 值为: 28
结果 1: []string{"66668888", "13333338888", "Tom", "cat", "Jerry", "mouse", "12345", "张三", "李四", "王五"}
遇到未处理的数据类型: float64, 值为: 28
结果 2: []string{"张三", "Tom", "Jerry"}
```

代码中第一次调用 analyzeJsonObject 函数时，传入的 compareKeyA 是空字符串，观察输出结果中的“结果 1”开始的一行，这时候是将所有的字符串都放入切片中了；而第二次调用 analyzeJsonObject 函数时，传入的 compareKeyA 是字符串“name”，观察输出结果中的“结果 2”开始的一行，这时候只有字段名为“name”的字符串才会放入切片中。

有了本例中示范的方法，甚至可以自己写一些快捷处理 JSON 或者完整解析 JSON 的函数，例如可以根据类似“电话/手机”的路径直接获取到字符串“13333338888”，如何实现这一过程留给读者进行思考和尝试。

第 17 章

Go 语言的测试与性能

与很多其他语言不同，Go 语言中提供了内置的测试方法和测试工具帮助开发者对代码进行完善的功能测试和性能测试，本章将以实例来介绍如何在 Go 语言中进行这些测试。

17.1 功能测试

功能测试是指在编程开发中对某些具体功能进行针对性的测试以确认该功能是否被正确地实现。当功能测试针对的是较小的代码单位，例如包、对象类甚至是函数时，一般也称作“单元测试”。在 Go 语言中，大多数情况下功能测试是针对单个函数或由某几个函数调用组成的代码段。

功能测试主要测试功能是否正常实现，是否存在代码错误（一般常简称为“bug”）导致程序运行结果异常甚至崩溃，对于指定的输入是否一定会得到预期的输出等。功能测试一般会针对某个功能设计一个或多个“测试用例”（test case 或 use case），每个测试用例中有指定的输入和预期的输出。执行测试的过程实际上就是依次或并行执行每个测试用例，并记录结果，最终形成完整的测试报告。

17.1.1 基本的功能测试

Go 语言中用了简洁方便的方法来实现代码的功能测试，具体方法是：每个程序包中有专门用于测试的代码文件，这些文件必须以“_test”作为文件名的结尾（注意这里的文件名不包含扩展名，测试代码文件的扩展名也应符合 Go 语言代码文件的要求，即扩展名是“.go”），这样当在该包的目录下使用“go test”命令时，就会运行该目录下所有符合条件的测试代码文件进行测试；每个测试代码文件中也有要求，其中不能有主函数，所有测试用例的函数需要以“Test”开始，并且后面的第一个字符不能是小写字符。

下面以 tools 包为例，在该包中新建一个测试代码文件 tools_test.go 并在其中输入代码 17-1。

```
package tools

import (
  "testing"
)

func TestGenerateRandomStringX(t *testing.T) {
  rs := GenerateRandomStringX(5, 8, true, true, true, false, false, false)

  t.Logf("随机字符串: %v", rs)
}
```

代码 17-1　最基本的功能测试

代码 17-1 中，试图对 7.4.2 节中实现的 tools.GenerateRandomStringX 函数进行功能测试，其中需要注意以下几点：

- 测试代码文件中的包名与本包的包名应相同，例如本代码中一开始就声明了 package tools，表示是 tools 包的一部分；一般来说，测试都是针对本包中的函数或函数组合；
- 需要引用 testing 包，其中有测试需要的对象类和函数；

- 所有功能测试函数以 Test 开始，并且后面的第一个字符不是小写字符；习惯上一般将所需测试的函数名写在 Test 后面，如果该函数名首字母是小写字母，还需要将其换成大写；本例中因为准备测试的函数是 GenerateRandomStringX，所以我们的测试用例函数命名为 TestGenerateRandomStringX；
- 功能测试函数一般应有一个*testing.T 类型的输入参数，该参数在测试过程中会有各种与测试有关的方法可供调用，本例中调用的 Logf 方法就是 testing.T 对象提供的输出信息的方法，用于在测试中取代 fmt.Printf 或 log.Logf 等输出函数。测试代码中，应尽量使用 testing.T 对象提供的方法来输出信息，可以使测试结果更加准确；类似的还有 testing.T 对象的 Log、Error、Errorf、Fatal、Fatalf 等方法；
- 调用本包内的函数是不需要在函数名前写包名加“.”的。

在 tools 包的目录下执行 go test -v 命令可以看到如下结果（命令行参数-v 表示输出更多的信息），如图 17.1 所示。

```
C:\goprjs\src\tools>dir
 驱动器 C 中的卷没有标签。
 卷的序列号是 D47D-DCEE

 C:\goprjs\src\tools 的目录

2019/03/09  20:41    <DIR>          .
2019/03/09  20:41    <DIR>          ..
2019/03/09  21:03            12,848 tools.go
2019/03/10  11:03               209 tools_test.go
               2 个文件         13,057 字节
               2 个目录 52,057,292,800 可用字节

C:\goprjs\src\tools>go test -v
=== RUN   TestGenerateRandomStringX
--- PASS: TestGenerateRandomStringX (0.00s)
    tools_test.go:10: 随机字符串: NjJsbhFm
PASS
ok      tools   0.044s

C:\goprjs\src\tools>
```

图 17.1 执行 go test –v 命令的结果

从运行结果来看，go test 命令执行了 TestGenerateRandomStringX 函数，并给出了运行该函数的时间，也输出了代码中 T.Logf 函数输出的信息（其中比较有用的是测试代码文件名和输出信息的语句所在行数），最后认为该测试用例通过（显示“PASS”字样），这就是 Go 语言中执行一个测试最基本的方法。

17.1.2 功能测试不通过的情况

如果函数正常执行完毕就会被认为是通过，那么怎样表示测试用例没有通过呢？

先在 tools 包中增加一个函数 StringToInt，该函数的目的是将任意字符串转换为整数（int 类型），代码如下：

```
// StringToInt 转换字符串为整数
func StringToInt(strA string) (int, error) {
 nT, errT := strconv.ParseInt(strA, 0, 0)
 if errT != nil {
      return 0, errT
 }

 return int(nT), nil
}
```

该函数调用了 strconv 包中的 ParseInt 函数来分析字符串并转换为整数，该函数的定义如下：

```
func ParseInt(s string, base int, bitSize int) (i int64, err error)
```

其参数中的 base 表示数字的进制，bitSize 表示结果的二进制位数。

为了测试 tools.StringToInt 函数，在 tools_test.go 文件中增加下述测试用例函数，见代码 17-2。

```
func TestStrToInt(t *testing.T) {

 n1, errT := StringToInt("12")

 if errT == nil && n1 != 12 {
      t.Logf("测试失败: n1 为%v（预期值: %v）", n1, 12)
      t.Fail()
 }

 n2, errT := StringToInt("012")

 if errT == nil && n2 != 12 {
      t.Logf("测试失败: n2 为%v（预期值: %v）", n2, 12)
      t.Fail()
 }
```

```
 n3, errT := StringToInt("ABZ")

 if errT == nil {
        t.Logf("测试失败: errT 为 nil（预期应不为 nil），n3 为%v", n3)
        t.Fail()
 }
}
```

代码 17-2 手工设置测试失败

在测试用例中调用 T.Fail 函数会导致测试进程认为该测试用例执行失败，虽然该函数仍将继续执行，但即使执行完毕，也会被认为是该项测试没有通过。代码 17-2 运行的结果是：

```
C:\goprjs\src\tools>go test -v
=== RUN   TestGenerateRandomStringX
--- PASS: TestGenerateRandomStringX (0.00s)
    tools_test.go:10: 随机字符串: 94mxd8
=== RUN   TestStrToInt
--- FAIL: TestStrToInt (0.00s)
   tools_test.go:25: 测试失败: n2 为 10（预期值: 12）
FAIL
exit status 1
FAIL    tools   0.045s
```

可以看出，测试用例函数 TestStrToInt 中对于 n2 调用 tools.StringToInt 函数的结果返回是不正确的，虽然其他 n1 和 n3 的结果都是正确的（n3 由于输入参数是随意输入的字符串，无法被正确转换，因此返回 error 值不为空值 nil 是正确的结果），但整个测试还是被标记为失败（FAIL）。该测试用例不会影响前一个测试用例 TestGenerateRandomStringX 的结果，但对于整个测试来说最终结果是失败的，可以从最后一行输出信息 FAIL tools 0.045s 看出，其中“FAIL”表示整体测试是失败的，tools 表示是对 tools 包的测试，最后是整个测试过程所用的时长。

通过测试发现了问题，就可以修改代码来解决问题。例如，经过研究发现，本例中出现错误的原因是：strconv.ParseInt 函数在第二个参数值为 0 时，会自动将“0”开始的字符串认为是八进制数字，将“0x”开始的字符串认为是十六进制，从而导致分析结果与我们期待的不同，因此需要明确地指出只针对十进制数字。对 tools.StringToInt 函数修改如下：

```
// StringToInt 转换字符串为整数
func StringToInt(strA string) (int, error) {
 nT, errT := strconv.ParseInt(strA, 10, 0)
 if errT != nil {
        return 0, errT
 }

 return int(nT), nil
}
```

仅是将 strconv.ParseInt 函数的第二个参数传入了 10，再次测试结果如下：

```
C:\goprjs\src\tools>go test -v
=== RUN   TestGenerateRandomStringX
--- PASS: TestGenerateRandomStringX (0.00s)
   tools_test.go:10: 随机字符串: vhKrn
=== RUN   TestStrToInt
--- PASS: TestStrToInt (0.00s)
PASS
Ok      tools   0.054s
```

这次一切正常，所有测试函数都通过（PASS），整体测试结果也是通过（显示“ok”）。

至此，最基本的 Go 语言测试的过程已经演示完毕，包含了正常情况、异常情况及其处理方法。下面再介绍更多测试包的用法。

17.1.3 立即中止测试用例函数

如果在测试用例函数中，遇到某个认为是错误的情况时需要立即退出该测试用例，这时候应该用 T.FailNow 函数来代替 T.Fail。

下述代码在 tools.StringToInt 函数没有修改正确之前，会在判断 n2 是否正确后直接中止该函数而不会继续去判断 n3 正确与否。该函数的测试结果还是会被标记为失败。使用 T.FailNow 可以节约时间，发现一个错误就立即停止该用例的测试，缺点是无法发现所有的可能错误。在实际测试时要权衡自己的需要来决定使用哪种方式更好。

```
func TestStrToInt(t *testing.T) {

  n1, errT := StringToInt("12")

  if errT == nil && n1 != 12 {
        t.Logf("测试失败: n1 为%v（预期值: %v）", n1, 12)
        t.Fail()
  }

  n2, errT := StringToInt("012")

  if errT == nil && n2 != 12 {
        t.Logf("测试失败: n2 为%v（预期值: %v）", n2, 12)
        t.FailNow()
  }

  n3, errT := StringToInt("ABZ")

  if errT == nil {
        t.Logf("测试失败: errT 为 nil（预期应不为 nil），n3 为%v", n3)
        t.Fail()
  }
}
```

17.1.4 简化的中止测试用例函数

为了简化代码，测试用例函数中可以使用 T.Errorf 和 T.Fatalf 等函数。T.Errorf 函数相当于先调用 T.Logf，然后紧接着调用 T.Fail 函数，而 T.Fatalf 函数相当于先调用 T.Logf，然后紧接着调用 T.FailNow 函数。因此，测试用例函数 TestStrToInt 的代码可以修改为：

```
func TestStrToInt(t *testing.T) {
  n1, errT := StringToInt("12")

  if errT == nil && n1 != 12 {
        t.Errorf("测试失败: n1 为%v（预期值: %v）", n1, 12)
  }

  n2, errT := StringToInt("012")

  if errT == nil && n2 != 12 {
        t.Fatalf("测试失败: n2 为%v（预期值: %v）", n2, 12)
  }

  n3, errT := StringToInt("ABZ")

  if errT == nil {
        t.Errorf("测试失败: errT 为 nil（预期应不为 nil），n3 为%v", n3)
  }
}
```

17.1.5 跳过测试用例

在测试中还可以用 T.SkipNow 函数来跳过某个测试用例。该函数并不影响测试用例的测试结果，如果在调用 T.SkipNow 函数之前已经用 T.Fail 等函数标记该测试用例为失败状态，则调用 T.SkipNow 函数中止测试用例后，其状态仍然为失败，否则直接调用 T.SkipNow 函数可以标记该测试用例状态为“跳过”（SKIP），但不会影响整体测试结果。

另外，还有 T.Skip 函数，相当于先调用 T.Log 再调用 T.SkipNow 函数；以及 T.Skipf 函数，相当于先调用 T.Logf 再调用 T.SkipNow 函数。

17.1.6 进行并发测试

有时候要对某个函数进行并发测试，例如要检验某个函数是否是并发安全的，这时候需要结合 T.Parallel 函数和 T.Run 函数来实现。代码 17-3 中，在 tools_test.go 文件中增加了 3 个函数。

```
func TestStrToIntParallel(t *testing.T) {

	for i := 0; i < 1000000; i++ {
		n1 := rand.Intn(500)

		n2, errT := StringToInt(IntToString(n1))

		if errT != nil {
			t.Fatalf("测试失败: n1 的值为%v, n2 的值为%v, errT 为%v", n1, n2, errT)
		}

		if n1 != n2 {
			t.Fatalf("测试失败: n1 的值为%v, n2 的值为%v", n1, n2)
		}
	}
}

func Test001(t *testing.T) {
	t.Parallel()

	for i := 0; i < 5; i++ {
		t.Run("并发测试", TestStrToIntParallel)
	}
}

func Test002(t *testing.T) {
	t.Parallel()

	for i := 0; i < 5; i++ {
		t.Run("并发测试", TestStrToIntParallel)
	}
}
```

代码 17-3　并发功能测试

在测试用例函数中调用 T.Parallel 函数的作用是声明该测试用例函数可以与其他测试用例函数并发执行。而 T.Run 函数可以调用另一个测试用例函数作为它的子测试用例，并等待该子测试用例执行完毕再继续执行其他代码。T.Run 函数的定义如下：

```
func (t *T) Run(name string, f func(t *T)) bool
```

其中参数 name 是给该子测试用例命名，f 是函数类型的变量，可以直接传入其他测试用例函数的名字，也可以写一个匿名函数。T.Run 函数将会把 f 作为一个 goroutine 来运行。

代码 17-3 中，TestStrToIntParallel 函数是准备用来进行并发测试的函数，它将循环执行一个较长的时间来多次验证 StringToInt 函数的正确性。TestStrToIntParallel 函数将被 Test001 和 Test002 并发调用多次。注意，由于 Test001 和 Test002 两个函数调用了 T.Parallel 函数，因此将并发运行，但两个函数内部循环调用 T.Run 函数来启动多个基于 TestStrToIntParallel 函数的 goroutine 之间并不会并发运行，而是一个执行完毕后才会执行另一个，也就是说，T.Run 函数是阻塞式执行其调用函数的。事实上，如果不调用 T.Parallel 函数，多个测试函数间也无法并发运行。

运行代码 17-3 可以看到如下结果：

```
C:\goprjs\src\tools>go test -v
=== RUN   TestGenerateRandomStringX
--- PASS: TestGenerateRandomStringX (0.00s)
    tools_test.go:11: 随机字符串: a1VEyk
=== RUN   TestStrToInt
--- PASS: TestStrToInt (0.00s)
```

```
=== RUN   TestStrToIntParallel
--- PASS: TestStrToIntParallel (0.08s)
=== RUN   Test001
=== PAUSE Test001
=== RUN   Test002
=== PAUSE Test002
=== CONT  Test001
=== CONT  Test002
=== RUN   Test001/并发测试
=== RUN   Test002/并发测试
=== RUN   Test002/并发测试#01
=== RUN   Test001/并发测试#01
=== RUN   Test002/并发测试#02
=== RUN   Test001/并发测试#02
=== RUN   Test002/并发测试#03
=== RUN   Test001/并发测试#03
=== RUN   Test001/并发测试#04
=== RUN   Test002/并发测试#04
--- PASS: Test001 (1.12s)
    --- PASS: Test001/并发测试 (0.21s)
    --- PASS: Test001/并发测试#01 (0.23s)
    --- PASS: Test001/并发测试#02 (0.22s)
    --- PASS: Test001/并发测试#03 (0.22s)
    --- PASS: Test001/并发测试#04 (0.24s)
--- PASS: Test002 (1.13s)
    --- PASS: Test002/并发测试 (0.20s)
    --- PASS: Test002/并发测试#01 (0.22s)
    --- PASS: Test002/并发测试#02 (0.23s)
    --- PASS: Test002/并发测试#03 (0.24s)
    --- PASS: Test002/并发测试#04 (0.23s)
PASS
ok      tools 1.259s
```

可以发现，所有测试用例都被执行了一遍，我们先来观察最后两个并发的测试用例 Test001 和 Test002 执行的情况。可以看出，每个函数确实新建了 5 个 goroutine，名称分别为我们指定的"并发测试"和序号（第一个 goroutine 没有序号，第二个开始以"#01""#02"依次命名）；同一函数所建的多个 goroutine 确实是顺序执行的，因为其运行时间相加起来约等于整个用例的运行时间，但 Test001 和 Test002 两个测试用例函数显然是并发运行的，因为整个测试的时长仅比任意一个测试函数的运行时长略长一些。

另外需要注意的是，Test001 和 Test002 两个测试用例函数的名字都是符合 Go 语言规定的，因为不是以小写字母开始的。

17.1.7 指定运行的测试用例

运行并发测试时，如果能够指定仅运行 Test001 和 Test002 函数，将会使输出信息更简洁，避免不必要的干扰。在其他情况下，也往往需要指定仅测试某个或某几个用例，例如发现了某个错误之后，在调试过程中可以只测试针对该错误的测试用例。这种情况可以用 go test 命令加上"-run"参数来解决。"-run"参数后面可以指定一个正则表达式，任何函数名称匹配该正则表达式的测试用例都将被执行，而其他不匹配的则不会被运行。注意，这里的"匹配"指的是函数名称中含有能够匹配该正则表达式的子串。

例如：

```
go test
go test -run=
go test -run=.
```

这三条语句将执行所有的测试用例函数。而 go test -run=Test0 将只运行名字中包含"Test0"子串的测试用例函数。go test -run=00\d 这条命令将只执行包含"00"后面紧跟一个数字字符的子串的测试用例函数。

注意 有些操作系统的命令行中有特殊含义的字符与正则表达式中的字符相冲突，所以最好只是用简单的正则表达式。

将代码 17-3 略做改动，将 Test001 和 Test002 中调用 T.Parallel 函数的语句删除或者注释上使其失效（注释的语句不会被执行，这是开发调试中常用的使语句暂时失效的方法），如下所示：

```
func Test001(t *testing.T) {
  // t.Parallel()

  for i := 0; i < 5; i++ {
        t.Run("并发测试", TestStrToIntParallel)
  }
}

func Test002(t *testing.T) {
  // t.Parallel()

  for i := 0; i < 5; i++ {
        t.Run("并发测试", TestStrToIntParallel)
  }
}
```

然后用下面的命令进行测试：

```
go test -v -run=Test00\d
```

可以得到如下运行结果：

```
C:\goprjs\src\tools>go test -v -run=Test00\d
=== RUN   Test001
=== RUN   Test001/并发测试
=== RUN   Test001/并发测试#01
=== RUN   Test001/并发测试#02
=== RUN   Test001/并发测试#03
=== RUN   Test001/并发测试#04
--- PASS: Test001 (0.41s)
    --- PASS: Test001/并发测试 (0.08s)
    --- PASS: Test001/并发测试#01 (0.08s)
    --- PASS: Test001/并发测试#02 (0.08s)
    --- PASS: Test001/并发测试#03 (0.08s)
    --- PASS: Test001/并发测试#04 (0.08s)
=== RUN   Test002
=== RUN   Test002/并发测试
=== RUN   Test002/并发测试#01
=== RUN   Test002/并发测试#02
=== RUN   Test002/并发测试#03
=== RUN   Test002/并发测试#04
--- PASS: Test002 (0.44s)
    --- PASS: Test002/并发测试 (0.10s)
    --- PASS: Test002/并发测试#01 (0.08s)
    --- PASS: Test002/并发测试#02 (0.09s)
    --- PASS: Test002/并发测试#03 (0.08s)
    --- PASS: Test002/并发测试#04 (0.08s)
PASS
ok      tools   0.892s
```

可以看到，其中只有 Test001 和 Test002 两个测试用例函数被执行，并且由于没有调用 T.Parallel 函数，两个测试用例函数显然是顺序执行的，因为整体测试时长约等于两个测试用例加起来的执行时长。

17.2 性能测试

除了功能测试，Go 语言还支持对代码的性能进行测试，可以给出代码的运行时长、CPU 占用情况、内存分配情况等，对于优化代码提高运行效率非常有用，也非常方便。

17.2.1 基本的性能测试

下面先介绍一个 Go 语言中最基本的性能测试实例。

先在 tools 包添加一个计算圆周率π值的函数，该函数在本书 15.1.4 节中已经出现过，是使用了随机落点法来计算圆周率的。暂时不介绍该函数使用的算法，使用该算法是因为它可以运行较长时间（总的来说运行次数越多越准确但耗时也越长），适合进行性能测试的演示。将该函数加入 tools 包，并命名为 CalPi，其代码如下：

```
// CalPi 是使用随机落点法计算圆周率π值的函数
// 一般来说，输入参数 pointCountA 的值越大，计算结果越准确，但耗费时间也越多
func CalPi(pointCountA int) float64 {
 inCircleCount := 0

 var x, y float64
 var Pi float64

 for i := 0; i < pointCountA; i++ {
        x = rand.Float64()
        y = rand.Float64()

        if x*x+y*y < 1 {
           inCircleCount++
        }
 }

 Pi = (4.0 * float64(inCircleCount)) / float64(pointCountA)

 return Pi
}
```

然后在 tools 包源代码所在的目录下新建一个 benchmark_test.go 文件用于输入对 tools 包进行性能测试的代码。本来这些代码放在 tools_test.go 文件中也是可以的，但分开会更清晰。go test 命令运行时会将所有文件名（不包括扩展名）以_test 结尾的代码文件都执行一遍，因此 benchmark_test.go 和 tools_test.go 文件都将被执行。

性能测试的函数格式与功能测试函数的要求大体类似，但函数名和参数类型略有不同。性能测试用例函数名要求以 Benchmark 开始，并且后面的第一个字符不能是小写字母，参数则是*testing.B 类型的。编写一个简单的性能测试用例函数来对 tools.CalPi 函数进行测试，见代码 17-4。

```
package tools

import (
 "testing"
)

func BenchmarkCalPi(b *testing.B) {
 for i := 1; i < b.N; i++ {
        rs := CalPi(i)
        b.Logf("Pi 值: %v", rs)
 }
}
```

代码 17-4　基本的性能测试

testing.B 对象与 testing.T 非常类似，例如 Logf、Fail、FailNow、Errorf、Fatalf、Run 等函数的用法都是一样的。特别之处在于 testing.B 对象包含一个成员变量 N，该变量被用于指定循环测试的次数，而性能测试用例函数中一般都需要循环测试某段代码，循环的次数应由 B.N 来指定，Go 语言在进行测试时会自动调整该值来满足一定的时间要求。代码 17-4 中的性能测试用例函数 BenchmarkCalPi 就是按这种要求来书写的，先运行该代码来查看一下基本的性能测试结果。

```
C:\goprjs\src\tools>go test -v -bench=. -run=Benchmark
goos: windows
goarch: amd64
pkg: tools
BenchmarkCalPi-8                  10000           226170 ns/op
--- BENCH: BenchmarkCalPi-8
    benchmark_test.go:10: Pi 值: 0
    benchmark_test.go:10: Pi 值: 4
    benchmark_test.go:10: Pi 值: 4
```

```
    benchmark_test.go:10: Pi 值: 4
    benchmark_test.go:10: Pi 值: 2.4
    benchmark_test.go:10: Pi 值: 4
    benchmark_test.go:10: Pi 值: 4
    benchmark_test.go:10: Pi 值: 2
    benchmark_test.go:10: Pi 值: 3.5555555555555554
    benchmark_test.go:10: Pi 值: 3.6
        ... [output truncated]
PASS
Ok      tools    2.314s
```

执行这段代码使用了如下命令行：

```
go test -v -bench=. -run=Benchmark
```

其中用-run 参数指定了只执行名称中包含“Benchmark”的测试用例函数，-bench 参数则用于指定执行哪些测试用例，也是用一个正则表达式来指定。但是与-run 参数不同，-bench 参数如果不设定或者为空值，任何性能测试用例都不能被运行，因此本例中使用了“.”这个能够匹配任意字符的正则表达式来表示运行所有的性能测试用例。

运行结果中，“BenchmarkCalPi-8”中的“8”表示进行测试时使用了 CPU 中的 8 核；后面的数字“10000”表示该测试用例执行了 10000 次（指其中的循环执行了 10000 次），“226170 ns/op”表示每一次操作（即循环一次）平均花费 226170 纳秒（1 纳秒为 10^{-9}秒）；后面过长的输出被截断（“output truncated”字样）以免影响查看整体情况。

17.2.2 根据性能测试结果进行优化和比对

根据上述性能分析的结果，我们对 CalPi 函数的性能并不满意。经过研究，发现很有可能是因为使用的随机数发生器是 Go 语言标准库里 rand 包中的。因为该随机发生器是考虑了并发安全因素的，因此相对速度会较慢，而这个例子并不需要考虑并发的问题。为提升该函数的性能，可以尝试换用其他更快的随机数产生器来产生随机数，我们在 tools 包中增加一个 CalPiX 函数，与 tools.CalPi 唯一的区别就是选用的随机数发生器不同。

```
// CalPiX 是使用随机落点法计算圆周率π值的函数
// 与 CalPi 唯一的不同是使用了更快的随机数发生器
// 但有可能不是并发安全的，建议仅在单线程中使用
func CalPiX(pointCountA int) float64 {
  inCircleCount := 0

  var x, y float64
  var Pi float64

  r := tk.NewRandomGenerator()

  for i := 0; i < pointCountA; i++ {
        x = r.Float64()
        y = r.Float64()

        if x*x+y*y < 1 {
            inCircleCount++
        }
  }

  Pi = (4.0 * float64(inCircleCount)) / float64(pointCountA)

  return Pi
}
```

其中采用了 github.com/topxeq/txtk 包提供的快速随机数发生器。修改 benchmark_test.go 的代码，增加对 tools.CalPiX 函数的性能测试。

```
package tools

import (
  "testing"
)
```

```
func BenchmarkCalPi(b *testing.B) {
 for i := 1; i < b.N; i++ {
       rs := CalPi(i)
       b.Logf("Pi 值: %v", rs)
 }
}

func BenchmarkCalPiX(b *testing.B) {
 for i := 1; i < b.N; i++ {
       rs := CalPiX(i)
       b.Logf("Pi 值: %v", rs)
 }
}
```

运行该代码结果如下：

```
C:\goprjs\src\tools>go test -v -bench=. -run=Benchmark
goos: windows
goarch: amd64
pkg: tools
BenchmarkCalPi-8                 10000          223870 ns/op
--- BENCH: BenchmarkCalPi-8
    benchmark_test.go:10: Pi 值: 0
    benchmark_test.go:10: Pi 值: 4
    benchmark_test.go:10: Pi 值: 4
    benchmark_test.go:10: Pi 值: 4
    benchmark_test.go:10: Pi 值: 2.4
    benchmark_test.go:10: Pi 值: 4
    benchmark_test.go:10: Pi 值: 4
    benchmark_test.go:10: Pi 值: 2
    benchmark_test.go:10: Pi 值: 3.5555555555555554
    benchmark_test.go:10: Pi 值: 3.6
        ... [output truncated]
BenchmarkCalPiX-8             30000             132331 ns/op
--- BENCH: BenchmarkCalPiX-8
    benchmark_test.go:17: Pi 值: 0
    benchmark_test.go:17: Pi 值: 0
    benchmark_test.go:17: Pi 值: 0
    benchmark_test.go:17: Pi 值: 1
    benchmark_test.go:17: Pi 值: 1.6
    benchmark_test.go:17: Pi 值: 2
    benchmark_test.go:17: Pi 值: 1.7142857142857142
    benchmark_test.go:17: Pi 值: 2
    benchmark_test.go:17: Pi 值: 2.2222222222222223
    benchmark_test.go:17: Pi 值: 2
        ... [output truncated]
PASS
Ok     tools    6.716s
```

观察运行结果可以发现，CalPiX 函数每次运行所需的时间仅有 CalPi 的一半左右，相同时间内执行的次数也更多，可见对随机数发生器的调整带来了性能的优化。

17.2.3 指定性能测试的时长

Go 语言执行性能测试时，一般默认每个测试用例要至少执行 1 秒的时间，如果某个测试用例函数执行不足该时长，则会动态调整 B.N 的数值来增加循环的次数以便保证执行时间足够，这样可以确保性能测试的结果比较稳定。这个时间可以通过命令行参数“-benchtime”来指定，例如用下述命令行来执行 17.2.2 节的性能测试：

```
go test -v -bench=. -run=Benchmark -benchtime=5s
```

可以得到下面的运行结果：

```
C:\goprjs\src\tools>go test -v -bench=. -run=Benchmark -benchtime=5s
goos: windows
goarch: amd64
pkg: tools
BenchmarkCalPi-8                 30000           657794 ns/op
```

```
--- BENCH: BenchmarkCalPi-8
    benchmark_test.go:10: Pi 值: 0
    benchmark_test.go:10: Pi 值: 4
    benchmark_test.go:10: Pi 值: 4
    benchmark_test.go:10: Pi 值: 4
    benchmark_test.go:10: Pi 值: 2.4
    benchmark_test.go:10: Pi 值: 4
    benchmark_test.go:10: Pi 值: 4
    benchmark_test.go:10: Pi 值: 2
    benchmark_test.go:10: Pi 值: 3.5555555555555554
    benchmark_test.go:10: Pi 值: 3.6
        ... [output truncated]
BenchmarkCalPiX-8           200000              877018 ns/op
--- BENCH: BenchmarkCalPiX-8
    benchmark_test.go:17: Pi 值: 4
    benchmark_test.go:17: Pi 值: 4
    benchmark_test.go:17: Pi 值: 4
    benchmark_test.go:17: Pi 值: 4
    benchmark_test.go:17: Pi 值: 3.2
    benchmark_test.go:17: Pi 值: 2.6666666666666665
    benchmark_test.go:17: Pi 值: 2.857142857142857
    benchmark_test.go:17: Pi 值: 3
    benchmark_test.go:17: Pi 值: 3.1111111111111111
    benchmark_test.go:17: Pi 值: 3.2
        ... [output truncated]
PASS
ok      tools   197.881s
```

命令行参数“-benchtime”的取值可以用“1h3s”的形式代表 1 小时零 3 秒，本例中指定了 5 秒。观察结果可以发现，整个用例的时间实际上大大超过两个用例各 5 秒的时间，这是因为 CalPi 和 CalPiX 函数使用循环变量值作为参数，运行时间越长，循环变量值会越大，相应的函数执行时间会越来越长。另外，第二个测试用例中平均每个操作所花费的时间已经超过了第一个测试用例，这是因为第二个测试用例实际上运行较快，因此在相同的时间内该测试用例被运行的次数更多。本例中第一个测试用例被执行了 3 万次，第二个测试用例被执行了 20 万次，循环次数越多变量越大，导致每次计算 Pi 值时耗费更多的时间，因此导致了每次操作平均时间加大。由此可以看出，平均操作时间并非唯一衡量性能的指标，还需要结合操作运行次数来综合判断。

17.2.4 手动控制测试计时

有时候需要手动控制测试计时器，例如有一些测试用例在进入稳定的循环运行之前需要进行一些比较耗时间的初始化操作，将这些操作消耗的时间计入性能测试的时间显然是不合适的，这时候可以用 testing.B 对象的 ResetTimer、StartTimer、StopTimer 这几个方法对测试的时长进行手动控制。这几个方法都不需要参数，ResetTimer 方法用于重置针对该用例的性能计时器，同时还会清空内存分配的计数器；StartTimer 方法用于开始计时器的计数；StopTimer 方法用于停止计时器的计数。StopTimer 方法停止计时后，可以用 StartTimer 方法继续进行计数，除非调用 ResetTimer 方法，否则计时器不会清零。

17.2.5 测试内存分配的情况

对于一个程序来说，除了运行的速度之外，占用内存的多少也是衡量其性能的重要指标。Go 语言性能测试也支持对程序内存分配情况的测试。

用 6.8.4 节中介绍的计算斐波那契数列值的函数来演示针对内存分配的性能测试，因为该函数使用了递归调用方式，在执行中会不断调用自身，而每次函数调用都会有一定的内存分配操作用于存放函数的参数、返回值等数据以及函数运行所需的临时数据空间。递归函数由于其嵌套调用的特性，所耗费的内存尤其多，所以比较适合用于内存性能测试。

首先在 tools 包中加入下面的代码：

```
// Fibonacci 计算斐波那契数列
func Fibonacci(c int64) int64 {
 if c < 2 {
       return c
 }

 return Fibonacci(c-2) + Fibonacci(c-1)
}
```

然后在 benchmark_test.go 文件中增加下面的测试用例代码：

```
func BenchmarkFibo38(b *testing.B) {
 rs := Fibonacci(38)
 b.Logf("斐波那契 38 结果值: %v", rs)
}

func BenchmarkFibo48(b *testing.B) {
 rs := Fibonacci(48)
 b.Logf("斐波那契 48 结果值: %v", rs)
}
```

代码中增加了两个性能测试用例函数 BenchmarkFibo38 和 BenchmarkFibo48，分别计算斐波那契数列中第 38 项和第 48 项的结果值，理论上计算第 48 项时由于递归调用级数更多，导致内存需要重新分配的可能性更大（当内存占用较小时，由于程序自身运行数据空间足够使用，因此可能不会发生内存重新分配的情况）。增加完这两个测试用例函数之后，用下面的命令行启动性能测试：

```
go test -v -bench=Fibo -run=Benchmark -benchmem
```

其中的命令行参数-benchmem 指定进行性能测试时监控内存分配的情况，运行结果如下：

```
C:\goprjs\src\tools>go test -v -bench=Fibo -run=Benchmark -benchmem
goos: windows
goarch: amd64
pkg: tools
BenchmarkFibo38-8               1000000000           0.25 ns/op           0 B/op
     0 allocs/op
--- BENCH: BenchmarkFibo38-8
    benchmark_test.go:23: 斐波那契 38 结果值: 39088169
    benchmark_test.go:23: 斐波那契 38 结果值: 39088169
    benchmark_test.go:23: 斐波那契 38 结果值: 39088169
    benchmark_test.go:23: 斐波那契 38 结果值: 39088169
    benchmark_test.go:23: 斐波那契 38 结果值: 39088169
    benchmark_test.go:23: 斐波那契 38 结果值: 39088169
    benchmark_test.go:23: 斐波那契 38 结果值: 39088169
    benchmark_test.go:23: 斐波那契 38 结果值: 39088169
    benchmark_test.go:23: 斐波那契 38 结果值: 39088169
    benchmark_test.go:23: 斐波那契 38 结果值: 39088169
        ... [output truncated]
BenchmarkFibo48-8              1     30847489200 ns/op                2184 B/op
    17 allocs/op
--- BENCH: BenchmarkFibo48-8
    benchmark_test.go:28: 斐波那契 48 结果值: 4807526976
PASS
ok      tools   34.202s
```

其中，第一个用例性能测试结果中的“0 B/op 0 allocs/op”表示每次执行该用例没有分配空间；第二个用例性能测试结果中的“2184 B/op 17 allocs/op”字样则表示执行该用例每个操作平均需要分配 2184 字节大小的空间，并需要 17 次内存分配操作。因此，可以验证递归层级越多，所需分配的空间越大，而第一个用例由于所需空间太少，甚至不需要重新分配内存。

另外，这两个测试用例都没有使用循环结构，但观察结果可以发现用例也被执行了多次，可见 Go 语言测试中可以不用手动编写测试用例函数中的循环结构。

一般来说，在代码中应该同时考虑速度和内存消耗在内的多方面因素来对代码进行性能调整优化。

第 18 章

Go 语言与其他语言的结合运用

Go 语言具备较强的与其他语言互操作的能力，本章将介绍几种典型的 Go 语言结合其他语言的应用方法。

18.1 Cgo

Go 语言可以说从 C 语言发展出来，因此具备了接近于 C 语言的代码效率。不仅如此，Go 语言还可以通过被称作“Cgo”的方式直接调用 C 语言编写的代码或者编写函数被 C 语言所调用，从而最大限度地发挥 C 语言的效率，充分利用 C 语言历史积累下来的大量函数库，并利用 Go 语言的高级特性，实现两者的优势互补。

另外，由于很多其他高级语言具备调用 C 语言编写的函数的能力，因此 Go 代码转化为 C 函数库（例如编译成动态链接库）后就可以被其他语言调用了。

下面将介绍几个 Go 语言与 C 语言结合的例子，主要希望帮助读者理解这两者通过 Cgo 技术结合的基本方法，并具备实际动手操作和继续提高的能力。使用 Cgo 最好安装 GCC 的编译器，即使是在 Windows 环境下，还是建议安装 TDM-GCC 的 64 位版本。

18.1.1 Go 语言中直接编写 C 语言代码

Go 语言中可以用特殊约定的方式直接编写 C 语言代码，甚至以注释的形式编写，并且会用导入（引用）包的形式声明使用 Cgo，见代码 18-1。

```
package main

/*
#include <stdio.h>
#include <stdlib.h>
#include <time.h>

// 是否初始化随机数种子的标志
int randomizeFlagG = 0;

// 获取一个随机数
int getRandomInt(int maxA) {
 if (randomizeFlagG == 0) {
        // 初始化随机数种子
        srand(time(NULL));
 }

 // 限制随机数值范围
 int rs = rand()%maxA;

 // 为了演示，在C语言函数中输出生成的随机数
 printf("%d\n", rs);

 return rs;
}

// 输出一个字符串
void printString(char *str) {
    printf("%s\n", str);
}
```

```
*/
import "C"

import (
 "fmt"
 "unsafe"
)

func main() {
 // 调用 C 的标准库函数 puts 来输出
 C.puts(C.CString("这是一个 test."))

 // 将 Go 语言字符串转换为 C 语言格式的字符串
 cStrT := C.CString("测试字符串")

 // 调用 C 语言中自定义的函数来输出
 C.printString(cStrT)

 // 确保释放 C 语言格式的字符串所占用的内存空间
 defer C.free(unsafe.Pointer(cStrT))

 // 调用 C 语言中定义的函数获取一个随机数
 rs := C.getRandomInt(20)

 // 输出该随机数及其在 Go 语言中的类型
 fmt.Printf("%T, %#v\n", rs, rs)
}
```

代码 18-1 Go 语言中直接编写 C 语言

代码 18-1 演示了使用 Cgo 在 Go 语言代码文件中直接编写 C 语言代码的方法。

- 在用 package main 语句声明本包之后，用注释的形式直接将 C 语言代码写出，可以用“/* ... */”的组合进行注释，也可以用“//”注释每一行；
- 注释的 C 语言代码之后（注意不能有空行），需要写一条 import "C" 的语句来声明使用 Cgo，注意 C 是大写的；
- 之后就可以将 C 当作一个虚拟的包来使用，所有 C 语言中的库函数（只要用 include 语句引用过头文件）和在注释代码中额外编写的函数都可以被当作 C 包的成员函数来使用，例如本代码中用 C.puts 的形式调用了 C 语言标准库中的函数 puts（在头文件 stdio.h 声明，因此需要用 include <stdio.h>语句来引用该头文件），该函数相当于 Go 语言中的 fmt.Println，即输出字符串后加上一个换行符；
- 本代码中 Go 语言部分还调用了在 C 语言部分编写的自定义函数 printString 和 getRandomInt，也是使用“C.”前缀开始的方式调用的；这两个函数分别实现了简单的字符串输出和随机数的生成，功能非常简单，主要是为了演示 Go 语言调用 C 语言编写的函数时传递参数和返回结果值的方法；
- 代码中有详细的注释，比较需要注意的是，Go 语言中的字符串与 C 语言中的字符串不同，因此需要进行转换，并且 Go 语言中无须考虑内存释放的问题，C 语言中的字符串则需要手动释放占用的内存空间；因此在 Go 语言中将字符串转换为 C 语言的格式后，需要进行手动释放（最好用 defer 语句以免遗忘）；
- Go 语言中的 unsafe 包中提供的 Pointer 类型用于定义一个任意类型的指针，相当于 C 语言中的无类型指针（void *），因此 C.free(unsafe.Pointer(cStrT))就相当于 C 语言中的 free((void*)cStrT)，即释放 cStrT 所占的内存空间。

这段代码执行的结果如下（在 Windows 操作系统中）：

```
杩欐槸涓€涓猼est.
娴嬭瘯瀛楃涓?
19
main._Ctype_int, 19
```

可以发现，返回的随机数值的类型是 Ctype_int，可以用强制类型转换转为 int 类型。另外，输出的中文字符串都是乱码，这是因为程序在中文版 Windows 系统中运行，中文版 Windows 系统默认的字符集是 GB2312，而 Go 语言中默认的字符串编码是 UTF-8，因此传递到 C 语言中的字符串被用 C 语言标准的输出语句输出时，在 CMD 界面中会变成乱码。如果在 Linux 或 MacOS 等默认是 UTF-8 编码的操作系统中，这段代码运行是没有问题的，可以直接显示中文。如果要在中文 Windows 系统下正常显示中文，应该将代码修改如代码 18-2 所示。

```
package main

/*
#include <stdio.h>
#include <stdlib.h>
#include <time.h>

// 是否初始化随机数种子的标志
int randomizeFlagG = 0;

// 获取一个随机数
int getRandomInt(int maxA) {
  if (randomizeFlagG == 0) {
        // 初始化随机数种子
        srand(time(NULL));
  }

  // 限制随机数值范围
  int rs = rand()%maxA;

  // 为了演示，在C语言函数中输出生成的随机数
  printf("%d\n", rs);

  return rs;
}

// 输出一个字符串
void printString(char *str) {
    printf("%s\n", str);
}

*/
import "C"

import (
  "fmt"
  "tools"
  "unsafe"
)

func main() {
  // 调用C的标准库函数puts来输出
  C.puts(C.CString(string(tools.ConvertBytesFromUTF8ToGB18030([]byte("这是一个test.")))))

  // 将Go语言字符串转换为C语言格式的字符串
  cStrT := C.CString(string(tools.ConvertBytesFromUTF8ToGB18030([]byte("测试字符串"))))

  // 调用C语言中自定义的函数来输出
  C.printString(cStrT)

  // 确保释放C语言格式的字符串所占用的内存空间
  defer C.free(unsafe.Pointer(cStrT))

  // 调用C语言中定义的函数获取一个随机数
  rs := C.getRandomInt(20)

  // 输出该随机数及其在Go语言中的类型
  fmt.Printf("%T, %#v\n", rs, rs)
}
```

代码 18-2 cgo1/cgo1.go

代码 18-2 中使用了在 tools 包中定义过的 ConvertBytesFromUTF8ToGB18030 函数，将 UTF-8 编码的字符串转换为 GB18030 编码，再次运行该代码可以得到运行结果如下：

```
这是一个test.
测试字符串
```

```
4
main._Ctype_int, 4
```

可以发现中文字符都正常显示。本例中的要点是：Go 语言调用 C 语言的函数时，参数和返回值大多需要进行类型转换；某些类型的数据传递时还要考虑所占内存空间的释放问题；可能存在编码转换的问题。

18.1.2 Go 语言中调用 C 语言文件中的代码

上一例中在 Go 语言代码中直接编写 C 语言代码，需要用注释的特殊方法编写 C 语言部分的代码。如果希望保持 C 语言代码的清晰与格式美观，可以将 C 语言代码放在单独的代码文件（一般扩展名为“.c”）中，并在头文件（一般扩展名为“.h”）中声明可以被调用的函数，然后在 Go 语言代码中仅包含该头文件即可。

例如，编写下面的 C 语言代码 test.c，见代码 18-3。

```
#include "test.h"

#include "stdio.h"
#include "time.h"

void show3Times(char *strA)
{
 for (int i = 0; i < 3; i ++) {
       puts(strA);
 }

 time_t timeT = time(NULL);

 struct tm *timeInfoT = localtime(&timeT);

 printf("%s", asctime(timeInfoT));

}
```

代码 18-3 cgo2/test.c

然后编写对应的头文件 test.h，见代码 18-4。

```
void show3Times(char *strA);
```

代码 18-4 cgo2/test.h

最后编写调用该 C 语言代码的 Go 语言代码文件 cgo2.go，见代码 18-5。

```
package main

/*
#include "test.h"
*/
import "C"

import "tools"

func main() {
 C.show3Times(C.CString(string(tools.ConvertBytesFromUTF8ToGB18030([]byte("[时间]")))))
}
```

代码 18-5 cgo2/cgo2.go

代码本身很简单，在 C 语言中实现了一个 show3Times 函数用于显示系统当前时间，调用时需要一个参数，表示在输出时间前先要重复输出 3 次字符串，Go 语言中调用了该函数。这次只在 Go 语言中 import "C"语句之前的注释中写了一行语句 #include "test.h" ，就实现了调用 C 语言代码的目的，在 C 语言代码文件中则尽可以按照 C 语言编程的习惯书写，可以说非常方便。

注意，这种情况不能用命令 go run cgo2.go 执行程序，而需要用 go install 或 go build 命令编译程序。编译后运行 cgo2.exe 程序可以看到下面的输出结果：

```
[时间]
[时间]
```

```
[时间]
Mon Mar 11 22:18:12 2019
```

18.1.3 Go 语言中编写函数供 C 语言调用

Go 语言中编写供 C 语言调用的函数也很方便，下面举一个简单的示例来说明。

首先编写 Go 语言代码文件，其中包含需要导出使用的函数，见代码 18-6。

```
package main

import (
  "C"
  "fmt"

  "github.com/topxeq/txtk"
)

//export printInGo
func printInGo(value string) {
  fmt.Println(value)
}

//export getRandomInt
func getRandomInt(maxA int) int {
  return txtk.GetRandomIntLessThan(maxA)
}

// 必须要有一个主函数 main，可以没有内容
func main() {
}
```

代码 18-6 cgo3/cgo3.go

导出的函数前需要用注释中 export 函数名的方式作导出声明，这与在 Go 语言代码中编写 C 语言代码时需要写在注释中一样，不能看作注释，而是一种约定的表达方式。仍然需要编写一个空的主函数 main，虽然实际运行的主函数是在 C 语言代码中编写的。

在 cgo3.go 代码文件所在的目录下用下面的命令编译生成供 C 语言使用的头文件以及动态链接库文件：

```
go build -buildmode=c-shared -o cgo3.dll cgo3.go
```

该命令运行完之后，将在该目录下生成 cgo3.h 和 cgo3.dll 两个文件。cgo3.h 文件内容如下：

```
/* Code generated by cmd/cgo; DO NOT EDIT. */

/* package command-line-arguments */


#line 1 "cgo-builtin-prolog"

#include <stddef.h> /* for ptrdiff_t below */

#ifndef GO_CGO_EXPORT_PROLOGUE_H
#define GO_CGO_EXPORT_PROLOGUE_H

typedef struct { const char *p; ptrdiff_t n; } _GoString_;

#endif

/* Start of preamble from import "C" comments.  */



/* End of preamble from import "C" comments.  */


/* Start of boilerplate cgo prologue.  */
#line 1 "cgo-gcc-export-header-prolog"

#ifndef GO_CGO_PROLOGUE_H
#define GO_CGO_PROLOGUE_H

typedef signed char GoInt8;
```

```
typedef unsigned char GoUint8;
typedef short GoInt16;
typedef unsigned short GoUint16;
typedef int GoInt32;
typedef unsigned int GoUint32;
typedef long long GoInt64;
typedef unsigned long long GoUint64;
typedef GoInt64 GoInt;
typedef GoUint64 GoUint;
typedef __SIZE_TYPE__ GoUintptr;
typedef float GoFloat32;
typedef double GoFloat64;
typedef float _Complex GoComplex64;
typedef double _Complex GoComplex128;

/*
  static assertion to make sure the file is being used on architecture
  at least with matching size of GoInt.
*/
typedef char _check_for_64_bit_pointer_matching_GoInt[sizeof(void*)==64/8 ? 1:-1];

typedef _GoString_ GoString;
typedef void *GoMap;
typedef void *GoChan;
typedef struct { void *t; void *v; } GoInterface;
typedef struct { void *data; GoInt len; GoInt cap; } GoSlice;

#endif

/* End of boilerplate cgo prologue.  */

#ifdef __cplusplus
extern "C" {
#endif


extern void printInGo(GoString p0);

extern GoInt getRandomInt(GoInt p0);

#ifdef __cplusplus
}
#endif
```

可以看到，这个文件中包含了 C 语言中需要用到的 Go 语言中转换过来的数据类型和函数的定义。而 cgo3.dll 就是编译和运行所需的动态链接库文件。

编写调用该 Go 语言代码中函数的 C 语言代码文件 testCgo3.c，见代码 18-7。

```
#include "cgo3.h"

#include <stdio.h>
#include <string.h>

int main()
{
    char strT[] = "随机数";

    int lenT = strlen(strT);

    GoString goStrT = {strT, lenT};

    printInGo(goStrT);

    GoInt randomT = getRandomInt(100);

    printf("%s: %lld\n", strT, randomT);

    return 0;
}
```

代码 18-7 cgo3/testCgo3.c

代码 18-7 中的 C 语言程序调用了 Go 语言代码中的 printInGo 函数来输出字符串，又调用了 getRandomInt 函数来生成随机数，在调用之前参数都需要定义成或转换成 Go 语言中所需的类型。

然后用下面的命令行来编译 C 语言代码，注意系统中应安装好 GCC。

```
gcc -o testCgo3.exe testCgo3.c cgo3.dll
```

命令执行完毕后，该目录下会新生成一个 testCgo3.exe，这是 C 语言代码编译出来的可执行文件。执行该文件可以看到图 18.1 所示的输出结果（注意由于使用共享动态链接库的方式，因此运行该程序时，相同目录下或者系统默认库目录下应该有 cgo3.dll 文件存在，否则会无法运行）。

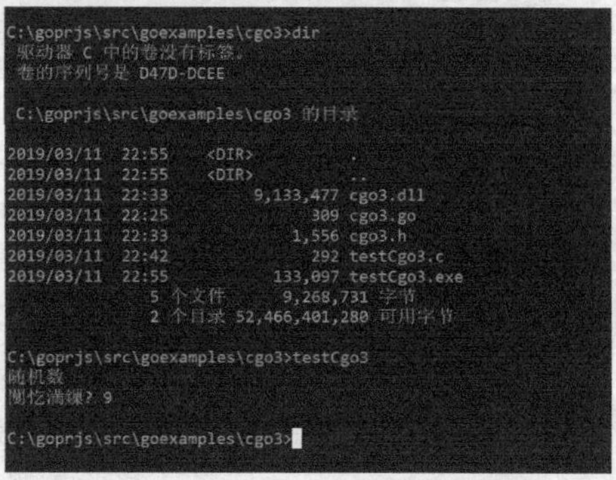

```
C:\goprjs\src\goexamples\cgo3>dir
 驱动器 C 中的卷没有标签。
 卷的序列号是 D47D-DCEE

 C:\goprjs\src\goexamples\cgo3 的目录

2019/03/11  22:55    <DIR>          .
2019/03/11  22:55    <DIR>          ..
2019/03/11  22:33         9,133,477 cgo3.dll
2019/03/11  22:25               309 cgo3.go
2019/03/11  22:33             1,556 cgo3.h
2019/03/11  22:42               292 testCgo3.c
2019/03/11  22:55           133,097 testCgo3.exe
               5 个文件      9,268,731 字节
               2 个目录 52,466,401,280 可用字节

C:\goprjs\src\goexamples\cgo3>testCgo3
随机数
闅忔満鏁? 9

C:\goprjs\src\goexamples\cgo3>
```

图 18.1　输出结果

从执行结果可以发现程序正常运行，说明在 C 语言中成功调用了 Go 语言函数。Go 语言的输出函数可以正确输出中文字符串，但用 C 语言的 printf 函数输出则是乱码。这时候有两种方法，一是将代码文件的编码转换为 GB2312 编码，另一种是用下面的命令行来编译 C 语言代码：

```
gcc -o testCgo3.exe testCgo3.c cgo3.dll -finput-charset=UTF-8 -fexec-charset=GB2312
```

这样会强制声明代码输入的字符集是 UTF-8，并且代码运行时的字符集改为 GB2312。但这两种修改方法都会导致 Go 语言的输出函数输出错误，这时候可以将该函数的强制编码转换（即将 UTF-8 字符串转换为 GB18030 的部分）即可。

18.1.4　Cgo 的一些局限

Cgo 使 Go 语言与 C 语言之间有了一座可以直接互通的桥梁，但 Cgo 也不是十全十美，而有一定的局限性，例如，大多数数据类型在 Go 语言和 C 语言之间要做转换才能正确使用。

另外，一些数据类型存在差异，稍不注意容易产生混淆，例如 C 语言中的 int 一般相当于 Go 语言中的 int32，而 long long 才相当于 Go 语言中的 int64。

还有，Cgo 中不能支持 C 语言中 printf 这类函数中使用的可变个数的参数形式，因此，无法直接在 Go 语言中调用 C 语言中 printf 这一类的函数。

18.2　Go 语言中运行其他脚本语言

Go 语言中有很多第三方包提供了在 Go 语言代码中执行一些脚本语言的能力。这些脚本语言既包括目前已经比较成熟的 Python、Lua、JavaScript 等语言，也包括一些开发者自制的脚本语言，其中有一些还是比较优秀的。第三方包执行这些脚本语言一般有两种方式：一种是简单的“包装”（wrap）方式，即简单地调用该语言的解释器来执行，这种方式需要在系统中先安装好该语言的解释器等环境；另一种则是直接用 Go 语言重新实现了该语言的解释器或编译器，或者类似 Java 的虚拟机（Virtual Machine，VM）环境。一般建议选用第二种方式实现的第三方包，因为其依赖性较小，比较方便，对于较短的程序相对执行效率一般也较高。

本节将以几个较成熟的第三方包为例对 Go 语言中的执行脚本语言做简单的介绍。在做实例介绍时，会重点演示该脚本语言中与 Go 语言交互的能力，例如从 Go 语言向脚本语言中传递变量或数值、Go 语言中从脚本语言中获取数值、脚本语言中调用 Go 语言中的函数并获取返回值等，这对脚本语言来说是很重要的几个能力。

18.2.1　Tengo 脚本语言

Tengo 脚本语言是一个优秀的第三方包中实现的脚本语言，是用 Go 语言开发的原生脚本语

言，相对来说运行速度较快。它的定位是：在 Go 语言代码中可以调用的小巧的、动态的、高速的、安全的脚本语言。它的另一个优点是：脚本是动态编译为字节码（byte code）后在虚拟机中执行的，类似于 Java 语言的机制，相较于 Python 等解释执行为主的语言会更快一些。

Tengo 语言的语法几乎与 Go 语言的语法一致，有些地方做了更方便的简化，例如，定义数组（切片）可以直接用 a = [1, 2, 3] 这样的方式来定义；有些地方做了动态化，例如所有的复合类型都是可变的，并且数组中可以保存不同类型的数值项等。这样既可以方便 Go 语言的开发者快速上手，又具备了一定的改进。

使用该语言需要安装 Tengo 的第三方包，位置在 github.com/d5/tengo，用 go get -v 命令安装即可，如果发现需要安装的依赖包中有 golang.org/x 路径下的包，则需要用 15.1.1 节中介绍的方法安装。安装后即可输入下面的 Go 语言代码来体验，见代码 18-8。

```
package main

import (
	"fmt"

	"github.com/d5/tengo/objects"
	"github.com/d5/tengo/script"
)

// 定义将要执行的 Tengo 语言脚本代码
var codeT = `

sum := 0 // 变量初始化和赋值语句与 Go 语言基本一致

a := 0

// 循环语句与 Go 语言中的相似
// 变量 maxA 是从 Go 语言中传递进来的
for a < maxA {
	sum += a
	a ++
}

// 也有 printf 等内置函数
// times 函数是在 Go 语言中定义的
// 这里演示了在脚本语言中调用 Go 语言中代码的能力
printf("%d\n", times(2, 3, 4))
`

// 供脚本语言调用的函数，用于计算不定个数的参数的累乘积
// 其函数形式（参数和返回值）必须是这样
func times(objsA ...objects.Object) (objects.Object, error) {
	lenT := len(objsA)

	intListT := make([]int, lenT)

	// 用一个循环将函数不定个数参数中的所有数值存入整数切片中
	for i, v := range objsA {
		// 调用 objects.ToInt 函数将 objects.Object 对象转换为整数
		cT, ok := objects.ToInt(v)

		if ok {
			intListT[i] = cT
		}
	}

	// 进行累乘与计算
	r := 1

	for i := 0; i < lenT; i++ {
		r = r * intListT[i]
	}

	// 输出结果值供参考
	fmt.Printf("result: %v\n", r)

	// 也作为函数返回值返回，返回前要转换为 objects.Object 类型
	// objects.Int 类型实现了 objects.Object 类型，因此可以用作返回值
```

```
    return &objects.Int{Value: int64(r)}, nil
}

func main() {

    // 新建一个脚本运行的虚拟机
    // 一般会编译为字节码准备运行
    s := script.New([]byte(codeT))

    // 向脚本执行环境（虚拟机 VM）中传入变量 maxA
    _ = s.Add("maxA", 20)

    //传入准备在虚拟机中执行的 Go 语言编写的函数 times
    _ = s.Add("times", times)

    // 执行脚本
    c, err := s.Run()
    if err != nil {
          panic(err)
    }

    // 获取返回值（脚本中的 sum 变量）
    sumT := c.Get("sum")

    // 转换类型后输出
    fmt.Println(sumT.Int())
}
```

代码 18-8 script1/script1.go

代码 18-8 中直接使用了字符串来放置脚本代码，实际应用中也可以从文件读取脚本代码。Tengo 语言中编写注释的方法与 Go 语言相同。本例中演示了创建脚本语言的运行环境、向脚本语言传递变量和可调用的函数、执行脚本语言、从脚本语言中获取执行结果、在脚本语言中调用 Go 语言中编写的函数并获取返回值等用法，请仔细查看代码中的注释并尝试修改。

代码 18-8 的运行结果如下：

```
result: 24
24
190
```

可以看出几个函数执行的结果都是正常的。

18.2.2 实现 JavaScript 虚拟机的 otto 包

第三方包 otto 实现了用 Go 语言编写的能够执行 JavaScript 脚本程序的虚拟机。它的简单代码示例如下（需要先安装 github.com/robertkrimen/otto 包）见代码 18-9。

```
package main

import (
    "fmt"
    "math/rand"
    "time"

    "github.com/robertkrimen/otto"
)

func main() {

    // 初始化随机数种子
    rand.Seed(time.Now().Unix())

    // 新建 Javascript 虚拟机
    vmT := otto.New()

    // 设置虚拟机中的变量 a 为数字 18
    vmT.Set("a", 18)

    // 设置虚拟机中的变量 text1 为字符串
    vmT.Set("text1", "[计算结果] ")

    // 设置供虚拟中 Javascript 代码调用的 Go 语言函数
    vmT.Set("getRandomInt", func(call otto.FunctionCall) otto.Value {
```

```
        // 获取调用该函数时传入的参数
        // maxA 将作为生成随机数的最大值上限
        maxA, _ := call.Argument(0).ToInteger()

        // 生成随机整数
        randomNumberT := rand.Intn(int(maxA))

        // 转换为虚拟机中可以接受的类型
        rs, _ := otto.ToValue(randomNumberT)

        // 返回该值
        return rs
    })

    // 在虚拟机中运行代码
    vmT.Run(`
        result1 = a + 2; // 计算 a+2 的数值

        console.log(text1 + result1); // 输出信息

        result2 = getRandomInt(20); // 调用 Go 语言中的函数获取 20 以内的随机整数
    `)

    // 从虚拟机中获取变量的值
    if valueT, errT := vmT.Get("result1"); errT == nil {
        if valueIntT, errT := valueT.ToInteger(); errT == nil {
            fmt.Printf("result1: %v\n", valueIntT)
        }
    }

    if valueT, errT := vmT.Get("result2"); errT == nil {
        if valueIntT, errT := valueT.ToInteger(); errT == nil {
            fmt.Printf("result2: %v\n", valueIntT)
        }
    }

    // 继续调用虚拟机来计算表达式的值
    // 注意此时虚拟机中的环境（变量等）都还有效
    valueT, _ := vmT.Run("result2 * 100")
    {
        valueIntT, _ := valueT.ToInteger()

        fmt.Printf("表达式结果: %v\n", valueIntT)
    }

}
```

代码 18-9 script2/script2.go

代码 18-9 演示了用 otto 包实现的 JavaScript 虚拟机执行代码以及与 Go 语言交互的各种方法。具体细节也请参考代码中的注释，需要特别注意的是，otto 实现的 JavaScript 虚拟机可以多次执行代码，只要虚拟机对象不关闭，其中的变量等环境会始终保持，这为实现一个交互式执行程序的界面提供了可能。代码 18-9 执行的结果是：

```
[计算结果] 20
result1: 20
result2: 11
表达式结果: 1100
```

18.2.3 实现 Lua 语言虚拟机的 go-lua 包

Lua 语言是近些年来非常常用的脚本语言之一，它天生就适合作为嵌入其他语言中的脚本语言。下面是一个简单的例子，见代码 18-10，使用位于 github.com/Shopify/go-lua 的第三方包实现，供读者参考。该包是用 Go 语言实现的 Lua 虚拟机，GitHub 上 Lua 虚拟机的 Go 语言实现也不止这一个包，有兴趣的读者可以自行研究这些包的文档。

```
package main

import (
    "fmt"
```

```
  "github.com/Shopify/go-lua"
)

var codeT = `

-- 输出字符串
print("开始运行")

-- Lua 中定义函数
-- 接受两个参数，并返回一个结果值
function AddTwice(a, b)
 return a + b + b
end
`

func main() {

  // 新建一个 Lua 虚拟机
  vmT := lua.NewState()

  // 打开所有的 Lua 标准库
  lua.OpenLibraries(vmT)

  // 执行 Lua 脚本
  if errT := lua.DoString(vmT, codeT); errT != nil {
        panic(errT)
  }

  // 获取 Lua 中的函数
  vmT.Global("AddTwicc")

  // 传入两个参数
  vmT.PushInteger(3)
  vmT.PushInteger(8)

  // 调用该函数，声明有两个参数和一个返回值
  vmT.Call(2, 1)

  // 获取返回结果（参数中是结果序号）
  result2, _ := vmT.ToInteger(1)

  fmt.Printf("返回结果为: %v", result2)

  // 从栈上弹出一个数值
  vmT.Pop(1)

}
```

代码 18-10 script4/script4.go

代码 18-10 中实现了 Go 语言中启动 Lua 虚拟机、执行代码的过程，并演示了调用 Lua 中的函数过程中传递参数和获取返回值的交互方法。代码 18-10 的运行结果是：

```
开始运行
返回结果为: 19
```

18.3 Go 语言中直接执行其他程序或调用系统命令

Go 语言中也可以直接执行可执行程序或者调用系统命令，这样可以跨越语言的限制，调用任何其他语言编写的可执行文件。这种调用形式中进行数据交互的方式一般是使用标准输入和标准输出。

18.3.1 调用应用程序并读取其输出

Go 语言中实现调用可执行程序的功能是通过 os/exec 包来完成的，见代码 18-11。

```
package main

import (
  "bytes"
  "fmt"
  "os/exec"
  "strings"
```

```
    "tools"
  )

  func main() {
    // 分配用于存放调用程序输出信息的缓冲区
    var outBufT bytes.Buffer

    // 分配用于存放调用程序运行发生错误时输出错误信息的缓冲区
    var errBufT bytes.Buffer

    // 创建执行 findstr 命令的对象，第二个参数开始是命令行参数
    //   个命令行参数作为 cxcc.Command 函数的一个参数
    cmdT  :=  exec.Command(`c:\Windows\System32\findstr.exe`,  `package`,  `c:\goprjs\src\
tools\*.go`)

    // 把调用程序的标准输出指向 outBufT
    // 标准输出一般指的是程序正常执行时输出的信息
    cmdT.Stdout = &outBufT

    // 把调用程序的标准错误输出指向 errBufT
    // 标准错误输出一般指的是程序执行出现异常时输出的信息
    cmdT.Stderr = &errBufT

    // 执行该命令（或程序）
    errT := cmdT.Run()

    // 在 Windows 下输出信息需要转换编码
    if errT != nil {
        fmt.Printf("运行命令时发生错误: %v\n", errT.Error())
        fmt.Printf("错误信息: \n%v\n", string(tools.ConvertBytesFromGB18030ToUTF8
(errBufT.Bytes())))
    } else {
        fmt.Printf("命令输出 1: \n%v\n", string(tools.ConvertBytesFromGB18030ToUTF8(outBufT.
Bytes())))
    }

    // 重新创建执行 wc 命令的对象，该命令必须在系统可找到的路径中
    // 即在环境变量 PATH 中存在该文件所在的目录
    cmdT = exec.Command(`wc`)

    // 指定该命令的标准输入为三行字符串
    cmdT.Stdin = strings.NewReader(`第一行。
    This is a good example.
    最后一行.
    `)

    // 重置标准输出和标准错误输出的缓冲区
    outBufT.Reset()
    errBufT.Reset()

    // 新建命令执行对象后，需要再次设置标准输出和标准错误输出缓冲区
    cmdT.Stdout = &outBufT
    cmdT.Stderr = &errBufT

    // 执行 wc 命令
    errT = cmdT.Run()

    if errT != nil {
        fmt.Printf("运行命令时发生错误: %v\n", errT.Error())
        fmt.Printf("错误信息: \n%v\n", string(tools.ConvertBytesFromGB18030ToUTF8(errBufT.
Bytes())))
    } else {
      fmt.Printf("命令输出 2: \n%v\n", string(tools.ConvertBytesFromGB18030ToUTF8(outBufT.
Bytes())))
    }

  }
```

代码 18-11　runcmd/runcmd.go

代码 18-11 中先后执行了两个可执行程序，第一个是 Windows 中内置的 findstr 命令，该命令会从指定的文件夹中搜索含有指定字符串的文件，并显示其中包含该字符串的行。用 exec.Command 函数来创建执行命令的对象，该对象的类型是 exec.Cmd。exec.Command 函数的参数可以理解成是在命令行界面中执行该程序时的整个命令行（相当于 os.Args），从第一个参数是可执行文件的路

径开始，后面依次是每个命令行参数。

在 Go 语言中调用程序，大多数时候需要获得一些反馈信息，这属于进程间的数据共享，这种共享数据大多是通过截获该程序执行时的输出信息来获取的。一般的程序如果按规范来开发，正常运行时会输出信息到标准输出（编程中一般称作 stdout），运行异常时会将信息输出到标准错误输出（一般称作 stderr），所以需要设置截获这两个输出信息的缓冲区为 io.Writer 类型。

准备好这些以后，就可以用 Cmd.Run 函数来执行该程序并根据执行的情况查看标准输出或标准错误输出截获的信息。整个过程类似于在一个虚拟的命令行界面（如 CMD）中执行一个命令行，并将输出结果截获以便自己利用。

第二个执行的是 wc 命令，这是从 Linux 系统中移植过来的命令，如果安装了在 2.2.2 节介绍的完全版 Cmder 就会默认安装了该命令，或者安装了 Cygwin 也可以。wc 命令比较特殊，它在运行时可以接收从标准输入送来的文本，然后统计显示这段文本的行数、字数等信息。标准输入一般指键盘输入，但也可以在代码中模拟标准输入，本例中就将在程序的标准输入中模拟输入一段 3 行的文本字符串来进行测试。

详细细节请参考代码中的注释，整个代码运行结果如下：

```
命令输出 1:
c:\goprjs\src\tools\benchmark_test.go:package tools
c:\goprjs\src\tools\tools.go:package tools
c:\goprjs\src\tools\tools_test.go:package tools
命令输出 2:
    3      5     56
```

可以看到，两个程序都被正常调用并返回了正确的结果，其中 wc 命令返回的三个数字分别代表从标准输入上获得的字符串的行数、单词数和字符数，单词数应该是没有计入中文。

18.3.2 使用管道从程序的输出中接收信息

对于输出信息量较大，或者不停输出信息的应用程序，可以通过管道的形式来读取该程序的输出。为了测试这种方式，先编写一个小程序 repeat1.go，见代码 18-12。

```
package main

import (
 "fmt"
 "time"
)

func main() {

 for i := 0; i < 5; i++ {
        fmt.Printf("%v\n", time.Now())

        time.Sleep(time.Second * 3)
 }
}
```

代码 18-12 repeat1/repeat1.go

代码 18-12 运行后会循环每隔 3 秒输出一次系统时间，用 go install 命令将其编译安装到 C:\goprjs\bin 目录下（可执行文件名为 repeat1.exe），以便它可以被容易找到。然后可以在命令行界面中输入 repeat1 （无须后面的扩展名“.exe”），测试该程序能否正常运行。如果一切正常，就可以输入下面的代码来进行管道的测试，见代码 18-13。

```
package main

import (
 "bufio"
 "io"
 "os/exec"
 "tools"
```

```
)
// 负责运行程序或命令的函数
// 第一个参数是要运行的程序或命令的路径
// 如果有命令行参数的话，从后面的可变参数 argsA 中读取
func runCmd(nameA string, argsA ...string) {

  // 创建执行命令的对象
  cmdT := exec.Command(nameA, argsA...)

  // 获取该对象的标准输出管道
  pipeT, errT := cmdT.StdoutPipe()

  if errT != nil {
        tools.Printfln("设置管道时发生错误: %v", errT)
        return
  }

  // 创建从管道中读取内容的 bufio.Reader 对象
  readerT := bufio.NewReader(pipeT)

  // 启动一个 goroutine 来读取
  go func() {

        // 循环每次读取一行，直至读取到 io.EOF 或出错
        for {
              inputT, errT := readerT.ReadString('\n')

              if errT != nil {
                    if errT == io.EOF {
                          return
                    }

                    tools.Printfln("从管道中读取内容时发生错误: %v", errT)
                    return
              }

              // 输出读取到的每一行信息
              tools.Printfln("%s", inputT)
        }
  }()

  // 启动（执行）命令
  errT = cmdT.Start()
  if errT != nil {
        tools.Printfln("启动程序时发生错误: %v", errT)
        return
  }

  // 等待命令执行结束
  errT = cmdT.Wait()
  if errT != nil {
        tools.Printfln("等待程序运行完毕时发生错误: %v", errT)
        return
  }

  return
}

func main() {
  // 执行命令 repeat1
  // repeat1.exe 必须在当前目录下或环境变量 path 中指定的某一个目录中
  runCmd(`repeat1`)
}
```

代码 18-13 pipe1/pipe1.go

代码 18-13 将程序 repeat1 的输出作为一个管道使用，再从该管道中读取内容，注意要使用 goroutine 进行读取，因为 Cmd.Wait 函数是阻塞式等待命令执行完毕的。代码 18-13 执行的结果如下：

```
2019-03-14 20:32:03.0408266 +0800 CST m=+0.003994701

2019-03-14 20:32:06.0929161 +0800 CST m=+3.056084201

2019-03-14 20:32:09.1053112 +0800 CST m=+6.068479301
```

```
2019-03-14 20:32:12.1109977 +0800 CST m=+9.074165801
2019-03-14 20:32:15.1233206 +0800 CST m=+12.086488701
```

18.4 Go 语言与 WebAssembly

最近这些年来，WebAssembly 取得了非常大的发展，已经逐步成为一种可以实际应用的技术。传统的浏览器中，一般只能用 JavaScript 来执行脚本程序，由于 JavaScript 以解释执行为主，所以运行速度较慢。而其他一些新的试图取代 JavaScript 的语言并没有获得明显成功。这时候，WebAssembly 适时地出现了，WebAssembly 简称 Wasm，是一种用其他语言编写代码，然后编译成可以跨平台执行的特殊二进制代码，在浏览器中执行，目前一般是在浏览器的 JavaScript 虚拟机环境中运行。Wasm 没有试图直接取代 JavaScript，而是与之相结合，充分发挥 Wasm 编译后代码的高速执行效率和 JavaScript 成熟的操作网页元素的能力。长远来看，以后也不排除 Wasm 真正取代 JavaScript 的可能性，毕竟使用其他编译型语言，可以具备很多 JavaScript 中没有提供或者不完善的能力，例如真正的多线程、代码安全等，并且运行速度会明显加快，尤其是对游戏级别的 Web 应用。

以前 WebAssembly 只支持用 C、C++、Rust 等语言进行开发，但 Go 语言 1.11 版本以后的新版本已经开始支持 WebAssembly。下面以一个最简单的例子介绍 Go 语言中如何实现 WebAssembly 的开发和部署，虽然例子很简单，但已经包括了大多数要素：编写 Go 语言的 Wasm 代码、编译成 Wasm 格式的代码、编写支持 Wasm 的网页、部署支持 Wasm 的 Web 服务器、Wasm 与 JavaScript 进行交互等。

首先要确保安装了 Go 语言的最新版本（1.12 以上），然后输入代码 18-14，放在 src 目录下的 goexample/wasm1 子目录下，命名为 wasm1.go，当然也可以视自己喜好放在其他的目录下并用其他的名字。

```go
package main

import (
	"encoding/hex"
	"fmt"
	"syscall/js"
	"time"
)

func main() {
	// 将在浏览器的控制台输出信息
	fmt.Printf("这是一个 Go WebAssembly 的例子。\n")

	// 获取网页 DOM 对象中的输入框
	var input1 = js.Global().Get("document").Call("getElementById", "input1")

	// 获取网页中的按钮
	var button1 = js.Global().Get("document").Call("getElementById", "button1")

	//设置准备绑定在按钮 button1 上的 Go 语言编写的函数
	callbackFuncT := js.FuncOf(func(this js.Value, args []js.Value) interface{} {
		// 获取输入框 input1 中的内容
		textT := input1.Get("value").String()

		// 在控制台内输出该内容
		fmt.Printf("textT: %v\n", textT)

		// 将输入框 input1 中的内容变成之前内容十六进制编码后的结果
		input1.Set("value", hex.EncodeToString([]byte(textT)))

		return nil
	})

	// 将该函数绑定在按钮的点击事件上
	button1.Call("addEventListener", "click", callbackFuncT)

	// 最后程序不能退出，否则点击按钮时将提示 Go/Wasm 代码已经终止运行
```

```
    // 因此使用无限循环（也可以用其他方法）来使程序保持运行
    for {
        // 每次休眠 100 毫秒避免占用过多系统资源
        time.Sleep(100 * time.Millisecond)
    }
}
```

代码 18-14 wasm1/wasm1.go

由于代码 18-14 是准备编译成 Wasm 代码的 Go 语言程序，因此编译时要做特殊的处理，要设置编译针对的操作系统和平台架构，这需要设置环境变量 GOOS 和 GOARCH。在 64 位 Windows 下，GOOS 默认是 windows，表示编译代码针对 Windows 系统；GOARCH 默认是 amd64，表示针对 64 位系统架构（如果是 32 位 Windows 则应选择 386）。而编译 Wasm 代码时，需要将 GOOS 设置为 js，GOARCH 设置为 wasm，然后在 go build 命令中用-o 开关参数来设置输出文件的名称，如图 18.2 所示。

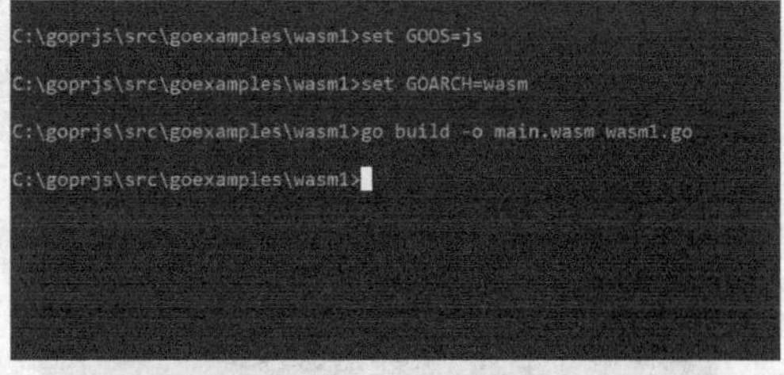

图 18.2 编译 Wasm 代码时的设置

设置好环境变量，用命令 go build -o main.wasm wasm1.go 编译后会在该目录下生成一个名为 main.wasm 的文件，这就是可以跨平台调用的 Wasm 二进制代码文件。

然后编写一个基本的网页，用于测试 Wasm 代码，在该目录下创建一个 index.html 文件，内容如下：

```
<html>

<head>
  <meta charset="utf-8">
  <script src="wasm_exec.js"></script>
  <script>
      const go = new Go();

      WebAssembly.instantiateStreaming(fetch("main.wasm"),

          go.importObject).then((result) => {
              go.run(result.instance);
          });

  </script>
</head>

<body>
  <div style="font-size: 2.0em;">
      <input id="input1" value="test" />
      <input id="button1" type="button" value="Go" />

  </div>
</body>

</html>
```

该网页文件中引用了 Go 语言提供的调用 Wasm 代码所需的 JavaScript 文件 wasm_exec.js，我们需要从 Go 语言安装目录中将其复制到本节代码所在的 wasm1 目录下。如果是按默认路径安装的 Go 语言，wasm_exec.js 文件应该在“C:\Go\misc\wasm”目录下，将其复制过来即可。

最后，需要一个 Web 服务器来测试网页和 Wasm 程序，直接在本节代码目录下编写一个 server.go 代码文件实现一个最简单的静态网页服务器，见代码 18-15。

```
package main

import (
  "log"
  "net/http"
)

func main() {
```

```
    log.Fatal(http.ListenAndServe(":8835", http.FileServer(http.Dir("."))))
}
```

代码 18-15 wasm1/server.go

该代码运行后会将当前目录作为 Web 服务器的根路径来提供静态文件的访问。注意，编译该代码时，要将环境变量 GOOS 和 GOARCH 的值分别改为 windows 和 amd64，然后用 go build 命令编译，如图 18.3 所示。

此时代码所在的 wasm1 目录下应有 index.html、main.wasm、server.exe、wasm1.go、wasm_exec.js 这几个文件。运行 server.exe 即可启动 Web 服务器，这时打开任意的浏览器访问 http://127.0.0.1:8835 即可看到图 18.4 所示的页面。

图 18.3 编译代码

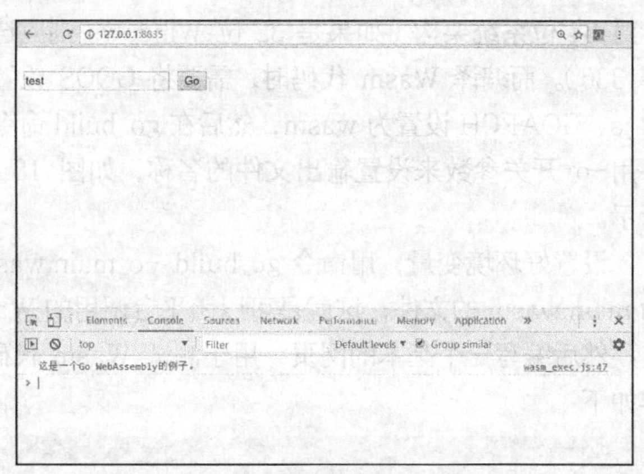

图 18.4 启动 Web 服务器

可以看到一个最简单的网页，只有一个文本输入框和一个按钮。然后打开浏览器的 Console（终端）调试窗口（在 Chrome 浏览器中使用 F12 快捷键可以直接进入）可以看到我们在 wasm1.go 代码中一开始输出的提示信息“这是一个 Go WebAssembly 的例子。”，这说明 Go 语言的 Wasm 代码已经正常执行了。

接下来进行进一步的测试，单击“Go”按钮可以看到结果，如图 18.5 所示。

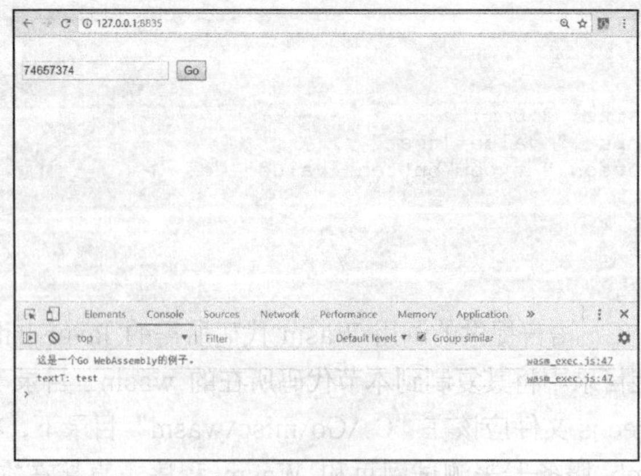

图 18.5 显示结果

可以看到，输入框中的内容已经变成了原来字符串“test”的十六进制编码形式，Console 框中也输出了“textT：test”字样，表示文本输入框中原有内容是字符串“test”。这说明在网页按钮中绑定 Go 语言的事件处理函数并执行也是成功的。整个 Go 语言中开发 Wasm 的示例到此演示完毕，可以看出整个过程是比较简单顺畅的。